Joachim Berger

Technische Mechanik für Ingenieure

Band 1: Statik

Joachim Berger

Technische Mechanik für Ingenieure

Band 1: Statik

Mit 396 Abbildungen und zahlreichen Beispielen

Friedr. Vieweg & Sohn   Braunschweig/Wiesbaden

CIP-Titelaufnahme der Deutschen Bibliothek

Berger, Joachim:
Technische Mechanik für Ingenieure / Joachim Berger. –
Braunschweig; Wiesbaden: Vieweg
  (Viewegs Fachbücher der Technik)
Bd. 1. Statik. – 1991

Umschlaggestaltung: Hanswerner Klein, Leverkusen

Gedruckt auf säurefreiem Papier

ISBN-13:978-3-528-04670-5   e-ISBN-13:978-3-322-89864-7
DOI:10.1007/978-3-322-89864-7

Vorwort

Der Ingenieur ist für die Konstruktion, Haltbarkeit und einwandfreie Funktion von technischen Bauteilen zuständig. Er muß für ausreichende Dimensionierung und für die Auswahl geeigneter Werkstoffe sorgen, damit die Bauteile genügend Festigkeit besitzen, um den teilweise hohen Belastungen mit Sicherheit standhalten zu können. Der Ingenieur beschäftigt sich also mit Kräften und deren Wirkung auf technische Systeme (Maschinen, Apparate, Fundamente, Gebäude usw.), wozu die Technische Mechanik die Grundlagen liefert.

Um den richtigen Einstieg in dieses schwierige Gebiet zu finden, ist eine anschauliche, praxisorientierte Betrachtungsweise erforderlich, damit das Vorstellungsvermögen und das konstruktive Gefühl des Ingenieurs geweckt und gefördert wird. Wie überall in der Technik hat der Computer auch in der Mechanik die Rechenmethoden stark beeinflußt und eine weitgehende Vertiefung und Schematisierung ermöglicht. Von einem modernen Ingenieur wird daher verlangt, daß er sich mit der Handhabung des Computers vertraut macht.

In der Hauptsache werden also an den Ingenieur zwei Forderungen gestellt. Zum einen muß er sich mit anschaulichen, klaren, übersichtlichen Gedanken und Vorstellungen in technische Probleme hineinversetzen können, zum anderen muß er auch zu einer abstrakten und schematischen Denkweise fähig sein.

Die Lehrmittel für die Ausbildung der Ingenieure müssen diesen Forderungen gerecht werden und sowohl durch anschauliche zeichnerische als auch durch abstrakte rechnerische Vorgehensweise den Stoff vermitteln. Die Themen sollen so anschaulich wie möglich entwickelt werden, wobei an Skizzen nicht gespart werden darf. Sind doch gerade die Zeichnungen in Verbindung mit den mathematisch-physikalischen Formeln die eigentliche Sprache und das wichtigste Ausdrucksmittel des Ingenieurs.

Die Allgemeingültigkeit auch bezüglich der Erweiterung auf räumliche Probleme soll bei der Herleitung der Gesetze angestrebt werden, so daß die Formeln auf beliebige Einzel- und Sonderfälle übertragbar sind. Die Endergebnisse der abgeleiteten Gesetze sind durch teilweise unterbrochene Kästen eingerahmt, so daß nur der Teil der Formel besonders hervorgehoben wird, den man zur Lösung von Aufgaben braucht und sich daher allmählich einprägen soll. Eine gute Hilfe für die straffe, exakte Formulierung und Erfassung der Probleme bietet die Vektorrechnung, die dann zur Matrizen- und Tensorrechnung für die höhere Mechanik überleitet. Die wichtigsten mathematischen Zusammenhänge, die in der Mechanik gebraucht werden, sind in dem Kapitel „Mathematische Grundlagen" vorweggenommen. Es kann bei genügender Vorkenntnis überschlagen werden und dient dann nur im Bedarfsfall zur Information und Vertiefung.

Mit Hilfe des Computers kann man heutzutage komplizierte Bauteile ziemlich genau rechnerisch erfassen, z. B. mit der „Finiten Elemente Methode" oder der „Methode der Randelemente". Hierzu ist die übersichtliche Zusammenstellung einer großen Anzahl von Daten (Geometrie, Belastung, Werkstoff-Kennwerte, Temperatur-Verteilung) in Form von Matrizen erforderlich.

Diese komplexen Zusammenhänge zu verstehen und zu überschauen ist nicht immer ganz einfach und wohl auch nicht auf Anhieb möglich. Man muß sich geduldig in kleinen Schritten vorarbeiten und allmählich in die Materie eindringen.

Bereits am Anfang bei den einfachen und übersichtlichen Beispielen muß der Grundstein für eine computer-orientierte Betrachtungsweise gelegt werden, um den Studenten entsprechend zu motivieren.

Der Ingenieur soll so gut wie möglich auf die Praxis mit ihren teilweise komplizierten Aufgaben vorbereitet werden.

Das ist auch das Anliegen und das Ziel dieses dreibändigen Werkes (Statik, Festigkeitslehre, Dynamik), das den etwas erweiterten Inhalt meiner Vorlesungen über Technische Mechanik an der Fachhochschule Düsseldorf darstellt.

Die aufgeführten Beispiele mögen dazu dienen, die abstrakten Formeln auf praktische Probleme zu übertragen und sie dadurch zu veranschaulichen und zu vertiefen. Eine zweckmäßige Befreiung, die Festlegung der Vorzeichen, die genaue Definition der verwendeten Begriffe, die übersichtliche Darstellung und Formulierung und der kürzeste Rechenweg werden gesucht und angestrebt. Dabei werden immer wieder Probleme auftreten, die zu Überlegungen nach Verbesserungs-Möglichkeiten anregen.

Erst mit zunehmender Übung und Erfahrung können diese Schwierigkeiten überwunden werden, wozu viel Interesse, Beharrlichkeit und Geduld von den Lernenden aufzubringen sind nach dem Motto „ohne Fleiß keinen Preis".

Düsseldorf, im September 1991   *Joachim Berger*

Inhaltsverzeichnis

Mathematische Grundlagen für die Mechanik

Technische Mechanik

Statik

Mathematische Grundlagen für die Mechanik

G1 Grundbegriffe der Vektorrechnung

G1.1 Definition eines Vektors

In der Naturwissenschaft und der Technik treten zwei verschiedene Größen auf:

a) Größen, die sich nach Festlegung einer Einheit allein durch die Angabe einer Maßzahl bestimmen lassen, werden Skalare genannt wie z.B. Länge, Zeit, Temperatur, Masse, Arbeit und Energie.

b) Größen, die zu ihrer eindeutigen Bestimmung neben der Angabe einer Maßzahl noch die Angabe einer Richtung und eines Richtungssinns benötigen, nennt man Vektoren wie z.B. Geschwindigkeit, Beschleunigung, Kraft, Moment, elektrische und magnetische Feldstärke.

Geometrisch ist ein Vektor als eine Größe im dreidimensionalen Raum definiert, die eindeutig bestimmt ist durch ihren Betrag, ihre Richtung und ihren Richtungssinn.

Zur zeichnerischen Darstellung von Vektoren benutzt man Pfeile, deren Länge den Betrag des Vektors darstellen.

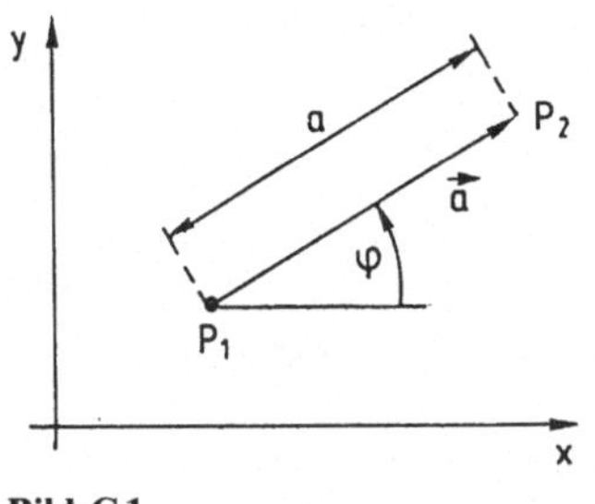

Sind P_1 und P_2 in Bild G1 die Randpunkte einer Strecke der Länge a, so ordnet man dieser Strecke einen von P_1 nach P_2 orientierten Richtungspfeil $\vec{a}$ zu. Der Punkt P_1 ist der Vektoranfang (Feder) und der Punkt P_2 das Vektorende (Spitze).

Der Betrag oder Absolutwert des Vektors $\vec{a}$ ist $|\vec{a}| = a$.

Bild G1

Um die relative Lage mehrerer Vektoren zueinander ausdrücken zu können, werden diese zweckmäßig auf ein kartesisches Koordinatensystem bezogen, in dem die Punkte P_1 und P_2 durch ihre Koordinaten x_1, y_1 und x_2, y_2 festgelegt werden. Der Vektor $\vec{a}$ schließt dann mit der Abszisse den Winkel φ ein, der sich aus den Koordinaten ergibt:

$$\tan \varphi = \frac{y_2 - y_1}{x_2 - x_1}$$

G1.2 Gleichheit von Vektoren

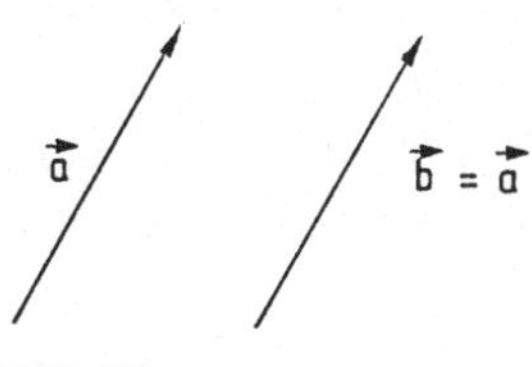

Zwei Vektoren $\vec{a}$ und $\vec{b}$ sind gleich, wenn sie den gleichen Betrag, die gleiche Richtung und den gleichen Richtungssinn haben (Bild G2).

Bild G2

Eine gerichtete Strecke ändert bei beliebiger Parallel-Verschiebung im Raum weder Betrag, Richtung noch Richtungssinn, daher sind alle Pfeile gleichwertig (äquivalent), die durch Parallel-Verschiebung entstanden sind.

Alle parallelgleichen Vektoren bilden eine Äquivalenzklasse von sog. freien Vektoren. Jede Klasse kann durch einen Vektor repräsentiert werden.

So bilden alle mit $\overrightarrow{P_1P_2}$ gleichlangen, parallelen und gleichorientierten Vektoren eine Äquivalenzklasse und man nennt jeden Pfeil vom Typ $\overrightarrow{P_1P_2}$ einen Repräsentanten dieser Klasse.

Neben den freien Vektoren unterscheidet man in der physikalisch-technischen Anwendung noch

a) linienflüchtige Vektoren, die an eine bestimmte Wirkungslinie gebunden sind (Parallelverschiebung ist nicht erlaubt) wie z. B. die Kraft $\vec{F}$.

b) gebundene Vektoren, die nicht verschiebbar sind, d. h. einen festen Anfangspunkt besitzen wie z. B. die elektrische Feldstärke.

Einen gebundenen Vektor, dessen Anfangspunkt mit einem Koordinaten-Ursprung zusammenfällt, nennt man den Ortsvektor des Endpunktes.

G1.3 Multiplikation eines Vektors mit einem Skalar

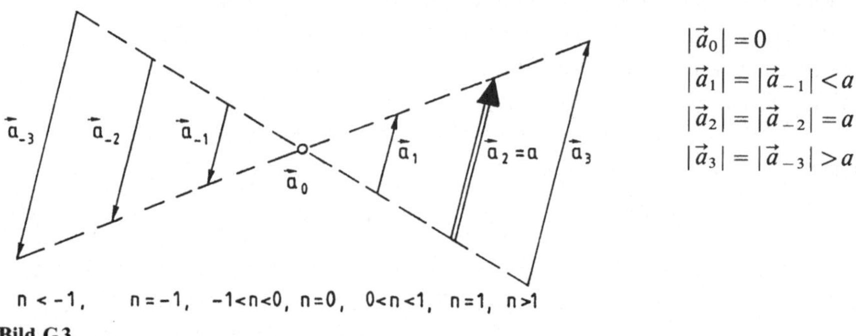

$$|\vec{a}_0| = 0$$
$$|\vec{a}_1| = |\vec{a}_{-1}| < a$$
$$|\vec{a}_2| = |\vec{a}_{-2}| = a$$
$$|\vec{a}_3| = |\vec{a}_{-3}| > a$$

Bild G3

Die Multiplikation eines Vektors $\vec{a}$ mit einem Skalar n liefert einen Vektor $n \cdot \vec{a}$, dessen Betrag $|n| \cdot |\vec{a}|$ ist.

Ist $|n| < 1$, so wird der Vektorpfeil verkürzt, ist $|n| > 1$, so wird er verlängert.

Für $n > 0$ behält der neue Vektor den Richtungssinn von $\vec{a}$ bei, für $n < 0$ kehrt er dessen Richtungssinn um.

Durch Multiplikation mit $n = -1$ erfolgt unter Beibehaltung des Betrages eine Umkehrung des Richtungssinns und man erhält den zu $\vec{a}$ inversen Vektor $-\vec{a}$.

Änderung des Vorzeichens eines Vektors bedeutet also Umkehrung seines Richtungssinns.

Für $n = 0$ ergibt sich der Nullvektor, der keine Länge hat und zu einem Punkt zusammenschrumpft.

Im Bild G3 sind die verschiedenen Möglichkeiten je nach Größe und Vorzeichen von n angegeben.

G1.4 Einheitsvektor

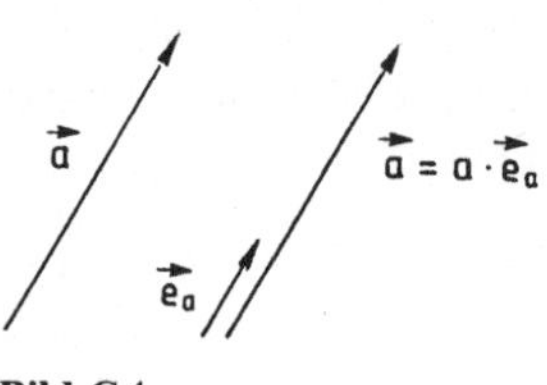

Bild G4

Der Einheitsvektor oder Einsvektor $\vec{e}$ ist ein Vektor, dessen Betrag eins ist: $|\vec{e}| = 1$.

Man erhält den Einheitsvektor von $\vec{a}$ nach Bild G4, indem man den Vektor $\vec{a}$ durch seinen Betrag dividiert:

$$\boxed{\vec{e}_a = \frac{\vec{a}}{|\vec{a}|} = \frac{\vec{a}}{a}}$$

(G1)

Einen Vektor kann man daher auch als Produkt seines Betrages dem gleichgerichteten Einsvektor ausdrücken:

$$\boxed{\vec{a} = a \cdot \vec{e}_a} \tag{G2}$$

G 1.5 Addition von Vektoren

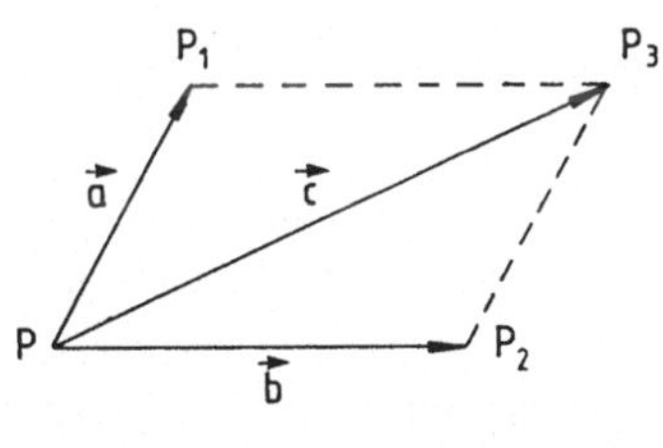

Unter der Summe der beiden Vektoren $\overrightarrow{PP_1} = \vec{a}$ und $\overrightarrow{PP_2} = \vec{b}$ versteht man den Pfeil $\overrightarrow{PP_3} = \vec{c}$, der die von P ausgehende Diagonale eines Parallelogramms bildet, das von den zu addierenden Pfeilen aufgespannt wird (Bild G 5).

Bild G 5

Da der Pfeil $\overrightarrow{P_1P_3}$ zu $\overrightarrow{PP_2}$ parallel und gleich lang ist, kann man die Summenbildung nach Bild G 6 kürzer ausführen.

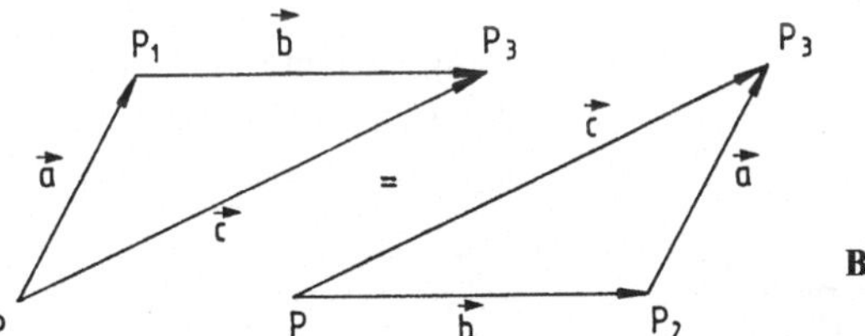

Bild G 6

Man fügt die zu addierenden Vektoren zu einer Kette mit einheitlichem Durchlaufungssinn zusammen. Der Verbindungspfeil vom Anfangspunkt des ersten Vektors bis zum Endpunkt des letzten Vektors ergibt den Summenpfeil.

Zwei Vektoren $\vec{a}$ und $\vec{b}$ werden addiert, indem man den einen so lange verschiebt, bis sein Anfangspunkt mit dem Endpunkt des anderen zusammenfällt. Der Verbindungspfeil, der vom Anfangspunkt von $\vec{a}$ zum Endpunkt von $\vec{b}$ führt, ist der Summenvektor $\vec{c}$. Hierbei ist die Reihenfolge der Summanden beliebig, d. h. es gilt das Kommutativ-Gesetz.

$$\boxed{\vec{a} + \vec{b} = \vec{b} + \vec{a}} \tag{G3}$$

Die Addition läßt sich nach Bild G 7 auf eine beliebige Anzahl von Vektoren erweitern, wobei das Assoziativ-Gesetz gilt:

$$\boxed{\vec{a} + (\vec{b} + \vec{c}) = (\vec{a} + \vec{b}) + \vec{c} = \vec{a} + \vec{b} + \vec{c}} \tag{G4}$$

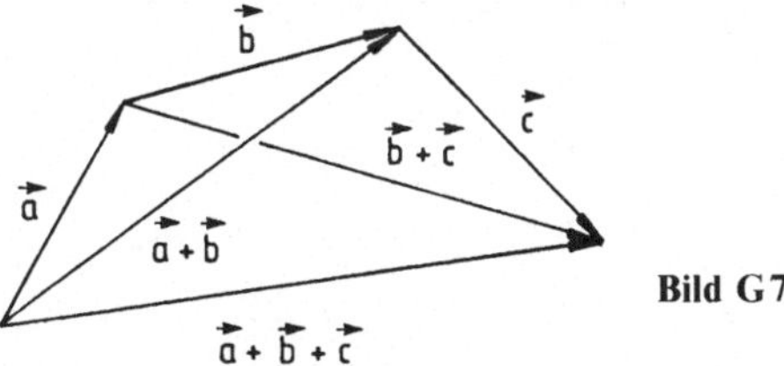

Bild G 7

Man fügt die zu addierenden Vektoren zu einer Kette mit einheitlichem Durchlaufungssinn zusammen und erhält den Summenvektor als Verbindungspfeil des Anfangspunktes des ersten Vektors zum Endpunkt des letzten Vektors.

G1.6 Vektoren in einem rechtwinkligen Koordinaten-System

Für das praktische Rechnen ist es meist zweckmäßig, die Vektoren auf ein rechtshändig orientiertes, räumliches kartesisches Koordinatensystem zu beziehen.

Die Einheitsvektoren $\vec{e}_x$, $\vec{e}_y$, $\vec{e}_z$ (andere Bezeichnung $\vec{i}$, $\vec{j}$, $\vec{k}$) auf der x, y, z-Achse bilden die orthonormale Basis des Koordinatensystems.

Die Basisvektoren sind orthogonal (d.h. sie stehen aufeinander senkrecht) und normiert (d.h. sie haben die Länge eins).

Dieses System heißt rechtshändig, wenn die x, y, z-Achse wie Daumen, Zeige- und Mittelfinger der rechten Hand rechtwinklig zueinander gespreizt liegen.

Die Achsen bilden dann in dieser Reihenfolge eine Rechtsschraubung. Dreht man die x-Achse auf dem kürzesten Weg in die y-Achse, so zeigt die z-Achse in die Richtung, in die sich eine Rechtsschraube dabei fortbewegen würde.

Ein beliebiger Vektor $\vec{a}$ läßt sich in diesem System nach Bild G8 als Summe von drei zueinander senkrecht stehenden Teilvektoren $\vec{a}_x$, $\vec{a}_y$, $\vec{a}_z$ darstellen:

$$\boxed{\vec{a} = \vec{a}_x + \vec{a}_y + \vec{a}_z} \tag{G5}$$

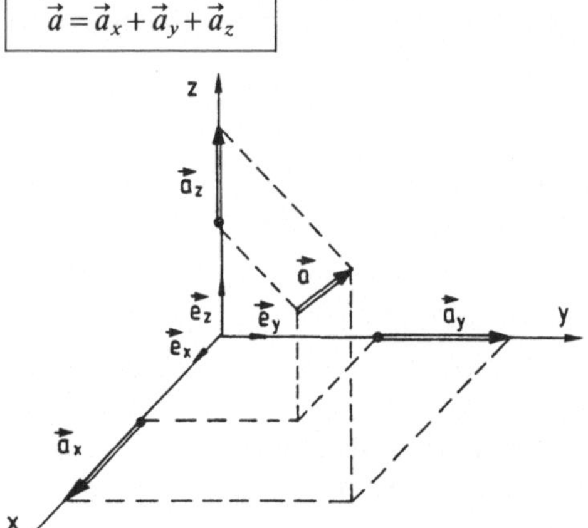

Bild G8

Diese drei Teilvektoren nennt man kartesische Komponenten des Vektors $\vec{a}$.

Sie lassen sich als Verlängerung (bzw. Verkürzung) der Einsvektoren schreiben:

$$\vec{a}_x = a_x \cdot \vec{e}_x$$
$$\vec{a}_y = a_y \cdot \vec{e}_y$$
$$\vec{a}_z = a_z \cdot \vec{e}_z$$

Dabei sind a_x, a_y, a_z reelle Zahlen, die als Koordinaten des Vektors $\vec{a}$ bezeichnet werden.

Die Vektorkoordinaten a_x, a_y, a_z ändern sich nicht, wenn der Vektor $\vec{a}$ nach Bild G9 parallel zu sich selbst in den Koordinaten-Ursprung 0 verschoben wird, da die Komponenten $\vec{a}_x$, $\vec{a}_y$, $\vec{a}_z$ nach Länge, Richtung und Richtungssinn erhalten bleiben, also invariant gegenüber einer Parallel-Verschiebung sind.

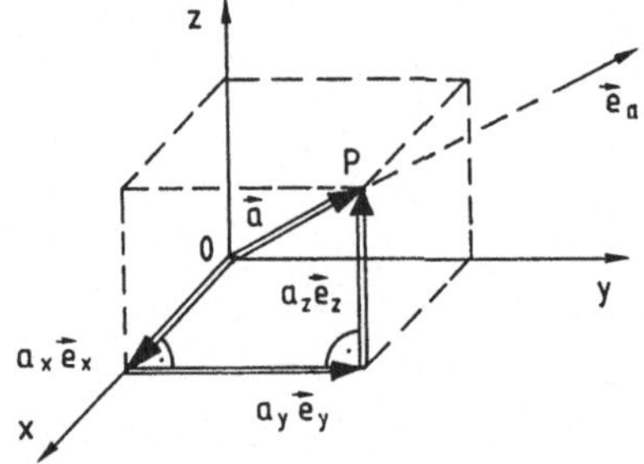

Bild G9

Die Basis-Darstellung des freien Vektors lautet somit

$$\boxed{\vec{a} = a_x\vec{e}_x + a_y\vec{e}_y + a_z\vec{e}_z} \tag{G5a}$$

Hat ein Vektor den Koordinaten-Ursprung als Anfangspunkt, so stellen seine Vektorkoordinaten die kartesischen Koordinaten des Endpunktes P dieses Vektors dar.

Hat man einmal eine Basis festgelegt, so ist jeder Vektor $\vec{a}$ durch das aus seinen Koordinaten gebildete Zahlentripel (a_x, a_y, a_z) eindeutig bestimmt.

Man kann einen Vektor als Spaltenvektor $\vec{a} = \begin{bmatrix} a_x \\ a_y \\ a_z \end{bmatrix}$ oder als Zeilenvektor $\vec{a} = (a_x, a_y, a_z)$ schreiben.

In Verbindung mit der Matrizen-Rechnung ist es zweckmäßig, einen Vektor generell als Spaltenvektor aufzufassen. Wenn aus Platzgründen die horizontale Schreibweise erforderlich ist, verwendet man die transponierte Form

$$\vec{a}^T = (a_x, a_y, a_z) \quad \text{bzw.} \quad \vec{a} = (a_x, a_y, a_z)^T$$

Einen Vektor, bei dem alle Komponenten Null sind, bezeichnet man als Nullvektor

$$\vec{0} = \begin{bmatrix} 0 \\ 0 \\ 0 \end{bmatrix}$$

Der Nullvektor ist das neutrale Element der Vektoraddition: $\vec{a} + \vec{0} = \vec{a}$.

Der Betrag des Vektors ergibt sich nach Bild G9 durch zweimalige Anwendung des Satzes von Pythagoras zu

$$\boxed{a = |\vec{a}| = \sqrt{a_x^2 + a_y^2 + a_z^2}} \tag{G6}$$

Jeder Vektor ist gleich seinem Betrag mal seinem Einsvektor

$$\vec{a} = |\vec{a}| \cdot \vec{e}_a \quad \text{mit} \quad |\vec{e}_a| = 1$$

Daraus ergibt sich der Einsvektor in Richtung von $\vec{a}$

$$\vec{e}_a = \frac{\vec{a}}{|\vec{a}|} = \frac{a_x}{|\vec{a}|}\,\vec{e}_x + \frac{a_y}{|\vec{a}|}\,\vec{e}_y + \frac{a_z}{|\vec{a}|}\,\vec{e}_z$$

G1.7 Rechengesetze

Sind λ und μ reelle Zahlen ($\lambda, \mu \in \mathbb{R}$), so gilt

$$\boxed{\lambda \cdot \vec{a} = (\lambda \cdot a_x) \cdot \vec{e}_x + (\lambda \cdot a_y) \cdot \vec{e}_y + (\lambda \cdot a_z) \cdot \vec{e}_z} \tag{G7}$$

$$\boxed{(\lambda + \mu) \cdot \vec{a} = \lambda \cdot \vec{a} + \mu \cdot \vec{a}} \quad \text{1. Distributiv-Gesetz} \tag{G8}$$

$$\boxed{\lambda \cdot (\vec{a} + \vec{b}) = \lambda \cdot \vec{a} + \lambda \cdot \vec{b}} \quad \text{2. Distributiv-Gesetz} \tag{G9}$$

Mit dem Kommutativ- und Distributiv-Gesetz lassen sich zwei Vektoren komponentenweise addieren bzw. subtrahieren:

$$\boxed{\vec{a} \pm \vec{b} = (a_x \pm b_x) \cdot \vec{e}_x + (a_y \pm b_y) \cdot \vec{e}_y + (a_z \pm b_z) \cdot \vec{e}_z} \tag{G10}$$

■ **Beispiel:** Verbindungsvektor zweier Punkte P_1 und P_2 in einem kartesischen Koordinatensystem.

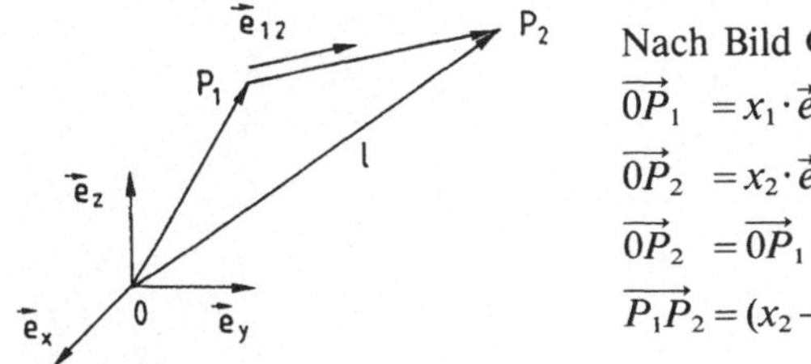

Nach Bild G10 ist

$$\overrightarrow{0P_1} = x_1 \cdot \vec{e}_x + y_1 \cdot \vec{e}_y + z_1 \cdot \vec{e}_z$$
$$\overrightarrow{0P_2} = x_2 \cdot \vec{e}_x + y_2 \cdot \vec{e}_y + z_2 \cdot \vec{e}_z$$
$$\overrightarrow{0P_2} = \overrightarrow{0P_1} + \overrightarrow{P_1P_2} \;\Rightarrow\; \overrightarrow{P_1P_2} = \overrightarrow{0P_2} - \overrightarrow{0P_1}$$
$$\overrightarrow{P_1P_2} = (x_2 - x_1)\vec{e}_x + (y_2 - y_1)\vec{e}_y + (z_2 - z_1)\vec{e}_z$$

Bild G10

Der Abstand der beiden Punkte P_1 und P_2 wird nach Gl. G6:

$$\left| \overrightarrow{P_1 P_2} \right| = \ell = \sqrt{(x_2 - x_1)^2 + (y_2 - y_1)^2 + (z_2 - z_1)^2} \tag{G11}$$

Der Einsvektor ergibt sich aus $\overrightarrow{P_1 P_2} = \ell \cdot \vec{e}_{12} \Rightarrow$

$$\vec{e}_{12} = \frac{\overrightarrow{P_1 P_2}}{\ell} = \frac{x_2 - x_1}{\ell}\, \vec{e}_x + \frac{y_2 - y_1}{\ell}\, \vec{e}_y + \frac{z_2 - z_1}{\ell}\, \vec{e}_z \tag{G12}$$

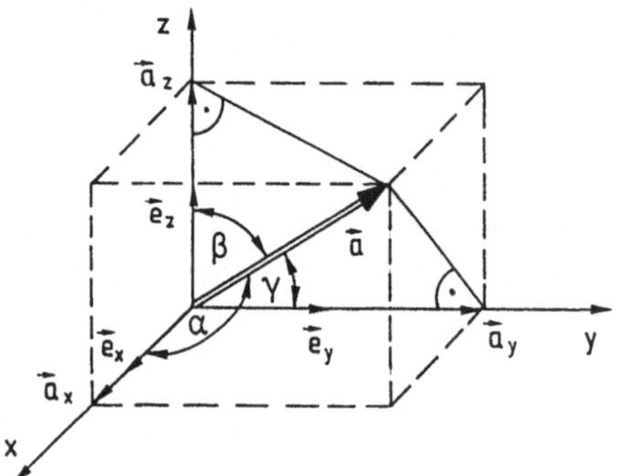

Bild G 11

Im kartesischen Koordinatensystem legt man die Richtung und den Richtungssinn eines Vektors $\vec{a}$ durch die Winkel α, β, γ fest (Bild G 11), die spitz oder stumpf sind, je nachdem ob die Werte der Koordinaten a_x, a_y, a_z positiv oder negativ sind.

Die Winkel werden immer zwischen der positiven Koordinatenachse und dem Vektor gemessen, d. h. in dem Sinn, wie man den jeweiligen Einsvektor $\vec{e}_x$, $\vec{e}_y$, $\vec{e}_z$ auf dem kürzestem Weg in den Vektor $\vec{a}$ dreht, bis er mit diesem zur Deckung kommt.

Eine Vergrößerung der Winkel α, β, γ um jeweils 180° bedeutet demnach eine Umkehrung des Richtungssinns des Vektorpfeils.

Aus den rechtwinkligen, räumlichen Dreiecken entnimmt man mit $|\vec{a}| = a$ als Hypotenuse:

$$\cos\alpha = \frac{a_x}{a}; \quad \cos\beta = \frac{a_y}{a}; \quad \cos\gamma = \frac{a_z}{a} \tag{G13}$$

Die Addition der Quadrate ergibt:

$$\cos^2\alpha + \cos^2\beta + \cos^2\gamma = \frac{a_x^2 + a_y^2 + a_z^2}{a^2} = 1 \tag{G14}$$

Der Vektor $\vec{a}$ läßt sich damit schreiben

$$\vec{a} = a_x \vec{e}_x + a_y \vec{e}_y + a_z \vec{e}_z = a \cdot (\cos\alpha \cdot \vec{e}_x + \cos\beta \cdot \vec{e}_y + \cos\gamma \cdot \vec{e}_z)$$

Für den Einsvektor $\vec{e}_a$ in Richtung von $\vec{a}$ ergibt sich

$$\vec{e}_a = \frac{\vec{a}}{a} = \cos\alpha \cdot \vec{e}_x + \cos\beta \cdot \vec{e}_y + \cos\gamma \cdot \vec{e}_z \tag{G15}$$

oder als Spaltenvektor geschrieben

$$\vec{a} = a \cdot \begin{bmatrix} \cos\alpha \\ \cos\beta \\ \cos\gamma \end{bmatrix} \quad \text{und} \quad \vec{e}_a = \begin{bmatrix} \cos\alpha \\ \cos\beta \\ \cos\gamma \end{bmatrix}$$

G 1.8 Skalares Produkt zweier Vektoren

Unter dem Skalarprodukt zweier Vektoren $\vec{a}$ und $\vec{b}$ versteht man das Produkt der beiden Beträge multipliziert mit dem Cosinus des von beiden eingeschlossenen Winkels $\alpha = \sphericalangle(\vec{a}, \vec{b})$.

$$\vec{a}\,\vec{b} = |\vec{a}|\,|\vec{b}|\,\cos(\vec{a}, \vec{b}) = ab\cos\alpha = \vec{b}\,\vec{a} \qquad\qquad\text{(G 16)}$$

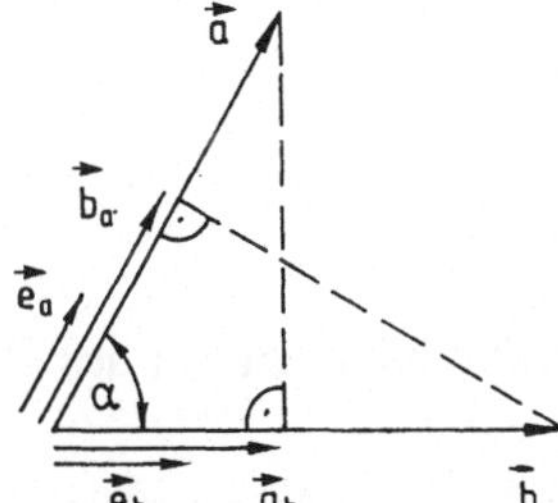

$0 \le \alpha \le \pi$

α ist der Winkel, um den man den Vektor $\vec{a}$ auf kürzestem Weg drehen muß, damit er in die Richtung von $\vec{b}$ weist (Bild G 12).

Bild G 12

Projeziert man den Vektor $\vec{a}$ auf den Vektor $\vec{b}$ und umgekehrt, so erhält man für die Beträge der Projektionen

$$a_b = a\cos\alpha \quad\text{und}\quad b_a = b\cos\alpha$$

Damit läßt sich das skalare Produkt auch mit den Projektionsvektoren schreiben.

$$\vec{a}\,\vec{b} = \vec{a}_b \cdot b = \vec{a} \cdot \vec{b}_a = a \cdot b\cos\alpha \qquad\qquad\text{(G 16a)}$$

Bei der skalaren Multiplikation zweier Vektoren kann man einen der Vektoren durch seine Komponente in Richtung des anderen Vektors ersetzen.
Mit den Einsvektoren wird

$$\vec{e}_a \cdot \vec{e}_b = \cos\alpha$$

Für die Basisvektoren $\vec{e}_1, \vec{e}_2, \vec{e}_3$ eines rechtwinkligen Koordinaten-Systems gilt:

$$\vec{e}_i \cdot \vec{e}_i = \vec{e}_i^{\,2} = 1 \quad\text{für}\quad i = 1, 2, 3$$
$$\vec{e}_i \cdot \vec{e}_k = 0 \qquad\quad\text{für}\quad i \neq k$$

bzw. einheitlich mit dem Kronecker-Symbol geschrieben

$$\vec{e}_i \cdot \vec{e}_k = \delta_{ik} \quad\text{wobei}\quad \delta_{ik}\begin{cases} = 1 & \text{für } i = k \\ = 0 & \text{für } i \neq k \end{cases} \qquad\qquad\text{(G 17)}$$

Die Skalarprodukte der kartesischen Einheitsvektoren sind demnach

$$\vec{i} \cdot \vec{i} = \vec{j} \cdot \vec{j} = \vec{k} \cdot \vec{k} = 1 \quad (\text{da } \alpha = 0 \text{ und } \cos 0 = 1)$$
$$\vec{i} \cdot \vec{j} = \vec{j} \cdot \vec{k} = \vec{k} \cdot \vec{i} = 0 \quad \left(\text{da } \alpha = \frac{\pi}{2} \text{ und } \cos\frac{\pi}{2} = 0\right)$$

Für das skalare Produkt gilt das Distributivgesetz

$$(\vec{a} + \vec{b}) \cdot \vec{c} = \vec{a} \cdot \vec{c} + \vec{b} \cdot \vec{c} \qquad\qquad\text{(G 18)}$$

Damit wird das Skalarprodukt in Koordinatendarstellung

$$\vec{a}\cdot\vec{b} = \begin{bmatrix} a_x \\ a_y \\ a_z \end{bmatrix} \cdot \begin{bmatrix} b_x \\ b_y \\ b_z \end{bmatrix} = (a_x\vec{i} + a_y\vec{j} + a_z\vec{k})\cdot(b_x\vec{i} + b_y\vec{j} + b_z\vec{k}) =$$

$$= a_xb_x\,\vec{i}\cdot\vec{i} + a_xb_y\,\vec{i}\cdot\vec{j} + a_xb_z\,\vec{i}\cdot\vec{k} + a_yb_x\,\vec{j}\cdot\vec{i} + a_yb_y\,\vec{j}\cdot\vec{j} + a_yb_z\,\vec{j}\cdot\vec{k} +$$

$$+ a_zb_x\,\vec{k}\cdot\vec{i} + a_zb_y\,\vec{k}\cdot\vec{j} + a_zb_z\,\vec{k}\cdot\vec{k}$$

Unter Beachtung der Orthogonalitäts-Relationen folgt daraus

$$\boxed{\vec{a}\cdot\vec{b} = a_xb_x + a_yb_y + a_zb_z} \tag{G19}$$

Das Skalarprodukt zweier Vektoren ergibt sich als Summe der drei Produkte, die mit den gleichen Komponenten der Vektoren gebildet werden.

Schreibt man das Skalarprodukt in der Form $\vec{a}^{\,T}\cdot\vec{b}$, dann kann es als Sonderfall der Matrizenmultiplikation (siehe Kapitel 2.3.3) gedeutet werden. Hierbei werden die Elemente des Zeilenvektors mit denen des Spaltenvektors gliedweise multipliziert und die einzelnen Produkte gleichgerichteter Koordinaten addiert.

$$\vec{a}^{\,T}\cdot\vec{b} = [a_x,\, a_y,\, a_z]\cdot\begin{bmatrix} b_x \\ b_y \\ b_z \end{bmatrix} = a_xb_x + a_yb_y + a_zb_z$$

Ist das Skalarprodukt Null, so folgt

$$\vec{a}\cdot\vec{b} = 0 \;\;\Leftrightarrow\;\; \vec{a} = \vec{0} \;\vee\; \vec{b} = \vec{0} \;\vee\; \vec{a} \perp \vec{b}$$

Das skalare Produkt zweier Vektoren wird Null, wenn einer der beiden Vektoren der Nullvektor ist, oder wenn die beiden Vektoren aufeinander senkrecht stehen.

Das skalare Produkt eines Vektors mit sich selbst ist

$$\vec{a}\cdot\vec{a} = \vec{a}^{\,2} = a\cdot a\cdot\cos 0 = a^2$$

Den Betrag eines Vektors erhält man daher aus

$$|\vec{a}| = a = \sqrt{\vec{a}^{\,2}} = \sqrt{a_x^2 + a_y^2 + a_z^2}$$

Die Länge eines Vektors ist gleich der Wurzel aus der Summe der Quadrate seiner Koordinaten entsprechend Gl. G6.

Damit kann man aus Gl. G16a und G19 den Winkel zwischen zwei Vektoren bestimmen, wenn deren Komponenten gegeben sind:

$$\cos\alpha = \frac{\vec{a}\cdot\vec{b}}{a\cdot b} = \frac{a_xb_x + a_yb_y + a_zb_z}{\sqrt{a_x^2 + a_y^2 + a_z^2}\cdot\sqrt{b_x^2 + b_y^2 + b_z^2}}$$

Nicht-Umkehrbarkeit des Skalarproduktes

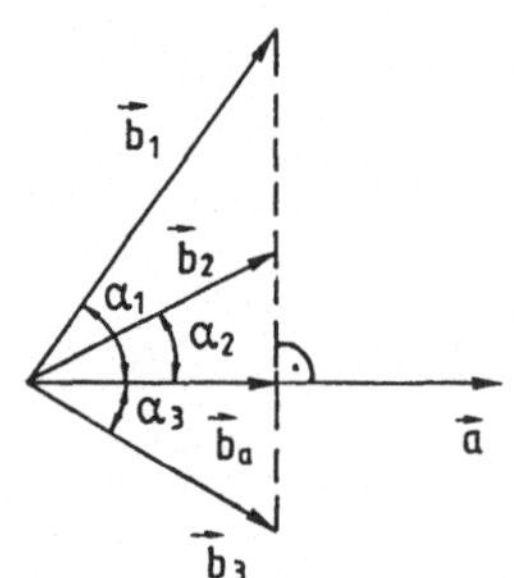

Nach Bild G13 ist

$$\vec{a}\,\vec{b}_1 = \vec{a}\,\vec{b}_2 = \vec{a}\,\vec{b}_3 = \vec{a}\,\vec{b}_a$$
$$= a\,b_1\cos\alpha_1 = a\,b_2\cos\alpha_2 = a\,b_3\cos\alpha_3 = a\,b_a$$

jedoch $\vec{b}_1 \neq \vec{b}_2 \neq \vec{b}_3 \neq \vec{b}_a$

Beachte: aus $\vec{a}\,\vec{b}_1 = \vec{a}\,\vec{b}_2$ folgt nicht $\vec{b}_1 = \vec{b}_2$

Bild G13

Deshalb darf obige Gleichung nicht durch den gemeinsamen Faktor $\vec{a}$ dividiert werden, d.h. die Division eines Skalars durch einen Vektor ist nicht erlaubt.

Multipliziert man einen Vektor $\vec{a}$ skalar mit verschiedenen Vektoren $\vec{b}_i$, dessen Spitzen alle auf einer Senkrechten zu $\vec{a}$ liegen (also alle die gleiche Projektion $\vec{b}_a$ auf den Vektor $\vec{a}$ haben), so erhält man immer das gleiche Skalarprodukt.

Sucht man umgekehrt zu einem Skalarprodukt $\vec{a}\vec{b}$ und einem gegebenen Vektor $\vec{a}$ den jeweiligen Faktor $\vec{b}$, so ist dieser nicht eindeutig bestimmbar.

Die Umkehrung des Skalarprodukts, also die Division eines Skalars durch einen Vektor ist nicht eindeutig, da zu einem Vektor $\vec{a}$ unendlich viele Vektoren $\vec{b}$ existieren, die alle dasselbe Skalarprodukt ergeben.

G 1.9 Vektorielles Produkt zweier Vektoren

Bei der vektoriellen Multiplikation zweier Vektoren $\vec{a}$ und $\vec{b}$ entsteht wiederum ein Vektor $\vec{c} = \vec{a} \times \vec{b}$ mit folgenden Eigenschaften (Bild G 14):

1) $\vec{c}$ steht senkrecht auf $\vec{a}$ und $\vec{b}$

2) $\vec{a}$, $\vec{b}$ und $\vec{c}$ bilden in dieser Reihenfolge ein Rechtssystem. Dreht man den Vektor $\vec{a}$ auf dem kürzesten Weg in den Vektor $\vec{b}$, dann zeigt der Produktvektor $\vec{c}$ in die Richtung, in die eine Rechtsschraube fortschreitet.

3) $\boxed{|\vec{c}| = |\vec{a}| \cdot |\vec{b}| \cdot \sin(\vec{a}, \vec{b})}$ mit $0 \leq \sphericalangle(\vec{a}, \vec{b}) \leq \pi$ (G 20)

$\alpha = \sphericalangle(\vec{a}, \vec{b})$

$A = a \cdot b \cdot \sin\alpha = \vec{a} \times \vec{b}$

Bild G 14

$|\vec{a} \times \vec{b}|$ läßt sich geometrisch interpretieren als Maßzahl für den Flächeninhalt A des von den Vektoren $\vec{a}$ und $\vec{b}$ aufgespannten Parallelogramms.

Ist das Vektorprodukt gleich Null, so folgt

$$\vec{a} \times \vec{b} = 0 \iff \vec{a} = 0 \lor \vec{b} = 0 \lor \vec{a} \parallel \vec{b}$$

Das vektorielle Produkt zweier Vektoren wird Null, wenn einer der beiden Vektoren der Nullvektor ist, oder wenn die beiden Vektoren parallel laufen.

Das Vektorprodukt ist nicht kommutativ:

$$\boxed{\vec{a} \times \vec{b} = -\vec{b} \times \vec{a}}$$ (G 21)

Aus der Definitionsgleichung des Vektorprodukts folgt

$$\boxed{\vec{a} \times \vec{a} = \vec{0}}$$ (G 22)

Für die Basisvektoren gilt

$$\vec{e}_i \times \vec{e}_i = \vec{0} \quad \text{für } i = 1, 2, 3$$
$$\vec{e}_1 \times \vec{e}_2 = \vec{e}_3$$
$$\vec{e}_2 \times \vec{e}_3 = \vec{e}_1$$
$$\vec{e}_3 \times \vec{e}_1 = \vec{e}_2$$

Die Zusammenhänge ergeben sich
durch zyklische Vertauschung

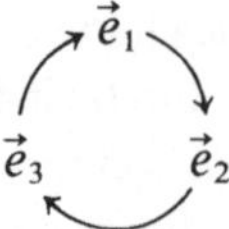

Die Vektorprodukte der kartesischen Einheitsvektoren sind demnach

$$\vec{i}\times\vec{i}=\vec{j}\times\vec{j}=\vec{k}\times\vec{k}=0$$

$$\vec{i}\times\vec{j}=\vec{k}; \qquad \vec{j}\times\vec{k}=\vec{i}; \qquad \vec{k}\times\vec{i}=\vec{j}$$

$$\vec{j}\times\vec{i}=-\vec{k}; \qquad \vec{k}\times\vec{j}=-\vec{i}; \qquad \vec{i}\times\vec{k}=-\vec{j}$$

Auch für das Vektorprodukt gilt das distributive Gesetz:

$$\boxed{(\vec{a}+\vec{b})\times\vec{c}=\vec{a}\times\vec{c}+\vec{b}\times\vec{c}}\qquad\text{(G 23)}$$

Damit wird das Vektorprodukt in Komponenten

$$\vec{a}\times\vec{b}=(a_x\vec{i}+a_y\vec{j}+a_z\vec{k})\times(b_x\vec{i}+b_y\vec{j}+b_z\vec{k})$$

$$=a_xb_x\vec{i}\times\vec{i}+a_xb_y\vec{i}\times\vec{j}+a_xb_z\vec{i}\times\vec{k}+a_yb_x\vec{j}\times\vec{i}+a_yb_y\vec{j}\times\vec{j}+a_yb_z\vec{j}\times\vec{k}+$$

$$+a_zb_x\vec{k}\times\vec{i}+a_zb_y\vec{k}\times\vec{j}+a_zb_z\vec{k}\times\vec{k}$$

$$=(a_yb_z-a_zb_y)\cdot\vec{i}+(a_zb_x-a_xb_z)\cdot\vec{j}+(a_xb_y-a_yb_x)\cdot\vec{k}$$

Das Vektorprodukt läßt sich übersichtlich als dreireihige Determinante schreiben, die man zweckmäßig nach der ersten Spalte entwickelt.

$$\vec{a}\times\vec{b}=\begin{bmatrix}a_x\\a_y\\a_z\end{bmatrix}\times\begin{bmatrix}b_x\\b_y\\b_z\end{bmatrix}=\begin{vmatrix}\vec{i}&a_x&b_x\\\vec{j}&a_y&b_y\\\vec{k}&a_z&b_z\end{vmatrix}=\begin{bmatrix}a_yb_z-a_zb_y\\a_zb_x-a_xb_z\\a_xb_y-a_yb_x\end{bmatrix}\qquad\text{(G 24)}$$

Sind die beiden Vektoren des Kreuzproduktes gleich oder kollinear (d.h. ihre Komponenten unterscheiden sich nur um einen konstanten Faktor, den man vor die Determinante setzen kann), so sind zwei Spalten der Determinante gleich, d.h. die Determinante wird Null und das Vektorprodukt verschwindet.

Nicht-Umkehrbarkeit des Vektorprodukts

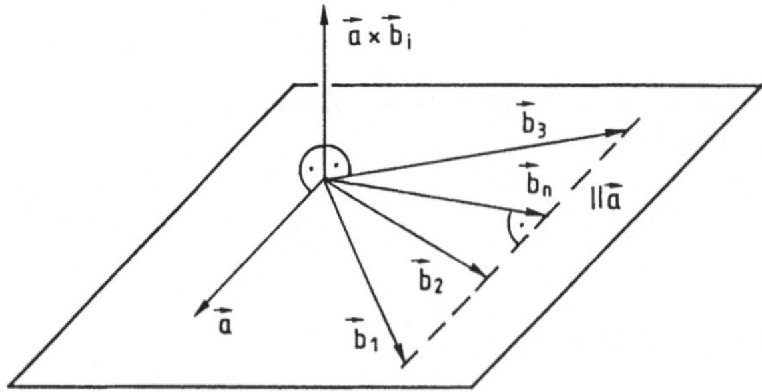

Bild G 15

Nach Bild G 15 ist

$$\vec{a}\times\vec{b}_1=\vec{a}\times\vec{b}_2=\vec{a}\times\vec{b}_3=\vec{a}\times\vec{b}_n$$

jedoch $\vec{b}_1\neq\vec{b}_2\neq\vec{b}_3\neq\vec{b}_n$

Beachte: aus $\vec{a}\times\vec{b}_1=\vec{a}\times\vec{b}_2$ folgt nicht $\vec{b}_1=\vec{b}_2$

Deshalb darf obige Gleichung nicht durch den gemeinsamen Faktor $\vec{a}$ dividiert werden, d.h. die Division eines Vektors durch einen Vektor ist nicht erlaubt.

Multipliziert man einen Vektor $\vec{a}$ vektoriell mit verschiedenen Vektoren $\vec{b}_i$, deren Spitzen alle auf einer Parallelen zu $\vec{a}$ liegen (also alle die gleiche Normalkomponente $\vec{b}_n$ haben), so erhält man immer das gleiche Vektorprodukt (wegen der gleichen Flächeninhalte der durch die Vektoren aufgespannten Parallelogramme).

Sucht man umgekehrt zu einem Vektorprodukt $\vec{a} \times \vec{b}$ und einem gegebenen Vektor $\vec{a}$ den zweiten Faktor $\vec{b}$, so ist dieser nicht eindeutig bestimmbar.

Die Umkehrung des Vektorprodukts, also die Divison eines Vektors durch einen Vektor ist nicht eindeutig, da zu einem Vektor $\vec{a}$ unendlich viele Vektoren $\vec{b}$ existieren, die alle dasselbe Vektorprodukt ergeben.

G 1.10 Mehrfache Produkte von Vektoren

In der Vektoranalysis werden oft mehrere Vektoren miteinander multipliziert wie z.B. beim gemischten Produkt und beim dreifachen Kreuzprodukt.

G 1.10.1 Gemischtes Produkt (Spatprodukt)

Kombiniert man das Vektor- und das Skalarprodukt, so erhält man als gemischtes Produkt einen Skalar, der das Volumen eines Spates darstellt und daher auch Spatprodukt heißt.

Das gemischte Produkt von drei Vektoren $\vec{a}, \vec{b}, \vec{c}$ ergibt sich, wenn man das Vektorprodukt $\vec{a} \times \vec{b}$ aus zwei Vektoren mit dem dritten Vektor $\vec{c}$ skalar multipliziert.

Liegen die 3 Vektoren $\vec{a}, \vec{b}, \vec{c}$ nicht in einer Ebene, so spannen sie ein Parallelepiped (Spat) auf (Bild G 16).

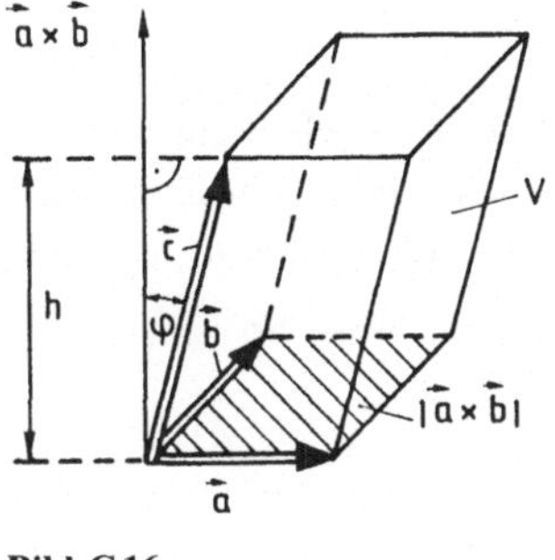

$\vec{a} \times \vec{b}$ ist ein Vektor, dessen Betrag dem Flächeninhalt des von $\vec{a}$ und $\vec{b}$ gebildeten Parallelogramms, also der Grundfläche A des Spats entspricht.

Der Vektor $\vec{a} \times \vec{b}$ steht senkrecht auf $\vec{a}$ und $\vec{b}$ und zeigt somit in die Richtung der Höhe des Spates. Die Höhe $h = c \cdot \cos\varphi$ ist gleich der Projektion von $\vec{c}$ auf dem zur Grundfläche senkrechten Vektor $\vec{a} \times \vec{b}$.

Beim Skalarprodukt kann ein Vektor durch seine Projektion auf den anderen ersetzt werden, weshalb sich das Spatvolumen ergibt, wenn man $\vec{a} \times \vec{b}$ skalar mit $\vec{c}$ multipliziert.

Bild G 16

$$V = A \cdot h = (\vec{a} \times \vec{b}) \cdot \vec{c} = (a_y b_z - a_z b_y) \cdot c_x + (a_z b_x - a_x b_z) \cdot c_y + (a_x b_y - a_y b_x) \cdot c_z$$

oder in Determinantenform geschrieben

$$V = \begin{vmatrix} a_y & b_y \\ a_z & b_z \end{vmatrix} \cdot c_x - \begin{vmatrix} a_x & b_x \\ a_z & b_z \end{vmatrix} \cdot c_y + \begin{vmatrix} a_x & b_x \\ a_y & b_y \end{vmatrix} \cdot c_z = \begin{vmatrix} a_x & b_x & c_x \\ a_y & b_y & c_y \\ a_z & b_z & c_z \end{vmatrix}$$

Es entsteht das gleiche Volumen, wenn man das durch $\vec{b}$ und $\vec{c}$ oder das durch $\vec{c}$ und $\vec{a}$ aufgespannte Parallelogramm als Grundfläche nimmt. Dies kommt einer zyklischen Vertauschung der Spalten in der Determinante gleich, wodurch sich ihr Wert nicht ändert. Es muß also gelten

$$(\vec{a} \times \vec{b}) \cdot \vec{c} = (\vec{b} \times \vec{c}) \cdot \vec{a} = (\vec{c} \times \vec{a}) \cdot \vec{b} \tag{G 25}$$

Da beim Spatprodukt Kreuz und Punkt miteinander vertauscht werden können, schreibt man für $(\vec{a} \times \vec{b}) \cdot \vec{c}$ auch $(\vec{a}\,\vec{b}\,\vec{c})$.

Eine Vertauschung der Faktoren beim Vektorprodukt bedingt eine Vorzeichenänderung $\vec{a} \times \vec{b} = -(\vec{b} \times \vec{a})$, also ist $(\vec{a}\,\vec{b}\,\vec{c}) = -(\vec{b}\,\vec{a}\,\vec{c}) = -(\vec{a}\,\vec{c}\,\vec{b}) = -(\vec{c}\,\vec{b}\,\vec{a})$.

Ist das Spatprodukt positiv, dann bilden die 3 Vektoren ein Rechtssystem, andernfalls ein Linkssystem.

Durch zyklische Vertauschung der Faktoren wird das Vorzeichen nicht geändert.

Liegen die 3 Vektoren $\vec{a}, \vec{b}, \vec{c}$ in einer Ebene (d.h. sie sind komplanar), so wird ihr Spatprodukt Null.

G1.10.2 Dreifaches Vektorprodukt

Multipliziert man das Vektorprodukt $\vec{a} \times \vec{b}$ vektoriell mit $\vec{c}$, so entsteht das dreifache Vektorprodukt, das wiederum einen Vektor darstellt:

$$(\vec{a} \times \vec{b}) \times \vec{c} = \begin{vmatrix} \vec{i} & a_y b_z - a_z b_y & c_x \\ \vec{j} & a_z b_x - a_x b_z & c_y \\ \vec{k} & a_x b_y - a_y b_x & c_z \end{vmatrix}$$

Durch Auswertung der Determinante und formale Ergänzung ergibt sich

$$(\vec{a} \times \vec{b}) \times \vec{c} = \begin{bmatrix} a_z b_x c_z - a_x b_z c_z - a_x b_y c_y + a_y b_x c_y \\ -a_y b_z c_z + a_z b_y c_z + a_x b_y c_x - a_y b_x c_x \\ a_y b_z c_y - a_z b_y c_y - a_z b_x c_x + a_x b_z c_x \end{bmatrix} + \begin{bmatrix} a_x b_x c_x - a_x b_x c_x \\ a_y b_y c_y - a_y b_y c_y \\ a_z b_z c_z - a_z b_z c_z \end{bmatrix}$$

und entsprechend zusammengefaßt

$$\boxed{(\vec{a} \times \vec{b}) \times \vec{c} = (\vec{a} \cdot \vec{c}) \cdot \vec{b} - (\vec{b} \cdot \vec{c}) \cdot \vec{a}} \tag{G26}$$

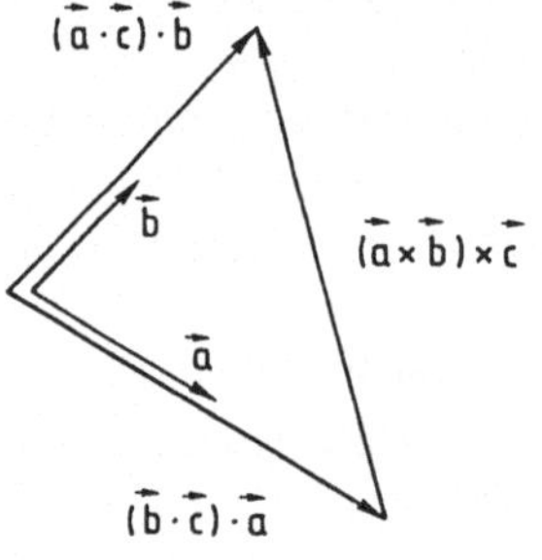

Die Skalarprodukte $\vec{a}\vec{c}$ und $\vec{b}\vec{c}$ ergeben die skalaren Koeffizienten der Vektoren $\vec{b}$ und $\vec{a}$, die in entsprechend gestreckter Form nach Bild G17 vektoriell zu subtrahieren sind.

Bild G17

Mit diesem sog. Entwicklungssatz kann man mehrfache Produkte schrittweise auf einfachere Produkte zurückführen.

G1.11 n-dimensionale Vektoren

Im Zusammenhang mit Gleichungssystemen wird der geometrisch anschauliche Begriff des dreidimensionalen Vektors auf n-dimensionale Vektoren im n-dimensionalen Euklidischen Raum erweitert, wobei die Rechengesetze der dreidimensionalen Vektoren verallgemeinert werden (allerdings mit Einschränkungen, so ist z.B. das Vektorprodukt nur für dreidimensionale Vektoren definiert).

Ein n-dimensionaler Vektor $\vec{a}$ wird definiert als geordnetes n-Tupel von n reellen oder komplexen Zahlen

$$\vec{a} = (a_1, a_2 \ldots a_i \ldots a_n) = \begin{bmatrix} a_1 \\ a_2 \\ \vdots \\ a_i \\ \vdots \\ a_n \end{bmatrix}$$

wobei a_i ($i = 1, 2, \ldots n$) die Komponenten des Vektors sind. Der Begriff geordnet soll ausdrücken, daß sich bei Änderungen der Reihenfolge der Zahlen im allgemeinen auch der Vektor $\vec{a}$ ändert.
Die Menge aller geordneten n-Tupel reeller oder komplexer Zahlen wird als n-dimensionaler Vektorraum bezeichnet.

G 1.12 Lineare Abhängigkeit von Vektoren

Die Vektoren $\vec{a}_1, \vec{a}_2 \ldots \vec{a}_n$ lassen sich mit Hilfe von Konstanten $\lambda_1, \lambda_2 \ldots \lambda_n \in \mathbb{R}$ zu einer Linearkombination $\vec{x} = \lambda_1 \vec{a}_1 + \lambda_2 \vec{a}_2 + \ldots + \lambda_n \vec{a}_n$ zusammenfassen.
Man nennt die Vektoren $\vec{a}_1, \vec{a}_2 \ldots \vec{a}_n$ linear unabhängig, wenn die Linearkombination nur Null wird, wenn sämtliche Koeffizienten verschwinden

$$\vec{x} = \vec{0}, \quad \text{nur wenn } \lambda_1 = \lambda_2 = \ldots = \lambda_n = 0$$

Andernfalls sind die Vektoren voneinander abhängig und es gibt mindestens einen Vektor $\vec{a}_i$, der eine Linearkombination der anderen ist.
In einem n-dimensionalen Raum sind höchstens n Vektoren voneinander linear unabhängig, mehr als n Vektoren dagegen immer linear abhängig.
n linear unabhängige Vektoren $\vec{a}_1, \vec{a}_2, \vec{a}_3 \ldots \vec{a}_n$ bilden eine Basis, mit der man durch Linearkombination jeden beliebigen n-dimensionalen Vektor $\vec{x}$ eindeutig darstellen kann.
Die Koeffizienten λ_i der Linearkombination nennt man Koordinaten des Vektors bezüglich seiner Basis.
Besteht die Basis aus n Einheitsvektoren

$$\vec{e}_1 = \begin{bmatrix} 1 \\ 0 \\ 0 \\ \vdots \\ 0 \end{bmatrix}; \quad \vec{e}_2 = \begin{bmatrix} 0 \\ 1 \\ 0 \\ \vdots \\ 0 \end{bmatrix}; \quad \ldots \vec{e}_n = \begin{bmatrix} 0 \\ 0 \\ 0 \\ \vdots \\ 1 \end{bmatrix},$$

dann werden die Koordinaten des Vektors als seine Komponenten bezeichnet.
Die lineare Abhängigkeit von Vektoren erkennt man auch, wenn man die Determinante aus den Koordinaten der Vektoren bildet. Bei linear abhängigen Vektoren ist die Determinante Null, bei linear unabhängigen Vektoren dagegen von Null verschieden.

G 1.13 Operatoren von Vektoren

Vektor-Operationen werden häufig angewandt auf physikalische Größen, die sich über ein ganzes Feld in der Ebene oder im Raum verteilen. Durch eine skalare oder vektorielle Funktion $f(x, y, z)$ wird dabei jedem Raumpunkt $P(x_1, y_1, z_1)$ eindeutig ein Funktionswert $f(x_1, y_1, z_1)$ als Skalar oder Vektor zugeordnet.
Skalare Felder legen skalare Größen wie Temperatur, Massendichte oder Ladungsdichte in einem bestimmten Gebiet fest.

Zu den Vektorfeldern zählen elektrische und magnetische Felder, Kraftfelder (z. B. Gravitationsfeld der Erde) oder Geschwindigkeitsfelder in strömenden Flüssigkeiten und Gasen.

Für die Feldfunktionen sind folgende Operatoren üblich:

G1.13.1 Nabla-Operator ∇

Der Nabla-Operator ist als Vektor-Operator definiert durch

$$\boxed{\nabla = \frac{\partial}{\partial x}\,\vec{i} + \frac{\partial}{\partial y}\,\vec{j} + \frac{\partial}{\partial z}\,\vec{k}} \tag{G27}$$

Mit ihm lassen sich Begriffe der Vektoranalysis wie Gradient, Divergenz und Rotation übersichtlich formulieren.

G1.13.1.1 Gradient eines skalaren Feldes

Der Gradient einer skalaren, differenzierbaren Ortsfunktion U ist ein Vektor in Richtung größter Funktionszunahme. Der Gradient eines Temperaturfeldes gibt z. B. die Richtung des größten Temperaturanstiegs in jedem Punkt des Feldes an.

Dem skalaren Feld $U = U(x, y, z)$ wird damit ein Vektorfeld $\vec{V}(x, y, z) = \operatorname{grad} U(x, y, z)$ zugeordnet.

$$\boxed{\operatorname{grad} U = \nabla U = \frac{\partial U}{\partial x}\,\vec{i} + \frac{\partial U}{\partial y}\,\vec{j} + \frac{\partial U}{\partial z}\,\vec{k} = \left[\frac{\partial U}{\partial x};\, \frac{\partial U}{\partial y};\, \frac{\partial U}{\partial z}\right]^T} \tag{G28}$$

$\operatorname{grad} U(x_1, y_1, z_1)$ ist ein Vektor, der im Punkt $P_1(x_1, y_1, z_1)$ in die Richtung des stärksten Anstiegs von U zeigt und dessen Betrag $|\operatorname{grad} U(x_1, y_1, z_1)|$ die Änderung von U pro Weglänge in Richtung des stärksten Anstiegs angibt.

Die Komponente von $\operatorname{grad} U$ in Richtung eines Vektors $\vec{a}$ heißt Richtungsableitung von U in Richtung $\vec{a}$.

Man erhält sie als Skalarprodukt des Gradienten von U mit dem Einsvektor $\vec{a}^0 = \dfrac{\vec{a}}{|\vec{a}|}$

$$\frac{\partial U}{\partial \vec{a}}(P) = \operatorname{grad} U(P) \cdot \vec{a}^0$$

G1.13.1.2 Divergenz eines Vektorfeldes

Die Divergenz läßt sich als Vektorfluß durch einen Kontrollraum veranschaulichen und stellt die Volumenänderung aus Ausfluß minus Einfluß pro Volumeneinheit des betrachteten Gebietes dar. Die Divergenz eines Vektorfeldes $\vec{V} = [V_x;\, V_y;\, V_z]^T$ ist ein skalares Feld, das die Dichte der Quellen an jeder Stelle angibt. Die Divergenz (div) ergibt sich durch Anwendung des Nabla-Operators auf eine differenzierbare vektorielle Funktion $\vec{V}$ bei gleichzeitiger Skalarmultiplikation.

$$\boxed{\operatorname{div} \vec{V} = \nabla \cdot \vec{V} = \left(\frac{\partial}{\partial x}\,\vec{i} + \frac{\partial}{\partial y}\,\vec{j} + \frac{\partial}{\partial z}\,\vec{k}\right) \cdot (V_x\vec{i} + V_y\vec{j} + V_z\vec{k}) = \frac{\partial V_x}{\partial x} + \frac{\partial V_y}{\partial y} + \frac{\partial V_z}{\partial z}} \tag{G29}$$

Ist an einer Stelle des Vektorfeldes $\operatorname{div} \vec{V} > 0$ ($\operatorname{div} \vec{V} < 0$), so hat das Feld dort eine Quelle (Senke). Fließt durch ein infinitesimales Volumenelement genau so viel Flüssigkeit herein wie heraus, so ist dort $\operatorname{div} \vec{V} = 0$.

G1.13.1.3 Rotation eines Vektorfeldes

Die Rotation eines Vektorfeldes $\vec{V} = [V_x;\, V_y;\, V_z]^T$ ist wiederum ein Vektorfeld, das die Drehung bzw. Wirbelbildung an den einzelnen Stellen (z. B. einer Strömung) angibt.

Man erhält die Rotation (rot) durch Anwendung des Nabla-Operators auf eine differenzierbare vektorielle Funktion $\vec{V}$ bei gleichzeitiger Vektormultiplikation.

$$\text{rot}\,\vec{V} = \nabla \times \vec{V} = \left(\frac{\partial}{\partial x}\,\vec{i} + \frac{\partial}{\partial y}\,\vec{j} + \frac{\partial}{\partial z}\,\vec{k}\right) \times (V_x\vec{i} + V_y\vec{j} + V_z\vec{k}) =$$

$$= \begin{vmatrix} \vec{i} & \vec{j} & \vec{k} \\ \dfrac{\partial}{\partial x} & \dfrac{\partial}{\partial y} & \dfrac{\partial}{\partial z} \\ V_x & V_y & V_z \end{vmatrix} = \begin{vmatrix} \dfrac{\partial}{\partial y} & \dfrac{\partial}{\partial z} \\ V_y & V_z \end{vmatrix}\vec{i} - \begin{vmatrix} \dfrac{\partial}{\partial x} & \dfrac{\partial}{\partial z} \\ V_x & V_z \end{vmatrix}\vec{j} + \begin{vmatrix} \dfrac{\partial}{\partial x} & \dfrac{\partial}{\partial y} \\ V_x & V_y \end{vmatrix}\vec{k}$$

$$= \left(\frac{\partial V_z}{\partial y} - \frac{\partial V_y}{\partial z}\right)\vec{i} + \left(\frac{\partial V_x}{\partial z} - \frac{\partial V_z}{\partial x}\right)\vec{j} + \left(\frac{\partial V_y}{\partial x} - \frac{\partial V_x}{\partial y}\right)\vec{k}$$

(G 30)

G 1.13.2 Laplace-Operator

Unter Beachtung der entsprechenden Rechenregeln kann der Nabla-Operator auch mehrfach angewendet werden.

Wird der Nabla-Operator z. B. mit sich selbst skalar multipliziert, so ergibt sich der Laplace-Operator

$$\nabla \cdot \nabla = \nabla^2 = \Delta = \frac{\partial^2}{\partial x^2} + \frac{\partial^2}{\partial y^2} + \frac{\partial^2}{\partial z^2}$$

(G 31)

Z. B. gilt für eine skalare Ortsfunktion $U = U(x, y, z)$

$$\Delta U = \nabla^2 U = \nabla \cdot (\nabla U) = \nabla \cdot \nabla U = \text{div}\,\text{grad}\,U = \frac{\partial^2 U}{\partial x^2} + \frac{\partial^2 U}{\partial y^2} + \frac{\partial^2 U}{\partial z^2}$$

dabei ist $U =$ Skalar. $\nabla U =$ Vektor, $\nabla \cdot \nabla U =$ Skalar

Die Anwendung des Laplace-Operators auf eine skalare Funktion ergibt also wiederum einen Skalar.

G2 Matrizen

G2.1 Definition

Zur einfachen Darstellung linearer, algebraischer Beziehungen ist die Einführung von Matrizen zweckmäßig.

Insbesondere bei der Auflösung linearer Gleichungssysteme, die in der numerischen Mathematik und bei der computerorientierten Berechnung technischer Probleme häufig vorkommen, lassen sich die vielen Daten in Matrizen zusammenfassen und damit die Rechengesetze kurz formulieren.

Ein lineares Gleichungssystem mit m Gleichungen und n Unbekannten lautet:

$$\sum_{k=1}^{n} a_{ik} \cdot x_k - b_i = 0, \quad (i = 1, 2 \dots m)$$

oder ausführlich geschrieben

$$a_{11}x_1 + a_{12}x_2 + \dots + a_{1n}x_n = b_1$$
$$a_{21}x_1 + a_{22}x_2 + \dots + a_{2n}x_n = b_2$$
$$\vdots$$
$$a_{i1}x_1 + a_{i2}x_2 + \dots + a_{in}x_n = b_i$$
$$\vdots$$
$$a_{m1}x_1 + a_{m2}x_2 + \dots + a_{mn}x_n = b_m$$

bzw. in Matrizenschreibweise

$$\begin{bmatrix} a_{11} & a_{12} & \dots & a_{1n} \\ a_{21} & a_{22} & & a_{2n} \\ \vdots & \vdots & & \vdots \\ a_{m1} & a_{m2} & \dots & a_{mn} \end{bmatrix} \cdot \begin{bmatrix} x_1 \\ x_2 \\ \vdots \\ x_n \end{bmatrix} = \begin{bmatrix} b_1 \\ b_2 \\ \vdots \\ b_m \end{bmatrix}$$
$$\underline{A} \qquad\qquad \cdot \quad \vec{x} \;=\; \vec{b}$$

Hierbei werden die Unbekannten $x_1, x_2, \dots x_n$ mit den Koeffizienten a_{ik} $(i = 1, 2 \dots m;$ $k = 1, 2 \dots n)$ verknüpft. Die Koeffizienten bilden ein rechteckiges Schema von $m \cdot n$ Elementen mit reellen (oder komplexen) Zahlen a_{ik}, das als Matrix $\underline{A}$ bezeichnet wird.

Matrizen sollen hier mit großen Buchstaben geschrieben werden, die zur Unterscheidung von anderen Zahlengrößen unterstrichen sind. Für ihre Elemente wird meist der entsprechende kleine Buchstabe verwendet.

Die Matrix kann auch durch das allgemeine Element a_{ik} symbolisiert werden, wobei es als Repräsentant aller Elemente in Klammern gesetzt wird.

$$\underline{A} = (a_{ik}) = \begin{bmatrix} a_{11} & a_{12} & \dots a_{1k} & \dots a_{1n} \\ a_{21} & a_{22} & \dots a_{2k} & \dots a_{2n} \\ \vdots & \vdots & \vdots & \vdots \\ a_{i1} & a_{i2} & \dots a_{ik} & \dots a_{in} \\ \vdots & \vdots & \vdots & \vdots \\ a_{m1} & a_{m2} & \dots a_{mk} & \dots a_{mn} \end{bmatrix} \rightarrow i\text{-te Zeile}$$

$$\downarrow$$
$$k\text{-te Spalte}$$

Die Indizes der Elemente geben ihre Position in der Matrix an. Der erste Index $i = 1 \dots m$ bezeichnet die Nummer der Zeile, der zweite Index $k = 1 \dots n$ die Nummer der Spalte, in deren Kreuzungspunkt das Element angeordnet ist.

Eine Matrix aus m Zeilen und n Spalten wird $m \times n$-Matrix oder (m, n)-Matrix genannt. Das Zahlenpaar $m \times n$ heißt Typ der Matrix und wird bei ausführlicher Schreibweise der Matrix als Index beigefügt.

$$\underline{A}_{m \times n} = (a_{ik})_{m \times n}$$

Sonderfälle:

1) $m = n$: Quadratische Matrix $\underline{A}_{n \times n} = (a_{ik})_{n \times n}$

   In der Anwendung kommen meist quadratische Matrizen vor, bei denen die Anzahl der Zeilen m gleich der Anzahl der Spalten n ist.

2) $m = 1$: Einzeilige Matrix $\underline{A} = (a_{11}, a_{12} \dots a_{1n})$

   wird auch Zeilenmatrix oder Zeilenvektor genannt.

3) $n = 1$: Einspaltige Matrix

$$\underline{A} = \begin{bmatrix} a_{11} \\ a_{21} \\ \vdots \\ a_{m1} \end{bmatrix} \quad \text{heißt Spaltenmatrix oder Spaltenvektor}$$

■ **Beispiel:**

Bei dem eingangs erwähnten linearen Gleichungssystem werden die Unbekannten x_k $(k = 1 \dots n)$ zu einem Spaltenvektor $\vec{x}$ und die Konstanten b_i $(i = 1 \dots m)$ zu einem Spaltenvektor $\vec{b}$ zusammengefaßt.

4) Eine Zeile i einer Matrix kann somit auch als Zeilenvektor $\vec{a}^{(i)} = (a_{i1}, a_{i2} \dots a_{in})$ geschrieben werden und entsprechend eine Spalte k einer Matrix als Spaltenvektor

$$\vec{a}_k = \begin{bmatrix} a_{1k} \\ a_{2k} \\ \vdots \\ a_{mk} \end{bmatrix}$$

Eine $(m \times n)$-Matrix läßt sich damit als Zeile von n Spaltenvektoren oder als Spalte von m Zeilenvektoren darstellen

$$\underline{A} = (a_{ik}) = (\vec{a}_1, \vec{a}_2 \dots \vec{a}_n) = \begin{bmatrix} \vec{a}^{(1)} \\ \vec{a}^{(2)} \\ \vdots \\ \vec{a}^{(m)} \end{bmatrix}$$

Dabei sind die Matrizen in einzeiliger oder einspaltiger Form wie üblicherweise die Vektoren aufgebaut mit dem Unterschied, daß die Elemente der Matrizen selbst wiederum Vektoren sind. ■

G2.2 Spezielle Matrizen

a) $a_{ik} \in \mathbb{R}$:   Reelle Matrizen

b) $a_{ik} \in \mathbb{C}$:   Komplexe Matrizen

c) $m = n$:   Quadratische Matrizen $\underline{A} = (a_{ik})_{n \times n}$

d) Nullmatrix: Alle Elemente sind Null

$$\underline{N} = (a_{ik}) = \begin{bmatrix} 0 & 0 & \dots & 0 \\ \vdots & & & \\ 0 & \dots & & 0 \end{bmatrix}$$

$$a_{ik} = 0 \quad \text{für } i = 1 \dots m$$
$$k = 1 \dots n$$

Die Nullmatrix ist das neutrale Element der Addition

$$\underline{A} + \underline{N} = \underline{A}$$

Gleichheit von Matrizen:

Zwei Matrizen gleichen Typs $\underline{A}$ und $\underline{B}$ sind gleich, wenn gilt

$$\underline{A} - \underline{B} = \underline{N} \iff \underline{A} = \underline{B}$$
$$a_{ik} = b_{ik} \quad \text{für alle } i, k$$

e) Diagonalmatrix

z. B. vom Typ 4×4

$$\underline{D} = \begin{bmatrix} a_{11} & 0 & 0 & 0 \\ 0 & a_{22} & 0 & 0 \\ 0 & 0 & a_{33} & 0 \\ 0 & 0 & 0 & a_{44} \end{bmatrix}_{4 \times 4}$$

Außerhalb der Hauptdiagonalen stehen Nullen, auf der Hauptdiagonalen beliebige Werte.

$$a_{ik} = 0 \quad \text{für } i \neq k$$

e₁) Skalarmatrix

z. B. vom Typ 3×3

$$a_{11} = a_{22} = a_{33} = \ldots = a_{nn} = a$$

$$\underline{S} = \begin{bmatrix} a & 0 & 0 \\ 0 & a & 0 \\ 0 & 0 & a \end{bmatrix}_{3 \times 3} \qquad a_{ik} = \begin{cases} a & \text{für } i = k \\ 0 & \text{für } i \neq k \end{cases}$$

e₂) Einheitsmatrix

Die Einheitsmatrix ist eine quadratische Matrix, bei der die Diagonalelemente den Wert 1, alle anderen den Wert Null annehmen.

$$\underline{E} = \begin{bmatrix} 1 & 0 & 0 & 0 \\ \vdots & 1 & & \vdots \\ & & 1 & \\ 0 & \ldots & & 1 \end{bmatrix} \qquad a_{ik} = \begin{cases} 1 & \text{für } i = k \\ 0 & \text{für } i \neq k \end{cases}$$

Für jede quadratische Matrix $\underline{A} = (a_{ik})_{n \times n}$ gilt

$$\underline{A} \cdot \underline{E} = \underline{E} \cdot \underline{A} = \underline{A}$$

Die Einheitsmatrix ist das neutrale Element der Multiplikation.

f) Dreiecksmatrix

Unter- bzw. oberhalb der Hauptdiagonalen sind alle Elemente gleich Null.

Linksdreiecksmatrix (untere Dreiecksmatrix)   Rechtsdreiecksmatrix (obere Dreiecksmatrix)

$$\underline{L} = \begin{bmatrix} a_{11} & 0 & 0 & \ldots 0 \\ a_{21} & a_{22} & 0 & 0 \\ a_{31} & a_{32} & a_{33} & 0 \\ \vdots & \vdots & \vdots & \vdots \\ a_{n1} & a_{n2} & a_{n3} & a_{nn} \end{bmatrix}, \qquad \underline{R} = \begin{bmatrix} a_{11} & a_{12} & a_{13} \ldots a_{1n} \\ 0 & a_{22} & a_{23} & a_{2n} \\ 0 & 0 & a_{33} & a_{3n} \\ \vdots & \vdots & \vdots & \vdots \\ 0 & 0 & 0 & a_{nn} \end{bmatrix}$$

$$a_{ik} = 0 \quad \text{für } i < k, \qquad\qquad a_{ik} = 0 \quad \text{für } i > k$$

g) Bandmatrizen
    Matrizen, bei denen nur die Hauptdiagonale und einige benachbarte parallele Linien von Null
    verschiedene Elemente haben, nennt man Bandmatrizen (Bild G 18).

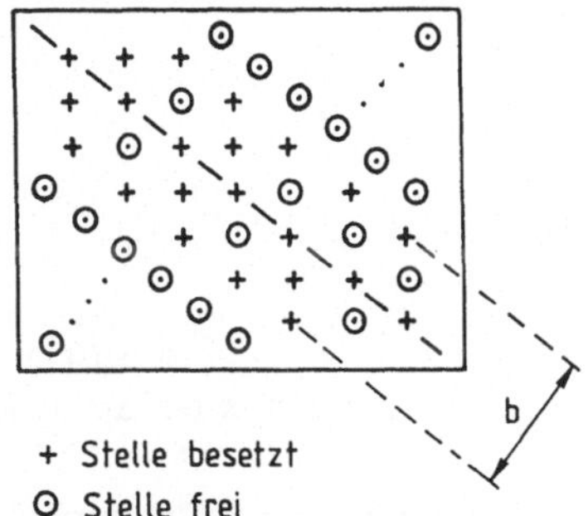

Bild G 18

Um die Matrizen schnell auflösen zu können, sollen sie
so aufgebaut werden (z. B. bei der FEM-Methode), daß
die Bandbreite b möglichst klein wird.

h) Symmetrische Matrizen
    $a_{ik} = a_{ki}$, dann gilt $\underline{A} = \underline{A}^T$

i) Schiefsymmetrische Matrizen
    $a_{ik} = -a_{ki}$, $a_{ii} = 0$, dann gilt $\underline{A} = -\underline{A}^T$

j) Orthogonale Matrizen
    Eine quadratische, nicht singuläre (siehe Kapitel 2.3.5) Matrix $\underline{A}$ wird orthogonal genannt,
    wenn gilt

$$\underline{A}^T \cdot \underline{A} = \underline{E} \quad \text{d.h.} \quad \underline{A}^{-1} = \underline{A}^T$$

G 2.3 Rechenregeln für Matrizen

G 2.3.1 Addition und Subtraktion

Zwei typengleiche Matrizen $\underline{A} = (a_{ik})_{m \times n}$ und $\underline{B} = (b_{ik})_{m \times n}$ werden addiert (subtrahiert), indem man
die positionsgleichen Elemente addiert (subtrahiert):

$$\underline{A} + \underline{B} = (a_{ik} \pm b_{ik})_{m \times n} = \begin{bmatrix} a_{11} \pm b_{11} & a_{12} \pm b_{12} & \dots & a_{1n} \pm b_{1n} \\ a_{21} \pm b_{21} & a_{22} \pm b_{22} & \dots & a_{2n} \pm b_{2n} \\ \vdots & \vdots & & \vdots \\ a_{m1} \pm b_{m1} & a_{m2} \pm b_{m2} & \dots & a_{mn} \pm b_{mn} \end{bmatrix} \tag{G 32}$$

G 2.3.2 Skalare Multiplikation

Eine $(m \times n)$-Matrix $\underline{A} = (a_{ik})_{m \times n}$ wird mit einem Faktor (Skalar) $\lambda \in \mathbb{R}$ multipliziert, indem man
jedes Element von $\underline{A}$ mit λ multipliziert:

$$\lambda \cdot \underline{A} = (\lambda \cdot a_{ik})_{m \times n} = \begin{bmatrix} \lambda a_{11} & \lambda a_{12} & \dots & \lambda a_{1n} \\ \lambda a_{21} & \lambda a_{22} & \dots & \lambda a_{2n} \\ \vdots & \vdots & & \vdots \\ \lambda a_{m1} & \lambda a_{m2} & \dots & \lambda a_{mn} \end{bmatrix} \tag{G 33}$$

Beachte: Bei Determinanten werden nur die Elemente einer Reihe (bzw. einer Spalte), bei Matrizen
dagegen alle Elemente mit λ multipliziert.

G 2.3.3 Matrizenmultiplikation

Es sei $\underline{A} = (a_{ik})_{m \times n}$ eine $m \times n$-Matrix
und $\underline{B} = (b_{ik})_{n \times p}$ eine $n \times p$-Matrix.
Die Spaltenzahl n von $\underline{A}$ stimmt also mit der Zeilenzahl n von $\underline{B}$ überein.

Unter dem Produkt $\underline{A} \cdot \underline{B} = \underline{C} = (c_{ik})_{m \times p}$ versteht man eine $m \times p$-Matrix $\underline{C}$ mit den Elementen

$$c_{ik} = \vec{a}^{(i)} \cdot \vec{b}_k = (a_{i1}, a_{i2}, \ldots, a_{in}) \cdot \begin{bmatrix} b_{1k} \\ b_{2k} \\ \vdots \\ b_{nk} \end{bmatrix} = a_{i1} \cdot b_{1k} + a_{i2} \cdot b_{2k} + \ldots + a_{in} \cdot b_{nk}$$

$$\boxed{c_{ik} = \sum_{j=1}^{n} a_{ij} \cdot b_{jk}} \qquad \text{für} \quad \begin{array}{l} i = 1 \ldots m \\ k = 1 \ldots p \end{array} \qquad\qquad (G\,34)$$

Das Element c_{ik} in der i-ten Zeile und der k-ten Spalte einer Produktmatrix $\underline{C} = \underline{A} \cdot \underline{B}$ wird bestimmt als Skalarprodukt (nach Gl. G 19) des i-ten Zeilenvektors $\vec{a}^{(i)}$ von $\underline{A}$ mit dem k-ten Spaltenvektor $\vec{b}_k$ von $\underline{B}$.

Da das Skalarprodukt nur von zwei Vektoren mit gleich vielen Koordinaten gebildet werden kann, muß die Anzahl der Spaltenvektoren der Matrix $\underline{A}$ gleich der Anzahl der Zeilenvektoren der Matrix $\underline{B}$ sein.

Übersichtlich kann man die Multiplikation mit dem Falk'schen Schema (Bild G 19) durchführen, indem man die zu multiplizierenden Matrizen $\underline{A}$ und $\underline{B}$ so anordnet, daß sich die Matrizenelemente des Produktes $\underline{C} = \underline{A} \cdot \underline{B}$ als Schnittpunkte der Zeilen von $\underline{A}$ mit den Spalten von $\underline{B}$ ergeben.

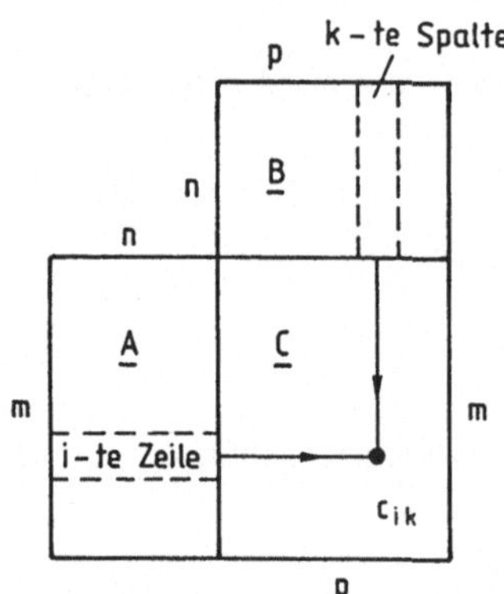

Bild G 19

■ **Beispiel:**

geg.: $\quad \underline{A} = \begin{bmatrix} 4 & 9 \\ 7 & 0 \\ 3 & 1 \end{bmatrix}_{3 \times 2}, \quad \underline{B} = \begin{bmatrix} 5 & 0 & 2 \\ 10 & 1 & 6 \end{bmatrix}_{2 \times 3}$

ges.: $\quad \underline{C} = \underline{A} \cdot \underline{B}$

Lsg.:

		5	0	2
		10	1	6
4	9	110	9	62
7	0	35	0	14
3	1	25	1	12

$c_{11} = 4 \cdot 5 + 9 \cdot 10 = 110$

$c_{12} = 4 \cdot 0 + 9 \cdot 1 = 9$

$c_{13} = 4 \cdot 2 + 9 \cdot 6 = 62$

$c_{21} = 7 \cdot 5 + 0 \cdot 10 = 35$

$c_{22} = 7 \cdot 0 + 0 \cdot 1 = 0$

$c_{23} = 7 \cdot 2 + 0 \cdot 6 = 14$

$c_{31} = 3 \cdot 5 + 1 \cdot 10 = 25$

$c_{32} = 3 \cdot 0 + 1 \cdot 1 = 1$

$c_{33} = 3 \cdot 2 + 1 \cdot 6 = 12$

Im allgemeinen ist das Kommutativ-Gesetz nicht gültig:

$$\underline{A} \cdot \underline{B} \neq \underline{B} \cdot \underline{A}$$

Die Reihenfolge der Faktoren bei der Multiplikation ist also wesentlich. Bei der Auflösung von Matrizengleichungen durch Multiplikation (eine Matrizen-Division ist nicht definiert) mit der Inversen einer Matrix muß also unterschieden werden, ob die beiden Seiten der Gleichung von links oder von rechts mit einem gemeinsamen Matrizenfaktor multipliziert werden. Man multipliziert zweckmäßig so, daß die zu eliminierende Matrix und ihre Inverse als Faktoren nebeneinander stehen und somit die Einheitsmatrix $\underline{E}$ bilden, die als neutrales Element der Multiplikation weggelassen werden kann. ∎

∎ **Beispiel:**

$$\underline{A} \cdot \underline{B} = \underline{C}$$

a) Multiplikation von links (Auflösung nach $\underline{B}$):

$$\underline{A}^{-1} \cdot \underline{A} \cdot \underline{B} = \underline{A}^{-1} \cdot \underline{C} \;\Rightarrow\; \underline{E} \cdot \underline{B} = \underline{A}^{-1} \cdot \underline{C} \;\Rightarrow\; \underline{B} = \underline{A}^{-1} \cdot \underline{C}$$

b) Multiplikation von rechts (Auflösung nach $\underline{A}$):

$$\underline{A} \cdot \underline{B} \cdot \underline{B}^{-1} = \underline{C} \cdot \underline{B}^{-1} \;\Rightarrow\; \underline{A} \cdot \underline{E} = \underline{C} \cdot \underline{B}^{-1} \;\Rightarrow\; \underline{A} = \underline{C} \cdot \underline{B}^{-1}$$
∎

G 2.3.4 Transponierung einer Matrix

Eine Matrix $\underline{A}$ geht in ihre transponierte Matrix $\underline{A}^T$ über, wenn man gleichgeordnete Zeilen und Spalten miteinander vertauscht.

$$\underline{A} = (a_{ik}) = \begin{bmatrix} a_{11} & a_{12} & \dots & a_{1n} \\ a_{21} & a_{22} & \dots & a_{2n} \\ \vdots & \vdots & & \vdots \\ a_{m1} & a_{m2} & \dots & a_{mn} \end{bmatrix} \;\Rightarrow\; \underline{A}^T = (a_{ik})^T = (a_{ki}) = \begin{bmatrix} a_{11} & a_{21} & \dots & a_{m1} \\ a_{12} & a_{22} & \dots & a_{m2} \\ \vdots & \vdots & & \vdots \\ a_{1n} & a_{2n} & \dots & a_{mn} \end{bmatrix}$$

Eine Matrix wird transponiert, indem man Zeilenindex und Spaltenindex vertauscht.
Wenn $\underline{A}$ eine $m \times n$-Matrix ist, wird $\underline{A}^T$ eine $n \times m$-Matrix. Eine doppelte Transponierung führt auf die ursprüngliche Matrix zurück:

$$(\underline{A}^T)^T = \underline{A}$$

Transponieren eines Matrizenprodukts:

$$(\underline{A} \cdot \underline{B})^T = \underline{B}^T \cdot \underline{A}^T$$
$$(\underline{A} \cdot \underline{B} \cdot \underline{C})^T = \underline{C}^T \cdot (\underline{A} \cdot \underline{B})^T = \underline{C}^T \cdot \underline{B}^T \cdot \underline{A}^T \tag{G 35}$$

Ein Matrizenprodukt wird transponiert, indem man die Matrizen einzeln transponiert und in umgekehrter Reihenfolge multipliziert.

G 2.3.5 Matrizeninversion

$\underline{A}$ sei eine quadratische (n, n)-Matrix und $\underline{E}$ die zugeordnete (n, n)-Einheitsmatrix. Dann heißt die Matrix $\underline{A}^{-1}$ Kehrmatrix oder inverse Matrix zu $\underline{A}$, wenn gilt

$$\boxed{\underline{A} \cdot \underline{A}^{-1} = \underline{A}^{-1} \cdot \underline{A} = \underline{E}} \tag{G 36}$$

Die Matrix $\underline{A}$ ist regulär, wenn ihre Determinante von Null verschieden ist ($\det \underline{A} \neq 0$ oder auch $|\underline{A}| \neq 0$ geschrieben), andernfalls ist $\underline{A}$ singulär.

Mit Hilfe von $\det \underline{A}$ und der Adjunkten von $\underline{A}$ läßt sich $\underline{A}^{-1}$ berechnen aus:

$$\underline{A}^{-1} = \frac{1}{\det \underline{A}}\,(A_{ik})^T = \frac{1}{\det \underline{A}} \begin{bmatrix} A_{11} & A_{21} & \ldots & A_{n1} \\ A_{12} & A_{22} & \ldots & A_{n2} \\ \vdots & \vdots & & \vdots \\ A_{1n} & A_{2n} & \ldots & A_{nn} \end{bmatrix} = \frac{1}{\det \underline{A}} \cdot \underline{A}_{\mathrm{adj}} \tag{G 37}$$

Dabei sind die A_{ik} die algebraischen Komplemente der Elemente a_{ik} der Matrix $\underline{A} = (a_{ik})_{n \times n}$.
Streicht man in einer Determinante n-ter Ordnung die Elemente der i-ten Zeile und der k-ten Spalte, so bildet das verbleibende quadratische Schema die $(n-1)$-reihige Unterdeterminante

$$|U_{ik}| = \begin{vmatrix} a_{11} & a_{12} & \ldots & a_{1k} & \ldots & a_{1n} \\ \vdots & \vdots & & & & \vdots \\ a_{i1} & a_{i2} & \ldots & a_{ik} & \ldots & a_{in} \\ \vdots & \vdots & & & & \vdots \\ a_{n1} & a_{n2} & \ldots & a_{nk} & \ldots & a_{nn} \end{vmatrix}$$

Versieht man diese Unterdeterminante noch mit dem Vorzeichen $(-1)^{i+k}$, also mit plus oder minus je nach Stellung des Elements im „Schachbrettmuster"

$$\begin{vmatrix} + & - & + & \ldots \\ - & + & - & \ldots \\ + & - & + & \ldots \\ \vdots & & & \end{vmatrix}$$

so erhält man das algebraische Komplement A_{ik} zum Element a_{ik}

$$A_{ik} = (-1)^{i+k} \cdot |U_{ik}|$$

Die zur Matrix $\underline{A}$ adjungierte Matrix $\underline{A}_{\mathrm{adj}}$ findet man, wenn man die Komplemente A_{ik} in transponierter Anordnung zu einer neuen Matrix zusammenfaßt.

$$\underline{A}_{\mathrm{adj}} = (A_{ik})^T = (A_{ki}) = \begin{bmatrix} A_{11} & A_{21} & \ldots & A_{n1} \\ A_{12} & A_{22} & \ldots & A_{n2} \\ \vdots & \vdots & & \vdots \\ A_{1n} & A_{2n} & \ldots & A_{nn} \end{bmatrix}$$

Es gelten folgende Regeln:

$$(\underline{A}^{-1})^{-1} = \underline{A} \tag{G 38}$$

$$(\underline{A} \cdot \underline{B})^{-1} = \underline{A}^{-1} \cdot \underline{B}^{-1} \tag{G 39}$$

$$(\underline{A}^T)^{-1} = (\underline{A}^{-1})^T \tag{G 40}$$

■ **Beispiel:**

geg.: $\quad \underline{A} = \begin{bmatrix} 1 & 2 \\ -3 & 4 \end{bmatrix}$

ges.: $\quad \underline{A}^{-1}$

Lsg: Für einfache Matrizen kann man die Inverse mit Hilfe der Definitions-Gleichung G 36 bestimmen:

$$\underline{A} \cdot \underline{A}^{-1} = \underline{E}$$

also $\quad \begin{bmatrix} 1 & 2 \\ -3 & 4 \end{bmatrix} \cdot \begin{bmatrix} a & b \\ c & d \end{bmatrix} = \begin{bmatrix} 1 & 0 \\ 0 & 1 \end{bmatrix}$

Die Ausführung der Matrizenmultiplikation ergibt vier Gleichungen für die Unbekannten a, b, c, d:

$$\left.\begin{array}{ll} \text{I)} & a+2c = 1 \\ \text{II)} & b+2d = 0 \\ \text{III)} & -3a+4c = 0 \\ \text{IV)} & -3b+4d = 1 \end{array}\right\} \quad \begin{array}{ll} a = \dfrac{2}{5}; & b = -\dfrac{1}{5} \\[2mm] c = \dfrac{3}{10}; & d = \dfrac{1}{10} \end{array} \ ; \quad \underline{A}^{-1} = \begin{bmatrix} \dfrac{2}{5} & -\dfrac{1}{5} \\[2mm] \dfrac{3}{10} & \dfrac{1}{10} \end{bmatrix}$$

Probe:

$$\begin{array}{c|c} \begin{matrix} \dfrac{2}{5} & -\dfrac{1}{5} \\[2mm] \dfrac{3}{10} & \dfrac{1}{10} \end{matrix} & \\ \hline \begin{matrix} 1 & 2 \\ -3 & 4 \end{matrix} & \begin{matrix} 1 & 0 \\ 0 & 1 \end{matrix} \end{array}$$

$$c_{11} = \frac{2}{5} + \frac{3}{5} = 1$$

$$c_{12} = -\frac{1}{5} + \frac{1}{5} = 0$$

$$c_{21} = -\frac{6}{5} + \frac{6}{5} = 0$$

$$c_{22} = \frac{3}{5} + \frac{2}{5} = 1$$

Zur Veranschaulichung der abgeleiteten Formeln wird die Inverse $\underline{A}^{-1}$ nochmals nach Gl. G37 berechnet:

$$\det \underline{A} = \begin{vmatrix} 1 & 2 \\ -3 & 4 \end{vmatrix} = 1 \cdot 4 - (-3) \cdot 2 = 10 \neq 0 \quad \Rightarrow \quad \text{Matrix } \underline{A} \text{ ist regulär}$$

Algebraische Komplemente:

$$\begin{aligned} A_{11} &= (-1)^{1+1} \cdot 4 &= 4 \\ A_{12} &= (-1)^{1+2} \cdot (-3) &= 3 \\ A_{21} &= (-1)^{2+1} \cdot 2 &= -2 \\ A_{22} &= (-1)^{2+2} \cdot 1 &= 1 \end{aligned}$$

Faßt man die algebraischen Komplemente in transponierter Form zu einer Matrix (Adjunkte) zusammen und teilt diese Matrix durch die Determinante von $\underline{A}$, so erhält man die Inverse $\underline{A}^{-1}$:

$$\underline{A}^{-1} = \frac{\underline{A}_{\text{adj}}}{\det \underline{A}} = \frac{1}{\det \underline{A}} \cdot \begin{bmatrix} A_{11} & A_{21} \\ A_{12} & A_{22} \end{bmatrix} = \frac{1}{10} \cdot \begin{bmatrix} 4 & -2 \\ 3 & 1 \end{bmatrix} = \begin{bmatrix} \frac{2}{5} & -\frac{1}{5} \\ \frac{3}{10} & \frac{1}{10} \end{bmatrix} \qquad \blacksquare$$

G2.4 Rang einer Matrix

Eine (m, n)-Matrix setzt sich aus m Zeilen- bzw. n Spaltenvektoren zusammen.

Die maximale Anzahl der linear unabhängigen Zeilenvektoren (Spaltenvektoren) nennt man Zeilenrang (Spaltenrang) von $\underline{A}$. Für jede (m, n)-Matrix gilt:

$$\text{Zeilenrang von } \underline{A} = \text{Spaltenrang von } \underline{A} = \text{Rang der Matrix } \underline{A}$$

Den Rang einer Matrix kann man auch mit Hilfe von Determinanten finden. Im Gegensatz zu einer Matrix muß eine Determinante immer quadratisch sein.

Bei einer gegebenen (m, n)-Matrix kann man durch Streichen von Zeilen und Spalten eine quadratische Unterdeterminante mit r Zeilen und r Spalten bilden.

Die (m, n)-Matrix hat den Rang r, d.h. $\text{rg}(\underline{A}) = r$, wenn mindestens eine r-reihige Unterdeterminante von $\underline{A}$ ungleich Null ist und alle Unterdeterminanten von höherer Ordnung verschwinden.

Ist eine Matrix schon quadratisch, z.B. $\underline{A}_{n \times n}$, so kann direkt aus allen Elementen eine Determinante $\det \underline{A}$ berechnet werden.

Die quadratische Matrix heißt regulär, wenn $\det \underline{A} \neq 0$ ist, und singulär, wenn $\det \underline{A} = 0$ ist.

Zu einer quadratisch regulären Matrix gibt es immer eine Inverse $\underline{A}^{-1}$.

G 2.5 Auflösung von linearen Gleichungssystemen in Matrizenform

Die Auflösung eines linearen Gleichungssystems $\underline{A} \cdot \vec{x} = \vec{b}$ durch Bildung der Inversen $\underline{A}^{-1}$ über $\det \underline{A}$ und $\underline{A}_{adj}$ ist sehr aufwendig und numerisch nicht geeignet.

Eine Lösung mit dem Gauß-Algorithmus (oder ähnlichen numerischen Verfahren) ist wesentlich günstiger. Durch Elimination einzelner Elemente wird dabei aus der quadratischen Koeffizientenmatrix eine obere Dreiecksmatrix hergestellt, aus der durch Rückwärtseinsetzen die Unbekannten nacheinander bestimmt werden können (siehe Beispiel Bockgerüst in Kapitel 7).

G 2.6 Symmetrische Matrizen

In der Technischen Mechanik hat man es häufig mit Problemen zu tun, die auf symmetrische Matrizen ($\underline{A}^T = \underline{A}$) führen, wie z.B. bei der Zusammenfassung von Spannungen, Dehnungen oder Trägheitsmomenten zu Tensoren zur Beschreibung des Spannungs-Dehnungs-Zustands oder des Drehverhaltens eines Körpers.

Bei der Bestimmung der kinetischen Energie oder der Formänderungsarbeit eines Systems entstehen Ausdrücke von der Art

$$Q(x) = \vec{x}^T \cdot \underline{A} \cdot \vec{x},$$

die man quadratische Form einer symmetrischen Matrix $\underline{A}$ nennt.

Meist sind die quadratischen Formen nur positiv, was eine leichtere Auflösung der Gleichungssysteme (z.B. mit dem Cholesky-Verfahren) möglich macht.

G 2.7 Definitheit

Eine symmetrische Matrix mit reellen Elementen $\underline{A} \in \mathbb{R}^{n \times n}$ heißt positiv definit, wenn ihre quadratische Form $Q(x)$ für alle vom Nullvektor verschiedenen Vektoren $\vec{x}$ größer als Null ist.

$$Q(x) = \vec{x}^T \cdot \underline{A} \cdot \vec{x} = \sum_{i=1}^{n} \sum_{k=1}^{n} a_{ik} \cdot x_i \cdot x_k > 0 \quad \text{für alle } \vec{x} \in \mathbb{R}^n$$
$$= 0 \quad \text{nur für } \vec{x} = \vec{0}$$

$\underline{A}$ heißt positiv semidefinit, wenn ihre quadratische Form $Q(x)$ für alle Vektoren $\vec{x} \in \mathbb{R}^n$ größer oder gleich Null ist

$$Q(x) = \vec{x}^T \cdot \underline{A} \cdot \vec{x} \geq 0$$

Analog werden die negativen definiten bzw. negativ semidefiniten Matrizen definiert.

Die Elemente einer symmetrischen, positiv definiten Matrix erfüllen die Bedingungen

a) $a_{ii} > 0$ für $i = 1, 2, \ldots n$

Die Elemente der Hauptdiagonalen sind alle positiv.

b) $a_{ik}^2 < a_{ii} \cdot a_{kk}$ für $i \neq k$; $i, k = 1, 2, \ldots n$

c) $\max |a_{ik}| = a_{jj}$

Das betragsgrößte Glied steht in der Hauptdiagonalen.

Die positive Definitheit läßt sich auch mit Hilfe von Determinanten überprüfen. Eine symmetrische Matrix $\underline{A}$ ist positiv definit, wenn sämtliche Hauptabschnitts-Determinanten $\det \underline{A}_k$ positiv definit sind.

Eine Hauptabschnitts-Determinante wird jeweils gebildet aus den ersten k Zeilen und k Spalten einer (n, n)-Matrix für $k = 1, 2, \ldots n$.

Es muß also sein

$$\det \underline{A}_1 = a_{11} > 0$$

$$\det \underline{A}_2 = \begin{vmatrix} a_{11} & a_{12} \\ a_{21} & a_{22} \end{vmatrix} > 0$$

$$\det \underline{A}_3 = \begin{vmatrix} a_{11} & a_{12} & a_{13} \\ a_{21} & a_{22} & a_{23} \\ a_{31} & a_{32} & a_{33} \end{vmatrix} > 0$$

$$\det \underline{A}_k = \begin{vmatrix} a_{11} & a_{12} \ldots a_{1k} \\ a_{21} & a_{22} \ldots a_{2k} \\ \vdots & \vdots \qquad \vdots \\ a_{k1} & a_{k2} \ldots a_{kk} \end{vmatrix} > 0$$

$$\det \underline{A}_n = \det \underline{A} > 0$$

■ **Beispiel:**

$$\underline{A} = \begin{bmatrix} 3 & 0 & 1 \\ 0 & 2 & -1 \\ 1 & -1 & 1 \end{bmatrix}, \quad \begin{aligned} \det \underline{A}_1 &= 3 > 0 \\ \det \underline{A}_2 &= \begin{vmatrix} 3 & 0 \\ 0 & 2 \end{vmatrix} = 6 > 0 \\ \det \underline{A}_3 &= \det \underline{A} = 6 - 2 - 3 = 1 > 0 \end{aligned}$$

$\underline{A}$ ist somit positiv definit. ■

G3 Tensoren

Die Elemente einer Matrix nennt man zusammengefaßt einen Tensor, wenn sie einen linearen Zusammenhang zwischen den Koordinaten zweier Vektoren herstellen. Außerdem müssen sich die Elemente der Matrix bei Änderung des Koordinatensystems entsprechend dem Transformationsgesetz für Tensorelemente ändern.

Die in einem speziellen Koordinatensystem aufgestellten Tensorgleichungen gelten auch in jedem anderen Koordinatensystem, das aus dem Transformationsgesetz für Tensorelemente hervorgegangen ist.

Damit wird der grundlegende physikalische Gehalt einer Tensorbeziehung vom frei wählbaren, speziellen Koordinatensystem losgelöst und eine allgemeingültige Formulierung der physikalischen Gesetze ermöglicht.

Transformationsgesetz für Tensorelemente:

Betrachten wir zunächst die Koordinaten eines Punktes P, nämlich x_i und x_i', $i = 1, 2, 3$ in zwei gegeneinander verdrehten, kartesischen Koordinatensystemen mit ihren Einheitsvektoren $\vec{e}_i$ bzw. $\vec{e}_i'$ nach Bild G20:

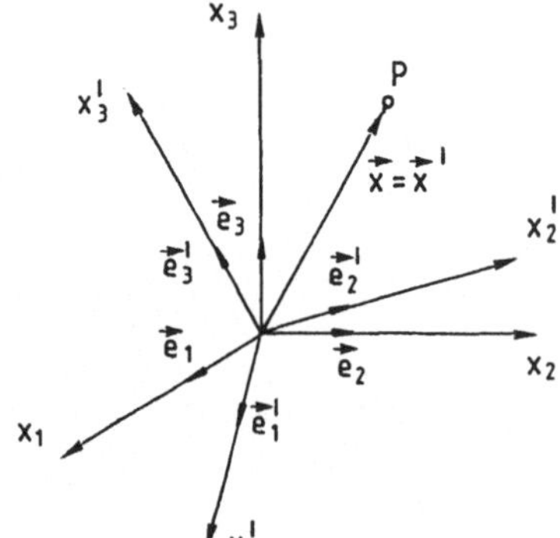

Die Koordinaten des Punktes P lassen sich in beiden Systemen zu einem Vektor zusammenfassen:

$$x = \begin{bmatrix} x_1 \\ x_2 \\ x_3 \end{bmatrix}, \quad x' = \begin{bmatrix} x_1' \\ x_2' \\ x_3' \end{bmatrix}$$

Bild G20

Zwischen den Koordinaten beider Systeme läßt sich mit den Richtungskosinussen folgender Zusammenhang erkennen:

$$x_1' = x_1 \cdot \cos(\vec{e}_1', \vec{e}_1) + x_2 \cdot \cos(\vec{e}_1', \vec{e}_2) + x_3 \cdot \cos(\vec{e}_1', \vec{e}_3) = x_1 \cdot c_{1'1} + x_2 \cdot c_{1'2} + x_3 \cdot c_{1'3}$$

$$x_2' = x_1 \cdot \cos(\vec{e}_2', \vec{e}_1) + x_2 \cdot \cos(\vec{e}_2', \vec{e}_2) + x_3 \cdot \cos(\vec{e}_2', \vec{e}_3) = x_1 \cdot c_{2'1} + x_2 \cdot c_{2'2} + x_3 \cdot c_{2'3}$$

$$x_3' = x_1 \cdot \cos(\vec{e}_3', \vec{e}_1) + x_2 \cdot \cos(\vec{e}_3', \vec{e}_2) + x_3 \cdot \cos(\vec{e}_3', \vec{e}_3) = x_1 \cdot c_{3'1} + x_2 \cdot c_{3'2} + x_3 \cdot c_{3'3}$$

Zur Abkürzung werden die Kosinus der Winkel zwischen den gestrichenen und ungestrichenen Basisvektoren als

$$c_{ik} = \cos(\vec{e}_i', \vec{e}_k), \quad i, k = 1, 2, 3 \text{ bezeichnet,}$$

so daß mit Benutzung des Summenzeichens gilt:

$$x_i' = \sum_{k=1}^{3} c_{ik} \cdot x_k$$

oder in Matrizenschreibweise

$$\begin{bmatrix} x_1' \\ x_2' \\ x_3' \end{bmatrix} = \begin{bmatrix} c_{11} & c_{12} & c_{13} \\ c_{21} & c_{22} & c_{23} \\ c_{31} & c_{32} & c_{33} \end{bmatrix} \cdot \begin{bmatrix} x_1 \\ x_2 \\ x_3 \end{bmatrix}$$

$$x' \qquad = \qquad \underline{C} \qquad \cdot \quad x$$

Da die Basisvektoren in einem kartesischen Koordinatensystem aufeinander senkrecht stehen, ist $\underline{C}$ eine orthogonale Matrix, so daß sich die Umkehrung mit der transponierten Matrix bilden läßt

$$x = \underline{C}^{-1} \cdot x' = \underline{C}^{T} \cdot x'$$

Da in der Tensoralgebra Summierungen häufig vorkommen, ist das Summensymbol auf Dauer zu schwerfällig.

Die Einsteinsche Summations-Konvention erlaubt eine kompaktere Schreibweise mit folgender Vereinbarung:

Tritt in einem Produkt ein und derselbe Index zweimal auf, so ist über den Index von 1 bis n zu summieren. Damit lautet obige Transformationsformel kürzer:

$$x_i' = c_{ik} \cdot x_k$$

wobei über den zweifach auftretenden Zeiger k von 1 bis 3 zu summieren ist.

Je nachdem wie viele „Umrechnungsfaktoren" c in Matrizenform man bei der Koordinaten-Transformation benötigt, unterscheidet man Tensoren verschiedener Stufen:

Tensor 0. Stufe   Skalar

Tensor 1. Stufe   Vektor

Tensor 2. und höherer Stufe   Dyade usw.

Ein Tensor der Stufe s hat im n-dimensionalen Raum n^s skalare Bestimmungsstücke.

Demnach versteht man unter einem

Skalar: Größe, die im dreidimensionalen Raum durch $z = 3^0 = 1$ Komponente eindeutig bestimmt wird, wobei sich diese Komponente bei einer Koordinaten-Transformation nicht ändert, d.h. ohne Umrechnungsmatrix bei der Transformation auskommt.

$$A'(x_1', x_2', x_3') = A(x_1, x_2, x_3)$$

Ein Beispiel für ein Skalar ist die Temperatur eines Punktes in einem Körper.

Vektor: Größe, die im dreidimensionalen Raum durch $z = 3^1 = 3$ Komponenten festgelegt wird, die sich beim Übergang von einer Basis auf eine andere ändern gemäß der Beziehung

$$A_i' = c_{ik} \cdot A_k$$

Bei der Transformation ist also **eine** Matrix (c_{ik}) mit Richtungskosinussen erforderlich. Ein Beispiel für einen Vektor ist die Kraft mit den Komponenten F_x, F_y, F_z in einem x, y, z-Koordinatensystem. Beim Übergang auf ein gedrehtes x', y', z'-System verändern sich die Kraftkomponenten und nehmen die Werte F_x', F_y', F_z' entsprechend dem Transformationsgesetz an.

■ **Beispiel:** Transformation eines Kraftvektors vom System $S\{x_1, x_2, x_3\}$ auf das System $S'\{x_1', x_2', x_3'\}$, wobei die Achsen x_1 und x_1' zusammenfallen entsprechend Bild G 21:

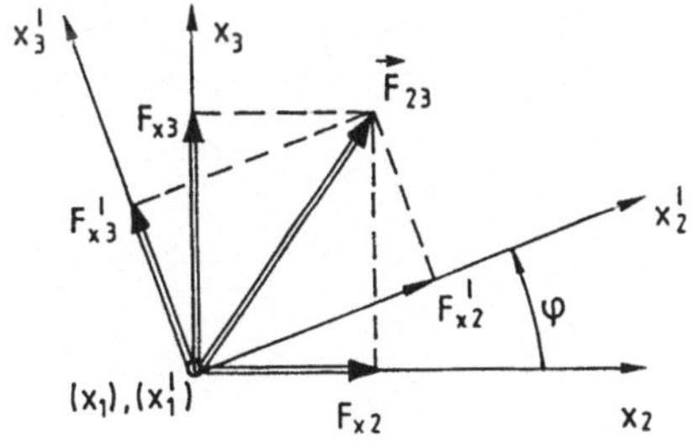

Bild G 21

Transformationsgesetz: $\vec{F}' = \underline{C} \cdot \vec{F}$

$$\begin{bmatrix} F'_{x1} \\ F'_{x2} \\ F'_{x3} \end{bmatrix} = \begin{bmatrix} 1 & 0 & 0 \\ 0 & \cos\varphi & \sin\varphi \\ 0 & -\sin\varphi & \cos\varphi \end{bmatrix} \cdot \begin{bmatrix} F_{x1} \\ F_{x2} \\ F_{x3} \end{bmatrix}$$

Die Komponenten des Kraftvektors im gedrehten Koordinatensystem lauten:

$$F'_{x1} = F_{x1}$$
$$F'_{x2} = F_{x2}\cos\varphi + F_{x3}\sin\varphi$$
$$F'_{x3} = -F_{x2}\sin\varphi + F_{x3}\cos\varphi$$

Tensor zweiter Stufe: Größe, die im dreidimensionalen Raum $z = 3^2 = 9$ Komponenten hat, die sich durch eine Beziehung mit **zwei** Umrechnungs-Matrizen transformieren lassen gemäß

$$A'_{ik} = \sum_{p=1}^{3} \sum_{q=1}^{3} c_{ip} \cdot c_{kq} \cdot A_{pq} \quad \text{oder kürzer} \quad A'_{ik} = c_{ip} \cdot c_{kq} \cdot A_{pq}$$

Tensoren zweiter Stufe sind z.B. die Spannung oder die Verzerrung in einem Punkt eines beanspruchten Bauteils oder die Massenträgheit eines beschleunigt bewegten Körpers.

Je nachdem auf welches Koordinatensystem ein Tensor bezogen ist, werden seine Komponenten entsprechend der Transformations-Vorschrift unterschiedlich sein.

Meist stellt man einen Tensor durch eine quadratische Matrix dar in der Form

$$\underline{A} = \begin{pmatrix} a_{xx} & a_{xy} & a_{xz} \\ a_{yx} & a_{yy} & a_{yz} \\ a_{zx} & a_{zy} & a_{zz} \end{pmatrix}$$

Umgekehrt kann man die Elemente einer beliebigen quadratischen Matrix nicht unbedingt als Tensorkoordinaten bezeichnen. Tensorkoordinaten müssen nämlich noch außerdem die angegebenen Transformations-Vorschriften erfüllen.

Tensor dritter Stufe: Größe, die durch $z = 3^3 = 27$ Komponenten festgelegt ist, die sich bei einem Wechsel des Bezugssystems ändern nach einem Gesetz mit **drei** Umrechnungs-Matrizen:

$$A'_{ikl} = \sum_p \sum_q \sum_r c_{ip} \cdot c_{kq} \cdot c_{lr} \cdot A_{pqr} \quad \text{oder kürzer} \quad A'_{ikl} = c_{ip} \cdot c_{kq} \cdot c_{lr} \cdot A_{pqr}$$

Tensor n-ter Stufe: Größe mit $z = 3^n$ Bestimmungsstücken und der Transformationsregel mit n Umrechnungsmatrizen:

$$A'_{ik\ldots n} = \sum_p \sum_q \cdots \sum_r c_{ip} \cdot c_{kq} \cdot \ldots \cdot c_{nr} \cdot A_{pq\ldots r}$$

oder kürzer $\quad A'_{ik\ldots n} = c_{ip} \cdot c_{kq} \cdot \ldots \cdot c_{nr} \cdot A_{pq\ldots r}$ ∎

■ **Beispiel:** Transformation eines Tensors zweiter Stufe in der Ebene.

Gegeben ist ein symmetrischer Tensor $\underline{A} = \begin{bmatrix} a_{xx} & a_{xy} \\ a_{yx} & a_{yy} \end{bmatrix}$ in einem $x,\ y$-System.

Gesucht sind die Komponenten des transformierten Tensors

$\underline{A}' = \begin{bmatrix} a_{\xi\xi} & a_{\xi\eta} \\ a_{\eta\xi} & a_{\eta\eta} \end{bmatrix}$ in einem gedrehten $\xi,\ \eta$-System (Bild G22):

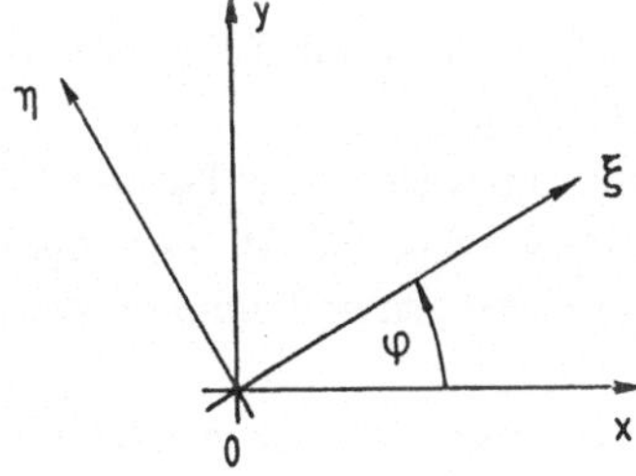

Bild G22

Es läßt sich zeigen, daß das allgemeine Transformationsgesetz für Tensoren hierbei die Form annimmt

$$\boxed{\underline{A}' = \underline{C} \cdot \underline{A} \cdot \underline{C}^T} \tag{G41}$$

mit der Drehmatrix $\quad \underline{C} = \begin{bmatrix} \cos\varphi & \sin\varphi \\ -\sin\varphi & \cos\varphi \end{bmatrix}$ $\tag{G42}$

Danach ist

$$\underline{A}' = \underbrace{\begin{bmatrix} \cos\varphi & \sin\varphi \\ -\sin\varphi & \cos\varphi \end{bmatrix}}_{\underline{C}} \cdot \underbrace{\begin{bmatrix} a_{xx} & a_{xy} \\ a_{yx} & a_{yy} \end{bmatrix}}_{\underline{A}} \cdot \underbrace{\begin{bmatrix} \cos\varphi & -\sin\varphi \\ \sin\varphi & \cos\varphi \end{bmatrix}}_{\underline{C}^T}$$

$$\underline{A}' = \begin{bmatrix} a_{xx}\cdot\cos\varphi + a_{yx}\cdot\sin\varphi & a_{xy}\cdot\cos\varphi + a_{yy}\cdot\sin\varphi \\ -a_{xx}\cdot\sin\varphi + a_{yx}\cdot\cos\varphi & -a_{xy}\cdot\sin\varphi + a_{yy}\cdot\cos\varphi \end{bmatrix} \cdot \begin{bmatrix} \cos\varphi & -\sin\varphi \\ \sin\varphi & \cos\varphi \end{bmatrix}$$

Ausführlich wird nur das Glied $a_{\xi\xi}$ der Matrix $\underline{A}'$ in der ersten Zeile und der ersten Spalte durch entsprechende Multiplikation und Addition berechnet, wobei $a_{xy} = a_{yx}$ wegen der Symmetrie gilt:

$$a_{\xi\xi} = a_{xx}\underbrace{\cos^2\varphi}_{\dfrac{1+\cos 2\varphi}{2}} + a_{yx}\underbrace{\sin\varphi\cdot\cos\varphi}_{\dfrac{\sin 2\varphi}{2}} + a_{xy}\underbrace{\sin\varphi\cdot\cos\varphi}_{\dfrac{\sin 2\varphi}{2}} + a_{yy}\underbrace{\sin^2\varphi}_{\dfrac{1-\cos 2\varphi}{2}}$$

Entsprechend zusammengefaßt und analog für die anderen Komponenten entwickelt ist

$$\boxed{\begin{aligned} a_{\xi\xi} &= \frac{a_{xx}+a_{yy}}{2} + \frac{a_{xx}-a_{yy}}{2}\cdot\cos 2\varphi + a_{xy}\cdot\sin 2\varphi \\[2ex] a_{\eta\eta} &= \frac{a_{xx}+a_{yy}}{2} - \frac{a_{xx}-a_{yy}}{2}\cdot\cos 2\varphi - a_{xy}\cdot\sin 2\varphi \\[2ex] a_{\xi\eta} &= \qquad\quad -\frac{a_{xx}-a_{yy}}{2}\cdot\sin 2\varphi + a_{xy}\cdot\cos 2\varphi \end{aligned}} \tag{G43}$$

■

Technische Mechanik

A. Einteilung der Technischen Mechanik

Die Wissenschaften teilen sich in Natur- und Geisteswissenschaften auf. Zu den Naturwissenschaften zählt die Physik, deren grundlegendes Teilgebiet die Mechanik ist.

Die Mechanik ist die Lehre von den Kräften und ihren Wirkungen (Gegenkräfte, Form- und Bewegungsänderungen) auf Körper. Die Mechanik kann mehr theoretisch und deduktiv-analytisch (vom Allgemeinen zum Speziellen) oder mehr auf die technische Praxis bezogen und induktiv-synthetisch (vom Speziellen zum Allgemeinen) aufgebaut sein.

Die Theoretische Mechanik hat das Ziel, zu prinzipiellen Erkenntnissen und Gesetzmäßigkeiten zu gelangen, während in der Technischen Mechanik die Anwendung der Gesetze zur Erfassung der technischen Probleme vorrangig ist.

Die Mechanik wird in die Gebiete Kinematik und Dynamik unterteilt. Die Kinematik behandelt die Geometrie der Bewegungen von Körpern, ohne auf die Ursachen der Bewegung, nämlich die Kräfte einzugehen. Die Dynamik ist die Lehre von den Kräften. Sie gliedert sich in die beiden Teilgebiete Statik (das ist die Lehre von den Kräften und ihren Gegenkräften an ruhenden Körpern) und Kinetik, die das Zusammenwirken von Kräften und Bewegungen behandelt.

Eine andere Unterteilung ergibt sich, wenn man die Materialeigenschaften und den Aggregatzustand der betrachteten Körper in den Vordergrund stellt. Dann ist zwischen starren, elastischen, plastischen, viskosen, flüssigen und gasförmigen Körpern und den entsprechenden Teilgebieten zu unterscheiden.

Starre (unendlich steife) Körper haben unveränderliche Form, wie näherungsweise gehärteter Stahl oder hartes Gestein. Die Annahme der Unverformbarkeit ist eine Idealisierung, die nur für Fragestellungen, bei denen die Verformungen unerheblich sind, erlaubt ist.

Elastische Körper (z.B. Stahlfedern, Gummi) verformen sich unter Belastung, nehmen aber nach der Entlastung ihre ursprüngliche Gestalt wieder an.

Plastische Körper (z.B. Lehm oder Stahl bei hohen Temperaturen) dagegen verbleiben (weitgehend) in der durch die Belastung hervorgerufenen Form (z.B. Schmieden von Stahl).

Während bei einer plastischen Verformung eine gewisse Beanspruchung (die Fließgrenze) im Körper überschritten sein muß, treten bei Körpern mit viskosen Materialverhalten bleibende, zeitabhängige Verformungen schon bei niedrigen Spannungen auf. Eine mit der Zeit zunehmende Verformung unter gleichbleibender Last nennt man Kriechen des Werkstoffs. Gewisse Kunststoffe, Blei, Zink, Zinn kriechen schon bei Raumtemperatur, bei Leichtmetallen und Stahl dagegen beginnt das Kriechen erst bei höheren Temperaturen.

Flüssigkeiten (z.B. Wasser) deformieren sich schon bei sehr kleinen Kräften, sind aber relativ volumenbeständig, während Gase (z.B. Luft) bestrebt sind, den gesamten verfügbaren Raum auszunutzen.

Bei den meisten Körpern kommen diese idealisierten Materialeigenschaften nicht in reiner Form vor. Je nach Spannung und Temperatur werden sich Kombinationen des vereinfacht dargestellten Werkstoffverhaltens zeigen.

So kann man auch die einzelnen Teilgebiete der Mechanik nicht immer streng voneinander abgrenzen, oftmals werden die Übergänge verwischt sein.

Eine Übersicht der einzelnen Gebiete vermittelt das angegebene Schema, wobei nur die hier interessierenden Verzweigungen weiter aufgeschlüsselt sind.

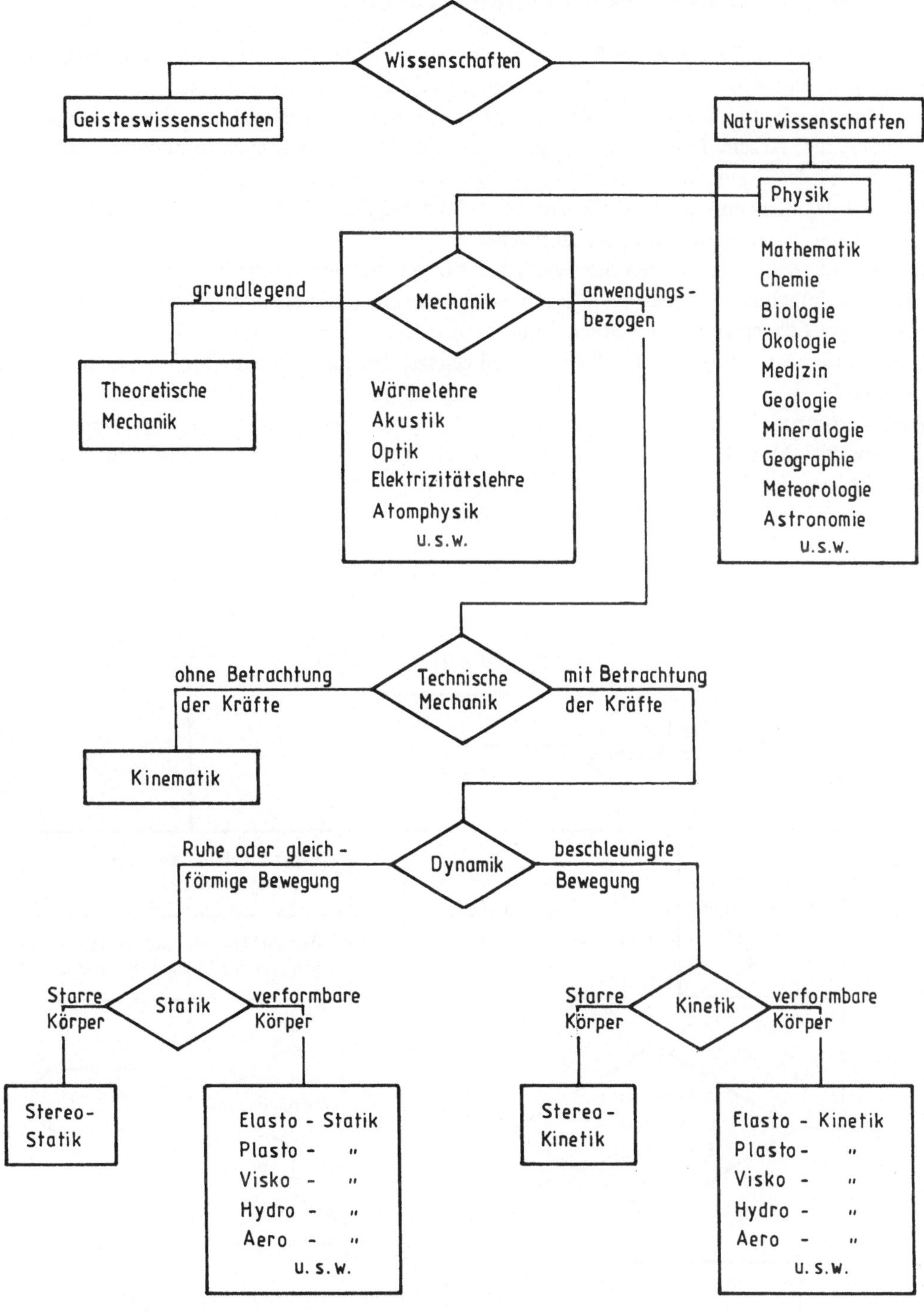

Wissenschaften
Geisteswissenschaften
Naturwissenschaften
Physik
Mathematik
Chemie
Biologie
Ökologie
Medizin
Geologie
Mineralogie
Geographie
Meteorologie
Astronomie
u.s.w.
grundlegend
Mechanik
anwendungs-bezogen
Theoretische Mechanik
Wärmelehre
Akustik
Optik
Elektrizitätslehre
Atomphysik
u.s.w.
ohne Betrachtung der Kräfte
Technische Mechanik
mit Betrachtung der Kräfte
Kinematik
Ruhe oder gleich-förmige Bewegung
Dynamik
beschleunigte Bewegung
Starre Körper
Statik
verformbare Körper
Starre Körper
Kinetik
verformbare Körper
Stereo-Statik
Elasto - Statik
Plasto - "
Visko - "
Hydro - "
Aero - "
u. s.w.
Stereo-Kinetik
Elasto - Kinetik
Plasto- "
Visko - "
Hydro - "
Aero - "
u. s.w.

B. Aufgaben der Technischen Mechanik

Die Mechanik, ein Teilgebiet der Physik, ist die Lehre von der Bewegung und der Verformung von Körpern infolge von Kräften, die die Ursache dieser Zustandsänderungen sind.

Die Begriffe der Mechanik – wie Kraft, Moment, Spannung, Verformung, Geschwindigkeit, Beschleunigung, Arbeit, Energie, Leistung, Impuls und Drall – sind auch in anderen Gebieten der Physik und der Ingenieurwissenschaften von grundlegender Bedeutung.

Aufgabe der Mechanik ist es, die Zustände und Vorgänge der körperlichen Welt erklärbar, berechenbar und damit vorausschaubar zu machen.

Die Vorgänge und die Formen der beteiligten Körper sind jedoch meist so kompliziert, daß erst nach Vereinfachung (Weglassen alles Unwesentlichen), Schematisierung und Idealisierung eine brauchbare Lösung gefunden werden kann.

Dabei wird das reale System durch ein Modell ersetzt, das einer mathematischen Beschreibung zugänglich ist.

Die Überprüfung der Ergebnisse durch Vergleich mit den tatsächlichen Vorgängen zeigt, wie weit das gewählte Modell brauchbar ist, und wo noch eventuelle Korrekturen und Ergänzungen der Eingabedaten für das Rechenmodell erforderlich sind.

Ziel ist es dabei, der Wirklichkeit näher zu kommen, die gestellten Aufgaben befriedigend zu lösen und die technischen Ausführungen möglichst weit zu optimieren.

Die einzelnen Schritte dazu verlaufen teilweise in parallelen und rückgekoppelten Prozessen, wie das angegebene Flußdiagramm zeigt.

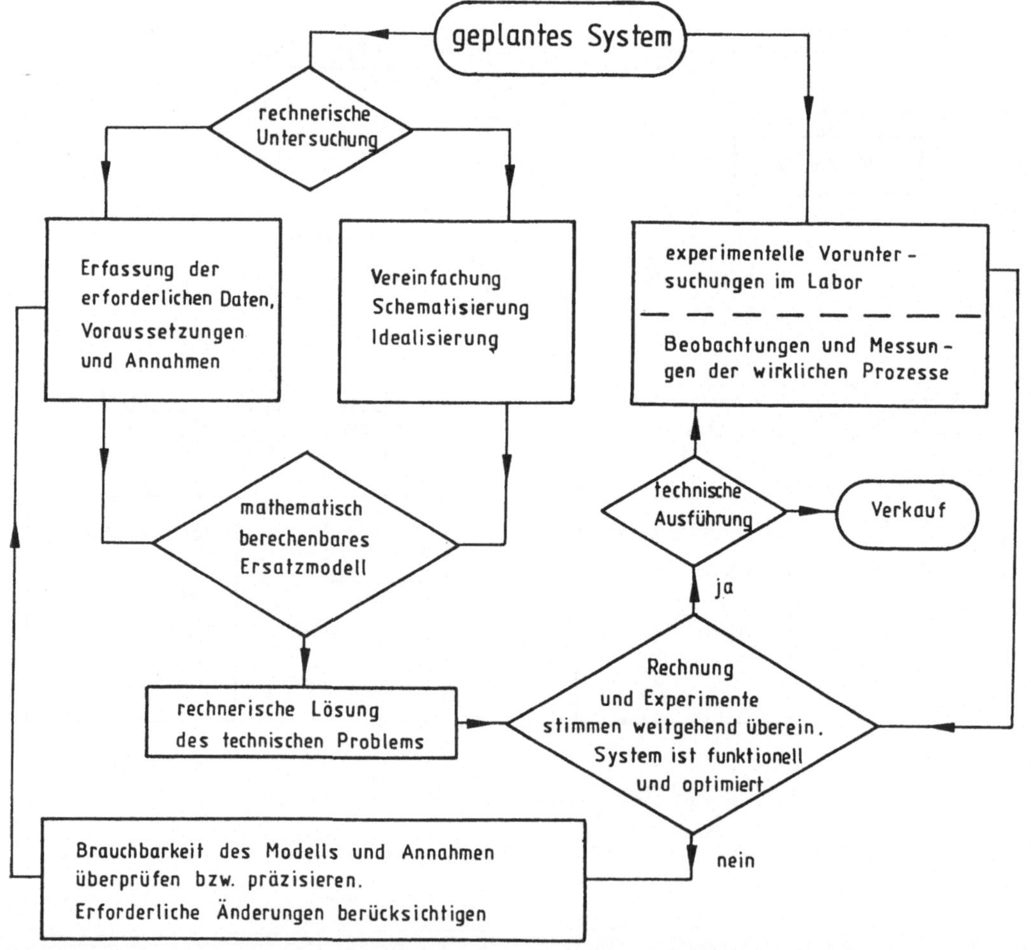

Statik

Statik ist die Lehre von der Wirkung der Kräfte auf den starren Körper im Zustand der Ruhe oder der gleichförmigen, geradlinigen Bewegung.

1 Grundbegriffe

1.1 Definition der Kraft

Die Kraft ist in der Technischen Mechanik eine Größe von fundamentaler Bedeutung.

Obwohl man die Kraft vom Muskelgefühl her kennt, kann man sie doch unmittelbar nicht beobachten, man stellt nur ihre Wirkung fest. Überall im täglichen Leben bemerken wir z.B. die Schwerkraft, die infolge der Erdanziehung auf jeden Körper wirkt und als Gewicht bezeichnet wird.

Legt man einen schweren Körper auf eine weiche Unterlage, so wird diese eingedrückt und verformt.

Bei einem beweglichen Körper (z.B. einem Pendel) erzeugt das Gewicht eine Beschleunigung.

Durch Kräfte werden also Bewegungs- und Formänderungen hervorgerufen. Als Kraft bezeichnet man daher die Wechselwirkung zwischen Körpern, durch die Änderungen ihres mechanischen Zustands (Form und Geschwindigkeit) verursacht werden.

Physikalische Größen, die die gleiche Wirkung wie eine Gewichtskraft auf einen Körper haben, nennt man Kräfte.

Die Gleichwertigkeit eines Gewichts gegenüber einer Kraft erkennt man z.B. im Bild 1.1. So kann man einen Wagen an der Deichsel direkt mit eigener Muskelkraft ziehen. Die gleiche Wirkung erzielt man mit einem Gewicht, das mit einem Seil über eine Umlenkrolle auf den Wagen die gleiche Kraft ausübt.

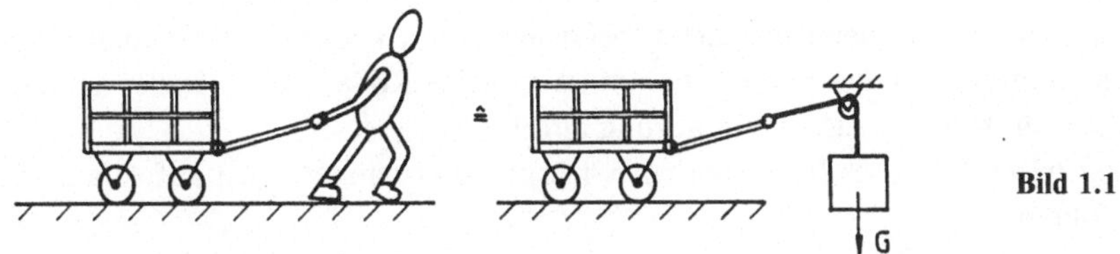

Bild 1.1

1.2 Wirkung einer Kraft

Die Kraft wird erklärt als die Ursache ihrer Wirkung.

Je nach Konstellation und Material der beteiligten Körper ist die Kraft die Ursache einer Gegenkraft, Formänderung oder Bewegungsänderung.

a) Die Erfahrung zeigt, daß man eine Kraft nur gegen einen Widerstand ausüben kann. Will man
   z. B. an einem Seil ziehen, so muß das andere Seilende festgehalten oder an einem Pfahl festge-
   bunden werden (Bild 1.2), bevor man eine Kraft ausüben kann.

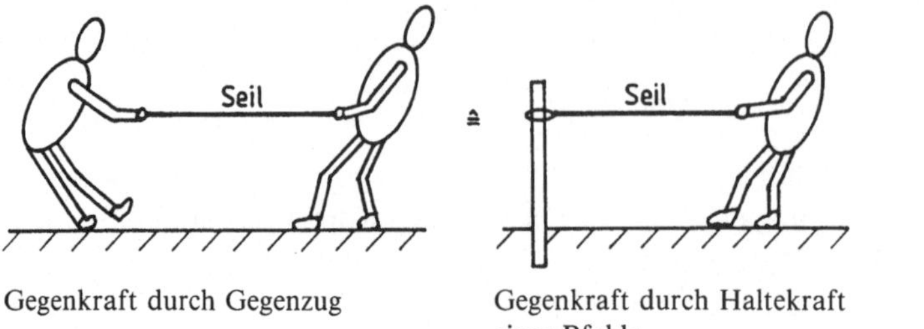

Gegenkraft durch Gegenzug   Gegenkraft durch Haltekraft   **Bild 1.2**
                                   eines Pfahls

Ist die Bewegung eines Körpers durch eine Gegenlage verhindert, so erzeugt eine einwirkende
Kraft an der Berührungsstelle eine gleich große Gegenkraft (Stütz- oder Auflagerkraft). Versucht man eine feststehende Wand zu verschieben, so spürt man die Gegenkraft an den Handflächen.

Die Wirkung dieser Gegenkraft kann man sichtbar machen, wenn man sich auf einen Wagen stellt und sich an der
Wand abdrückt (Bild 1.3).
Die Hände erzeugen auf die Wand einen Druck nach
links.
Die Gegenkraft von der Wand auf die Handflächen bewirkt, daß der Wagen nach rechts ins Rollen kommt.

Bild 1.3

In der Statik werden die Kräfte bestimmt, die bei der gegenseitigen Einwirkung von belasteten
Körpern im Gleichgewichtsfall entstehen. Kräfte können nur in Verbindung mit einem Körper
auftreten.
Damit Kräfte gegenseitig aufeinander wirken können, ist ein materieller Zusammenhalt zur
Kraftübertragung erforderlich.
In der Statik werden die Körper als starr angenommen, d. h. sie verformen sich unter Einwirken
von Kräften nicht. Alle Körperpunkte behalten somit ihren gegenseitigen Abstand bei.
In der Statik werden nur Probleme behandelt, bei denen die wirklichen Verformungen, die klein
gegenüber den Abmessungen des Körpers sein müssen, keine Rolle spielen. Daher ist die Idealisierung eines starren Körpers zur Vereinfachung angebracht.
b) In Wirklichkeit treten bei jeder Belastung eines Körpers Formänderungen auf, die zu inneren
   Spannungen führen.
   Der Körper verformt sich dabei so lange und so stark, bis seine Verformungen im Inneren so
   große Spannungen erzeugen, daß sie den äußeren Kräften das Gleichgewicht halten können.
   So wird z. B. die Deformation einer Feder zur Messung einer Kraft benutzt, die so stark gedehnt
   wird, bis ihre innere Spannkraft gleich der äußeren Zugkraft wird (Bild 1.9).
   Spannungen und Verformungen bei verschiedenen Belastungsfällen und Körperformen werden
   in der Festigkeitslehre untersucht.
c) Wird die Bewegung nicht verhindert, so daß der Körper frei beweglich ist, so bewirkt eine Kraft
   eine Änderung seiner Geschwindigkeit, also eine Beschleunigung (bzw. Verzögerung). Beschleunigte Vorgänge werden in der Dynamik behandelt.

1.3 Erzeugung von Kräften

Kräfte werden überall in der Natur und in der Technik erzeugt. Bei Lebewesen geschieht das durch die Muskelanspannung, beim Menschen z.B. beim Spannen eines Bogens, bei Tieren z.B. beim Ziehen eines Pflugs.

Schon früh hat der Mensch versucht, Kräfte und Arbeit zu sparen durch Verwendung von Geräten, Werkzeugen und Maschinen, die für ihn zum großen Teil die Kraftanstrengung übernehmen.

So kann z.B. eine Kiste anstelle durch Muskelkraft auch durch die Kraft einer Feder oder eines Hydraulikzylinders (bei einem Gabelstapler) bewegt werden (Bild 1.4).

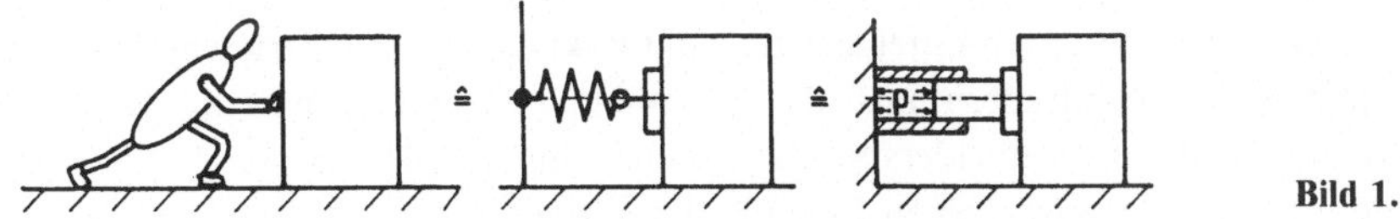

Bild 1.4

Beim Betrieb von Maschinen wirken auf die einzelnen Bauteile mannigfaltige Kräfte ein.

So werden z.B. bei einem Gebäude mit Maschinen die Gewichtskräfte von den belasteten Teilen auf die tragenden Teile (die selbst auch belastend wirken, denn Material trägt und belastet gleichzeitig) übertragen und letztlich in den Erdboden abgeleitet.

In den Maschinen selbst sind verschiedene Kräfte wirksam, wie z.B. die Federkräfte bei der Ventilsteuerung eines Motors, Gas-, Dampf- oder Wasserdruckkräfte in einem Kessel, an einem Kolben oder einer Turbinenschaufel.

Durch die Schaufelkräfte werden die Turbinen in Rotation versetzt und können z.B. Elektrogeneratoren antreiben, wobei zur Stromerzeugung Kräfte in magnetischen und elektrischen Feldern wirken.

Mit dem Strom als Energiequelle werden wiederum Elektromotore betrieben, die zum Antrieb von Arbeitsmaschinen wie Aufzüge, Kräne, Bagger, Pumpen, Kompressoren oder Werkzeugmaschinen Kräfte und Momente erzeugen. Wind- und Wasserkräfte bewegen Schaufelräder oder erzeugen Auftriebskräfte bei Flugzeugen und Schiffen und Antriebskräfte bei Segelschiffen. Gleichzeitig müssen sie als Belastungskräfte angesehen werden, z.B. Windkräfte auf Gebäude, Dächer, Kräne und Masten, Wasserkräfte auf Deiche, Staumauern usw.

Weiterhin treten Reibungs- und Massenträgheitskräfte bei allen bewegten Maschinen und Fahrzeugen auf.

Im thermischen Maschinenbau sind Kräfte durch be- oder verhinderte Wärmedehnung zu beachten wie Rohraktionen im Rohrleitungsbau, Wärmespannungen bei unterschiedlicher Temperaturverteilung oder verschiedenen Ausdehnungskoeffizienten bei Materialkombinationen, insbesondere beim Anfahren und Abschalten der Maschinen.

Aufgabe des Ingenieurs ist es, alle auftretenden Kräfte zu bestimmen und die entsprechenden Bauteile funktionsgerecht und wirtschaftlich zu dimensionieren, d.h. so dick wie nötig und so dünn wie möglich.

1.4 Einteilung der Kräfte

Man unterscheidet:

1.4.1 Zug- und Druckkräfte

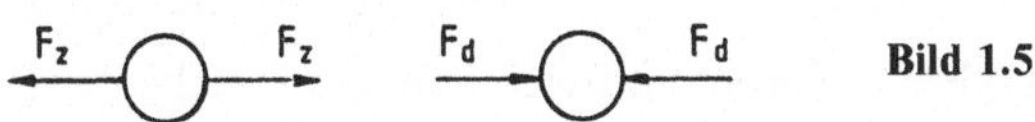

Bild 1.5

Zugkräfte F_z sind vom Körper weggerichtet, Druckkräfte F_d weisen auf den Körper hin (Bild 1.5).

1.4.2 Berührungs- und Fernkräfte

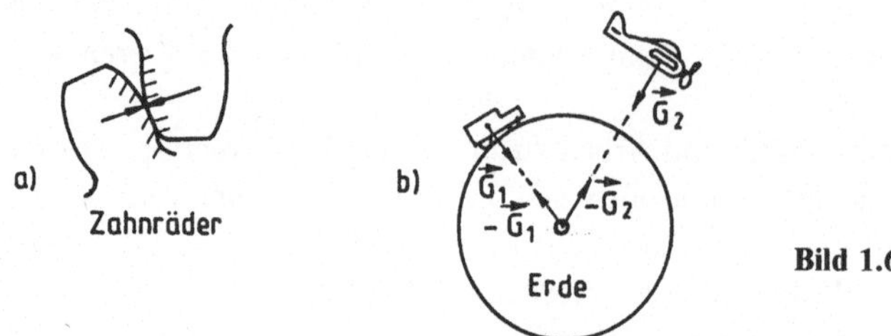

Bild 1.6

Berührungskräfte entstehen durch unmittelbare Kontaktwirkung an der Oberfläche zweier Körper (z. B. bei zwei kämmenden Zahnrädern nach Bild 1.6a) dadurch, daß der eine Körper eine Bewegung des anderen durch einen Formwiderstand be- oder verhindert. Halten wir einen Gegenstand fest in der Hand, so verhindern wir dessen freien Fall zu Boden.

Neben den Kräften, die durch unmittelbaren Kontakt übertragen werden, gibt es auch sog. Fernkräfte, deren Ursache und Wirkung voneinander entfernt liegen. Je nach ihrer physikalischen Konstellation können Körper ein Schwerefeld, ein magnetisches oder ein elektrisches Feld um sich aufbauen und Kräfte auf andere Körper ausüben, die nicht in materieller Verbindung mit ihnen stehen.

Die einzelnen Atomkerne eines Körpers würden sich infolge ihrer Massenanziehungskraft aufeinander zu bewegen und zu einem dichten Klumpen verschmelzen. Dies verhindern die elektrischen Kräfte, da die gleichen (positiven) Ladungen der Protonen sich gegenseitig abstoßen und die Atomkerne wiederum auf Distanz halten.

Ein Magnet z. B. übt auf ein Eisenstück in einem Abstand eine Anziehungskraft aus, die gleiche Kraft wirkt auch vom Eisen auf den Magnet zurück.

Die Erde wirkt mit ihrer Massenanziehungskraft nicht nur auf unmittelbar anliegende Körper (z. B. Auto), sondern auch auf Körper in weiterer Entfernung (z. B. Flugzeug), wie in Bild 1.6b angedeutet.

Ebenso steuert die Sonne durch ihre Anziehung aus der Ferne die Bewegung der Planeten. Zwischen den Körpern liegt ein Zwischenraum, der nicht an der Kraftübertragung beteiligt ist. Die Fliehkräfte wiederum, die bei der (krummlinigen) Bewegung der Erde um die Sonne auf ihrer elliptischen Bahn entstehen, verhindern letztlich, daß die Erde durch die Anziehungskraft von der Sonne „geschluckt" wird.

Gravitationsgesetz von Newton

Zwei Massen m_1 und m_2 im Abstand r ziehen sich gegenseitig mit der Kraft an

$$F = f \cdot \frac{m_1 \cdot m_2}{r^2}$$

(1.1)

Hierbei ist die Gravitationskonstante $f = 6{,}67 \cdot 10^{-11}\,\dfrac{\mathrm{N\,m}^2}{\mathrm{kg}^2}$.

Die Schwerkraft einer Masse $m_2 = m$ an der Erdoberfläche ergibt sich, wenn man für m_1 die Masse der Erde $M = 5{,}973 \cdot 10^{24}$ kg und für r den mittleren Erdradius $R = 6{,}37 \cdot 10^6$ m einsetzt.

$$F = f \cdot \frac{M \cdot m}{R^2}$$

Infolge der Erdanziehung wird ein frei beweglicher Körper im freien Fall in der Nähe der Erdoberfläche mit der Erdbeschleunigung g beschleunigt.

Nach dem dynamischen Grundgesetz: Kraft = Masse mal Beschleunigung

$$F = m \cdot a \qquad (1.2)$$

ist zur Erzeugung der Erdbeschleunigung eine Kraft

$$F_G = m \cdot g \qquad (1.3)$$

erforderlich.

Setzt man beide Kräfte gleich, so wird

$$F = f \cdot \frac{M \cdot m}{R^2} = m \cdot g \;\Rightarrow\; g = f \cdot \frac{M}{R^2} = 6{,}67 \cdot 10^{-11}\,\frac{N m^2}{kg^2} \cdot \frac{5{,}973 \cdot 10^{24}\,kg}{(6{,}37 \cdot 10^6\,m)^2} = 9{,}818\,\frac{m}{s^2}$$

Die Anziehungskraft der Erde nimmt mit zunehmender Entfernung vom Erdmittelpunkt ab.

Die Erde ist ein an den Polen abgeplattetes Rotationsellipsoid. Die Körper sind daher am Pol dem Schwerpunkt der Erde näher als am Äquator. Mit zunehmender geographischer Breite steigt die Gewichtskraft vom Äquator zu den Polen leicht an.

Das genaue Gewicht eines Körpers ist also von seiner Höhe über der Erdoberfläche und von seiner geographischen Lage abhängig.

Zur Bestimmung der Gewichtskraft $F_G = m \cdot g$ eines Körpers der Masse m wird meist mit einem Mittelwert der Erdbeschleunigung

$$g = 9{,}81\,\frac{m}{s^2} \qquad (1.4)$$

gerechnet.

Gravitationsfeld

Jeder Körper baut um sich ein Gravitationsfeld auf, das besonders wirksam ist, wenn der Körper eine Große Masse besitzt.

Unterliegen kleinere Körper der Anziehung eines in der Nähe befindlichen großen Körpers, so nennt man dessen Einflußbereich auch Schwerefeld.

Die Schwerewirkung aller Körper in Erdnähe beruht auf der Massenanziehungskraft der Erde in ihrem Schwerefeld. Zwar nehmen diese Kräfte mit dem Quadrat der Entfernung ab, sie wirken aber auch über einen größeren Zwischenraum hinweg, wie auf ein Flugzeug, das sich in einem weiten Abstand von der Erdoberfläche befindet (Bild 1.6b).

Die Gewichtskraft $\vec{G}$ ist die Kraft, mit der die Erde einen Körper anzieht. Auch hier gilt der Satz von der dazugehörigen Gegenkraft, so daß der Körper mit der gleichen Kraft auf die Erde zurückwirkt. Diese ist im allgemeinen jedoch nicht von Interesse und wird meist außer acht gelassen.

Das Weglassen der Erde und das Eintragen der Gewichtskraft ist gleichsam das Befreien des Körpers von der Erde.

Das Gewicht wird meist als äußere Kraft aufgefaßt und ohne vorher zu schneiden im Schwerpunkt des Körpers angebracht.

Der Kraftpfeil zeigt in die Richtung zum Erdmittelpunkt. Die Gewichtskräfte von benachbarten Körpern sind also fast parallel und „vertikal nach unten gerichtet".

■ **Beispiel:** Kräftespiel zwischen Erde und Mond bei den Gezeiten

Massen ziehen sich auch über Zwischenräume hinweg gegenseitig an. Ein Beispiel, das wir täglich auf der Erde beobachten können, sind die Gezeiten. Der regelmäßige Wechsel von Ebbe und Flut beruht auf der gemeinsamen Wirkung von Anziehungs- und Fliehkräften. Mond und Sonne üben auf die Erde eine Massenanziehungskraft aus, wobei wegen der geringeren Entfernung die des Mondes etwa doppelt so groß ist wie die der Sonne.

Erde und Mond bilden eine Zweikörpereinheit mit einem gemeinsamen Schwerpunkt S. Da die Masse der Erde etwa 81mal größer als die des Mondes ist, liegt der gemeinsame Schwerpunkt viel näher an der Erde. Er liegt noch im Erdinneren etwa im Abstand $3/4R$ vom Erdmittelpunkt M entfernt (Erdradius $R = 6370$ km).

Um diesen Schwerpunkt drehen sich Erde und Mond einander immer gegenüberliegend mit gleicher Winkelgeschwindigkeit $\omega_M = \omega_m$.

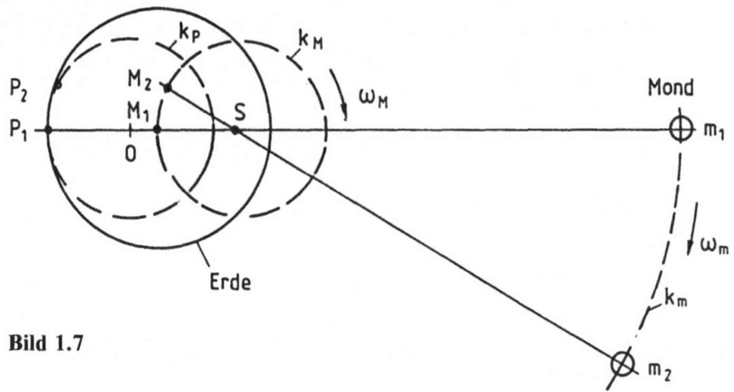

Bild 1.7

Im Bild 1.7 ist die Konstellation Erde–Mond für zwei verschiedene Zeitpunkte (Indizes 1 und 2) angegeben.

M = Mittelpunkt der Erde

m = Mittelpunkt des Mondes

S = gemeinsamer Schwerpunkt von Erde und Mond

$\omega_M = \omega_m$ = Winkelgeschwindigkeit von Erde und Mond

k_M = Kreisbahn des Erdmittelpunktes M um S als Kreismittelpunkt

k_m = Kreisbahn des Mondmittelpunktes m um S als Kreismittelpunkt

k_P = Kreisbahn des Erdpunktes P um O als Kreismittelpunkt

Sieht man zur Vereinfachung einmal von der Drehung der Erde um die eigene Achse ab, so macht die Erde eine reine Translationsbewegung, d.h. jeder Punkt der Erde hat die gleiche Geschwindigkeit nach Betrag und Richtung. Jede bezüglich der Erde feste Richtung (z.B. $\overrightarrow{MP}$) wird dabei im Raum immer beibehalten.

Hierbei bewegt sich der Erdmittelpunkt M auf einem Kreis mit dem Radius $3/4R$ um den Gemeinschaftsschwerpunkt S. Aber auch alle anderen Punkte P der Erde bewegen sich auf Kreisen mit dem gleichen Radius $3/4R$, jedoch immer um verschiedene Mittelpunkte O.

Die Erde als Ganzes macht dabei eine translatorische Kreisbewegung, also eine Art „schwingende Scheuerbewegung", wie man sie z.B. beim Putzen einer Fensterscheibe mit der Hand ausführt.

Infolge der Massenträgheit entstehen bei dieser Bewegung Fliehkräfte, die vom jeweiligen Drehzentrum O zu dem betreffenden Punkt P radial nach außen zeigen. Alle Punkte der Erde haben demnach gleich große und gleich gerichtete Fliehkräfte, die vom Mond weggerichtet sind. Diese Fliehkräfte entstehen also noch zusätzlich zur Zentrifugalkraft infolge der Drehung der Erde um die eigene Achse.

Bei der Überlagerung der Kräfte überwiegt auf der dem Mond zugewandten Erdhälfte der Einfluß der Massenanziehung, auf der dem Mond abgekehrten Seite die Wirkung der Fliehkräfte.

Diese Kräfte wirken sich insbesondere auf das Meerwasser aus, das als bewegliches Medium den Kräften folgen kann.

Mondanziehungskräfte F_1 (auf den Mond zugerichtet) und Fliehkräfte F_2 überlagern sich zu einer Resultierenden R, die für die Gezeitenwirkung maßgebend ist.

Im Bild 1.8 sind diese Kräfte für verschiedene Erdpunkte A, B, C, D in einem Erdquerschnitt angedeutet, in dessen Ebene auch der Schwerpunkt des Mondes liegt.

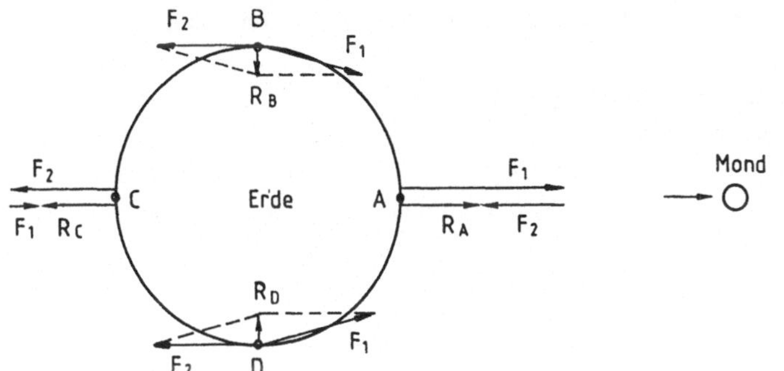

Bild 1.8

Die Folge dieser Kräfteverteilung ist die Ausbildung zweier sich gegenüberliegender Flutberge in der Achse Erde–Mond.

Infolge der Erdrotation durchläuft jeder Punkt des Meeres täglich zweimal die Flutberge und die dazwischen liegenden Ebbetäler, so daß es zu viermaligem Gezeitenwechsel innerhalb eines Tages kommt. Die Drehung des Mondes um die Erde bewirkt zusätzlich eine tägliche Zeitverschiebung der Gezeiten um ca. 50 Minuten. ∎

1.4.3 Äußere und innere Kräfte

Äußere Kräfte wirken von außen auf einen Körper ein, d. h. sie rühren von einem anderen Körper her, wie z. B. Lasten- und Auflagerkräfte. Aber auch das Eigengewicht zählt zu den äußeren Kräften, da es durch die Massenanziehung eines anderen Körpers, nämlich der Erde entsteht.

Äußere Kräfte sind einer direkten Messung zugänglich.

Was dabei als Einzelkörper gelten soll, hängt von der gewählten Systemgrenze ab. So kann man ein Auto gegenüber der Straße abgrenzen, den Motor gegenüber dem Fahrgestell, den Kolben gegenüber der Zylinderwand oder den Kolbenbolzen gegenüber den Lagerungen am Kolben und am Pleuel.

Je nach Festlegung der Systemgrenze kann also eine Zusammenfassung von Bauteilen (z. B. ein Auto) oder ein einzelnes Konstruktionsteil davon (z. B. eine Schraube) als Einzelkörper angesehen werden.

Erstarrungsprinzip

Zur Bestimmung von äußeren Kräften ist oftmals das Erstarrungsprinzip zweckmäßig: Danach können die für einen starren Körper entwickelten Gesetze auch auf elastische Körper übertragen werden. Der sich momentan unter der Wirkung von Kräften einstellende deformierte Zustand des elastischen Körpers wird als quasi-starr angenommen.

Wenn ein beliebiges mechanisches System von Einzelkörpern unter dem Einfluß von Kräften im Gleichgewicht ist, so kann es als ein einziger starrer Körper angesehen werden, der ebenfalls im Gleichgewicht ist.

Man kann sich z. B. ein System von Stäben, die zu einem Fachwerk zusammengefaßt sind, als eine eingefrorene Scheibe vorstellen. Die einzelnen Teile der Konstruktion sind durch Schnee und Eis überdeckt und nicht mehr erkennbar. Sie sind zu einem Körper erstarrt, ohne daß sich am Gleichgewichtszustand etwas ändert. Zur Berechnung von statisch bestimmten Auflagerkräften sind Angaben über konstruktive Einzelheiten im Inneren des Systems nicht erforderlich.

Schnittprinzip

Innere Kräfte wirken im Inneren eines Körpers oder zwischen den Teilen eines Körpersystems als Folge der äußeren Kräfte z. B. in einem Seil, Stab, Gelenk oder als Spannungen in einem Balken. Sie treten stets paarweise auf, heben sich also gegenseitig auf und treten nach außen nicht in Erscheinung.

Die inneren Kräfte können nicht unmittelbar gemessen werden.

Die Kraft in einem Seil läßt sich z. B. erst nach einem Schnitt durch das Seil bestimmen (Bild 1.9a). Die beiden Schnittflächen des Seils werden an den Enden einer Federwaage befestigt (Bild 1.9b). Die Feder wird dann infolge der Belastung ein Stück auseinander gezogen und an einer in Newton geeichten Skala läßt sich die im Seil auftretende Kraftwirkung ablesen.

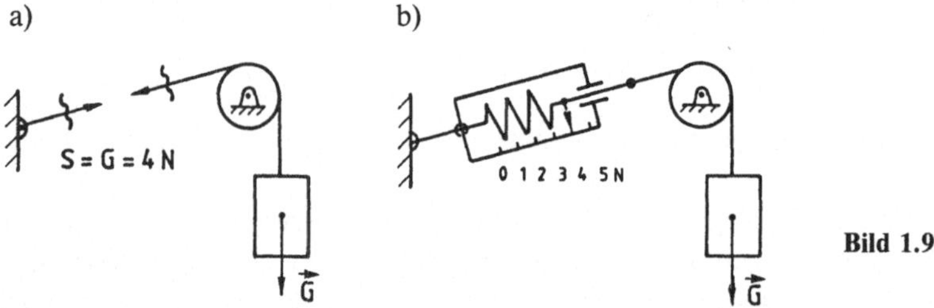

Die inneren Kräfte können zu äußeren und damit an den interessierenden Stellen bestimmbar gemacht werden durch Anwendung des Schnittprinzips:

Das Gleichgewicht eines mechanischen Systems bleibt bei einem gedachten Schnitt durch das System erhalten, wenn an der Schnittstelle als Ersatz für die abgetrennten Teile die übertragenen Kräfte und Momente angebracht werden.

Ist ein Körper im Gleichgewicht, so ist auch jeder beliebig herausgetrennte Teil des Körpers für sich im Gleichgewicht, wenn man die eingeprägten Kräfte und Momente, die an diesem Teilstück wirken, ergänzt durch die an den beseitigten Bindungen auftretenden Schnittreaktionen.

Dabei müssen die Schnittreaktionen jeweils an beiden Schnitthälften nach dem Wechselwirkungsgesetz (siehe Kapitel 2.4) mit gleichem Betrag, auf gleicher Wirklinie, aber mit entgegengesetztem Richtungssinn eingetragen werden. Danach kann man die Gleichgewichtsbedingungen an den Teilkörpern aufstellen und die Schnittreaktionen ermitteln.

Befreien

Um festzulegen, welche Kräfte bei einem mechanischen System als äußere und welche als innere anzusehen sind, ist eine Abgrenzung des betrachteten Körpers durch eine in sich geschlossene Linie (Systemgrenze, Kontrollraum) erforderlich. Der so befreite Einzelkörper darf mit keinem Teil des Gesamtsystems mehr in Verbindung stehen, so daß er vollkommen losgelöst ist und sich frei wegnehmen läßt.

Durch Befreien (Freimachen) erhält man das Freikörperbild eines Systems.

Das Befreien ist eine (gedankliche) Trennung des betrachteten Systems von seiner Umgebung an allen Stütz-, Verbindungs- und Berührungsstellen mit anderen angeschlossenen und angrenzenden Körpern.

Als Ersatz für die weggelassene Umgebung werden dabei die Kräfte und Momente angebracht, die von den entfernten Körpern auf den betrachteten Körper ausgeübt werden.

■ **Beispiel:** Schraubstock mit Werkstück

Am Gesamtsystem sind nach Bild 1.10 die Spannkräfte innere Kräfte, die sich gegenseitig aufheben. Befreit man Werkstück und Schraubstock, so werden die inneren Kräfte F_i zu äußeren Kräften F_a.

Daß die Kräfte vorhanden sind, erkennt man auch an ihrer Verformungswirkung, nämlich der Zusammendrückung des Werkstücks und der Aufbiegung der Schraubstockklemmbacken.

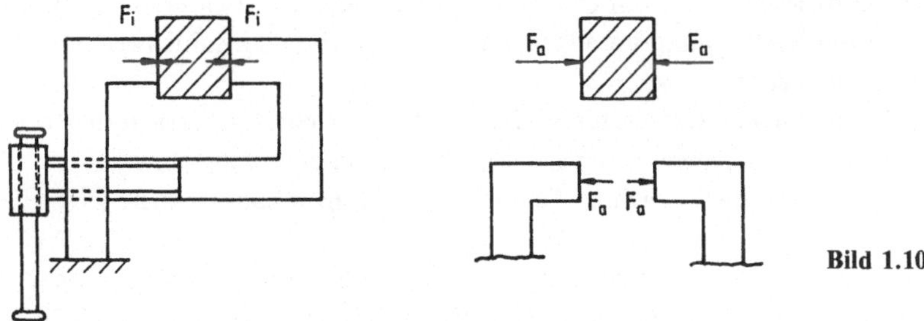

Bild 1.10

1.4.4 Eingeprägte und Reaktionskräfte

Eingeprägte Kräfte wirken primär und aktiv auf einen Körper, indem sie versuchen, seinen Bewegungszustand, seine Form und seinen Spannungszustand zu ändern. Es sind dies die gegebenen Belastungskräfte wie Gewicht, Federkraft, Windkraft, Reibungskraft, Antriebskraft eines Motors usw.

Eingeprägte Kräfte werden durch physikalische Gesetze festgelegt und daher auch als physikalische Kräfte bezeichnet.

Zu ihrer Beschreibung sind physikalische Parameter erforderlich wie z. B. die Masse eines Körpers und die Erdbeschleunigung zur Bestimmung der Gewichtskraft, die Geschwindigkeit und Dichte der Luft für die Windkraft, die Oberflächenrauhigkeiten und der Anpreßdruck für die Reibungskraft zweier sich berührender Körper, die elektrische Spannung und die Drehzahl für das Motordrehmoment bzw. die am Umfang der Kupplung wirkende Antriebskraft.

Die eingeprägten Kräfte sind durch die physikalischen Erscheinungen gegeben und können durch Messungen experimentell bestimmt werden.

Reaktionskräfte (auch geometrische Kräfte oder Zwangskräfte genannt) entstehen dagegen durch den kinematischen Zwang, der dem Körper durch Bindungen, Stützen oder Führungen auferlegt wird, und der seine Bewegungsmöglichkeiten (Verschiebungen, Drehungen) einschränkt.

Reaktionskräfte bilden sich sekundär als Folge der agierenden Kräfte aus, denen sie einen Widerstand entgegensetzen. Ihr Betrag und ihre Richtung sind von der Lagerung abhängig. Sie sind einer unmittelbaren Messung nicht zugänglich.

Ersetzt man z. B. ein festes Auflager durch eine elastische Stütze mit bekannter Federsteifigkeit, so kann man durch Messung der Zusammendrückung die Federkraft zwar experimentell bestimmen, die Auflagerkraft ergibt sich aber erst aus einer Gleichgewichtsbetrachtung der Feder. Man hat dann also indirekt die unbekannte Reaktionskraft durch Messung einer ihr gleichwertigen eingeprägten Kraft ermittelt (Lagrangesches Befreiungsprinzip siehe Kapitel 14.2.3).

Reaktionskräfte sind zunächst einmal unbekannt. Durch Befreien von Lagern, durch Loslösen von Verbindungselementen oder durch Freischneiden von Anschlußkörpern treten die Reaktionskräfte an die Stelle der geometrischen Bindungen und können dadurch als äußere Kräfte berechnet werden.

Wird die Bewegung eines Körpers durch eine rauhe Unterlage verhindert, so werden die wirksamen Haftungskräfte wie Lagerkräfte ermittelt. Haftungskräfte (Haftreibungskräfte) sind Reaktionskräfte im Gegensatz zu den Reibungskräften (Gleitreibungskräften), die bei sich gegeneinander bewegenden Körpern als eingeprägte Kräfte auftreten.

1.5 Bestimmungsstücke einer Kraft

Eine Kraft ist durch folgende Angaben eindeutig fixiert:

a) Größe (Betrag) $|\vec{F}| = F$

b) Richtung und Richtungssinn

c) Angriffspunkt (Lage)

Durch den Angriffspunkt und die Richtung ist die Wirkungslinie einer Kraft festgelegt, das ist die Gerade, längs der die Kraft wirkt. Die Kraft ist ein Vektor (lat. vector = Fahrer, Träger), d.h. eine gerichtete Größe, zu deren Bestimmung im allgemeinen die Angabe von Zahlenwert und Einheit, Richtung und Orientierung gehört.

Im Gegensatz dazu ist ein Skalar (lat. scala = Leiter, Treppe) eine nicht richtungs-orientierte Größe, bei der die Angabe eines Zahlenwertes mit Einheit zur Beschreibung genügt.

Skalare sind z.B. Masse, Volumen, Dichte, Temperatur, Wärmeinhalt, Arbeit, Zeit, Leistung usw.

Den Vektorcharakter einer Kraft erkennt man am Bild 1.11. Betragsmäßig gleiche Kräfte $(F_1 = F_2 = F_3)$ mit verschiedener Richtung und Lage rufen bei einem Wagen unterschiedliche Wirkungen hervor.

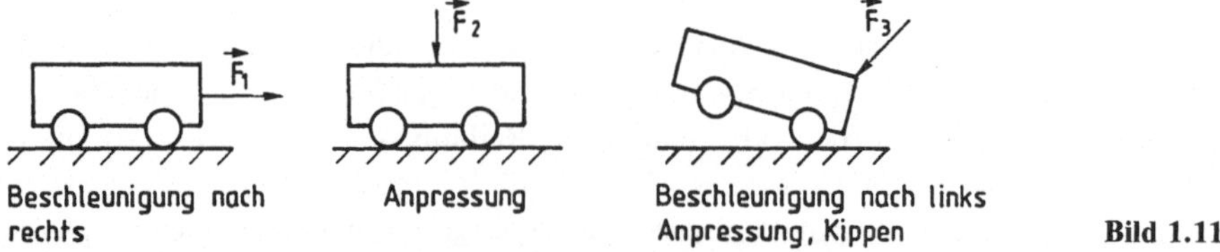

Bild 1.11

Die charakteristischen Daten einer Kraft lassen sich in der zeichnerischen Darstellung als Pfeil in einem kartesischen Koordinatensystem nach Bild 1.12 symbolisieren.

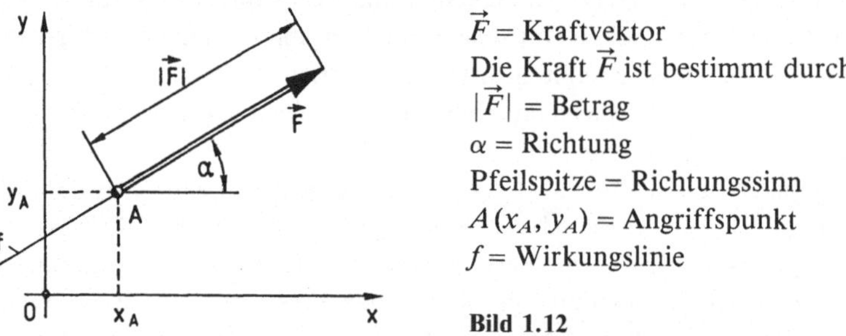

$\vec{F}$ = Kraftvektor
Die Kraft $\vec{F}$ ist bestimmt durch
$|\vec{F}|$ = Betrag
α = Richtung
Pfeilspitze = Richtungssinn
$A(x_A, y_A)$ = Angriffspunkt
f = Wirkungslinie

Bild 1.12

Bei der zeichnerischen Behandlung von technischen Problemen werden den vorkommenden physikalischen Größen entsprechende Zeichnungsstrecken zugeordnet, deren Zusammenhang durch einen Maßstabsfaktor gegeben ist.

$$\boxed{G = m \cdot Z} \quad \Rightarrow \quad \boxed{m = \frac{G}{Z}} \tag{1.5}$$

G = abzubildende physikalische Größe

m = Maßstabsfaktor

Z = zugeordnete Zeichnungsstrecke

Wird einer Kraft eine Zeichnungsstrecke zugeordnet, so ist z.B.

Kräftemaßstab: 1 cm der Zeichnung entspricht 100 N

oder abgekürzt: 1 cm $Z \,\hat{=}\, 100$ N

Kräfte-Maßstabsfaktor $m_F = 100 \,\dfrac{\text{N}}{\text{cm}\, Z}$

Liest man im Krafteck als Ergebnis z. B. eine Kraft-Zeichnungsstrecke $Z_F = 5$ cm Z ab, so ist die zugehörige Kraft

$$F = m_F \cdot Z_F = 100 \; \frac{N}{\text{cm } Z} \cdot 5 \text{ cm } Z = 500 \text{ N}$$

Die einzelnen Maßstäbe (z. B. für Strecken, Kräfte, Momente, Trägheitsmomente, Spannungen, Verformungen usw.) müssen dabei so gewählt werden, daß einerseits der zur Verfügung stehende Platz ausreicht, andererseits die Ablesung der Ergebnisse noch mit genügender Genauigkeit möglich ist.

1.6 Schreibweise von Vektorpfeilen

Neben den Kräften kommen in der Mechanik auch Momente als Vektoren vor. Um die entsprechenden grafischen Symbole (Bild 1.13) besser unterscheiden zu können, werden die Momentenpfeile mit einer doppelten Spitze versehen.

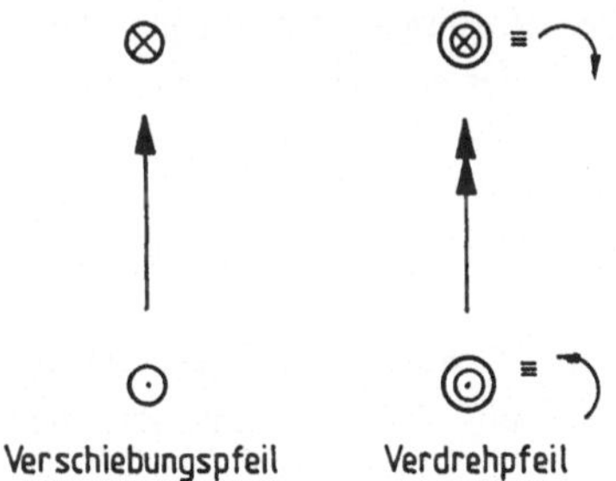

Vektor geht senkrecht in die Zeichenebene hinein

Vektor liegt in der Zeichenebene

Vektor kommt rechtwinklig aus der Zeichenebene heraus (dreht im Sinn einer Rechtsschraube)

Bild 1.13

Allgemein kennzeichnet man die Größen, die bei einer Verschiebung auftreten (Kraft, Geschwindigkeit, Beschleunigung, Impuls usw.), mit einem einfachen Pfeil, die Größen, die für eine Verdrehung maßgebend sind (Moment, Winkelgeschwindigkeit, Winkelbeschleunigung, Drall usw.), mit einem Doppelpfeil.

Bei räumlichen Problemen müssen die Vektoren auch senkrecht zur Zeichenebene dargestellt werden. Dazu verwendet man einen Ring (Verschiebung) bzw. Doppelring (Verdrehung) mit einem Kreuz bzw. mit einem Punkt, um anzudeuten, daß der Pfeil in die Zeichenebene hineingeht oder aus ihr herauskommt.

Kreuz bedeutet: man sieht die Feder des Pfeils
(wie der Vater Wilhelm Tell als Bogenschütze)

Punkt bedeutet: man sieht die Spitze des Pfeils
(wie der Sohn vom Wilhelm Tell mit dem Apfel auf dem Kopf als Ziel)

Vektorpfeil über den Formelzeichen

Vektoren werden zur Unterscheidung von Skalaren mit einem Vektorpfeil versehen. Bei analytischen Berechnungen sind diese Vektorpfeile unbedingt erforderlich, damit keine Verwechslungen der vektoriellen und der algebraischen Rechenoperationen entstehen.

In Zeichnungen dagegen kommt der Vektorcharakter bereits durch die Pfeildarstellung zum Ausdruck, weshalb dann der Pfeil über dem Formelzeichen z. B. aus Platzgründen entfallen kann.

Oftmals wird aber auch in Zeichnungen der Vektorpfeil über den Buchstaben geschrieben, um den Vektorcharakter besonders hervorzuheben und um die Vektoren besser von anderen Bezeichnungen (Punkten, Linien usw.) unterscheiden zu können.

2 Axiome

Allgemein versteht man unter einem Axiom einen unbeweisbaren aber auch unbestreitbaren Grundsatz.

Jede Wissenschaft beruht auf elementaren Prinzipien, den Axiomen, die man aus der Beobachtung und der Begegnung mit der Natur und der Technik durch die ständige Erfahrung gewinnt, die aber nicht allein aus der mathematischen Logik entwickelt werden können. Sie sind Grundtatsachen, die sich nicht aus anderen einfacheren Bedingungen folgern lassen, aus denen aber alle anderen physikalischen Gesetze ohne Widerspruch abgeleitet und aufgebaut werden können.

Axiome sind die Fundamente der Naturwissenschaften. Die Statik basiert im wesentlichen auf vier Axiomen, die von dem englischen Physiker Newton aufgestellt wurden.

(Isaac Newton: geb. 1643 in Woolsthorpe, gest. 1727 in London.)

2.1 Trägheitsaxiom

> Jeder Körper beharrt im Zustand der Ruhe oder der gleichförmigen geradlinigen Bewegung, solange er nicht durch einwirkende Kräfte gezwungen wird, diesen Zustand zu ändern.

Wirkt auf einen Körper der Masse m keine Antriebs- und keine Widerstandskraft (oder heben sich diese Kräfte gerade auf), so behält er seine Geschwindigkeit $\vec{v}$ (Betrag und Richtung) unverändert bei (Bild 2.1 a).

Bei Einwirkung einer Kraft $\vec{F}$ (die zur Vereinfachung durch den Schwerpunkt S des Körpers gehen soll, um Drehungen auszuschließen) wird der Körper in Richtung der Kraft eine Beschleunigung $\vec{a} = \dfrac{\vec{F}}{m}$ erfahren. Seine Geschwindigkeit wird also ständig zunehmen und sich immer mehr in Richtung der Kraft einstellen (Bild 2.1 b).

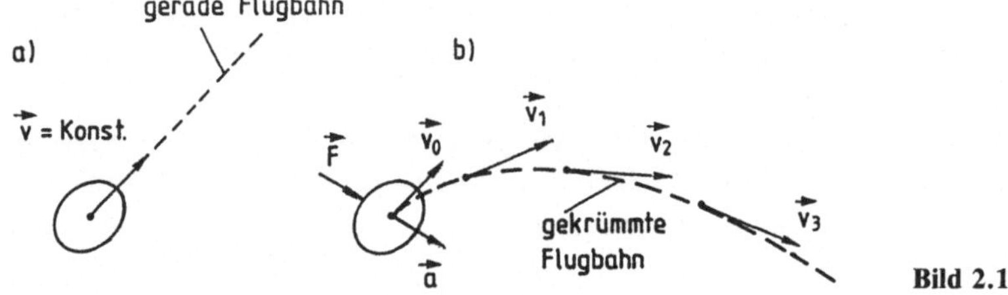

Bild 2.1

2.2 Verschiebungs-Axiom

> Zwei Kräfte, die gleichen Betrag, gleiche Wirkungslinie und gleichen Richtungssinn, jedoch verschiedene Angriffspunkte haben, üben auf einen starren Körper die gleiche Wirkung aus, d. h. sie sind gleichwertig (äquivalent).

Eine Kraft $\vec{F}$ kann also auf ihrer Wirkungslinie beliebig verschoben werden, ohne daß sich ihre Wirkung auf einen starren Körper ändert.

Das läßt sich zeigen, wenn man am Körper zwei Gegenkräfte (ein sogenanntes Nullpaar $\vec{F}$, $-\vec{F}$) anbringt und zwar $-\vec{F}$ im Punkt A und $\vec{F}$ im Punkt B, die sich gegenseitig aufheben, das System also statisch nicht verändern (Bild 2.2).

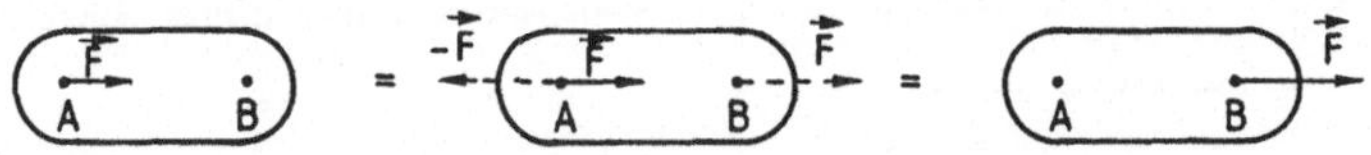

Bild 2.2

Im Punkt A werden die Kräfte egalisiert, im Punkt B bleibt der Anteil $\vec{F}$ des Nullpaares übrig. Im Endeffekt hat sich die Kraft $\vec{F}$ von A nach B verschoben, d.h. sie ist ein „linienflüchtiger" Vektor.

■ **Beispiel:** Aufhängung bzw. Abstützung eines Körpers

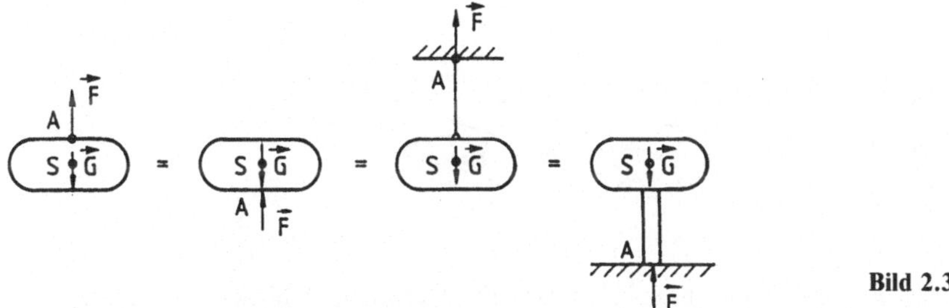

Bild 2.3

Ein Körper kann gegen die Anziehungskraft der Erde (Gewichtskraft $\vec{G}$) in der Schwebe gehalten werden, dadurch, daß unmittelbar am Körper selbst oben oder unten an der Stelle A eine gleich große Haltekraft $\vec{F} = -\vec{G}$ wirkt (Bild 2.3).

Statt des direkten Kraftangriffs kann ein Übertragungselement (Seil oder Stütze) zwischengeschaltet werden, so daß die Gleichgewichtskraft erst in einiger Entfernung vom Körper an der Decke oder am Boden angreift.

Dabei ist es egal, wie lang das Seil oder die Stütze ist. Maßgebend ist nur, daß die Haltekraft mit der Verbindungslinie von Angriffspunkt A und Schwerpunkt S des Körpers zusammenfällt.

Die Gerade, längs der das Seil oder die Stütze die Kraft bis zum Angriffspunkt am Körper weiterleitet, heißt Wirkungslinie der Kraft.

Bei einem elastischen Körper führt die Verschiebung einer Kraft zu unterschiedlichen Spannungen und Verformungen und ist deshalb im allgemeinen nicht zulässig, wie die Beispiele in Bild 2.4 zeigen:

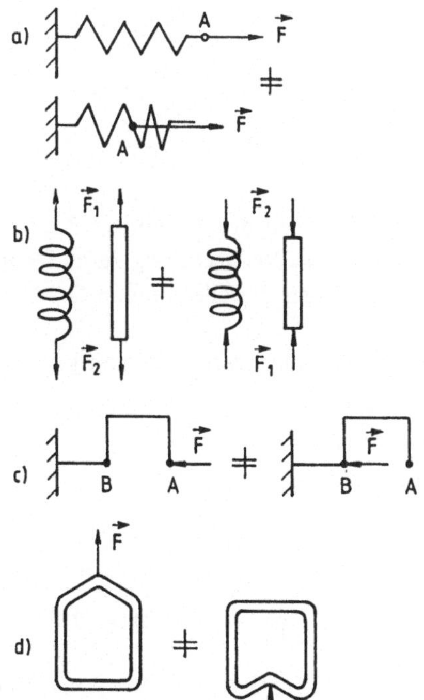

Die Verlängerung einer Feder wird bei kürzerer Dehnlänge geringer.

Durch Verschieben der Kräfte entlang ihrer Wirkungslinie wird aus einem Zugstab (Zugfeder) ein Druckstab (Druckfeder) mit Knickgefahr.

Der rechte Teil AB des eingespannten Bügels wird bei Verschiebung der Kraft von A nach B vollkommen entlastet, ist also spannungsfrei und verformt sich nicht.

Je nach Lage der Kraft wird sich ein elastischer Rahmen bei einer Aufhängung an der Oberseite aufweiten oder bei einer punktförmigen Abstützung an der Unterseite einbeulen.

Bild 2.4

2.3 Parallelogramm-Axiom

Zwei Kräfte $\vec{F_1}$ und $\vec{F_2}$, die an einem gemeinsamen Angriffspunkt A wirken, lassen sich durch eine einzige Kraft $\vec{R}$ (Resultierende) ersetzen, ohne daß sich die Kraftwirkung auf den Körper ändert. Die Resultierende erhält man als Diagonale aus dem Parallelogramm der Kräfte (Bild 2.5), dessen Seiten die Kräfte $\vec{F_1}$ und $\vec{F_2}$ bilden.

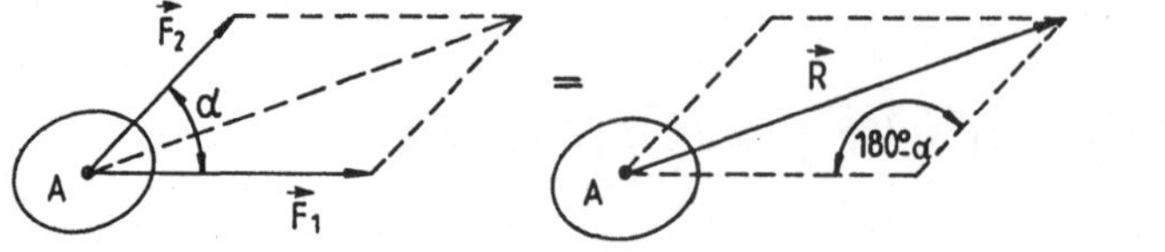

Bild 2.5

Die Zusammenfassung $\vec{R} = \vec{F_1} + \vec{F_2}$ bezeichnet man als vektorielle Addition der Kräfte.
Mit dem Cosinussatz kann man den Betrag der Resultierenden bestimmen:

$$R^2 = F_1^2 + F_2^2 - 2F_1F_2\underbrace{\cos(180° - \alpha)}_{-\cos\alpha} = F_1^2 + F_2^2 + 2F_1F_2 \cdot \cos\alpha$$

$$\boxed{R = \sqrt{F_1^2 + F_2^2 + 2F_1F_2\cos\alpha}} \tag{2.1}$$

Die Wirkungslinie der Resultierenden geht durch den Schnittpunkt der Wirkungslinien der Einzelkräfte.

Greifen die beiden Kräfte, die zusammengefaßt werden sollen, nicht unmittelbar in einem gemeinsamen Schnittpunkt an (Angriffspunkte A und B), so bringt man ihre Wirkungslinien zum Schnitt (Bild 2.6).

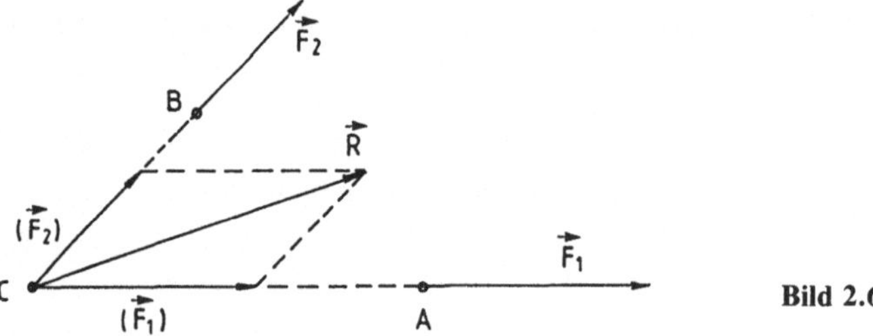

Bild 2.6

Nach dem Verschiebungs-Axiom verlegt man die beiden Kräfte in den Schnittpunkt C (die verschobenen Kraftvektoren werden in Klammern gesetzt, damit eine Verwechslung durch Doppelwirkung der Kräfte ausgeschlossen wird) und faßt sie dort nach dem Parallelogramm-Gesetz (wie in Bild 2.5) zur Resultierenden $\vec{R}$ zusammen.

Bei der Bildung der Resultierenden ist darauf zu achten, daß alle Kraftpfeile vom gemeinsamen Schnittpunkt weg oder zu ihm hin weisen (Bild 2.7).

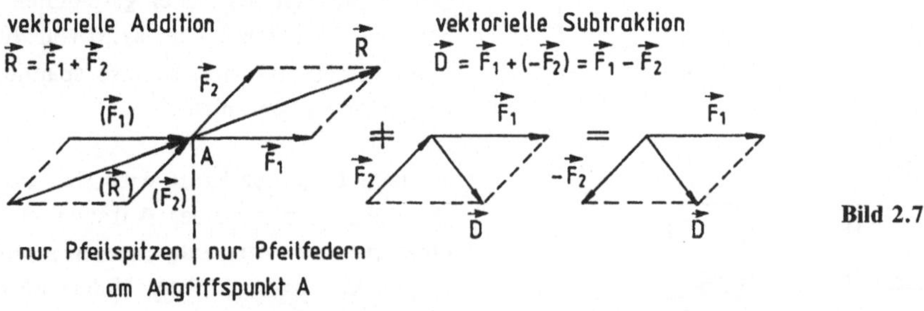

Bild 2.7

Der andere Diagonalenvektor $\vec{D}$ im Kräfte-Parallelogramm gibt die vektorielle Differenz der Kräfte an.

Der Differenzenvektor $\vec{D}$ hat eine andere Richtung und im allgemeinen auch einen anderen Betrag als der Summenvektor $\vec{R}$ der beiden Kräfte.

Durch Umkehrung des Parallelogramm-Gesetzes kann man eine Kraft nach zwei beliebig vorgegebenen Richtungen in Teilkräfte (Komponenten) zerlegen.

■ **Beispiel:** Aufhängung eines Körpers

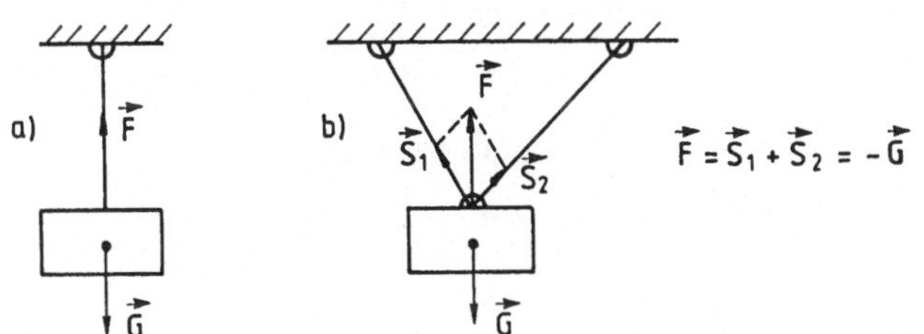

$$\vec{F} = \vec{S}_1 + \vec{S}_2 = -\vec{G}$$

Bild 2.8

Statt mit einem senkrechten Seil (Bild 2.8a) kann der Körper mit dem Gewicht $\vec{G}$ auch durch zwei schräge Seile (Bild 2.8b) gehalten werden. Aus dem Kräfte-Parallelogramm erhält man die beiden Seilkräfte $\vec{S}_1$ und $\vec{S}_2$. ■

Zerlegung einer Kraft in Komponenten

Für die rechnerische Lösung von Aufgaben werden die Kräfte zweckmäßig in einem kartesischen Koordinaten-System in rechtwinklig zueinander stehende Komponenten zerlegt (Bild 2.9).

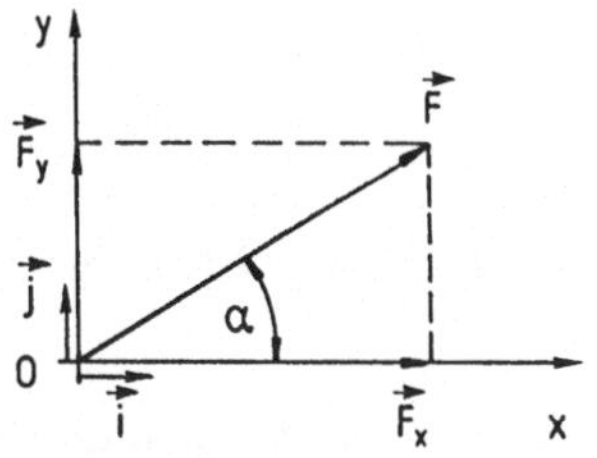

$$\vec{F} = \vec{F}_x + \vec{F}_y = F_x \cdot \vec{i} + F_y \cdot \vec{j}$$

$$\left.\begin{array}{l} F_x = F \cdot \cos\alpha \\ F_y = F \cdot \sin\alpha \end{array}\right\} \qquad \frac{F_y}{F_x} = \tan\alpha \qquad\qquad (2.2)$$

$$F = \sqrt{F_x^2 + F_y^2} \qquad\qquad (2.3)$$

Bild 2.9

$\vec{i}$ und $\vec{j}$ sind die Einsvektoren in Richtung der Achsen x und y.

Eine Kraft kann aber auch in zwei beliebige schräge Komponenten aufgeteilt werden (schiefwinkeliges Koordinaten-System).

■ **Beispiel:** Vektorielle Zerlegung einer Kraft nach zwei beliebig orientierten Richtungen.

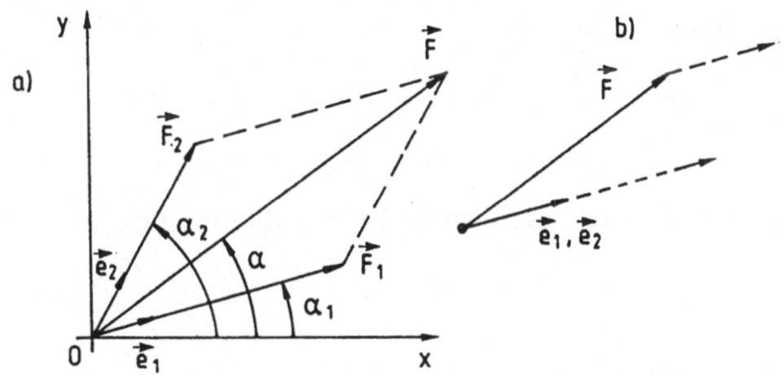

Bild 2.10

Nach Bild 2.10a ist

$$\vec{F} = \begin{bmatrix} F_x \\ F_y \end{bmatrix} = F \begin{bmatrix} \cos\alpha \\ \sin\alpha \end{bmatrix}$$

Einsvektoren

$$\vec{e}_1 = \begin{bmatrix} e_{1x} \\ e_{1y} \end{bmatrix} = \begin{bmatrix} \cos\alpha_1 \\ \sin\alpha_1 \end{bmatrix}; \qquad \vec{e}_2 = \begin{bmatrix} e_{2x} \\ e_{2y} \end{bmatrix} = \begin{bmatrix} \cos\alpha_2 \\ \sin\alpha_2 \end{bmatrix}$$

Die Kraft $\vec{F}$ wird in die Richtung der beiden Einheitsvektoren zerlegt:

$$\vec{F} = \vec{F}_1 + \vec{F}_2 = F_1 \cdot \vec{e}_1 + F_2 \cdot \vec{e}_2$$

Durch vektorielle Multiplikation der Gleichung mit $\vec{e}_2$ bzw. $\vec{e}_1$ wird

$$\vec{F} \times \vec{e}_2 = F_1 \cdot \vec{e}_1 \times \vec{e}_2 + F_2 \cdot \underbrace{\vec{e}_2 \times \vec{e}_2}_{0} \;\Rightarrow\; \vec{F} \times \vec{e}_2 = F_1 \cdot (\vec{e}_1 \times \vec{e}_2)$$

$$\vec{F} \times \vec{e}_1 = F_1 \cdot \underbrace{\vec{e}_1 \times \vec{e}_1}_{0} + F_2 \cdot \vec{e}_2 \times \vec{e}_1 \;\Rightarrow\; \vec{F} \times \vec{e}_1 = -F_2 \cdot (\vec{e}_1 \times \vec{e}_2)$$

Die Ausführung der vektoriellen Produkte ergibt

$$\vec{F} \times \vec{e}_2 = \begin{vmatrix} \vec{i} & F_x & e_{2x} \\ \vec{j} & F_y & e_{2y} \\ \vec{k} & 0 & 0 \end{vmatrix} = \vec{k}(F_x e_{2y} - F_y e_{2x})$$

Entsprechend ist $\vec{F} \times \vec{e}_1 = \vec{k}(F_x e_{1y} - F_y e_{1x})$

$$\vec{e}_1 \times \vec{e}_2 = \begin{vmatrix} \vec{i} & e_{1x} & e_{2x} \\ \vec{j} & e_{1y} & e_{2y} \\ \vec{k} & 0 & 0 \end{vmatrix} = \vec{k}(e_{1x} \cdot e_{2y} - e_{1y} \cdot e_{2x})$$

Setzt man die Beziehungen in die erste Gleichung $\vec{F} \times \vec{e}_2 = F_1 \cdot (\vec{e}_1 \times \vec{e}_2)$ ein, so ergibt sich

$$\vec{k}(F_x e_{2y} - F_y e_{2x}) = \vec{k} F_1 (e_{1x} \cdot e_{2y} - e_{1y} \cdot e_{2x}) \quad | \cdot \vec{k}$$

Multipliziert man die Gleichung skalar mit $\vec{k}$ (wobei $\vec{k}\,\vec{k} = 1$ ist) bzw. vergleicht man die Beträge der Vektoren auf beiden Seiten der Gleichung, so kann man $\vec{k}$ eliminieren:

$$F_x \cdot e_{2y} - F_y \cdot e_{2x} = F_1 \cdot (e_{1x} \cdot e_{2y} - e_{1y} \cdot e_{2x}) \;\Rightarrow$$

$$\boxed{\; F_1 = \frac{F_x e_{2y} - F_y e_{2x}}{e_{1x} e_{2y} - e_{1y} e_{2x}} = F\,\frac{\cos\alpha\sin\alpha_2 - \sin\alpha\cos\alpha_2}{\cos\alpha_1\sin\alpha_2 - \sin\alpha_1\cos\alpha_2} = F\,\frac{\sin(\alpha_2 - \alpha)}{\sin(\alpha_2 - \alpha_1)} \;}$$

Entsprechend wird für die andere Komponente

$$F_x e_{1y} - F_y e_{1x} = -F_2(e_{1x} e_{2y} - e_{1y} e_{2x})$$

$$\boxed{\; F_2 = \frac{F_y e_{1x} - F_x e_{1y}}{e_{1x} e_{2y} - e_{1y} e_{2x}} = F\,\frac{\sin\alpha \cdot \cos\alpha_1 - \cos\alpha \cdot \sin\alpha_1}{\cos\alpha_1 \cdot \sin\alpha_2 - \sin\alpha_1 \cdot \cos\alpha_2} = F\,\frac{\sin(\alpha - \alpha_1)}{\sin(\alpha_2 - \alpha_1)} \;}$$

Die Zerlegung der Kraft $\vec{F}$ ist nur möglich, wenn der Nenner bei der Bestimmung der Teilkräfte nicht Null wird, d.h. wenn

$$\sin(\alpha_2 - \alpha_1) \neq 0 \;\Rightarrow\; \alpha_1 \neq \alpha_2 \quad \text{ist}$$

bzw. wenn $\vec{e}_1 \times \vec{e}_2 \neq 0$ ist, d.h. wenn $\vec{e}_1$ und $\vec{e}_2$ nicht parallel sind.
Sind $\vec{e}_1$ und $\vec{e}_2$ parallel, dann ist wie in Bild 2.10b bzw. Bild 8.18 das Kräfte-Parallelogramm offen und die Komponenten $\vec{F}_1$ und $\vec{F}_2$ werden unendlich groß.   ■

Sonderfälle

Bei der rechnerischen Lösung müssen alle Kräfte in Komponenten gleicher Richtung (z. B. in x- und y-Richtung eines kartesischen Koordinaten-Systems) zerlegt werden, damit man sie algebraisch zusammenfassen kann.

Zeichnerisch findet man die Resultierende kollinearer Kräfte wiederum, wenn man sie im stetigen Pfeilsinn auf einer Linie aneinanderreiht und den Anfangspunkt der ersten mit dem Endpunkt der letzten Kraft verbindet.

■ **Beispiel:** Zwei Kräfte auf gemeinsamer Wirkungslinie

In Bild 2.11 sind die möglichen Kombinationen von zwei kollinearen Kräften angegeben.

a) gleichsinnige Kräfte

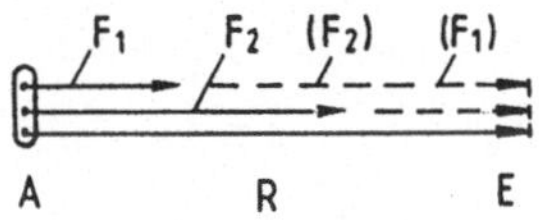

$R = F_1 + F_2$ algebraische Addition

Um anzudeuten, daß die Kraft auf ihrer Wirkungslinie verschoben wurde, wird sie in Klammern gesetzt. Damit soll auch vermieden werden, daß die Kraft doppelt gezählt wird.

b) gegensinnige Kräfte

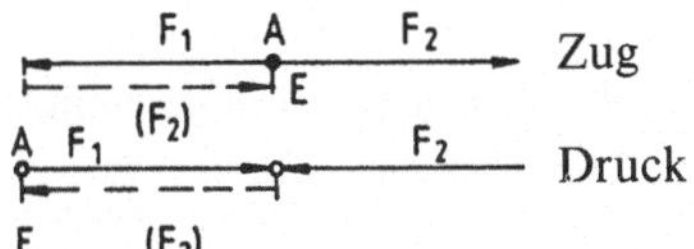

$R = F_2 - F_1$

Die Resultierende wirkt in Richtung der größeren Kraft.

c) gegensinnige Kräfte gleichen Betrags $F_1 = F_2$ (Gegenkräfte oder Nullpaar)

Gleichgewicht:

$R = F_1 - F_2 = 0$

Bild 2.11   ■

Rechnerische Gleichgewichts-Bedingungen

Bei der rechnerischen Lösung von Aufgaben liefern die Gleichgewichts-Bedingungen die nötigen Gleichungen zur Bestimmung der unbekannten Kräfte (und Momente). Die wichtigsten Formeln werden zur baldigen Anwendung vorweggenommen und später ausführlich besprochen (siehe Kapitel 4).

Ein Körper ist in Ruhe, wenn sich alle auf ihn einwirkenden Kräfte in ihrer Verschiebe- und Drehwirkung gegenseitig aufheben und damit seine Bewegungsmöglichkeiten (Freiheitsgrade) unterbunden sind. Das sind in der Ebene die geradlinige (translatorische) Bewegung in x- und y-Richtung und die Drehung (Rotation) um eine zur x, y-Ebene senkrechte Achse (siehe Bild 7.2b).

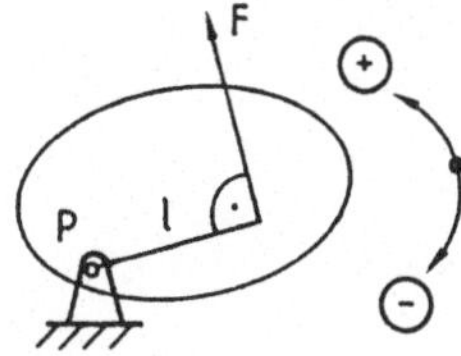

Maßgebend für die Intensität der Drehwirkung einer Kraft $\vec{F}$ ist neben ihrer Größe auch ihr senkrechter Abstand ℓ (Hebelarm), also die Länge des Lotes, das vom Drehpunkt P auf die Wirklinie der Kraft gefällt wird (Bild 2.12).

Neben der Größe der Drehwirkung, dem Drehmoment $M = F \cdot \ell$ unterscheidet man noch den Drehsinn, der entgegen dem Uhrzeigersinn positiv, im Uhrzeigersinn negativ angenommen wird.

Bild 2.12

Damit lauten die Gleichgewichts-Bedingungen

für ein zentrales Kräftesystem $\quad\boxed{\sum F_x = 0, \quad \sum F_y = 0}$ (2.4)

für ein allgemeines Kräftesystem $\quad\boxed{\sum F_x = 0, \quad \sum F_y = 0, \quad \sum M^{(P)} = 0}$ (2.5)

Der (beliebig zu wählende) Drehpunkt P des Systems ist als hochgestellter Index in Klammern geschrieben, um Verwechslungen mit Potenzen auszuschließen. Anstelle der Kraftbedingungen können zusätzliche Momentenbedingungen um andere Bezugspunkte gewählt werden.

Experimenteller Nachweis des Parallelogramm-Axioms

Mit der in Bild 2.13 dargestellten Vorrichtung des holländischen Physikers Stevin läßt sich das Parallelogramm-Gesetz in verschiedenen Varianten nachvollziehen.
(Simon Stevin: geb. 1548 in Brügge, gest. 1620 in Den Haag.)

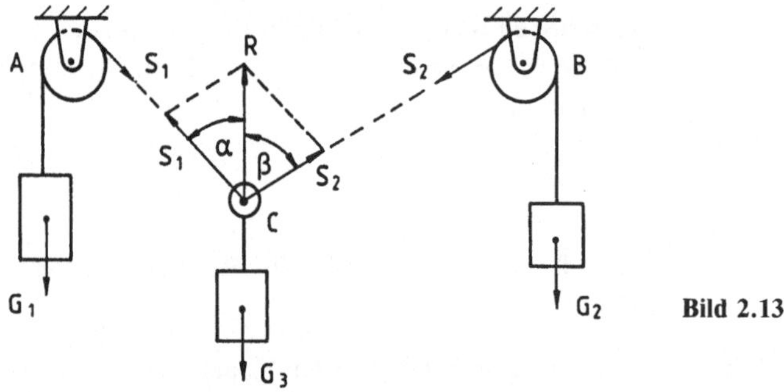

Bild 2.13

An einem Ring C greifen drei Kräfte an, die im Gleichgewicht sind. Die beiden schrägen Seilkräfte ($S_1 = G_1$ und $S_2 = G_2$) werden durch Gewichte über reibungsfreie Umlenkrollen erzeugt. Die dritte Kraft $\vec{G}_3$ wirkt unmittelbar am Ring in senkrechter Richtung.
Je nachdem welche Gewichte man aufbringt (Variation von G_1, G_2, G_3), wird sich das System in eine entsprechende Ruhelage einpendeln.
Bildet man die Resultierende von $\vec{S}_1$ und $\vec{S}_2$ als Diagonale im Kräfteparallelogramm, so erhält man in jedem Fall eine senkrechte Kraft $\vec{R}$, die als Gegenkraft zu $\vec{G}_3$ das Gleichgewicht am Ring herstellt, woraus das Parallelogramm-Gesetz zu erkennen ist.

■ Beispiel

3 Gewichte (Gewichtskräfte $G_1 = 400\,\text{N}$; $G_2 = 500\,\text{N}$; $G_3 = 600\,\text{N}$) sind wie in Bild 2.13 durch Seile über einen Ring C miteinander verbunden. Die beiden äußeren Seile laufen über reibungsfrei drehbare Rollen, die bei A und B gelagert sind.
Gesucht:
a) Welche Winkel α und β stellen sich in der Gleichgewichtslage ein?
b) Auflagerkräfte

Zeichnerische Lösung

Im Bild 2.14 sind die beiden Rollen A und B und der Ring C freigeschnitten.

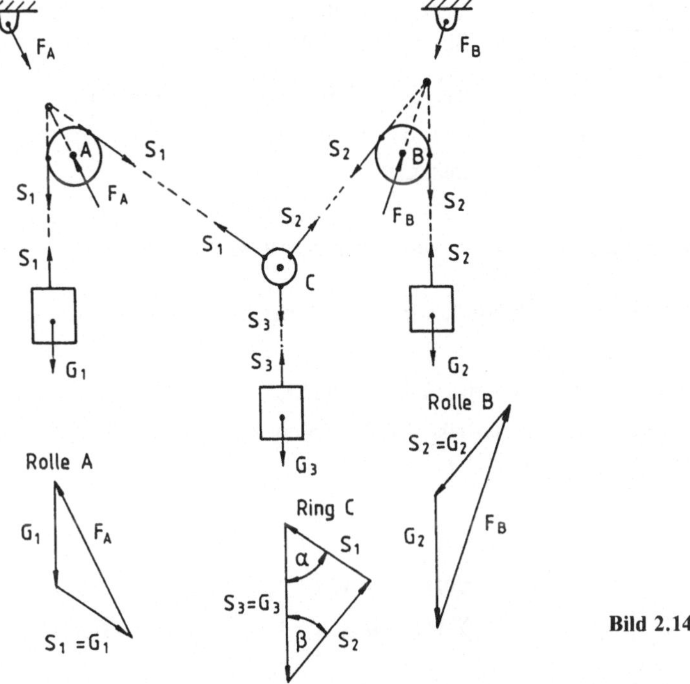

Das Krafteck des Ringes C erhält man durch Dreiecks-Konstruktion aus drei vorgegebenen Seiten (Seilkräfte S_1, S_2, S_3).
Aus dem Dreieck entnimmt man die gesuchten Winkel

$$\alpha = 55{,}8°, \qquad \beta = 41{,}4°$$

Die Kraftecke der Rollen A und B sind gleichschenklige Dreiecke, die die Auflagerkräfte $F_A = 707$ N und $F_B = 935$ N als Ergebnis liefern. ∎

Rechnerische Lösung

Ring C

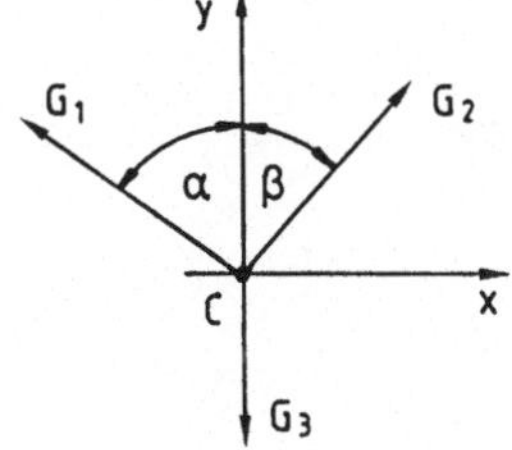

Nach Bild 2.15 gilt für das Gleichgewicht des Ringes

I) $\sum F_x = 0 \;\Rightarrow\; G_2 \sin\beta = G_1 \sin\alpha$

II) $\sum F_y = 0 \;\Rightarrow\; G_2 \cos\beta = G_3 - G_1 \cos\alpha$

Bild 2.15

$$\text{I}^2 + \text{II}^2:\; G_2^2 \underbrace{(\sin^2\beta + \cos^2\beta)}_{1} = G_1^2 \underbrace{(\sin^2\alpha + \cos^2\alpha)}_{1} + G_3^2 - 2G_1 G_3 \cos\alpha \;\Rightarrow$$

$$\cos\alpha = \frac{G_1^2 + G_3^2 - G_2^2}{2G_1 G_3} = \frac{400^2 + 600^2 - 500^2}{2\cdot 400 \cdot 600} = 0{,}56 \;\Rightarrow\; \underline{\underline{\alpha = 55{,}77°}}$$

$$\text{analog ist}\quad \cos\beta = \frac{G_2^2 + G_3^2 - G_1^2}{2G_2 G_3} = \frac{5^2 + 6^2 - 4^2}{2\cdot 5\cdot 6} = 0{,}75 \;\Rightarrow\; \underline{\underline{\beta = 41{,}41°}}$$

Diese Beziehungen ergeben sich auch nach dem Cosinussatz aus dem Krafteck des Ringes C.

Rolle A

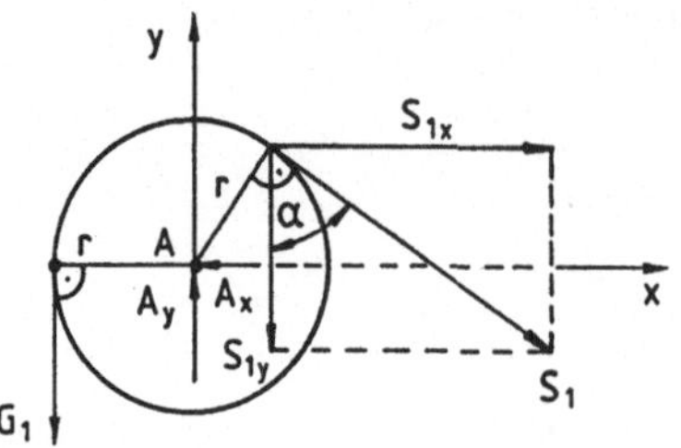

Die Rolle ist reibungsfrei gelagert, d.h. es wirkt kein Lagerreibmoment.

Somit ist nach Bild 2.16

$$\sum M^{(A)} = 0 = G_1 \cdot r - S_1 \cdot r \;\Rightarrow\; S_1 = G_1$$

Bild 2.16

Die Seilkraft ist gleich der Gewichtskraft, d.h. die Gewichtskraft wird durch die Rolle nur umgelenkt.

Da die Kräfte im statischen Gleichgewicht sind, wird der Körper, auf den sie einwirken (also die Rolle), nicht beschleunigt.

$$\sum F_x = 0 \;\Rightarrow\; A_x = S_{1x} = S_1 \cdot \sin\alpha = G_1 \cdot \sin\alpha = 400\,\text{N} \cdot \sin 55{,}77° = 330{,}71\,\text{N}$$

$$\sum F_y = 0 \;\Rightarrow\; A_y = G_1 + S_{1y} = G_1 \cdot (1 + \cos\alpha) = 400\,\text{N} \cdot (1 + \cos 55{,}77°) = 625{,}01\,\text{N}$$

$$F_A = \sqrt{A_x^2 + A_y^2} = \sqrt{330{,}71^2 + 625{,}01^2}\,\text{N} = \underline{\underline{707{,}11\,\text{N}}}$$

Rolle B

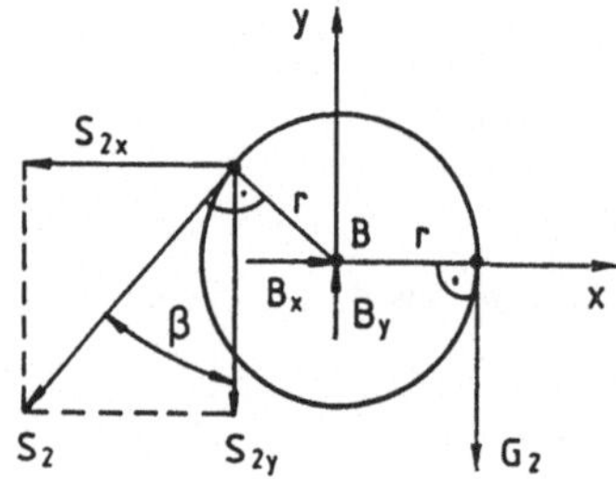

Entsprechend ist nach Bild 2.17

$$\sum M^{(B)} = 0 = G_2 \cdot r - S_2 \cdot r \;\Rightarrow\; S_2 = G_2$$

Bild 2.17

$$\sum F_x = 0 \;\Rightarrow\; B_x = S_{2x} = S_2 \cdot \sin\beta = G_2 \cdot \sin\beta = 500\,\text{N} \cdot \sin 41{,}41° = 330{,}72\,\text{N}$$

$$\sum F_y = 0 \;\Rightarrow\; B_y = G_2 + S_{2y} = G_2(1 + \cos\beta) = 500\,\text{N}(1 + \cos 41{,}41°) = 875\,\text{N}$$

$$F_B = \sqrt{B_x^2 + B_y^2} = \sqrt{330{,}72^2 + 875^2}\,\text{N} = \underline{\underline{935{,}41\,\text{N}}}$$

Vereinfachung der Parallelogramm-Konstruktion durch Krafteck

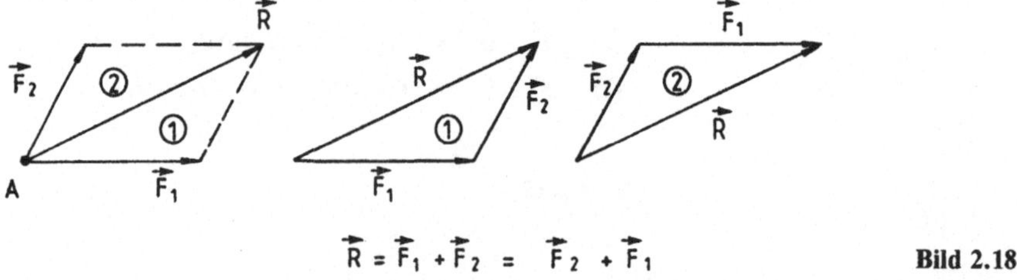

$$\vec{R} = \vec{F}_1 + \vec{F}_2 = \vec{F}_2 + \vec{F}_1$$

Bild 2.18

Da das Zusammenfügen von Kräften häufig durchgeführt werden muß, ist eine Abkürzung der Konstruktion zweckmäßig.

Dabei ersetzt man eine parallele Hilfslinie (in Bild 2.18 gestrichelt gezeichnet) im Parallelogramm durch die gegenüberliegende Kraft und zeichnet nur noch die untere oder die obere Hälfte des Kräfte-Parallelogramms in Form eines Dreiecks, das man Krafteck nennt.

Man erhält also die Resultierende durch Aneinanderfügen der einzelnen Teilkräfte. Die Vektoren können dabei in beliebiger Reihenfolge zusammengefaßt werden, d.h. es gilt das Kommutativ-Gesetz.

Das Verfahren läßt sich durch mehrmalige Anwendung auch auf Systeme mit mehreren Kräften übertragen.

■ **Beispiel:** Resultierende von vier Kräften eines zentralen Kräftesystems (z.B. Abspannen von Drähten an einem Mast M)

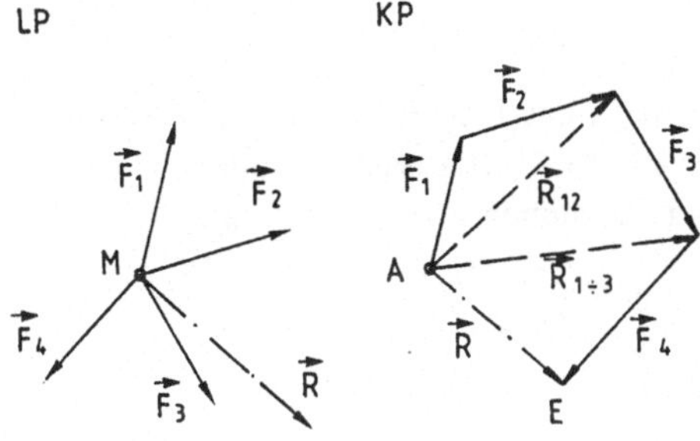

Bild 2.19

$$\vec{R}_{12} = \vec{F}_1 + \vec{F}_2$$
$$\vec{R}_{1-3} = \vec{R}_{12} + \vec{F}_3 = \vec{F}_1 + \vec{F}_2 + \vec{F}_3$$
$$\vec{R} = \vec{R}_{1-4} = \vec{R}_{1-3} + \vec{F}_4 = \vec{F}_1 + \vec{F}_2 + \vec{F}_3 + \vec{F}_4$$

Für beliebig viele Kräfte n gilt

$$\vec{R} = \vec{F}_1 + \vec{F}_2 + \ldots + \vec{F}_n = \sum_{i=1}^{n} \vec{F}_i$$

Zur besseren Übersicht wird die Konstruktion in einen Lageplan (LP) und einen Kräfteplan (KP) aufgeteilt, in denen die für die Aufgabe maßgebenden Größen konzentriert untergebracht sind (Bild 2.19). Im LP müssen die geometrischen Größen des Körpers (also die Längen und die Winkel), im KP die physikalischen Größen (also die Beträge und die Richtungen der Kraftvektoren) maßstäblich dargestellt werden.

Die Kräfte werden aus dem LP in den KP parallel übertragen und in einem Krafteck zusammengefaßt.

Die Vektoren werden dabei im stetigen Pfeilsinn („Einbahnstraßen-System") in beliebiger Reihenfolge aneinandergereiht, so daß die Feder einer folgenden Kraft an die Spitze der vorhergehenden anschließt.

Die Resultierende $\vec{R}$ erhält man als Schlußlinie im Krafteck, das ist die Verbindungslinie vom Anfangspunkt A (Feder) der ersten Kraft bis zum Endpunkt E (Spitze) der letzten Kraft. ■

Gleichgewichtskraft

Will man die Biegung des Mastes M durch die Drahtkräfte vermeiden, so muß nach Bild 2.20 zur Entlastung eine weitere, sog. Gleichgewichtskraft $\vec{G} = \vec{F}_5$ angebracht werden, die die Resultierende

$$\vec{R}_{1-4} = \sum_{i=1}^{4} \vec{F}_i \quad \text{gerade aufhebt, d.h.}$$

$$\vec{G} + \vec{R}_{1-4} = \vec{0} \quad \Rightarrow \quad \vec{G} = -\vec{R}_{1-4}$$

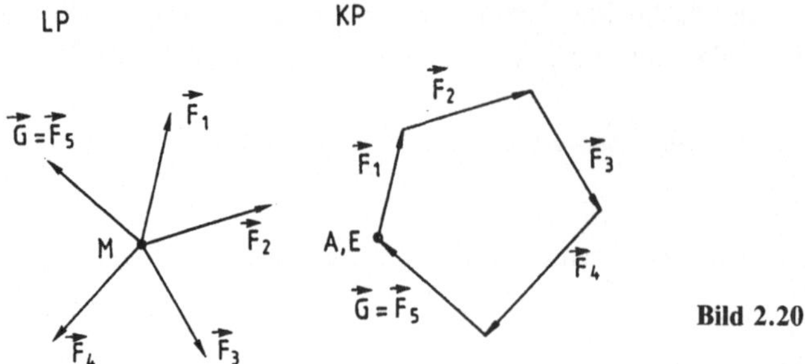

Bild 2.20

Die Gleichgewichtskraft schließt das Krafteck.

Ein zentrales Kräftesystem ist im Gleichgewicht, wenn das Krafteck in sich geschlossen ist, d.h. wenn die Feder A der ersten und die Spitze E der letzten Kraft zusammenfallen.

Die Resultierende schrumpft dann zu einem Punkt zusammen, d.h. sie ist Null.

$$\vec{R}_{1-5} = \sum_{i=1}^{5} \vec{F}_i = \vec{0}$$

2.4 Reaktions-Axiom (Wechselwirkungs-Gesetz)

> Übt ein Körper auf einen Gegenkörper eine Kraft (actio) aus, so reagiert der Gegenkörper mit einer gleich großen Gegenkraft (reactio). Aktionskräfte sind die Ursache der Reaktionskräfte, die die Wirkung darstellen.

Die Kräfte haben also gleiche Beträge, d.h. $\boxed{\text{actio} = \text{reactio}}$.

Den unterschiedlichen Richtungssinn dieser Kräfte kann man durch verschiedene Vorzeichen in einer Vektorgleichung ausdrücken:

$$\boxed{\overrightarrow{\text{actio}} = -\overrightarrow{\text{reactio}}}$$

Für eine analytische Behandlung eines mechanischen Problems ist die Darstellung und Bezeichnung von Vektorpfeilen mit negativen Vorzeichen weniger günstig, da leicht Verwechslungen entstehen können. Bei den Berechnungen sollen daher die Pfeile in der Befreiungsskizze alle mit positiven Buchstaben benannt werden.

Unterschiedliche Kraftrichtungen, wie sie z.B. durch Wechselwirkung an den Kontaktstellen entstehen, werden durch Umkehrung des Pfeilsinns berücksichtigt.

Kräfte, mit denen Körper aufeinander wirken, treten also stets paarweise auf. Sie sind gleich groß, liegen auf einer gemeinsamen Wirkungslinie und sind entgegengesetzt gerichtet.

Im Gegensatz zu den inneren Kräften (die ebenfalls paarweise auftreten, aber an einem einzigen Körper wirken) greifen die Reaktionskräfte an verschiedenen Körpern an, wobei die eine jeweils die Reaktionskraft der anderen ist.

■ **Beispiel:** Heben und Abstellen eines schweren Gegenstands (z.B. Koffer)

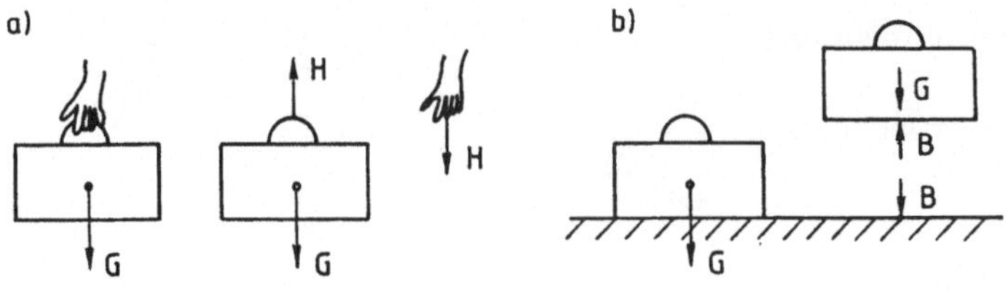

Bild 2.21   ■

Übt man durch Anheben eine Kraft auf einen Gegenstand aus, so spürt man eine gleich große Gegenkraft an der Hand (Bild 2.21 a). Stellt man den Gegenstand am Boden ab, so ruft die Gewichtskraft eine gleich große Bodenkraft hervor (Bild 2.21 b).

■ **Beispiel:** Anziehung zweier Körper

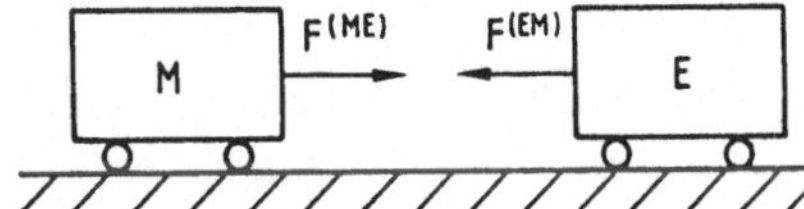

Bild 2.22

Die hochgestellten Bezeichnungen sind nach dem in der Festigkeitslehre üblichen Schema angeordnet:

1. Index: gibt den Ort der Wirksamkeit an
2. Index: gibt die Ursache der Wirksamkeit an

Stehen sich in einem Abstand ein Magnet M und ein Eisenkörper E gegenüber, so übt der Magnet auf den Eisenkörper eine Kraft $F^{(EM)}$ aus. Eine gleich große Gegenkraft $F^{(ME)}$ wirkt aber vom Eisenkörper auf den Magnet zurück (Bild 2.22).

Sind beide Körper lose gelagert, also mobil, dann bewegen sie sich aufeinander zu (nicht nur das Eisenteil in Richtung des Magneten, sondern auch umgekehrt der Magnet in Richtung des Eisens).

Haben beide Körper gleiche Massen, so sind die Beschleunigungen bzw. die Geschwindigkeiten, mit denen sie aufeinander zukommen, gleich groß. ■

Die gleiche Wirkung kann man erzielen, wenn an die Stelle der magnetischen Kräfte mechanische Kräfte treten.

Verbindet man zwei Wagen mit einem Seil (Bild 2.23) und spult das eine Seilende mit einem Elektromotor auf eine Seiltrommel auf, so werden sich gleichzeitig beide Fahrzeuge (also das gezogene, aber auch das ziehende) infolge der Seilkräfte einander nähern.

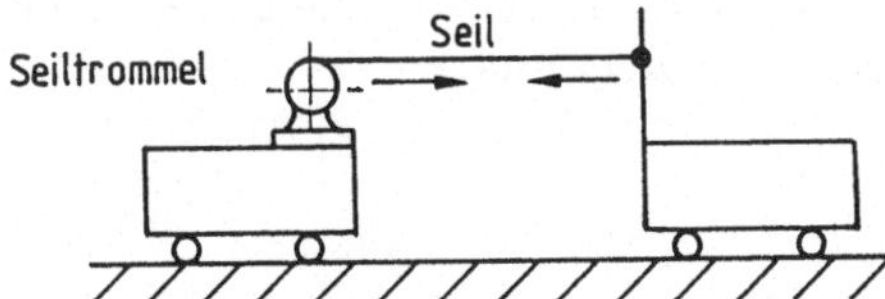

Bild 2.23

■ **Beispiel:** Antriebskraft bei einem Fahrzeug und deren Gegenwirkung

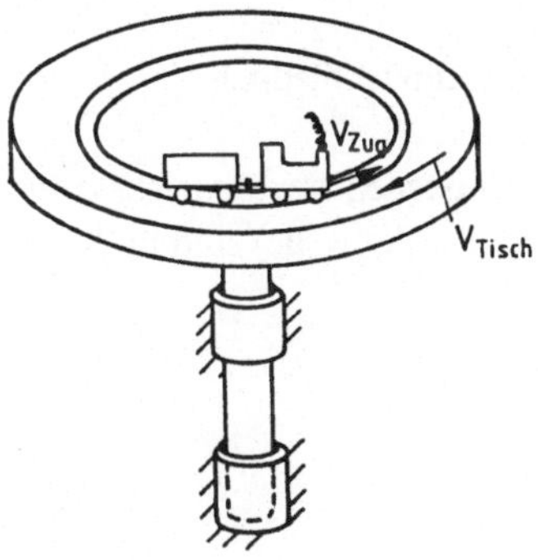

Bild 2.24

Den Effekt von Kraft und Gegenkraft kann man auch beobachten, wenn man auf einem drehbar gelagerten Tisch eine kreisförmige Schienenstrecke für eine elektrische Spielzeug-Eisenbahn aufbaut (Bild 2.24).

Beim Anfahren drücken sich die Räder der Lokomotive an den Schienen ab und setzen den Zug in Bewegung. Die Räder üben dabei auf die Schienen eine umgekehrte Kraft aus, die die Tischscheibe entgegengesetzt zur Fahrtrichtung des Zuges antreibt. Zug und Scheibe bewegen sich dann gegensinnig im Kreis.

Erhöht man die Scheibenmasse z. B. durch Aufsetzen von Klötzen, so wird die Drehwirkung der Scheibe geringer. Zwar bleibt die vom Zug herrührende Antriebskraft gleich, aber die Trägheit des Tisches ist größer geworden und verringert dadurch die beschleunigende Wirkung der Kraft.   ■

Auch bei der Fahrt eines wirklichen Zuges werden Kräfte über die Schienen auf die Erde ausgeübt, die jedoch die Erde wegen ihrer großen Masse kaum beeinflussen.
Die Erde ist letztlich immer die „Endstation" der Kräfte.
Wenn z. B. von einer Maschine Kräfte auf ihr Fundament übertragen werden und von da über das Gebäude zur Erde gelangen.
Oder wenn die Gewichtskraft eines Schiffes von der Auftriebskraft des Wassers ausgeglichen wird und umgekehrt die Wasserkräfte sich wiederum auf den Meeresboden auswirken.
Auf dem Weg des „Kraftflusses" von der Erzeugerstelle bis zur Erde kann man an den verschiedenen Kontaktstellen der an der Kraftübertragung beteiligten Körper immer wieder die Wechselwirkung von Kraft und Gegenkraft verfolgen.

■ **Beispiel:** Lastwagen mit Anhänger

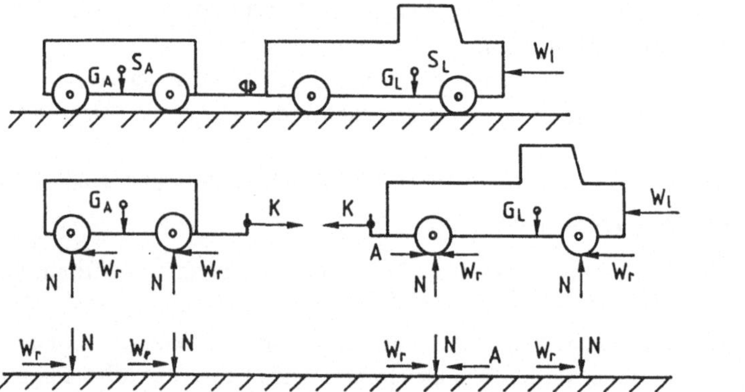

Bild 2.25

Wie die Kräfte zwischen den Rädern und der Fahrbahn sowie an der Kupplung zwischen den beiden Fahrzeugen wirken, erkennt man an der Befreiungsskizze in Bild 2.25.

Im einzelnen treten folgende Kräfte auf:

A = Antriebskraft
G_L = Gewichtskraft des Lastwagens (im Schwerpunkt S_L)
G_A = Gewichtskraft des Anhängers (im Schwerpunkt S_A)
K = Kupplungskraft
W_l = Luftwiderstand
W_r = Rollwiderstand⎫
N = Normalkraft ⎬ im allgemeinen an den einzelnen Rädern unterschiedlich

Nähere Einzelheiten über den Rollwiderstand und über das Entstehen der Antriebskraft an den Treibrädern infolge des Antriebsmoments (vom Motor bzw. der Kardanwelle) sind im Kapitel 9.3.3 angegeben.   ■

● **Beispiel:** Belasteter, dreibeiniger Tisch

Das Gewicht G_1 der Vase überträgt sich nach Bild 2.26 auf die Tischplatte und wird zusammen mit dem Eigengewicht G_2 des Tisches über die Tischbeine in den Boden abgeleitet (Kraftfluß).

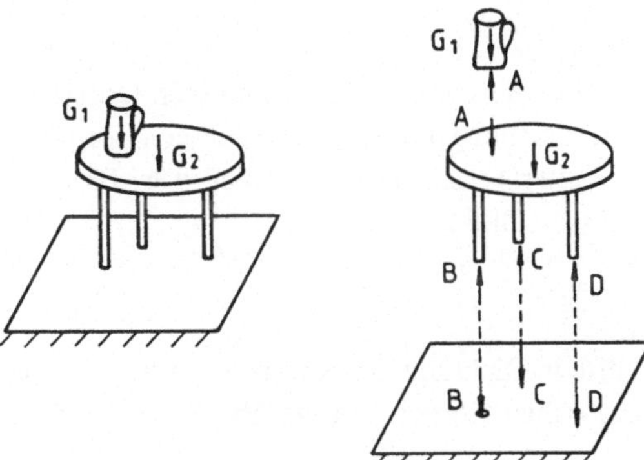

Bild 2.26

● **Beispiel:** Mann auf einem Sitzbrett

Ein Seil mit einem Sitzbrett ist über eine Rolle gelegt.
Wie stark muß ein Mann vom Gewicht $\vec{F}_G$ am freien Seilende ziehen, wenn er sich auf das Brett setzt und in Ruhe bleiben soll?

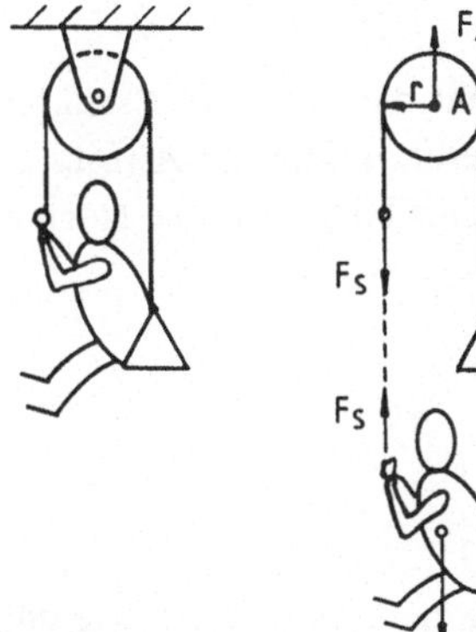

Bild 2.27

Nach Bild 2.27 ist:

Gleichgewicht der Rolle

I) $\sum M^{(A)} = 0 = F_S \cdot r - F_B \cdot r \;\Rightarrow\; F_S = F_B$

II) $\sum F_y = 0 \;\Rightarrow\; F_A = F_S + F_B$

Gleichgewicht des Mannes

III) $\sum F_y = 0 \;\Rightarrow\; F_S + F_B = F_G$

$\overline{}$

I in III $2F_S = F_G \;\Rightarrow\; F_S = F_B = \tfrac{1}{2}F_G$

Die gleichen Kräfte, die der Mann mit seiner Hand auf das Seil bzw. mit seiner Sitzfläche auf das Brett ausübt, wirken mit umgekehrten Richtungssinn auf den Mann zurück.

Eine Kraft ruft stets eine gleich große Gegenkraft hervor.

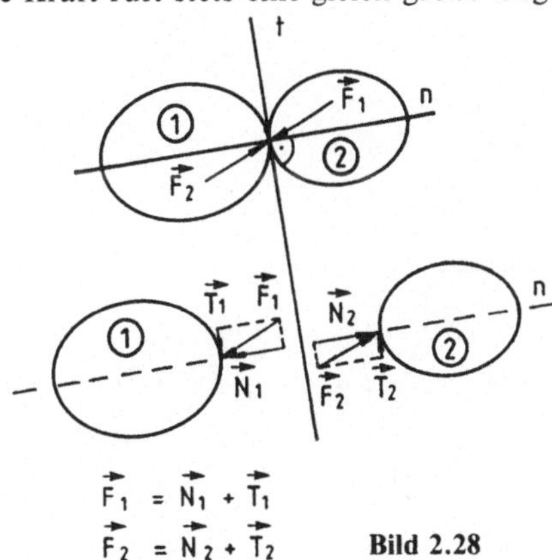

Bild 2.28

Zwei sich berührende Körper (1) und (2) haben eine gemeinsame Tangentialebene oder Tangente t (die sich der Kontur der beiden Körper am besten anpaßt), und senkrecht dazu eine Normale n (Bild 2.28).
Wirkt der Körper (1) mit der Kraft $\vec{F}_2$ auf den Körper (2), so wirkt der Körper (2) mit der Kraft $\vec{F}_1$ auf den Körper (1) zurück, d.h. $\vec{F}_2 = -\vec{F}_1$.
Zur besseren Übersicht werden die Körper befreit, also getrennt voneinander gezeichnet und die Berührungskräfte $\vec{F}_1$ und $\vec{F}_2$ in normale und tangentiale Komponenten zerlegt.

Die Normalkraft $\vec{N}$ wird durch Formschluß, die Tangentialkraft $\vec{T}$ durch Reibungsschluß übertragen.

Reibungsfreie Kraftübertragung

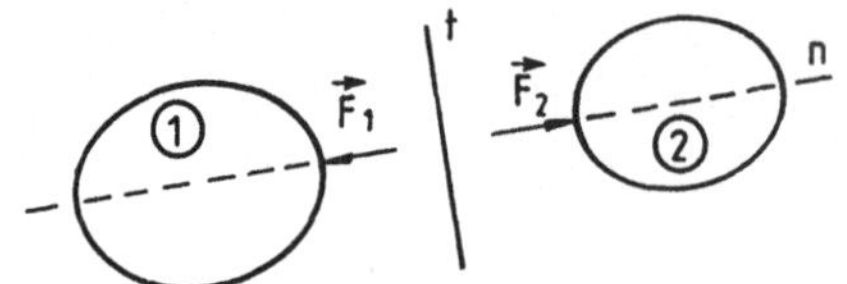

Bei glatten und/oder geschmierten Oberflächen sind die Reibungskräfte gegenüber den formschlüssigen Kräften vernachlässigbar klein, d. h. $T \approx 0$ und damit $\vec{F} \approx \vec{N}$ (Bild 2.29).

Bild 2.29

Bei Reibungsfreiheit wirken die Berührungskräfte in Richtung der Normalen, d. h. sie stehen senkrecht auf der gemeinsamen Tangentialebene zwischen Körper und Nachbarkörper und sind stets zum jeweiligen Körper hingerichtet.

Befreiung von zylindrischen Körpern

Häufig kommt es zu Kraftübertragungen zwischen einem Zylinder und einer angrenzenden Ebene. Aber auch ein beliebig geformter anderer Nachbarkörper würde bei Annahme von Reibungsfreiheit Berührungskräfte mit dem Zylinder senkrecht zu dieser dann gedachten Tangentialebene austauschen.

■ **Beispiel:** Walze am Boden

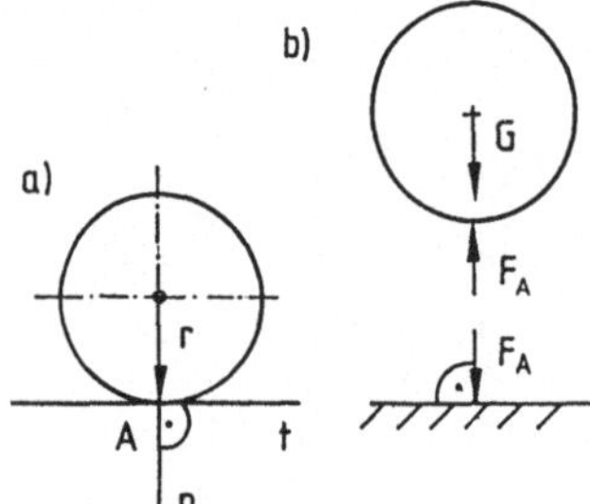

Bei einem Kreis steht die Tangente t senkrecht auf dem Radius r im Berührungspunkt A (Bild 2.30a). Der verlängerte Radius bildet also die Normale n.

Bild 2.30

Bei glatten, zylindrischen oder kugelförmigen Oberflächen laufen die Berührungskräfte daher immer auf den Mittelpunkt zu, so auch die Bodenkraft $\vec{F}_A$, die eine schwere Walze vom Gewicht $\vec{G}$ abstützt (Bild 2.30b).

■ **Beispiel:** Loslager eines Balkens

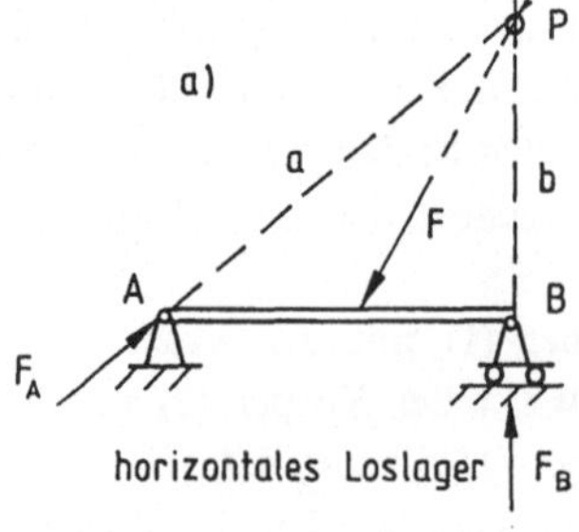

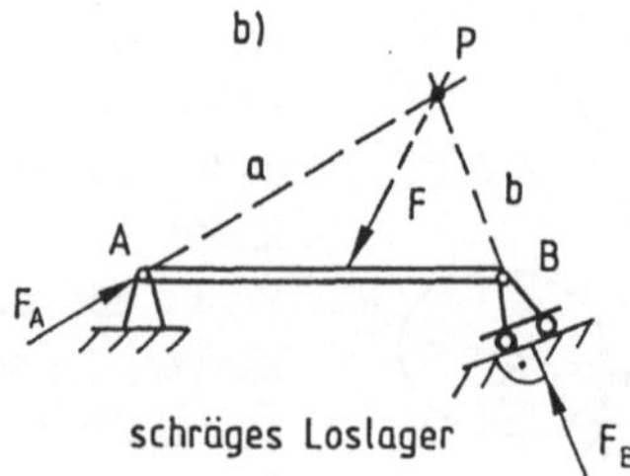

Bild 2.31

Auch bei einem Rollenlager zur Abstützung eines Balkens können die Kräfte nur senkrecht zur angrenzenden Lagerebene übertragen werden. Dadurch ist die Wirklinie b dieser Auflagerkraft bekannt. Die Lagerebene kann horizontal (Bild 2.31 a) oder auch schräg geneigt sein (Bild 2.31 b). Ist der Balken nur mit einer Einzelkraft $\vec{F}$ belastet, so findet man die Wirklinie a des Festlagers A nach dem Dreikräfteverfahren, wonach sich die Kräfte $\vec{F}$, $\vec{F}_A$, $\vec{F}_B$ in einem Punkt P schneiden.   ■

■ **Beispiel:** Eimer in einer Wandecke

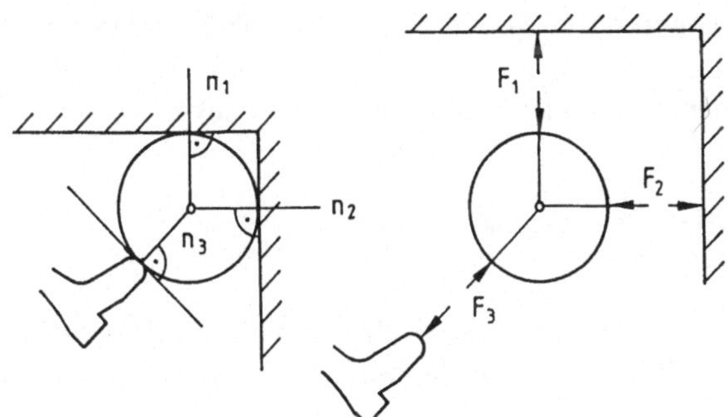

Bild 2.32

Die Wand tangiert den Eimer von zwei Seiten (Bild 2.32). Stößt man mit dem Fuß gegen ihn, so wirken die Kräfte vom Fuß und von der Wand radial auf den Eimer in Richtung der Normalen n_1, n_2, n_3 und die entsprechenden Gegenkräfte senkrecht auf die Wand bzw. senkrecht zur Schuhoberfläche.   ■

■ **Beispiel:** Seilrolle

Wir wollen noch einmal auf die Seilvorrichtung des Bildes 2.13 zurückkommen und wichtige Einzelheiten z. B. an der linken Seilrolle (mit anderen Bezeichnungen) studieren.

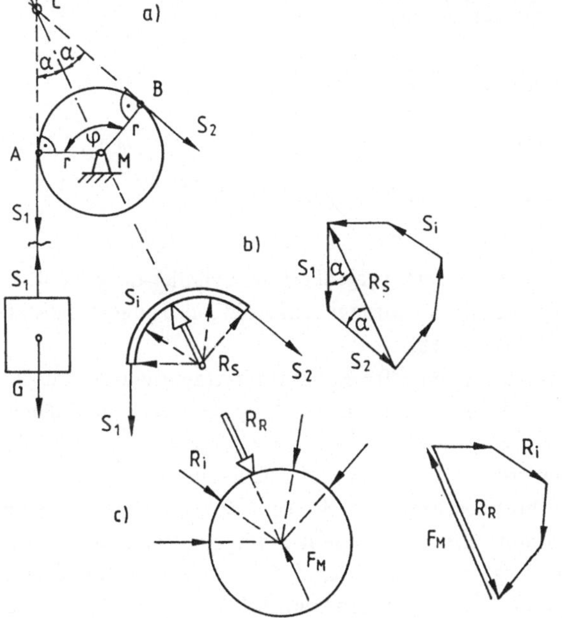

Bild 2.33

Im Bild 2.33 ist die Rolle nochmals ausführlich dargestellt, und zwar sind im Bild a) Seil und Rolle als Einheit erhalten, im Bild b) wird das Seil und im Bild c) die Rolle für sich allein betrachtet. Seil und Rolle berühren sich über einen Umschlingungswinkel $\varphi = 180° - 2\alpha$.

An den Stellen A und B verläßt das Seil tangential, also rechtwinklig zum Radius r die Rolle. Bei Annahme von Reibungsfreiheit gehen alle Berührungskräfte $\vec{S}_i$ bzw. $\vec{R}_i$ zwischen Seil und Zylinderrolle durch den Kreismittelpunkt, ergeben also ein zentrales Kräftesystem. Die Resultierenden dieser Berührungskräfte am Seil $\vec{R}_S = \sum \vec{S}_i$ bzw. an der Rolle $\vec{R}_R = \sum \vec{R}_i$ gehen ebenfalls durch den Mittelpunkt M und bilden mit den Seilschnittkräften $\vec{S}_1$ und $\vec{S}_2$ bzw. mit der Lagerkraft $\vec{F}_M$ Gleichgewicht.

Im Bild 2.33a erkennt man die Kongruenz der beiden rechtwinkligen Dreiecke.

$$\triangle AMC \cong \triangle BMC$$

da $\overline{AM} = \overline{BM} = r$, $\overline{MC} =$ identisch, $\sphericalangle MAC = \sphericalangle MBC = 90°$

also ist $\sphericalangle MCA = \sphericalangle MCB = \alpha$

Zwischen der Resultierenden und den beiden Seilkräften liegen gleiche Winkel α. Die Wirkungslinie der resultierenden Seilkraft ist daher die Winkelhalbierende zwischen den beiden Seilschnittkräften.

Das Krafteck des Seils in Bild 2.33b hat gleiche Basiswinkel, ist also gleichschenklig und damit ist $S_1 = S_2 = G$.

Bei einer reibungslosen Rolle sind die Seilkräfte gleich. Die vertikale Gewichtskraft $\vec{G}$ hat eine gleich große, schräge Seilkraft $\vec{S}_2$ zur Folge, die auf den Nachbarkörper (z.B. auf den Ring in Bild 2.13) eine schräge Zugkraft ausübt. Mit Seil und Rolle läßt sich also die Wirkungslinie einer Kraft umlenken. ∎

■ **Beispiel:** Aufliegen einer Körperkante auf einer Ebene

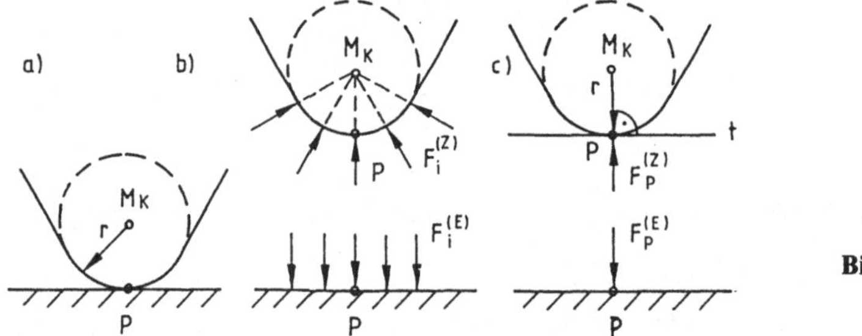

Bild 2.34

In Bild 2.34a ist die Körperkante, z.B. eines Quaders, vergrößert als Zylinder dargestellt. Ein glatter Zylinder kann prinzipiell an jedem Punkt seines Umfangs senkrecht zur Tangente, also in Richtung des Radius Kräfte $\vec{F}_i^{(Z)}$ aufnehmen (Bild 2.34b).

Der Zylinder hat vielseitige Möglichkeiten der reibungsfreien Kraftübertragung und ist anpassungsfähig. Die glatte Ebene dagegen kann nur in einer einzigen Richtung senkrecht zur Fläche Kräfte $\vec{F}_i^{(E)}$ einleiten.

Für die Kraftübertragung zwischen Quaderecke (Zylinder) und Ebene muß eine gemeinsame Wirkungslinie gefunden werden, die wegen ihrer beschränkten Möglichkeiten von der Ebene bestimmt wird. Als gemeinsame Wirkungslinie kommt also nur die Senkrechte zur Ebene im gemeinsamen Berührungspunkt P mit dem Quader in Frage, in dem die Kraft $\vec{F}_P^{(E)} = -\vec{F}_P^{(Z)}$ wirkt (Bild 2.34c).

Beim Befreien von Körpern kann man sich die aufliegenden spitzen Kanten und Ecken in der Vergrößerung als Zylinder vorstellen, die eine vielseitige Krafteinleitung und daher eine Anpassung an den Nachbarkörper ermöglichen, der an der Berührungsstelle als Ebene oder ebenfalls als kleiner Kreiszylinder aufgefaßt werden kann. ∎

■ **Beispiel:** Abstützung mit einem Stock auf einer glatten Ebene

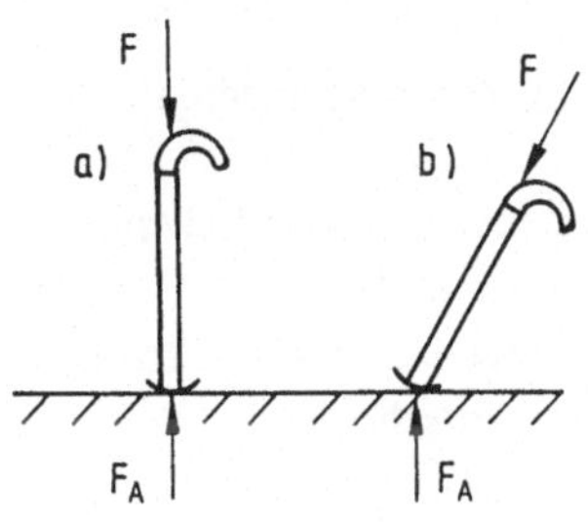

Bild 2.35

Beim Befreien kann man zur Erleichterung der Vorstellung an das Problem denken, das man beim Abstützen eines Stabes (Spazierstock) auf einem glatten Boden hat (Bild 2.35).

Nur in senkrechter Lage kann man auf den Stab drücken, in schräger Lage wird der Stab abrutschen. Eine horizontale Komponente der eingeprägten Kraft findet nämlich am Boden keine Ausgleichskraft.

■

■ **Beispiel:** Abstützung eines schweren Balkens an glatten Wänden und Ecken

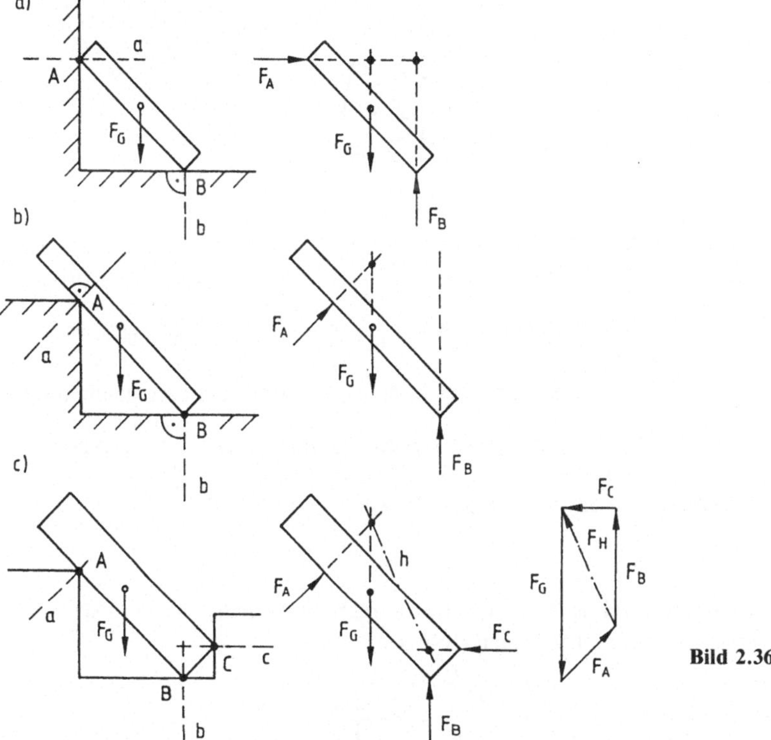

Bild 2.36

Um die richtigen Wirklinien zu finden muß man sich die Berührungsstellen stark vergrößert und die Ecken zylinderförmig abgerundet vorstellen.

In den Fällen a) und b) ist kein Gleichgewicht möglich, da der horizontalen Kraft bzw. der horizontalen Komponente bei A infolge fehlender Reibung keine entsprechende Kraft entgegengesetzt werden kann. Die Folge ist ein Abrutschen nach rechts.

Im Gleichgewichtsfall müssen sich nach dem 3-Kräfte-Prinzip (Kapitel 3.3.2) die Wirklinien der 3 Kräfte $\vec{F}_A, \vec{F}_B, \vec{F}_G$ in einem Punkt schneiden.

Im Fall c) wird die horizontale Komponente von $\vec{F}_A$ von der vertikalen Wand bei C im Gleichgewicht gehalten, so daß der Balken in Ruhe bleibt. Das Abrutschen wird durch den Mauervorsprung verhindert. Die unbekannten Stützkräfte findet man z.B. mit dem Culmann-Verfahren (Kapitel 3.4).

■

3 Gleichgewicht (GG) von Kräften

Bleibt ein Körper unter dem Einfluß der auf ihn einwirkenden Kräfte und Momente in Ruhe, so ist er im Gleichgewicht.

Man sagt dann auch, die Kräfte und Momente sind im GG und nennt die entsprechenden Voraussetzungen die Gleichgewichts-Bedingungen.

Bei der Untersuchung, ob ein Körper sich im GG befindet und unter welchen Bedingungen dieses GG möglich ist, ist die Frage nach der Zahl der wirksamen Kräfte entscheidend.

3.1 Eine Kraft auf einen freien Körper

Ein Körper ist frei, wenn er mit seiner Umgebung keinen Kontakt oder keine kräftemäßige Wechselwirkung hat.

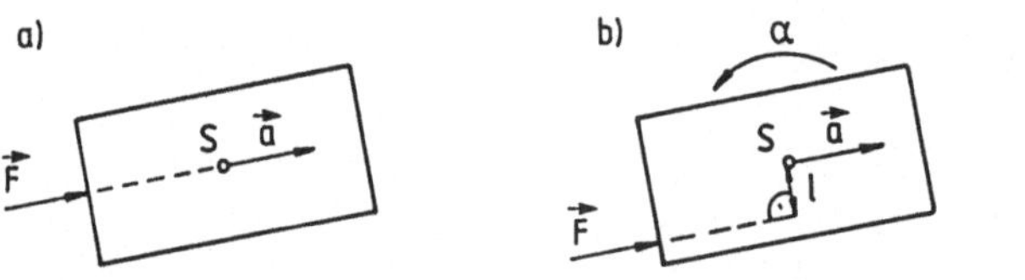

Bild 3.1

Wirkt auf einen freien Körper nur eine Kraft $\vec{F}$ durch dessen Schwerpunkt S (z. B. die Schubkraft des Raketenmotors eines Raumschiffs im sonst kräftefreien Raum), so wird der Körper in Kraftrichtung beschleunigt verschoben (Beschleunigung $\vec{a} = \dfrac{\vec{F}}{m}$, $m = $ Masse des Körpers), es ist also kein statisches GG möglich (Bild 3.1 a).

Geht die Kraft $\vec{F}$ nicht durch den Schwerpunkt des Körpers, so ist mit der beschleunigten Verschiebung noch eine beschleunigte Drehung (Winkelbeschleunigung $\vec{\alpha} = \dfrac{\vec{M}}{J}$, Moment $M = F \cdot \ell$, $J = $ Massenträgheitsmoment) des Körpers verbunden (Bild 3.1 b).

Die beschleunigten Vorgänge werden in der Dynamik weiter untersucht.

3.2 Zwei Kräfte

Soll die Wirkung einer Kraft durch eine zweite Kraft aufgehoben werden, so muß sie ihr als gleich große Gegenkraft unmittelbar gegenüberliegen (Bild 3.2).

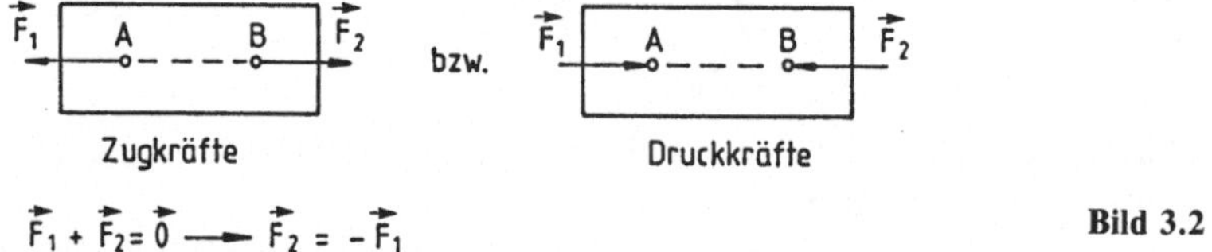

Bild 3.2

Nach dem Wechselwirkungs-Gesetz tritt eine Kraft niemals allein auf, sondern immer zugleich mit ihrer Gegenkraft.

Drückt man z.B. mit der Hand gegen einen Körper, so übt der Körper unmittelbar auf die Hand eine gleich große Gegenkraft aus.

Zwei Kräfte sind im GG, wenn sie

a) gleiche Beträge

b) gleiche Wirkungslinie

c) entgegengesetzten Richtungssinn haben.

Zwei sich gegenseitig aufhebende Kräfte werden Gegenkräfte oder auch Nullpaar genannt, da sie auf einen starren Körper die Wirkung Null ausüben.

Eine Kräftegruppe ist daher im GG, wenn sie sich auf ein Nullpaar zurückführen läßt.

Folgerung:

Ein mechanisches System wird in seiner statischen Wirkung nicht verändert, wenn man zwei beliebige Gegenkräfte hinzufügt.

Die vorhandene Kräftegruppe eines starren Körpers ist gleichwertig (äquivalent), wenn sie durch ein Nullpaar erweitert wird.

Zweikräfte-Körper

Zweigelenkstab (Pendelstütze) := Körper (Stab, Scheibe usw.), der an zwei Stellen gelenkig gelagert ist und bei dem die Kräfte nur in den Gelenkpunkten (nicht dazwischen) angreifen.

Eine Pendelstütze wird z.B. nach Bild 3.3 zur Abstützung einer Maschine gegen das Fundament benutzt, das wiederum fest mit der Erde verbunden ist.

Auf den Körper A (Maschine) wirken verschiedene Kräfte $\vec{K}_i$ ($i = 1, 2, 3 \ldots n$) ein, die über die Pendelstütze auf den Körper B (Fundament) übergeleitet werden sollen und von da in die Erde abfließen.

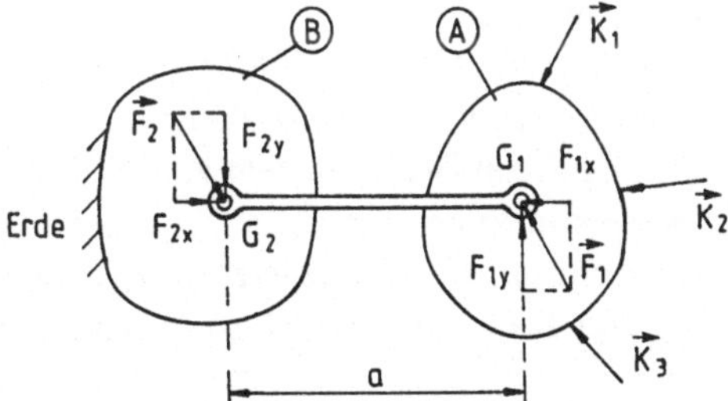

Bild 3.3

Gleichgewicht ist nur möglich, wenn

$$F_1 = F_2$$
$$F_{1x} = F_{2x}$$
$$F_{1y} = 0; \quad F_{2y} = 0$$

Annahme:

Über den Gelenkbolzen G_1 wird eine schräge Kraft $\vec{F}_1$ in den Stab eingeleitet und im Gelenk G_2 eine gleich große Reaktionskraft $\vec{F}_2$ (wobei $F_2 = F_1$) hervorgerufen.

Zerlegt man die schrägen Kräfte $\vec{F}_1$ und $\vec{F}_2$ in Komponenten in Richtung der Stabachse F_{1x}, F_{2x} und senkrecht dazu F_{1y}, F_{2y}, so können sich nur die Gegenkräfte F_{1x} und F_{2x} ausgleichen.

Die Kräfte F_{1y} und F_{2y} dagegen haben einen Abstand a ihrer Wirklinien und üben daher ein Drehmoment $M = F_{1y} \cdot a$ auf den Körper A aus, so daß er sich gegen den Körper B verdreht, also nicht in Ruhe ist.

Zwei gleich große, entgegengesetzt gerichtete, parallele Kräfte nennt man ein Kräftepaar.

Wenn der Körper in Ruhe, also im GG sein soll, muß sein

$$F_{1x} = F_{2x}, \quad F_{1y} = 0, \quad F_{2y} = 0$$

Daraus ergibt sich das Zweikräfte-Prinzip:

Beim Zweikräftekörper können Kräfte nur in Richtung der Verbindungslinie der Gelenkpunkte $G_1 G_2$ übertragen werden.

Beim stabförmigen Körper ist das die Stabachse.

Stäbe werden also auf Zug oder Druck, nicht aber auf Biegung oder Scherung durch Querkräfte beansprucht.

Bei einer Abstützung mit einer Pendelstütze kann nur die zur Stabachse parallele Komponente der Kräftegruppe $\vec{K}_i$ abgeleitet werden.
Um die anderen Anteile der Kräftegruppe ebenfalls auszugleichem, müssen weitere Stützen am Körper A angebracht werden.

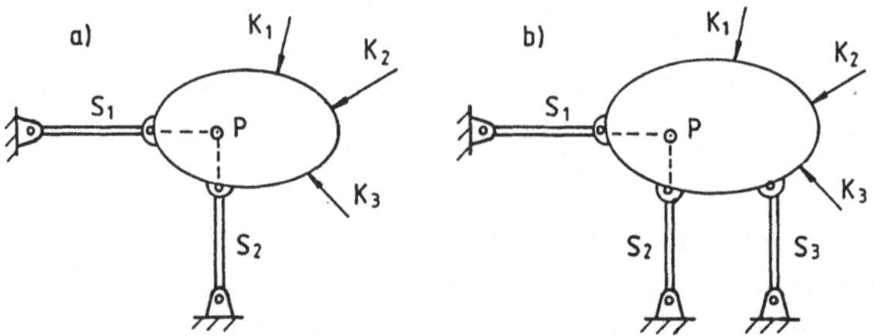

Bild 3.4

Fügt man eine zweite z. B. vertikale Stütze S_2 hinzu (Bild 3.4a), so kann diese zwar die senkrechte, resultierende Komponente der Kräftegruppe $\vec{K}_i$ aufnehmen, der Körper A ist damit jedoch immer noch nicht im GG. Die beiden Stützen S_1 und S_2 können nämlich eine Drehung um den Schnittpunkt P (fiktives Gelenk) ihrer verlängerten Achsen nicht verhindern.
Zur Herstellung des Gleichgewichts ist also noch eine dritte Stütze S_3 nach Bild 3.4b erforderlich, deren Achse nicht durch den Schnittpunkt P hindurchgehen darf, um eine Drehung auszuschließen.
In bezug auf den Drehpunkt P kann dann die Stützkraft $\vec{S}_3$ ein Gegenmoment zu der Kräftegruppe $\vec{K}_i$ ausüben und das GG herstellen, so daß der Körper in Ruhe bleibt.
Die häufigste Aufgabe der ebenen Statik ist es demnach, an einem belasteten Körper drei unbekannte Lagerreaktionen mit Hilfe der drei Gleichgewichts-Bedingungen (rechnerisch) oder mit dem Drei-Kräfte-Verfahren (zeichnerisch) zu ermitteln.
Bei der Lagerung eines Körpers auf drei Stützen kann man auch in den Schnittpunkt zweier Stabachsen einen gemeinsamen Gelenkbolzen anbringen, der in einem Lagerbock aufgenommen wird (Bild 3.5). Aus dem fiktiven Gelenk wird damit ein echtes Gelenk.
Diese zweifache Stütze wird Doppel-Pendelstütze oder Festlager genannt, während die einfache Pendelstütze einem Loslager (Rollenlager oder Gleitlager) entspricht.

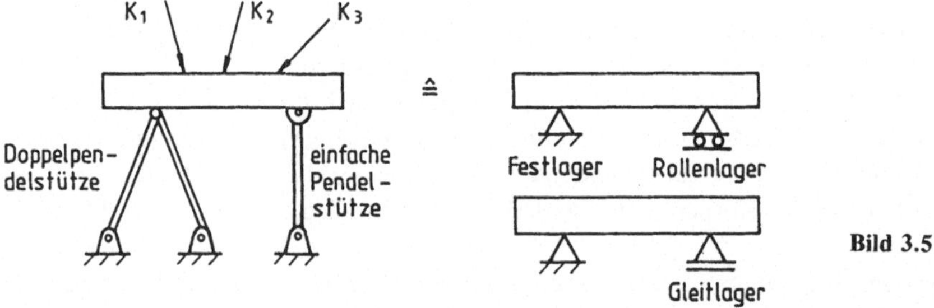

Bild 3.5

Eine Lagerung mit einem Fest- und einem Loslager gestattet eine unbehinderte Wärmedehnung (z. B. Welle oder Gehäuse eines Motors oder einer Gasturbine).
Vom Festlager aus kann sich der Körper frei ausdehnen, wobei das Loslager diese Dehnung mitmacht und nicht behindert. Eine Verhinderung oder Behinderung der Wärmedehnung würde große Kräfte hervorrufen, die das Bauteil funktionsunfähig machen oder zerstören können.
Je nach Belastung treten in den Stützen Zug- oder Druckkräfte auf. Bei langen, dünnen Stäben besteht bei einer Druckbeanspruchung die Gefahr des Ausknickens. Druckstäbe sind daher auch auf ihr Stabilitäts-Verhalten zu überprüfen.

■ **Beispiel:** Belasteter Körper auf 3 Stützen gelagert

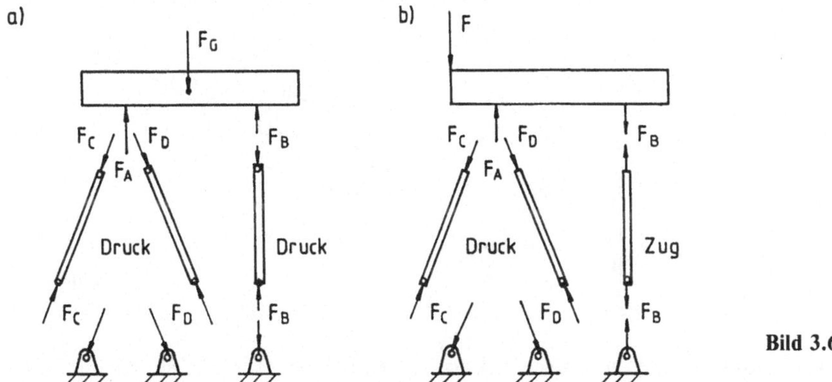

Bild 3.6

Die Belastung erfolgt z. B. durch vertikale Kräfte:
Eigengewicht $\vec{F}_G$ (Bild 3.6a) bzw. eingeprägte Kraft $\vec{F}$ (Bild 3.6b).
Im Loslager B kann nur eine vertikale Reaktionskraft auftreten. Da alle bisherigen Kräfte am Balken vertikal gerichtet sind, muß auch noch die letzte Kraft im Festlager A vertikal wirken (eine horizontale Komponente würde keinen Ausgleich finden).
Diese vertikale Kraft teilt sich dann auf die beiden schrägen Stäbe der Doppelpendelstütze entsprechend dem Parallelogramm-Gesetz auf.
Ein weiteres Beispiel für einen Zweikräftekörper ist das Pleuel eines Motors im Bild 3.7.

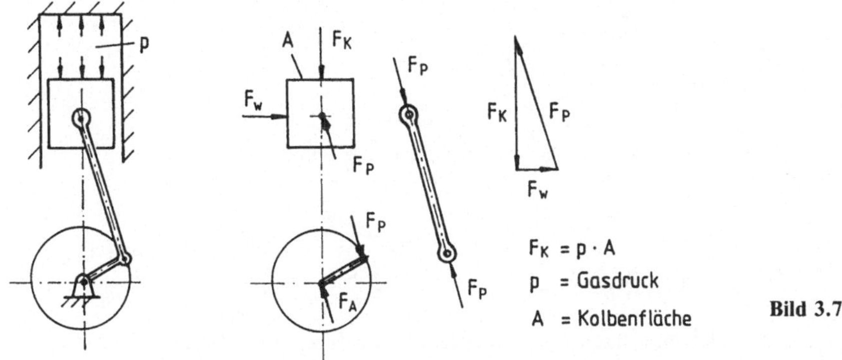

$F_K = p \cdot A$
p = Gasdruck
A = Kolbenfläche

Bild 3.7

Sieht man einmal von Gewichts- und Trägheitskräften bei der Bewegung ab, so wirken am Pleuel nur Kräfte in den beiden Gelenkbolzen der Verbindung zum Kolben und zur Kurbelwelle, so daß man es mit einem Pendelstab zu tun hat.
Die Gaskraft $\vec{F}_K$ des Kolbens wird über das Pleuel (Pleuelkraft $\vec{F}_P$) auf die Kurbelwelle übertragen und dort vom Lager aufgenommen (Auflagerkraft $\vec{F}_A$).
Nur im oberen und unteren Totpunkt kann das Pleuel in senkrechter Stellung unmittelbar die gesamte Kolbenkraft übernehmen und an die Kurbelwelle weiterleiten.
Im allgemeinen Fall, bei Schräglage des Pleuels, ist zur Aufrechterhaltung des Kolben-Gleichgewichts noch eine dritte Kraft erforderlich, die von der Zylinderwand (Wandkraft $\vec{F}_W$) herrührt.
Die Befreiung des Kolbens führt also auf den Dreikräftekörper, dessen Gleichgewichts-Bedingungen zu untersuchen sind.

Würde man an dem dreifach gelagerten Körper nach Bild 3.8 noch eine vierte Stütze anbringen, so hätte man insgesamt quasi 2 Festlager, die jeweils aus 2 Stützen gebildet werden.

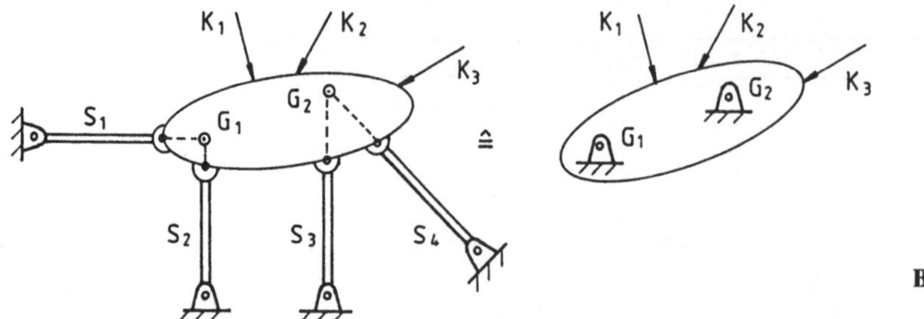

Bild 3.8

Bei ungenauer Fertigung würde diese Konstruktion schon bei der Montage ein Klemmen bewirken und beim Zusammenbau für Spannungen sorgen. Auch eine freie Wärmedehnung ist dann nicht mehr möglich.

Bei einer Temperatur-Veränderung müßten sich die Lager und der Körper zum Ausgleich verformen, was zu zusätzlichen (Wärme-)Spannungen führt.

Eine solche Abstützung ist statisch unbestimmt und kann nur mit Berücksichtigung der Elastizitäts-Eigenschaften mit den Formeln der Festigkeitslehre berechnet werden. ∎

3.3 Drei Kräfte in der Ebene

3.3.1 Resultierende von drei beliebigen Kräften

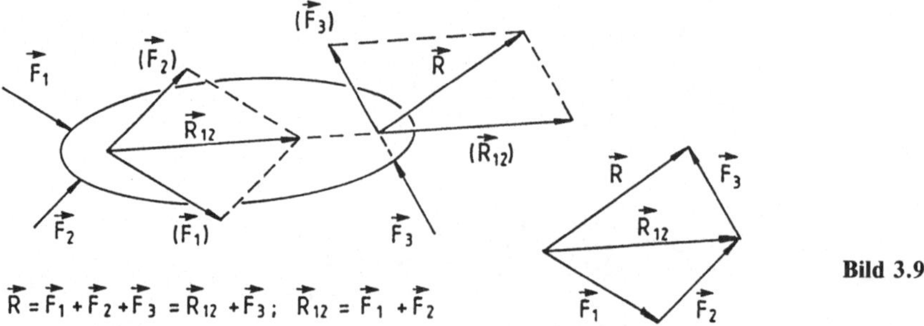

$$\vec{R} = \vec{F}_1 + \vec{F}_2 + \vec{F}_3 = \vec{R}_{12} + \vec{F}_3 ; \quad \vec{R}_{12} = \vec{F}_1 + \vec{F}_2$$

Bild 3.9

Die Resultierende $\vec{R}$ findet man nach Bild 3.9, indem man je zwei Kräfte auf ihrer Wirkungslinie bis zum gemeinsamen Schnittpunkt verschiebt und durch wiederholte Parallelogramm-Konstruktion zusammenfaßt.

Eine andere Möglichkeit besteht, wenn man $\vec{F}_1$ und $\vec{F}_2$ im Krafteck zur Zwischenresultierenden $\vec{R}_{12}$ zusammenfaßt, die im LP durch den Schnittpunkt der Wirklinien von $\vec{F}_1$ und $\vec{F}_2$ hindurchgehen muß.

Im KP schließt man an $\vec{R}_{12}$ die Kraft $\vec{F}_3$ an und erhält die Gesamtresultierende $\vec{R}$, die parallel in den LP durch den Schnittpunkt von $\vec{R}_{12}$ und $\vec{F}_3$ übertragen wird.

Existiert eine Resultierende, so ist der Körper nicht im GG.

3.3.2 Gleichgewicht von drei Kräften

Frage: Wie muß die Kraft $\vec{F}_3$ verändert werden, wenn sie den beiden Kräften $\vec{F}_1$ und $\vec{F}_2$ das Gleichgewicht halten soll?

Antwort: Drei Kräfte sind im Gleichgewicht, wenn die eine gleich der Gegenkraft der Resultierenden der beiden anderen ist (Bild 3.10).

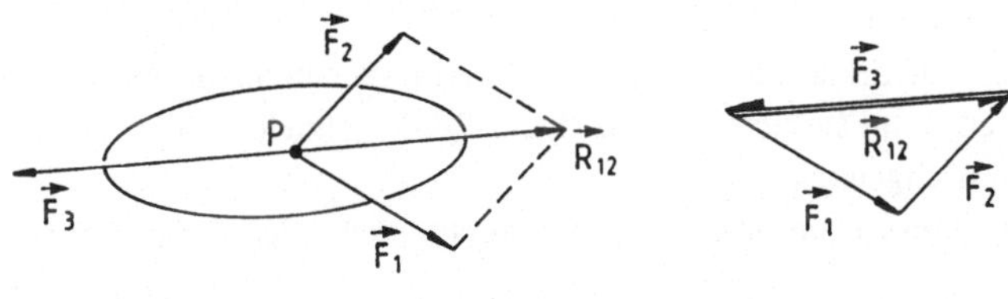

Bild 3.10

$$\vec{R} = \vec{F}_1 + \vec{F}_2 + \vec{F}_3 = \vec{R}_{12} + \vec{F}_3 = \vec{0} \longrightarrow \vec{F}_3 = -\vec{R}_{12}$$

Dabei ist es notwendig, daß $\vec{F}_3$ und $\vec{R}_{12}$ auf einer Wirkungslinie liegen, d.h. daß sich $\vec{F}_1$, $\vec{F}_2$ und $\vec{F}_3$ in einem Punkt P schneiden.

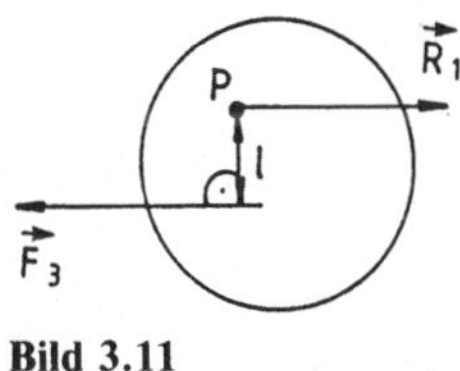

Bild 3.11

Wenn $\vec{F}_3$ nicht durch den Schnittpunkt von $\vec{F}_1$ und $\vec{F}_2$ geht, bleibt ein Kräftepaar (Moment $M = F_3 \cdot \ell$) übrig, das den Körper in Drehung versetzt, so daß kein Gleichgewicht besteht (Bild 3.11).

Die Summe der Momente um den Punkt P (und damit auch um jeden anderen Punkt) ist dann nicht gleich Null.

Im Prinzip ist es egal, welche der drei Kräfte als Gleichgewichtskraft für die beiden anderen angesehen wird. Neben dem Fall nach Bild 3.10 bestehen auch die beiden anderen Möglichkeiten der Zusammenfassung nach Bild 3.12.

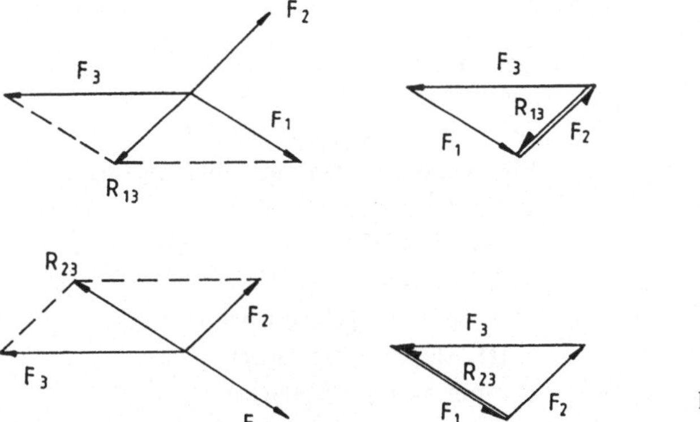

Bild 3.12

Bei der Lösung von Aufgaben hat man es häufig mit Körpern zu tun, bei denen drei Kräfte im Gleichgewicht stehen (Dreikräftekörper).

Mit dem **Dreikräfte-Verfahren** kann man eine noch fehlende Wirklinie und zwei Beträge von unbekannten Kräften ermitteln aus der Bedingung

> Drei Kräfte in der Ebene sind im Gleichgewicht, wenn sich ihre Wirklinien in einem Punkt schneiden (also ein zentrales Kräftesystem bilden) und sich ihr Krafteck schließt.

In dieser Form ist das Gesetz wegen der häufigen Anwendung sehr wichtig. Trotzdem stellt es nur einen Sonderfall dar, denn allgemein gilt:

> (Beliebig viele) Kräfte sind im Gleichgewicht, wenn sie sich in einem Punkt schneiden (also ein zentrales Kräftesystem bilden) und sich ihr Krafteck schließt.

Für 3 Kräfte ist diese Bedingung notwendig und hinreichend.

Für 4 und mehr Kräfte dagegen ist diese Bedingung hinreichend aber nicht notwendig, da sie im Gleichgewicht sein können, auch wenn sie sich nicht in einem Punkt schneiden (d.h. auch allgemeine Kräftesysteme können im Gleichgewicht sein).

Bei einem **allgemeinen** Kräftesystem ist die Bedingung des geschlossenen Kraftecks notwendig aber nicht hinreichend.

Die Gleichgewichts-Bedingungen lauten allgemein:

1. Alle Kräfte müssen zusammen ein geschlossenes Krafteck ergeben.
2. Bei der Reduktion des Kräftesystems auf zwei Restkräfte (z.B. kann man mit dem Kräfte-Parallelogramm mehrmals je zwei Kräfte zusammenfassen) müssen diese zwei Gegenkräfte bilden, d.h. gleich groß und entgegengesetzt gerichtet sein und auf einer Wirkungslinie liegen. Laufen die beiden (gleich großen) Restkräfte in einem Abstand aneinander vorbei, so bilden sie ein Kräftepaar und verdrehen den Körper, der somit nicht im Gleichgewicht ist.

Diese Bedingungen lassen sich übersichtlich zusammenfassen zu der Aussage (siehe Kapitel 3.5.2.3):

> Ein allgemeines Kräftesystem mit beliebig vielen Kräften ist im Gleichgewicht, wenn sich Kraft- und Seileck schließen.

Das allgemeine Kräftesystem ist ein übergeordneter Begriff, der das zentrale Kräftesystem als Sonderfall mit einbezieht.

■ **Beispiel:** Wanddrehkran

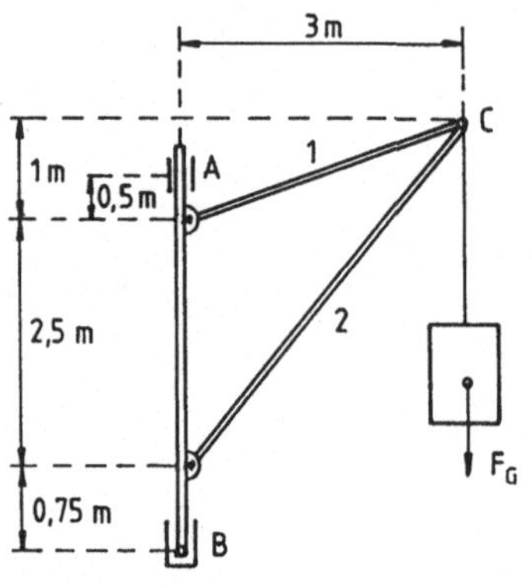

Bild 3.13

geg.: $F_G = 20$ kN

ges.: a) Stabkräfte $\vec{S}_1, \vec{S}_2$

      b) Auflagerkräfte $\vec{F}_A, \vec{F}_B$

Ein Wanddrehkran nach Bild 3.13 besteht aus einer Säule AB und zwei Stäben:

Stab 1 (Schließe)

Stab 2 (Strebe).

Er ist gelenkig gelagert bei

A (Halslager = Loslager)

B (Spurlager = Festlager)

und bei C mit einer Kraft $\vec{F}_G$ belastet.

Lsg.: Bei dieser Aufgabe sollen die wesentlichen Schritte, die zur Lösung von statischen Problemen erforderlich sind, einmal ausführlich erläutert werden.

Zur Bestimmung der Unbekannten müssen Beziehungen zwischen den gegebenen und den gesuchten Größen aufgestellt werden.

Im Bolzen C treffen sich die Wirklinien der gegebenen Last $\vec{F}_G$ und der gesuchten Stabkräfte $\vec{S}_1$ und $\vec{S}_2$. Daher soll das Gleichgewicht dieses Bolzens untersucht werden.

Von der eingeprägten Kraft kennt man Betrag und Richtung, von den Stabkräften dagegen nur die Richtungen.

Damit läßt sich aber das Krafteck nach Bild 3.14 maßstäblich zeichnen. Nach dem Kongruenzsatz (w, s, w) der Geometrie ist ein Dreieck aus einer Seite und den beiden angrenzenden Winkeln zu konstruieren.

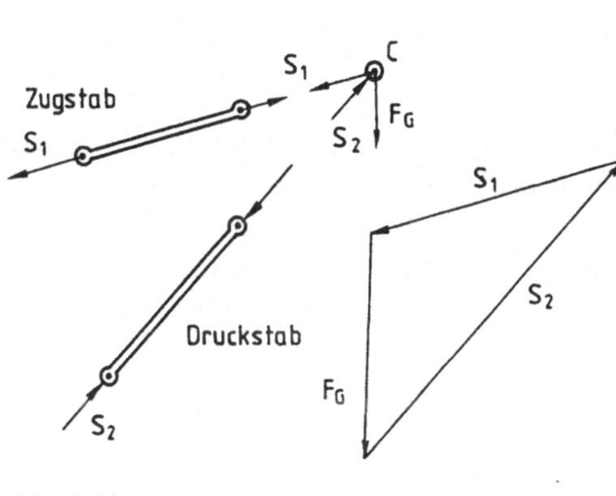

Bild 3.14

Gewählter Kräftemaßstab

$1\ \text{cm}\ Z \triangleq 5\ \text{kN}$

$$m_F = 5\ \frac{\text{kN}}{\text{cm}\ Z}$$

Ergebnis:

Zeichnungsstrecken der Stabkräfte

$Z_{S1} = 5{,}06\ \text{cm}\ Z$

$Z_{S2} = 7{,}38\ \text{cm}\ Z$

Damit sind die Stabkräfte

$$S_1 = Z_{S1} \cdot m_F = 5{,}06\ \text{cm}\ Z \cdot 5\ \frac{\text{kN}}{\text{cm}\ Z} = 25{,}3\ \text{kN}$$

$$S_2 = Z_{S2} \cdot m_F = 7{,}38\ \text{cm}\ Z \cdot 5\ \frac{\text{kN}}{\text{cm}\ Z} = 36{,}9\ \text{kN} \quad\blacksquare$$

Man hat also nicht direkt die Stabkräfte bestimmt, sondern zunächst deren Gegenkräfte, die auf den Bolzen wirken. Mit dem Wechselwirkungsgesetz erhält man durch Umkehrung des Richtungssinns die gesuchten Kräfte von dem Bolzen auf die Stäbe, die eine Unterscheidung zwischen Zug (vom Stab weggerichtete Kräfte) und Druck (auf den Stab zulaufende Kräfte) ermöglichen.

Eine anschauliche Vorstellung, wie die Kraft von einem Bauteil auf das andere übertragen wird, erhält man, wenn man sich die Bolzenverbindung in den Gelenken nach Bild 3.15 mit übertrieben großem Spiel denkt. An der Kraftübertragungsstelle liegen die beiden Bauteile fest an, gegenüber ist ein freier Zwischenraum.

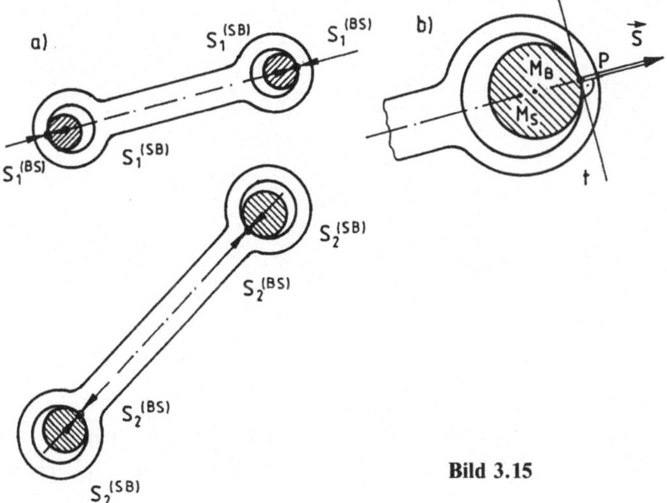

Bild 3.15

Bei den Kräften gibt der erste (hochgestellte) Index wiederum den Ort, der zweite die Ursache der Wirkung an und somit bedeutet:

$\vec{S}^{(BS)}$ = Kraft auf den Bolzen B vom Stab S herrührend

$\vec{S}^{(SB)}$ = Kraft auf den Stab S vom Bolzen B stammend

Nach dem Wechselwirkungsgesetz ist: $\vec{S}^{(SB)} = -\vec{S}^{(BS)}$

Bei einem reibungsfreien Gelenk muß die Stabkraft S zwischen dem Zapfen und der Bohrung senkrecht auf der gemeinsamen Tangente t im Berührungspunkt P stehen, d.h. sie geht durch die Mittelpunkte von Bolzen M_B und Stabloch M_S nach Bild 3.15b.

Läßt man im Punkt C Bolzen und Stab beisammen, so sind dort Bolzen- und Stabkräfte innere Kräfte, die sich gegenseitig aufheben und nach außen nicht in Erscheinung treten.

Befreiungs-Variante

Eine andere Möglichkeit der Befreiung ist die Lösung des Stabsystems an den beiden Säulenbolzen mit der im Bild 3.16 angegebenen Systemgrenze. Dieses Freikörperbild führt zum gleichen Ergebnis, da das Krafteck der Stabverbindung mit dem vom Bolzen C übereinstimmt.

Man erhält hierbei jedoch unmittelbar die Kräfte auf die Stäbe (nicht auf die Bolzen) und kann sofort zwischen Zug- und Druckstab unterscheiden, ohne die Kräfte erst umkehren zu müssen.

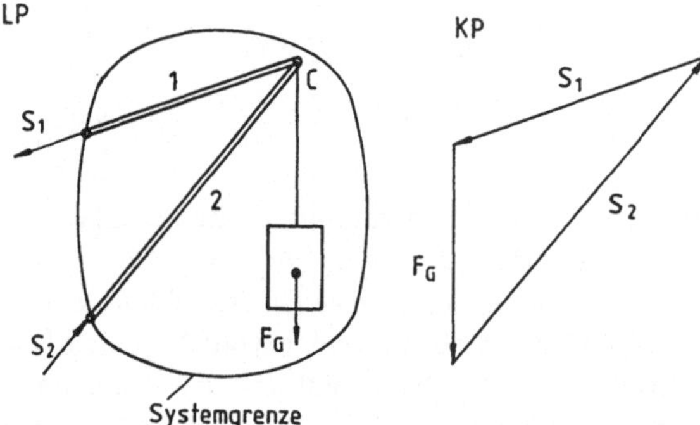

Bild 3.16

Die Auflagerkräfte ergeben sich bei der Untersuchung des Gleichgewichts des gesamten Krans mit der Befreiungsskizze nach Bild 3.17.

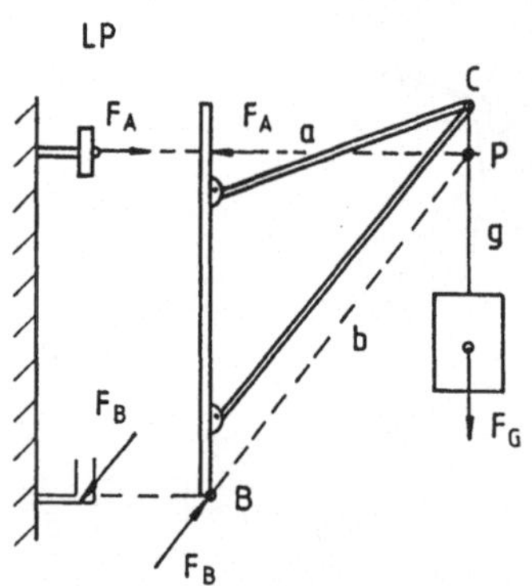
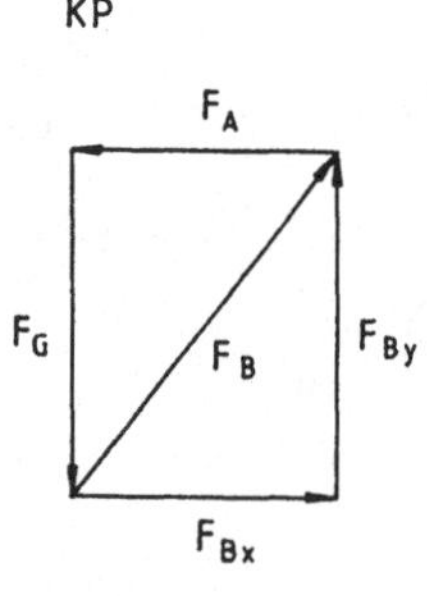

Bild 3.17

Das Loslager A, das die Säule wie ein Rohr umschließt, kann bei Reibungsfreiheit nur senkrecht zur Berührungsfläche Kräfte übertragen. Damit liegt die Wirklinie a des Loslagers als Horizontale fest.

Das Festlager B kann die Säule wie in einer Pfanne aufnehmen und horizontale sowie vertikale Kräfte in die Wand ableiten.

Von der insgesamt schrägen Wirklinie hat man zunächst nur einen Punkt, den Angriffspunkt der Lagerkraft im Gelenk B.

Die Belastungskraft $\vec{F}_G$ kennt man vollständig, also Betrag F_G und Wirkungslinie g.

Nach dem 3-Kräfte-Verfahren müssen sich die 3 wirksamen Kräfte $\vec{F}_A, \vec{F}_B, \vec{F}_G$ in einem Punkt schneiden. Diesen Punkt P erhält man als Schnittpunkt der beiden bekannten Wirklinien a und g.

Durch P muß auch die dritte Kraft $\vec{F}_B$ laufen. Die Wirklinie $b = BP$ ist somit durch die Verbindung der Punkte B und P festgelegt.

Im Kräfteplan zeichnet man als Ausgangsbasis die Kraft $\vec{F}_G$ und zieht durch ihre Endpunkte Parallelen zu den Wirklinien a und b.

Damit sind die Auflagerkräfte $\vec{F}_A$ und $\vec{F}_B$ auch nach ihrer Größe bestimmt.

Die Kraft $\vec{F}_B$ wird noch in ihre Komponenten F_{Bx} und F_{By} zerlegt, die man dann unmittelbar mit den rechnerischen Ergebnissen vergleichen kann, ohne die Resultierende berechnen zu müssen.

Befreiung der Säule

Die Auflagerkräfte kann man auch aus dem Gleichgewicht der Säule nach Bild 3.18 bestimmen. Auf die Säule wirken 4 Kräfte. Zwei davon, nämlich $\vec{S}_1$ und $\vec{S}_2$, wurden bereits durch die Gleichgewichts-Betrachtung des Bolzens C (Bild 3.14) ermittelt.

Die Resultierende $\vec{R} = \vec{S}_1 + \vec{S}_2$ dieser beiden Kräfte geht durch deren Schnittpunkt C und ist dem Betrage nach gleich der Gewichtskraft $\vec{F}_G$. Dadurch ergeben sich wiederum die gleichen Verhältnisse wie bei der Gleichgewichts-Untersuchung des gesamten Krans (Bild 3.17), die zur Bestimmung der Auflagerkräfte führte.

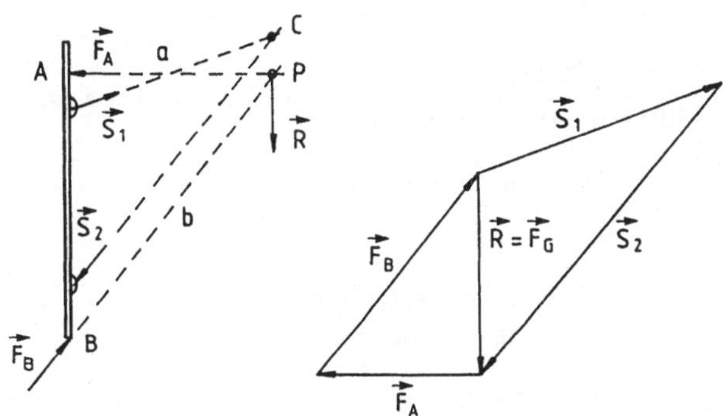

Bild 3.18

Rechnerische Lösung

Gleichgewicht des Bolzens C:

Zentrales, ebenes Kräftesystem liefert 2 Gleichgewichts-Bedingungen

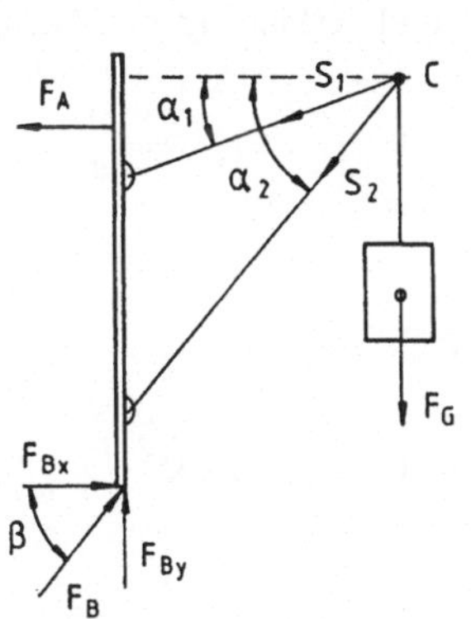

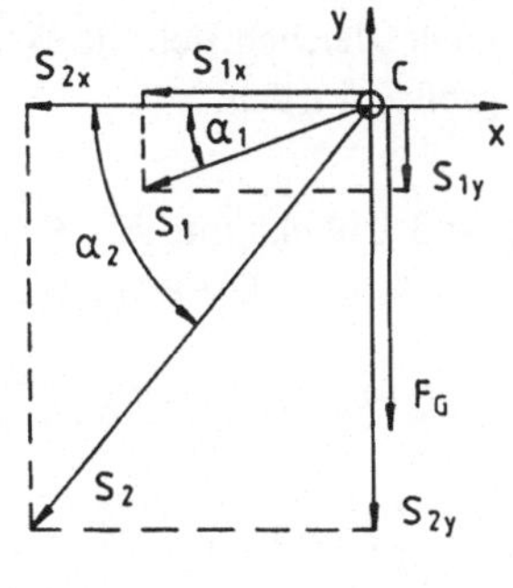

Bild 3.19

In Bild 3.19 sind die Kräfte von den Stäben auf den Bolzen C eingezeichnet.

Alle Stabkräfte werden zunächst als Zugkräfte angenommen.
Ergebnis positiv: Zugstab
Ergebnis negativ: Druckstab

$$\left.\begin{array}{l} S_{1x} = S_1 \cos\alpha_1 \\ S_{1y} = S_1 \sin\alpha_1 \end{array}\right\} \ \frac{S_{1y}}{S_{1x}} = \tan\alpha_1 = \frac{1}{3} \ \Rightarrow \ \alpha_1 = 18,43^\circ$$

$$\left.\begin{array}{l} S_{2x} = S_2 \cos\alpha_2 \\ S_{2y} = S_2 \sin\alpha_2 \end{array}\right\} \ \frac{S_{2y}}{S_{2x}} = \tan\alpha_2 = \frac{3,5}{3} \ \Rightarrow \ \alpha_2 = 49,4^\circ$$

$\underbrace{}_{4} \ \underbrace{}_{2} \qquad \underbrace{}_{\text{2 Zusatz-Bedingungen}}$

Unbekannte

Schreibt man die Komponenten der Stabkräfte in der Form S_{1x}, S_{1y}, S_{2x}, S_{2y}, so hat man es mit 4 Unbekannten zu tun.

Neben den beiden Gleichgewichts-Bedingungen muß man dann noch 2 trigonometrische Zusatz-Bedingungen angeben, die das Verhältnis der Komponenten betreffen.

Drückt man dagegen die bekannten Wirkungslinien der Stabkräfte durch die entsprechenden Winkelfunktionen aus, so hat man nur 2 Unbekannte S_1 und S_2, die aus den Gleichgewichts-Bedingungen hervorgehen.

I) $\xrightarrow{+} \ \sum F_x = 0 = -S_1 \cos\alpha_1 - S_2 \cos\alpha_2 \ \Rightarrow \ S_2 = -S_1 \dfrac{\cos\alpha_1}{\cos\alpha_2}$

II) $+\uparrow \ \sum F_y = 0 = -S_1 \sin\alpha_1 - S_2 \sin\alpha_2 - F_G$

I in II: $-S_1 \sin\alpha_1 + S_1 \dfrac{\cos\alpha_1}{\cos\alpha_2} \cdot \sin\alpha_2 = F_G \ \Rightarrow$

$$S_1 = \frac{F_G}{\cos\alpha_1 \tan\alpha_2 - \sin\alpha_1} = \frac{20\,\text{kN}}{\cos 18,03^\circ \cdot \tan 49,4^\circ - \sin 18,43^\circ} = +25,3\,\text{kN} \quad \text{(Zugstab)}$$

aus II: $S_2 = -25,3\,\text{kN} \dfrac{\cos 18,03^\circ}{\cos 49,4^\circ} = -36,88\,\text{kN} \quad \text{(Druckstab)}$

Allgemein gilt:
Ergebnis positiv: Kraft wirkt wie in der Befreiungsskizze angenommen
Ergebnis negativ: Kraft wirkt entgegen dem Richtungssinn der Skizze.
Der Nenner wird Null, wenn

$$\cos\alpha_1 \cdot \tan\alpha_2 - \sin\alpha_1 = 0 \ \Rightarrow \ \tan\alpha_2 = \frac{\sin\alpha_1}{\cos\alpha_1} = \tan\alpha_1 \ \Rightarrow \ \alpha_1 = \alpha_2$$

d.h. die Wirklinien der Stabkräfte laufen parallel und der Schnittpunkt C wandert ins Unendliche, was unrealistisch ist.

Je länger die Stäbe sind, um so mehr gleichen sich die Winkel an und verkleinern den Nenner, so daß die Stabkräfte dann immer größer werden.

Auflagerkräfte
Gleichgewicht des gesamten Krans: 3 Unbekannte F_A, F_{Bx}, F_{By}
Allgemeines, ebenes Kräftesystem liefert 3 GG-Bedingungen

$$\curvearrowright \ \sum M^{(B)} = 0 = F_A \cdot 3,75\,\text{m} - F_G \cdot 3\,\text{m} \ \Rightarrow \ F_A = F_G \cdot \frac{3}{3,75} = 20\,\text{kN} \cdot \frac{4}{5} = 16\,\text{kN}$$

$$\left.\begin{array}{l} \sum F_x = 0 \ \Rightarrow \ F_{Bx} = F_A = 16\,\text{kN} \\ \sum F_y = 0 \ \Rightarrow \ F_{By} = F_G = 20\,\text{kN} \end{array}\right\} \ F_B = \sqrt{F_{Bx}^2 + F_{By}^2} = \sqrt{16^2 + 20^2}\,\text{kN} = 25,61\,\text{kN}$$

$$\tan\beta = \frac{F_{By}}{F_{Bx}} = \frac{20}{16} = 1,25 \ \Rightarrow \ \beta = 51,34^\circ$$

Vektorielle Bestimmung der Stabkräfte

$$\vec{S}_1 = \begin{bmatrix} S_{1x} \\ S_{1y} \end{bmatrix} = k_1 \begin{bmatrix} -3 \\ -1 \end{bmatrix}; \quad \vec{S}_2 = \begin{bmatrix} S_{2x} \\ S_{2y} \end{bmatrix} = k_2 \begin{bmatrix} -3 \\ -3,5 \end{bmatrix}; \quad \vec{F}_G = \begin{bmatrix} 0 \\ -20 \end{bmatrix} \text{kN}$$

k_1, k_2 = unbekannte Proportionalitäts-Faktoren

Die Stabkräfte wirken in Richtung der Stabachsen, daher müssen sich die Kraftkomponenten wie die Streckenkomponenten verhalten.

Haben die Komponenten einer Kraft einen gemeinsamen Faktor k, so kann man diesen vor die Vektorklammer setzen. Diese Faktoren k_1, k_2 werden als die Unbekannten des zentralen Kräftesystems aufgefaßt.

Wegen des Kräfte-Gleichgewichts gilt die Vektorgleichung

$$\vec{S}_1 + \vec{S}_2 + \vec{F}_G = \vec{0}$$

$$k_1 \begin{bmatrix} -3 \\ -1 \end{bmatrix} + k_2 \begin{bmatrix} -3 \\ -3,5 \end{bmatrix} + \begin{bmatrix} 0 \\ -20 \end{bmatrix} \text{kN} = \begin{bmatrix} 0 \\ 0 \end{bmatrix}$$

Dieser Vektorgleichung entsprechen 2 skalare Gleichungen

I) $\quad -3k_1 - 3k_2 = 0 \quad \Rightarrow \quad k_1 = -k_2$

II) $\quad -k_1 - 3,5 k_2 - 20 \text{ kN} = 0$

I in II: $\quad k_2 - 3,5 k_2 = 20 \text{ kN} \quad \Rightarrow \quad k_2 = -\dfrac{20}{2,5} \text{ kN} = -8 \text{ kN}$

aus II: $\quad k_1 = -k_2 = 8 \text{ kN}$

Damit ergeben sich die Stabkräfte

$$\vec{S}_1 = -8 \text{ kN} \begin{bmatrix} -3 \\ -1 \end{bmatrix} = \begin{bmatrix} 24 \\ 8 \end{bmatrix} \text{kN}; \quad \vec{S}_2 = 8 \text{ kN} \begin{bmatrix} -3 \\ -3,5 \end{bmatrix} = \begin{bmatrix} -24 \\ -28 \end{bmatrix} \text{kN}$$

$$S_1 = \sqrt{S_{1x}^2 + S_{1y}^2} = 8 \text{ kN} \sqrt{3^2 + 1^2} = 8\sqrt{10} \text{ kN} = 25,3 \text{ kN} \quad \text{(Zug)}$$

$$S_2 = \sqrt{S_{2x}^2 + S_{2y}^2} = -8 \text{ kN} \sqrt{3^2 + 3,5^2} = -8\sqrt{21,25} \text{ kN} = -36,88 \text{ kN} \quad \text{(Druck)}$$

■ **Beispiel:** Balken mit Doppel-Pendelstütze und einfacher Pendelstütze belastet mit einer Einzelkraft

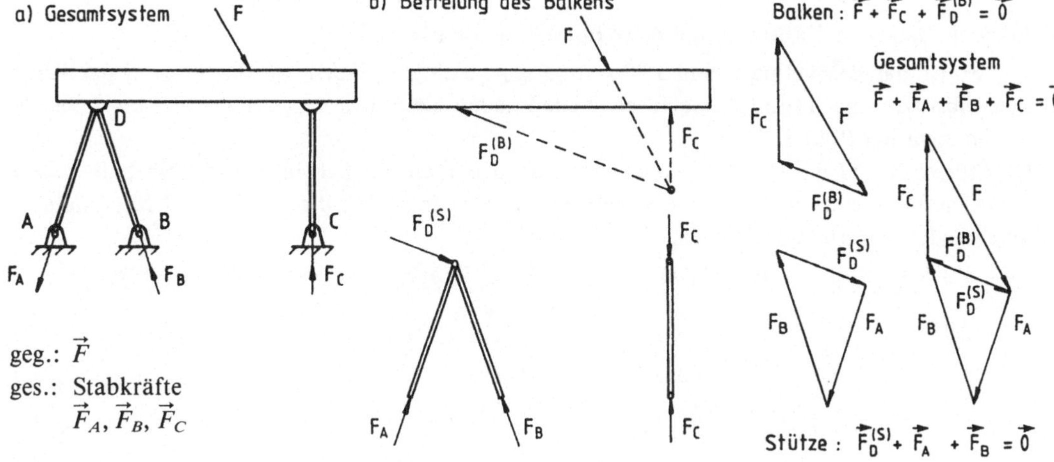

Bild 3.20

Aus der Gleichgewichts-Betrachtung des Balkens (Bild 3.20b) erhält man die Kräfte $\vec{F}_C$ und $\vec{F}_D$ nach dem 3-Kräfte-Verfahren.

An der Doppel-Pendelstütze als Gegenkörper des Balkens wird die gefundene Kraft $\vec{F}_D$ im Richtungssinn umgekehrt und das entsprechende Krafteck liefert die Stabkräfte $\vec{F}_A$ und $\vec{F}_B$.

Durch Zusammenfassung der Kraftecke von Balken und Doppel-Pendelstütze ergibt sich das Krafteck des Gesamtsystems.

3.4 Gleichgewichts-Bedingungen für 4 Kräfte (Culmannsches Verfahren)

(Carl Culmann: geb. 1821 in Bergzabern/Rheinpfalz, gest. 1887 in Riesbach bei Zürich)

Vier Kräfte sind im Gleichgewicht, wenn sich die Teilresultierenden von je zwei Kräften gegenseitig aufheben, d.h. wenn die Teilresultierenden auf einer Wirkungslinie (Culmannsche Hilfsgerade) liegen, gleich groß und entgegengesetzt gerichtet sind (Gegenkräfte).

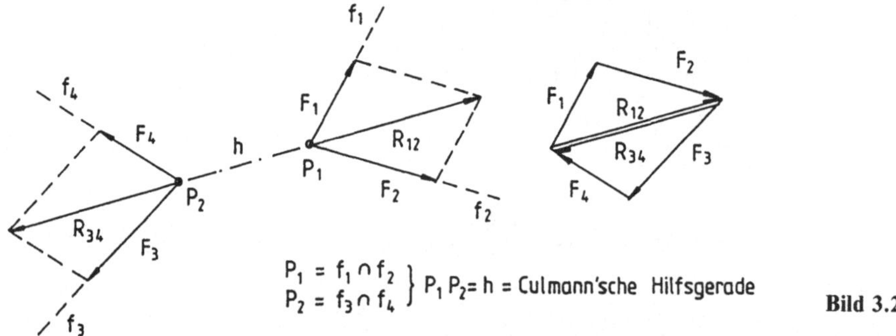

Bild 3.21

Die Wirkungslinien je zweier Kräfte werden nach Bild 3.21 zum Schnitt gebracht und die beiden Kräfte in den Schnittpunkt verschoben (hier sind zur Vereinfachung die Kräfte bereits verschoben gezeichnet), so daß sie nach dem Parallelogramm-Gesetz zu einer Teilresultierenden vektoriell addiert werden können. Im Gleichgewichtsfall müssen sich dann die beiden Teilresultierenden aufheben, d.h. ein Nullpaar bilden.

Verbindet man im LP die beiden Schnittpunkte P_1 und P_2, so hat man die Culmannsche Hilfsgerade h konstruiert, mit der man im KP die Kräfte zu einem geschlossenen Krafteck zusammenfassen kann.

■ **Beispiel:** Balken auf 3 Stützen mit einer Einzelkraft belastet

Wir wollen das Beispiel nach Bild 3.20 geringfügig verändern, indem wir die Stütze B parallel zu sich selbst etwas nach rechts verschieben, so daß sie mit der Stütze A keinen gemeinsamen Gelenkbolzen mehr hat (Bild 3.22).

Die Stützen A und B schneiden sich dann weiter oben in einem „Scheingelenk". Den Balken kann man sich durch eine etwas größere Scheibe ersetzt denken, damit die wirksamen Kräfte materiell miteinander in Verbindung stehen.

Eine gegebene Kraft ist im Gleichgewicht mit 3 Stützkräften, von denen die Wirklinien bekannt sind.

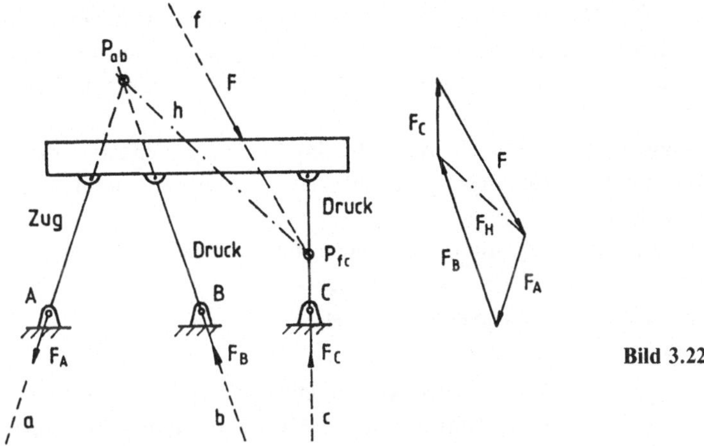

Um die Stützkräfte zu bestimmen, gehen wir ähnlich wie beim 3-Kräfte-Verfahren in folgenden Schritten vor:

1. $\quad \vec{F}_A + \vec{F}_B = \vec{F}_H$

Wir denken uns zwei Stützkräfte z.B. $\vec{F}_A$ und $\vec{F}_B$ zu einer Resultierenden (Hilfskraft) zusammen gesetzt. Diese Hilfskraft $\vec{F}_H$ muß durch den Schnittpunkt P_{ab} der Wirklinien a und b der zusammenzufassenden Komponenten gehen.

2. $\quad \vec{F} + \vec{F}_C + \vec{F}_H = \vec{0}$

Es verbleiben die 3 Kräfte $\vec{F}$, $\vec{F}_C$ und $\vec{F}_H$, die im Gleichgewicht sind, sich daher in einem Punkt schneiden und ein geschlossenes Krafteck bilden. Den gemeinsamen Schnittpunkt P_{fc} findet man mit den bekannten Wirklinien f und c.
$\vec{F}_H$ muß also einerseits durch P_{ab}, andererseits durch P_{fc} gehen, also auf der Verbindungslinie $P_{ab}P_{fc} = h$ (Culmannsche Hilfsgerade) liegen.

3. $\quad \vec{F}_H = \vec{F}_A + \vec{F}_B$

Die Hilfskraft $\vec{F}_H$ zerlegen wir wiederum in die beiden Komponenten $\vec{F}_A$ und $\vec{F}_B$, also in die Richtungen a und b.

4. $\quad \vec{F} + \vec{F}_A + \vec{F}_B + \vec{F}_C = \vec{0}$

Kontrolle: Die Belastungskraft und die 3 Stützkräfte sind im GG. Diese 4 Kräfte müssen also ein geschlossenes Krafteck mit einander nachlaufenden Pfeilen bilden. ∎

Sonderfälle

Die Stützkräfte schneiden sich in einem Punkt P
a) Die Resultierende der Belastungskräfte $\vec{F}$ geht ebenfalls durch P

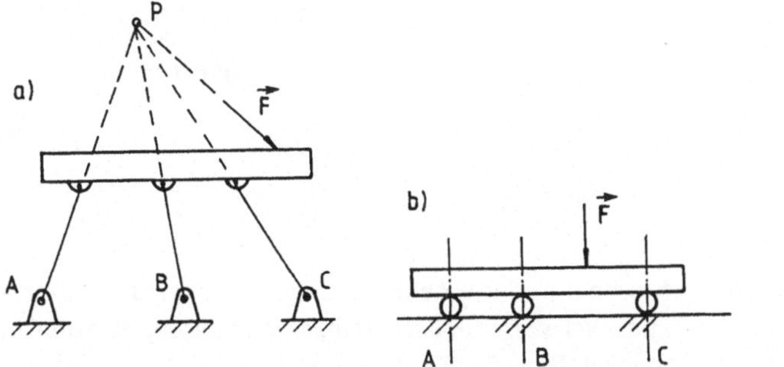

Im Bild 3.23a schneiden sich die Stützen und die resultierende Belastungskraft in einem Punkt P, d.h. sie bilden ein zentrales Kräftesystem. Der gemeinsame Schnittpunkt wandert ins Unendliche, wenn wie im Bild 3.23b bei dem Träger auf 3 Rollen mit vertikaler Belastung alle Wirklinien zueinander parallel laufen.

Bei einer präzisen Anordnung ist Gleichgewicht möglich, das System ist jedoch statisch unbestimmt. 3 Unbekannten stehen nur 2 Gleichungen gegenüber, so daß eine Verformungs-Bedingung der Festigkeitslehre erforderlich ist.

Die Verteilung der Last auf die Stützen ist von der Steifigkeit der Bauteile, vom Einbauspiel und von den Temperatur-Verhältnissen (Wärmedehnung) abhängig.

b) Die Resultierende der Belastungskräfte $\vec{F}$ geht nicht durch P

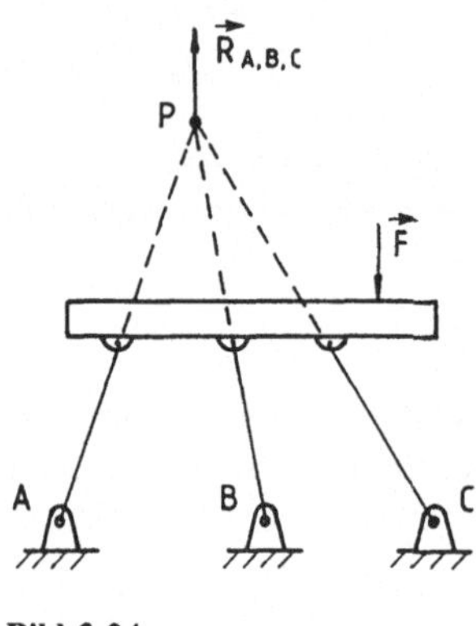

In der Anordnung nach Bild 3.24 entstehen große Kräfte in den Stäben und damit große Verformungen, die zwangsweise zu einer Verschiebung führen. Es wird sich mit dem geringsten Verformungs-Aufwand eine Gleichgewichtslage einstellen, so daß die Belastungskraft mit der Resultierenden der Stabkräfte ein Nullpaar bilden kann, oder es wird ein Bruch auftreten.

$$\vec{R}_{A,B,C} = \vec{A} + \vec{B} + \vec{C}$$

Bild 3.24

3.5 Beliebig viele Kräfte

3.5.1 Zentrales ebenes Kräftesystem

Die Wirkungslinien aller Kräfte liegen in einer Ebene und schneiden sich in einem Punkt. Nach dem Parallelogramm-Gesetz geht dann die Resultierende je zweier Kräfte und damit auch die Gesamtresultierende durch diesen gemeinsamen Angriffspunkt.

■ **Beispiel:** Resultierende von 3 Kräften

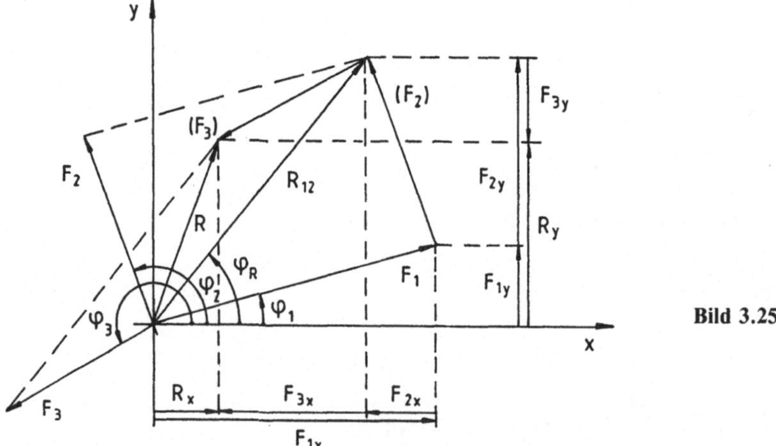

Bild 3.25

Die Kräfte $\vec{F}_1, \vec{F}_2, \vec{F}_3$ sind im Bild 3.25 einmal in der wirklichen Lage durch wiederholte Parallelogramm-Konstruktion und einmal mit parallel verschobenen (eingeklammerten) Kräften in einem Krafteck zur Resultierenden $\vec{R}$ zusammengefaßt.

Für die rechnerische Bestimmung der Resultierenden werden die Kräfte auf die x- und y-Achse projeziert, damit sich die kollinearen Komponenten algebraisch addieren lassen.

Die Kraft $\vec{F}_i$ schließt mit der x-Achse den Winkel φ_i ein, so daß für die Komponenten gilt

$$F_{ix} = F_i \cos \varphi_i; \quad F_{iy} = F_i \sin \varphi_i$$

Bei n verschiedenen Kräften ist

Vektorgleichung

$$\vec{R} = \vec{F}_1 + \vec{F}_2 + \ldots + \vec{F}_n = \sum_{i=1}^{n} \vec{F}_i$$

entsprechende skalare Gleichungen

$$R_x = F_{1x} + F_{2x} + \ldots + F_{nx} = \sum_{i=1}^{n} F_{ix} = \sum_{i=1}^{n} F_i \cos \varphi_i = R \cos \varphi_R$$

$$R_y = F_{1y} + F_{2y} + \ldots + F_{ny} = \sum_{i=1}^{n} F_{iy} = \sum_{i=1}^{n} F_i \sin \varphi_i = R \sin \varphi_R$$

Mit dem Satz von Pythagoras kann man die Resultierende aus ihren Komponenten bestimmen

$$R = \sqrt{R_x^2 + R_y^2} = \sqrt{\left(\sum F_{ix}\right)^2 + \left(\sum F_{iy}\right)^2} \tag{3.1}$$

Die Richtung der Resultierenden erhält man aus

$$\tan \varphi_R = \frac{R_y}{R_x} \quad \Rightarrow \quad \varphi_R = \arctan \frac{R_y}{R_x} \tag{3.2}$$

Gleichgewicht herrscht, wenn die Kräfte sich gegenseitig aufheben, d.h. wenn ihre Resultierende Null wird

$$R = \sqrt{\left(\sum F_{ix}\right)^2 + \left(\sum F_{iy}\right)^2} = 0 \tag{3.3}$$

Da die beiden Summanden unter der Wurzel als Quadrate größer oder gleich Null sind, kann ihre Summe nur verschwinden, wenn beide Summanden gleichzeitig Null werden.

Die Gleichgewichts-Bedingungen für ein ebenes, zentrales Kräftesystem lauten somit

$$R_x = \sum_{i=1}^{n} F_{ix} = 0 \ \wedge \ R_y = \sum_{i=1}^{n} F_{iy} = 0 \tag{3.4}$$

■ **Beispiel:** Resultierende von 4 Kräften an einem Leitungsmast

Zeichnerische Lösung

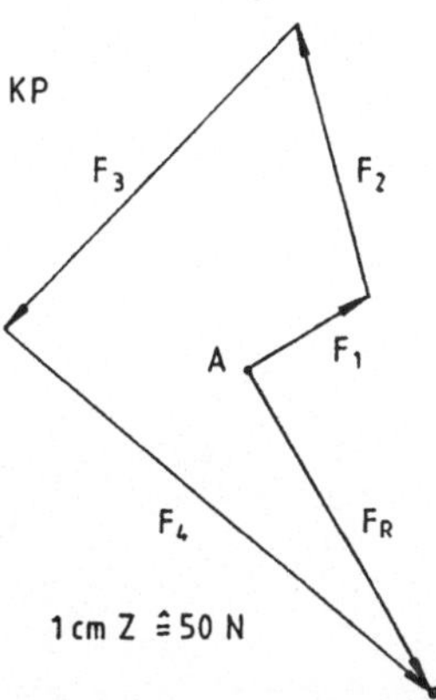

Bild 3.26

Im Bild 3.26 werden die gegebenen Kräfte im KP im steten Pfeilsinn aneinandergereiht. Die Verbindungslinie vom Anfangspunkt A des ersten bis zum Endpunkt E des letzten Vektors ergibt die Resultierende, die vom KP parallel in den LP übertragen wird.

Rechnerische Lösung

i	F_i [N]	φ_i	$F_{ix} = F_i \cos\varphi_i$ [N]	$F_{iy} = F_i \sin\varphi_i$ [N]
1	100	30°	86,6	50,0
2	200	105°	− 51,76	193,19
3	300	225°	−212,13	−212,13
4	400	320°	306,42	−257,12
			129,13 $R_x = \sum F_{ix}$	−226,06 $R_y = \sum F_{iy}$

$$R = \sqrt{R_x^2 + R_y^2}$$
$$R = \sqrt{129,13^2 + 226,06^2} = 260,34 \text{ N}$$

$$\tan\varphi_R = \frac{R_y}{R_x} = \frac{\ominus\, 226,06}{\oplus\, 129,13} = -1,751$$

$\vec{R}$ liegt im IV. Quadrant

$$\varphi_R = 360° - 60,29° = 299,71°$$

Beachte:

Zur Bestimmung der Quadrantenlage der Resultierenden sind die Vorzeichen für $\tan\varphi$ im Zähler und im Nenner erforderlich und dürfen daher nicht unmittelbar zu einem Vorzeichen zusammengefaßt werden.

Die Vorzeichen in den einzelnen Quadranten sind in der folgenden Tabelle zusammengestellt.

Quadrant	I	II	III	IV
$\tan\varphi = \dfrac{\sin\varphi}{\cos\varphi} = \dfrac{F_y}{F_x}$	$\dfrac{\oplus}{\oplus}$	$\dfrac{\oplus}{\ominus}$	$\dfrac{\ominus}{\ominus}$	$\dfrac{\ominus}{\oplus}$

3.5.2 Allgemeines ebenes Kräftesystem

Ein allgemeines ebenes Kräftesystem besteht aus mehreren Kräften $\vec{F}_i$ in beliebiger Lage und mit verschiedenen Angriffspunkten A_i.

Diese Kräfte sollen zu einer Resultierenden zusammengefaßt werden, um ihre Wirkung (z. B. auf die Lagerung) übersichtlich verfolgen zu können. Dazu sind verschiedene Verfahren möglich.

3.5.2.1 Wiederholte Parallelogramm-Konstruktion

■ **Beispiel:** Resultierende von 3 Kräften

geg.: $\vec{F}_1, \vec{F}_2, \vec{F}_3$ ges.: $\vec{R} = \vec{F}_1 + \vec{F}_2 + \vec{F}_3$

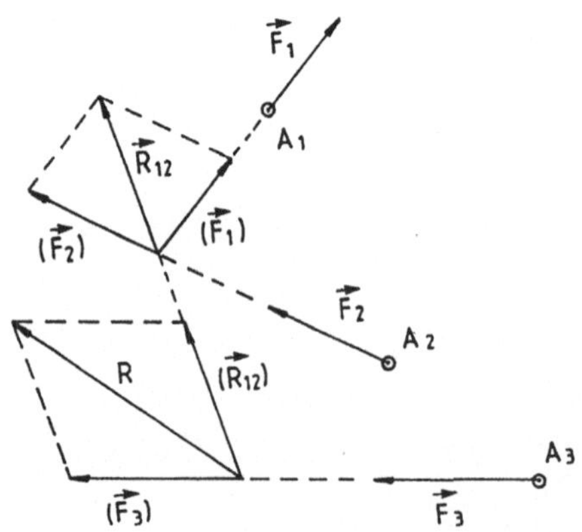

Im Bild 3.27 werden die Kräfte auf ihren Wirklinien verschoben, bis jeweils 2 Kräfte sich schneiden und nach dem Parallelogramm-Gesetz zusammengefaßt werden können.

Das Verfahren ist umständlich und wegen der vielen Hilfslinien bei aufwendigen Aufgaben unübersichtlich.

Bei parallelen bzw. fast parallelen Kräften sind die Schnittpunkte unerreichbar, so daß die Einführung von Hilfskräften erforderlich ist.

Bild 3.27

Sonderfall: Resultierende zweier paralleler Kräfte

Die Wirklinien von parallelen Kräften schneiden sich nicht, weshalb die übliche Parallelogramm-Konstruktion hier versagt.

Abhilfe: Hinzufügen zweier beliebiger Gegenkräfte $\vec{F}$ und $-\vec{F}$, die sich gegenseitig aufheben und das System nicht verändern. Diese Gegenkräfte werden mit den gegebenen Kräften zu Zwischenresultierenden $\vec{R}_1$ und $\vec{R}_2$ zusammengefaßt. Aus dem Parallelogramm der verschobenen Zwischenresultierenden ergibt sich dann die Gesamtresultierende $\vec{R}$.

Beispiele:

a) 2 parallele Kräfte $\vec{F}_1$, $\vec{F}_2$ mit gleichem Richtungssinn

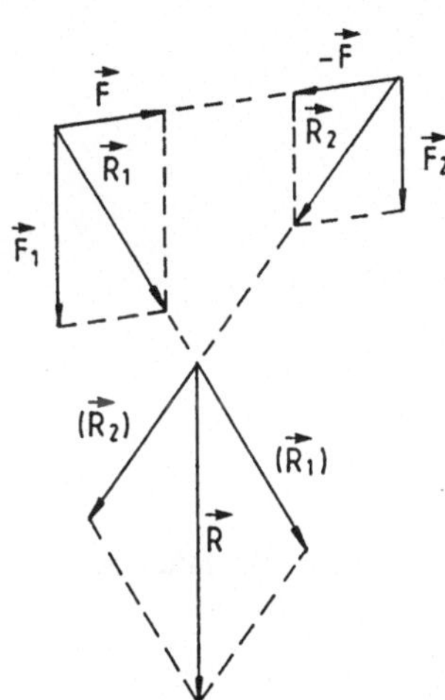

$$R = F_1 + F_2$$

Die Resultierende liegt parallel zwischen den Einzelkräften und zwar näher bei der größeren (Bild 3.28).

Bild 3.28

b) 2 parallele Kräfte $\vec{F}_1$, $\vec{F}_2$ mit entgegengesetztem Richtungssinn

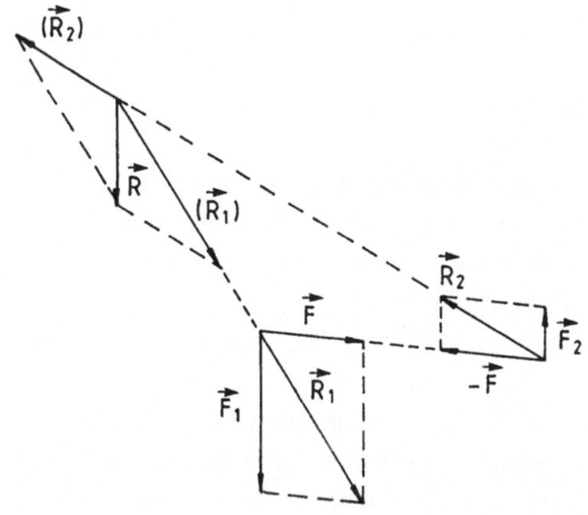

$$R = F_1 - F_2$$

Die Resultierende liegt außerhalb des Zwischenraums der Einzelkräfte und zwar jenseits der größeren Kraft.
Sie ist parallel zu den Einzelkräften und hat den Richtungssinn der größeren Kraft (Bild 3.29).

Bild 3.29

c) 2 parallele Kräfte $\vec{F}_1$, $\vec{F}_1'$ mit entgegengesetztem Richtungssinn und gleichen Beträgen (Kräftepaar).

c1) Einführung zweier Gegenkräfte $\vec{F}$ und $-\vec{F}$, die senkrecht auf dem Kräftepaar $(\vec{F}_1, \vec{F}_1')$ stehen.

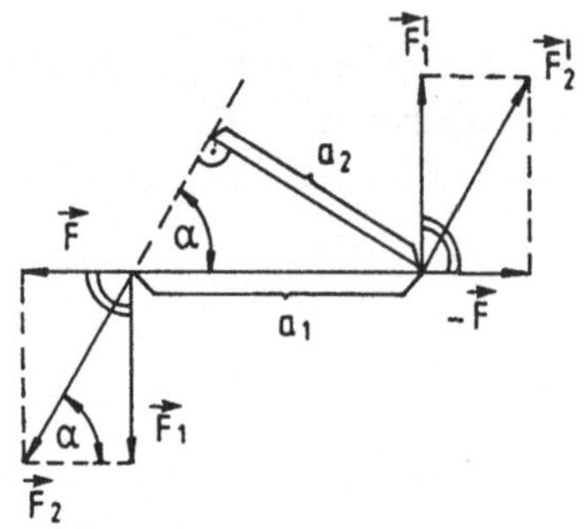

Nach Bild 3.30 ist

$$F_1 = F_2 \sin\alpha$$

$$a_2 = a_1 \sin\alpha \quad \Rightarrow \quad a_1 = \frac{a_2}{\sin\alpha}$$

$$F_1 a_1 = F_2 \sin\alpha \cdot \frac{a_2}{\sin\alpha} = F_2 a_2$$

Bild 3.30

c2) Einführung zweier beliebiger (schräger) Gegenkräfte $\vec{F}$ und $-\vec{F}$

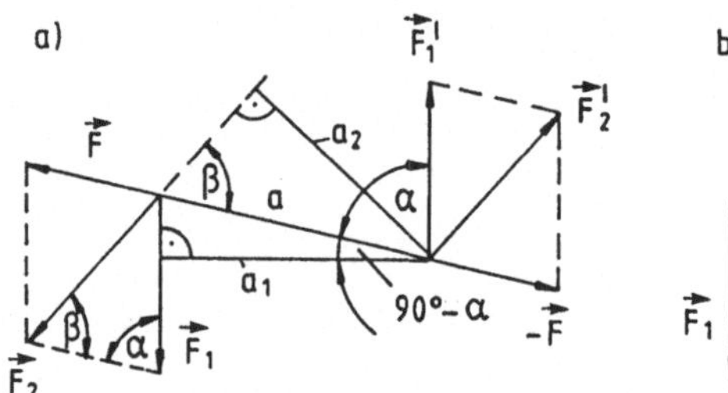
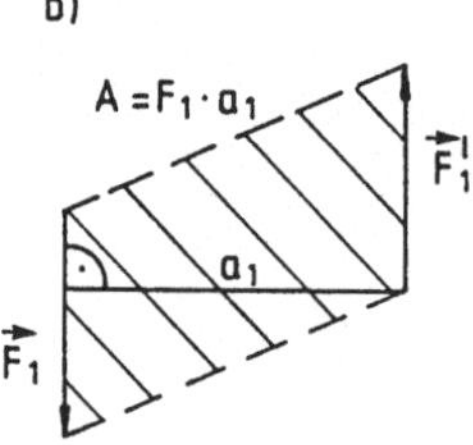

Bild 3.31

Aus Bild 3.31 a entnimmt man die Zusammenhänge

$$\text{Sinussatz:} \quad \frac{\sin\alpha}{\sin\beta} = \frac{F_2}{F_1}$$

$$\left.\begin{array}{l} a_1 = a\cos(90° - \alpha) = a\sin\alpha \\ a_2 = a\sin\beta \end{array}\right\} \quad \frac{\sin\alpha}{\sin\beta} = \frac{a_1}{a_2}$$

$$\text{Gleichsetzen:} \quad \frac{\sin\alpha}{\sin\beta} = \frac{F_2}{F_1} = \frac{a_1}{a_2} \quad \Rightarrow \quad \boxed{F_1 a_1 = F_2 a_2} \tag{3.5}$$

Aus den Konstruktionen nach Bild 3.30 und 3.31 geht folgendes hervor:
Die Reduktion des Kräftepaars $(\vec{F}_1, \vec{F}_1')$ mit dem Abstand a_1 mit Hilfe eines Nullpaars $(\vec{F}, -\vec{F})$ führt nicht auf eine Einzelkraft, sondern wiederum auf ein Kräftepaar $(\vec{F}_2, \vec{F}_2')$ mit dem Abstand a_2, das gegenüber dem ursprünglichen Kräftepaar verdreht ist.

Ein Kräftepaar läßt sich also nicht durch eine Einzelkraft ersetzen und muß daher als selbständige Einheit eines Kräftesystems betrachtet werden.

$F_1 a_1$ bzw. $F_2 a_2$ entspricht der Parallelogrammfläche A, die man erhält, wenn man die gegenüberliegenden Endpunkte der Kraftvektoren des Kräftepaars miteinander verbindet (Bild 3.31 b).

Das Produkt $M = Fa$, gebildet aus dem Betrag F der Kraft und dem Abstand a der Wirkungslinien ist ein Maß für die Drehwirkung eines Kräftepaars und wird als (statisches) Moment oder Drehmoment bezeichnet.

Aus der Flächengleichheit der Parallelogramme der beiden Kräftepaare $(\vec{F}_1, \vec{F}_1')$ und $(\vec{F}_2, \vec{F}_2')$, die man neben der angegebenen trigonometrischen Ableitung auch durch Planimetrie mit flächengleichen Dreiecken nachweisen kann, geht die gleiche Drehwirkung hervor.

Zwei in der gleichen Ebene liegende Kräftepaare sind gleichwertig (äquivalent), wenn sie die gleiche Drehwirkung, also das gleiche Moment $M = F_1 a_1 = F_2 a_2$ haben und außerdem der Drehsinn gleich ist.

Auf ein einzelnes Kräftepaar angewandt bedeutet das:

Ein Kräftepaar kann in seiner Ebene beliebig verschoben und gedreht werden. Außerdem kann man den Betrag der Kräfte und gleichzeitig ihren Abstand ändern, wenn das Moment, also das Produkt aus dem Betrag der Kräfte und ihrem Abstand dabei erhalten bleibt.

Kräftepaar und Moment sind nicht eindeutig umkehrbar.

Zu einem Kräftepaar gehört eindeutig das Moment entsprechend der eingeschlossenen Parallelogrammfläche.

Es gibt dagegen unendlich viele Kräftepaare in einer Ebene, die alle das gleiche Moment besitzen und daher einander äquivalent sind.

Bestimmung der Resultierenden zweier paralleler Kräfte mit dem Strahlensatz

Eine Resultierende (Ersatzkraft) muß die gleiche mechanische Wirkung (Verschiebung und Drehung eines Körpers) haben wie die Originalkräfte, die durch die Resultierende ersetzt werden.

Die Resultierende muß daher für jeden beliebigen Drehpunkt D (z.B. auch auf der Wirklinie von $\vec{R}$) die gleiche Drehwirkung haben wie die Originalkräfte.

■ **Beispiel:** $F_1 = 3\,\text{N}$, $F_2 = 5\,\text{N}$, $a = 4\,\text{cm}$

a) Kräfte gleichgerichtet

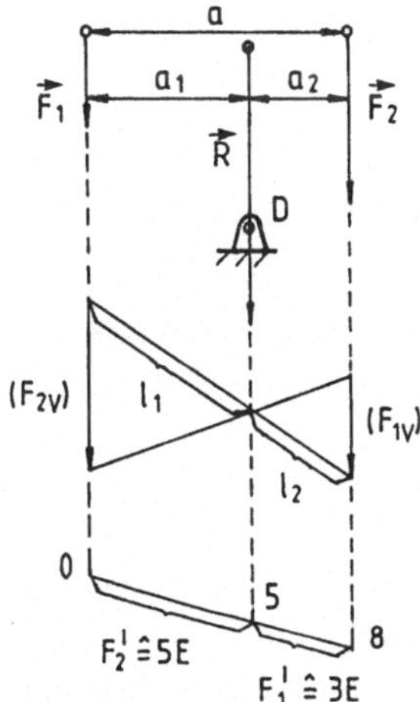

Bild 3.32

$$R = F_1 + F_2 = 8\,\text{N}$$

$$F_1 a_1 - F_2 a_2 = R \cdot 0 \;\Rightarrow\; \frac{a_1}{a_2} = \frac{F_2}{F_1} = \frac{5}{3}$$

Strahlensatz
$$\boxed{\frac{a_1}{a_2} = \frac{\ell_1}{\ell_2} = \frac{F_2}{F_1}} \qquad (3.6)$$

Die Abstände verhalten sich umgekehrt wie die Kräfte. Zur Bestimmung der Lage von $\vec{R}$ müssen die Kräfte daher auf ihren Wirkungslinien vertauscht werden (Bild 3.32).

Vereinfachung: Anlegen eines Lineals mit gleichen Einheiten E. Schräge des Lineals so wählen, daß die entsprechenden Endpunkte auf den Wirklinien der Kräfte liegen und dann die entsprechenden Streckenverhältnisse antragen.

Der Vorteil dieses Verfahrens liegt darin, daß keine Hilfslinien erforderlich sind.

b) Kräfte entgegengesetzt gerichtet

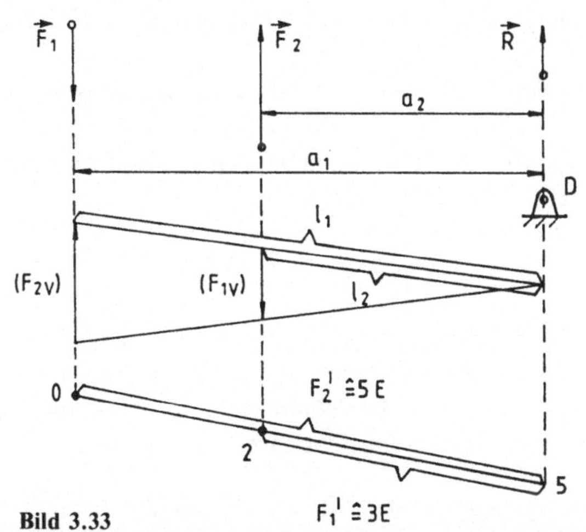

Bild 3.33

Nach Bild 3.33 ist

$$R = F_2 - F_1 = 2\,\text{N}$$

$$F_1 a_1 - F_2 a_2 = R \cdot 0 = 0 \;\Rightarrow$$

$$\frac{a_1}{a_2} = \frac{F_2}{F_1} = \frac{5}{3}$$

Strahlensatz

$$\boxed{\frac{a_1}{a_2} = \frac{\ell_1}{\ell_2} = \frac{F_2}{F_1}}$$

Vereinfachte
Lineal-Konstruktion

Sonderfall

Kräftepaar $F_1 = F_2$, $R = F_2 - F_1 = 0$

Die Resultierende wird unendlich klein.
Die beiden Verbindungslinien der Kraftendpunkte laufen parallel, d.h. die Resultierende wandert
ins Unendliche.   ■

3.5.2.2 Verfahren mit der Zwischenresultierenden

Einfach und übersichtlich läßt sich die Zusammenfassung von allgemeinen, ebenen Kräften erreichen, wenn man die nötigen Operationen getrennt in einem LP und KP vornimmt.

Im KP werden die Kräfte schrittweise zu Zwischenresultierenden vereinigt und diese dann parallel
in den LP durch den Schnittpunkt der entsprechenden Wirklinien verschoben. Das Verfahren wird
solange fortgesetzt, bis sämtliche Einzelkräfte zur Gesamtresultierenden zusammengefügt sind.

■ **Beispiel:** Resultierende von 4 Kräften

geg.: $\vec{F}_1, \vec{F}_2, \vec{F}_3, \vec{F}_4$ ges.: $\vec{R} = \vec{F}_1 + \vec{F}_2 + \vec{F}_3 + \vec{F}_4$

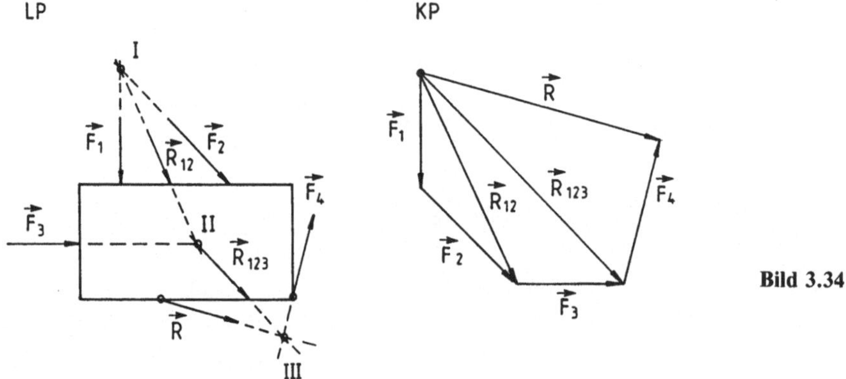

Bild 3.34

Nach Bild 3.34 werden die Kräfte $\vec{F}_1$ und $\vec{F}_2$ im KP zur Zwischenresultierenden $\vec{R}_{12}$ zusammengefaßt, die im LP durch den Schnittpunkt I von $\vec{F}_1$ und $\vec{F}_2$ hindurchgehen muß.
$\vec{R}_{12}$ faßt man im KP mit der nächsten Kraft $\vec{F}_3$ zur Zwischenresultierenden $\vec{R}_{123}$ zusammen und
legt sie im LP durch den Schnittpunkt II von $\vec{R}_{12}$ und $\vec{F}_3$.
$\vec{R}_{123}$ ergibt mit der letzten Kraft $\vec{F}_4$ im KP die Gesamtresultierende $\vec{R}$ nach Größe, Richtung und
Richtungssinn.
Einen Punkt der Wirklinie dieser Resultierenden im LP erhält man, wenn man die Kräfte $\vec{R}_{123}$ und
$\vec{F}_4$ schneidet.
Verschiebt man die Resultierende parallel zu sich selbst aus dem KP durch diesen Schnittpunkt III,
so erhält man die wahre Lage von $\vec{R}$.
Um die Lage von $\vec{R}$ zu finden, müssen also jeweils die Wirkungslinien der Teilresultierenden vom
KP in den LP parallel verschoben werden, da ihr Schnittpunkt mit der folgenden Kraft ein Punkt
der Wirkungslinie der nächsten Teilresultierenden ist.   ■

3.5.2.3 Poleck- und Seileck-Verfahren

Bei der Bestimmung der Resultierenden einer Kräftegruppe war Voraussetzung, daß der Schnittpunkt der Wirkungslinien je zweier zu addierender Kräfte erreichbar ist. Mit dem Seileck-Verfahren kann man die Resultierende auch dann finden, wenn die Schnittpunkte der Teilkräfte außerhalb des Zeichenblattes liegen oder bei parallelen Kräften unendlich weit entfernt sind.

Ohne das System in seiner statischen Wirkung zu verändern, kann man zwei beliebige Gegenkräfte $\vec{H}_1$ und $\vec{H}_2 = -\vec{H}_1$ als Hilfskräfte hinzufügen und dann über die Bildung von Zwischenresultierenden $\vec{R}_i$ die Endresultierende $\vec{R}$ finden.

■ **Beispiel:** Resultierende von drei Kräften

Lageplan (LP)   Kräfteplan (KP)

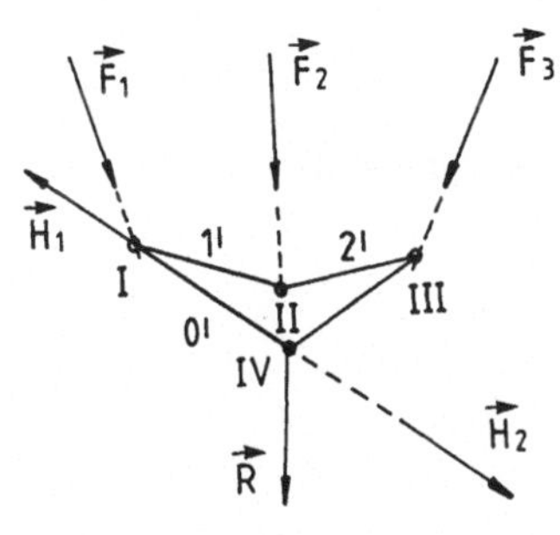

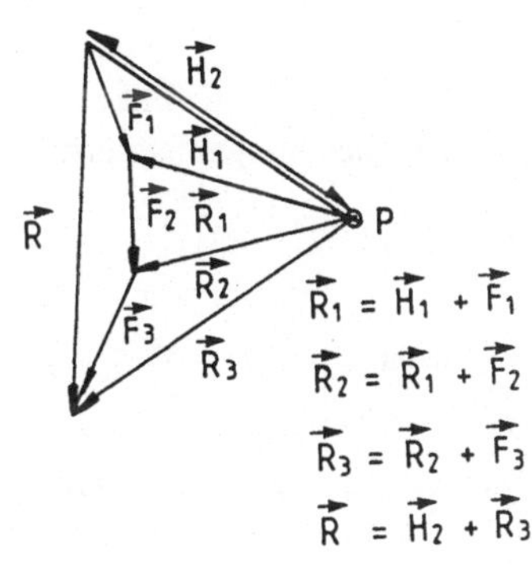

$$\vec{R}_1 = \vec{H}_1 + \vec{F}_1$$
$$\vec{R}_2 = \vec{R}_1 + \vec{F}_2$$
$$\vec{R}_3 = \vec{R}_2 + \vec{F}_3$$
$$\vec{R} = \vec{H}_2 + \vec{R}_3$$

Bild 3.35

Die Resultierende wird schrittweise gebildet:

$$\vec{R} = \vec{F}_1 + \vec{F}_2 + \vec{F}_3 = \underbrace{\vec{H}_1 + \vec{F}_1}_{\vec{R}_1} + \vec{F}_2 + \vec{F}_3 + \vec{H}_2 = \underbrace{\vec{R}_1 + \vec{F}_2}_{\vec{R}_2} + \vec{F}_3 + \vec{H}_2 = \underbrace{\vec{R}_2 + \vec{F}_3}_{\vec{R}_3} + \vec{H}_2 = \vec{R}_3 + \vec{H}_2$$

Im Kräfteplan werden die Zwischenresultierenden und die Endresultierende in Form von Kraftecken maßstäblich bestimmt.

In den Lageplan werden dagegen nur die Wirkungslinien ($0'$, $1'$, $2'$, $3'$) der Hilfskräfte und der Zwischenresultierenden $\vec{R}_1$, $\vec{R}_2$, $\vec{R}_3$ eingezeichnet (Bild 3.35).

Da sich die Endresultierende $\vec{R}$ aus den Kräften $\vec{R}_3$ und $\vec{H}_2$ zusammensetzen läßt, findet man einen Punkt (IV) der Wirklinie von $\vec{R}$, wenn man die Wirklinien $0'$ und $3'$ der entsprechenden Komponenten schneidet. $\vec{R}$ verschiebt man dann parallel aus dem KP durch diesen Punkt im LP und hat damit auch die Lage von $\vec{R}$ ermittelt.

Diese Methode wird zweckmäßig bei Aufgaben mit mehreren Einzelkräften angewandt. Sie wird schematisiert Poleck- und Seileck-Verfahren genannt, wobei die Wirklinien der Hilfskräfte und der Zwischenresultierenden im KP als Polstrahlen und im LP als Seilstrahlen bezeichnet werden.   ■

Reduktion einer Kräftegruppe auf zwei Restkräfte

Man kann das Seileck-Verfahren auch als Reduktion eines allgemeinen Kräftesystems auf zwei Restkräfte zur Untersuchung des Gleichgewichts-Verhaltens interpretieren.

Als Beispiel betrachten wir eine Kräftegruppe von vier beliebigen Kräften $\vec{F}_i$ ($i = 1$–4) nach Bild 3.36.

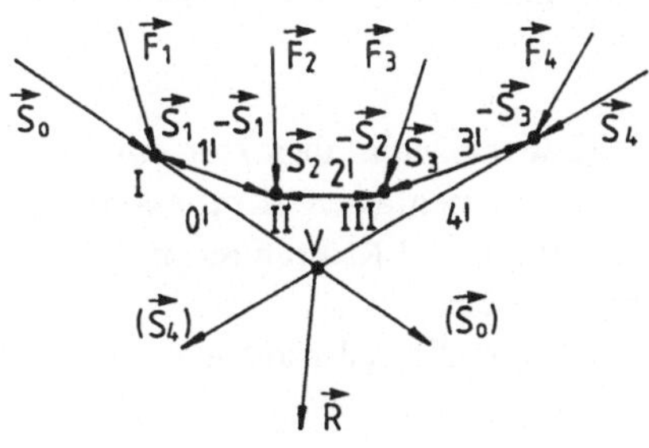

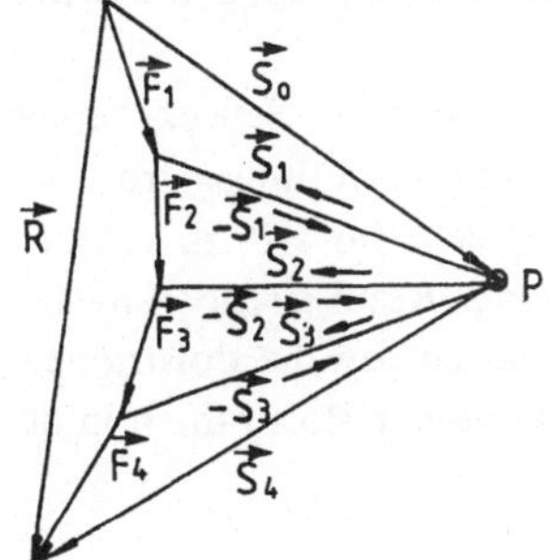

Bild 3.36

Jede Kraft $\vec{F}_i$ wird in zwei Teilkräfte zerlegt. Dabei soll sich jeweils eine Komponente einer gegebenen Kraft mit einer Komponente der nachfolgenden gegebenen Kraft aufheben.

Bei der ersten Kraft $\vec{F}_1$ sind die Komponenten $\vec{S}_0$ und $\vec{S}_1$ frei wählbar. Durch das entsprechende Krafteck wird der Pol P bestimmt, womit die Komponenten der anderen Kräfte festliegen.

Bei der Zerlegung der gegebenen Kräfte ergeben sich folgende Komponenten:

$$\vec{F}_1 = \quad \vec{S}_0 + \vec{S}_1$$
$$\vec{F}_2 = -\vec{S}_1 + \vec{S}_2$$
$$\vec{F}_3 = -\vec{S}_2 + \vec{S}_3 \qquad \text{Addiert man die linken und die rechten Seiten}$$
$$\vec{F}_4 = -\vec{S}_3 + \vec{S}_4 \qquad \text{der Gleichungen, so erhält man die Resultierende}$$

$$\overline{\vec{R} = \vec{F}_1 + \vec{F}_2 + \vec{F}_3 + \vec{F}_4 = \vec{S}_0 + \vec{S}_4}$$

Oder allgemein mit $\vec{S}_4 = \vec{S}_n$ wird

$$\boxed{\vec{R} = \sum_{i=1}^{n} \vec{F}_i = \vec{S}_0 + \vec{S}_n}$$

Da sich je zwei Komponenten als Gegenkräfte aufheben, bleibt von der gesamten Kräftegruppe $\vec{F}_i$ nur die erste Komponente $\vec{S}_0$ und die letzte Komponente $\vec{S}_n$ übrig. Die Resultierende $\vec{R}$ der gegebenen Kräfte kann dann aus den beiden Restkräften $\vec{S}_0$ und $\vec{S}_n$ gebildet werden.

Im KP bestimmt man dabei $\vec{R}$ nach Größe, Richtung und Richtungssinn. Im LP erhält man einen Punkt der Wirklinie der Resultierenden $\vec{R}$, wenn man ihre Komponenten $\vec{S}_0$ und $\vec{S}_n$ zum Schnitt bringt. Durch diesen Schnittpunkt (V) wird $\vec{R}$ parallel zu sich selbst aus dem KP in den LP verschoben, wodurch die Lage von $\vec{R}$ feststeht.

Nach dem Dreikräfte-Verfahren müssen sich im LP die Wirkungslinien einer Kraft $\vec{F}_i$ mit den Wirkungslinien der zugehörigen Komponenten in einem Punkt schneiden.

Für die Orientierung bzw. zur Kontrolle bei der Anordnung der Strahlen muß folgende Gesetzmäßigkeit beachtet werden:

> Auf der Wirkungslinie einer Kraft im LP schneiden sich die beiden Seilstrahlen, deren zugehörige Polstrahlen diese Kraft im KP einschließen.

Umgekehrt schneiden sich im KP zwei angrenzende Kräfte und der gemeinsame Polstrahl in einem Punkt.

Der diesem Polstrahl entsprechende Seilstrahl verbindet die beiden Kräfte im LP und bildet mit ihnen ein Dreieck.

LP und KP sind durch die sog. Reziprozitätssätze verbunden:

Ein Dreieck im KP entspricht einem Punkt im LP

Ein Punkt im KP entspricht einem Dreieck im LP

Belastet man ein an den Enden befestigtes Seil mit den Kräften $\vec{F}_i$, so nimmt es die gleiche Form an wie der Polygonzug im LP, wobei die Seilkräfte $\vec{S}_i$ als innere Kräfte wirken. Daher stammt die Bezeichnung Seileck.

Schematische Durchführung des Seileck-Verfahrens:

1) Kräfte im LP lage- und richtungsgetreu einzeichnen (Längen-Maßstabsfaktor m_ℓ)

2) Kräfte maßstabsgerecht im KP zu einem Krafteck zusammenfassen (Kräfte-Maßstabsfaktor m_F). Bestimmung der Resultierenden nach Größe, Richtung und Richtungssinn.
   Wahl eines Pols, durch den die Polstrahlen gezeichnet werden.

3) Parallel-Verschiebung der Polstrahlen in den LP ergibt dort die Seilstrahlen.

Mögliche Fälle

Eine Kräftegruppe $\vec{F}_i$ läßt sich auf zwei Restkräfte $\vec{S}_0$ und $\vec{S}_n$ reduzieren, die wiederum entweder eine Resultierende, ein Kräftepaar oder zwei sich aufhebende Gegenkräfte (Gleichgewicht) bilden können.

Die einzelnen Fälle sollen mit dem schematisierten Seileck-Verfahren bei einer Gruppe von vier Kräften aufgezeigt werden:

1) Reduktion der Kräftegruppe ergibt eine Resultierende (Bild 3.37)

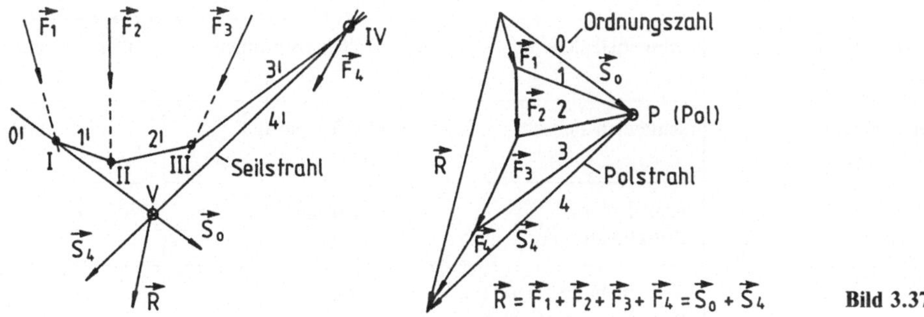

Bild 3.37

2) Reduktion der Kräftegruppe ergibt ein Kräftepaar (Bild 3.38)

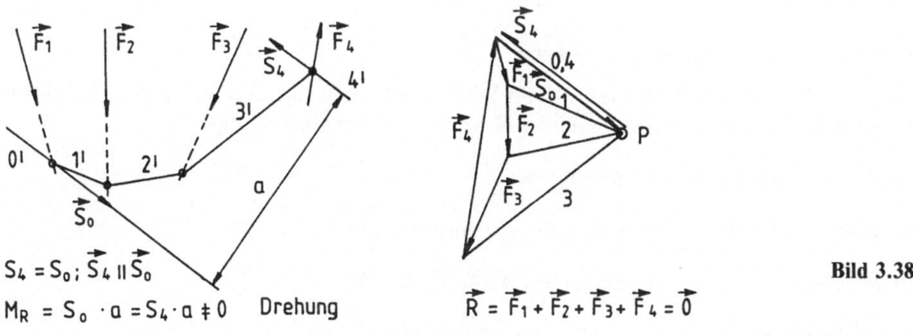

Bild 3.38

3) Reduktion der Kräftegruppe ergibt zwei Gegenkräfte (Bild 3.39)

Die Lage der letzten Kraft $\vec{F}_4$ wird gegenüber dem Fall 2.) so verändert, daß die Drehung aufgehoben wird und damit Gleichgewicht entsteht. $\vec{F}_4$ muß dann durch den Schnittpunkt der Seilstrahlen $0'$ und $3'$ gehen, so daß $\vec{S}_0$ und $\vec{S}_4$ auf einer Wirkungslinie liegen.

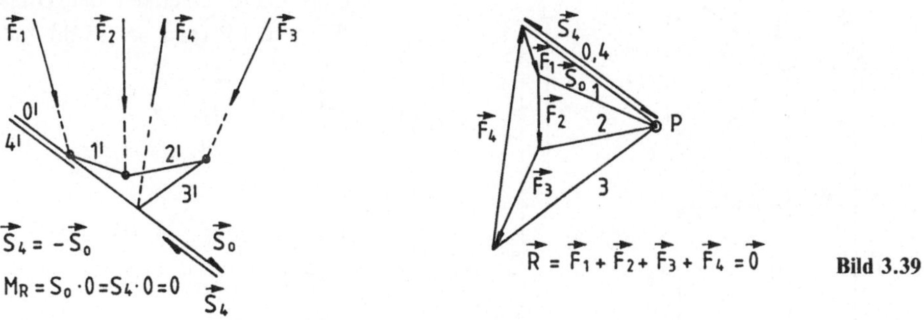

Bild 3.39

Zusammenfassung

Welche Wirkung eine Kräftegruppe auf einen Körper hat, läßt sich aus dem Pol- und Seileck erkennen:

Fall	1	2	3
Krafteck	offen	geschlossen	geschlossen
Seileck	offen	offen	geschlossen
äußerste Polstrahlen 0 und n	schneiden sich	fallen zusammen	fallen zusammen
äußerste Seilstrahlen $0'$ und n'	schneiden sich	laufen parallel	fallen zusammen
Kräftesystem wird reduziert auf	resultierende Einzelkraft	Kräftepaar	Nullpaar
Bewegungs-Zustand des Körpers	Verschiebung + Drehung (bzw. nur Verschiebung, wenn $\vec{R}$ durch den Schwerpunkt des Körpers geht)	Drehung	Ruhe (Gleichgewicht)

Zeichnerische Gleichgewichts-Bedingungen

Ein allgemeines ebenes Kräftsystem ist im Gleichgewicht, wenn sich bei seiner Reduktion keine resultierende Kraft und kein resultierendes Kräftepaar (Moment) ergibt, d. h.

1) Das Krafteck muß geschlossen sein $\Rightarrow$ $\vec{R} = \sum_{i=1}^{n} \vec{F_i} = \vec{0}$

   Die äußersten Polstrahlen 0 und n müssen zusammenfallen.

2) Das Seileck muß geschlossen sein $\Rightarrow$ $M_R = \sum_{i=1}^{n} M_i = 0$

   Die äußersten Seilstrahlen $0'$ und n' müssen zusammenfallen.

■ **Beispiel:** Resultierende zweier paralleler Kräfte

a) mit gleichem Richtungssinn

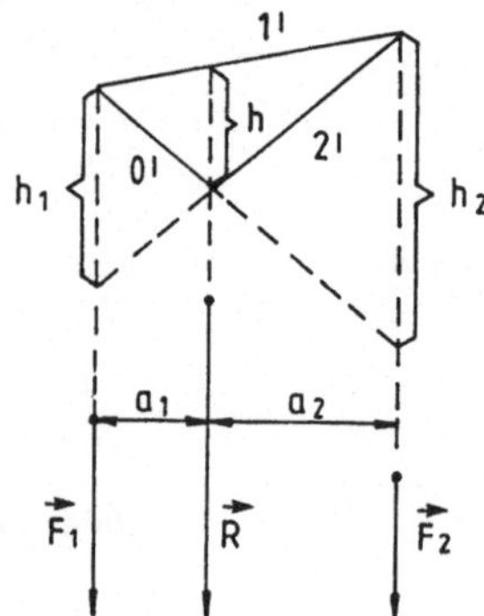

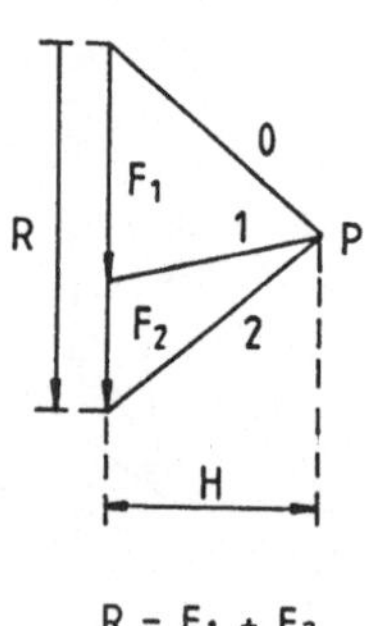

Aus der Ähnlichkeit der Dreiecke im KP und LP folgt nach Bild 3.40

$$\frac{F_1}{H} = \frac{h}{a_1}; \quad \frac{F_2}{H} = \frac{h}{a_2} \quad \Rightarrow$$

$$Hh = F_1 a_1 = F_2 a_2 \quad \Rightarrow$$

$$\boxed{\frac{a_1}{a_2} = \frac{h_1}{h_2} = \frac{F_2}{F_1}}$$

Bild 3.40

b) mit entgegengesetztem Richtungssinn

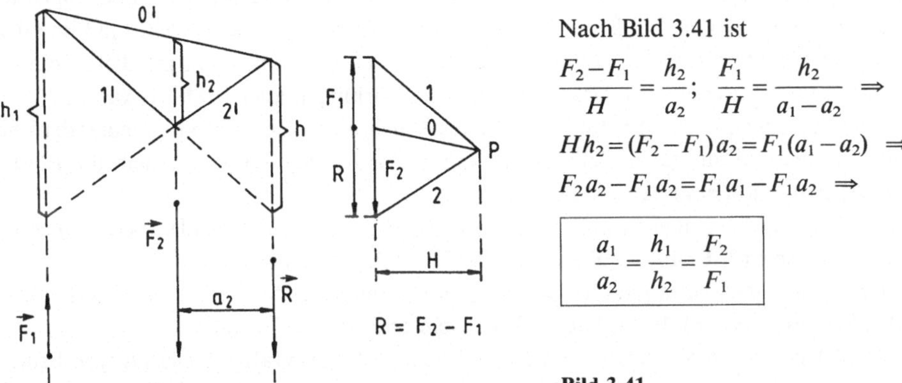

Nach Bild 3.41 ist

$$\frac{F_2 - F_1}{H} = \frac{h_2}{a_2}; \quad \frac{F_1}{H} = \frac{h_2}{a_1 - a_2} \Rightarrow$$

$$H h_2 = (F_2 - F_1) a_2 = F_1 (a_1 - a_2) \Rightarrow$$

$$F_2 a_2 - F_1 a_2 = F_1 a_1 - F_1 a_2 \Rightarrow$$

$$\boxed{\frac{a_1}{a_2} = \frac{h_1}{h_2} = \frac{F_2}{F_1}}$$

Bild 3.41

Der Abstand zweier paralleler Kräfte wird durch ihre Resultierende im umgekehrten Verhältnis der Kraftbeträge geteilt, und zwar innerlich bei gleichem, äußerlich bei entgegengesetztem Richtungssinn der Kräfte. ∎

3.5.2.4 Schlußlinien-Verfahren

Bei einem belasteten Körper, bei dem durch die statisch bestimmte Lagerung das Gleichgewicht bereits feststeht, kann man von einem geschlossenen Krafteck und von einem geschlossenen Seileck ausgehen. Durch Anwendung der zeichnerischen GG-Bedingungen lassen sich dann die noch unbekannten Auflager- oder Stützkräfte ermitteln.

Bei dem Schlußlinien-Verfahren ist darauf zu achten, daß Kraft- und Seileck geschlossen sind, daß außerdem jede Kraft im KP von zwei Polstrahlen eingeschlossen und im LP von den beiden entsprechenden Seilstrahlen geschnitten wird.

Um diese Bedingungen einhalten zu können, muß man den ersten Seilstrahl durch den Schnittpunkt zweier betragsmäßig unbekannter Kräfte legen. Beim gelenkig gelagerten Balken ist das der Festlagerpunkt, als Schnittpunkt zweier unbekannter Auflager-Komponenten.

Laufen alle äußeren Kräfte (einschließlich der Auflagerkräfte) parallel, so ist die Lage des ersten Seilstrahls beliebig.

∎ **Beispiel:** Gelenkig gelagerter Balken mit vertikalen Einzelkräften

geg.: $F_1 = 2\ \text{kN}$ ges.:   a) Auflagerkräfte
       $F_2 = 4\ \text{kN}$ b) Resultierende der Belastungskräfte
       $F_3 = 3\ \text{kN}$

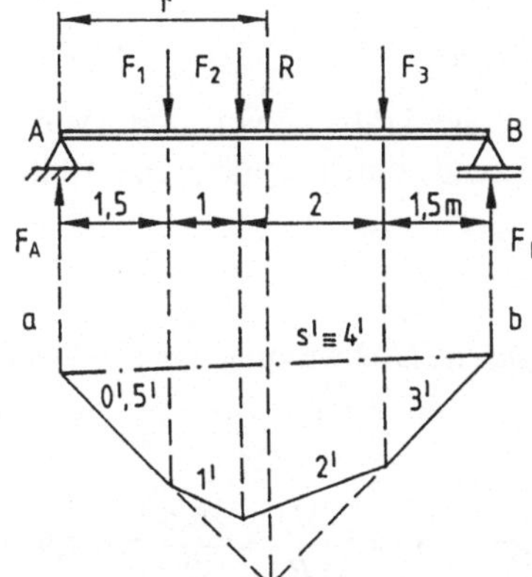
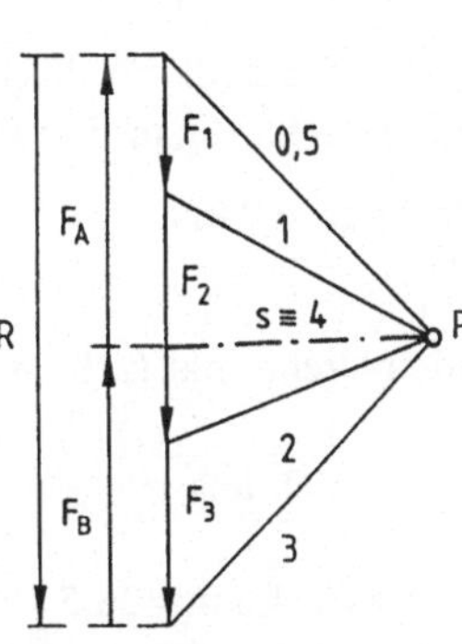

Bild 3.42

Die eingeprägten Kräfte $\vec{F}_1, \vec{F}_2, \vec{F}_3$ des Trägers nach Bild 3.42 sind alle vertikal. Die Gleitebene des Loslagers B ist horizontal, so daß dort nur eine zur Gleitebene senkrechte Kraft übertragen werden kann. Da von den insgesamt 5 äußeren Kräften alle bis auf eine parallel laufen, muß im Gleichgewichtsfall auch die letzte Kraft $\vec{F}_A$ zu den anderen parallel sein. Eine nicht parallele Komponente könnte sonst keinen Ausgleich finden. Somit sind die Wirklinien aller Kräfte bekannt.

Man zeichnet die eingeprägten Kräfte im KP maßstäblich im steten Pfeilsinn aneinander und verbindet ihre Endpunkte mit einem beliebig gewählten Pol P. Dadurch erhält man die Polstrahlen 0, 1, 2, 3, die man parallel in den LP überträgt.

Die Polstrahlen 0 und 1 schließen im KP die Kraft $\vec{F}_1$ ein, die entsprechenden Seilstrahlen $0'$ und $1'$ müssen sich also im LP auf der Wirklinie (WL) von $\vec{F}_1$ schneiden.

Da die Wirklinien aller Kräfte parallel laufen, ist die Lage des ersten Seilstrahls $0'$ beliebig.

Durch den Schnittpunkt von $0'$ und der WL $\vec{F}_1$ zieht man den Seilstrahl $1'$.

Der Polstrahl 1 gehört im KP sowohl zur Kraft $\vec{F}_1$ als auch zur Kraft $\vec{F}_2$. Der entsprechende Seilstrahl $1'$ muß also im LP von der Kraft $\vec{F}_1$ zur Kraft $\vec{F}_2$ führen. Man kommt von der Kraft $\vec{F}_1$ zur Kraft $\vec{F}_2$ über den gemeinsamen Strahl 1 im KP bzw. $1'$ im LP.

Durch den Schnittpunkt von $1'$ mit WL $\vec{F}_2$ muß dann der Seilstrahl $2'$ gelegt werden, der von $\vec{F}_2$ nach $\vec{F}_3$ führt.

Auf der WL $\vec{F}_3$ müssen sich die Strahlen $2'$ und $3'$ schneiden.

Die äußeren Seilstrahlen $0'$ und $3'$ haben bisher nur eine Kraft geschnitten. Da jeder Seilstrahl zwei Kräfte schneiden muß, führt man $0'$ und $3'$ zu den benachbarten Auflagerkräften $\vec{F}_A$ und $\vec{F}_B$, die dann auch jeweils einmal von Strahlen geschnitten werden.

Um sie noch ein zweites Mal mit einem Strahl zu schneiden und um das Seileck zu schließen, muß noch eine Schlußlinie $s' = 4'$ gezogen werden. Diese läuft also vom Schnittpunkt $0'$ mit a zum Schnittpunkt $3'$ mit b.

Die Schlußlinie wird parallel zu sich selbst vom LP in den KP verschoben. Im KP trennt sie dann die Auflagerkräfte $\vec{F}_A$ und $\vec{F}_B$ ab.

Auf a im LP schneiden sich $0'$ und s', also muß die Auflagerkraft $\vec{F}_A$ zwischen den Polstrahlen 0 und s liegen.

Ebenso schneiden sich im LP die Linien $b, 3', s'$, die im KP das Dreieck $\vec{F}_B, 3, s$ bilden und die Auflagerkraft $\vec{F}_B$ herauskristallisieren.

Die Auflagerkräfte müssen mit den Belastungskräften ein Gleichgewichts-System bilden, also im KP ein geschlossenes Krafteck ergeben, woraus sich der Pfeilsinn der Auflagerkräfte finden läßt.

Rechnerische Lösung

$$\sum M^{(A)} = 0 = -F_1 \cdot 1,5\,\mathrm{m} - F_2 \cdot 2,5\,\mathrm{m} - F_3 \cdot 4,5\,\mathrm{m} + F_3 \cdot 6\,\mathrm{m} \;\Rightarrow\; F_B = \frac{1}{6}\,(1,5F_1 + 2,5F_2 + 4,5F_3)$$

$$F_B = \frac{1}{6}\,(1,5 \cdot 2 + 2,5 \cdot 4 + 4,5 \cdot 3)\,\mathrm{kN} = 4,42\,\mathrm{kN}$$

$$\sum F_y = 0 \;\Rightarrow\; F_A = F_1 + F_2 + F_3 - F_B = (2 + 4 + 3 - 4,42)\,\mathrm{kN} = 4,58\,\mathrm{kN}$$

Die Resultierende der Belastungskräfte muß die gleichen Auflagerkräfte hervorrufen. Da die eingeprägten Kräfte alle parallel laufen, erhält man ihre Resultierende durch algebraische Addition.

$$R = F_1 + F_2 + F_3 = (2 + 4 + 3)\,\mathrm{kN} = 9\,\mathrm{kN} \qquad\blacksquare$$

Lage der Resultierenden
Eine Resultierende muß für jeden Drehpunkt (z.B. A) die gleiche Drehwirkung haben wie die Kräfte, die sie ersetzt.
Ihr Abstand r vom Lager A ergibt sich aus

$$M_A = F_1 \cdot 1,5\,\mathrm{m} + F_2 \cdot 2,5\,\mathrm{m} + F_3 \cdot 4,5\,\mathrm{m} = 26,5\,\mathrm{kNm} = R \cdot r \;\Rightarrow\; r = \frac{M_A}{R} = \frac{26,5}{9}\,\mathrm{m} = 2,94\,\mathrm{m}$$

■ Beispiel: Gelenkig gelagerter Balken mit schrägen Kräften

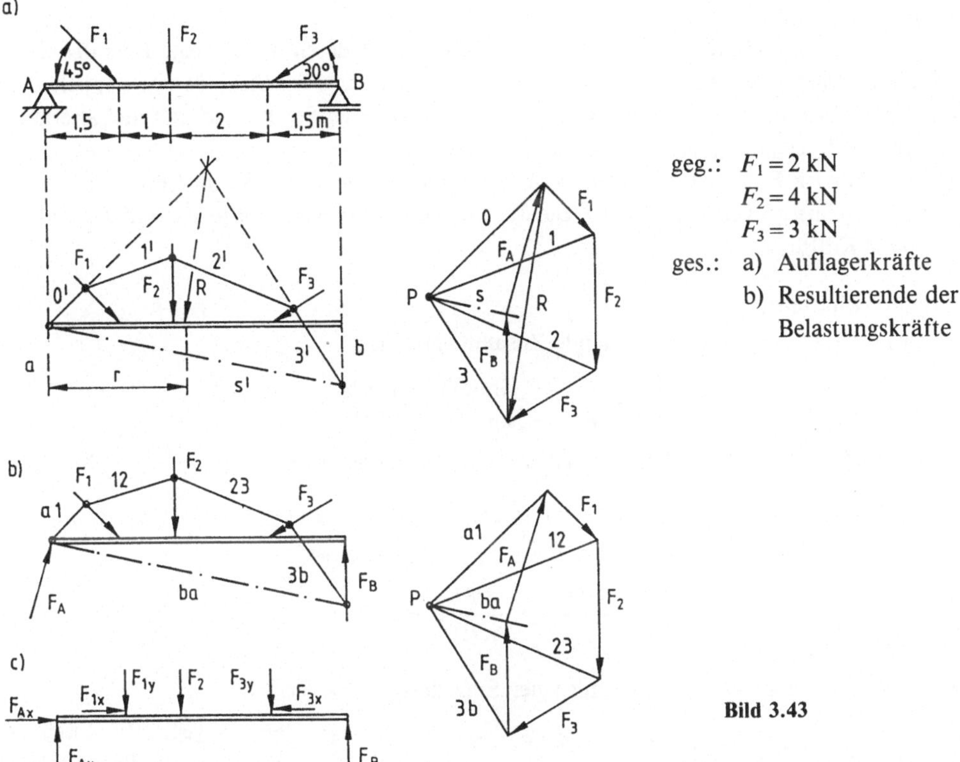

Von den Auflagern des Trägers nach Bild 3.43 kennt man nur die vertikale Wirklinie des Loslagers B. Die Wirklinie des Festlagers A ist jetzt dagegen unbekannt. Man weiß nur einen Punkt der Wirklinie, nämlich den Festlagerpunkt.

Um einen definierten Schnittpunkt mit der Lagerkraft $\vec{F}_A$ zu bekommen, muß der erste Seilstrahl $0'$ durch das Festlager gelegt werden. Ansonsten erfolgt die Konstruktion analog zum vorhergehenden Beispiel.

Hat man die Schlußlinie im LP konstruiert und parallel durch den Pol gezogen, so muß man zuerst die Auflagerkraft bestimmen, deren Wirklinie bekannt ist. Das ist die vertikale Auflagerkraft $\vec{F}_B$, die zwischen den Polstrahlen 3 und s liegt und an die Vektorkette der eingeprägten Kräfte im steten Pfeilsinn anschließt.

Die Lagerkraft $\vec{F}_A$ liegt zwischen den Polstrahlen 0 und s und muß das Krafteck schließen. Der Pfeilsinn der Auflagerkräfte ergibt sich aus dem „Einbahnstraßen-System" aller äußeren Kräfte.

Die Resultierende $\vec{R}$ der Belastungskräfte läßt sich im KP als Verbindungslinie der Feder von $\vec{F}_1$ mit der Spitze von $\vec{F}_3$ bestimmen.

$\vec{R}$ wird von den Polstrahlen 0 und 3 begrenzt. Einen Punkt der Wirklinie von $\vec{R}$ findet man daher im LP als Schnittpunkt der entsprechenden Seilstrahlen $0'$ und $3'$. Durch diesen Schnittpunkt muß man dann die Resultierende $\vec{R}$ vom KP in den LP parallel verschieben.

Nach dem 3-Kräfte-Verfahren müssen sich die Kräfte $\vec{F}_A$, $\vec{F}_B$, $\vec{R}$ im LP in einem Punkt schneiden, was zur Kontrolle verwendet werden kann (hier liegt dieser Kontrollpunkt außerhalb der Zeichenebene). ■

Kennzeichnung der Strahlen mit Doppelindex

Der Reziprozitätssatz (oder das Dualitäts-Prinzip) gibt den Zusammenhang zwischen den Strahlen im Pol- und Seileck an:

Strahlen, die im KP Kräfte trennen, verbinden im LP deren Wirklinien. Entsprechend diesem Dualitäts-Prinzip läßt sich nach Bild 3.43b eine Benennung der Strahlen mit doppelten Kennzeichen einführen, die eine gute Übersicht über den Verlauf der Strahlen schafft und alternativ zu der bisherigen Bezeichnung angewandt werden kann.

Der Strahl $a1$ z.B. trennt im KP die Kräfte $\vec{F}_A$ und $\vec{F}_1$ und verbindet im LP deren Wirklinien.

Die Schlußlinie ab verbindet im LP die Wirklinien der Auflagerkräfte $\vec{F}_A$ und $\vec{F}_B$ und trennt im KP diese Kräfte.

Rechnerische Lösung

Nach Bild 3.43c ergeben sich folgende Zusammenhänge:

$$F_{1x}=F_1\cos 45°=1,41\text{ kN}; \quad F_{1y}=F_1\sin 45°=1,41\text{ kN}$$

$$F_{3x}=F_3\cos 30°=2,6\text{ kN}; \quad F_{3y}=F_3\sin 30°=1,5\text{ kN}$$

$$\sum M^{(A)}=0=-F_{1y}\cdot 1,5\text{ m}-F_2\cdot 2,5\text{ m}-F_{3y}\cdot 4,5\text{ m}+F_B\cdot 6\text{ m} \quad \Rightarrow \quad F_B=\frac{18,87}{6}\text{ kN}=3,14\text{ kN}$$

$$\sum F_x=0 \quad \Rightarrow \quad F_{Ax}=-F_{1x}+F_{3x}=1,19\text{ kN}; \quad \sum F_y=0 \quad \Rightarrow \quad F_{Ay}=F_{1y}+F_2+F_{3y}-F_B=3,77\text{ kN}$$

$$R_x=-F_{1x}+F_{3x}=1,19\text{ kN}; \quad R_y=F_{1y}+F_2+F_{3y}=6,91\text{ kN}$$

$$r=\frac{M_A}{R_y}=\frac{1,5F_{1y}+2,5F_2+4,5F_{3y}}{R_y}=\frac{18,87}{6,91}\text{ m}=2,73\text{ m}$$

■ **Beispiel:** Balken auf drei Stützen mit einer Einzellast

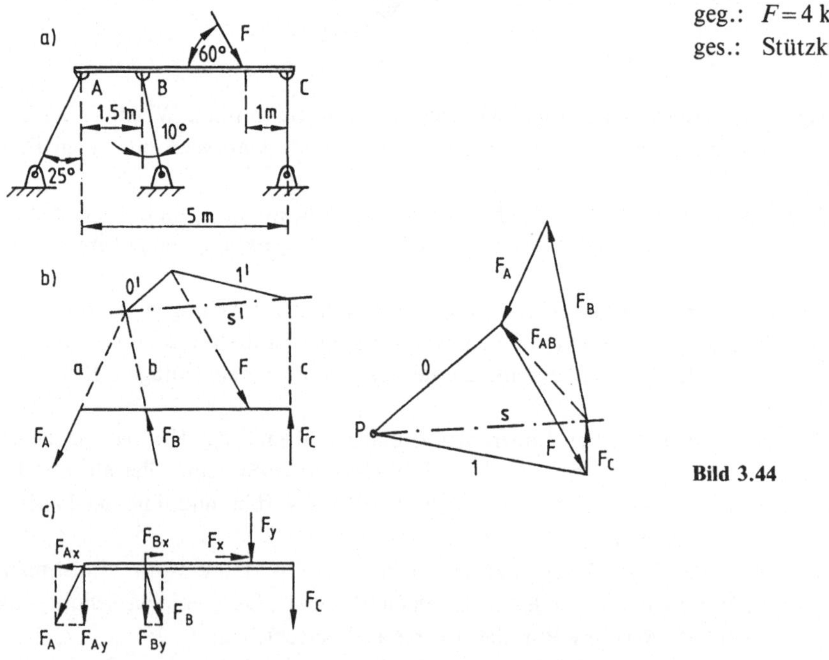

geg.: $F=4\text{ kN}$
ges.: Stützkräfte

Bild 3.44

Der erste Seilstrahl muß durch den Schnittpunkt zweier unbekannter Kräfte gelegt werden, damit im Endeffekt alle Kräfte von zwei Strahlen geschnitten werden.

Im Bild 3.44 b wurde der erste Seilstrahl $0'$ durch den Schnittpunkt von a und b gelegt.

Hat man im LP die Schlußlinie gefunden und parallel in den KP durch den Pol P übertragen, so bestimmt man im KP zuerst die Auflagerkraft $\vec{F}_C$. Da sich im LP auf c die Seilstrahlen $1'$ und s' schneiden, muß $\vec{F}_c$ im KP zwischen den entsprechenden Polstrahlen 1 und s liegen.

Denkt man sich die Auflagerkräfte $\vec{F}_A$ und $\vec{F}_B$ zu einer Resultierenden $\vec{F}_{AB} = \vec{F}_A + \vec{F}_B$ zusammengefaßt, so geht diese im LP durch den Schnittpunkt von a und b, durch den auch die Seilstrahlen $0'$ und s' laufen.

$\vec{F}_{AB}$ muß also im KP zwischen den Polstrahlen 0 und s liegen.

$\vec{F}_{AB}$ wird dann wiederum in die Komponenten $\vec{F}_A$ und $\vec{F}_B$ zerlegt.

$\vec{F}_A$ und $\vec{F}_B$ müssen zusammen mit $\vec{F}$ und $\vec{F}_C$ ein geschlossenes Krafteck bilden und können auch direkt im KP, also ohne $\vec{F}_{AB}$ eingezeichnet werden. ∎

Rechnerische Lösung

In der Befreiungs-Skizze Bild 3.44 c werden die Stützkräfte zunächst als Zugkräfte angenommen.

$$F_x = F\cos 60° = 2 \text{ kN}; \quad F_y = F\sin 60° = 3{,}46 \text{ kN}$$

I) $\sum F_x = 0 = -F_A \sin 25° + F_B \sin 10° + F_x \;\Rightarrow\; F_B = \dfrac{F_A \sin 25° - F_x}{\sin 10°}$

II) $\sum F_y = 0 = -F_A \cos 25° - F_B \cos 10° - F_y - F_c$

III) $\sum M^{(C)} = 0 = F_A \cdot \cos 25° \cdot 5 \text{ m} + F_B \cdot \cos 10° \cdot 3{,}5 \text{ m} + F_y \cdot 1 \text{ m}$

Da in Gl. I nur die beiden Unbekannten F_A und F_B vorkommen, wird die Momenten-Bedingung um den Drehpunkt C gewählt, damit die Kraft F_c herausfällt und man eine zweite Gleichung für F_A und F_B erhält.

I in III: $F_A \cdot \cos 25° \cdot 5 + \dfrac{F_A \sin 25° - F_x}{\sin 10°} \cos 10° \cdot 3{,}5 = -F_y$

$$F_A \left(5 \cdot \cos 25° + \frac{\sin 25°}{\tan 10°} \cdot 3{,}5 \right) = \frac{3{,}5}{\tan 10°} F_x - F_y \;\Rightarrow\; F_A = 2{,}80 \text{ kN} \quad \text{(Zug)}$$

aus I: $F_B = \dfrac{2{,}8 \sin 25° - 2}{\sin 10°} \text{ kN} = -4{,}70 \text{ kN} \quad \text{(Druck)}$

aus II: $F_C = -F_A \cdot \cos 25° - F_B \cdot \cos 10° - F_y = (-2{,}8 \cos 25° + 4{,}7 \cos 10° - 3{,}46) \text{ kN}$

$\qquad\qquad F_C = -1{,}37 \text{ kN} \quad \text{(Druck)}$

3.6 Besondere zeichnerische Lösungs-Methoden

Manche Aufgaben bedürfen besonderer Maßnahmen, damit sie überhaupt zeichnerisch gelöst oder erheblich vereinfacht werden können.

3.6.1 Superpositions-Verfahren

Oft ist es zweckmäßig bzw. notwendig, komplizierte Belastungen in einzelne Lastfälle aufzuteilen. Dann kann man leichter die gesuchten Kräfte und Momente, sowie Spannungen und Verformungen für die einzelnen Teillastfälle finden und diese zum Gesamtsystem überlagern (superponieren). Dieses sog. Superpositionsprinzip ist nur gültig bei linearen Problemen, d.h. wenn die gegebenen und die gesuchten Größen linear zusammenhängen. Dann ist der endgültige Belastungszustand eines mechanischen Systems von der Reihenfolge des Aufbringens der eingeprägten Kräfte unabhängig.

Man kann daher die gesamte Belastung in Teilbelastungen aufspalten und zunächst deren Einzelreaktionen bestimmen. Die jeweilige Reaktion der Gesamtbelastung ergibt sich durch vektorielle Addition der entsprechenden Reaktionen aller Teilbelastungen.

■ **Beispiel:** Körper auf 3 Stützen

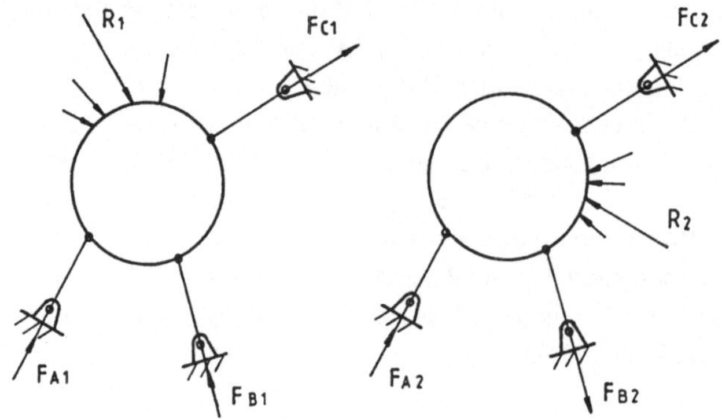

Auf einen gelagerten Körper nach Bild 3.45 wirkt einmal eine Kräftegruppe mit der Resultierenden $\vec{R}_1$ ein, so daß in den Lagern die Auflagerkräfte $\vec{F}_{A1}$, $\vec{F}_{B1}$, $\vec{F}_{C1}$ entstehen.
Das Gleichgewicht erfordert $\vec{F}_{A1} + \vec{F}_{B1} + \vec{F}_{C1} + \vec{R}_1 = \vec{0}$.
Greift andererseits eine Kräftegruppe mit der Resultierenden $\vec{R}_2$ am Körper an, so halten die Auflagerkräfte $\vec{F}_{A2}$, $\vec{F}_{B2}$, $\vec{F}_{C2}$ das Gleichgewicht und es gilt $\vec{F}_{A2} + \vec{F}_{B2} + \vec{F}_{C2} + \vec{R}_2 = \vec{0}$.   ■

Wirken beide Kräftegruppen bzw. beide Resultierenden zugleich am Körper, so lassen sich die Auflagerkräfte aus der vektoriellen Addition der Teilreaktionen ermitteln.

$$\underbrace{\vec{F}_{A1} + \vec{F}_{A2}}_{\vec{F}_A} + \underbrace{\vec{F}_{B1} + \vec{F}_{B2}}_{\vec{F}_B} + \underbrace{\vec{F}_{C1} + \vec{F}_{C2}}_{\vec{F}_C} + \vec{R}_1 + \vec{R}_2 = \vec{0}$$

$$\vec{F}_A + \vec{F}_B + \vec{F}_C + \vec{R}_1 + \vec{R}_2 = \vec{0}$$

$$\vec{F}_A = \vec{F}_{A1} + \vec{F}_{A2}$$
$$\vec{F}_B = \vec{F}_{B1} + \vec{F}_{B2}$$
$$\vec{F}_C = \vec{F}_{C1} + \vec{F}_{C2}$$

■ **Beispiel:** Gelenkig gelagerter Balken mit 2 Einzelkräften

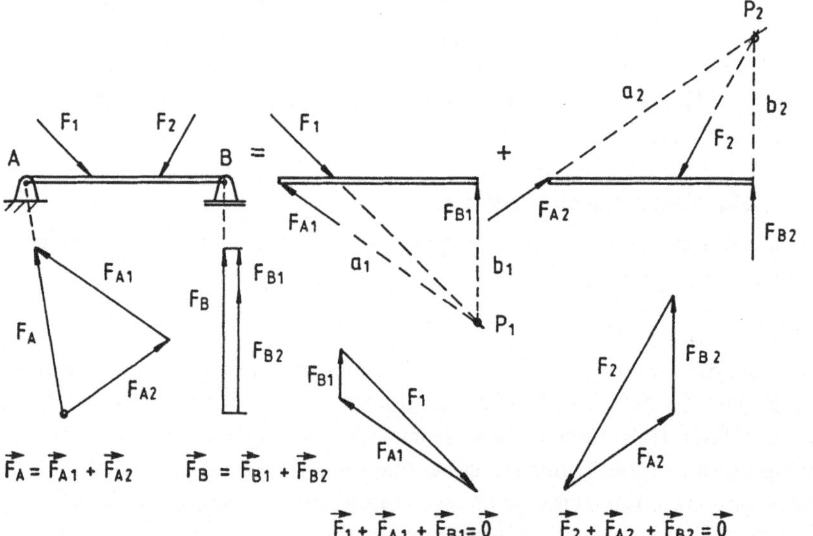

Nach Bild 3.46 wird der Balken in 2 Teilbelastungen aufgeteilt, d.h. er wird einmal nur mit der Kraft $\vec{F}_1$ und zum anderen nur mit der Kraft $\vec{F}_2$ belastet.   ■

Die entsprechenden Lagerreaktionen lassen sich dann mit dem 3-Kräfte-Verfahren bestimmen.
Durch Überlagerung (Superposition) beider Belastungszustände erhält man die Lagerkräfte für das Gesamtsystem.

■ **Beispiel:** Wertigkeit von Lagern

Ob ein Lager als zweiwertiges Festlager oder als einwertiges Loslager anzusehen ist, hängt nicht allein von der Konstruktion des Lagerbocks ab, der fest mit dem Fundament verbunden (verschweißt, vernietet, verschraubt) sein kann oder verschieblich ist (Rollenlager, Gleitlager).

Ist der Lagerbock fest mit dem Fundament verbunden, so hängt die Wertigkeit von der Art des Anschlußkörpers ab. Schließt sich ein Zweikräftekörper (Stab) an, so ist die Wirklinie des Lagers bekannt, die mit der Stabachse übereinstimmt. Unbekannt ist nur der Betrag der Lagerkraft, das Lager ist somit einwertig.

Schließt sich dagegen ein Drei- oder Mehrkräftekörper an, so kennt man die Wirkungslinie der Lagerkraft nicht und das Lager ist zweiwertig (Betrag und Richtung der Lagerkraft ist unbekannt). ■

■ **Beispiel:** Quader auf 3 Stützen

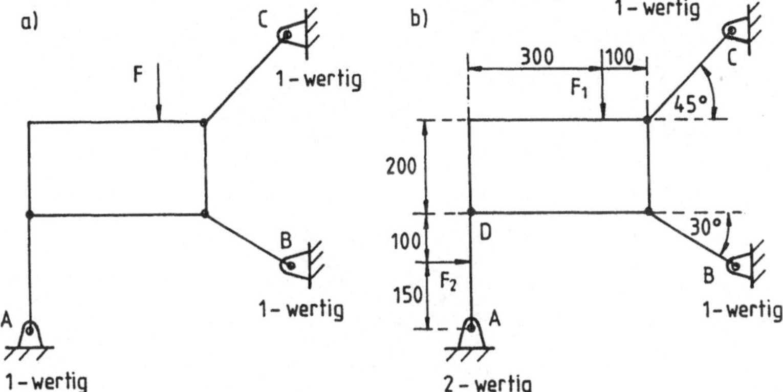

Bild 3.47

geg.: $F_1 = 3\ \text{kN}$; $F_2 = 4\ \text{kN}$

Nach Bild 3.47 ist

Fall a) In die Lager A, B, C werden die Kräfte durch Stäbe übertragen, d.h. die Wirklinien der Lager sind mit den Stabachsen bekannt.

Die Lager sind einwertig.

Die Stab- bzw. Lagerkräfte können mit dem Culmann- oder dem Seileck-Verfahren bestimmt werden.

Fall b) Die Lager B und C sind wie im Fall a) einwertig.

Lager A ist dagegen zweiwertig, da sich ein Dreikräftekörper (Balken AD) anschließt.

Die Lagerkräfte werden durch Superposition bestimmt.

Nach Bild 3.48 geht man dabei in folgenden Schritten vor:

1) $F_1 \neq 0$; $F_2 = 0$; $AD = $ Pendelstütze, entspricht dem Fall a)

2) $F_1 = 0$; $F_2 \neq 0$

   Quader = Dreikräftekörper ohne eingeprägte Kraft

   Die Wirklinien b, c, d müssen sich nach dem 3-Kräfte-Verfahren in einem Punkt schneiden, d.h. die Wirklinie d muß durch den Schnittpunkt der Stabachsen b und c gehen.

3) Überlagerung

   Durch vektorielle Addition der Teilreaktionen erhält man die endgültigen Lagerkräfte.

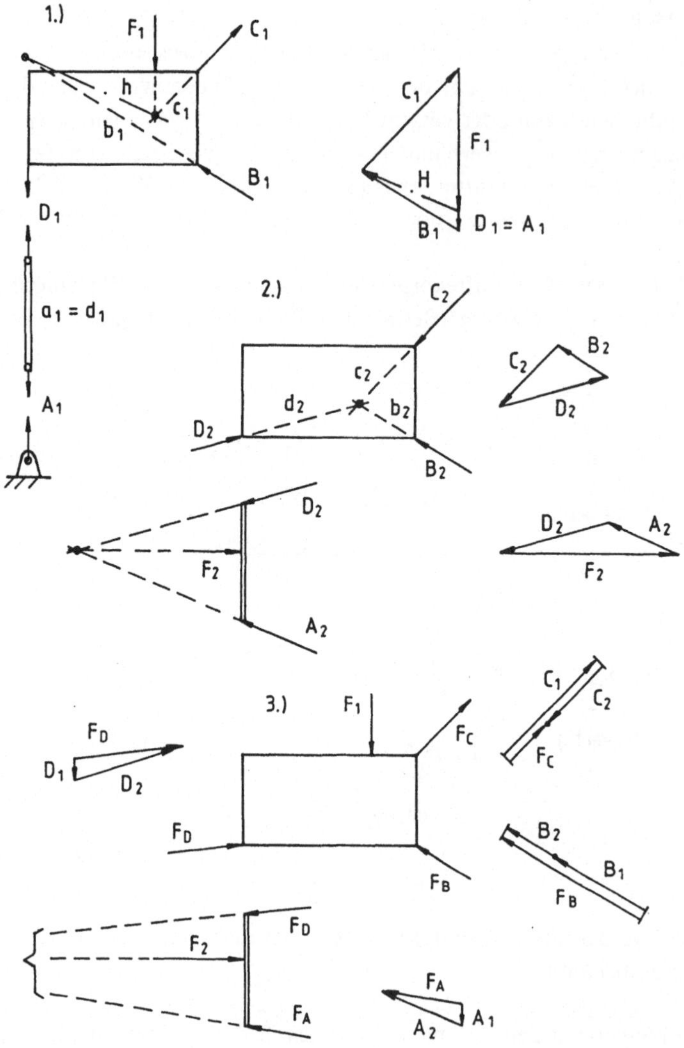

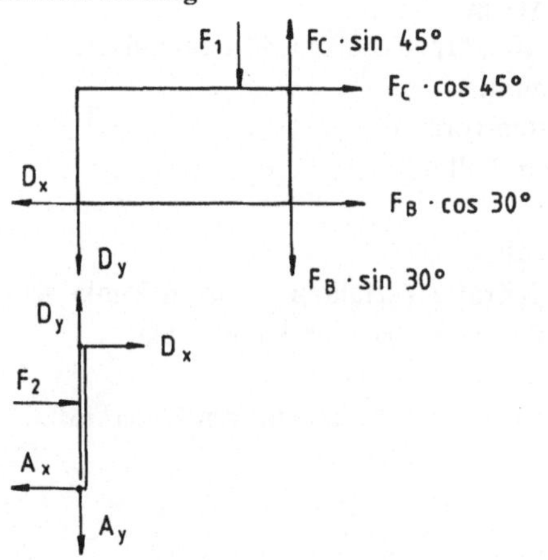

Bild 3.48

Rechnerische Lösung

Die Gelenkkräfte der Freikörper-Skizze im Bild 3.49 werden zunächst als Zugkräfte angenommen.

Bild 3.49

Balken AD

I) $\sum M^{(D)} = 0 = F_2 \cdot 0,1\ \text{m} - A_x \cdot 0,25\ \text{m} \ \Rightarrow\ A_x = \dfrac{1}{2,5} F_2 = 1,6\ \text{kN}$

II) $\sum F_x = 0 \ \Rightarrow\ D_x = A_x - F_2 = (1,6 - 4)\ \text{kN} = -2,4\ \text{kN}$

III) $\sum F_y = 0 \ \Rightarrow\ A_y = D_y$

Quader

IV) $\sum F_x = 0 = F_B \cdot \cos 30° + F_C \cdot \cos 45° - D_x \ \Rightarrow\ F_B = \dfrac{1}{\cos 30°}\,(D_x - F_C \cos 45°)$

V) $\sum M^{(D)} = 0 = -F_B \cdot \sin 30° \cdot 0,4\ \text{m} - F_C \cdot \cos 45° \cdot 0,2\ \text{m} + F_C \cdot \sin 45° \cdot 0,4\ \text{m} - F_1 \cdot 0,3\ \text{m}$

IV in V: $\ -D_x \cdot \tan 30° \cdot 0,4 + F_C \cdot \tan 30° \cdot \cos 45° \cdot 0,4 - F_C \cdot \cos 45° \cdot 0,2 + F_C \cdot \sin 45° \cdot 0,4 = F_1 \cdot 0,3 \ \Rightarrow$

$$F_C = \frac{F_1 \cdot 0,3 + D_x \cdot \tan 30° \cdot 0,4}{\cos 45°(\tan 30° \cdot 0,4 + 0,2)} = \frac{3 \cdot 0,3 - 2,4 \cdot \tan 30° \cdot 0,4}{\cos 45°(\tan 30° \cdot 0,4 + 0,2)}\ \text{kN} = 1,135\ \text{kN}$$

aus IV: $\ F_B = -\dfrac{1}{\cos 30°}\,(2,4 + 1,135 \cdot \cos 45°)\ \text{kN} = -3,698\ \text{kN}$

VI) $\sum F_y = 0 \ \Rightarrow\ D_y = F_C \cdot \sin 45° - F_B \cdot \sin 30° - F_1 = -0,348\ \text{kN} = A_y\ \text{(nach III)}$

$$F_A = \sqrt{A_x^2 + A_y^2} = \sqrt{1,6^2 + 0,348^2}\ \text{kN} = 1,637\ \text{kN};$$

$$F_D = \sqrt{D_x^2 + D_y^2} = \sqrt{2,4^2 + 0,348^2}\ \text{kN} = 2,431\ \text{kN}$$

3.6.2 Verfahren der Belastungs-Umordnung

Ist die Geometrie eines Bauteils und seine Lagerung symmetrisch, so kann es bei einer beliebigen (unsymmetrischen) Belastung in einen symmetrischen und einen antisymmetrischen (oder kürzer antimetrischen) Lastfall aufgeteilt werden.

Für das symmetrische und das antimetrische System lassen sich die mechanischen Größen (Auflagerkräfte, Stabkräfte beim Fachwerk, Schnittgrößen beim Balken, Verformungen von elastischen Systemen in der Festigkeitslehre) meist einfacher bestimmen.

Die wirklichen Größen erhält man durch Überlagerung der Größen in beiden Teilsystemen.

■ **Beispiel:** Symmetrischer Körper auf 2 Stützen und einem Loslager

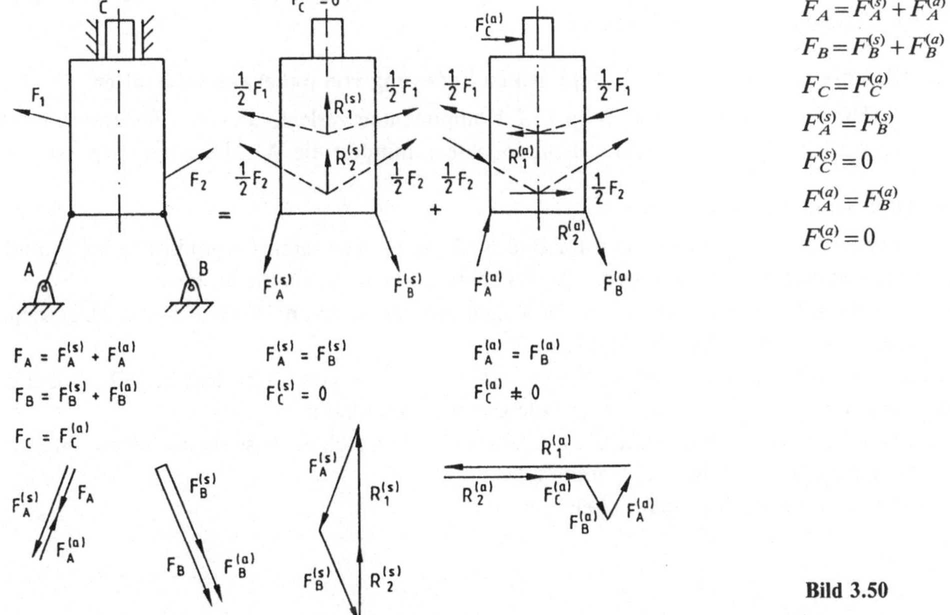

$F_A = F_A^{(s)} + F_A^{(a)}$

$F_B = F_B^{(s)} + F_B^{(a)}$

$F_C = F_C^{(a)}$

$F_A^{(s)} = F_B^{(s)}$

$F_C^{(s)} = 0$

$F_A^{(a)} = F_B^{(a)}$

$F_C^{(a)} = 0$

Bild 3.50

Die Zerlegung der unsymmetrischen Kräftegruppe in einen symmetrischen und einen antimetrischen Teil wird nach Bild 3.50 erreicht durch Einführung von Wirkungslinien, die zu den gegebenen Kräften symmetrisch liegen.

Man bringt auf beiden Seiten der Symmetrielinie jeweils die halben Werte der eingeprägten Kräfte an.

Der Pfeilsinn der Kräfte ist so zu wählen, daß sich die Teilkräfte zu den wirklichen Gesamtkräften ergänzen bzw. löschen, wo im Original keine Kräfte wirken.

Die symmetrischen Belastungskräfte kann man zu Resultierenden $R_1^{(s)}$, $R_2^{(s)}$ bzw. zu einer Gesamtresultierenden $R^{(s)}$ auf der Symmetrieachse zusammenfassen. Sie erzeugen in den symmetrischen Lagern symmetrische Auflagerkräfte $F_A^{(s)}$, $F_B^{(s)}$.

Die antimetrischen Belastungskräfte haben senkrecht zur Symmetrielinie liegende Resultierende $R_1^{(a)}$, $R_2^{(a)}$ bzw. eine Gesamtresultierende $R^{(a)}$ und verursachen in den symmetrischen Lagern Reaktionskräfte $F_A^{(a)}$, $F_B^{(a)}$ gleichen Betrags aber ungleichen Vorzeichens.

Für den gegebenen antimetrischen Lastfall werden die Auflagerkräfte z. B. mit dem Schlußlinien-Verfahren nach Bild 3.51 bestimmt.

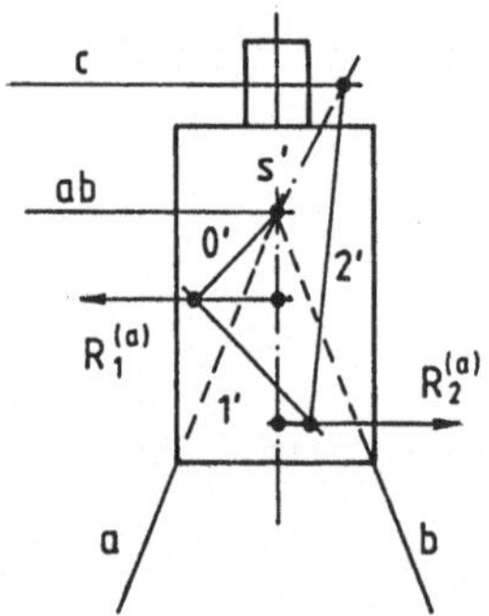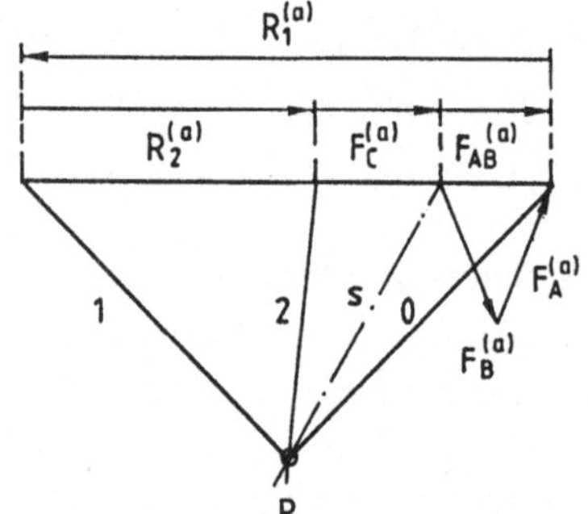

Bild 3.51

Das Verfahren der Belastungs-Umordnung bringt meist Vereinfachungen bei der Lösung von komplizierten Aufgaben, wenngleich in unserem Beispiel (das zur Erläuterung des Verfahrens diente) die Auflagerkräfte am unveränderten System einfacher zu bestimmen sind. So kann man z. B. die eingeprägten Kräfte $\vec{F}_1$ und $\vec{F}_2$ zu einer Resultierenden zusammenfassen und die Auflagerkräfte mit dem Culmann-Verfahren ermitteln.

3.6.3 Verfahren der angepaßten Komponenten-Zerlegung von unbekannten Kräften

Eine unbekannte Kraft wird jeweils so in 2 Komponenten zerlegt, daß die eine Komponente bestimmbar wird, und von der anderen Komponente zumindest die Wirklinie festgelegt ist.

■ **Beispiel:** Dachkonstruktion

Nach diesem Verfahren zerlegt man im Bild 3.52 die unbekannten Gelenkkräfte bei C und D in Komponenten einmal in Richtung der Balkenachse und einmal senkrecht dazu.

Die senkrechten Komponenten $\vec{C}_1$ und $\vec{D}_1$ stehen mit der Belastungskraft $\vec{F}$ im Gleichgewicht und können z. B. mit dem Seileck bestimmt werden.

Auch die Auflagerkräfte $\vec{F}_A$ und $\vec{F}_B$ findet man am Gesamtsystem mit dem Seileck, wobei beiden Seilecken ein gemeinsames Poleck zugrunde gelegt werden kann.

Die zweiten Komponenten $\vec{C}_2$ und $\vec{D}_2$ in C und D müssen sich gegenseitig aufheben, ihre gemeinsame Wirkungslinie ist daher die Gerade CD.

Ihre Beträge sind zunächst noch unbekannt.

Als nächstes Bauteil wird der Balken EB betrachtet.

Die bereits bestimmten Kräfte $\vec{F}_B$ und $\vec{D}_1$ werden zu einer Resultierenden $\vec{R}_{BD1} = \vec{F}_B + \vec{D}_1$ zusammengefaßt (z. B. mit dem Strahlensatz).

$\vec{R}_{BD1}$ muß mit den beiden restlichen Kräften $\vec{D}_2$ und $\vec{F}_E$ im GG sein, die sich nach dem 3-Kräfte-Verfahren finden lassen.

Von $\vec{D}_2$ ist die horizontale Wirkungslinie bekannt, die mit $\vec{R}_{BD1}$ geschnitten wird. Durch den Schnittpunkt S muß die Kraft $\vec{F}_E$ gehen, deren Richtung durch ES damit festliegt.

Mit $R_{BD1} = F_B - D_1$ hat man auch den Betrag der Resultierenden und kann das Krafteck $\vec{R}_{BD1}$, $\vec{F}_E$, $\vec{D}_2$ zeichnen, aus dem $\vec{F}_E$ und $\vec{D}_2$ hervorgehen.

Durch Zusammenfassung der Komponenten erhält man $\vec{F}_D = \vec{D}_1 + \vec{D}_2$.

Am Balken EB müssen sich die 3 Kräfte $\vec{F}_B$, $\vec{F}_D$, $\vec{F}_E$ in einem Punkt T schneiden, was zur Kontrolle dienen soll.

Am Balken AE kann mit den jetzt bekannten Kräften $\vec{F}_A$ und $\vec{F}_E$ nach dem 3-Kräfte-Verfahren die dritte Kraft $\vec{F}_C$ bestimmt werden.

$\vec{F}_C$ ergibt sich aber auch am Balken CD mit Berücksichtigung von $\vec{C}_2 = -\vec{D}_2$ durch Zusammenfassung der Komponenten zu $\vec{F}_C = \vec{C}_1 + \vec{C}_2$.

Das Verfahren funktioniert auch bei einer schrägen Belastungskraft $\vec{F}$, die dann in 2 Komponenten in Richtung der Balkenachse und senkrecht dazu aufgeteilt wird. Mit der senkrechten Komponente verfährt man analog. Zu beachten ist die jetzt schräge Auflagerkraft $\vec{F}_A$.

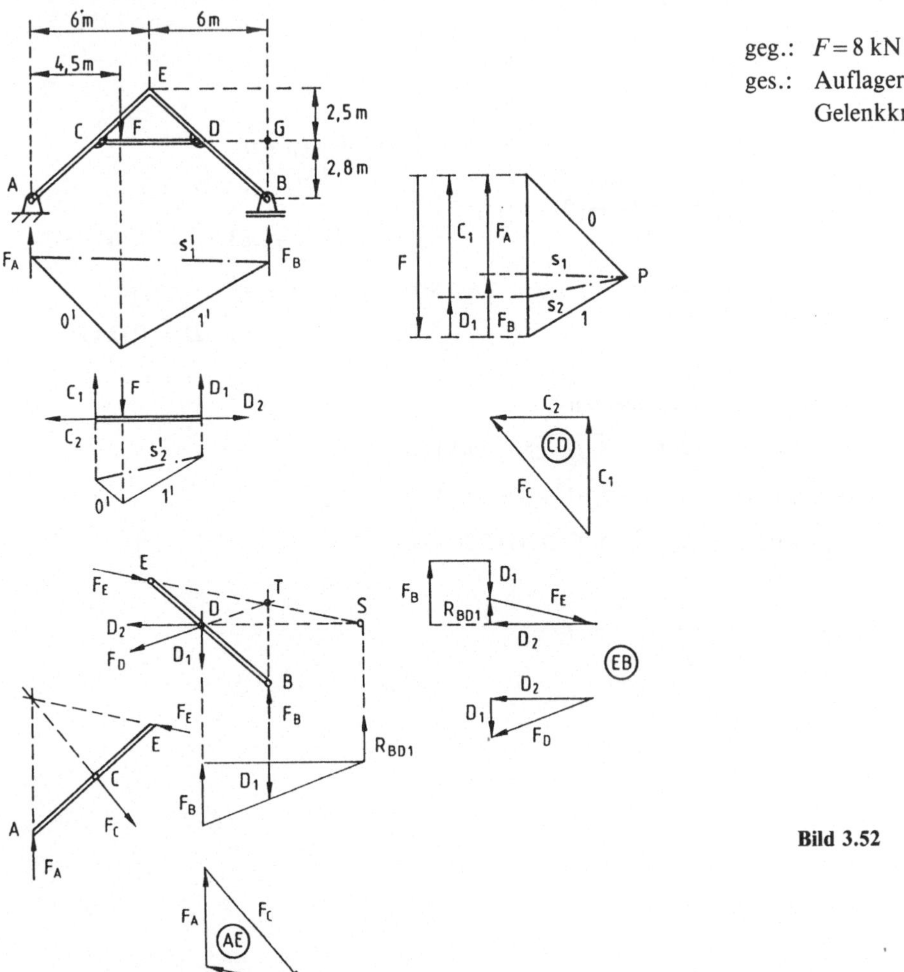

Bild 3.52

Rechnerische Lösung

Gesamtsystem

$$\sum M^{(A)} = 0 = F_B \cdot 12\text{ m} - F \cdot 4,5\text{ m} \quad \Rightarrow \quad F_B = \frac{4,5}{12} F = \frac{3}{8} \cdot 8\text{ kN} = 3\text{ kN}$$

$$\sum F_x = 0 \quad \Rightarrow \quad F_{Ax} = 0$$

$$\sum F_y = 0 \quad \Rightarrow \quad F_{Ay} = F_A = F - F_B = 5\text{ kN}$$

$$\text{Strahlensatz:} \quad \frac{\overline{DG}}{2,8\text{ m}} = \frac{6}{5,3} \quad \Rightarrow \quad \overline{DG} = 2,8\text{ m} \cdot \frac{6}{5,3} = 3,17\text{ m}$$

$$\overline{CF} = (4,5 - 3,17)\text{ m} = 1,33\text{ m}; \quad \overline{CD} = \underbrace{(6 - 3,17)}_{2,83}\text{ m} \cdot 2 = 5,66\text{ m}$$

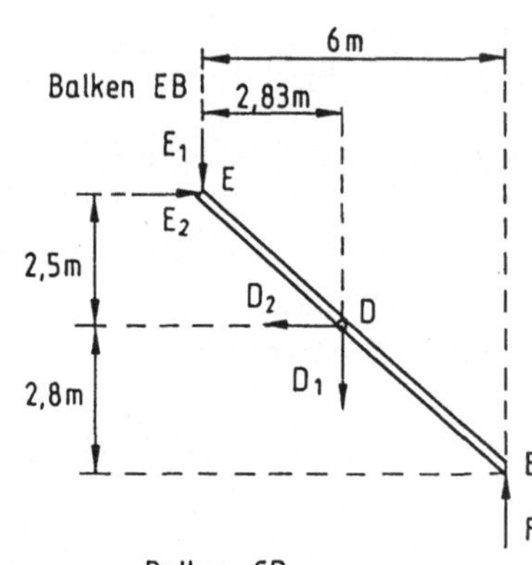

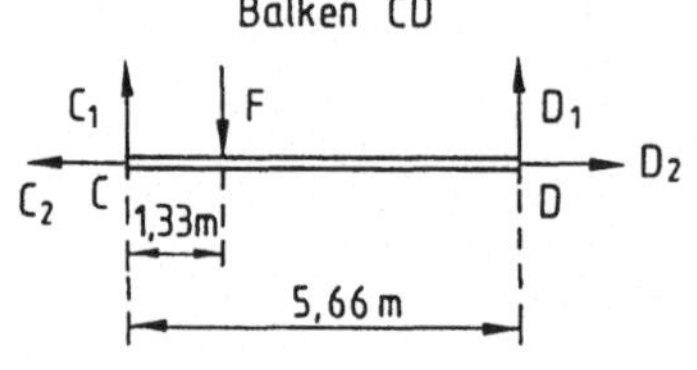

Bild 3.53

Nach der Befreiungsskizze Bild 3.53 gilt

für den Balken CD

$$\sum M^{(C)} = 0 = D_1 \cdot 5,66\text{ m} - F \cdot 1,33\text{ m} \quad \Rightarrow$$

$$D_1 = \frac{1,33}{5,66} \cdot 8\text{ kN} = 1,88\text{ kN}$$

$$\sum F_x = 0 \quad \Rightarrow \quad C_2 = D_2$$

$$\sum F_y = 0 \quad \Rightarrow \quad C_1 = F - D_1 = 6,12\text{ kN}$$

für den Balken EB

$$\sum M^{(E)} = 0 = F_B \cdot 6\text{ m} - D_1 \cdot 2,83\text{ m} - D_2 \cdot 2,5\text{ m} \quad \Rightarrow$$

$$D_2 = \frac{1}{2,5}(6 F_B - 2,83 D_1) = 5,07\text{ kN} = C_2$$

$$\sum F_x = 0 \quad \Rightarrow \quad E_2 - D_2 = 5,07\text{ kN}$$

$$\sum F_y = 0 \quad \Rightarrow \quad E_1 - F_B - D_1 = 1,12\text{ kN}$$

Zusammenfassung der Komponenten

$$F_C = \sqrt{C_1^2 + C_2^2} = \sqrt{6,12^2 + 5,07^2}\text{ kN} = 7,95\text{ kN}$$

$$F_D = \sqrt{D_1^2 + D_2^2} = \sqrt{1,88^2 + 5,07^2}\text{ kN} = 5,41\text{ kN}$$

$$F_E = \sqrt{E_1^2 + E_2^2} = \sqrt{1,12^2 + 5,07^2}\text{ kN} = 5,19\text{ kN}$$

4 Moment einer Kraft

4.1 Moment einer Kraft bezogen auf einen Punkt

Ein starrer Balken ist im Punkt A drehbar gelagert und mit einer Einzelkraft $\vec{F}$ belastet (Bild 4.1).

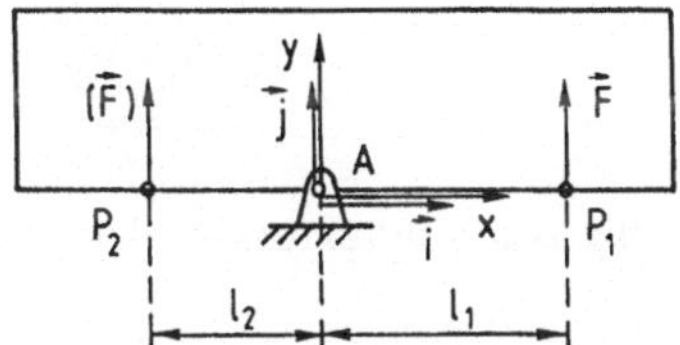

Bild 4.1

Greift die Kraft im Punkt P_1 an, so entsteht eine Drehwirkung des Körpers entgegen dem Uhrzeigersinn. Verschiebt man die Kraft parallel zu sich selbst nach links, dann wird die Drehwirkung geringer und verschwindet ganz, wenn die Kraft durch den Drehpunkt hindurchgeht. Verschiebt man die Kraft weiter über A hinaus nach links zum Punkt P_2, dann kehrt die Drehwirkung ihren Richtungssinn um.

Ein in A gelagerter (gewichtsloser) Hebel nach Bild 4.2 bleibt bei Einwirkung zweier Gegenkräfte im Abstand ℓ vom Drehpunkt im Gleichgewicht. Von der Bedingung „gewichtslos" kann man absehen, wenn man Bild 4.2 als Draufsicht auffaßt. Dann wirkt die Gewichtskraft senkrecht zur Zeichenebene und hat keine Drehwirkung um A.

Das Gleichgewicht bleibt erhalten, wenn man die jeweilige Drehwirkung auf der Oberseite durch Verdopplung der Kraft ($M_o = 2 \cdot F \cdot \ell$), auf der Unterseite durch Verdopplung des Hebelarms ($M_u = F \cdot 2 \cdot \ell$) steigert. Die Drehwirkung ist also von der Kraft und dem Hebelarm gleichermaßen abhängig.

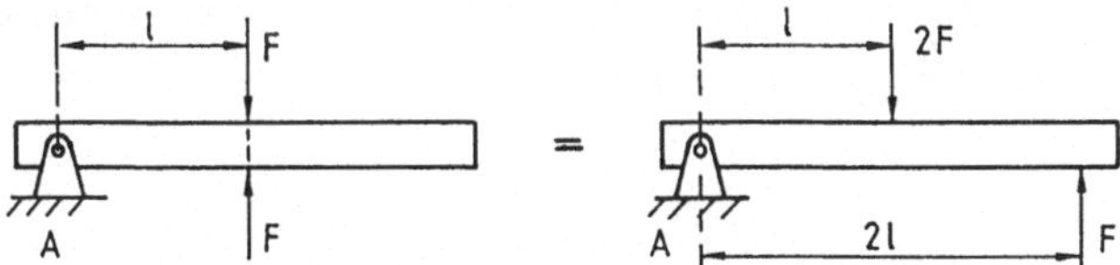

Bild 4.2

Das Bestreben einer Kraft einen Körper um einen Punkt zu drehen, ist um so größer, je größer die Kraft und je länger ihr Hebelarm ist. Als Maß für die Intensität der Drehwirkung um A definiert man das Produkt Kraft mal Hebelarm. Der Hebelarm ist gleich dem Abstand der Kraft vom Drehpunkt, was der Länge des Lotes vom Drehpunkt auf die Wirkungslinie der Kraft entspricht.

Für allgemeine Betrachtungen wird das Moment als Vektor definiert, der in die Richtung zeigt, in die sich eine Rechtsschraube unter der verursachten Drehbewegung fortbewegen würde. Der Momentenvektor wird positiv festgelegt, wen er in positive Koordinatenrichtung zeigt.

In Bild 4.1 liegen die x, y-Koordinaten in der Zeichenebene, die z-Achse steht senkrecht zur Zeichenebene und kommt aus ihr heraus.

Der Richtungssinn der Drehwirkung kann daher durch das Vorzeichen unterschieden werden, wobei für das in Bild 4.1 gewählte Koordinatensystem gilt:

$+\vec{M}$ $M > 0$: Drehbestreben entgegen dem Uhrzeigersinn, der Momentenvektor zeigt in die positive z-Richtung (kommt aus der Zeichenebene heraus)

$-\vec{M}$ $M < 0$: Drehbestreben im Uhrzeigersinn, der Momentenvektor zeigt in die negative z-Richtung (geht in die Zeichenebene hinein)

Damit wird das Moment der Kraft $\vec{F}$ bezogen auf den Drehpunkt A

$$M^{(A)} = +F \cdot \ell_1 \quad \text{wenn } \vec{F} \text{ im Punkt } P_1 \text{ angreift}$$
$$M^{(A)} = -F \cdot \ell_2 \quad \text{wenn } \vec{F} \text{ im Punkt } P_2 \text{ angreift}$$

In vektorieller Schreibweise läßt sich das Ergebnis zusammenfassen:
Bildet man das vektorielle Produkt des Abstandsvektors $\overrightarrow{AP} = \ell \cdot \vec{i}$ mit dem Kraftvektor $\vec{F} = F \cdot \vec{j}$, dann erhält man den Momentenvektor bezogen auf den Punkt A

$$\vec{M}^{(A)} = \overrightarrow{AP} \times \vec{F} = \ell \cdot \vec{i} \times F \cdot \vec{j} = F \cdot \ell (\vec{i} \times \vec{j}) = F \cdot \ell \cdot \vec{k}$$
$$M^{(A)} = |\vec{M}^{(A)}| = F \cdot \ell$$

Der Momentenvektor hat also den Betrag $F \cdot \ell$ und die Richtung des Einsvektors $\vec{k}$, d.h. er steht senkrecht auf der Ebene, in der die Kraft dreht.

Bei einem ebenen Problem liegen alle Kräfte in ein und derselben Ebene, die dann zweckmäßig auch als Zeichenebene angenommen wird. Diese Kräfte üben eine Drehwirkung um Achsen aus, die senkrecht zur Zeichenebene stehen, also alle parallel laufen. In der ebenen Statik ist daher für das Moment keine Richtungsabhängigkeit gegeben, so daß der Vektorcharakter des Moments vorläufig nicht in Erscheinung tritt. In der ebenen Statik genügt es, wenn man den Betrag (durch Zahlenwert und Einheit) und den Richtungssinn (durch das Vorzeichen) zur Beschreibung des Moments angibt.

Anders dagegen ist in der räumlichen Statik eine Drehung um drei zueinander senkrecht stehende Achsen möglich, so daß dort das Moment als Vektor festgelegt werden muß, was in der räumlichen Statik noch ausführlich gezeigt wird.

Verschiebt man nach Bild 4.3 die Kraft $\vec{F}$ auf ihrer Wirkungslinie und verlegt dabei ihren Angriffspunkt von P_1 nach P_3, so bleibt die Drehwirkung unverändert.

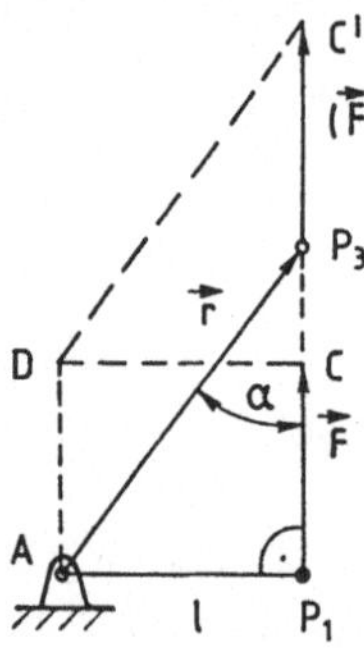

Abstandsvektor $\vec{r} = $ Ortsvektor vom Drehpunkt zu einem beliebigen Punkt der Kraft-Wirklinie (z.B. zum Angriffspunkt der Kraft).

Bild 4.3

Geometrisch läßt sich das Moment der Kraft $\vec{F}$ um den Bezugspunkt A als Rechteckfläche AP_1CD oder als die gleich große Parallelogrammfläche $AP_3C'D$ deuten.

$$M^{(A)} = F \cdot \ell = F \cdot r \cdot \sin\alpha = |\vec{r} \times \vec{F}| = \text{Fläche } (AP_1CD) = \text{Fläche } (AP_3C'D)$$

Die Verschiebung der Kraft $\vec{F}$ entlang ihrer Wirklinie entspricht einer Scherung des Rechtecks, wobei der Flächeninhalt gleich bleibt (gleiche Grundlinie, gleiche Höhe), das heißt die Drehwirkung der Kraft ändert sich dabei nicht.

Die Gleichheit der Drehwirkung bei der Verschiebung der Kraft auf ihrer Wirkungslinie kann man auch mit der Vektorrechnung zeigen.

Für den Bezugspunkt A gilt:

$$\vec{M}^{(A)} = \overrightarrow{AP_3} \times \vec{F} = (\overrightarrow{AP_1} + \overrightarrow{P_1P_3}) \times \vec{F} = \overrightarrow{AP_1} \times \vec{F} + \underbrace{\overrightarrow{P_1P_3} \times \vec{F}}_{\vec{0}} = \overrightarrow{AP_1} \times \vec{F}$$

$$\text{wobei} \quad \overrightarrow{P_1P_3} \times \vec{F} = \vec{0}, \quad \text{da} \quad \overrightarrow{P_1P_3} \parallel \vec{F}$$

Es ergeben sich also für die Angriffspunkte P_1 und P_3 gleiche Drehwirkungen.

Die Drehwirkung der Kraft $\vec{F}$ bezogen auf einen anderen Punkt B läßt sich nach Bild 4.4 mit dem Moment $\vec{M}^{(A)}$ bestimmen zu:

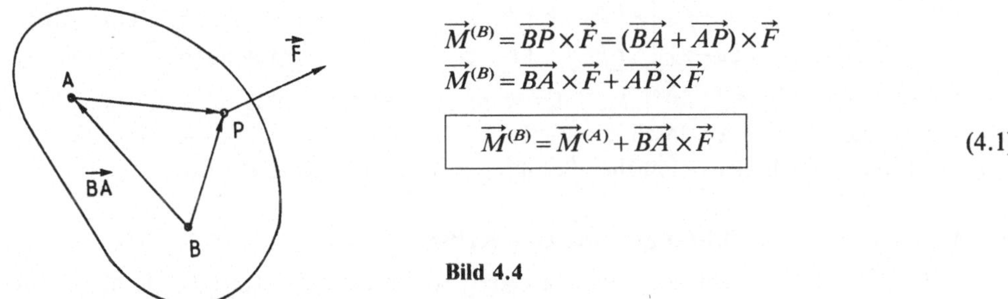

$$\vec{M}^{(B)} = \overrightarrow{BP} \times \vec{F} = (\overrightarrow{BA} + \overrightarrow{AP}) \times \vec{F}$$

$$\vec{M}^{(B)} = \overrightarrow{BA} \times \vec{F} + \overrightarrow{AP} \times \vec{F}$$

$$\boxed{\vec{M}^{(B)} = \vec{M}^{(A)} + \overrightarrow{BA} \times \vec{F}} \qquad (4.1)$$

Bild 4.4

Das Moment bezogen auf einen Punkt B ist gleich dem Moment bezogen auf einen anderen Punkt A zuzüglich dem vektoriellen Produkt des Abstandsvektors der Bezugspunkte mit dem Kraftvektor.

Den Unterschied der Momentenvektoren $\vec{M}^{(B)} - \vec{M}^{(A)} = \overrightarrow{BA} \times \vec{F}$ bezeichnet man als Versatzmoment.

Räumliche Kraft

Die Definition des Moments einer Kraft bezogen auf einen Punkt A läßt sich nach Bild 4.5 auf beliebige räumliche Kräfte übertragen.

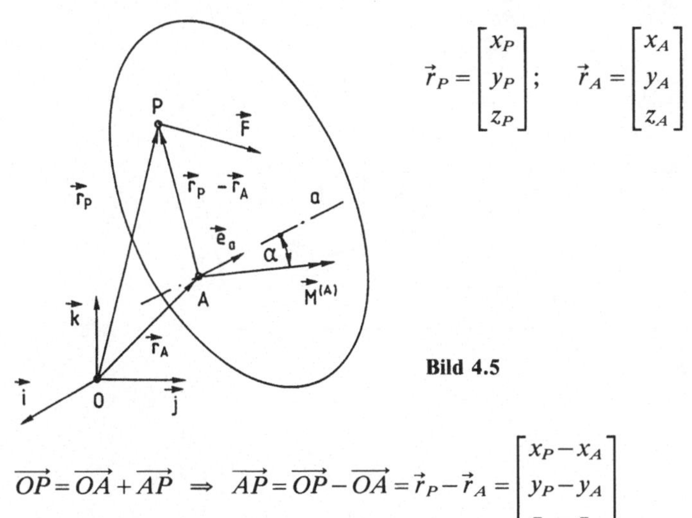

$$\vec{r}_P = \begin{bmatrix} x_P \\ y_P \\ z_P \end{bmatrix}; \qquad \vec{r}_A = \begin{bmatrix} x_A \\ y_A \\ z_A \end{bmatrix}$$

Bild 4.5

$$\overrightarrow{OP} = \overrightarrow{OA} + \overrightarrow{AP} \quad \Rightarrow \quad \overrightarrow{AP} = \overrightarrow{OP} - \overrightarrow{OA} = \vec{r}_P - \vec{r}_A = \begin{bmatrix} x_P - x_A \\ y_P - y_A \\ z_P - z_A \end{bmatrix}$$

Greift im Punkt P eines Körpers eine Kraft $\vec{F}$ an, so kann man ihr Moment bezüglich eines Punktes A nach dem vorhergehenden ebenen Fall bestimmen, da die Kraft $\vec{F}$ und der Punkt A in einer Ebene liegen.

Demnach gilt auch für eine räumliche Kraft:

$$\boxed{\vec{M}^{(A)} = \overrightarrow{AP} \times \vec{F}} \qquad (4.2)$$

In Komponenten-Darstellung ergibt sich:

$$\vec{M}^{(A)} = \begin{bmatrix} M_X^{(A)} \\ M_Y^{(A)} \\ M_Z^{(A)} \end{bmatrix} = \begin{bmatrix} x_P - x_A \\ y_P - y_A \\ z_P - z_A \end{bmatrix} \times \begin{bmatrix} F_X \\ F_Y \\ F_Z \end{bmatrix} = \begin{vmatrix} \vec{i} & x_P - x_A & \vec{F}_X \\ \vec{j} & y_P - y_A & \vec{F}_Y \\ \vec{k} & z_P - z_A & \vec{F}_Z \end{vmatrix} = \begin{bmatrix} (y_P - y_A)F_Z - (z_P - z_A)F_Y \\ (z_P - z_A)F_X - (x_P - x_A)F_Z \\ (x_P - x_A)F_Y - (y_P - y_A)F_X \end{bmatrix}$$

Die drei Komponenten $M_X^{(A)}$, $M_Y^{(A)}$, $M_Z^{(A)}$ des Momentenvektors $\vec{M}^{(A)}$ lassen sich dabei als Momente um (gedachte) Drehachsen durch den Punkt A in Richtung der kartesischen Koordinatenachsen x, y, z auffassen, wie in der räumlichen Statik noch ausführlich gezeigt wird.

4.2 Moment einer Kraft bezogen auf eine Achse

Ist ein Körper um eine Achse a drehbar gelagert, so bewirkt eine Kraft $\vec{F}$, die nicht durch die Achse hindurchgeht oder parallel zu ihr läuft, eine Drehbewegung um diese Achse. Bei einer schrägen Kraft erzeugt demnach nur die Komponente eine Drehung, die senkrecht zur Achse steht (die Kraftkomponente in Richtung der Achse versucht den Körper zu verschieben).
Der Hebelarm der drehenden Kraftkomponente ist der (kürzeste) Abstand zwischen der Achse und der Kraft. Man muß also den kürzesten Abstand zweier windschiefer Geraden (Kraftwirkungslinie und Drehachse) bestimmen, d.h. die Länge des Lotes, das auf beiden Geraden senkrecht steht.

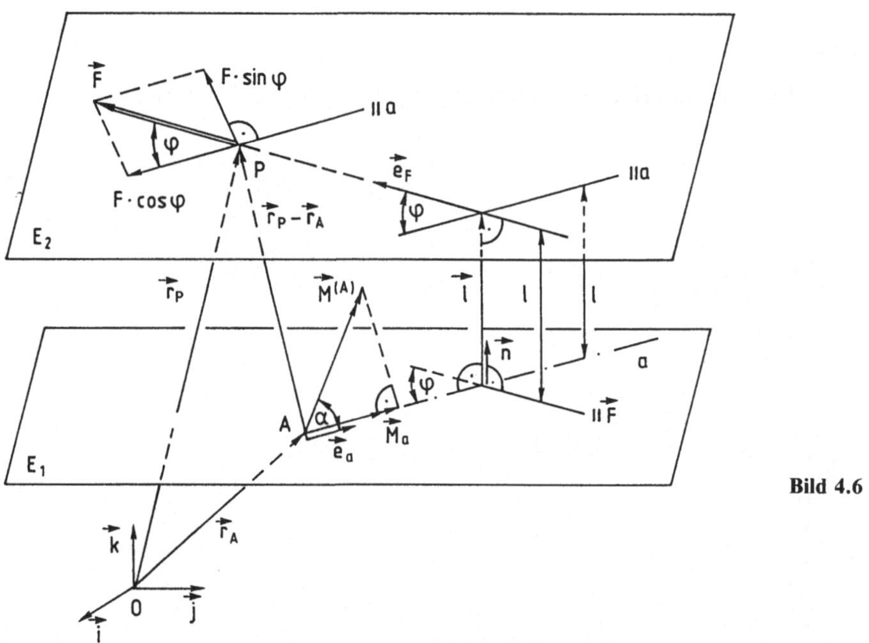

Bild 4.6

In Bild 4.6 ist eine Kraft $\vec{F}$ gezeichnet, deren Moment bezogen auf die Achse a bestimmt werden soll. Die Richtungen der Kraft und der Achse sind durch die Einsvektoren $\vec{e}_F = \dfrac{\vec{F}}{F} = \vec{e}_a$ festgelegt.

Drehende Wirkung hat nur die senkrecht zur Achse stehende Komponente $F \cdot \sin \alpha$, wobei φ den Winkel zwischen der Achse und der Kraft angibt.
Das Moment der Kraft $\vec{F}$ bezogen auf die Achse a ist also

$$M_a = F \cdot \sin \varphi \cdot \ell = F \cdot \ell \cdot \sin \varphi$$

Die Länge ℓ ist dabei der Abstand der Wirkungslinien der Kraft und der Achse, den man erhält, wenn man zwei parallele Hilfsebenen $E_1 \| E_2$ durch die Geraden legt, und deren Abstand bestimmt.

Der Normalvektor $\vec{n}$ der beiden Ebenen steht senkrecht auf $\vec{e}_F$ und auf $\vec{e}_a$. Seine Richtung wird daher bestimmt durch deren vektorielles Produkt.

$$\vec{n} = \vec{e}_F \times \vec{e}_a = \frac{\vec{F}}{F} \times \vec{e}_a = \frac{1}{F}(\vec{F} \times \vec{e}_a)$$

Die beiden Einsvektoren $\vec{e}_F$ und $\vec{e}_a$ schließen den Winkel φ miteinander ein, daher ist der Betrag des Normalvektors

$$n = |\vec{n}| = |\vec{e}_F \times \vec{e}_a| = |\vec{e}_F| \cdot |\vec{e}_a| \cdot \sin\varphi = 1 \cdot 1 \cdot \sin\varphi = \sin\varphi$$

Alle Vektoren, die zwei Punkte (z.B. A und P) der beiden Ebenen miteinander verbinden, haben die gleiche Komponente $\vec{\ell} = \ell \cdot \vec{e}_\ell$ in Richtung des Vektors $\vec{n}$. Hierbei ist $\vec{e}_\ell = \dfrac{\vec{n}}{n} = \dfrac{\vec{n}}{\sin\alpha}$ der Lot-Einsvektor. Die Länge des Lotes ℓ erhält man also, wenn man den Differenzenvektor $\overrightarrow{AP} = \vec{r}_P - \vec{r}_A$ auf die Wirklinie von $\vec{n}$ projiziert, d.h. mit dem Cosinus des eingeschlossenen Winkels multipliziert bzw. das skalare Produkt mit dem Lot-Einsvektor bildet. Ohne Berücksichtigung des Vorzeichens von ℓ wird

$$\ell = |\vec{r}_P - \vec{r}_A| \cdot \cos(\sphericalangle \vec{n}, \vec{\ell}) = (\vec{r}_P - \vec{r}_A) \cdot \vec{e}_\ell = \overrightarrow{AP} \cdot \frac{\vec{n}}{\sin\alpha} = \frac{1}{F \cdot \sin\alpha} \cdot \overrightarrow{AP}(\vec{F} \times \vec{e}_a)$$

Vertauscht man die Faktoren des Spatprodukts, so wird

$$\ell = \frac{1}{F \cdot \sin\alpha}(\overrightarrow{AP} \times \vec{F}) \cdot \vec{e}_a = \frac{1}{F \cdot \sin\alpha} \cdot \vec{M}^{(A)} \cdot \vec{e}_a$$

wobei $\vec{M}^{(A)} = \overrightarrow{AP} \times \vec{F}$ der Momentenvektor bezogen auf einen Punkt A der Achse a ist. $\vec{M}^{(A)}$ steht also senkrecht auf der Ebene, die von den Vektoren $\overrightarrow{AP}$ und $\vec{F}$ aufgespannt wird. Damit wird das Moment um die Achse a:

$$\boxed{M_a = F \cdot \ell \cdot \sin\varphi = \vec{M}^{(A)} \cdot \vec{e}_a = M^{(A)} \cdot \cos\alpha} \tag{4.3}$$

α ist dabei der Winkel zwischen dem Momentenvektor $\vec{M}^{(A)}$ und der Achse a (bzw. dem Einsvektor $\vec{e}_a$).

Man erhält den Momentenvektor $\vec{M}_a$ einer Kraft bezogen auf eine Achse a, indem man den Momentenvektor $\vec{M}^{(A)}$ bezogen auf einen Punkt A der Achse auf die Achse projiziert.

■ **Beispiel:**

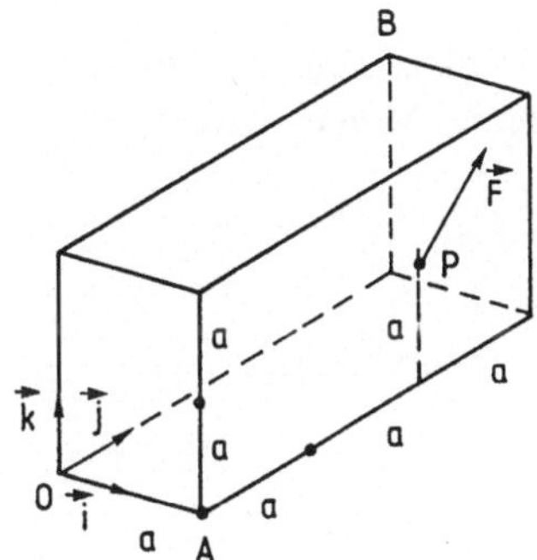

geg.: Quader mit den Abmessungen a, $3a$, $2a$, in x, y, z-Richtung (nach Bild 4.7)
Im Punkt $P(a, 2a, a)$ greift eine Kraft $\vec{F} = 4F_0\vec{i} + 5F_0\vec{j} + 6F_0\vec{k}$ an.

ges.: Momente bezüglich des Punktes A und der Achse AB
(Raumdiagonale des Quaders)

Bild 4.7

Lösung:

$$\overrightarrow{AP} = \overrightarrow{OP} - \overrightarrow{OA} = \begin{bmatrix} a \\ 2a \\ a \end{bmatrix} - \begin{bmatrix} a \\ 0 \\ 0 \end{bmatrix} = \begin{bmatrix} 0 \\ 2a \\ a \end{bmatrix} = 2a\vec{j} + a\vec{k}$$

$$\vec{M}^{(A)} = \begin{bmatrix} M_X^{(A)} \\ M_Y^{(A)} \\ M_Z^{(A)} \end{bmatrix} = \overrightarrow{AP} \times \vec{F} = \begin{bmatrix} 0 \\ 2a \\ a \end{bmatrix} \times \begin{bmatrix} 4F_0 \\ 5F_0 \\ 6F_0 \end{bmatrix} = F_0 \cdot a \begin{vmatrix} \vec{i} & 0 & 4 \\ \vec{j} & 2 & 5 \\ \vec{k} & 1 & 6 \end{vmatrix} = \begin{bmatrix} 7 \\ 4 \\ -8 \end{bmatrix} F_0 \cdot a$$

$$\vec{M}_X^{(A)} = 7F_0 \cdot a$$

$$\vec{M}_Y^{(A)} = 4F_0 \cdot a; \quad M^{(A)} = |\vec{M}^{(A)}| = \sqrt{(M_X^{(A)})^2 + (M_Y^{(A)})^2 + (M_Z^{(A)})^2} = \sqrt{7^2 + 4^2 + (-8)^2} = \sqrt{129}\,F_0 \cdot a$$

$$\vec{M}_Z^{(A)} = -8F_0 \cdot a$$

$$\overrightarrow{AB} = \overrightarrow{OB} - \overrightarrow{OA} = \begin{bmatrix} 0 \\ 3a \\ 2a \end{bmatrix} - \begin{bmatrix} a \\ 0 \\ 0 \end{bmatrix} = \begin{bmatrix} -1 \\ 3 \\ 2 \end{bmatrix} a = -a\vec{i} + 3a\vec{j} + 2a\vec{k}$$

$$|\overrightarrow{AB}| = \sqrt{(-1)^2 + 3^2 + 2^2} \cdot a = \sqrt{14} \cdot a$$

$$\vec{e}_a = \vec{e}_{AB} = \frac{\overrightarrow{AB}}{|\overrightarrow{AB}|} = -\frac{1}{\sqrt{14}}\vec{i} + \frac{3}{\sqrt{14}}\vec{j} + \frac{2}{\sqrt{14}}\vec{k}$$

$$M_a = M_{AB} = \vec{M}^{(A)} \cdot \vec{e}_{AB} = F_0 \cdot a \begin{bmatrix} 7 \\ 4 \\ -8 \end{bmatrix} \begin{bmatrix} -1 \\ 3 \\ 2 \end{bmatrix} \cdot \frac{1}{\sqrt{14}} = \frac{F_0 \cdot a}{\sqrt{14}}(-7 + 12 - 16) = -\frac{11}{14}\sqrt{14}\,F_0 \cdot a \quad \blacksquare$$

Aufgabe: Wie groß sind die Momente bezüglich der Punkte O, B, P und der Achsen OA, OB, OP?

■ **Beispiel:** Gegeben ist eine Ebene durch 3 Punkte

$$P_1(2; 3; 1)\,\mathrm{m}, \quad P_2(-1; 2; 3)\,\mathrm{m}, \quad P_3(3; -2; -1)\,\mathrm{m}$$

Im Punkt P_1 greift eine Kraft $\vec{F} = \begin{bmatrix} 5\,\mathrm{N} \\ F_y \\ F_z \end{bmatrix}$ an, die senkrecht auf der Ebene steht (Bild 4.8).

Gesucht:

a) Man bestimme diese Kraft und ihr Moment bezüglich des Punktes $P_4(2; 1; 5)\,\mathrm{m}$.

b) Wie groß ist die senkrecht zur Ebene stehende Komponente des Momentenvektors?

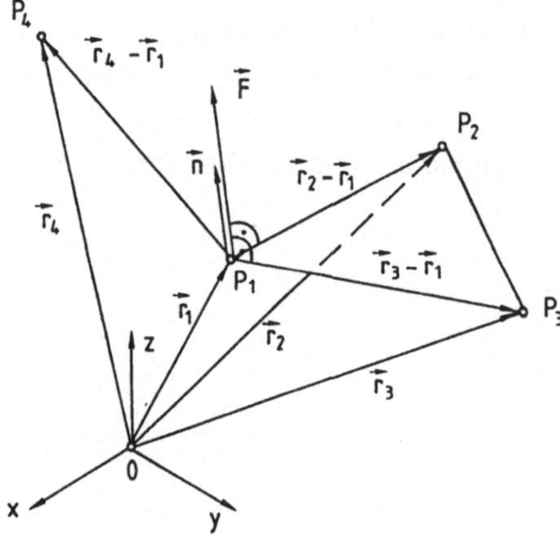

Bild 4.8

Lösung:

a) Die Ebene wird durch die beiden Differenzenvektoren aufgespannt

$$\overrightarrow{P_1P_3} = \vec{r}_3 - \vec{r}_1 = \begin{bmatrix} 3 \\ -2 \\ -1 \end{bmatrix} - \begin{bmatrix} 2 \\ 3 \\ 1 \end{bmatrix} = \begin{bmatrix} 1 \\ -5 \\ -2 \end{bmatrix}$$

$$\overrightarrow{P_1P_2} = \vec{r}_2 - \vec{r}_1 = \begin{bmatrix} -1 \\ 2 \\ 3 \end{bmatrix} - \begin{bmatrix} 2 \\ 3 \\ 1 \end{bmatrix} = \begin{bmatrix} -3 \\ -1 \\ 2 \end{bmatrix}$$

Der Normalenvektor $\vec{n}$ steht senkrecht auf der Ebene, also auch senkrecht zu $\overrightarrow{P_1P_3}$ und $\overrightarrow{P_1P_2}$:

$$\vec{n} = \overrightarrow{P_1P_3} \times \overrightarrow{P_1P_2} = \begin{vmatrix} \vec{i} & 1 & -3 \\ \vec{j} & -5 & -1 \\ \vec{k} & -2 & 2 \end{vmatrix} = \begin{bmatrix} -10 & -2 \\ -2 & +6 \\ -1 & -15 \end{bmatrix} = \begin{bmatrix} -12 \\ 4 \\ -16 \end{bmatrix}$$

Die Kraft $\vec{F}$ ist kollinear zum Normalenvektor $\vec{n}$:

$$5\,\text{N} = -12 \cdot \lambda \;\Rightarrow\; \lambda = -\frac{5}{12}\,\text{N}$$

$$\vec{F} = \lambda \cdot \vec{n}; \quad \begin{bmatrix} 5\,\text{N} \\ F_y \\ F_z \end{bmatrix} = \lambda \cdot \begin{bmatrix} -12 \\ 4 \\ -16 \end{bmatrix} \;\Rightarrow\; F_y = 4 \cdot \lambda \;\Rightarrow\; F_y = -\frac{5}{3}\,\text{N}$$

$$F_z = -16 \cdot \lambda \;\Rightarrow\; F_z = \frac{20}{3}\,\text{N}$$

$$\vec{F}^T = \left[5; -\frac{5}{3}; \frac{20}{3} \right]\,\text{N}$$

$$F = \sqrt{F_x^2 + F_y^2 + F_z^2} = \sqrt{25 + \frac{25}{9} + \frac{400}{9}}\,\text{N} = \frac{5}{3}\sqrt{26}\,\text{N} = 8{,}498\,\text{N}$$

Für das Moment $\vec{M}$ bezüglich des Punktes P_4 braucht man den Ortsvektor $\overrightarrow{P_4P_1}$ vom Momenten-Bezugspunkt zum Angriffspunkt der Kraft

$$\overrightarrow{P_4P_1} = \vec{r}_4 - \vec{r}_1 = \begin{bmatrix} 2 \\ 1 \\ 5 \end{bmatrix} - \begin{bmatrix} 2 \\ 3 \\ 1 \end{bmatrix} = \begin{bmatrix} 0 \\ -2 \\ 4 \end{bmatrix}$$

$$\vec{M} = \overrightarrow{P_4P_1} \times \vec{F} = \begin{vmatrix} \vec{i} & 0 & 5 \\ \vec{j} & -2 & -\dfrac{5}{3} \\ \vec{k} & 4 & \dfrac{20}{3} \end{vmatrix} = \begin{bmatrix} -\dfrac{40}{3} & +\dfrac{20}{3} \\ 0 & +20 \\ 0 & +10 \end{bmatrix} = \begin{bmatrix} -\dfrac{20}{3} \\ 20 \\ 10 \end{bmatrix}\,\text{Nm}$$

b) Durch Normierung, d.h. durch Division durch den eigenen Betrag erhält man den Normalen-Einsvektor der Ebene

$$\vec{e}_n = \frac{\vec{n}}{|\vec{n}|} = \frac{-12\vec{i} + 4\vec{j} - 16\vec{k}}{\sqrt{12^2 + 4^2 + 16^2}} = \frac{1}{\sqrt{26}} \cdot \begin{bmatrix} -3 \\ 1 \\ -4 \end{bmatrix}$$

Die Momenten-Komponente M_n senkrecht zur Ebene ergibt sich durch die Projektion des Momentenvektors auf den Normalen-Einsvektor, also durch deren skalare Multiplikation

$$M_n = \vec{M} \cdot \vec{e}_n = \begin{bmatrix} -\dfrac{20}{3} \\[2mm] 20 \\[2mm] 10 \end{bmatrix} \cdot \frac{1}{\sqrt{26}} \cdot \begin{bmatrix} -3 \\ 1 \\ -4 \end{bmatrix} = \frac{1}{\sqrt{26}} \cdot (20 + 20 - 40) = 0$$

Diese Projektion gibt nach Gl. 4.3 das Moment bezogen auf die Achse an, die durch den Einsvektor festgelegt wird, die also senkrecht auf der Ebene steht und durch den Punkt P_4 geht. Da die Kraft $\vec{F}$ senkrecht zur Ebene steht, also parallel zur Achse läuft, muß ihr Moment in bezug auf die Achse Null sein.

Das läßt sich auch allgemein mit dem Spatprodukt zeigen:

$$M_n = \vec{M} \cdot \vec{e}_n = (\overrightarrow{P_4P_1} \times \vec{F}) \cdot \frac{\vec{n}}{|\vec{n}|} = (\overrightarrow{P_4P_1} \times \vec{F}) \cdot \frac{\vec{F}}{\lambda \cdot |\vec{n}|} = \underbrace{(\vec{F} \times \vec{F})}_{0} \cdot \frac{\overrightarrow{P_4P_1}}{\lambda \cdot |\vec{n}|} = 0 \qquad \blacksquare$$

4.3 Moment eines Kräftepaars

Bei einem Kräftepaar ist die Kräftesumme gleich Null, da die Kräfte gleich groß und entgegengesetzt gerichtet sind. Das Moment eines Kräftepaars kann als Summe der Momente beider Einzelkräfte in bezug auf den Drehpunkt O nach Bild 4.9 bestimmt werden. Die Hebelarme sind dabei die Lote x bzw. $x-a$ vom Drehpunkt auf die Wirklinien der Kräfte. Da der Abstand x bei der Momentenbildung herausfällt, ist das Moment eines Kräftepaars unabhängig von der Lage des Drehpunkts. Es hat für jeden beliebigen Bezugspunkt die gleiche Drehwirkung $M = F \cdot a$ und ist demnach proportional dem Flächeninhalt des Parallelogramms $ABCD$.

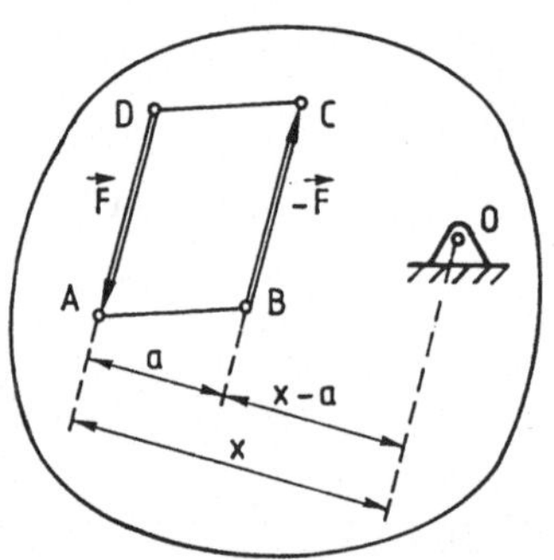

Bild 4.9

Der Momentenvektor, der senkrecht auf der Ebene des Kräftepaars steht, darf parallel zu sich selbst verschoben werden. Im Gegensatz zur Kraft ist er deshalb ein freier Vektor.

Der Momentenvektor zeigt in die Richtung, in die sich eine Rechtsschraube unter Einwirkung des Kräftepaars fortbewegen würde. Zur Unterscheidung von Kraftvektoren wird er mit einer Doppelspitze versehen.

Die Länge des Momentenpfeils gibt mit einem gewählten Momenten-Maßstab den Betrag des Moments an, der Drehsinn wird durch die Pfeilspitzen festgelegt.

Ein Kräftepaar darf in seiner Ebene beliebig verschoben und gedreht werden.

Außerdem kann man den Betrag F der Kräfte und gleichzeitig ihren Abstand a ändern, wenn das Moment $M = F \cdot a$ (also das Produkt aus dem Betrag der Kräfte und ihrem Abstand) sowie der Drehsinn des Kräftepaars erhalten bleibt.

■ **Beispiel:** Lenkrad eines Kraftwagens

Für das Moment, das der Fahrer auf das Lenkrad ausübt, gibt es beliebig viele Darstellungen, von denen einige in Bild 4.10 angegeben sind.

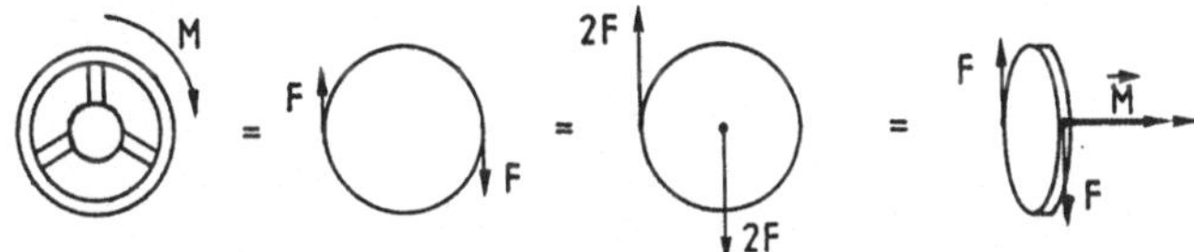

Bild 4.10

Lenkt man mit beiden Händen im Abstand des Lenkrad-Durchmessers d, so genügt es, mit jeder Hand eine Kraft F aufzubringen. Die Achse des Lenkrades ist dann ohne Belastung.

Lenkt man dagegen nur mit einer Hand (z. B. beim Schalten), so muß man die doppelte Kraft aufwenden. Diese Kraft versucht zunächst das Lenkrad zu verschieben, was durch eine gleich große Gegenkraft an der Lenksäule verhindert wird. Handkraft und Achsen-Auflagerkraft bilden zusammen wiederum ein Kräftepaar im Abstand $\dfrac{d}{2}$, das die Drehung des Lenkrads bewirkt. ■

Mehrere Kräftepaare

Wirken auf einen Körper gleichzeitig mehrere Kräftepaare ein, so können deren Einzelkräfte durch geeignetes Verschieben, Verdrehen und Strecken auf gleiche Distanz gebracht und zu einem resultierenden Kräftepaar zusammengefaßt werden.

■ **Beispiel:** Körper mit zwei Kräftepaaren

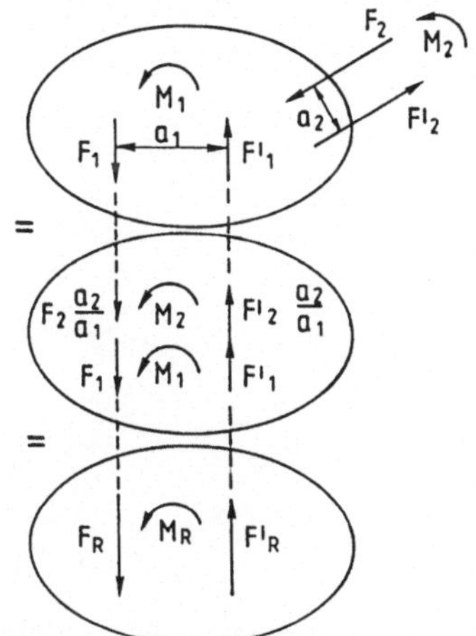

$$M_1 = F_1 \cdot a_1$$

$$M_2 = F_2 \cdot a_2 = \left(F_2 \frac{a_2}{a_1}\right) \cdot a_1$$

$$F_R = F_1 + F_2 \cdot \frac{a_2}{a_1}$$

$$M_R = F_R \cdot a_1 = \left(F_1 + F_2 \frac{a_2}{a_1}\right) \cdot a_1$$

$$\boxed{M_R = F_1 \cdot a_1 + F_2 \cdot a_2 = M_1 + M_2}$$

Bild 4.11

Das zweite Kräftepaar F_2, F_2' wird nach Bild 4.11 auf den Abstand a_1 des ersten Kräftepaars F_1, F_1' gebracht und in dessen Lage gedreht, so daß die Kräfte auf gleicher Wirklinie liegen und sich algebraisch addieren lassen. Das resultierende Moment M_R ergibt sich als algebraische Summe der Einzelmomente.

Allgemein ist bei Einwirkung von n Kräftepaaren in einer Ebene das resultierende Moment:

$$M_R = M_1 + M_2 + \ldots + M_n = \sum_{i=1}^{n} M_i \qquad\qquad (4.4) \blacksquare$$

■ **Beispiel:** Anziehen einer Schraube mit einem Schraubenschlüssel

Eine Sechskantschraube M 10 (Schlüsselweite $s = 17$ mm) soll mit einem Schraubenschlüssel (Hebelarm $a = 400$ mm) angezogen werden. Das Spannmoment der Schraube beträgt $M = 50$ Nm.

ges.:   a) Erforderliche Handkraft F_H

        b) Kräfte am Schrauben-Sechskant bzw. Schraubenschlüssel

1) Anziehen mit einem einseitigen Hebel (Maulschlüssel)

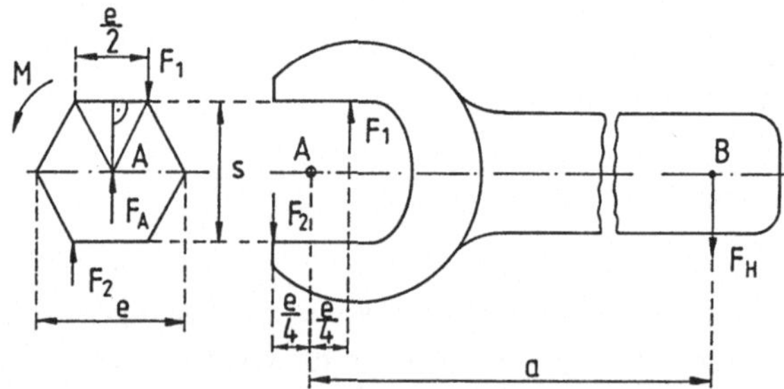

Bild 4.12

Die halbe Schlüsselweite entspricht der Höhe eines gleichseitigen Dreiecks mit dem halben Eckmaß als Dreiecksseite. Nach Bild 4.12 ist

$$s = \frac{1}{2}\sqrt{3}\,e \;\Rightarrow\; e = \frac{2 \cdot s}{\sqrt{3}} = \frac{2 \cdot 17 \text{ mm}}{\sqrt{3}} = 19{,}63 \text{ mm} \quad \text{Eckmaß}$$

Gleichgewichts-Bedingungen:

Schraubenschlüssel:

$$\text{I)} \quad \sum M^{(B)} = 0 = F_2 \cdot \left(a + \frac{e}{4}\right) - F_1 \cdot \left(a - \frac{e}{4}\right) \;\Rightarrow\; F_2 = F_1 \cdot \frac{a - \dfrac{e}{4}}{a + \dfrac{e}{4}} = F_1 \cdot \frac{1 - \dfrac{e}{4a}}{1 + \dfrac{e}{4a}}$$

$$\text{Für } e \ll a \text{ ist } \frac{e}{4a} \approx 0 \quad \text{und} \quad F_2 \approx F_1$$

$$\text{II)} \quad \sum F_y = 0 = F_1 - F_2 - F_H$$

Schraube:

$$\text{III)} \quad \sum M^{(A)} = 0 = M - F_1 \cdot \frac{e}{4} - F_2 \cdot \frac{e}{4} \;\Rightarrow\; F_1 + F_2 = \frac{4M}{e}$$

Durch die Wahl von A und B als Drehpunkte erhält man zwei Gleichungen für die beiden Unbekannten F_1 und F_2 (ohne F_H und F_A), die man leicht auflösen kann:

$$\text{I in III:}\qquad F_1 + F_1 \cdot \frac{a - \dfrac{e}{4}}{a + \dfrac{e}{4}} = \frac{4M}{e}\ \left|\ \cdot \left(a + \frac{e}{4}\right)\right.$$

$$F_1 \cdot \left(a + \frac{e}{4} + a - \frac{e}{4}\right) = M \cdot \left(4\frac{a}{e} + 1\right)$$

$$\Rightarrow\qquad \boxed{\,F_1 = \frac{M}{2a} \cdot \left(4\frac{a}{e} + 1\right) = \frac{2M}{e} + \frac{M}{2a}\,}$$

$$\text{aus III:}\qquad \boxed{\,F_2 = \frac{4M}{e} - F_1 = \frac{2M}{e} - \frac{M}{2a}\,}$$

$$\text{aus II:}\qquad \boxed{\,F_H = F_1 - F_2 = \frac{M}{a}\,}$$

Zahlenwerte:

$$F_H = \frac{50 \cdot 10^3\,\text{Nmm}}{400\,\text{mm}} = 125\,\text{N}$$

$$F_1 = \frac{2 \cdot 50 \cdot 10^3\,\text{Nmm}}{19,63\,\text{mm}} + \frac{125\,\text{N}}{2} = (5094,2 + 62,5)\,\text{N} = 5156,7\,\text{N}$$

$$F_2 = (5094,2 - 62,5)\,\text{N} = 5031,7\,\text{N}$$

Die unterschiedlichen Kräfte am Sechskant-Schraubenkopf werden am Schraubengewinde („Einspannung") durch die Auflagerkraft F_A ausgeglichen.

$$F_A = F_1 - F_2 = F_H = 125\,\text{N}$$

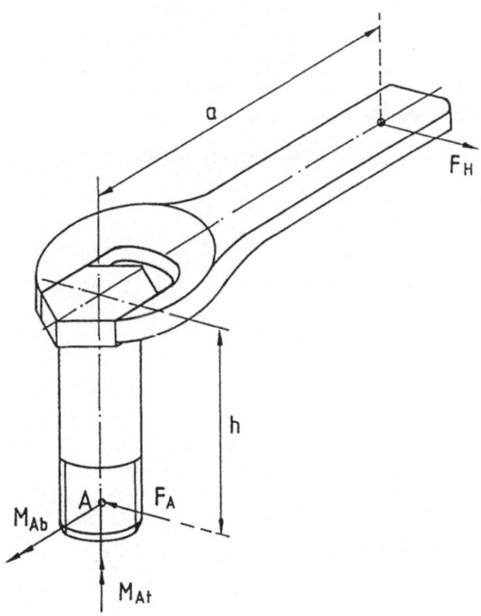

Bild 4.13

Wie man im Bild 4.13 erkennen kann, wird die Schraube durch den einseitigen Hebel zusätzlich auf Biegung beansprucht mit einem Biegemoment von

$$M_{Ab} = F_A \cdot h = F_H \cdot h$$

wobei h = Abstand Schraubenkopf bis Gewinde-„Einspannung".

Durch die Reibung in den Gewindegängen an der „Einspannung" A und gegebenenfalls auch an der Schraubenkopf-Auflage wird dem Anzugsmoment der Handkraft ein entsprechendes Widerstands-Moment $M_{At} = F_H \cdot a$ entgegengesetzt, das durch die Handkraft überwunden wird. Beim Anziehen wird die Schraube dadurch zusätzlich auf Torsion beansprucht.

2) Anziehen mit einem zweiseitigen Hebel

Die Biegung kann vermieden werden, wenn man einen Doppelhebel nach Bild 4.14 zum Anziehen der Schraube verwendet.

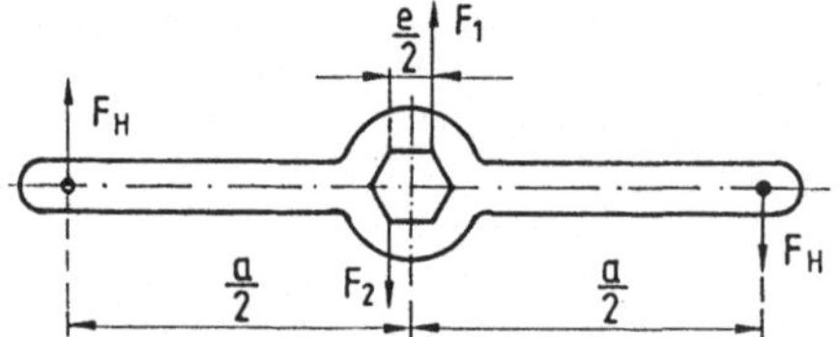

Bild 4.14

Die beiden gleichen Kräfte F_H an den Hebelenden bilden ein Kräftepaar im Abstand a mit einer reinen Drehwirkung ohne Verschiebungs-Tendenz. Dabei entsteht in der Schrauben-Einspannung keine Auflagerkraft ($F_A = 0$) und in der Schraube keine Biegung.

$$\sum F_y = 0 = F_H + F_1 - F_2 - F_H \;\Rightarrow\; F_1 = F_2 = F$$

Die beiden Kräfte am Sechskant bilden ebenfalls ein Kräftepaar im Abstand $\dfrac{e}{2}$ mit gleicher Drehwirkung.

$$F_H \cdot a = F \cdot \frac{e}{2} = M \;\Rightarrow\; F_H = \frac{M}{a} = 125\,\text{N} \quad \text{(wie im Fall 1)}$$

$$F = \frac{2M}{e} = \frac{2 \cdot 50 \cdot 10^3\,\text{N mm}}{19,63\,\text{mm}} = 5094,2\,\text{N} = F_1 = F_2$$

4.4 Wellenmoment mit Rückwirkung auf das Gehäuse

Als Beispiel für die Wirkung von Kräftepaaren wird das Kräftespiel bei technischen Antriebs-Systemen verfolgt.

4.4.1 Elektromotor

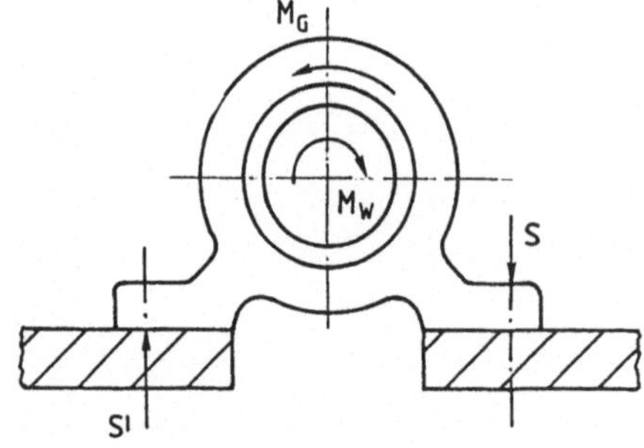

Bild 4.15

Im Läufer eines Elektromotors befinden sich stromdurchflossene Leiter, die von einem elektromagnetischen Feld umgeben sind. Nach dem elektromotorischen Prinzip werden Kräfte auf die Leiter ausgeübt, die den Läufer in Bewegung setzen. Zwischen Welle und Gehäuse wirkt dabei eine „elektrische Verspannung" so, als ob die Welle sich am Gehäuse „abstoßen" würde (Bild 4.15).

Die elektrischen Kräfte treiben die Welle mit einem Drehmoment $\vec{M}_W$ an. Dieses Drehmoment wirkt aber in gleicher Größe mit umgekehrtem Richtungssinn nach dem Wechselwirkungs-Gesetz $(\vec{M}_G = -\vec{M}_W)$ auf das Gehäuse zurück (Ankerrückwirkung) und muß z. B. durch Schraubenkräfte $(\vec{S}, \vec{S}')$ aufgenommen und in das Fundament weitergeleitet werden.

4.4.2 Kolbenmotor

Ähnlich sind die Verhältnisse bei einem Kolbenmotor (Bild 4.16). Die Gaskräfte wirken einerseits auf den Kolben und treiben über ein Pleuel die Kurbelwelle an, wobei die Pleuelkraft P mit der entsprechenden Lagerkraft ein Kräftepaar bildet.

Anderseits stützt sich der Kolben auf die angrenzende Zylinderwand ab, so daß die Wandkraft W mit der entsprechenden Komponente im Lager der Kurbelwelle ebenfalls ein Kräftepaar bildet und damit ein Gehäuse-Gegenmoment von gleicher Größe hervorruft.

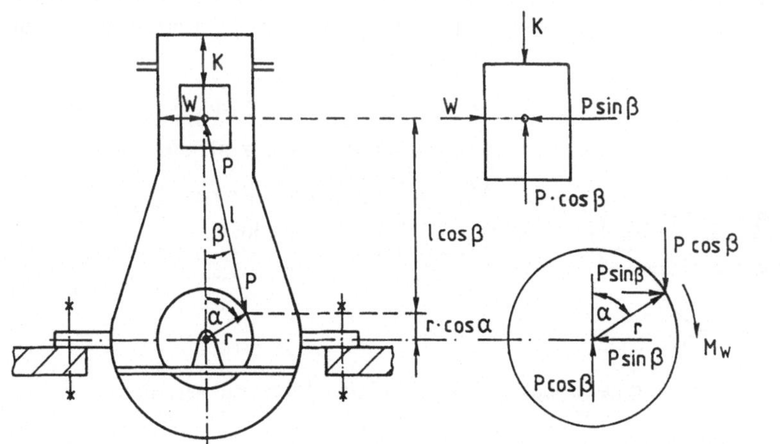

Bild 4.16

Gleichgewicht am Kolben

Auf der Kolbenfläche A lastet der Gasdruck p, so daß eine resultierende Kolbenkraft $K = p \cdot A$ entsteht.

I) $\sum F_x = 0 \;\Rightarrow\; W = P \cdot \sin\beta$

II) $\sum F_y = 0 = P \cdot \cos\beta - K \;\Rightarrow\; P = \dfrac{K}{\cos\beta}$

II in I: $W = \dfrac{K}{\cos\beta} \cdot \sin\beta = K \cdot \tan\beta$

Gleichgewicht der Kurbelwelle

Die Pleuelkraft P wirkt am Kurbelzapfen und hat am Kurbellager eine gleich große Gegenkraft zur Folge, mit der sie ein Kräftepaar bildet, das die Kurbelwelle antreibt. Das Wellendrehmoment M_W wird von der Kurbelwelle über eine Kupplung auf eine Arbeitsmaschine oder auf die Räder eines Fahrzeugs übertragen. Von dort her erfährt die Kurbelwelle ein entsprechendes Gegenmoment und wird im Gleichgewicht gehalten.

Das Wellendrehmoment erhält man aus den Komponenten der Pleuelkraft:

$$M_W = P \cdot \cos\beta \cdot r \cdot \sin\alpha + P \cdot \sin\beta \cdot r \cdot \cos\alpha = P \cdot r \cdot (\sin\alpha \cdot \cos\beta + \cos\alpha \cdot \sin\beta)$$

und durch Anwendung des Additionstheorems

$$\boxed{M_W = P \cdot r \cdot \sin(\alpha + \beta)}$$

Ersetzt man die Pleuelkraft durch die Kolbenkraft, so wird

$$\boxed{M_W = \frac{K}{\cos\beta} \cdot r \cdot (\sin\alpha \cdot \cos\beta + \cos\alpha \cdot \sin\beta) = K \cdot r \cdot \cos\alpha \cdot (\tan\alpha + \tan\beta)}$$

Das gleiche Moment muß nach Bild 4.17 als Rückstellwirkung am Gehäuse auftreten. Vom Gehäuse wird dieses Moment z.B. über Schraubenverbindungen $(\vec{S}, \vec{S}')$ auf das Fundament bzw. Autochassis übertragen.

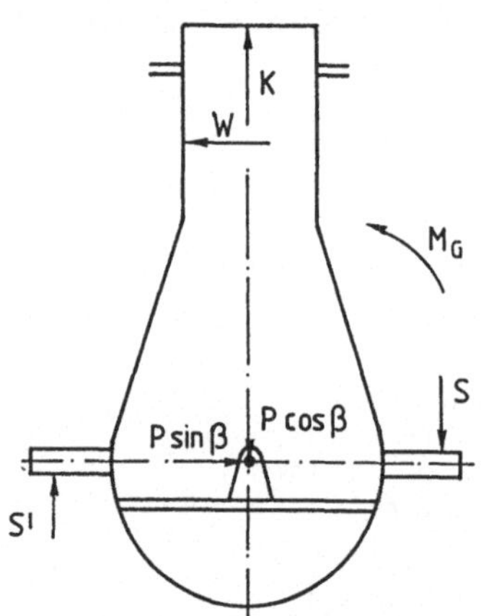

Bild 4.17

Befreiung des Gehäuses:

Die Wandkraft W und die horizontale Lagerkomponente $P \cdot \sin\beta$ bilden ein Kräftepaar und erzeugen das Gehäusemoment.

$$M_G = P \cdot \sin\beta \, (\ell \cdot \cos\beta + r \cdot \cos\alpha)$$

bzw. durch die Kolbenkraft ausgedrückt

$$M_G = K \cdot \tan\beta \cdot (\ell \cdot \cos\beta + r \cdot \cos\alpha)$$

$$M_G = K \cdot r \cdot \cos\alpha \cdot \left(\frac{\ell}{r} \cdot \frac{\sin\beta}{\cos\alpha} + \tan\beta\right)$$

Durch algebraische Umrechnung kann man die Gleichheit der Momente zeigen:

Aus dem Sinus-Satz erhält man $\dfrac{\ell}{r} = \dfrac{\sin\alpha}{\sin\beta}$ und damit

$$\boxed{M_G = K \cdot r \cdot \cos\alpha \cdot \left(\frac{\sin\alpha}{\sin\beta} \cdot \frac{\sin\beta}{\cos\alpha} + \tan\beta\right) = K \cdot r \cdot \cos\alpha \cdot (\tan\alpha + \tan\beta) = M_W}$$

Die Kolbenkraft K wirkt als Resultierende des Gasdrucks auch auf den Zylinderdeckel und wird durch die vertikale Lagerkomponente $P \cdot \cos\beta$ auf der gleichen Wirkungslinie, also ohne Drehwirkung, ausgeglichen.

4.5 Parallel-Verschiebung einer Kraft

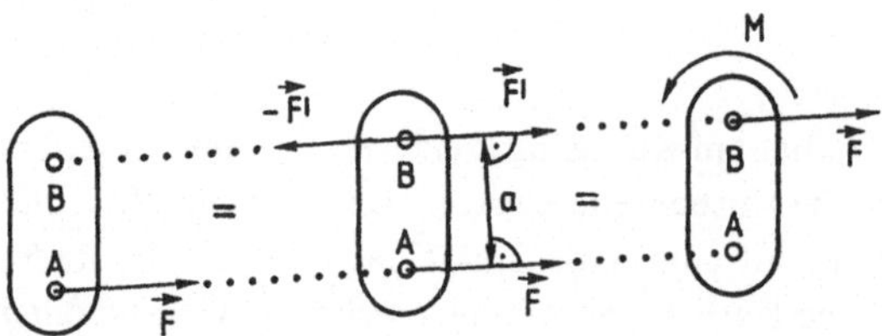

Bild 4.18

Um die Kraft $\vec{F}$ parallel zu sich selbst zu verschieben, bringt man im gewünschten Abstand a zwei parallele Gegenkräfte $\vec{F}'$ und $-\vec{F}'$ vom gleichen Betrag wie die vorgegebene Kraft an ($F' = F$), die die mechanische Wirkung des Systems nicht verändern (Bild 4.18).

Die ursprüngliche Kraft $\vec{F}$ faßt man mit der entgegengesetzt gerichteten Gegenkraft $-\vec{F}'$ zu einem Kräftepaar (Versatzmoment) zusammen. Die gleichsinnige Gegenkraft $\vec{F}'$ und das Versatzmoment bleiben dann als äquivalentes System übrig.

Die beiden Vektoren $\vec{F}$ und $\vec{M}$, die man zusammen als Dyname oder Kraftschraube bezeichnet, charakterisieren also ein Kräftesystem am starren Körper. Zwei Kräftesysteme an einem starren Körper sind äquivalent, wenn sie die gleiche Dyname besitzen. Ist die Dyname gleich Null, so ist das Kräftesystem im Gleichgewicht.

Eine Kraft $\vec{F}$ darf also parallel zu sich selbst um eine beliebige Strecke a verschoben werden, wenn man zur verschobenen Kraft ein Versatzmoment $M = F \cdot a$ hinzufügt, das gleich dem statischen Moment der ursprünglichen Kraft in bezug auf den neuen Angriffspunkt B ist.

Umgekehrt läßt sich auch eine Kraft und ein Moment an einem starren Körper zu einer parallel verschobenen Kraft zusammenfassen. Zur Kontrolle kann man die Drehwirkung von Kraft und Moment für einen beliebigen Punkt mit der Drehwirkung der Einzelkraft vergleichen, die bei der Reduktion erhalten bleiben muß.

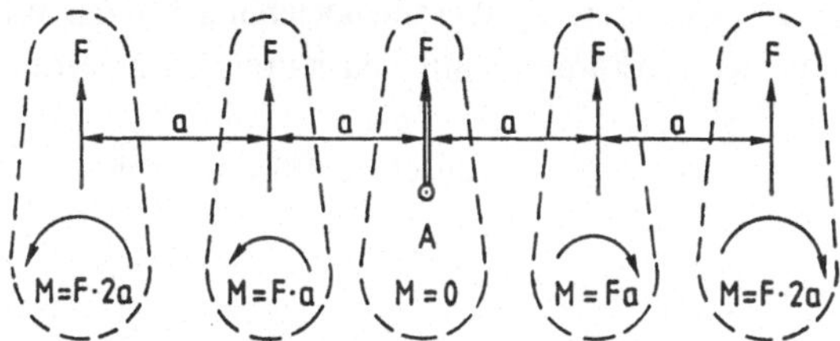

Bild 4.19

Verschiebt man die Kraft $\vec{F}$ parallel zu sich selbst vom Punkt A aus nach links (rechts), dann bekommt sie bezüglich A ein rechtsdrehendes (linksdrehendes) Moment, das durch einen linksdrehenden (rechtsdrehenden) Momentenpfeil ausgeglichen werden muß. Im Bild 4.19 sind z. B. 5 verschiedene äquivalente Systeme angegeben.

4.6 Reduktion einer Kraft auf eine Dyname

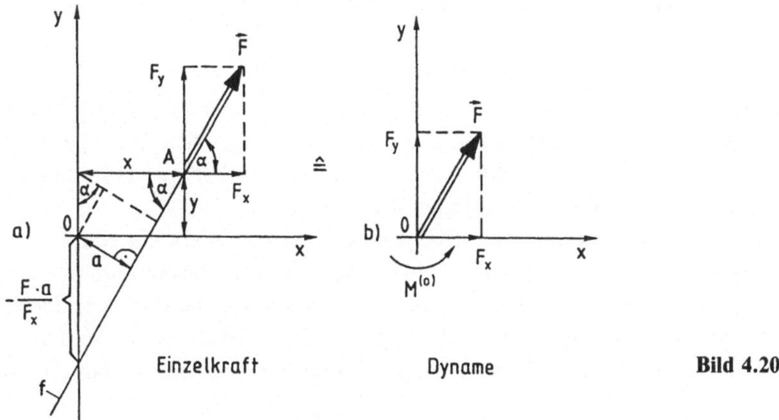

Bild 4.20

Man kann einen Kraftvektor $\vec{F} = \begin{bmatrix} F_x \\ F_y \end{bmatrix}$ durch eine Dyname in einem Punkt O im Abstand a von der Kraft ersetzen (Bild 4.20). Der Punkt O sei gleichzeitig der Ursprung eines Koordinatensystems.

Das Moment der Dyname erhält man als Versatzmoment, das bei der Parallelverschiebung der Kraft von A nach O entsteht.

Aus entsprechenden Dreiecken in Bild 4.20a entnimmt man:

$$a = x \cdot \sin\alpha - y \cdot \cos\alpha$$
$$F_x = F \cdot \cos\alpha$$
$$F_y = F \cdot \sin\alpha$$

Das Moment der Kraft $\vec{F}$ bezüglich des Punktes O wird damit

$$\boxed{M^{(0)} = F \cdot a = F \cdot \sin\alpha \cdot x - F \cdot \cos\alpha \cdot y = F_y \cdot x - F_x \cdot y} \tag{4.5}$$

Das Moment einer Kraft ist gleich der Summe der Momente ihrer Komponenten (mit Berücksichtigung der Vorzeichen für die Drehrichtung).

Die Kraft $\vec{F}$ kann auf ihrer Wirklinie verschoben werden (d.h. ihr Angriffspunkt A wandert auf der Wirklinie), ohne daß sich ihr Abstand a und damit das Moment ändert.

Durch die Momentenbeziehung nach Gl. 4.5 erhält man die Geradengleichung für die Wirklinie von $\vec{F}$ (für beliebige Angriffspunkte entlang der Wirklinie f) mit den laufenden Koordinaten x und y.

Die Normalform $y = m \cdot x + b$ der Geradengleichung ergibt sich durch Auflösung nach y

$$\boxed{y = \frac{F_y}{F_x} \cdot x - \frac{F \cdot a}{F_x}} \tag{4.6}$$

Die Steigung der Geraden ist $m = \dfrac{F_y}{F_x}$, ihr Ordinatenabschnitt $b = -\dfrac{F \cdot a}{F_x}$ und ihr Abstand vom Koordinaten-Ursprung $a = \dfrac{M^{(0)}}{F}$.

Wirkt eine Kräftegruppe auf einen Körper, so kann man diese in einem beliebigen Bezugspunkt O auf eine Dyname nach Bild 4.20b reduzieren und durch Zusammenfassung von Kraft und Moment auf eine Einzelkraft nach Bild 4.20a bringen.

Die Wirklinie dieser Einzelkraft wird Zentralachse genannt.

4.7 Reduktion eines allgemeinen Kräftesystems

Ein allgemeines Kräftesystem mit den Kräften $\vec{F}_i$ an einem starren Körper nach Bild 4.21 kann vereinfacht werden, indem man alle Kräfte parallel zu sich selbst in einen beliebigen Punkt A verschiebt, wobei zu jeder Kraft ein Versatzmoment $M_i = F_i \cdot \ell_i$ hinzukommt. Die Längen ℓ_i sind dabei die Lote vom Drehpunkt A auf die Wirklinien der Kräfte.

Ein allgemeines Kräftesystem kann also stets auf ein zentrales Kräftesystem mit einer Resultierenden $\vec{F}_R = \sum \vec{F}_i$ und einem resultierenden Momentenvektor $\vec{M}_R = \sum \vec{M}_i$ zurückgeführt werden.

Es bleibt dann im allgemeinen eine Kraft und ein Moment (insgesamt eine Dyname) übrig, wobei das Moment von der Wahl des Bezugspunktes abhängig ist. Die Dyname kann wiederum durch Parallelverschiebung in den Punkt B auf eine Einzelkraft reduziert werden, so daß das Moment ganz verschwindet.

■ **Beispiel:** allg. Kräftesystem mit drei Kräften

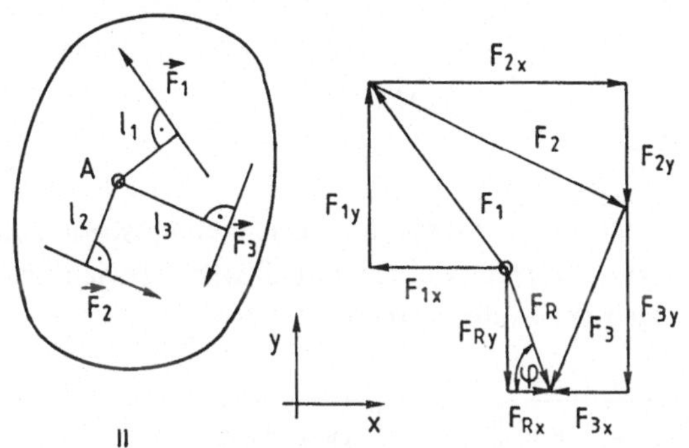

$$F_{Rx} = -F_{1x} + F_{2x} - F_{3x} = \sum F_{ix}$$

$$F_{Ry} = F_{1y} - F_{2y} - F_{3y} = \sum F_{iy}$$

$$F_R = \sqrt{F_{Rx}^2 + F_{Ry}^2}$$

$$\tan \varphi = \frac{F_{Ry}}{F_{Rx}}$$

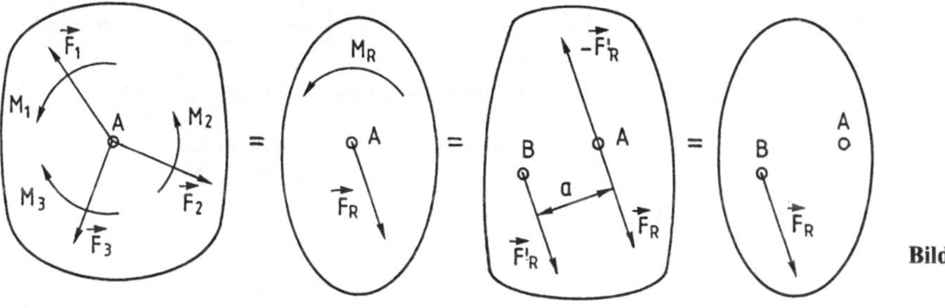

Bild 4.21

$$M_1 = F_1 \cdot \ell_1 \qquad M_R = M_1 + M_2 + M_3 = \sum M_i = \sum F_i \cdot \ell_i$$

$$M_2 = F_2 \cdot \ell_2$$
$$M_R = F_R \cdot a \;\Rightarrow\; a = \frac{M_R}{F_R}$$
$$M_3 = F_3 \cdot \ell_3$$

■

4.8 Mögliche Formen der Gleichgewichts-Bedingungen

Heben sich die Kräfte eines Körpers gegenseitig auf $\left(\text{geschlossenes Krafteck } \sum\limits_{i=1}^{n} \vec{F}_i = 0 \text{ bzw.}\right.$ $\sum\limits_{i=1}^{n} F_x = 0$ und $\sum\limits_{i=1}^{n} F_y = 0\Big)$ und ist die Summe aller Momente für einen bestimmten Drehpunkt A gleich Null $(\sum M^{(A)} = 0)$, so ist der Körper im Gleichgewicht. Man kann zeigen, daß dann auch die Momentensumme für einen beliebigen anderen Bezugspunkt B verschwinden muß $(\sum M^{(B)} = 0)$. Der Momenten-Bezugspunkt ist also frei wählbar.

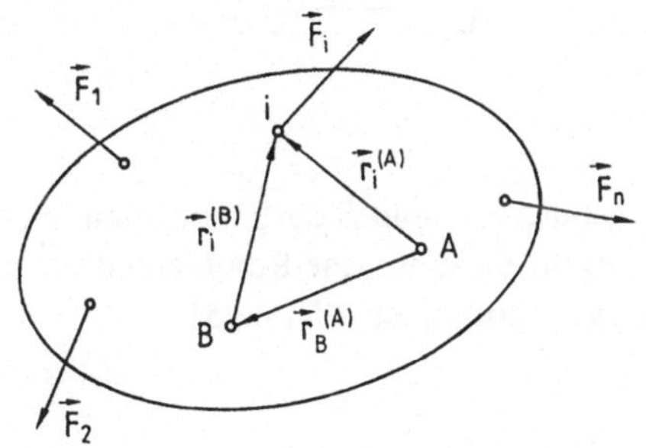

Nach Bild 4.22 gilt für die Ortsvektoren
$$\vec{r}_i^{(A)} = \vec{r}_B^{(A)} + \vec{r}_i^{(B)}$$
Der Ausgangspunkt der Ortsvektoren wurde dabei als hochgestellter Index geschrieben.

Bild 4.22

Für eine Kräftegruppe $\vec{F}_i$ $(i = 1, 2, \ldots n)$ mit n Kräften ist das Moment bezogen auf den Drehpunkt A

$$\sum \vec{M}^{(A)} = \sum_{i=1}^{n} \vec{r}_i^{(A)} \times \vec{F}_i = \sum_{i=1}^{n} (\vec{r}_B^{(A)} + \vec{r}_i^{(B)}) \times \vec{F}_i$$

Der Ortsvektor $\vec{r}_B^{(A)}$ ist von den Kräften $\vec{F}_i$ unabhängig, also konstant und darf somit vor das Summenzeichen gesetzt werden:

$$\sum \vec{M}^{(A)} = \vec{r}_B^{(A)} \cdot \sum_{i=1}^{n} \vec{F}_i + \sum_{i=1}^{n} \vec{r}_i^{(B)} \times \vec{F}_i = \vec{r}_B^{(A)} \cdot \sum_{i=1}^{n} \vec{F}_i + \sum \vec{M}^{(B)}$$

Aus $\sum \vec{F}_i = 0$ und $\sum \vec{M}^{(A)} = 0$ folgt daraus $\sum \vec{M}^{(B)} = 0$.

Die Kräfte-Gleichgewichtsbedingungen können durch Momenten-Gleichgewichtsbedingungen um andere Bezugspunkte B oder C ersetzt werden. Um jedoch in jedem Fall Gleichgewicht garantieren zu können, müssen folgende Einschränkungen betrachtet werden:

1)

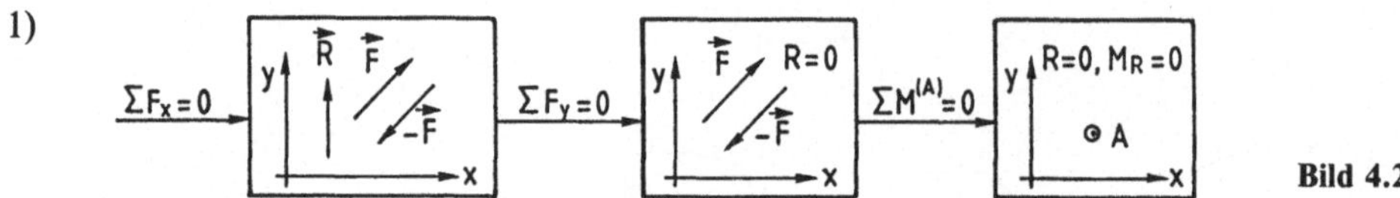

Bild 4.23

Die Gleichgewichts-Bedingungen nach Bild 4.23 sind notwendig und hinreichend

2)

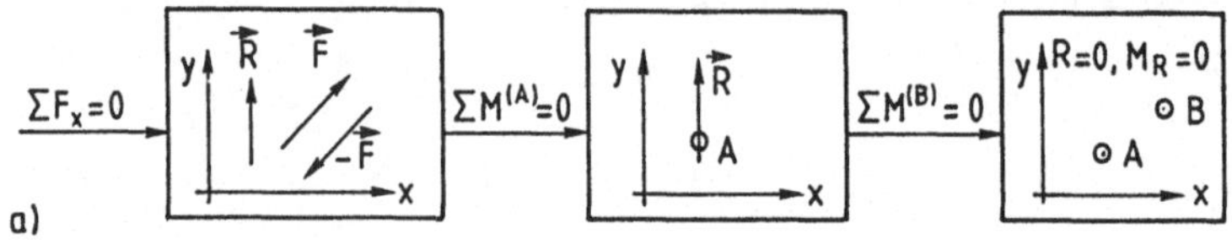

a)

Dagegen nicht hinreichend

b)

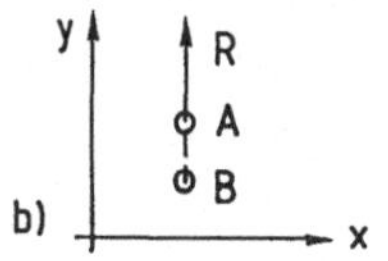

Bild 4.24

Die Momenten-Bezugspunkte A und B dürfen nicht auf einer Parallelen zur y-Achse liegen, da sonst eine Resultierende $\vec{R}$ parallel zur y-Achse nicht ausgeschlossen ist (Bild 4.24b).

Allgemein formuliert:
Die Verbindungsgerade der beiden Momenten-Bezugspunkte darf nicht senkrecht zu der Richtung sein, in der die Kräftekomponenten-Bedingung aufgestellt wird.

3)

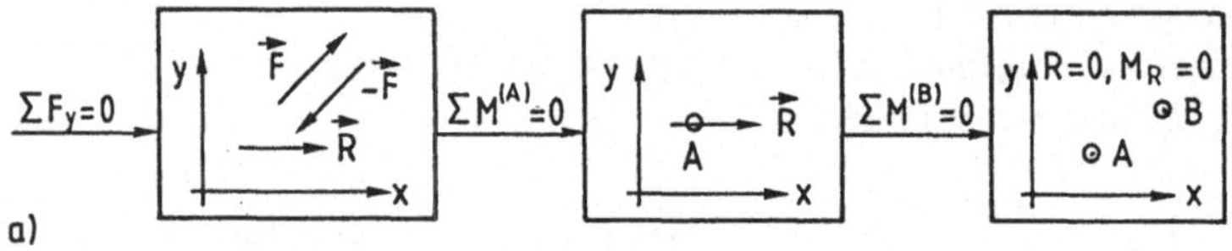

a)

Dagegen nicht hinreichend

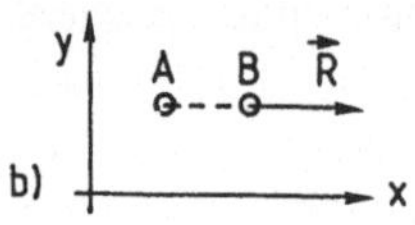

b)

Bild 4.25

Die Momenten-Bezugspunkte A und B dürfen nicht auf einer Parallelen zur x-Achse liegen, da sonst eine Resultierende $\vec{R}$ parallel zur x-Achse nicht ausgeschlossen ist (Bild 4.25b).

4)

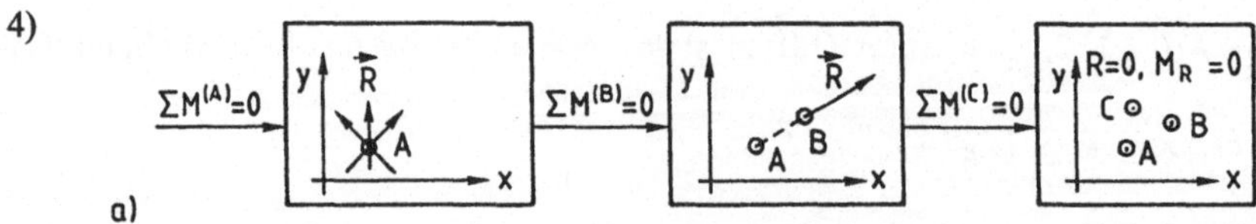

a)

Dagegen nicht hinreichend

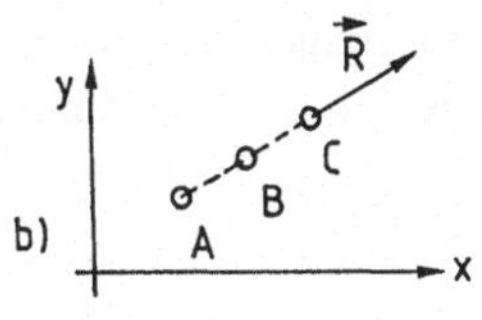

Die Momenten-Bezugspunkte A, B, C dürfen nicht alle auf einer Geraden liegen, da sonst eine Resultierende $\vec{R}$ auf dieser Geraden nicht ausgeschlossen wäre (Bild 4.26 b).

Bild 4.26

4.9 Moment als Belastung und als Lagerreaktion

Momente können auch als Belastung bei gelagerten oder fixierten Systemen auftreten. Beispiele sind das Bohren oder Gewindeschneiden an einem Werkstück mit einer Werkzeugmaschine, das Anziehen oder Lösen von Schrauben an einem Motorblock bei der Montage, die Verdrehung von Flanschen (z. B. bei einem Turbinengehäuse) durch Rohraktionen infolge behinderter Wärmedehnungen usw.

Aber auch an den Lagerstellen (Einspannung, Momentenstütze) entstehen als Folge der äußeren Belastung Kräfte und Momente zur Aufrechterhaltung des Gleichgewichts.

■ **Beispiel:** Quader mit Momenten-Belastung

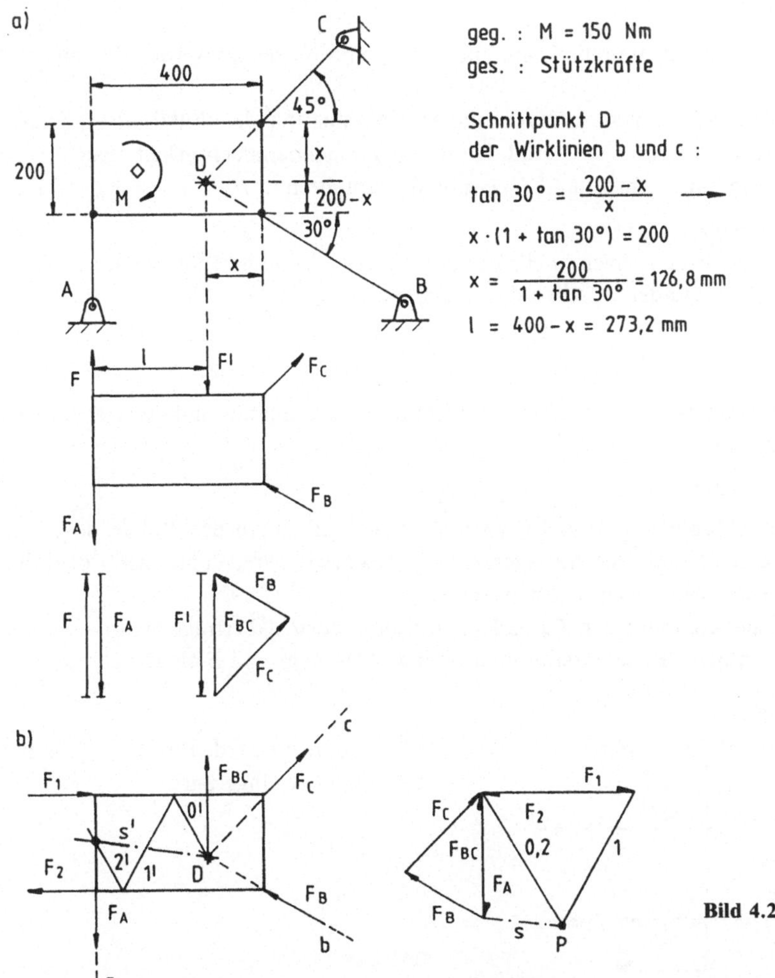

$$\tan 30° = \frac{200 - x}{x} \longrightarrow$$

$$x \cdot (1 + \tan 30°) = 200$$

$$x = \frac{200}{1 + \tan 30°} = 126,8 \text{ mm}$$

$$l = 400 - x = 273,2 \text{ mm}$$

Bild 4.27

In unserem Beispiel sind die Kräfte gesucht, die infolge einer Momenten-Belastung an den Stützen eines Quaders entstehen. Ist der Quader an mehreren Stellen mit verschiedenen Momenten belastet, so faßt man diese zuerst algebraisch zu einem resultierenden Moment zusammen. Da das Moment für jeden Bezugspunkt die gleiche Drehwirkung hat, spielt seine Lage für die Bestimmung der Stützkräfte keine Rolle.   ∎

Zeichnerische Lösung

a) durch Kräfte-Vergleich

Das eingeprägte Moment wird durch ein äquivalentes Kräftepaar mit gleichem Drehsinn ersetzt. Diesem Belastungs-Kräftepaar muß ein gleich großes Reaktions-Kräftepaar entgegenwirken.

Die 3 Auflagerkräfte $\vec{F}_A$, $\vec{F}_B$, $\vec{F}_C$ nach Bild 4.27a müssen also zusammen ein Kräftepaar bilden und sind auf 2 parallele Kräfte zu reduzieren. Faßt man z.B. $\vec{F}_B$ und $\vec{F}_C$ zu einer Resultierenden $\vec{F}_{BC} = \vec{F}_B + \vec{F}_C$ zusammen, so muß deren Wirklinie durch den Schnittpunkt D von b und c gehen und parallel zu a sein.

Den Abstand ℓ des Kräftepaars entnimmt man aus der Zeichnung oder bestimmt ihn wie angegeben rechnerisch.

Das Belastungs- und das Reaktions-Kräftepaar wird zweckmäßig auf gleichen Abstand gebracht, damit die Kräfte unmittelbar verglichen werden können.

$$\text{Dann ist} \quad F = F' = \frac{150\,\text{Nm}}{0,2732\,\text{m}} = 549\,\text{N} = F_A = F_{BC}$$

Die Resultierende $\vec{F}_{BC}$ muß noch in die Komponenten $\vec{F}_B$ und $\vec{F}_C$ zerlegt werden, womit die Stützkräfte feststehen.

Das Reaktions-Kräftepaar kann auch durch andere Kombination der Stützkräfte gebildet werden. Durch Zusammenfassung von $\vec{F}_A$ und $\vec{F}_C$ zu einer Resultierenden erhält man z.B. direkt $\vec{F}_B$, durch Zusammenfassung von $\vec{F}_A$ und $\vec{F}_B$ ergibt sich unmittelbar $\vec{F}_C$.

b) mit dem Pol- und Seileck

Das Belastungs-Kräftepaar kann auch in einer anderen Lage angenommen werden, z.B. nach Bild 4.27b horizontal im Abstand der Quaderhöhe $\ell = 200$ mm.

$$\text{Die Kräfte sind dann} \quad F_1 = F_2 = \frac{M}{\ell} = \frac{150\,\text{Nm}}{0,2\,\text{m}} = 750\,\text{N}$$

Beim Schlußlinien-Verfahren muß der erste Seilstrahl durch den Schnittpunkt zweier unbekannter Kräfte gelegt werden z.B.

$$O' \quad \text{durch} \quad D = b \cap c.$$

Verschiebt man die Schlußlinie s' vom LP parallel in den KP durch den Pol P, so erhält man zwischen den Polstrahlen 2 und s die Auflagerkraft $\vec{F}_A$ bzw. zwischen den gleichen Polstrahlen die Resultierende $\vec{F}_{BC}$, also ebenfalls ein Kräftepaar.

$\vec{F}_{BC}$ muß wieder in die Komponenten $\vec{F}_B$ und $\vec{F}_C$ zerlegt werden. Überträgt man die gefundenen Stützkräfte vom KP in den LP, so erkennt man A und C als Zug- und B als Druckstab.

Rechnerische Lösung

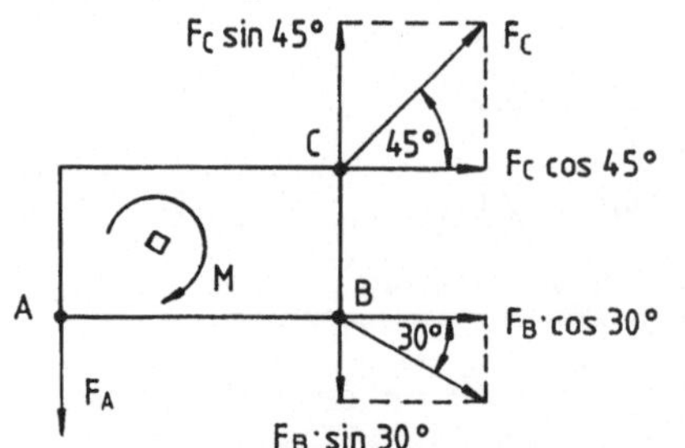

Die Stabkräfte werden im Bild 4.28 zunächst als Zugkräfte eingeführt.

Bild 4.28

Gleichgewichts-Bedingungen

I) $\quad \sum F_x = 0 = F_B \cdot \cos 30° + F_C \cdot \cos 45° \quad \Rightarrow \quad F_B = -F_C \cdot \dfrac{\cos 45°}{\cos 30°}$

II) $\quad \sum F_y = 0 = -F_A - F_B \cdot \sin 30° + F_C \cdot \sin 45°$

III) $\quad \sum M^{(A)} = 0 = -F_B \cdot \sin 30° \cdot 0,4 \text{ m} - F_C \cdot \cos 45° \cdot 0,2 \text{ m} + F_C \cdot \sin 45° \cdot 0,4 \text{ m} - M$

Da Gl. I nur die Unbekannten F_B und F_C enthält, wird für Gl. III der Drehpunkt A gewählt, damit F_A herausfällt und die gleichen Unbekannten F_B und F_C nochmals vorkommen.

I in III: $\quad F_C \cdot \dfrac{\cos 45°}{\cos 30°} \cdot \sin 30° \cdot 0,4 \text{ m} - F_C \cdot \cos 45° \cdot 0,2 \text{ m} + F_C \cdot \sin 45° \cdot 0,4 \text{ m} = M$

$$F_C = \frac{M}{0,4 \text{ m} \cdot \cos 45° \cdot \tan 30° + 0,2 \text{ m} \cdot \sin 45°} = 492,25 \text{ N} \quad \text{(Zug)}$$

aus I: $\quad F_B = -492,25 \text{ N} \cdot \dfrac{\cos 45°}{\cos 30°} = -401,92 \text{ N} \quad \text{(Druck)}$

aus II: $\quad F_A = -F_B \cdot \sin 30° + F_C \cdot \sin 45° = 549,03 \text{ N} \quad \text{(Zug)}$

■ **Beispiel:** Gestützter Quader belastet durch ein Moment und durch eine Einzelkraft

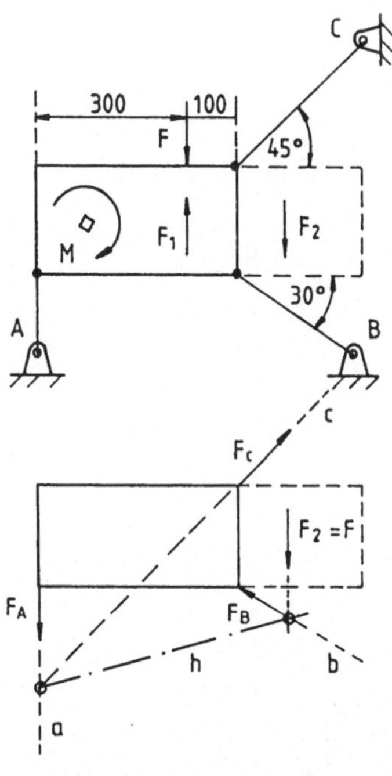

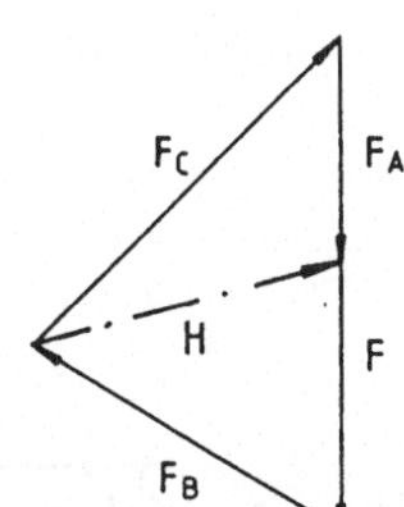

Bild 4.29

Man kann die eingeprägte Belastung durch $\vec{F}$ und $\vec{M}$ (Dyname) zu einer verschobenen Einzelkraft $\vec{F}$ nach Bild 4.29 zusammenfassen.

Dabei ersetzt man das Moment $\vec{M}$ durch ein äquivalentes Kräftepaar $\vec{F_1}, \vec{F_2}$ ($F_1 = F_2 = F$) so, daß die Belastungskraft $\vec{F}$ durch $\vec{F_1}$ aufgehoben wird.

Der Abstand des Kräftepaars ergibt sich aus

$$M = F \cdot \ell \quad \Rightarrow \quad \ell = \frac{M}{F} = \frac{150 \text{ Nm}}{750 \text{ N}} = 0,2 \text{ m} = 200 \text{ mm}$$

Es bleibt noch eine verschobene Einzelkraft $F_2 = F$ übrig, die außerhalb des Quaders liegt, so daß man sich den Quader scheibenförmig vergrößert vorstellen muß (gestrichelt gezeichnet). Diese Einzelkraft ist mit den 3 Stützkräften im Gleichgewicht, die sich z. B. mit dem Culmann-Verfahren bestimmen lassen.

Rechnerische Lösung

Gegenüber dem vorhergehenden Beispiel muß noch zusätzlich die Belastungskraft $\vec{F}$ berücksichtigt werden.

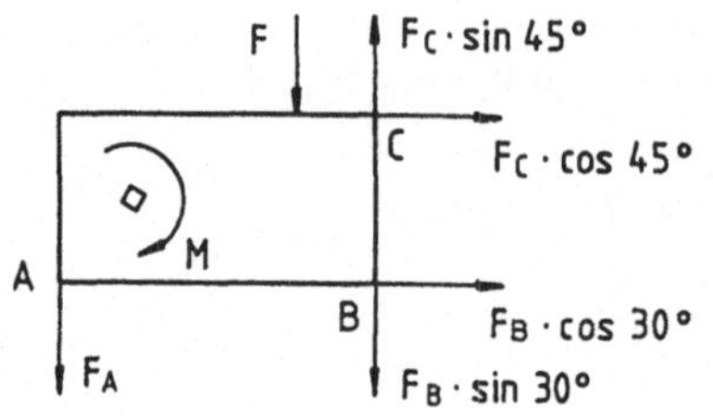

Die Stabkräfte werden im Bild 4.30 zunächst als Zugkräfte angenommen.

Bild 4.30

Gleichgewichts-Bedingungen

I) $\quad \sum F_x = 0 = F_B \cdot \cos 30° + F_C \cdot \cos 45° \quad \Rightarrow \quad F_B = -F_C \cdot \dfrac{\cos 45°}{\cos 30°}$

II) $\quad \sum F_y = 0 = -F_A - F_B \cdot \sin 30° + F_C \cdot \sin 45° - F$

III) $\quad \sum M^{(A)} = 0 = -F_B \cdot \sin 30° \cdot 0,4\,\text{m} - F_C \cdot \cos 45° \cdot 0,2\,\text{m} + F_C \cdot \sin 45° \cdot 0,4\,\text{m} - F \cdot 0,3\,\text{m} - M$

I in III: $\quad F_C \cdot \dfrac{\cos 45°}{\cos 30°} \cdot \sin 30° \cdot 0,4\,\text{m} + F_C \cdot \sin 45° \cdot 0,2\,\text{m} = M + F \cdot 0,3\,\text{m} \quad \Rightarrow$

$$F_C = \frac{M + F \cdot 0,3\,\text{m}}{0,4\,\text{m} \cdot \cos 45° \cdot \tan 30° + \sin 45° \cdot 0,2\,\text{m}} = 1230,64\,\text{N} \quad \text{(Zug)}$$

aus I: $\quad F_B = -1230,64\,\text{N} \cdot \dfrac{\cos 45°}{\cos 30°} = -1004,81\,\text{N} \quad \text{(Druck)}$

aus II: $\quad F_A = -F_B \cdot \sin 30° + F_C \cdot \sin 45° - F = 622,6\,\text{N} \quad \text{(Zug)}$

■ **Beispiel:** Eingespannter Balken mit vertikalen Einzelkräften

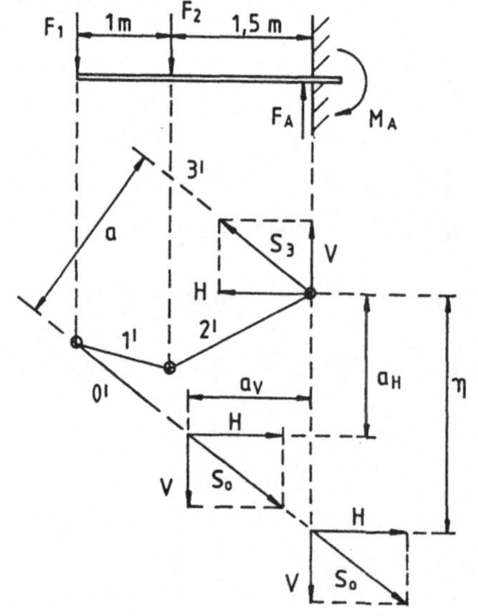

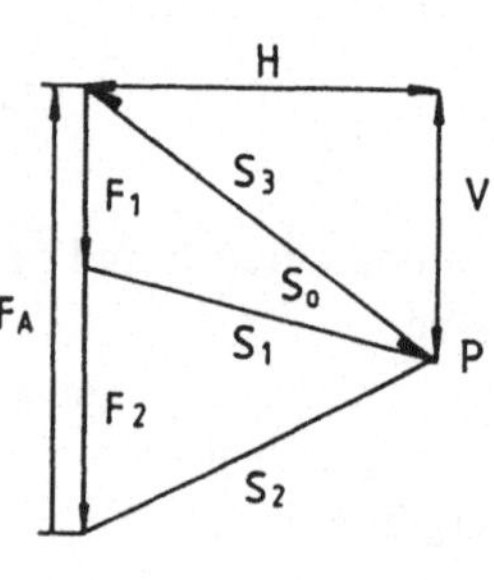

Bild 4.31

Aus dem geschlossenen Krafteck im Bild 4.31 entnimmt man direkt die Auflagerkraft $F_A = F_1 + F_2 = 5$ kN.

Zur besseren Übersicht werden im KP wie bei der Entwicklung des Seileck-Verfahrens die Polstrahlen als Kräfte angenommen. Die Kräfte $\vec{F}_1, \vec{F}_2, \vec{F}_A$ werden reduziert auf die gleich großen, entgegengesetzt gerichteten Kräfte $\vec{S}_0$ und $\vec{S}_3$. Da das Seileck offen ist, bilden $\vec{S}_0$ und $\vec{S}_3$ ein Kräftepaar, das durch das Einspannmoment M_A im Gleichgewicht gehalten wird.

Entnimmt man die Kraft S_0 und den Abstand a der Zeichnung, so kann man die Drehwirkung des Kräftepaars bestimmen zu

$$M_A = S_0 \cdot a = 5 \text{ kN} \cdot 1,9 \text{ m} = 9,5 \text{ kNm}$$

Die Seilkräfte des Kräftepaars werden zerlegt in die Horizontalkomponente H und die Vertikalkomponente V, die zusammen die gleiche Drehwirkung haben:

$$M_A = S_0 \cdot a = H \cdot a_H + V \cdot a_V$$

Die Drehwirkungen des horizontalen und des vertikalen Komponenten-Kräftepaars sind im einzelnen von der angenommenen Lage der Seilkräfte S_0 und S_3 abhängig, in der Summe aber immer gleich.

Verschiebt man die Seilkräfte $\vec{S}_0$ und $\vec{S}_3$ auf ihren Wirklinien O' und $3'$ so, daß ihre Angriffspunkte senkrecht übereinander liegen, dann wird mit $a_V \rightarrow 0$ auch die Drehwirkung von V gleich Null.

Die Vertikalkomponenten liegen dann auf einer Linie und heben sich gegenseitig auf. Es bleibt nur die Drehwirkung des Kräftepaars H mit entsprechend größerem Abstand übrig, die zum gleichen Ergebnis führt:

$$M_A = H \cdot \eta = 4 \text{ kN} \cdot 2,38 \text{ m} = 9,5 \text{ kNm}$$

H = Horizontalkomponente der Seilkräfte, die man dem KP entnehmen kann

η = vertikaler Abstand der Seilstrahlen an der Stelle, an der das Moment ermittelt werden soll.

Allgemein sind die Schnittgrößen gleich den Einspannreaktionen, wenn man sich an der Schnittstelle eine Einspannung vorstellt. Denkt man sich die Einspannung entlang des Balkens verschoben, so erhält man z.B. den Biegemomenten-Verlauf, wenn man überall das Einspannmoment bestimmt.

Allgemein ist das Einspannmoment bzw. das Schnittmoment (Biegemoment) eines Balkens

$$\boxed{M = H \cdot \eta} \tag{4.7}$$

Der gewählte Polabstand H ist für den ganzen Balken konstant. Die η-Werte sind also proportional dem jeweiligen Biegemoment an der betrachteten Schnittstelle des Balkens.

Hat man also das Seileck konstruiert, so ist damit auch der Biegemomenten-Verlauf festgelegt, wenn man noch den Momenten-Maßstabsfaktor bestimmt (siehe Kapitel 11.10 und 11.11).

Um die Biegemomente übersichtlich von einer horizontalen Bezugslinie ausgehend darzustellen, wird das Seileck umgezeichnet, wobei der Polstrahl O horizontal sein soll. ∎

Seileck mit horizontaler Bezugslinie

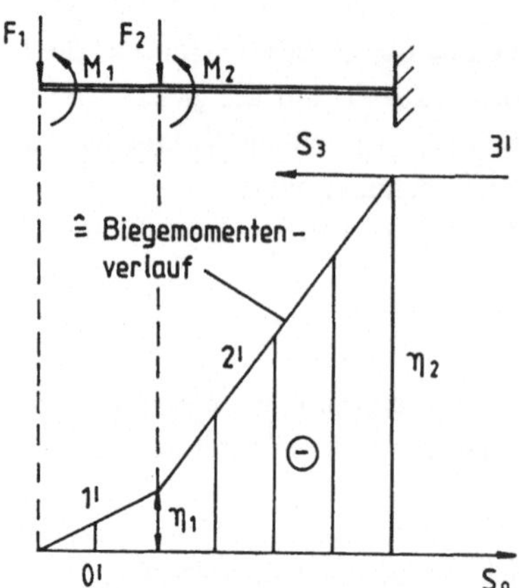

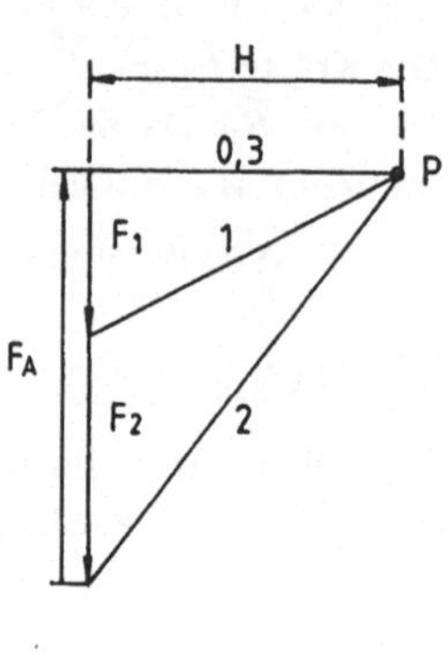

Bild 4.32

Biegemomente:

Mit dem Polabstand H und den Seileckabständen η aus Bild 4.32 kann man z. B. die Biegemomente an den Kraftangriffsstellen bestimmen

$$M_1 = H \cdot \eta_1 = 4\ \text{kN} \cdot (-0,5\ \text{m}) = -2\ \text{kNm}$$
$$M_2 = H \cdot \eta_2 = 4\ \text{kN} \cdot (-2,38\ \text{m}) = -9,5\ \text{kNm}$$

■ **Beispiel:** Balken auf zwei Pendelstützen und einer Momentenstütze gelagert

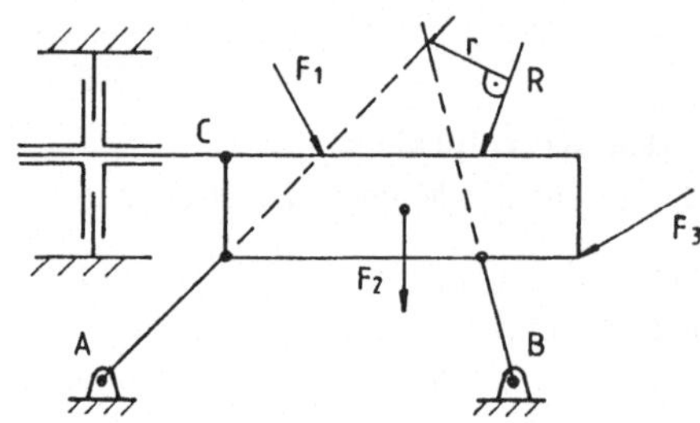

geg.: F_1, F_2, F_3

ges.: Auflagerreaktionen
F_A, F_B, M_C

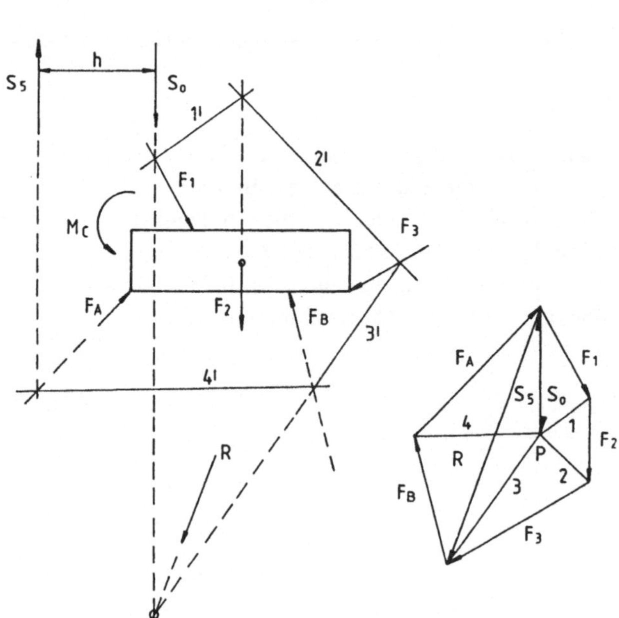

Das Krafteck der äußeren Kräfte läßt sich im KP direkt zeichnen, wodurch die Auflagerkräfte $\vec{F}_A$ und $\vec{F}_B$ bestimmt sind (Bild 4.33).

Trotz des geschlossenen Kraftecks sind die äußeren Kräfte für sich nicht im Gleichgewicht, da bei ihrer Reduktion noch ein Kräftepaar $\vec{S}_0$, $\vec{S}_5$ übrigbleibt mit dem Moment $M = S_0 \cdot h$, das von der Momentenstütze aufgenommen wird.

Das Moment der äußeren Kräfte ist rechtsdrehend, so daß die Momentenstütze ein gleich großes linksdrehendes Moment M_C entgegensetzen muß.

Faßt man die eingeprägten Kräfte zu einer Resultierenden R zusammen und bestimmt deren Moment bezüglich des Schnittpunkts G (Scheingelenk) der beiden Auflager-Wirklinien a und b, so kommt man zum gleichen Moment $M = R \cdot r$, das von allen äußeren Kräften bezüglich des Punktes G gebildet wird.

Die Beträge S_0 bzw. R entnimmt man dem KP, die Abstände h bzw. r dem LP und bestimmt damit das Stützmoment $M_C = S_0 \cdot h = R \cdot r$.   ∎

5 Dreigelenkbogen

Der Dreigelenkbogen ist ein ebenes, statisch bestimmtes Tragwerk, bestehend aus zwei Scheiben, die gelenkig miteinander verbunden sind und jeweils durch ein festes Gelenklager am Boden gestützt werden.

5.1 Ausführungs-Beispiele

Die beiden Scheiben können auch in sich als Fachwerk ausgebildet sein. An die Stelle der Scheiben können gerade oder gekrümmte Balken treten (Bild 5.1).

Im allgemeinen Fall sind beide Scheiben mit mehreren Kräften belastet. Innerhalb einer Scheibe dürfen die Kräfte zu einer Resultierenden zusammengefaßt werden. Außerdem kann noch eine Kraft am Bolzen des Zwischengelenks wirken, die z. B. von einer Seilrolle stammt.

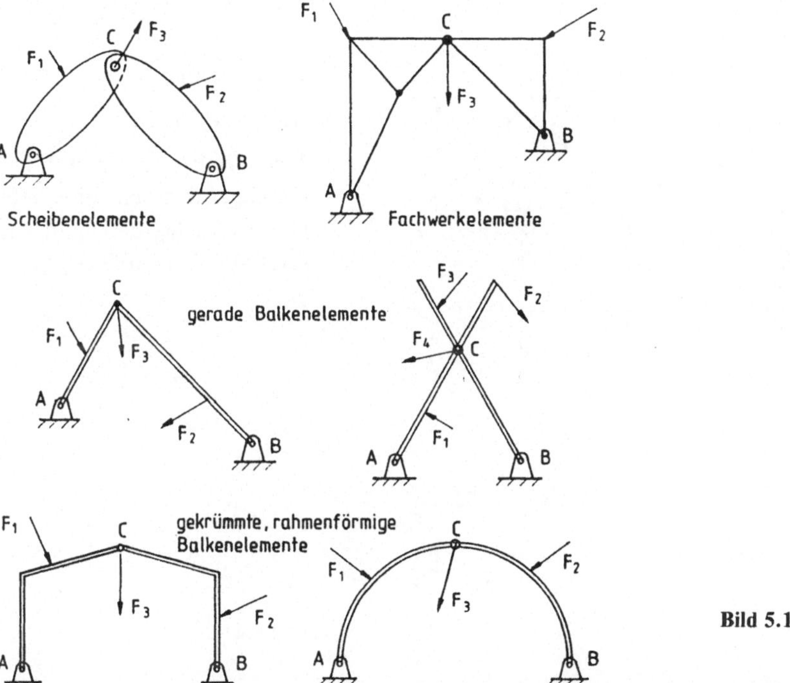

Bild 5.1

Erfolgt die Verbindung der beiden Scheiben untereinander und mit dem Fundament anstelle von Gelenken durch Stäbe, so spricht man von einem Dreigelenk-System wie im Bild 5.2.

Den Schnittpunkt zweier zusammengehöriger Stäbe bezeichnet man als Scheingelenk, da man dort mit einem Festlager die gleiche Fesselung erzielt.

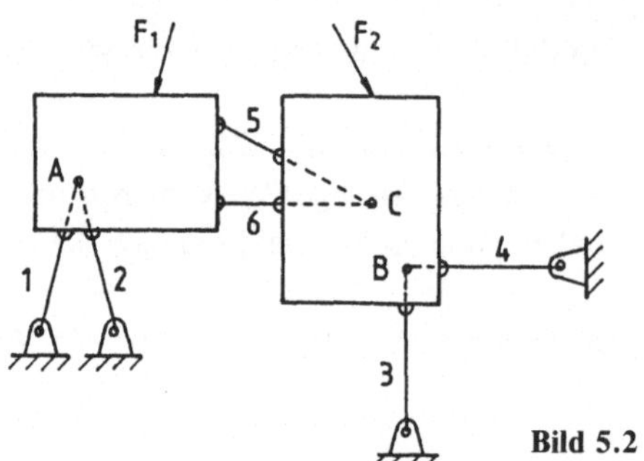

Bild 5.2

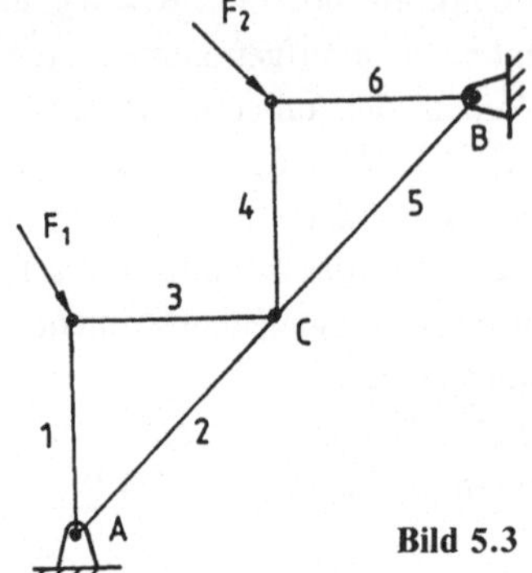

Bild 5.3

Bei der Bestimmung der Stabkräfte kann man wie beim Dreigelenkbogen mit echten Gelenken verfahren und dann die Kräfte bei A, B, C jeweils auf die beiden zugehörigen Stäbe verteilen.

Voraussetzung für die statische Bestimmtheit eines Dreigelenkbogens ist allerdings, daß die drei Gelenke A, B, C (oder Scheingelenke) nicht auf einer Geraden liegen. Sonst hat man es mit einem Ausnahme-Tragwerk zu tun, das erst nach einer bestimmten Verformung ins Gleichgewicht kommen kann. Zur Bestimmung der Gelenkkräfte (bzw. Stabkräfte) sind dann Verformungs-Gleichungen der Festigkeitslehre erforderlich.

Der Dreigelenkbogen (bestehend aus 2 dreieckigen Fachwerkscheiben) nach Bild 5.3 ist wackelig, da die Auflagergelenke A, B und das Zwischengelenk C auf einer Geraden liegen. Wie man nach dem Superpositions-Verfahren (Kapitel 5.2.2) erkennt, fallen beide Auflagerkräfte in die Richtung AB und können somit die eingeprägten Kräfte F_1 und F_2 nicht im Gleichgewicht halten, da deren Resultierende im allgemeinen eine andere Richtung aufweist.

5.2 Bestimmung der Auflager- und Gelenkkräfte

5.2.1 Analytische Lösung

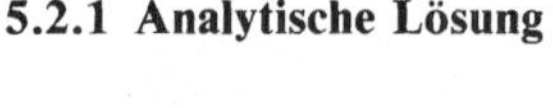

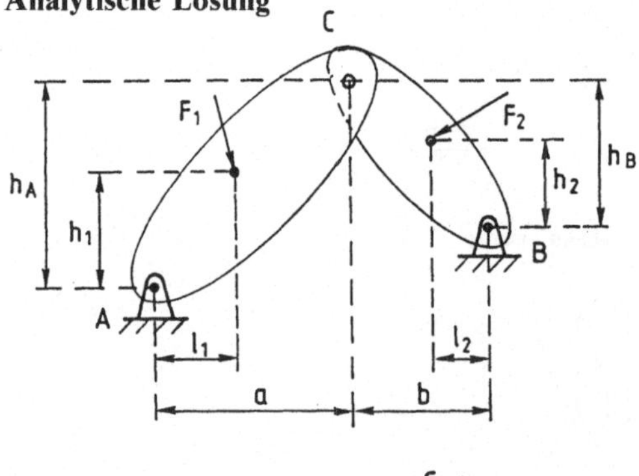

6 Unbekannte

A_x, A_y, B_x, B_y, C_x, C_y

Jedes Teilsystem muß für sich im Gleichgewicht sein und liefert je 3 Gleichgewichts-Bedingungen, insgesamt also $2 \cdot 3 = 6$ Gleichungen.

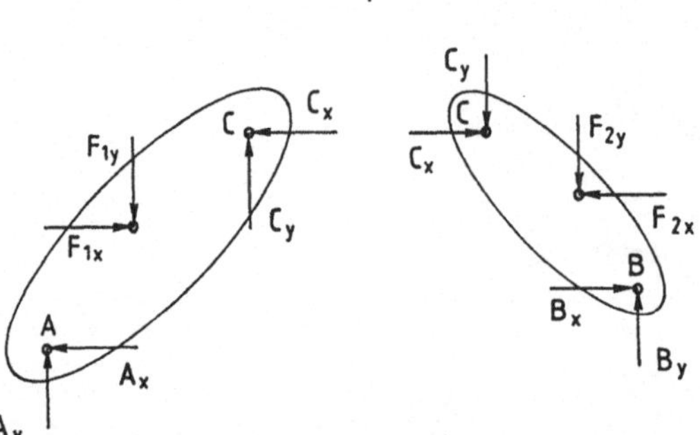

Bild 5.4

Nimmt man in den beiden Teilsystemen AC und BC jeweils die Festlagerpunkte A und B als Momenten-Bezugspunkte an, so entfallen zunächst die 4 unbekannten Auflager-Komponenten. Es verbleiben 2 Gleichungen mit den beiden Komponenten C_x, C_y des Zwischengelenks als Unbekannte, die z.B. mit der Cramerschen Regel ermittelt werden.

Das Gleichgewicht der Kräfte an den beiden Teilsystemen liefert dann noch 4 weitere Gleichungen mit jeweils einer Unbekannten, nach der unmittelbar aufgelöst werden kann.

Mit den Bezeichnungen nach Bild 5.4 lauten die Gleichgewichts-Bedingungen:

$$\left.\begin{aligned}
\text{I)} \quad & \sum_{AC} M^{(A)} = 0 = C_x \cdot h_A + C_y \cdot a - F_{1x} \cdot h_1 - F_{1y} \cdot \ell_1 \\
\text{II)} \quad & \sum_{BC} M^{(B)} = 0 = -C_x \cdot h_B + C_y \cdot b + F_{2x} \cdot h_2 + F_{2y} \cdot \ell_2
\end{aligned}\right\} \Rightarrow C_x, C_y$$

$$\text{III)} \quad \sum_{AC} F_x = 0 \Rightarrow A_x = F_{1x} - C_x \qquad\qquad \text{V)} \quad \sum_{BC} F_x = 0 \Rightarrow B_x = F_{2x} - C_x$$

$$\text{IV)} \quad \sum_{AC} F_y = 0 \Rightarrow A_y = F_{1y} - C_y \qquad\qquad \text{VI)} \quad \sum_{BC} F_y = 0 \Rightarrow B_y = F_{2y} - C_y$$

Auflösung der Gleichungen mit der Cramerschen Regel:

$$\text{I)} \quad h_A \cdot C_x + a \cdot C_y = F_{1x} \cdot h_1 + F_{1y} \cdot \ell_1$$

$$\text{II)} \quad h_B \cdot C_x - b \cdot C_y = F_{2x} \cdot h_2 + F_{2y} \cdot \ell_2$$

$$C_x = \frac{\begin{vmatrix} (F_{1x} \cdot h_1 + F_{1y} \cdot \ell_1) & a \\ (F_{2x} \cdot h_2 + F_{2y} \cdot \ell_2) & -b \end{vmatrix}}{\begin{vmatrix} h_A & a \\ h_B & -b \end{vmatrix}} \;;\quad C_y = \frac{\begin{vmatrix} h_A & (F_{1x} \cdot h_1 + F_{1y} \cdot \ell_1) \\ h_B & (F_{2x} \cdot h_2 + F_{2y} \cdot \ell_2) \end{vmatrix}}{\begin{vmatrix} h_A & a \\ h_B & -b \end{vmatrix}}$$

Lösungs-Variante

Man kann auch zunächst eine Auflagerkraft bestimmen, indem man das Momenten-Gleichgewicht und einen Gelenkpunkt z.B. einmal am Gesamtsystem AB um B und einmal am geschnittenen linken Teilsystem AC um C (Bild 5.4) aufstellt:

$$\text{I)} \quad \sum_{AB} M^{(B)} = 0 = -A_x(h_A - h_B) - A_y(a+b) - F_{1x}[h_B - (h_A - h_1)] +$$

$$+ F_{1y}(a + b - l_1) + F_{2x}h_2 + F_{2y}l_2$$

$$\text{II)} \quad \sum_{AC} M^{(C)} = 0 = -A_x h_A - A_y a + F_{1y}(h_A - h_1) + F_{1y}(a - l_1)$$

Diese beiden Gleichungen werden nach A_x und A_y z.B. mittels Cramerscher Regel aufgelöst.
Die andere Auflagerkraft wird am Gesamtsystem aus dem Kräfte-Gleichgewicht ermittelt:

$$\text{III)} \quad \sum_{AB} F_x = 0 \Rightarrow B_x = A_x - F_{1x} + F_{2x}$$

$$\text{IV)} \quad \sum_{AB} F_y = 0 \Rightarrow B_y = -A_y + F_{1y} + F_{2y}$$

Bei Bedarf liefert dann das Kräfte-Gleichgewicht z.B. am linken Teilsystem AC die Kraft im Zwischengelenk:

$$\text{V)} \quad \sum_{AC} F_x = 0 \Rightarrow C_x = -A_x + F_{1x}$$

$$\text{VI)} \quad \sum_{AC} F_y = 0 \Rightarrow C_y = -A_y + F_{1y}$$

Wird die Gelenkkraft bei C nicht benötigt, so spart man gegenüber der ersten Lösungs-Variante Rechenarbeit.

5.2.2 Graphische Lösung

5.2.2.1 Nur eine Scheibe belastet

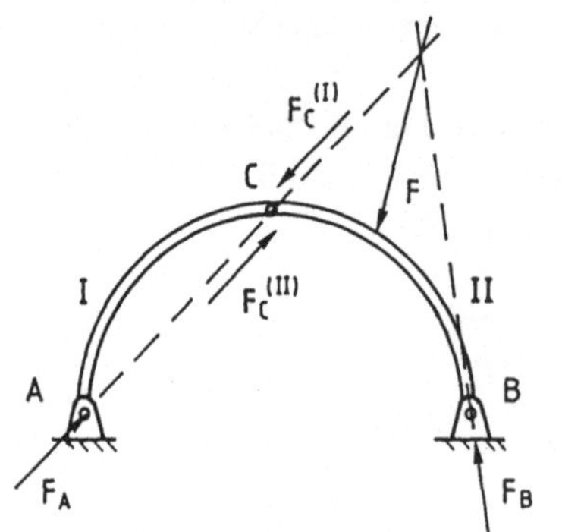

$$\vec{F} + \vec{F}_A + \vec{F}_B = \vec{0}$$

$$\vec{F}_A = -\vec{F}_C^{(I)} = \vec{F}_C^{(II)}$$

Bild 5.5

Im Bild 5.5 erkennt man das System AC als Zweikräftekörper.

$\vec{F}_C^{(I)}$ = Gelenkkraft auf Teil I (von Teil II herwirkend)

$\vec{F}_C^{(II)}$ = Gelenkkraft auf Teil II (von Teil I herwirkend).

5.2.2.2 Beide Scheiben belastet

Es hat keinen Sinn, die Kräfte $\vec{F}_1$ und $\vec{F}_2$ von beiden Scheiben zu einer Resultierenden zusammenzufassen. Diese wirkt nämlich dann auf das Gesamtsystem, bei dessen Befreiung infolge der beiden Festlager insgesamt 4 Unbekannte auftreten, so daß keine Lösung möglich ist.

Beachte: Ein anschließendes Zerlegen in 2 Teilsysteme zusammen mit der Resultierenden ist nicht zulässig. Eine Resultierende darf nämlich nur an einem Einzelkörper gebildet werden, d.h. erst schneiden, dann Resultierende bilden, nicht umgekehrt. Ein erneuter Schnitt darf nur immer wieder am unveränderten Originalsystem vorgenommen werden.

Die Teilsysteme (Scheibe I und II) müssen also mit ihren dort wirksamen Kräften getrennt betrachtet werden (Bild 5.6).

Innerhalb einer Scheibe darf man die Kräfte jedoch zu einer Resultierenden vereinigen. Der Einfachheit wegen gehen wir davon aus, daß $\vec{F}_1$ und $\vec{F}_2$ bereits die Resultierenden aller an der Scheibe I bzw. II eingeprägten Kräfte sind.

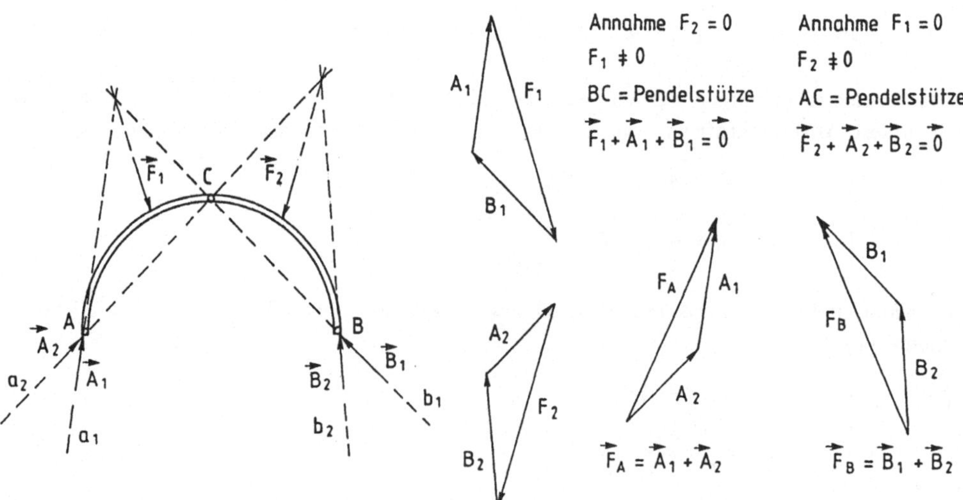

Bild 5.6

Für die Ermittlung der Auflagerkräfte denkt man sich die Kräfte $\vec{F}_1$ und $\vec{F}_2$ jeweils alleine wirksam und bestimmt mit dem 3-Kräfte-Verfahren bzw. Seileck-Verfahren wie in 5.2.2.1 die Teilreaktionen.

Durch Superposition, d. h. durch vektorielle Addition der Teilreaktionen findet man die Auflagerkräfte.

Gesamt-Kräfteplan

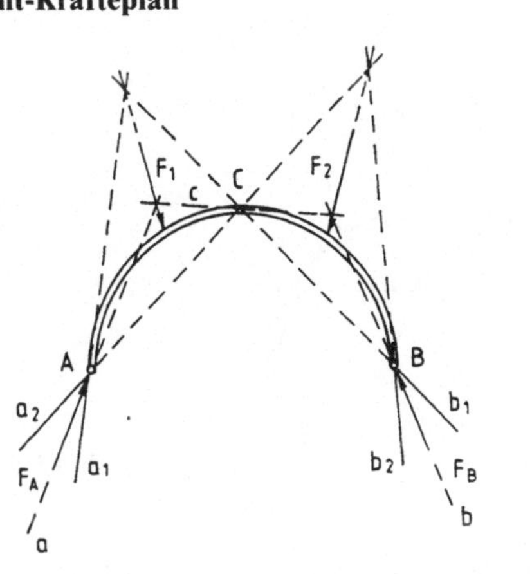

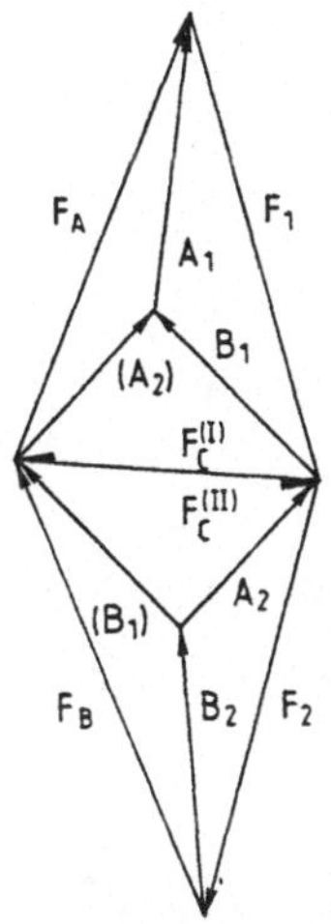

Bild 5.7

Durch passendes Aneinanderlegen der einzelnen Kraftecke erhält man nach Bild 5.7 einen übersichtlichen Gesamt-Kräfteplan, aus dem als eine Diagonale des inneren Parallelogramms die Zwischengelenkkraft hervorgeht.

Der Plan ist dazu so aufgebaut, daß die Kräfte, die jeweils auf eine Scheibe wirken, aneinander liegen:

also $\vec{F}_A$ und $\vec{F}_1$ bzw. $\vec{F}_B$ und $\vec{F}_2$.

Dann ist $\vec{F}_C^{(I)}$ bzw. $\vec{F}_C^{(II)}$ die Schlußlinie im entsprechenden Krafteck.

In dem Plan erkennt man folgende Gleichgewichts-Systeme:

$$\vec{F}_1 + \vec{F}_2 + \vec{F}_B + \vec{F}_A = \vec{0} \quad \text{Gesamtsystem}$$

$$\vec{F}_A + \vec{F}_1 + \vec{F}_C^{(I)} = \vec{0} \quad \text{Teilsystem I.}$$

$$\vec{F}_2 + \vec{F}_B + \vec{F}_C^{(II)} = \vec{0} \quad \text{Teilsystem II.}$$

Bestimmung der Zwischengelenkkraft

a) Durch Gleichgewichts-Betrachtung der beiden Teilkörper

$$\vec{F}_A + \vec{F}_1 + \vec{F}_C^{(I)} = \vec{0} \longrightarrow \vec{F}_C^{(I)} = -(\vec{F}_A + \vec{F}_1)$$

$$\vec{F}_2 + \vec{F}_B + \vec{F}_C^{(II)} = \vec{0} \longrightarrow \vec{F}_C^{(II)} = -(\vec{F}_B + \vec{F}_2)$$

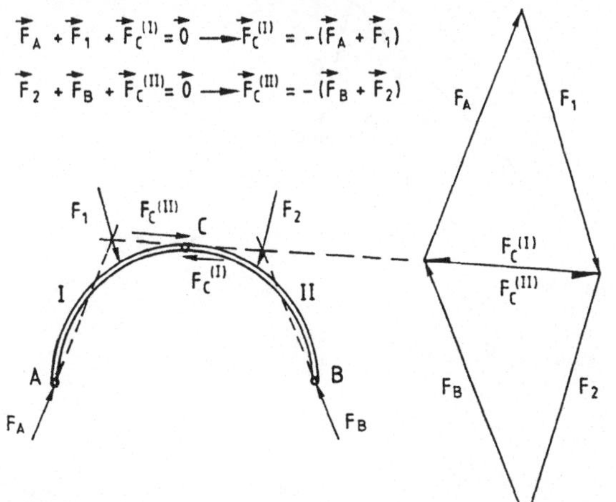

Bild 5.8

Hat man die Auflagerkräfte $\vec{F}_A$ und $\vec{F}_B$ bestimmt, so erhält man in Verbindung mit den eingeprägten Kräften $\vec{F}_1$ bzw. $\vec{F}_2$ aus dem Gleichgewicht eines Teilsystems I bzw. II die Gelenkkraft $\vec{F}_C^{(I)}$ bzw. $\vec{F}_C^{(II)}$ als Schlußlinie im entsprechenden Krafteck (Bild 5.8).

b) Durch Superposition der Reaktionskräfte infolge von Teilbelastungen

Etwas umständlicher kann man die Gelenkkraft durch Superposition von Reaktionen infolge von Teilbelastungen nach Bild 5.9 bestimmen.

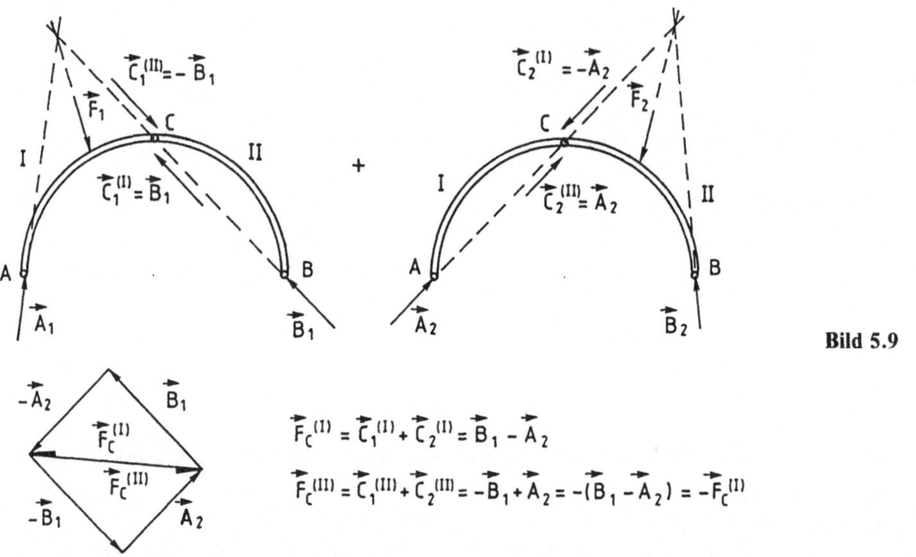

Bild 5.9

$$\vec{F}_C^{(I)} = \vec{C}_1^{(I)} + \vec{C}_2^{(I)} = \vec{B}_1 - \vec{A}_2$$

$$\vec{F}_C^{(II)} = \vec{C}_1^{(II)} + \vec{C}_2^{(II)} = -\vec{B}_1 + \vec{A}_2 = -(\vec{B}_1 - \vec{A}_2) = -\vec{F}_C^{(I)}$$

Zu beachten ist, daß die Teilreaktionen jeweils nur so, wie sie an **einem** Teilsystem wirken, zusammengefaßt werden können.

Zur Ermittlung der Teilreaktionen wird jedoch das Gleichgewicht an beiden Teilsystemen betrachtet.

Bei der Überlagerung der beiden Teilreaktionen zu einer gesamten Zwischenreaktion muß daher der Richtungssinn der Teilreaktionen, die vom Nachbarkörper stammt, umgedreht werden.

5.2.3 Sonderfälle

5.2.3.1 Die Belastungskraft ist parallel zur Gelenkkraft

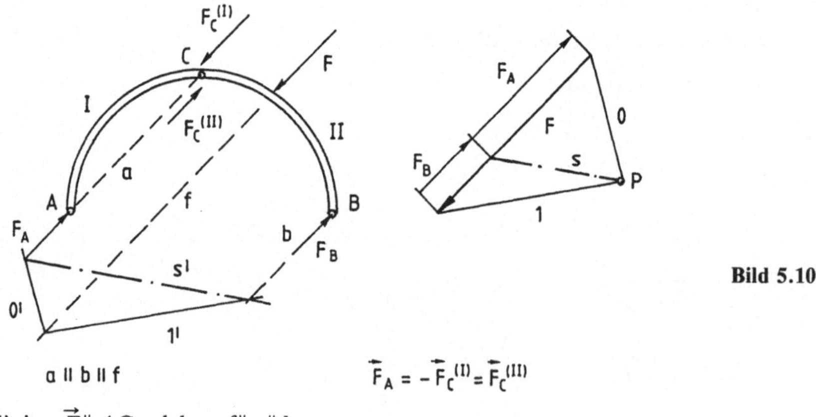

Bild 5.10

$$a \parallel b \parallel f$$

$$\vec{F}_A = -\vec{F}_C^{(I)} = \vec{F}_C^{(II)}$$

Wirklinie $\vec{F} \parallel AC$ d.h. $f \parallel a \parallel b$

Die Kräfte $\vec{F}$ und $\vec{F}_A$ laufen parallel, d.h. sie schneiden sich im Unendlichen, also muß die dritte Kraft $\vec{F}_B$ nach dem 3-Kräfte-Verfahren ebenfalls parallel dazu verlaufen, sonst läge der Schnittpunkt im Endlichen.
Nach Bild 5.10 werden die Auflagerkräfte mit dem Seileck-Verfahren ermittelt.

5.2.3.2 Die Belastungskraft und die Gelenkkraft sind fast parallel,

d.h. sie schneiden sich außerhalb des Zeichenblattes.

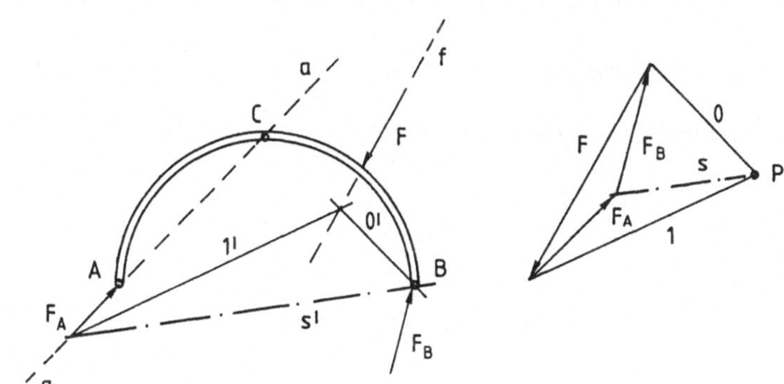

Bild 5.11

Da der Schnittpunkt der 3 Kräfte unerreichbar ist, wird das Seileck-Verfahren nach Bild 5.11 angewandt.

Beachte: Der erste Seileckstrahl muß durch das Festlager der belasteten Scheibe gelegt werden.

Geometrische Ausnutzung:

Mit dem Auffinden der Wirkungslinie b der Kraft $\vec{F}_B$ wird gleichzeitig ein geometrisches Problem gelöst:

2 Geraden (a und f) schneiden sich außerhalb des Zeichenblattes. Ein Punkt B soll mit diesem nicht erreichbaren Schnittpunkt verbunden werden.

5.2.3.3 Geometrisch und belastungsmäßig symmetrischer Dreigelenkbogen

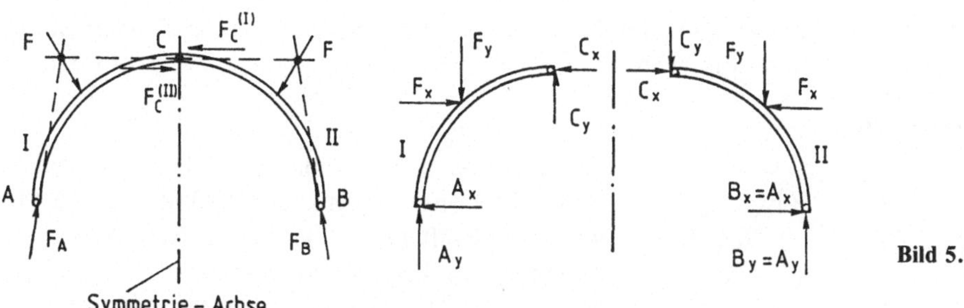

Bild 5.12

Aus Symmetriegründen sind die Auflagerkräfte gleich: $A_x = B_x$; $A_y = B_y$
Nach Bild 5.12 lauten die Gleichgewichts-Bedingungen:

I) $\quad \sum_{AC} F_y = 0 = A_y - F_y + C_y$

II) $\quad \sum_{BC} F_y = 0 = B_y - F_y - C_y$ wobei $B_y = A_y$

I-II: $\quad A_y - F_y + C_y - A_y + F_y + C_y = 0 \;\Rightarrow\; 2 \cdot C_y = 0 \;\Rightarrow\; \boxed{C_y = 0}$

Die Komponente der Gelenkkraft in Richtung der Symmetrielinie ist Null, so daß nur noch eine Komponente senkrecht zur Symmetrieachse übrigbleibt.

Bei einem symmetrischen Dreigelenkbogen verläuft die Wirklinie der Gelenkkraft also senkrecht zur Symmetrieachse. Dieses Ergebnis folgt auch aus der Schnittbedingung, denn die Gelenkkräfte $\vec{F}_C^{(I)}$ und $\vec{F}_C^{(II)}$ müssen

1) Gegenkräfte sein (d.h. gleiche Beträge, gleiche Wirkungslinien und entgegengesetzten Richtungssinn haben).

2) achsensymmetrisch sein (d.h. die Vektorspitzen müssen sich auf der Symmetrielinie gegenüberliegen).

Beide Bedingungen können gleichzeitig nur 2 Kräfte erfüllen, die senkrecht zur Symmetrieachse liegen. Entsprechend ist auch bei den Schnittgrößen (Kapitel 11) eines symmetrischen Balkens im Querschnitt der Symmetrielinie die Querkraft gleich Null und das Biegemoment maximal.

5.2.3.4 Gelenkbolzen mit einer äußeren Kraft belastet

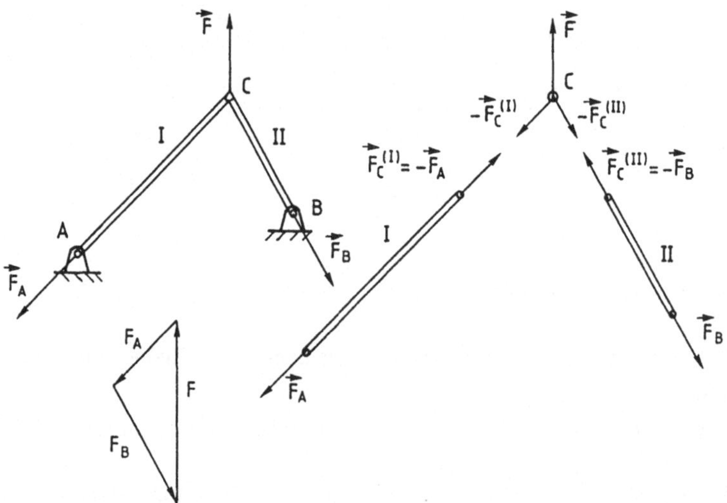

Bild 5.13

Oftmals ist auch der Bolzen des Zwischengelenks mit einer äußeren Kraft (z.B. durch eine Seilrolle) belastet. Die Teilsysteme I und II sind dann Pendelstützen und man erhält ein Fachwerk-Element (Bild 5.13).

Betrachtet man das Gleichgewicht des Bolzens C, so muß man den Richtungssinn der Gelenkkräfte bei den Stäben umkehren. Einfacher ist es daher, die Kräfte am Gesamtsystem zu verfolgen.

Allgemeiner Fall

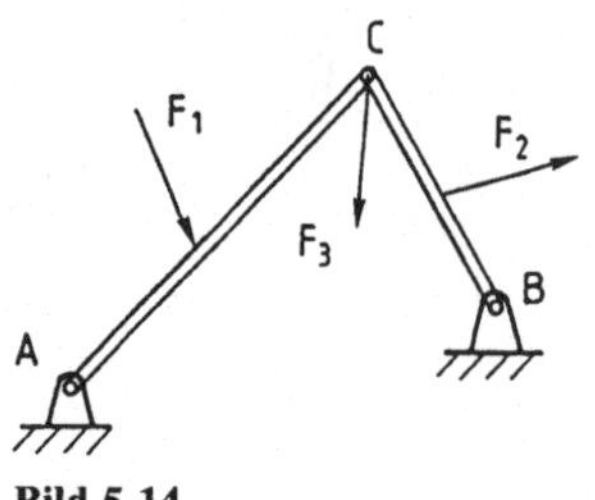

Bild 5.14

Im allgemeinen sind beide Seiten des Dreigelenk-Systems sowie der Zwischengelenkbolzen belastet (Bild 5.14). Dann muß jede Kraft für sich einzeln in ihrer Wirkung auf das Gesamtsystem betrachtet werden.

Bei der anschließenden Zusammenfassung ist demnach eine dreifache Überlagerung erforderlich. Eine Vereinfachung ist insofern möglich, als die Bolzenkraft dem linken oder rechten Teilsystem zugeschlagen werden kann, was im folgenden gezeigt wird.

Vereinfachung durch Zuschlag der Mittenkraft auf ein Teilsystem

Innerhalb einer Scheibe eines Dreigelenkbogens dürfen die eingeprägten Kräfte zu einer Resultierenden zusammengefaßt werden. Der Bolzen im Zwischengelenk grenzt die Scheiben voneinander ab.

Ist der Bolzen C ebenfalls belastet, so kann man die eingeprägte Bolzenkraft entweder der linken oder der rechten Scheibe zuschlagen und mit den dortigen äußeren Kräften zu einer Resultierenden zusammenfassen.

Bei einem Dreigelenkbogen mit belastetem Zwischengelenk sind die Gelenkkräfte auf die beiden Teilsysteme im allgemeinen betrags- und richtungsmäßig unterschiedlich. Wir bezeichnen daher die Gelenkkraft auf das System AC mit $\vec{C}_1$, die auf das System BC mit $\vec{C}_2$.

Das Freischneiden des Bolzens zeigt nämlich, daß die beiden Gelenkkräfte $\vec{C}_1$ und $\vec{C}_2$ zusammen mit der eingeprägten Bolzenkraft ein Gleichgewichtssystem (geschlossenes Krafteck) bilden müssen.

Schlägt man die Belastungskraft des Mittelbolzens dem rechten (linken) System zu, so erhält man am gegenüberliegenden Schnittufer zunächst die Gelenkkraft auf das linke (rechte) Teilsystem.

Das Gleichgewicht des Bolzens liefert dann die Gelenkkraft auf das andere Teilsystem.

■ **Beispiel:** Förderanlage

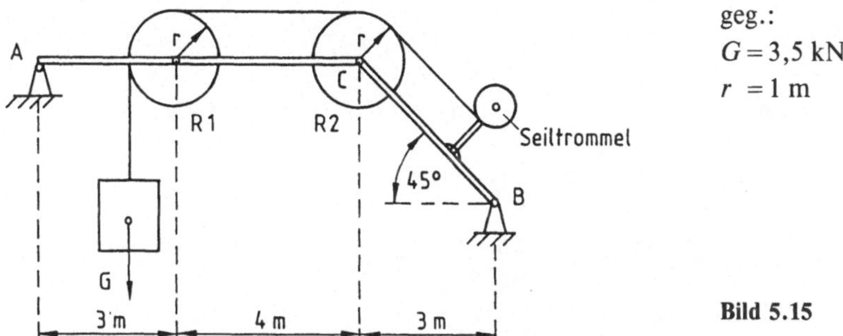

Bei der Förderanlage nach Bild 5.15 wird eine Last G mit einem Seil angehoben, das über die beiden Rollen $R1$ und $R2$ (Radius r) läuft und auf eine Seiltrommel (ihre Lage ist ohne Einfluß) aufgespult wird. Die Seilführung erfolgt parallel zur Balkenachse. Man bestimme rechnerisch und zeichnerisch die Kräfte in den Gelenkpunkten A, B, C.   ■

1) Rechnerische Lösung

Man denke sich die beiden Scheiben (Balken) AC und BC räumlich (senkrecht zur Zeichenebene) hintereinander liegend (z. B. AC vorne, BC hinten).

Die Rolle $R2$ steckt mit ihrer vorderen Achse in der Scheibe AC, mit ihrer hinteren Achse in der Scheibe BC.

1.1) Annahme: Rolle $R2$ zu BC gehörig

Im Freikörperbild 5.16 sind die beiden Scheiben des Dreigelenkbogens durch (einseitiges) Entfernen des Bolzens voneinander getrennt und mit den entsprechenden Kräften versehen.

Am Teilsystem AC ist die Verbindung mit der Vorderachse des Bolzens gelöst und durch die Bolzenkraft $\vec{C}_1 = \begin{bmatrix} C_{1x} \\ C_{1y} \end{bmatrix}$ ersetzt. Im Teilsystem BC steckt der Bolzen C (samt Rolle $R2$) mit seiner hinteren Achse fest, so daß dort die Kräfte zwischen Bolzen und Balken als innere Kräfte nicht in Erscheinung treten.

Auf das System BC ist noch die Gegenkraft von $\vec{C}_1$ mit den Komponenten C_{1x} und C_{1y} am vorderen, frei herausragenden Bolzenende wirksam.

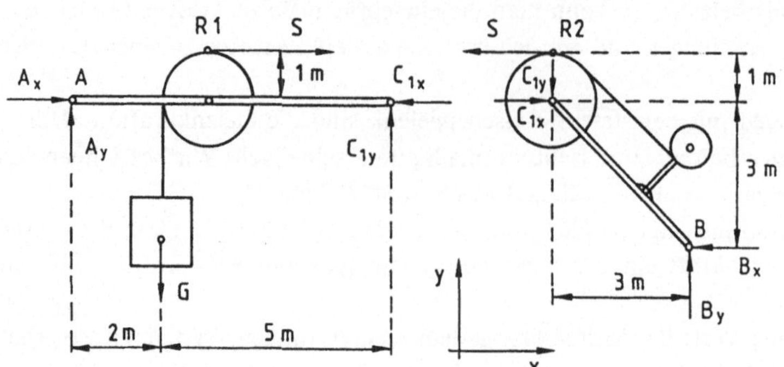

Bild 5.16

Durch die Umlenkung über die Rollen ändert sich die Seilkraft nicht, so daß an allen Schnittstellen des Seiles gilt

$$S = G = 3,5 \text{ kN}$$

System AC

I) $\quad \sum M^{(A)} = 0 = C_{1y} \cdot 7 \text{ m} - G \cdot 2 \text{ m} - S \cdot 1 \text{ m} \quad | :7 \text{ m} \quad \Rightarrow \quad C_{1y} = \frac{3}{7} G = 1,5 \text{ kN}$

II) $\quad \sum F_y = 0 \quad \Rightarrow \quad A_y = G - C_{1y} = G - \frac{3}{7} G = \frac{4}{7} G = 2 \text{ kN}$

III) $\quad \sum F_x = 0 \quad \Rightarrow \quad A_x = C_{1x} - S = \frac{37}{21} G - G = \frac{16}{21} G = 2,67 \text{ kN}$

$$\downarrow$$
$$\text{nach Gl. IV}$$

System BC

IV) $\quad \sum M^{(B)} = 0 = S \cdot 4 \text{ m} - C_{1x} \cdot 3 \text{ m} + C_{1y} \cdot 3 \text{ m} \quad | :3 \text{ m} \quad \Rightarrow \quad C_{1x} = C_{1y} + \frac{4}{3} G$

$$C_{1x} = \frac{3}{7} G + \frac{4}{3} G = \frac{37}{21} G = 6,17 \text{ kN}$$

V) $\quad \sum F_x = 0 \quad \Rightarrow \quad B_x = C_{1x} - S = \frac{37}{21} G - G = \frac{16}{21} G = 2,67 \text{ kN}$

VI) $\quad \sum F_y = 0 \quad \Rightarrow \quad B_y = C_{1y} = \frac{3}{7} G = 1,5 \text{ kN}$

Kontrolle: Am Gesamtsystem ist

$$\sum F_x = 0 \quad \Rightarrow \quad A_x = B_x = \frac{16}{21} G; \quad \sum F_y = 0 \quad \Rightarrow \quad A_y + B_y = \frac{4}{7} G + \frac{3}{7} G = G$$

Gleichgewicht des Bolzens C (in Verbindung mit der Rolle $R2$)

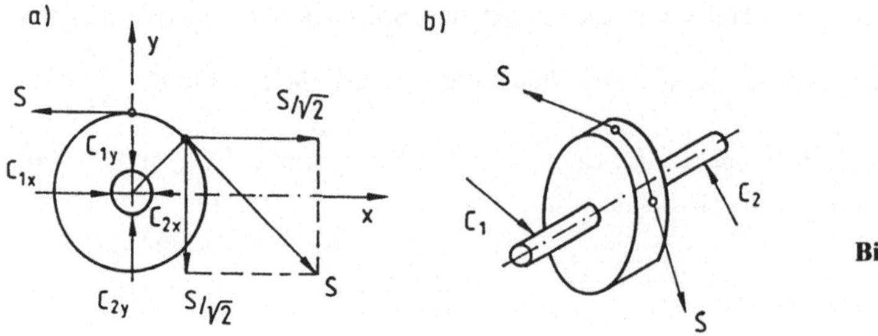

Bild 5.17

Nach der Befreiungsskizze des Bildes 5.17 ist

$$\sum F_x = 0 \;\Rightarrow\; C_{2x} = C_{1x} + \frac{S}{\sqrt{2}} - S = \frac{37}{21}\,G + \frac{G}{\sqrt{2}} - G = G\left(\frac{16}{21} + \frac{1}{\sqrt{2}}\right) = 5,14\,\text{kN}$$

$$\sum F_y = 0 \;\Rightarrow\; C_{2y} = C_{1y} + \frac{S}{\sqrt{2}} = G\left(\frac{3}{7} + \frac{1}{\sqrt{2}}\right) = 3,97\,\text{kN}$$

$$C_2 = \sqrt{C_{2x}^2 + C_{2y}^2} = \sqrt{5,14^2 + 3,97^2}\;\text{kN} = 6,49\,\text{kN}$$

1.2) Annahme: Rolle $R2$ zu AC gehörig

Diese Annahme muß zu den gleichen Ergebnissen führen.

Um die beliebige Zuordnung der eingeprägten Rollenkraft zu erkennen, wird die Rechnung an Hand der Befreiungsskizze in Bild 5.18 nochmals aufgezeigt.

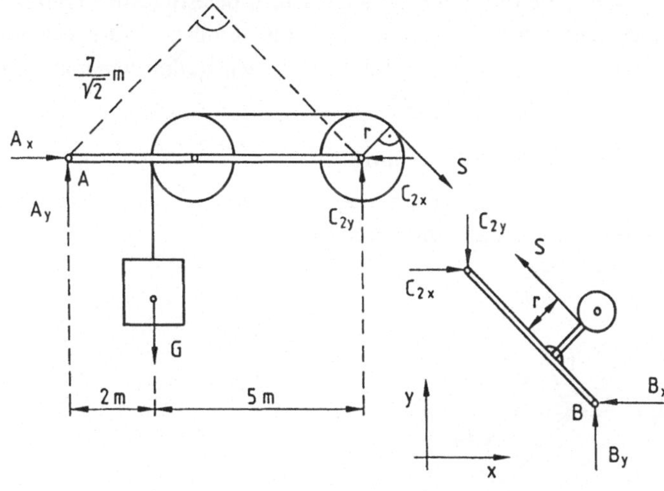

Bild 5.18

System AC

I) $\quad \sum M^{(A)} = 0 = C_{2y}\cdot 7\,\text{m} - G\cdot 2\,\text{m} - S\left(\frac{7}{\sqrt{2}} + 1\right)\text{m} \quad\Big|\; :7\,\text{m} \;\Rightarrow\; C_{2y} = G\left(\frac{3}{7} + \frac{1}{\sqrt{2}}\right) = 3,97\,\text{kN}$

II) $\quad \sum F_y = 0 \;\Rightarrow\; A_y = G + \frac{S}{\sqrt{2}} - C_{2y} = G\left(1 + \frac{1}{\sqrt{2}} - \frac{3}{7} - \frac{1}{\sqrt{2}}\right) = \frac{4}{7}\,G = 2\,\text{kN}$

III) $\quad \sum F_x = 0 \;\Rightarrow\; A_x = C_{2x} - \frac{S}{\sqrt{2}} = G\left(\frac{16}{21} + \frac{1}{\sqrt{2}} - \frac{1}{\sqrt{2}}\right) = \frac{16}{21}\,G = 2,67\,\text{kN}$

$$\text{nach Gl. IV}$$

System BC

IV) $\quad \sum M^{(B)} = 0 = C_{2y}\cdot 3\,\text{m} - C_{2x}\cdot 3\,\text{m} + S\cdot 1\,\text{m} \quad\Big|\; :3\,\text{m} \;\Rightarrow$

$$C_{2x} = C_{2y} + \frac{1}{3}\,G = G\left(\frac{3}{7} + \frac{1}{\sqrt{2}} + \frac{1}{3}\right) = G\left(\frac{16}{21} + \frac{1}{\sqrt{2}}\right) = 5,14\,\text{kN}$$

V) $\quad \sum F_x = 0 \;\Rightarrow\; B_x = C_{2x} - \frac{S}{\sqrt{2}} = G\left(\frac{16}{21} + \frac{1}{\sqrt{2}} - \frac{1}{\sqrt{2}}\right) = \frac{16}{21}\,G = 2,67\,\text{kN}$

VI) $\quad \sum F_y = 0 \;\Rightarrow\; B_y = C_{2y} - \frac{S}{\sqrt{2}} = G\left(\frac{3}{7} + \frac{1}{\sqrt{2}} - \frac{1}{\sqrt{2}}\right) = \frac{3}{7}\,G = 1,5\,\text{kN}$

Gleichgewicht des Bolzens C

Entsprechend der Befreiungsskizze nach Bild 5.17 sind jetzt die Formeln nach C_{1x} und C_{1y} umzustellen:

$$\sum F_x = 0 \;\Rightarrow\; C_{1x} = C_{2x} + S - \frac{S}{\sqrt{2}} = G\left(\frac{16}{21} + \frac{1}{\sqrt{2}} + 1 - \frac{1}{\sqrt{2}}\right) = \frac{37}{21}\,G = 6{,}17 \text{ kN}$$

$$\sum F_y = 0 \;\Rightarrow\; C_{1y} = C_{2y} - \frac{S}{\sqrt{2}} = G\left(\frac{3}{7} + \frac{1}{\sqrt{2}} - \frac{1}{\sqrt{2}}\right) = \frac{3}{7}\,G = 1{,}5 \text{ kN}$$

$$C_1 = \sqrt{C_{1x}^2 + C_{1y}^2} = \sqrt{6{,}17^2 + 1{,}5^2} \text{ kN} = 6{,}35 \text{ kN}$$

2) Zeichnerische Lösung

Um das Verfahren besser auf andere Aufgaben übertragen zu können, wird für die zeichnerische Lösung eine andere Befreiung gewählt. Sie führt zu einer allgemeinen Belastungsform durch 3 Einzelkräfte auf die beiden Scheiben und den Mittelbolzen. Die Umlenkrollen werden entfernt und durch ihre Kräfte $\vec{F}_1$ und $\vec{F}_3$ ersetzt. Diese laufen einerseits durch den Radmittelpunkt, andererseits durch den Schnittpunkt der verlängerten Seillinien.

2.1) Annahme: Eingeprägte Bolzenkraft $\vec{F}_3$ zu AC gehörig

Die eingeprägten Kräfte der Scheibe AC werden zu einer Resultierenden $\vec{R}_1 = \vec{F}_1 + \vec{F}_3$ zusammengefaßt, die durch den Schnittpunkt von $\vec{F}_1$ und $\vec{F}_3$ hindurchgeht.

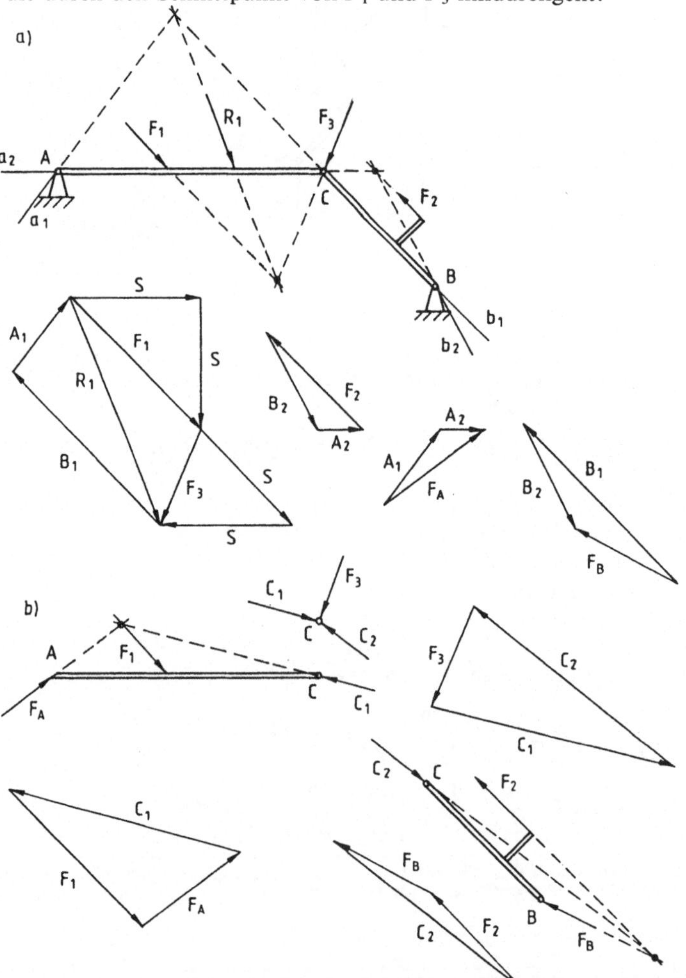

Bild 5.19

2.2) Annahme: $\vec{F}_3$ zu *BC* gehörig

Die Zusammenfassung der eingeprägten Kräfte der Scheibe *BC* im Bild 5.20 ergibt eine horizontale Resultierende $\vec{R}_2 = \vec{F}_2 + \vec{F}_3 = \vec{S}$ von der Größe der Seilkraft, die man bei einer Befreiung nach Bild 5.16 unmittelbar erhält.

Da die Kräfte in den Teilsystemen parallel laufen, muß das Seileck-Verfahren angewandt werden.

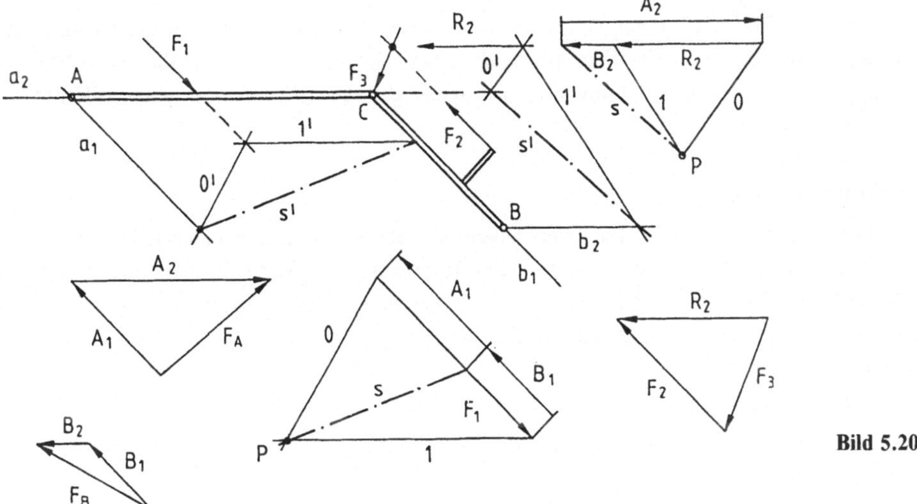

Bild 5.20

Die Bestimmung der Gelenkkräfte $\vec{C}_1$ und $\vec{C}_2$ erfolgt dann wie in Bild 5.19 b.

6 Fachwerke

6.1 Beschreibung eines Fachwerks

Unter einem Fachwerk versteht man eine Tragkonstruktion aus geraden Profilstäben, die einen Massivträger bei geringerem Materialaufwand (Leichtbauweise) ersetzt und zur Aufnahme von Lasten dient, wie z.B. bei Brücken, Gerüsten, Masten, Kränen, Dachbindern, Flugzeugtragflächen usw.

Idealisierte Annahme zur Rechenvereinfachung:

Fachwerk: = Gebilde aus lauter Zweigelenkstäben, das sind Stäbe, die an ihren Enden durch reibungsfreie Gelenke (Knoten) miteinander verbunden sind, so daß sie keine Endmomente übertragen können. Die äußeren Kräfte (Lasten und Reaktionskräfte in den Lagern) greifen dabei nur in den Knotenpunkten an. Unter diesen Voraussetzungen wirken die Stabkräfte in Richtung der Stabachsen, so daß in den Stäben nur Normalkräfte (keine Querkräfte und Momente) auftreten.

Die Normal- oder Längskräfte sind über die Stablänge konstant und bewirken daher eine günstige Materialausnutzung, wenn man bis zur zulässigen Spannungsgrenze geht.

In Wirklichkeit sind die Stäbe meist über Knotenbleche „eckensteif" miteinander verbunden (verschraubt, vernietet oder verschweißt), so daß Momente übertragen werden können. Außerdem wirken auch Kräfte zwischen den Knoten z.B. infolge von Eigengewicht und Winddruck.

Meist sind die Kräfte zwischen den Knoten vernachlässigbar oder werden anteilmäßig auf die benachbarten Knoten verteilt. Wird ein Stab stärker auf Biegung beansprucht, so ist eine anschließende gesonderte Berechnung durchzuführen.

Wenn sich wie im Bild 6.12 angegeben alle Stabachsen am Knotenblech in einem Punkt (ideeller Gelenkpunkt) schneiden und die Fachwerkstäbe relativ schlank sind, sind die Abweichungen jedoch gering, so daß die Vereinfachungen ein genügend genaues Bild von den wahren Kräfteverhältnissen geben und zulässig sind.

6.2 Abzählbedingung

Das Gleichgewicht des gesamten Fachwerks bedingt auch das Gleichgewicht jedes einzelnen Knotens. Jeder Knoten k bildet ein zentrales Kräftesystem und liefert in der Ebene 2 ($\sum F_x = 0$, $\sum F_y = 0$), im Raum 3 ($\sum F_x = 0$, $\sum F_y = 0$, $\sum F_z = 0$) Gleichgewichts-Bedingungen, also insgesamt $2 \cdot k$ bzw. $3 \cdot k$ Gleichungen für die Unbekannten:

$s =$ Anzahl der Stäbe

$a =$ Anzahl der Auflagerreaktionen

Die Anzahl der Stäbe eines innerlich statisch bestimmten Fachwerks beträgt also

$$\boxed{\begin{array}{l} s = 2 \cdot k - a \\ s = 3 \cdot k - a_R \end{array}} \qquad \begin{array}{l} \text{in der Ebene} \\ \text{im Raum} \end{array} \qquad\qquad (6.1)$$

Für äußerlich statisch bestimmte Fachwerke ist in der Ebene $a = 3$ und im Raum $a_R = 6$.

Im folgenden wollen wir uns in der Hauptsache mit ebenen Fachwerken befassen, bei denen alle Stabachsen und alle äußeren Kräfte in einer Ebene liegen.

Statisch bestimmte Fachwerke lassen sich einteilen in

a) Einfache Dreieckfachwerke

b) Nichteinfache Fachwerke

c) Ausnahme-Fachwerke

Bezüglich der statischen Bestimmtheit bestehen folgende Möglichkeiten:

a) $\boxed{s = 2 \cdot k - 3}$ $(\overset{\Leftarrow}{\Rightarrow})$ statisch bestimmtes Fachwerk $\qquad\qquad (6.2)$

Ein Fachwerk mit k Knoten und $2 \cdot k - 3$ Stäben muß nicht unbedingt statisch bestimmbar sein, so daß die Umkehrung obiger Beziehung nicht immer gilt. Dazu ist außerdem erforderlich, daß die Koeffizienten-Determinante des Gleichungssystems für das Gleichgewicht der Knoten nicht Null wird.

Ansonsten ist das Fachwerk beweglich und kann nicht für jede beliebige Belastung das Gleichgewicht der Kräfte herstellen.

b) $s > 2 \cdot k - 3$ $\Rightarrow$ Fachwerk innerlich statisch unbestimmt, kinematisch überbestimmt, vorspannbar.

Das Fachwerk hat überzählige Stäbe, die nicht unbedingt zur Aufrechterhaltung der Fachwerksform erforderlich sind.

c) $s < 2 \cdot k - 3$ $\Rightarrow$ Fachwerk verschiebbar, nicht tragfähig bzw. im kleinen verschiebbar (infinitesimal verschiebbar), d.h. wackelig, kinematisch unbestimmt, statisch überbestimmt.

6.3 Aufbau von einteiligen Fachwerken

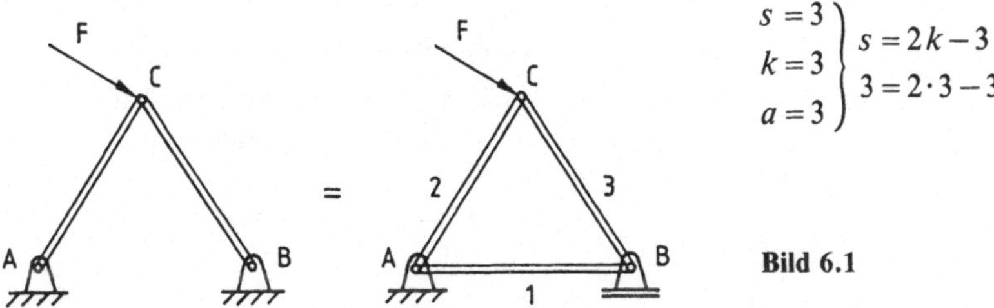

$$\left.\begin{array}{l} s = 3 \\ k = 3 \\ a = 3 \end{array}\right\} \begin{array}{l} s = 2k - 3 \\ 3 = 2 \cdot 3 - 3 \end{array}$$

Bild 6.1

Das einfachste Fachwerk geht aus einem Dreigelenkbogen mit geraden Stäben hervor, bei dem ein Festlager durch ein Loslager wie in Bild 6.1 ersetzt wird.

Der Horizontalschub am Loslager wird von dem eingeschobenen Stab 1 aufgenommen. Man erhält ein Stabdreieck als Grundelement der Fachwerkstruktur.

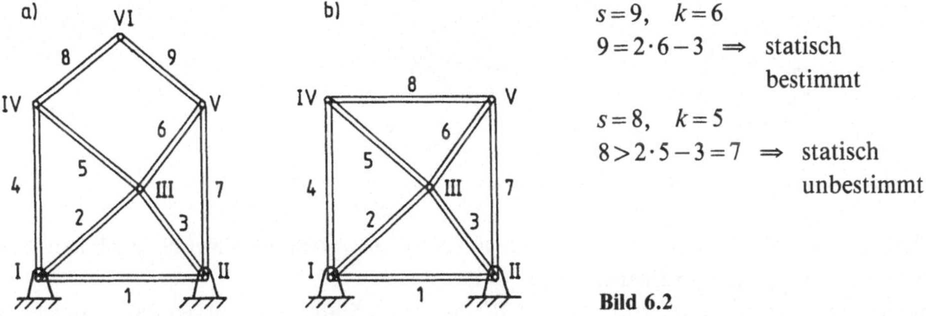

$$s = 9, \quad k = 6$$
$$9 = 2 \cdot 6 - 3 \quad \Rightarrow \quad \text{statisch}$$
$$\text{bestimmt}$$
$$s = 8, \quad k = 5$$
$$8 > 2 \cdot 5 - 3 = 7 \quad \Rightarrow \quad \text{statisch}$$
$$\text{unbestimmt}$$

Bild 6.2

Durch Anfügen weiterer Dreieckselemente an die Grundfigur ergibt sich ein „einfach aufgebautes" Fachwerk (Bild 6.2a). Man schließt dabei jeweils 2 weitere Stäbe an zwei feste Knotenpunkte an und verbindet die Stäbe in einem gemeinsamen Gelenkpunkt.

Eine Dreiecks-Konstruktion kann dabei als starre Scheibe angesehen werden, an die weitere Elemente solide angebaut werden können.

Umgekehrt läßt sich ein einfaches Fachwerk auch daran erkennen, daß es vollständig abgebaut werden kann, indem man jeweils ein Element, bestehend aus einem Knoten und 2 Stäben, nacheinander entfernt.

Fügt man einem innerlich statisch bestimmten System einen sog. „Stabzweischlag" zu, so bleibt das System innerlich statisch bestimmt (Bild 6.2a; Anschluß der beiden Stäbe 8 und 9 an die Knoten IV und V).

Das Viereck III, IV, V, VI ist kein bewegliches Gelenkviereck, denn dazu müßten 2 Knoten beweglich sein.

Die 3 Knoten III, IV, V sind vom Unterbau her fest und der vierte Knoten VI wird durch 2 Stäbe ebenfalls fest angeschlossen.

Verbindet man dagegen zwei feste Punkte eines innerlich statisch bestimmten Systems mit einem Stab, so wird das System innerlich statisch unbestimmt (Bild 6.2b; Verbindung der Knoten IV und V durch den Stab 8).

Ein Fachwerk ist nur dann tragfähig, wenn sich bei einer beliebigen äußeren Belastung die Lage der einzelnen Knotenpunkte (abgesehen von geringen elastischen Verformungen) praktisch nicht ändert.

Im Gegensatz dazu stehen die Bewegungs-Mechanismen, die aufgrund ihrer Beweglichkeit nicht statisch tragfähig sind.

Ein Grundelement der Getriebelehre ist das Gelenkviereck (Bild 6.3).

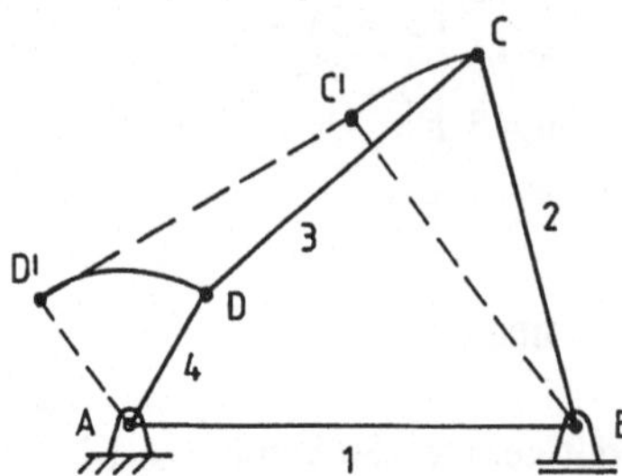

$$s = 4, \quad k = 4$$
$$4 < 2 \cdot 4 - 3 = 5 \quad \Rightarrow \quad \text{kinematisch}$$
$$\text{unbestimmt}$$

Bild 6.3

Stab 4 kann sich um A, Stab 2 um B drehen, so daß z. B. neben der Lage A, B, C, D auch die Lage A, B, C', D' möglich ist.

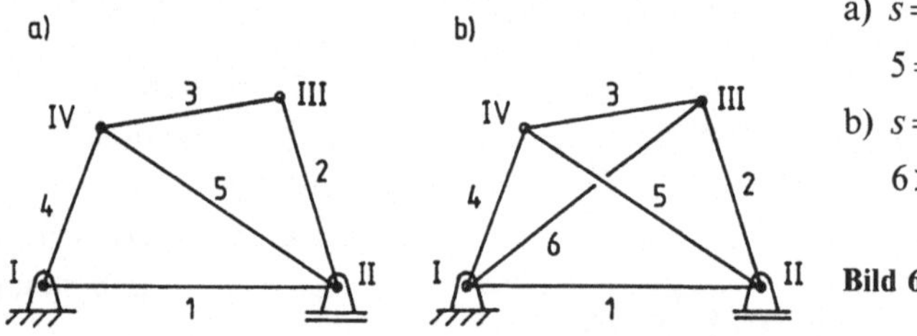

a) $s = 5, \quad k = 4$

$\quad 5 = 2 \cdot 4 - 3 \quad \Rightarrow \quad$ statisch bestimmt

b) $s = 6, \quad k = 4$

$\quad 6 > 2 \cdot 4 - 3 = 5 \quad \Rightarrow \quad$ statisch unbestimmt

Bild 6.4

Die Beweglichkeit des Gelenkvierecks kann man verhindern, wenn man zwischen Knoten II und IV einen weiteren Diagonalstab einzieht (Bild 6.4a).

Verbindet man auch noch die Knoten I und III mit einem Stab 6 (der mit dem Stab 5 nicht zusammenhängt), so ist das System einfach innerlich statisch unbestimmt.

Bei einer ungenauen Fertigung des Stabes (zu lang oder zu kurz) würde es Anpassungs-Schwierigkeiten bei der Montage geben, die ein Vorverformen des zusätzlich einzubauenden Stabes und/oder des Fachwerks erfordern. Auch eine unterschiedliche Erwärmung der Bauteile würde zum Klemmen bei der Montage führen. Statisch unbestimmte Systeme weisen daher meist schon im unbelasteten Zustand Spannungen (sog. Eigenspannungen) auf. Ein statisch unbestimmtes System ist daher auch vorspannbar.

Die Möglichkeit der Vorspannung wird z. B. im Rohrleitungsbau ausgenutzt. Die Rohre werden bei Montage teilweise vorgespannt, damit die im Betrieb durch behinderte Wärmedehnung auftretenden sog. Rohraktionen zum Teil durch die Vorspannung ausgeglichen werden können.

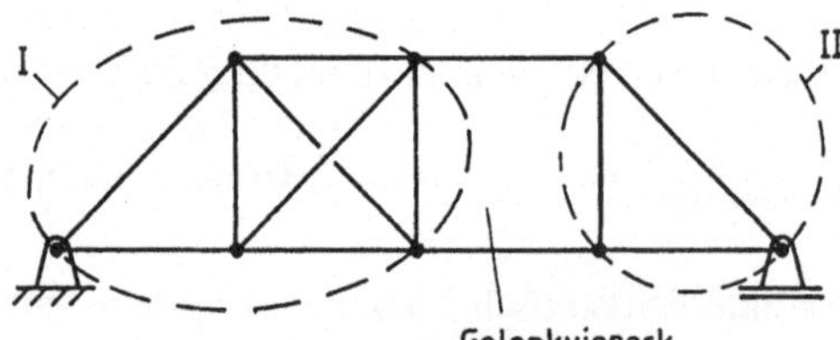

$$s = 13$$
$$k = 8$$
$$s = 2k - 3$$
$$13 = 2 \cdot 8 - 3$$

Bild 6.5

Innerhalb eines Fachwerks können statisch unbestimmte und statisch überbestimmte Teile zusammenkommen wie in Bild 6.5. In einem Teilsystem ist ein Stab zu viel, im anderen einer zu wenig, so daß gemäß der Abzählbedingung das Gesamtsystem scheinbar statisch bestimmt ist.

Gl. 6.1 stellt somit eine notwendige aber nicht hinreichende Bedingung für die statische Bestimmtheit eines Fachwerks dar. Es ist darauf zu achten, daß die Bedingung nicht nur für das ganze System zutrifft, sondern auch für die Unterfachwerke, aus denen das System zusammengesetzt ist.

Für das Fachwerk nach Bild 6.5 ist z. B. die Abzählbedingung bezogen auf das gesamte Fachwerk erfüllt, nicht aber für die beiden viereckigen Teilfachwerke. Während der linke Teil statisch unbestimmt ist (ein Diagonalstab ist zu viel), stellt der rechte Teil einen Mechanismus dar (ein Stab ist zu wenig).

Die Scheiben I und II sind durch ein bewegliches Gelenkviereck verbunden, so daß das Fachwerk verschiebbar wird, obwohl die Abzählbedingung erfüllt ist.

Die Versetzung eines überflüssigen Diagonalstabes vom linken Viereck in das Gelenkviereck wie in Bild 6.6 würde das Fachwerk stabilisieren und insgesamt statisch bestimmt machen (in Bild 6.6 sind zusätzlich die üblichen Stab-Bezeichnungen angegeben).

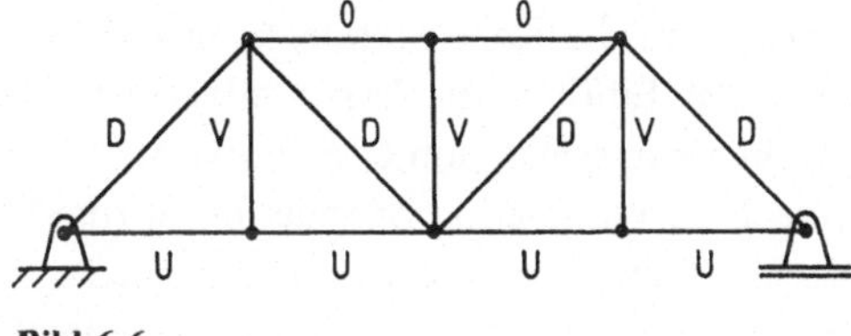

O = Obergurt-Stäbe
U = Untergurt-Stäbe
D = Diagonal-Stäbe
V = Vertikal-Stäbe
    (Pfosten, Ständer)

Bild 6.6

Bei einer stabförmigen Lagerung zählt man die Stützen als Stäbe, so daß die Abzählung der Lagerreaktionen entfällt.

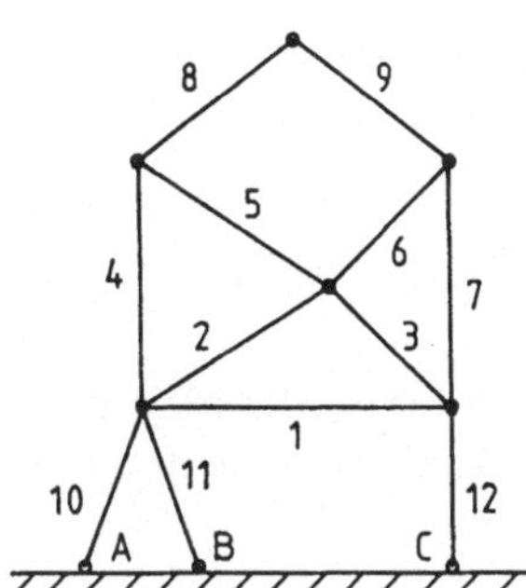

Ersetzt man z. B. beim Fachwerk nach Bild 6.2a die Lager durch gleichwertige Stäbe (Bild 6.7), so ist

$$s = 12, \quad a = 0, \quad k = 6$$
$$s = 2k - 0$$
$$12 = 2 \cdot 6$$

Die Gelenkpunkte A, B, C der Auflagerstäbe am Fundament dürfen dabei nicht als Fachwerkknoten gezählt werden.

Bild 6.7

6.4 Verbindung von Fachwerksteilen

Mehrere einteilige Fachwerke können zu einem mehrteiligen Fachwerk zusammengefaßt werden.

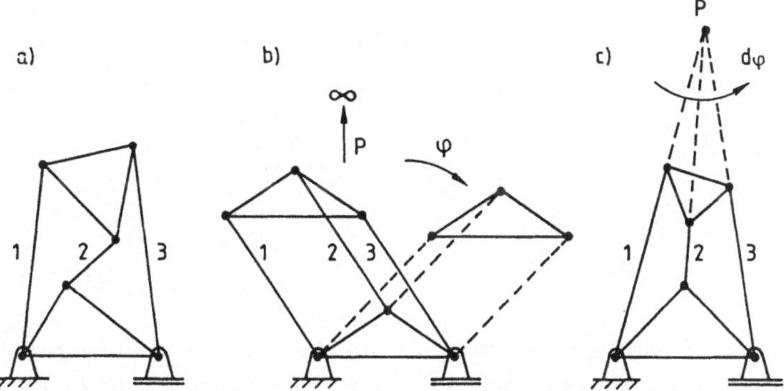

Bild 6.8

Eine stabile Verbindung von 2 Fachwerksteilen ist z. B. durch 3 Stäbe möglich, die sich nicht in einem Punkt schneiden (Bild 6.8a).

Laufen die Verbindungsstäbe jedoch parallel (ihr Schnittpunkt liegt im Unendlichen) wie in Bild 6.8 b oder schneiden sich im Endlichen in einem Punkt P (Drehpunkt, Momentanpol siehe Dynamik) wie in Bild 6.8 c, so ist das Fachwerk wackelig, da es sich um den Schnittpunkt P um (unendlich) kleine Winkel $d\varphi$ drehen kann.

Sind die beiden zu verbindenden Dreiecke in Bild 6.8 b kongruent, so lassen die Verbindungsstäbe 1, 2, 3 sogar eine Bewegung um endlich große Winkel φ zu und man erhält einen Bewegungs-Mechanismus (in einem Parallelogramm sind die gegenüberliegenden Seiten gleich lang und parallel, so daß die angegebene Verschiebung der beiden nebeneinanderliegenden Parallelogramme möglich ist).

Fachwerke, die zwar statisch bestimmt, oder trotzdem beweglich sind, werden Ausnahme-Fachwerke genannt. Häufig ist ihre Beweglichkeit begrenzt, d.h. die Konstruktion kann nur in der ursprünglichen Stellung keinen Widerstand leisten. Unter Einfluß der Belastung verformt sich die Konstruktion und kommt dann in einer neuen Stellung von selber zum Gleichgewicht. Meist kommen aber die begrenzt beweglichen Systeme erst nach unzulässigen Formänderungen zum Tragen. Ausnahme-Fachwerke sind daher wegen ihrer beschränkten Tragfähigkeit zu vermeiden.

Es gibt auch Fachwerke, die aufgrund ihrer besonderen Lagerung wackelig sind, wie in Bild 6.9 angegeben.

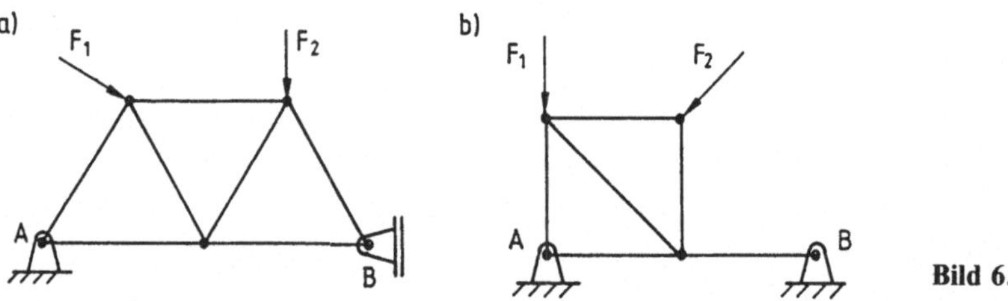

Bild 6.9

Die Wirklinie des Lagers B geht durch den Lagerpunkt A, so daß die Auflagerkräfte dort eine Resultierende bilden. Eine Drehung der eingeprägten Kräfte um A kann dann durch die Auflagerkräfte nicht verhindert werden, und somit ist kein Gleichgewicht möglich.

Eine andere Kopplungs-Möglichkeit zweier Fachwerksteile ist die Verbindung durch einen gemeinsamen Knotenpunkt K (der dann 2 Verbindungsstäbe ersetzt) und einen einzigen Stab S beim sog. Polonceau-Träger nach Bild 6.10 a.

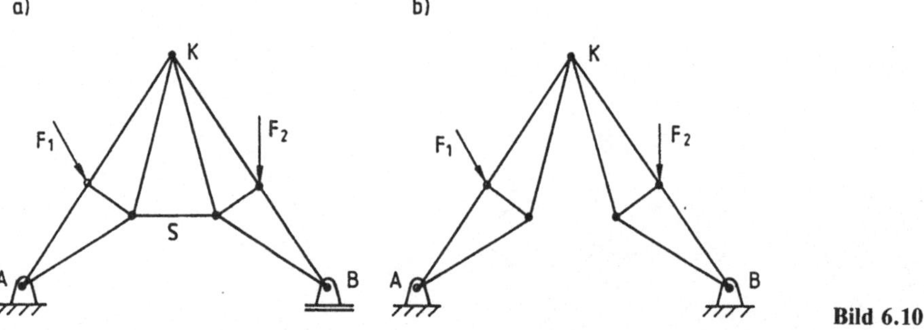

Bild 6.10

Dieser Träger ist im Prinzip ein Dreigelenkbogen mit Zugband, das ebenso nach unten zwischen die Auflagerpunkte A und B verlegt werden kann. Will man die Verbindungs-Stabkraft F_S bestimmen, so muß man einen Schnitt durch das Zwischengelenk und den Stab legen.

Nach Ermittlung der Verbindungs-Stabkraft läßt sich der Cremonaplan für die übrigen Stäbe zeichnen. Nimmt man auch noch den dritten Verbindungsstab weg, dann müssen beide Fachwerksteile einen Horizontalschub aufnehmen, wozu 2 Festlager nötig sind.

Ersetzt man dementsprechend das rechte Loslager durch ein Festlager, so erhält man einen Dreigelenkbogen, bei dem die Scheiben als Fachwerke ausgebildet sind (Bild 6.10b).

Andere Kombinationen von Fachwerksteilen lassen sich auch durch Stabvertauschung erzielen.

Die kinematische und statische Bestimmtheit eines Fachwerks bleibt nämlich erhalten, wenn man einen Stab entfernt und dafür an einer anderen Stelle einen Stab so einfügt, daß die entstandene Verschiebung wieder aufgehoben wird. Man verbindet dabei zwei solche Knotenpunkte, die sich bei Wegnahme des Tauschstabs gegeneinander bewegen würden.

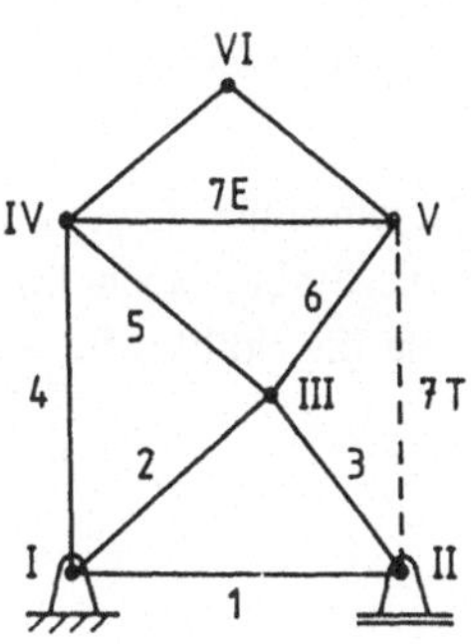

Entfernt man in dem Fachwerk nach Bild 6.11 (entstanden aus Bild 6.2a) z. B. den Stab 7 (Tauschstab T), so entsteht ein bewegliches Gelenkviereck III, IV, V, VI im oberen Bereich des Fachwerks.

Durch Einfügen eines Diagonalstabes in das Gelenkviereck (Verbindung der Knotenpunkte IV und V, bzw. III und VI durch den Ersatzstab E) kann man diese Beweglichkeit wieder rückgängig machen.

Bild 6.11

6.5 Bestimmung der Auflagerkräfte

Zur Ermittlung der Auflagerkräfte denkt man sich das ganze Fachwerk eingefroren zu einer starren Scheibe, aus der nur die äußeren Kräfte (eingeprägte Kräfte und Auflagerkräfte) hervorgehen.

■ **Beispiel:** Einfach aufgebautes Fachwerk

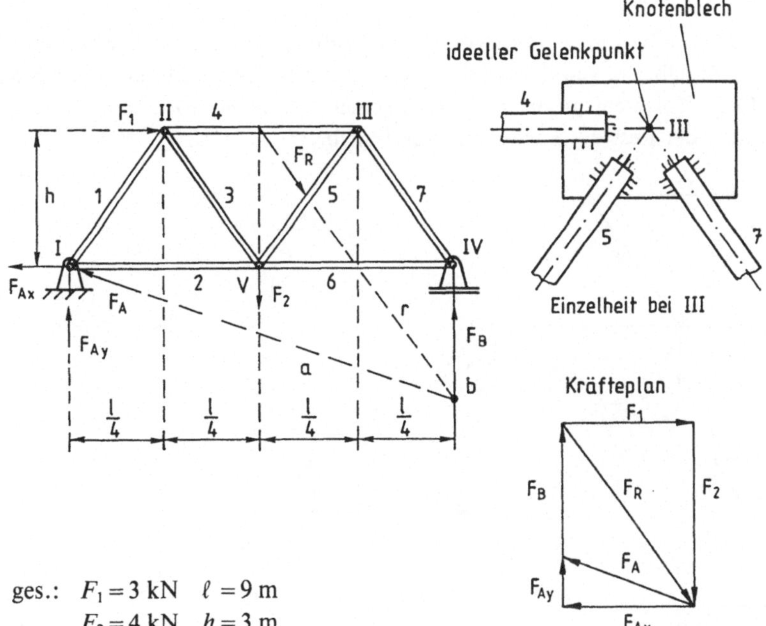

ges.: $F_1 = 3$ kN $\ell = 9$ m
$F_2 = 4$ kN $h = 3$ m

Bild 6.12

Im Bild 6.12 wurden die Auflagerkräfte bereits zeichnerisch mit dem Dreikräfteverfahren ermittelt. Rechnerisch ergibt sich am Gesamtsystem

$$\sum M^{(A)} = 0 = -F_1 \cdot h - F_2 \cdot \frac{\ell}{2} + F_B \cdot \ell \;\Rightarrow\; F_B = \frac{h}{\ell} \cdot F_1 + \frac{1}{2} F_2 = \frac{3}{9} \cdot 3 + \frac{1}{2} \cdot 4 = 3 \text{ kN}$$

$$\sum M^{(B)} = 0 = -F_{Ay} \cdot \ell - F_1 \cdot h + F_2 \cdot \frac{\ell}{2} \;\Rightarrow\; F_{Ay} = -\frac{h}{\ell} \cdot F_1 + \frac{1}{2} \cdot F_2 = -\frac{3}{9} \cdot 3 + \frac{1}{2} \cdot 4 = 1 \text{ kN}$$

$$\sum F_x = 0 \;\Rightarrow\; F_{Ax} = F_1 = 3 \text{ kN}$$

6.6 Darstellung der Stabkräfte

Zur Bestimmung der Stabkräfte untersucht man das Gleichgewicht der einzelnen Gelenkbolzen. Die Kraftpfeile beziehen sich daher auf die Knotenpunkte, nicht auf die Stäbe. Nach Bild 6.13 zeichnet man in die Nähe der Knotenpunkte Pfeile in die Richtung, wie die Stabkräfte auf den Bolzen wirken.

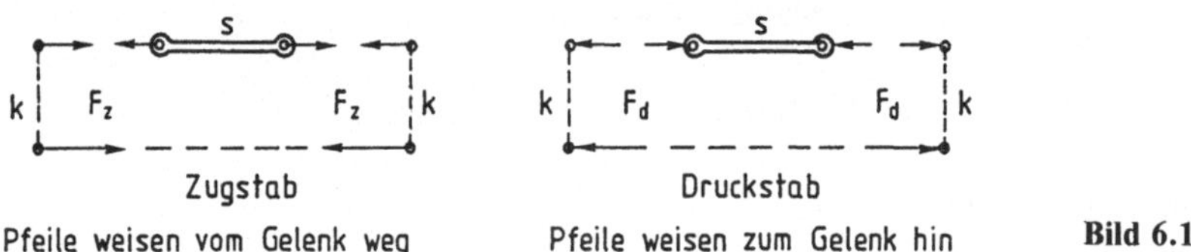

Bild 6.13

6.7 Zeichnerische Bestimmung der Stabkräfte

6.7.1 Knotenkrafteck-Verfahren

Für jeden Gelenkbolzen (Knoten) wird ein geschlossenes Krafteck konstruiert. Die Reihenfolge der betrachteten Knoten muß dabei so gewählt werden, daß jeweils höchstens 2 unbekannte Stabkräfte vorkommen. Diese Reihenfolge entspricht dem „Abbrechen" des Fachwerks, wenn man jeweils 2 Stäbe so wegnimmt, daß der Rest des Fachwerks stabil bleibt.

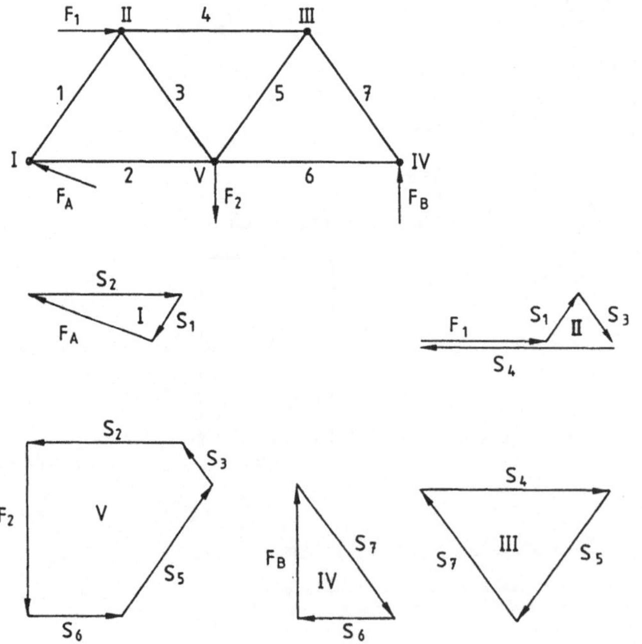

Bild 6.14

Das Verfahren ist für das betrachtete Beispiel im Bild 6.14 durchgeführt. Jeder Stab verbindet 2 Knoten, so daß jede Stabkraft in 2 Kraftecken vorkommt. Die Methode ist umständlich und neigt zu Übertragungsfehlern, da jede Kraft 2mal gezeichnet werden muß (für beide Endknoten). Eine Vereinfachung bringt der Cremonaplan.

6.7.2 Cremonaplan

Der englische Physiker James Clerk Maxwell (geb. 1831 in Edinburgh, gest. 1879 in Cambridge) und der italienische Mathematiker Luigi Cremona (geb. 1830 in Pavia, gest. 1903 in Rom) entwikkelten den nach Cremona benannten Plan zur Bestimmung der Stabkräfte.

Im Cremonaplan werden die einzelnen Knotenkraftecke durch Übereinanderzeichnen zu einem geschlossenen Kräfteplan zusammengefaßt, so daß jede Stabkraft nur einmal erscheint (die beiden entgegengesetzten Kräfte, mit denen jeder Stab auf seinen Knoten wirkt, liegen aufeinander). Im KP werden daher nur die Richtungspfeile der äußeren Kräfte, nicht aber die der Stabkräfte eingetragen. Im LP dagegen werden die Pfeilspitzen der Stabkräfte am zugehörigen Knoten und die entsprechenden Gegenpfeile am gegenüberliegenden Knoten eingezeichnet.

Die Zusammensetzung der Knotenkraftecke zu einem geschlossenen Plan ist nur möglich bei Beachtung folgender Umlaufregel:

Sowohl im Krafteck der äußeren Kräfte als auch bei allen Knotenpunkts-Kraftecken werden die Kräfte in der Reihenfolge aneinandergefügt, wie man sie beim Umfahren des Fachwerks bzw. des Knotenpunkts in einem gewählten, gleichbleibenden Umlaufsinn (im oder entgegen dem Uhrzeiger) antrifft.

Der Cremonaplan für statisch bestimmte Fachwerke läßt sich ohne Schwierigkeiten vollständig zeichnen, wenn

1) sich keine Stäbe überschneiden
2) äußere Kräfte nur an Umfangsknoten angreifen, das sind Knoten, die von außen ohne Überqueren von Stäben zu erreichen sind.

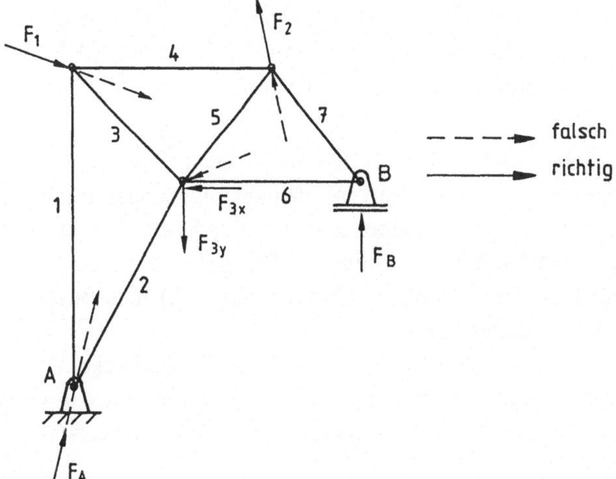

Bild 6.15

Äußere Kräfte sind daher im LP so auf ihrer Wirkungslinie zu verschieben, daß sie außerhalb des Fachwerks liegen.

Das gelingt manchmal erst, wenn die Kräfte in geeignete Komponenten (z. B. F_{3x} und F_{3y} in Bild 6.15) zerlegt werden.

Konstruktion des Cremonaplans

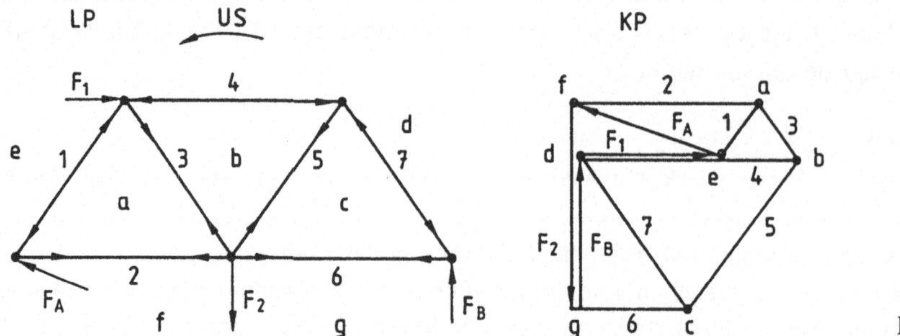

Wie im Bild 6.16 erkennbar ist, bestehen zwischen dem LP und dem KP folgende Zusammenhänge:

LP   KP
Knotenpunkt $\triangleq$ geschlossenes Krafteck
offenes oder geschlossenes Feld $\triangleq$ Schnittpunkt der entsprechenden Umrandungskräfte

Die Rückbezüglichkeit wird durch die Reziprozitätssätze ausgedrückt:
1) Die Wirklinien, die im KP ein geschlossenes Krafteck bilden, schneiden sich im LP in einem Knotenpunkt.
2) Die Kräfte, deren Wirklinien im LP ein offenes oder geschlossenes Feld umgeben, schneiden sich im KP in einem Punkt.

Diese Zusammenhänge ermöglichen die Konstruktion des Cremonaplans nach zwei verschiedenen Arten, die beide (zur Zeichnungs-Ersparnis, zum Vergleich und zur Kontrolle) in Bild 6.16 zusammengefaßt sind.

1) Methode mit dem Umlaufsinn
Umlaufsinn wählen und Krafteck der äußeren Kräfte und der Knoten mit entsprechender Kraftfolge konstruieren. Dann Kräftepfeile entsprechend dem Umlaufsinn der Kräfte vom KP in den LP übertragen, wo zwischen Zug und Druck unterschieden werden kann.

2) Methode mit den Feldbuchstaben
a) Im LP markiert man die geschlossenen und offenen Felder zuerst mit kleinen Buchstaben.
b) Im KP bezeichnet man die Endpunkte einer jeden Kraft mit den entsprechenden Buchstaben der Felder, die die Kraft voneinander trennt. Man beginnt z. B. mit der Kraft $\vec{F}_1$ und bezeichnet entsprechend den Feldbuchstaben die Pfeilfeder mit d und die Pfeilspitze mit e oder umgekehrt (dieser Willkür entspricht im Fall 1 die freie Wahl des Umfahrungssinns). Die Buchstaben der Endpunkte aller anderen Kräfte liegen damit fest.

So konstruiert man zuerst das Krafteck der äußeren Kräfte und danach die Kraftecke der einzelnen Knoten. Die Kräfte werden dabei in bestimmter Reihenfolge so aneinandergefügt, daß eine Kraft, die im LP zwei Felder trennt, im KP die diesen Feldern entsprechenden Punkte verbindet.
Von e kommt man so über $\vec{F}_A$ nach f.
Den Punkt a findet man z. B., indem man von e über 1 nach a geht, sowie von f über 2 usw.
Die Kraftpfeile werden wiederum entsprechend dem Umlaufsinn der Kraftecke vom KP in den LP übertragen.

6.7.3 Bestimmung einzelner Stabkräfte

Sollen nur einzelne Stabkräfte zeichnerisch ermittelt werden (z. B. zur Kontrolle), so genügt es, anstelle des Cremonaplans das Culmann- oder Seileck-Verfahren anzuwenden.

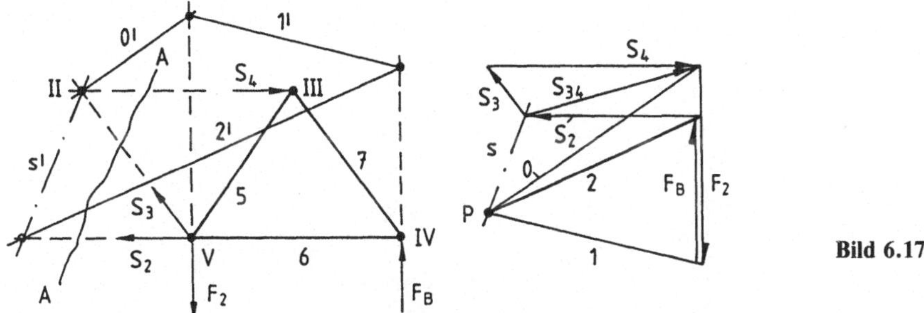

Im Bild 6.17 werden z. B. mit dem Schnitt A–A die Stabkräfte S_2, S_3, S_4 bestimmt. Hierbei ist wiederum zu beachten, daß der erste Seilstrahl durch den Schnittpunkt zweier unbekannter Stabkräfte gelegt wird (z. B. O' durch $3 \cap 4$). Der Richtungssinn der Kräfte ergibt sich zwangsläufig aus dem geschlossenen Krafteck im KP.

6.7.4 Null- oder Blindstäbe

Nullstäbe sind Stäbe, die bei der gegebenen Belastung keine Kräfte aufnehmen. Sie sind jedoch zum Aussteifen des Fachwerks, zur Erhaltung seiner Form und seiner Stabilität sowie bei Änderung der Belastung meist erforderlich. Bei der zeichnerischen Lösung schrumpft die Stabkraft auf einen Punkt zusammen. Im Plan werden solche Stäbe mit einer Null gekennzeichnet.

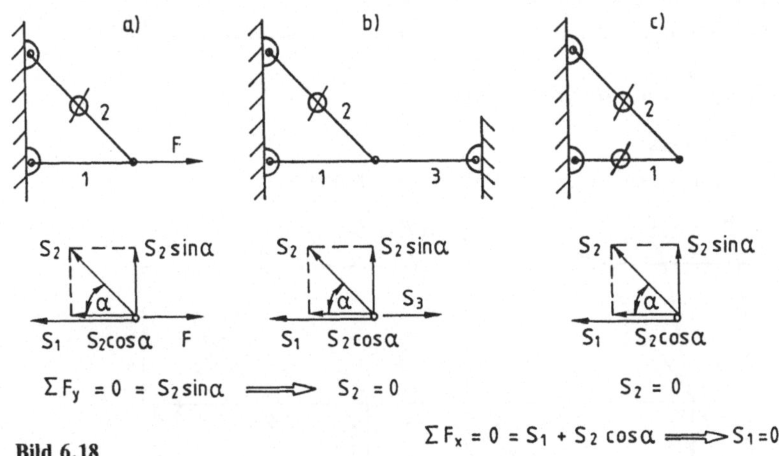

Bild 6.18

In Bild 6.18 sind die verschiedenen möglichen Fälle aufgeführt:
a) Wirkt an einem Knoten mit 2 Stäben verschiedener Richtung die äußere Kraft in Richtung eines Stabes, so ist der andere ein Nullstab. Für eine mögliche Komponente der Stabkraft senkrecht zur äußeren Kraft ist kein Ausgleich vorhanden, so daß die Komponente bzw. die Stabkraft Null sein muß.
b) Stoßen in einem Knoten ohne äußere Kräfte 3 Stäbe zusammen, von denen 2 in eine Gerade fallen, so ist der dritte ein Nullstab.

c) Laufen an einem Knoten ohne äußere Kräfte 2 Stäbe unter einem Winkel zusammen, so sind beide Nullstäbe. 2 Kräfte sind nämlich nur dann im Gleichgewicht, wenn sie gleiche Wirkungslinie, gleiche Beträge und entgegengesetzten Richtungssinn haben.
S_1 und S_2 haben unterschiedliche Richtungen und müssen daher Null sein.

■ **Beispiel:** Fachwerk mit Nullstäben

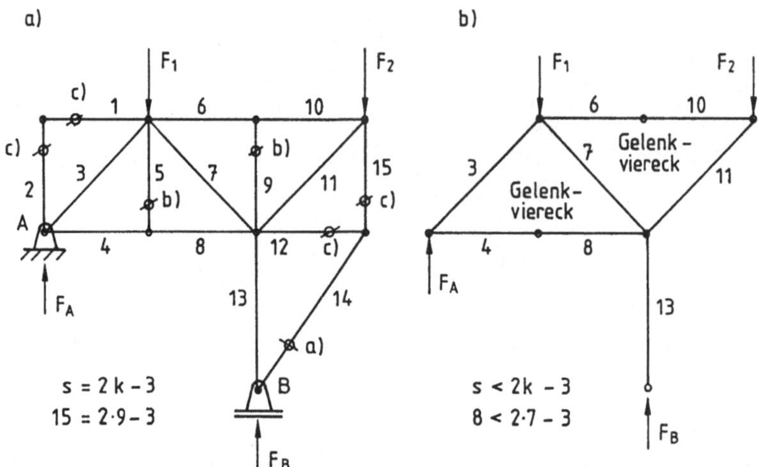

Entfernt man im Fachwerk des Bildes 6.19 alle Nullstäbe, so bleibt ein Bewegungs-Mechanismus mit 2 verschieblichen Gelenkvierecken übrig. Kleine zusätzliche Kräfte (z. B. Windstoß, Erschütterungen) bzw. geringe Richtungsänderungen einer äußeren Kraft bewirken eine Verschiebung bzw. ein Zusammenfallen des Fachwerks (labiles Gleichgewicht).
Das Fachwerk ist nur tragfähig, wenn alle Nullstäbe (außer 1 und 2) erhalten bleiben. ■

6.8 Rechnerische Bestimmung der Stabkräfte

6.8.1 Rittersches Schnittverfahren

August Ritter (geb. 1826 in Lüneburg, gest. 1908 in Lüneburg)

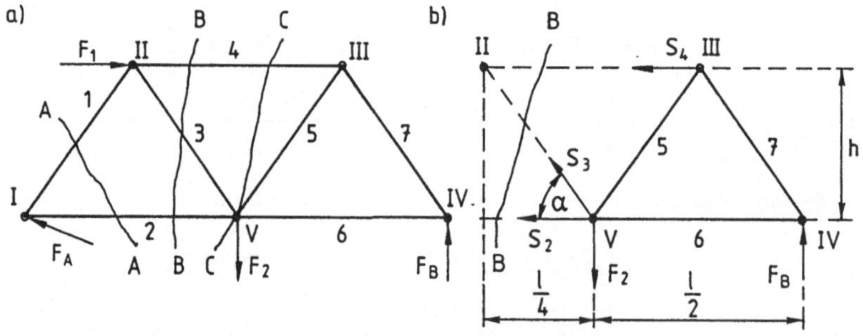

Um einzelne Stabkräfte zu berechnen, geht man wie folgt vor:
a) Bestimmung der Auflagerkräfte
b) Zerlegung des Fachwerks durch einen gedachten Schnitt in zwei völlig voneinander getrennte Teile, wobei jeder Teil für sich im Gleichgewicht sein muß. Die Schnittkräfte (Stabkräfte) wer-

den dabei zunächst generell als Zugkräfte angenommen, wobei das Ergebnis der Rechnung entscheidet, ob in Wirklichkeit Zug oder Druck vorliegt:

Ergebnis positiv $\Rightarrow$ Zugstab
Ergebnis negativ $\Rightarrow$ Druckstab

Mögliche Schnitte nach Bild 6.20 a:
b1) durch 2 Stäbe (Schnitt A–A)
b2) durch höchstens 3 unbekannte Stäbe, deren Achsen nicht durch einen Punkt gehen (Schnitt B–B)
b3) durch einen Stab und einen Knotenpunkt (als Momenten-Bezugspunkt) mit beliebig vielen Stäben (Schnitt C–C)
c) Gleichgewichts-Bedingungen der geschnittenen Stabkräfte mit den äußeren Kräften an einem Fachwerksteil aufstellen:

$$\sum F_x = 0, \quad \sum F_y = 0, \quad \sum M = 0$$

Meist jedoch $\sum M = 0$ für verschiedene Momenten-Bezugspunkte, in denen sich unbekannte Stabkräfte schneiden, 2- oder 3mal angewandt.

■ **Beispiel:** Bestimmung der Stabkräfte S_2, S_3, S_4 durch einen Schnitt B–B des Fachwerks.

Nach Bild 6.20 b gilt für den rechten Fachwerksteil:

$$\sum M^{(\mathrm{II})} = 0 = F_B \cdot \frac{3}{4}\ell - F_2 \cdot \frac{1}{4}\ell - S_2 \cdot h \quad \Rightarrow \quad S_2 = \frac{3}{4} \cdot \frac{\ell}{h} \cdot F_B - \frac{1}{4} \cdot \frac{\ell}{h} \cdot F_2$$

$$S_2 = \frac{3}{4} \cdot \frac{9}{3} \cdot 3 - \frac{1}{4} \cdot \frac{9}{3} \cdot 4 = +3{,}75 \text{ kN} \quad \text{(Zugstab)}$$

$$\sum M^{(\mathrm{V})} = 0 = F_B \cdot \frac{\ell}{2} + S_4 \cdot h \quad \Rightarrow \quad S_4 = -\frac{1}{2} \cdot \frac{\ell}{h} \cdot F_B = -\frac{1}{2} \cdot \frac{9}{3} \cdot 3 = -4{,}5 \text{ kN} \quad \text{(Druckstab)}$$

$$\sum F_y = 0 = S_3 \cdot \sin\alpha - F_2 + F_B \quad \Rightarrow \quad S_3 = \frac{F_1 - F_B}{\sin\alpha} = \frac{4-3}{\dfrac{4}{5}} = +1{,}25 \text{ kN} \quad \text{(Zugstab)}$$

$$\sin\alpha = \frac{h}{\sqrt{h^2 + \left(\dfrac{\ell}{4}\right)^2}} = \frac{1}{\sqrt{1 + \left(\dfrac{\ell}{4h}\right)^2}} = \frac{1}{\sqrt{1 + \dfrac{9}{16}}} = \frac{4}{5}$$

$$\cos\alpha = \sqrt{1 - \sin^2\alpha} = \sqrt{1 - \frac{16}{25}} = \frac{3}{5}$$

6.8.2 Analytisches Knotenpunkt-Verfahren

Man denkt sich jeden einzelnen der k Knoten aus dem Fachwerk herausgeschnitten. Für jeden Knoten ergibt sich ein zentrales Kräftesystem, das bei ebenen Fachwerken zwei und bei räumlichen Fachwerken drei Kräfte-Gleichgewichts-Bedingungen liefert.

Insgesamt entsteht ein lineares, inhomogenes Gleichungssystem $2k$-ter (bzw. $3k$-ter) Ordnung für die unbekannten Stab- und Auflagerkräfte.

An den freigeschnittenen Knoten werden die Stabkräfte alle als Zugkräfte angenommen. Druckkräfte erkennt man bei den Rechenergebnissen am negativen Vorzeichen.

■ **Beispiel:** Für das betrachtete Fachwerk sind in Bild 6.21 nochmals die einzelnen Knoten freigeschnitten, so daß sich folgende Gleichungen aufstellen lassen:

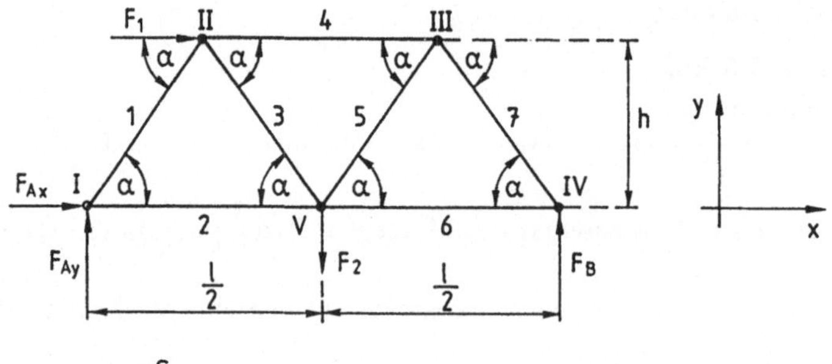

$$\text{I} \begin{cases} S_1 \cdot \cos\alpha + S_2 + F_{Ax} = 0 & (1) \\ S_1 \cdot \sin\alpha + F_{Ay} = 0 & (2) \end{cases}$$

$$\text{II} \begin{cases} -S_1 \cdot \cos\alpha + S_3 \cdot \cos\alpha + S_4 + F_1 = 0 & (3) \\ -S_1 \cdot \sin\alpha - S_3 \cdot \sin\alpha = 0 \;\Rightarrow\; S_1 + S_3 = 0 & (4) \end{cases}$$

$$\text{III} \begin{cases} -S_4 - S_5 \cdot \cos\alpha + S_7 \cdot \cos\alpha = 0 & (5) \\ -S_5 \cdot \sin\alpha - S_7 \cdot \sin\alpha = 0 \;\Rightarrow\; S_5 + S_7 = 0 & (6) \end{cases}$$

$$\text{IV} \begin{cases} -S_6 - S_7 \cdot \cos\alpha = 0 & (7) \\ S_7 \cdot \sin\alpha + F_B = 0 & (8) \end{cases}$$

$$\text{V} \begin{cases} -S_2 - S_3 \cdot \cos\alpha + S_5 \cdot \cos\alpha + S_6 = 0 & (9) \\ -S_3 \cdot \sin\alpha + S_5 \cdot \sin\alpha - F_2 = 0 & (10) \end{cases}$$

Bild 6.21

Sind die Auflagerkräfte bereits ermittelt, so kann man die Stabkräfte einfach bestimmen.

$$(2)\quad S_1 = -\frac{F_{Ay}}{\sin\alpha} = -\frac{1\,\text{kN} \cdot 5}{4} = -1{,}25\,\text{kN}$$

$$(1)\quad S_2 = -F_{Ax} - S_1 \cdot \cos\alpha = \left(3 + \frac{4}{5} \cdot \frac{3}{5}\right)\text{kN} = 3{,}75\,\text{kN}$$

$$(4)\quad S_3 = -S_1 = 1{,}25\,\text{kN}$$

$$(3)\quad S_4 = S_1 \cdot \cos\alpha - S_3 \cdot \cos\alpha - F_1 = \left(-\frac{5}{4} \cdot \frac{3}{5} - \frac{5}{4} \cdot \frac{3}{5} - 3\right)\text{kN} = -4{,}5\,\text{kN}$$

$$(8)\quad S_7 = -\frac{F_B}{\sin\alpha} = -3\,\text{kN} \cdot \frac{5}{4} = -3{,}75\,\text{kN}$$

$$(7)\quad S_6 = -S_7 \cdot \sin\alpha = \frac{15}{4}\,\text{kN} \cdot \frac{3}{5} = 2{,}25\,\text{kN}$$

$$(6)\quad S_5 = -S_7 = 3{,}75\,\text{kN}$$

Mit der Matrizenrechnung lassen sich komplizierte Fachwerke übersichtlich und schnell lösen, insbesondere wenn für die Matrizenoperationen ein Computer zur Verfügung steht.

Für das durchgerechnete Beispiel soll das prinzipielle Rechenschema hierfür aufgezeigt werden.

Nimmt man die 3 Auflager- und die 7 Stabkräfte als unbekannt an, so hat man insgesamt 10 Unbekannte, zu deren Lösung die bereits aufgestellten 10 linearen Gleichungen zur Verfügung stehen.

Zur besseren Übersicht wird das Gleichungs-System in Matrizenform geschrieben:

$$\underline{K} \cdot \vec{F}_u + \vec{F}_e = 0 \implies \underline{K} \cdot \vec{F}_u = -\vec{F}_e$$

Hierbei ist

$\vec{F}_u = $ Vektor der $2k$ (bzw. $3k$) unbekannten Kräfte

$\vec{F}_e = $ Vektor der eingeprägten Kräfte

$\underline{K} = $ Koeffizienten-Matrix

Um $\vec{F}_u$ zu isolieren, wird die Gleichung von links mit $\underline{K}^{-1}$ multipliziert, so daß aus $\underline{K}^{-1} \cdot \underline{K} = \underline{E}$ die Einheitsmatrix $\underline{E}$, das neutrale Element der Multiplikation entsteht.

Voraussetzung hierfür ist, daß die Inverse zu $\underline{K}$ existiert, also $|\underline{K}| \neq 0$ ist. Man sagt dann, die Matrix ist regulär, andernfalls ist sie singulär.

Die Auflösung nach den unbekannten Kräften lautet damit

$$\boxed{\vec{F}_u = -\underline{K}^{-1} \cdot \vec{F}_e} \tag{6.3}$$

Für das betrachtete Beispiel ist:

$$\begin{bmatrix} -\cos\alpha & 0 & \cos\alpha & 1 & 0 & 0 & 0 & & & \\ 1 & 0 & 1 & 0 & 0 & 0 & 0 & & & \\ 0 & 0 & 0 & -1 & -\cos\alpha & 0 & \cos\alpha & & & \\ 0 & 0 & 0 & 0 & 1 & 0 & 1 & & \underline{0}_{3\times7} & \\ 0 & 0 & 0 & 0 & 0 & 1 & \cos\alpha & & & \\ 0 & -1 & -\cos\alpha & 0 & \cos\alpha & 1 & 0 & & & \\ 0 & 0 & -\sin\alpha & 0 & \sin\alpha & 0 & 0 & & & \\ \cos\alpha & 1 & 0 & 0 & 0 & 0 & 0 & 1 & 0 & 0 \\ \sin\alpha & 0 & 0 & 0 & 0 & 0 & 0 & 0 & 1 & 0 \\ 0 & 0 & 0 & 0 & 0 & 0 & \sin\alpha & 0 & 0 & 1 \end{bmatrix} * \begin{bmatrix} S_1 \\ S_2 \\ S_3 \\ S_4 \\ S_5 \\ S_6 \\ S_7 \\ F_{Ax} \\ F_{Ay} \\ F_B \end{bmatrix} = \begin{bmatrix} -F_1 \\ 0 \\ 0 \\ 0 \\ 0 \\ 0 \\ F_2 \\ 0 \\ 0 \\ 0 \end{bmatrix} \begin{matrix} (3) \\ (4) \\ (5) \\ (6) \\ (7) \\ (9) \\ (10) \\ (1) \\ (2) \\ (8) \end{matrix}$$

Mit $\underline{E}_{3\times3}$, $\underline{K}$, $\vec{F}_u$, $\vec{F}_e$.

Um das Gleichungssystem näher untersuchen zu können, führt man zweckmäßig Untermatrizen ein.

An der Abgrenzung durch die gestrichelten Linien erkennt man, daß die Stabkräfte ohne Kenntnis der Auflagerkräfte bestimmt werden können. Mit den entsprechend abgegrenzten Untermatrizen lautet die sog. Hypermatrix

$$\begin{bmatrix} \underline{U}_{11} & \underline{U}_{12} \\ \underline{U}_{21} & \underline{U}_{22} \end{bmatrix} \cdot \begin{bmatrix} \underline{S} \\ \underline{A} \end{bmatrix} = \begin{bmatrix} \underline{F} \\ \underline{0} \end{bmatrix}$$

Der Vektor $\vec{F}_u$ der Unbekannten wird dabei aufgeteilt in die Matrix der Stabkräfte $\underline{S}$ und die Matrix der Auflagerkräfte $\underline{A}$.

Die rechte Seite wird gesplittet in die Matrix $\underline{F}$ mit den Belastungskräften und in eine Nullmatrix.

Durch Ausmultiplizieren erhält man zwei Gleichungen

I) $\underline{U}_{11} \cdot \underline{S} + \underline{U}_{12} \cdot \underline{A} = \underline{F}$

II) $\underline{U}_{21} \cdot \underline{S} + \underline{U}_{22} \cdot \underline{A} = \underline{0} \;\; \Rightarrow \;\; \underline{U}_{22} \cdot \underline{A} = -\underline{U}_{21} \cdot \underline{S}$

Wenn die Inverse zu $\underline{U}_{22}$ existiert, kann man die Gleichung II nach $\underline{A}$ auflösen.

$$\underline{A} = -\underline{U}_{22}^{-1} \cdot \underline{U}_{21} \cdot \underline{S}$$

II in I: $\underline{U}_{11} \cdot \underline{S} - \underline{U}_{12} \cdot \underline{U}_{22}^{-1} \cdot \underline{U}_{21} \cdot \underline{S} = \underline{F}$

Durch Ausklammern von $\underline{S}$ wird

$$(U_{11} - U_{12} \cdot U_{22}^{-1} \cdot U_{21}) \cdot \underline{S} = \underline{F}$$

Mit der Substitution

$$\underline{U} = \underline{U}_{11} - \underline{U}_{12} \cdot \underline{U}_{22}^{-1} \cdot \underline{U}_{21}$$

kann man kürzer schreiben

$$\underline{U} \cdot \underline{S} = \underline{F}$$

Durch linksseitiges Multiplizieren mit der Inversen von $\underline{U}$ wird nach den Stabkräften aufgelöst

$$\underline{S} = \underline{U}^{-1} \cdot \underline{F}$$

Zur Bestimmung der Auflagerkräfte setzt man die Lösung der Stabkräfte in Gleichung II ein

$$\underline{A} = -\underline{U}_{22}^{-1} \cdot \underline{U}_{21} \cdot \underline{U}^{-1} \cdot \underline{F}$$

Für obiges Beispiel ist $\underline{U}_{12} = \underline{0}$ und $\underline{U}_{22} = \underline{E} = \underline{U}_{22}^{-1}$, die Inverse $\underline{U}_{22}^{-1}$ existiert also.

Wenn $\underline{U}_{11}^{-1}$ existiert, d.h. $|\underline{U}_{11}| \neq 0$ ist, kann man die Stab- und Auflagerkräfte bestimmen aus

$$\underline{S} = \underline{U}_{11}^{-1} \cdot \underline{F} \qquad \underline{A} = -\underline{U}_{21} \cdot \underline{U}_{11}^{-1} \cdot \underline{F}$$

Mit der Bedingung $|U_{11}| \neq 0$ hat man ein Kriterium für die kinematische und statische Bestimmtheit des Fachwerks.

Andere Fachwerksprobleme lassen sich auf ähnliche Weise lösen. In der Finite-Element-Methode wird meist die Matrixsteifigkeits-Methode angewandt, wobei eine lineare Beziehung zwischen den äußeren Kräften und Momenten (zusammen mit $\vec{F}$ bezeichnet) und den Verschiebungen bzw. Verdrehungen (insgesamt mit $\vec{w}$ bezeichnet) aufgestellt wird in der Form

$$\vec{F} = \underline{K} \cdot \vec{w} = \underline{H}^{-1} \cdot \vec{w} \;\; \Rightarrow \;\; \vec{w} = \underline{H} \cdot \vec{F} = \underline{K}^{-1} \cdot \vec{F}$$

wobei $\underline{K} = \underline{H}^{-1} = (k_{ij}) = $ Steifigkeits-Matrix $\qquad i = 1, 2 \ldots n; \; j = 1, 2 \ldots n$

$\underline{H} = \underline{K}^{-1} = (h_{ij}) = $ Nachgiebigkeits-Matrix

$k_{ij} = $ Kraft-Einflußzahlen

$h_{ij} = $ Verschiebungs-Einflußzahlen

Diese Größen können in der Festigkeitslehre mit den entsprechenden Verformungsgleichungen bestimmt werden.

Hier wurde einmal der allgemeine Weg zur Berechnung von Fachwerken und dergleichen mit der Matrizenrechnung aufgezeigt. Bei der praktischen Durchführung mit dem Computer werden die auftretenden linearen Gleichungssysteme nicht mit Matrizeninversion, sondern mit dem Gauß-Algorithmus oder ähnlichen numerischen Verfahren gelöst. ∎

6.8.3 K-Fachwerke

Eine gewisse Sonderstellung bezüglich der Kräftebestimmung mit dem Ritterschen Schnitt nimmt das sogenannte K-Fachwerk ein, bei dem die Stäbe in der Form des Buchstaben K angeordnet sind.

Zwar ist das Fachwerk aus lauter Dreiecken einfach aufgebaut und mit dem Knotenpunkt-Verfahren lösbar. Will man nur die Stabkräfte in der Mitte des Fachwerks bestimmen, so kommt man mit der Schnittmethode schneller ans Ziel.

Beim Schnitt durch ein K-Fachwerk werden allerdings mindestens 4 Stäbe freigelegt, so daß dann die 3 Gleichgewichtsbedingungen in der Ebene zur Bestimmung der Stabkräfte allein nicht ausreichen.

Zweckmäßig wird man daher eine Kombination von Schnitt- und Knotenpunkt-Methode anwenden.

Günstig ist ein Schnitt durch 2 horizontale und 2 vertikale Stäbe (letztere liegen auf einer Wirkungslinie), ohne die Diagonalstäbe zu durchtrennen (z.B. Schnitt I–I oder II–II in Bild 6.22).

Dann laufen drei von den vier geschnittenen Stäben durch einen Punkt. Die vierte Stabkraft läßt sich somit durch eine Momenten-Bedingung um diesen Punkt unmittelbar bestimmen.

■ **Beispiel:** K-Fachwerk mit schrägen Kräften am Obergurt.

Es sollen die in Bild 6.22 mit 1 bis 10 bezeichneten Stäbe berechnet werden.

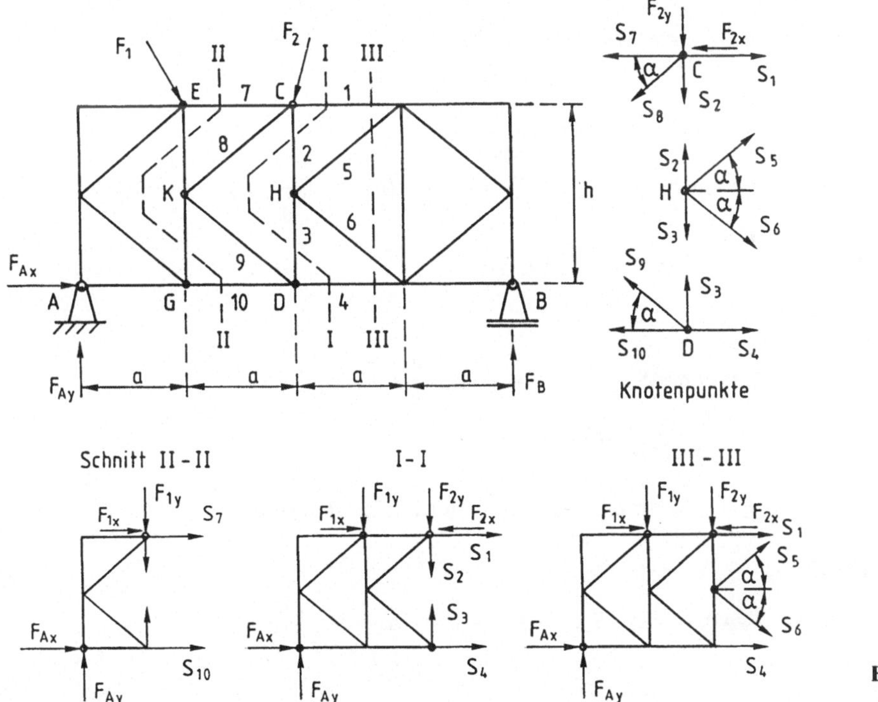

Bild 6.22

Gesamtsystem:

$$\sum M^{(A)} = 0 = F_B \cdot 4a - F_{1x} \cdot h - F_{1y} \cdot a + F_{2x} \cdot h - F_{2y} \cdot 2a \;\Rightarrow$$

$$F_B = \frac{1}{4}\left(F_{1x} \cdot \frac{h}{a} + F_{1y} - F_{2x} \cdot \frac{h}{a} + 2 \cdot F_{2y} \right)$$

$$\sum F_x = 0 \;\Rightarrow\; F_{Ax} = F_{2x} - F_{1x}$$

$$\sum M^{(B)} = 0 = -F_{Ay} \cdot 4a - F_{1x} \cdot h + F_{1y} \cdot 3a + F_{2x} \cdot h + F_{2y} \cdot 2a \;\Rightarrow$$

$$F_{Ay} = \frac{1}{4}\left(-F_{1x} \cdot \frac{h}{a} + 3 \cdot F_{1y} + F_{2x} \cdot \frac{h}{a} + 2 \cdot F_{2y} \right)$$

Für die 10 unbekannten Stabkräfte sind ebensoviele Gleichungen erforderlich.

Schnitt I–I

I) $\sum M^{(C)} = 0 = F_{Ax} \cdot h - F_{Ay} \cdot 2a + S_4 \cdot h + F_{1y} \cdot a \;\Rightarrow$

$$S_4 = F_{Ay} \cdot \frac{2a}{h} - F_{Ax} - F_{1y} \cdot \frac{a}{h}$$

II) $\sum M^{(D)} = 0 = -F_{Ay} \cdot 2a - F_{1x} \cdot h + F_{1y} \cdot a + F_{2x} \cdot h - S_1 \cdot h \;\Rightarrow$

$$S_1 = -F_{Ay} \cdot 2 \frac{a}{h} - F_{1x} + F_{1y} \cdot \frac{a}{h} + F_{2x}$$

Schnitt II–II

III) $\sum M^{(E)} = 0 = F_{Ax} \cdot h - F_{Ay} \cdot a + S_{10} \cdot h \;\;\Rightarrow\; S_{10} = F_{Ay} \cdot \frac{a}{h} - F_{Ax}$

IV) $\sum M^{(G)} = 0 = -F_{Ay} \cdot a - F_{1x} \cdot h - S_7 \cdot h \;\;\Rightarrow\; S_7 = -F_{Ay} \cdot \frac{a}{h} - F_{1x}$

Schnitt III–III

V) $\sum F_y = 0 = F_{Ay} - F_{1y} - F_{2y} + S_5 \cdot \sin\alpha - S_6 \cdot \sin\alpha$

Knotenpunkt H

VI) $\sum F_x = 0 = S_5 \cdot \cos\alpha + S_6 \cdot \cos\alpha \;\;\Rightarrow\; S_6 = -S_5$

VI in V: $2 \cdot S_5 \cdot \sin\alpha = F_{1y} + F_{2y} - F_{Ay} \;\;\Rightarrow\; S_5 = \frac{1}{2 \cdot \sin\alpha} (F_{1y} + F_{2y} - F_{Ay})$

aus VI: $S_6 = -\dfrac{1}{2 \cdot \sin\alpha} (F_{1y} + F_{2y} - F_{Ay})$

Knotenpunkt C

VII) $\sum F_x = 0 \;\Rightarrow\; S_8 \cdot \cos\alpha = S_1 - S_7 - F_{2x} = -F_{Ay} \cdot \frac{a}{h} + F_{1y} \cdot \frac{a}{h}$

$$\Rightarrow\; S_8 = \frac{a}{h \cdot \cos\alpha} \cdot (F_{1y} - F_{Ay})$$

VIII) $\sum F_y = 0 \;\Rightarrow\; S_2 = -S_8 \cdot \sin\alpha - F_{2y} = -\frac{a}{h} \cdot \tan\alpha \cdot (F_{1y} - F_{Ay}) - F_{2y}$

Knotenpunkt D

IX) $\sum F_x = 0 \;\Rightarrow\; S_9 \cdot \cos\alpha = S_4 - S_{10} = -F_{1y} \cdot \frac{a}{h} \;\;\Rightarrow\; S_9 = -\frac{a}{h \cdot \cos\alpha} \cdot F_{1y}$

X) $\sum F_y = 0 \;\Rightarrow\; S_3 = -S_9 \cdot \sin\alpha = F_{1y} \cdot \frac{a}{h} \cdot \tan\alpha$

6.9 Stabtausch-Verfahren von Henneberg

Ernst Lebrecht Henneberg (geb. 1850 in Wolfenbüttel, gest. 1933 in Darmstadt).

Es gibt innerlich statisch bestimmte Fachwerke, bei denen weder der Cremonaplan noch das Schnittverfahren funktionieren, weil an allen Knoten mehr als zwei Stäbe auftreten, bzw. kein Schnitt durch das Fachwerk möglich ist, bei dem höchstens 3 Stäbe ohne gemeinsamen Schnittpunkt vorkommen.

Mit dem Stabtausch-Verfahren ist oft eine Lösung möglich. Dabei gliedert man das vorhandene System in 2 Teilsysteme auf:

a) 0-System

Aus dem gegebenen Fachwerk wird ein Stab (Tauschstab T) entfernt, so daß sich ein Knoten mit nur 2 unbekannten Stäben als Ausgangsbasis für die weitere Behandlung ergibt. Durch die Wegnahme des Stabes wird das Fachwerk allerdings beweglich, was durch die Einführung eines Ersatzstabes E an geeigneter Stelle rückgängig gemacht werden muß. Es entsteht ein einfaches Ersatz-Fachwerk, das unter der gegebenen Belastung als 0-System bezeichnet wird und dessen Stabkräfte $S_i^{(0)}$ sich z. B. mit dem Cremonaplan ermitteln lassen.

Da im folgenden 1-System ein Selbstspannungs-Zustand angenommen wird, bei dem keine Auflagerkräfte entstehen, sind die Lagerkräfte im 0-System auch die wirklichen Lagerkräfte.

b) 1-System

An die Stelle des herausgenommenen Tauschstabs werden am unbelasteten Ersatzsystem zwei Gegenkräfte vom Betrag 1 angebracht und für diese „Eigenspannung" die Stabkräfte $S_i^{(1)}$ bestimmt. In Wirklichkeit wirkt ein Vielfaches der Kraft 1. Dieses Vielfache ist zunächst noch unbekannt und soll daher mit X bezeichnet werden.

Es entspricht der gesuchten Stabkraft des Tauschstabs $S_T = X$. Im Realfall wirken die Belastungen des 0- und des 1-Systems gleichzeitig, so daß die Stabkräfte von beiden Systemen überlagert werden müssen.

Da im wirklichen Fachwerk der Ersatzstab E nicht vorhanden ist, muß die unbekannte Kraft X so gewählt werden, daß die aus der Superposition gewonnene Gesamtkraft S_E verschwindet:

$$S_E = S_E^{(0)} + X \cdot S_E^{(1)} = 0 \quad \Rightarrow \quad \boxed{X = -\frac{S_E^{(0)}}{S_E^{(1)}}} \tag{6.4}$$

$S_E^{(1)}$ steht im Nenner, so daß eine Lösung nur für $S_E^{(1)} \neq 0$ möglich ist. Für $S_E^{(1)} = 0$ werden die Stabkräfte unendlich groß und das Fachwerk wackelig, so daß dieser Fall im allgemeinen ausscheidet.

Mit der Unbekannten X lassen sich auch alle anderen Stabkräfte des gegebenen Fachwerks durch Überlagerung gewinnen aus

$$\boxed{S_1 = S_i^{(0)} + X \cdot S_i^{(1)}} \tag{6.5}$$

■ **Beispiel:** Nichteinfaches Fachwerk

In Bild 6.23 sind zwei Dreiecke ($\triangle ACG$ und $\triangle BDH$) mit 3 Stäben (4, 5, 6) verbunden.

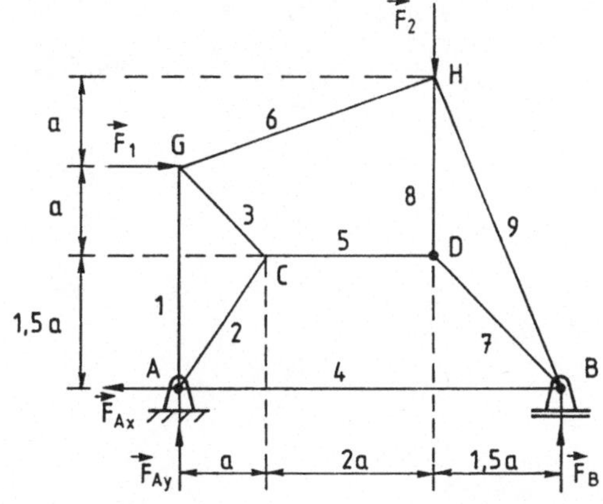

geg.: $F_1 = 6\,\text{kN}$
$F_2 = 4\,\text{kN}$
$a = 1\,\text{m}$

ges.: Auflager- und Stabkräfte

Abzähl-Bedingung
$s = 9; \quad k = 6$
$s = 2k - 3$
$9 = 2 \cdot 6 - 3$

Bild 6.23

Aus dem nichteinfachen Fachwerk nimmt man einen sog. Tauschstab (z. B. Stab 4) heraus, wobei das verbleibende Stabsystem beweglich wird. An anderer Stelle wird in das mobile System ein Ersatzstab E (z. B. zwischen C und H) so eingebaut, daß ein einfaches Fachwerk entsteht.

Andere Möglichkeiten:
Entfernen Stab $1 = T$, Einsetzen zwischen A und $D = E$
Entfernen Stab $9 = T$, Einsetzen zwischen B und $C = E$

In Bild 6.24 sind die Stabkräfte des 0- und 1-Systems mit einem Cremonaplan ermittelt.

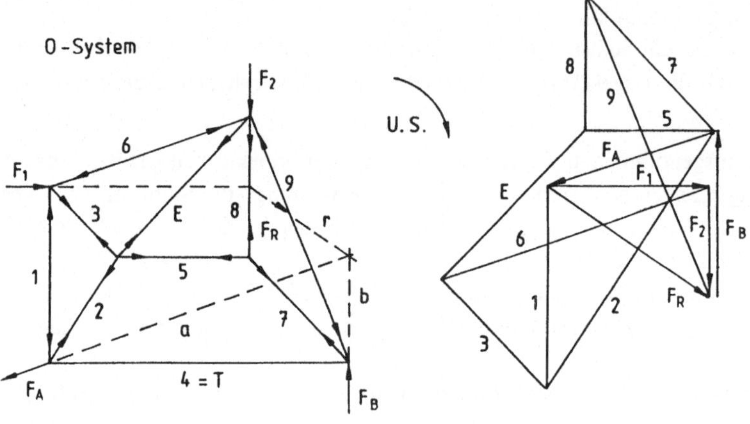

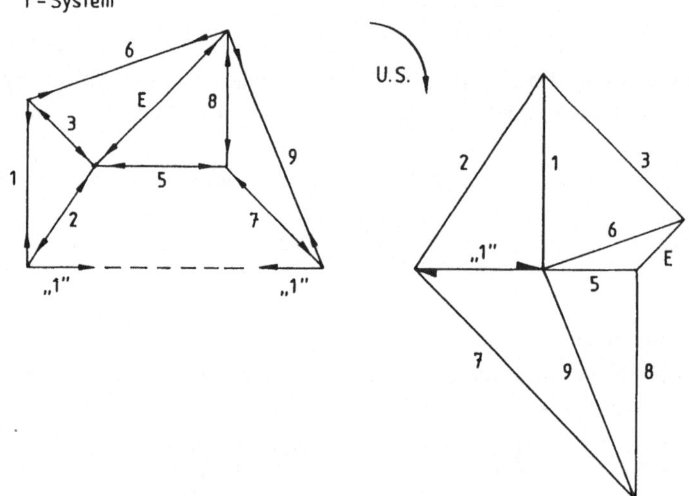

Nach Gl. 6.4 ist die gesuchte Kraft im Tauschstab

$$X = -\frac{S_E^{(0)}}{S_E^{(1)}} = -\frac{7{,}7\ \text{kN}}{-0{,}55} = 14\ \text{kN} = S_4$$

Die übrigen Stabkräfte ergeben sich damit durch Superposition nach Gl. 6.5. Die Ergebnisse sind in der folgenden Tabelle zusammengefaßt:

i	$S_i^{(0)}$ [kN]	$S_i^{(1)}$	$S_i = S_i^{(0)} + X \cdot S_i^{(1)}$ [kN]
1	-7	$1,5$	$-7 + 14 \cdot 1,5 = 14$
2	$10,8$	$-1,8$	$10,8 + 14 \cdot (-1,8) = -14,4$
3	$5,2$	$-1,58$	$5,2 + 14 \cdot (-1,58) = -17,0$
4 (T)	0	1	$0 + 14 \cdot 1 = 14$
5	$4,2$	$-1,73$	$4,2 + 14 \cdot (-1,73) = -20$
6	$-10,2$	$1,18$	$-10,2 + 14 \cdot 1,18 = 6,32$
7	6	$-2,45$	$6 + 14 \cdot (-2,45) = -28,3$
8	$4,2$	$-1,73$	$4,2 + 14 \cdot (-1,73) = -20$
9	$-11,1$	$1,88$	$-11,1 + 14 \cdot 1,88 = 15,2$
E	$7,7$	$-0,55$	$7,7 + 14 \cdot (-0,55) = 0$

Würde der Stab 6 parallel zu 5 laufen (bei etwas steilerem Stab 3), dann wäre $S_E^{(1)} = 0$. Da $S_E^{(1)}$ im Nenner steht, ergeben sich dann nach Gl. 6.1 unendlich große Stabkräfte, was wiederum auf ein wackeliges Fachwerk hinweist.

Generell kann man bezüglich der Ergebnisse von unbekannten Kräften für die Beurteilung einer Konstruktion folgende Schlüsse ziehen:

Ergeben die Gleichgewichts-Bedingungen für die unbekannten Kräfte endliche Werte, so ist die Konstruktion fest und tragfähig.

Werden die Unbekannten dagegen unendlich groß, so handelt es sich um ein bewegliches System, das statisch nicht belastbar ist.

Rechnerische Lösung:

Am Gesamtsystem nach Bild 6.23 werden zuerst die Auflagerkräfte bestimmt:

$$\sum M^{(A)} = 0 = F_B \cdot 4,5 a - F_1 \cdot 2,5 a - F_2 \cdot 3 a \implies$$

$$F_B = \frac{2,5}{4,5} \cdot F_1 + \frac{3}{4,5} \cdot F_2 = \frac{5}{6} \cdot 6 + \frac{2}{3} \cdot 4 = 6 \, \text{kN}$$

$$\sum F_x = 0 \implies F_{Ax} = F_1 = 6 \, \text{kN}$$

$$\sum F_y = 0 \implies F_{Ay} = F_B - F_2 = 6 - 4 = 2 \, \text{kN}$$

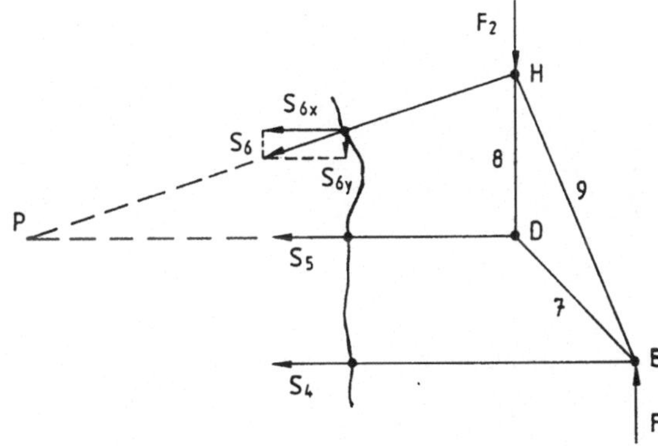

Lage des Schnittpunkts P der Stäbe 5 und 6;

Mit dem Strahlensatz ergibt sich

$$\frac{\overline{PD}}{2a} = \frac{3a}{a} = 3$$

$$\overline{PD} = 6a$$

(man findet die ähnlichen Dreiecke in Bild 6.23)

Bild 6.25

Läuft der Stab 6 ebenfalls horizontal, dann liegt der Schnittpunkt der Stäbe 4, 5, 6 im Unendlichen (Momentanpol) und das Fachwerk wird wackelig.

Da an jedem Knoten 3 Stabkräfte wirken, ist mit dem Knotenpunkt-Verfahren zunächst keine Lösung möglich. Mit einem Schnitt durch die Stäbe 4, 5, 6 nach Bild 6.25 erhält man ein allgemeines Kräftesystem mit 3 Unbekannten, die sich z.B. an der rechten Fachwerkshälfte berechnen lassen. Wählt man den Schnittpunkt P der Stäbe 5 und 6 als Momenten-Bezugspunkt, so erhält man eine Gleichung, in der die Stabkraft S_4 als einzige Unbekannte vorkommt:

$$\sum M^{(P)} = 0 = -S_4 \cdot 1,5\,a + F_B \cdot 7,5\,a - F_2 \cdot 6\,a \;\Rightarrow$$

$$S_4 = \frac{7,5}{1,5} \cdot F_B - \frac{6}{1,5} \cdot F_2 = 5 \cdot 6 - 4 \cdot 4 = 14\,\text{kN}$$

$$\sum F_y = 0 \;\Rightarrow\; S_{6y} = F_B - F_2 = 6 - 4 = 2\,\text{kN}$$

Aus der Geometrie des Fachwerks ergibt sich

$$\frac{S_{6x}}{S_{6y}} = \frac{3a}{a} = 3 \;\Rightarrow\; S_{6x} = 3 \cdot S_{6y} = 3 \cdot 2 = 6\,\text{kN}$$

$$S_6 = \sqrt{S_{6x}^2 + S_{6y}^2} = \sqrt{36 + 4} = 2 \cdot \sqrt{10} = 6,32\,\text{kN}$$

$$\sum F_x = 0 \;\Rightarrow\; S_5 = -S_4 - S_{6x} = -14 - 6 = -20\,\text{kN}$$

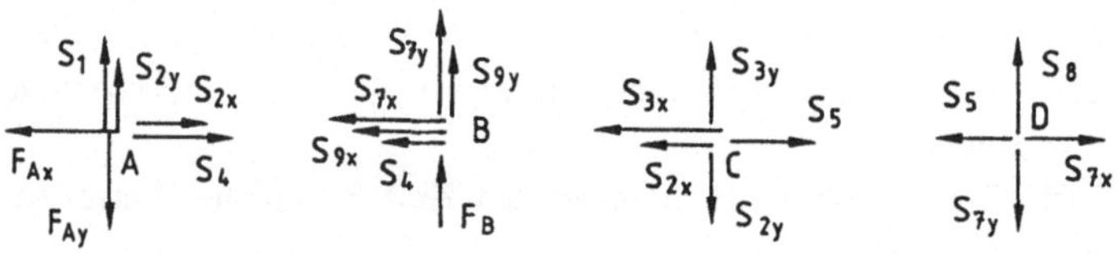

Bild 6.26

Die restlichen Stabkräfte erhält man aus dem Gleichgewicht der Knoten A, B, C, D nach Bild 6.26.

Knoten A:

$$\sum_A F_x = 0 \;\Rightarrow\; S_{2x} = F_{Ax} - S_4 = 6 - 14 = -8\,\text{kN}$$

$$\frac{S_{2y}}{S_{2x}} = \frac{1,5\,a}{a} = 1,5 \;\Rightarrow\; S_{2y} = 1,5 \cdot S_{2x} = 1,5 \cdot (-8) = -12\,\text{kN}$$

$$S_2 = -\sqrt{8^2 + 12^2} = -14,42\,\text{kN}$$

$$\sum_A F_y = 0 \;\Rightarrow\; S_1 = F_{Ay} - S_{2y} = 2 - (-12) = 14\,\text{kN}$$

Knoten C:

$$\sum_C F_y = 0 \;\Rightarrow\; S_{3y} = S_{2y} = -12\,\text{kN}$$

$$\sum_C F_x = 0 \;\Rightarrow\; S_{3x} = S_5 - S_{2x} = -20 - (-8) = -12\,\text{kN}$$

$$S_2 = -12 \cdot \sqrt{2} = -16,97\,\text{kN}$$

Knoten D:

$$\sum_D F_x = 0 \;\Rightarrow\; S_{7x} = S_5 = -20\,\text{kN}$$

$$S_{7y} = S_{7x} = -20\,\text{kN} \quad (45° \text{ Stabneigung})$$

$$\sum_D F_y = 0 \;\Rightarrow\; S_8 = S_{7y} = -20\,\text{kN}$$

Knoten B:

$$\sum_B F_x = 0 \quad \Rightarrow \quad S_{9x} = -S_4 - S_{7x} = -14 - (-20) = 6 \text{ kN}$$

$$\sum_B F_y = 0 \quad \Rightarrow \quad S_{9y} = -S_{7y} - F_B = -(-20) - 6 = 14 \text{ kN}$$

$$S_9 = \sqrt{6^2 + 14^2} = 15,23 \text{ kN}$$

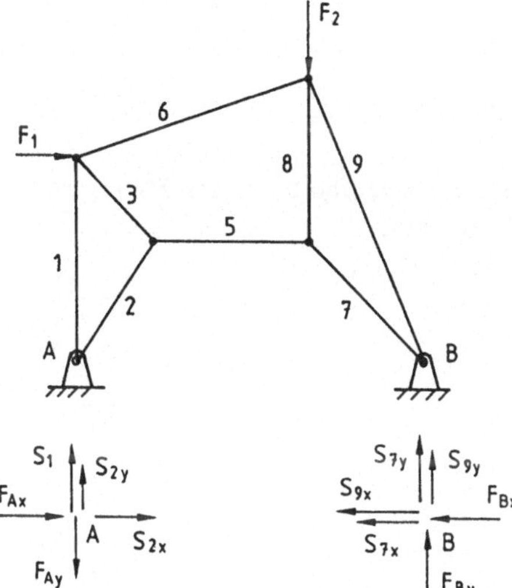

Bild 6.27

Bei dem berechneten Fachwerk kann man den Stab 4 (Bild 6.23) als Zugband zwischen den Lagern auffassen.

Ersetzt man wie im Bild 6.27 das Zugband und das Loslager durch ein Festlager, dann erhält man 4 unbekannte Auflagerreaktionen. Die Stabkräfte sind im übrigen bei beiden Systemen gleich.

Die Komponenten der beiden Festlager ergeben sich damit aus dem Kräftegleichgewicht der Lagerknoten zu

Lager A:

$$\sum_A F_x = 0 \quad \Rightarrow \quad F_{Ax} = -S_{2x} = 8 \text{ kN}$$

$$\sum_A F_y = 0 \quad \Rightarrow \quad F_{Ay} = S_1 + S_{2y} = 14 - 12 = 2 \text{ kN}$$

Lager B:

$$\sum_B F_x = 0 \quad \Rightarrow \quad F_{Bx} = -S_{7x} - S_{9x} = -(-20) - 6 = 14 \text{ kN}$$

$$\sum_B F_y = 0 \quad \Rightarrow \quad F_{By} = -S_{7y} - S_{9y} = -(-20) - 14 = 6 \text{ kN}$$

Zum gleichen Ergebnis kommt man, wenn man das System nach Bild 6.27 als Dreigelenkbogen auffaßt. Das Zwischengelenk ist dabei durch zwei Stäbe ersetzt (ideelles Gelenk im Schnittpunkt der Stäbe 5 und 6). Diese Berechnungs-Möglichkeit wird dem Leser zum Vergleich empfohlen.

Mit der Umwandlung eines Festlagers in ein Loslager und ein Zugband zum anderen Festlager hin hat man die Möglichkeit, Systeme mit zwei Festlagern zu berechnen. Das gelingt allerdings nur, wenn die Verbindungslinie AB der Festlagerpunkte sich nicht mit den Verbindungsstäben 5 und 6 in einem endlich oder unendlich weit entfernten Punkt (alle 3 Wirklinien laufen parallel) schneidet. In diesem Fall ist das System jedoch wiederum wackelig.

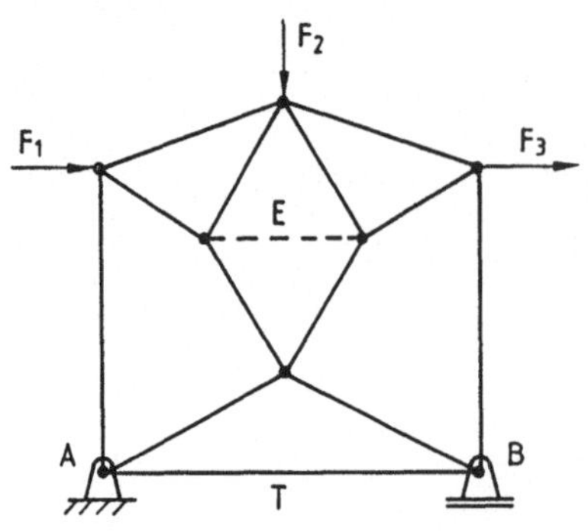

Nicht bei allen Fachwerken läßt sich mit einem geeigneten Schnitt eine Lösung finden, wie das Beispiel in Bild 6.28 zeigt. Mögliche Schnitte ergeben allgemeine Kräftesysteme mit 4 bzw. zentrale Kräftesysteme mit 3 Unbekannten.

Bild 6.28

Nimmt man den Stab T aus dem Fachwerk heraus und ersetzt ihn durch den Stab E, so gelingt die Bestimmung der Stabkräfte mit dem Stabtausch-Verfahren. ∎

7 Kräfte im Raum

7.1 Bewegungs-Möglichkeiten (Freiheitsgrade) eines Körpers

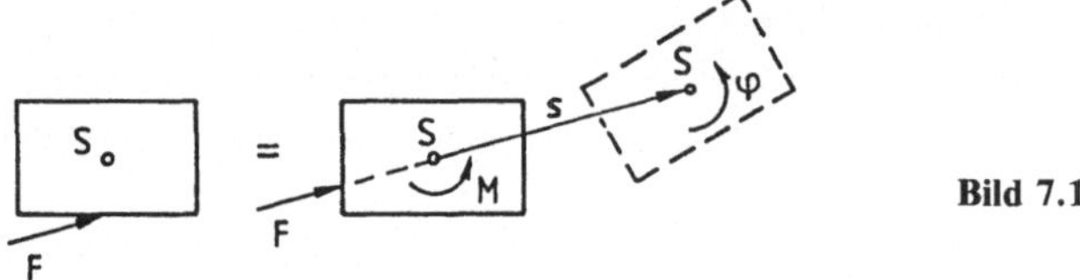

Bild 7.1

Jeder freie Körper kann seine Lage ändern durch folgende Bewegungs-Möglichkeiten (Bild 7.1):
a) Verschiebung (Translation) um die Strecke $\vec{s}$ infolge einer Kraft durch den Schwerpunkt S
b) Drehung (Rotation) um den Schwerpunkt um den Winkel φ infolge eines Moments
c) Verschiebung und Drehung gleichzeitig infolge einer Kraft und eines Moments oder infolge einer Kraft allein, die nicht durch den Schwerpunkt geht.
Eine nicht im Schwerpunkt liegende Kraft kann in den Schwerpunkt parallel verschoben werden, wobei das Verschiebemoment M zu ergänzen ist, so daß sich insgesamt eine Dyname ergibt.
Die Bewegungs-Möglichkeiten eines freien Körpers sind in Bild 7.2 angegeben.

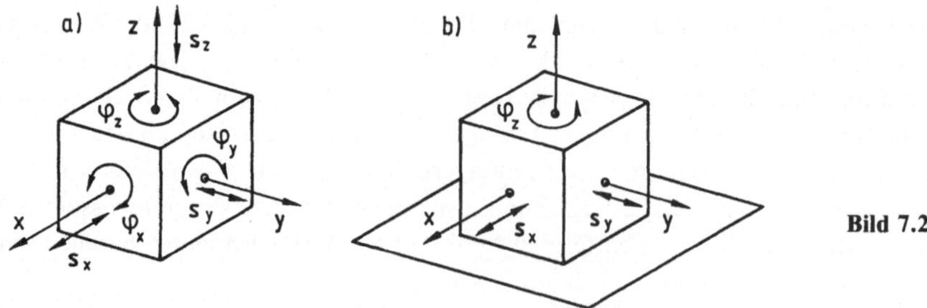

Bild 7.2

Verschiebung s in Richtung der Achsen

Drehung φ um die Achsen

Freiheitsgrade (FG) im Raum   in der Ebene

$\left.\begin{array}{l} s_x, s_y, s_z \\ \varphi_x, \varphi_y, \varphi_z \end{array}\right\}$ 6 FG $\left.\begin{array}{l} s_x, s_y \\ \varphi_z \end{array}\right\}$ 3 FG

7.2 Gleichgewicht eines Körpers

Heben sich alle wirksamen Kräfte und alle Kraftmomente an einem Körper gegenseitig auf, so macht er weder eine Translations- noch eine Rotationsbewegung, sondern ist in Ruhe oder in gleichförmiger, geradliniger Bewegung, d.h. er befindet sich im Gleichgewicht.

Gleichgewichts-Bedingungen

---

im Raum   in der Ebene

$\left.\begin{array}{l} \sum F_x = 0 \\ \sum F_y = 0 \\ \sum F_z = 0 \end{array}\right\}$ keine Verschiebung $\left\{\begin{array}{l} \sum F_x = 0 \\ \sum F_y = 0 \end{array}\right.$

$\qquad\qquad\qquad$ (7.1) $\qquad\qquad\qquad\qquad\qquad$ (7.2)

$\left.\begin{array}{l} \sum M_x = 0 \\ \sum M_y = 0 \\ \sum M_z = 0 \end{array}\right\}$ keine Drehung $\left\{\begin{array}{l} \sum M_z = 0 \end{array}\right.$

Ein räumliches Kräftesystem ist im Gleichgewicht, wenn die Summe aller Kraftkomponenten in den drei Koordinaten-Richtungen und die Summe der Momente um die drei Koordinatenachsen gleich Null ist.

Bei einer zeichnerischen Ausführung werden die 6 Gleichgewichts-Bedingungen in 3 verschiedenen Rißebenen untersucht:

Gleichgewichts-Bedingungen in der x, y-Ebene $\sum F_x = 0$; $\sum F_y = 0$; $\sum M_z = 0$

Gleichgewichts-Bedingungen in der y, z-Ebene $\sum F_y = 0$; $\sum F_z = 0$; $\sum M_x = 0$

Gleichgewichts-Bedingungen in der z, x-Ebene $\sum F_z = 0$; $\sum F_x = 0$; $\sum M_y = 0$

Beliebige Kräfte im Raum stehen im Gleichgewicht, wenn ihre Projektionen auf 3 verschiedene Ebenen je für sich im Gleichgewicht stehen, d.h. geschlossene Kraft- und Seilecke bilden.

In den meisten Fällen ist jedoch die rechnerische Lösung einfacher und genauer und daher den zeichnerischen Lösungen vorzuziehen.

7.3 Vektorielle Zerlegung einer Kraft

Ein Vektor ist bestimmt durch Betrag, Richtung und Richtungssinn. Richtung und Richtungssinn werden durch einen richtungsweisenden Vektor der Länge eins (Einsvektor) festgelegt.

Der Betrag ist eine Maßzahl, die angibt um wieviel der Einsvektor zu verlängern (oder zu verkürzen) ist, damit er seine wahre Länge erhält.

Ein Vektor läßt sich also als Produkt seines Betrages und seines Einsvektors darstellen.

Ist $\vec{e}_F$ der Einsvektor, der die Richtung der Kraft angibt, F der Betrag oder die Maßzahl der Kraft, so wird der Kraftvektor

$$\boxed{\vec{F} = F \cdot \vec{e}_F} \quad \Rightarrow \quad \vec{e}_F = \frac{\vec{F}}{F} \qquad\qquad\qquad (7.3)$$

Eine räumliche Kraft läßt sich in drei beliebig gerichtete, nicht in einer Ebene liegende Komponenten zerlegen, d.h. sie läßt sich als Linearkombination dreier nicht komplanarer Basisvektoren $\vec{e}_1, \vec{e}_2, \vec{e}_3$ in der Form darstellen

$$\vec{F} = \vec{F}_1 + \vec{F}_2 + \vec{F}_3 = F_1 \cdot \vec{e}_1 + F_2 \cdot \vec{e}_2 + F_3 \cdot \vec{e}_3 \qquad (7.4)$$

Die Vektoren $\vec{F}_1, \vec{F}_2, \vec{F}_3$ sind dabei die auf das System der Basisvektoren bezogenen vektoriellen Komponenten des Kraftvektors $\vec{F}$. F_1, F_2, F_3 sind die Maßzahlen der vektoriellen Komponenten, die als skalare Komponenten bezeichnet werden.

Zwischen den beiden Komponentenarten besteht der Zusammenhang

$$\vec{F}_1 = F_1 \cdot \vec{e}_1; \quad \vec{F}_2 = F_2 \cdot \vec{e}_2; \quad \vec{F}_3 = F_3 \cdot \vec{e}_3 \qquad (7.5)$$

a) Schiefwinkliges

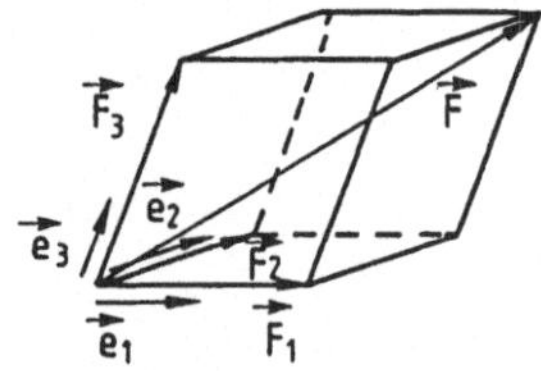

b) Kartesisches Koordinatensystem

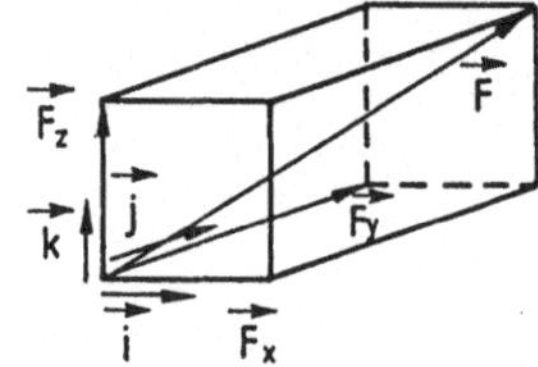

nicht orthogonal
geradlinig
rechtssinnig

orthogonal
geradlinig
rechtssinnig

Bild 7.3

In der Grafik bildet sich die Kraft $\vec{F}$ als Raumdiagonale in einem Parallelepiped (ein durch 3 Paare einander paralleler Ebenen begrenzter Körper) nach Bild 7.3a ab.

In der praktischen Anwendung ist es meist zweckmäßig, die Kraft $\vec{F}$ in zueinander rechtwinklige Komponenten in einem kartesischen Koordinatensystem x, y, z mit den Basisvektoren $\vec{i}, \vec{j}, \vec{k}$ aufzuteilen. Nach Bild 7.3b stellt sich dann die Kraft $\vec{F}$ als Raumdiagonale in einem Quader mit den Kantenlängen $\vec{F}_x, \vec{F}_y, \vec{F}_z$ dar.

7.4 Zentrales Kräftesystem (Kräftegruppe an einem Punkt)

Bei einem zentralen räumlichen Kräftesystem schneiden sich die Wirklinien aller Kräfte in einem Punkt des Raumes.

Der Koordinaten-Ursprung wird durch den gemeinsamen Angriffspunkt der Kräfte gelegt. Wegen der besseren Übersicht ist in Bild 7.4 nur eine Kraft gezeichnet.

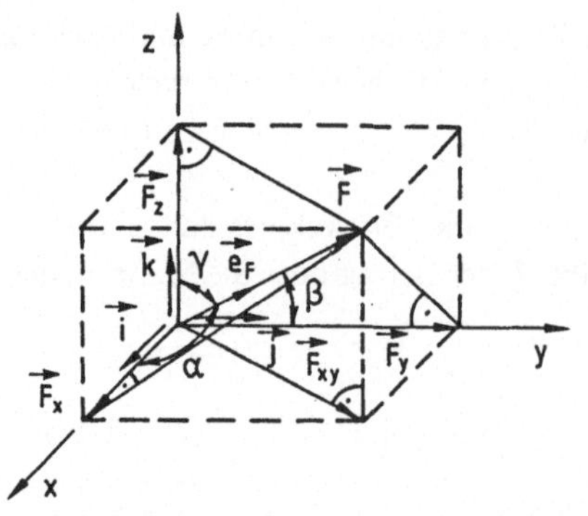

$\vec{i}, \vec{j}, \vec{k} =$ Einsvektoren in Richtung der Koordinatenachsen x, y, z

$|\vec{i}| = |\vec{j}| = |\vec{k}| = 1$

$\alpha = \sphericalangle (\vec{F}, \vec{i}); \cos\alpha = \dfrac{F_x}{F}$

$\beta = \sphericalangle (\vec{F}, \vec{j}); \cos\beta = \dfrac{F_y}{F}$

$\gamma = \sphericalangle (\vec{F}, \vec{k}); \cos\gamma = \dfrac{F_z}{F}$

Bild 7.4

$$F_x = F\cos\alpha; \quad F_y = F\cos\beta; \quad F_z = F\cos\gamma \qquad (7.6)$$

Mit den Einsvektoren läßt sich der Zusammenhang zwischen den vektoriellen Komponenten $\vec{F}_x, \vec{F}_y, \vec{F}_z$ und den skalaren Komponenten F_x, F_y, F_z der Kraft $\vec{F}$ angeben

$$\vec{F}_x = F_x \cdot \vec{i}; \quad \vec{F}_y = F_y \cdot \vec{j}; \quad \vec{F}_z = F_z \cdot \vec{k} \tag{7.7}$$

Für die Zerlegung des Kraftvektors $\vec{F}$ in seine Komponenten gilt entsprechend

$$\vec{F} = \begin{bmatrix} F_x \\ F_y \\ F_z \end{bmatrix} = \vec{F}_x + \vec{F}_y + \vec{F}_z = F_x \cdot \vec{i} + F_y \cdot \vec{j} + F_z \cdot \vec{k} \tag{7.8}$$

Den Betrag der Kraft erhält man durch zweimaliges Anwenden des Satzes von Pythagoras

$$F = \sqrt{F_{xy}^2 + F_z^2} = \sqrt{F_x^2 + F_y^2 + F_z^2} = F \cdot \sqrt{\cos^2\alpha + \cos^2\beta + \cos^2\gamma} \tag{7.9}$$

Daraus ergibt sich der Zusammenhang der Richtungskosinus

$$\cos^2\alpha + \cos^2\beta + \cos^2\gamma = 1 \quad (7.10) \quad \Rightarrow \quad \cos\gamma = \sqrt{1 - \cos^2\alpha - \cos^2\beta}$$

Die drei Richtungskosinus sind die skalaren Komponenten des Kraft-Einheitsvektors

$$\vec{e}_F = \begin{bmatrix} \cos\alpha \\ \cos\beta \\ \cos\gamma \end{bmatrix} \tag{7.11}$$

Da sich nach Gl. 7.10 ein Winkel durch die beiden anderen ausdrücken läßt, ist die Richtung einer Kraft durch 2 Winkel mit den Koordinatenachsen festgelegt. Die 3 Winkel α, β, γ sind also nicht voneinander unabhängig.

Von den 3 Winkeln kann höchstens einer kleiner als $45°$ sein $\left(\cos^2 45° = \dfrac{1}{2}\right)$. Für $\cos^2\alpha > \dfrac{1}{2}$ und $\cos^2\beta > \dfrac{1}{2}$ wäre nämlich $1 - \cos^2\alpha - \cos^2\beta < 0$ und $\cos\gamma$ imaginär.

Sind mehrere zentrale Kräfte in einem kartesischen Koordinaten-System angeordnet, so gilt für deren Resultierende

$$R_x = \sum_{i=1}^{n} F_{ix}; \quad R_y = \sum_{i=1}^{n} F_{iy}; \quad R_z = \sum_{i=1}^{n} F_{iz}$$
$$R = \sqrt{R_x^2 + R_y^2 + R_z^2} = \sqrt{(\textstyle\sum F_{ix})^2 + (\sum F_{iy})^2 + (\sum F_{iz})^2} \tag{7.12}$$

Ein zentrales räumliches Kräftesystem ist im Gleichgewicht, wenn deren Resultierende verschwindet, dann muß sein

$$\begin{aligned} R_x &= \sum F_{ix} = 0 \\ R_y &= \sum F_{iy} = 0 \\ R_z &= \sum F_{iz} = 0 \end{aligned} \tag{7.13}$$

Beispiele

a) Resultierende eines zentralen räumlichen Kräftesystems

Zeichnerische Lösung

Die Resultierende von Kräften im Raum mit gemeinsamen Angriffspunkt wird bestimmt, indem man deren Krafteck mit ihrer Resultierenden in Grund- und Aufriß zeichnet.

Die Konstruktion der wahren Länge (R) der Resultierenden kann z.B. durch Umklappen des Stützdreiecks im Grundriß bzw. durch Drehung von R' in eine zum Aufriß parallele Lage erfolgen, in dem dann die wahre Größe auf der Höhe von R'' erscheint (Bild 7.5).

geg.:   Drei Kräfte im gemeinsamen Angriffspunkt A

$$\vec{F}_1 = \begin{bmatrix} 0 \\ 3,5 \\ 0 \end{bmatrix} \text{kN}; \quad \vec{F}_2 = \begin{bmatrix} 1 \\ 2,5 \\ 2 \end{bmatrix} \text{kN}; \quad \vec{F}_3 = \begin{bmatrix} 3 \\ -1 \\ 2,5 \end{bmatrix} \text{kN}; \qquad \text{ges.:} \quad \vec{R} = \vec{F}_1 + \vec{F}_2 + \vec{F}_3$$

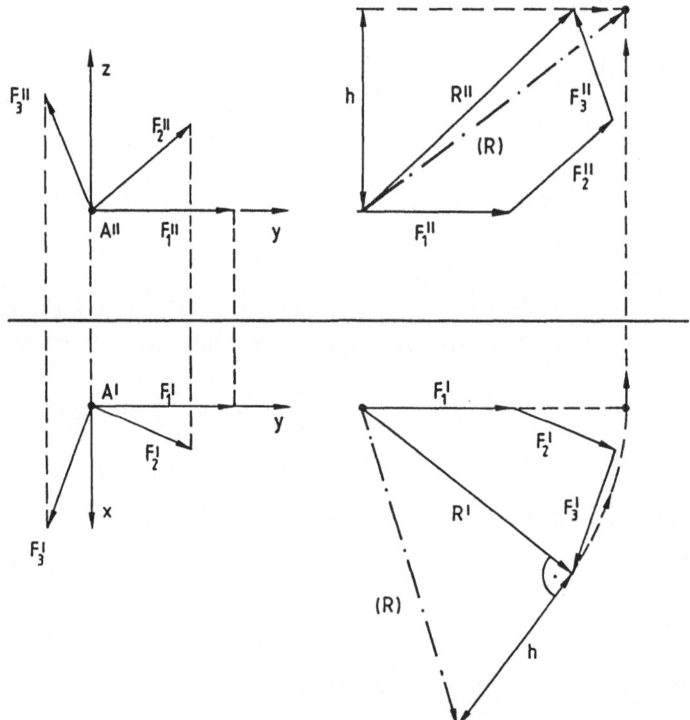

Bild 7.5

Rechnerische Lösung

$$R_x = F_{1x} + F_{2x} + F_{3x} = 0 + 1 + 3 = 4 \text{ kN}$$

$$R_y = F_{1y} + F_{2y} + F_{3y} = 3,5 + 2,5 - 1 = 5 \text{ kN}$$

$$R_z = F_{1z} + F_{2z} + F_{3z} = 0 + 2 + 2,5 = 4,5 \text{ kN}$$

$$R = \sqrt{R_x^2 + R_y^2 + R_z^2} = \sqrt{4^2 + 5^2 + 4,5^2} \text{ kN} = 7,83 \text{ kN}$$

b) Gleichgewicht eines zentralen räumlichen Kräftesystems

Beispiel: Bockgerüst (Dreibock)

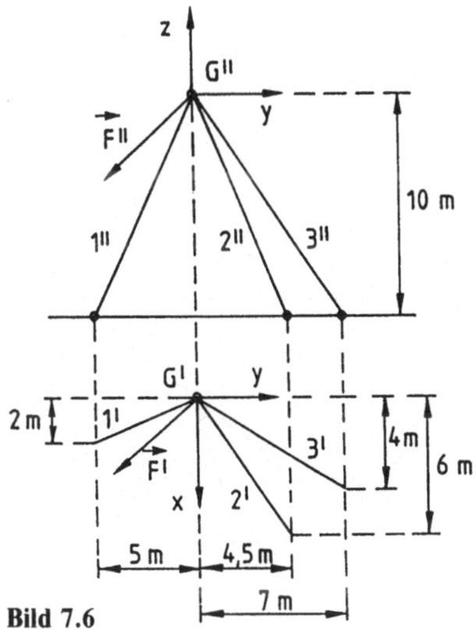

Bild 7.6

geg.: 3 Stäbe in G gelenkig miteinander verbunden und am Fundament abgestützt werden durch eine Kraft $\vec{F}$ am Knotenpunkt belastet (Bild 7.6).

ges.: Stabkräfte $\vec{S}_1, \vec{S}_2, \vec{S}_3$

Diese Aufgabe ist von grundlegender Bedeutung, da sie die Zerlegung einer Kraft im Raum nach 3 vorgegebenen Richtungen, die nicht in einer Ebene liegen, darstellt.

Das Bockgerüst kann auch als Element eines räumlichen Fachwerks angesehen werden, das zur Bestimmung der Stabkräfte dient.

$$\vec{F} = \begin{bmatrix} F_x \\ F_y \\ F_z \end{bmatrix} = \begin{bmatrix} 3 \\ -4 \\ -3,5 \end{bmatrix} \text{kN}$$

Zeichnerische Lösung

Kräfte im Raum mit gemeinsamen Angriffspunkt stehen im Gleichgewicht, wenn sich ihr räumliches Krafteck schließt, d.h. wenn sich die Kraftecke im Grund- und Aufriß schließen.

Die Kräftezerlegung wird mit dem Culmannschen Verfahren nach Bild 7.7 durchgeführt.
Am Bolzen des Gelenkpunkts G greifen die 4 Kräfte $\vec{F}, \vec{S}_1, \vec{S}_2, \vec{S}_3$ an, die im Gleichgewicht stehen, d.h. die Teilresultierenden von je 2 Kräften heben sich gegenseitig auf.

$$\vec{R}_{12} = \vec{S}_1 + \vec{S}_2 \text{ liegt in der von } \vec{S}_1 \text{ und } \vec{S}_2 \text{ gebildeten Ebene } E_1$$
$$\vec{R}_{F3} = \vec{F} + \vec{S}_3 \text{ liegt in der von } \vec{F} \text{ und } \vec{S}_3 \text{ gebildeten Ebene } E_2$$

Da beide Resultierenden als Gegenkräfte auf einer Wirkungslinie liegen, müssen sie mit der Schnittgeraden $h = E_1 \cap E_2$ der beiden Ebenen zusammenfallen. Diese Schnittgerade stellt die Culmannsche Hilfsgerade dar und muß zuerst bestimmt werden.
Zwei Punkte, die zu beiden Ebenen gehören und damit auch zur Schnittgeraden, lassen sich leicht finden:
der Gelenkpunkt G und der Schnittpunkt Z der Grundrißspuren von beiden Ebenen.

$$\left. \begin{array}{l} \overline{P_1 P_2} = \text{Spurlinie der Ebene } E_1 \\ \overline{PP_3} = \text{Spurlinie der Ebene } E_2 \end{array} \right\} \quad Z' = \overline{P_1 P_2} \cap \overline{PP_3}$$

Mit $h = GZ$ hat man die Culmannsche Hilfsgerade ermittelt, mit der sich im Grund- und Aufriß die Kraftecke aus $\vec{F}, \vec{S}_3$ und $\vec{H}$ zeichnen lassen. Anschließend wird die Hilfskraft $\vec{H}$ in die Komponenten $\vec{S}_1$ und $\vec{S}_2$ zerlegt.
Die wahren Größen der Stabkräfte erhält man z.B. durch Umklappen der Stützdreiecke im Grundriß.

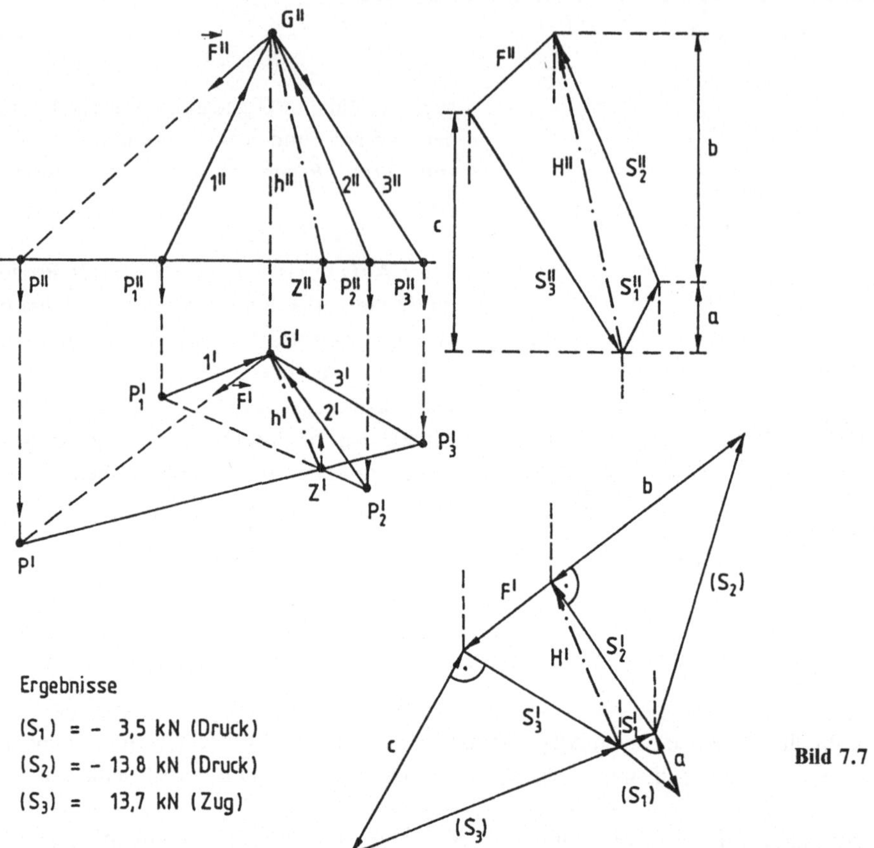

Ergebnisse

$(S_1) = -3,5$ kN (Druck)

$(S_2) = -13,8$ kN (Druck)

$(S_3) = 13,7$ kN (Zug)

Bild 7.7

Rechnerische Lösung

Da die Stabkräfte $\vec{S}_i$ in Richtung der Stabachsen verlaufen, bilden die Kräfte und die Stäbe gleiche Winkel. Die Kraftkomponenten S_{ix}, S_{iy}, S_{iz} sind somit den entsprechenden Längenkomponenten ℓ_{ix}, ℓ_{iy}, ℓ_{iz} der Stäbe proportional. Die Proportionalitätsfaktoren werden als Unbekannte x_i ($i = 1, 2, 3$) eingeführt.

$$\begin{aligned} S_{ix} &= x_i \ell_{ix} \\ S_{iy} &= x_i \ell_{iy}; \\ S_{iz} &= x_i \ell_{iz} \end{aligned} \quad \vec{S}_1 = x_1 \begin{bmatrix} 2 \\ -5 \\ -10 \end{bmatrix}; \quad \vec{S}_2 = x_2 \begin{bmatrix} 6 \\ 4,5 \\ -10 \end{bmatrix}; \quad \vec{S}_3 = x_3 \begin{bmatrix} 4 \\ 7 \\ -10 \end{bmatrix}; \quad \vec{F} = \begin{bmatrix} 3 \\ -4 \\ -3,5 \end{bmatrix} \text{kN}$$

Die Gleichgewichts-Bedingungen erfordern die Zusammenfassung der Vektorkomponenten in den drei Zeilen:

I) $\sum F_x = 0 = \quad 2x_1 + \quad 6x_2 + \quad 4x_3 + 3 \quad \Rightarrow \quad 2x_1 + \quad 6x_2 + \quad 4x_3 = -3$

II) $\sum F_y = 0 = \quad -5x_1 + 4,5x_2 + \quad 7x_3 - 4 \quad \Rightarrow \quad -5x_1 + 4,5x_2 + \quad 7x_3 = \quad 4$

III) $\sum F_z = 0 = -10x_1 - \quad 10x_2 - 10x_3 - 3,5 \quad \Rightarrow \quad 10x_1 + \quad 10x_2 + 10x_3 = -3,5$

Dieses lineare, inhomogene Gleichungssystem läßt sich übersichtlich in Matrizenschreibweise formulieren.

$$\begin{bmatrix} 2 & 6 & 4 \\ -5 & 4,5 & 7 \\ 10 & 10 & 10 \end{bmatrix} \cdot \begin{bmatrix} x_1 \\ x_2 \\ x_3 \end{bmatrix} = \begin{bmatrix} -3 \\ 4 \\ -3,5 \end{bmatrix}$$

$$\underline{A} \qquad \qquad \cdot \quad \vec{X} \quad = \quad \vec{b}$$

1) Lösung mit der Cramerschen Regel

Die Unbekannten ergeben sich als Quotient zweier Determinanten. Im Nenner steht jeweils die Koeffizienten-Determinante D. Die Zähler-Determinanten D_i entstehen aus der Koeffizienten-Determinante, wenn man die zur jeweiligen Variablen gehörende Koeffizientenspalte durch die Spalte des Konstantenvektors $\vec{b}$ (rechte Seite) ersetzt.

$$
D = \det \underline{A} = \begin{vmatrix} 2 & 6 & 4 \\ -5 & 4{,}5 & 7 \\ 10 & 10 & 10 \end{vmatrix} = 290; \qquad
D_1 = \begin{vmatrix} -3 & 6 & 4 \\ 4 & 4{,}5 & 7 \\ -3{,}5 & 10 & 10 \end{vmatrix} = -89
$$

$$
D_2 = \begin{vmatrix} 2 & 3 & 4 \\ -5 & 4 & 7 \\ 10 & -3{,}5 & 10 \end{vmatrix} = -321; \qquad
D_3 = \begin{vmatrix} 2 & 6 & -3 \\ -5 & 4{,}5 & 4 \\ 10 & 10 & -3{,}5 \end{vmatrix} = 308{,}5
$$

$$
x_1 = \frac{D_1}{D} = -\frac{89}{290} = -0{,}3069
$$

$$
x_2 = \frac{D_2}{D} = -\frac{321}{290} = -1{,}1069
$$

$$
x_3 = \frac{D_3}{D} = \frac{308{,}5}{290} = 1{,}0638
$$

Damit erhält man die Beträge der Stabkräfte

$$
S_i = \sqrt{S_{ix}^2 + S_{iy}^2 + S_{iz}^2} \quad = x_i \sqrt{\ell_{ix}^2 + \ell_{iy}^2 + \ell_{iz}^2}
$$

$$
S_1 = x_1 \sqrt{2^2 + 5^2 + 10^2} \quad = -\frac{89}{290}\sqrt{129} \quad = -3{,}486 \text{ kN} \quad \text{(Druck)}
$$

$$
S_2 = x_2 \sqrt{6^2 + 4{,}5^2 + 10^2} = -\frac{321}{290}\sqrt{156{,}25} = -13{,}836 \text{ kN} \quad \text{(Druck)}
$$

$$
S_3 = x_3 \sqrt{4^2 + 7^2 + 10^2} \quad = \frac{308{,}5}{290}\sqrt{165} \quad = \;\;13{,}665 \text{ kN} \quad \text{(Zug)}
$$

2) Lösung mit dem Gaußschen Algorithmus

Enthält ein System mehr als 3 Gleichungen, so wird die Lösung mit der Cramerschen Regel meist zu aufwendig. Die Eliminations-Verfahren der Numerischen Mathematik sind dann besser geeignet, wie z.B. der Gaußsche Algorithmus, der an dem betrachteten Beispiel einmal aufgezeigt wird.

Durch Elimination wird die Matrix $\underline{A}$ spaltenweise so verändert, daß eine obere Dreiecksmatrix $\underline{A}'$ entsteht. Die einzelnen Gleichungen werden dabei mit geeigneten Faktoren multipliziert und voneinander subtrahiert.

Da man nur mit einer beschränkten Stellenzahl rechnen kann, ergeben sich Rundungsfehler, die in ungünstigen Fällen (wenn die Determinante von $\underline{A}$ sehr klein ist) zu größeren Abweichungen gegenüber den exakten Lösungen führen. Die Rundungsfehler kann man verringern, wenn in der jeweiligen Eliminationsgleichung das betragsgrößte Element der ersten Spalte steht (im jeweiligen Gleichungssystem oben links), was man durch Zeilenvertauschung (und/oder Spaltenvertauschung) erreichen kann (Pivotisierung).

Aus der Dreiecksmatrix lassen sich dann durch sog. Rückwärtseinsetzen die einzelnen Unbekannten nacheinander bestimmen. Man beginnt mit der untersten Zeile, die nur eine Unbekannte enthält und verwendet die laufenden Ergebnisse rekursiv nach oben bis zur ersten Zeile.

Erster Gauß-Schritt:

Die Pivotisierung erfordert in unserem Beispiel eine Vertauschung der 1. und 3. Zeile.

$$\text{I)} \qquad 10x_1 + 10x_2 + 10x_3 = -3{,}5$$

$$\text{II)} \qquad -5x_1 + 4{,}5x_2 + 7x_3 = 4$$

$$\text{III)} \qquad 2x_1 + 6x_2 + 4x_3 = -3$$

Der Wert einer Determinante ändert sich nicht, wenn man zu einer Zeile ein beliebiges Vielfaches einer anderen Zeile addiert. Diese Äquivalenzumformung gilt auch für zwei beliebige Spalten.

Um die erste Spalte (also x_1) von der zweiten bis zur letzten Zeile zu eliminieren, wird die erste Zeile (Eliminations-Gleichung) durch das Pivot-Element (Koeffizient bei x_1) dividiert.

Diese modifizierte Gleichung wird mit den jeweiligen anderen Koeffizienten der ersten Spalte multipliziert und von den restlichen Zeilen subtrahiert.

$$\text{II}' = \text{II} + \frac{5}{10} \cdot \text{I:} \qquad \left(4{,}5 + \frac{5}{10} \cdot 10\right) x_2 + \left(7 + \frac{5}{10} \cdot 10\right) x_3 = 4 + \frac{5}{10}(-3{,}5)$$

$$9{,}5x_2 \qquad + \qquad 12x_3 \qquad = 2{,}25$$

$$\text{III}' = \text{III} + \frac{(-2)}{10} \cdot \text{I:} \qquad \left(6 - \frac{2}{10} \cdot 10\right) x_2 + \left(4 - \frac{2}{10} \cdot 10\right) x_3 = -3 - \frac{2}{10}(-3{,}5)$$

$$4x_2 \qquad + \qquad 2x_3 \qquad = -2{,}3$$

Zweiter Gauß-Schritt:

Jetzt wird entsprechend die zweite Spalte von der dritten bis zur letzten Zeile eliminiert usw., bis eine Dreiecksmatrix übrigbleibt. In unserem Fall ist die dritte Zeile bereits die letzte, aus der nur noch x_2 eliminiert werden muß.

Wiederum achten wir zunächst auf die Pivotisierung und vergleichen die Koeffizienten von x_2. Da $9{,}5 > 4$ ist, bleibt die Reihenfolge der Zeilen erhalten.

Die Elimination von x_2 erreicht man durch Subtraktion der modifizierten Gleichung II' von III'

$$\text{III}'' = \text{III}' + \frac{(-4)}{9{,}5} \, \text{II':} \qquad \left(2 - \frac{4}{9{,}5} \cdot 12\right) \cdot x_3 = -2{,}3 - \frac{4}{9{,}5} \cdot 2{,}25$$

$$-3{,}0526 \cdot x_3 = -3{,}2474$$

Die 3 Ausgangsgleichungen wurden durch 2 Eliminationsschritte in ein dreieckförmig gestaffeltes Gleichungssystem übergeführt. Dieses reduzierte Gleichungssystem hat die gleichen Lösungen wie das ursprüngliche. Zur besseren Übersicht wird es nochmals zusammengestellt

$$\text{I)} \qquad 10x_1 + 10x_2 + 10x_3 = -3{,}5$$

$$\text{II')} \qquad 9{,}5x_2 + 12x_3 = 2{,}25$$

$$\text{III'')} \qquad -3{,}0526x_3 = -3{,}2474$$

oder in Matrizen-Schreibweise

$$\begin{bmatrix} 10 & 10 & 10 \\ 0 & 9{,}5 & 12 \\ 0 & 0 & -3{,}0526 \end{bmatrix} \cdot \begin{bmatrix} x_1 \\ x_2 \\ x_3 \end{bmatrix} = \begin{bmatrix} -3{,}5 \\ 2{,}25 \\ -3{,}2474 \end{bmatrix}$$

$$\underline{A}' \qquad \cdot \quad \vec{X} \ = \ \vec{b}'$$

Die Gleichungen werden in umgekehrter Reihenfolge ihrer Entstehung, d.h. durch Rückwärts-Einsetzen aufgelöst.

aus III'': $\quad x_3 = \dfrac{3{,}2474}{3{,}0526} = 1{,}0638$

aus II': $\quad x_2 = \dfrac{1}{9{,}5}\,(2{,}25 - 12\,x_3) = -1{,}1069$

aus I: $\quad x_1 = \dfrac{1}{10}\,(-3{,}5 - 10\,x_3 - 10\,x_2) = -0{,}3069$

Die Umwandlung der Matrix $\underline{A}$ in eine Dreiecksmatrix $\underline{A}\,'$ wird nochmals zu einem Schema zusammengefaßt.

I	10	10	10	$-3{,}5$	$\cdot\ \dfrac{5}{10}$,	$\cdot\ \dfrac{(-2)}{10}$
II	-5	4,5	7	4	$+$	
III	2	6	4	-3	$+$	
II'		9,5	12	2,25	$\cdot\ \dfrac{(-4)}{9{,}5}$	
III'		4	2	$-2{,}3$	$+$	
III''			$-3{,}0526$	$-3{,}2474$		

Bestimmung der Koeffizienten-Determinante

Bei der Auflösung des linearen Gleichungssystems mit dem Gauß-Algorithmus kann man auch sehr einfach den Betrag der Koeffizienten-Determinante als Produkt der Pivotelemente (Diagonalelemente der Dreiecksmatrix) finden.

Nach dem Entwicklungssatz erkennt man sofort:

Hat eine Determinante oberhalb (oder unterhalb) der Hauptdiagonalen nur Nullen (Dreiecksmatrix), so ist ihr Wert gleich dem Produkt der Hauptdiagonalelemente. Demnach ist

$$\det\underline{A}\,' = a'_{11} \cdot a'_{22} \ldots a'_{nn} = \prod_{i=1}^{n} a'_{ii}$$

Zur Bestimmung der Determinante von $\underline{A}\,'$ aus der Determinante von $\underline{A}$ mit Pivotisierung sind Zeilenvertauschungen erforderlich.

Eine Zeilenvertauschung in einer Determinante hat einen Vorzeichenwechsel ihres Wertes zur Folge.

Ist z die Anzahl der Zeilenvertauschungen, so wird die Determinante der ursprünglichen Matrix $\underline{A}$

$$\det\underline{A} = (-1)^z \cdot \det\underline{A}\,' = (-1)^z \cdot \prod_{i=1}^{n} a'_{ii}$$

In unserem Beispiel wurde insgesamt eine Zeilenvertauschung vorgenommen, daher ist mit $z=1$:

$$\det\underline{A} = (-1)^1 \cdot 10 \cdot 9{,}5 \cdot (-3{,}0526) = 290$$

Je größer der Betrag der Determinante $|\det\underline{A}|$ ist, um so stabiler (besser konditioniert) ist das Gleichungssystem, d.h. um so weniger anfällig gegenüber Rundungsfehlern.

Ist $|\det\underline{A}|$ relativ klein, so muß zur Erzielung einer ausreichenden Genauigkeit also mit größerer Stellenzahl gerechnet werden.

c) Vektorielle Zerlegung einer Kraft in drei beliebige Richtungen

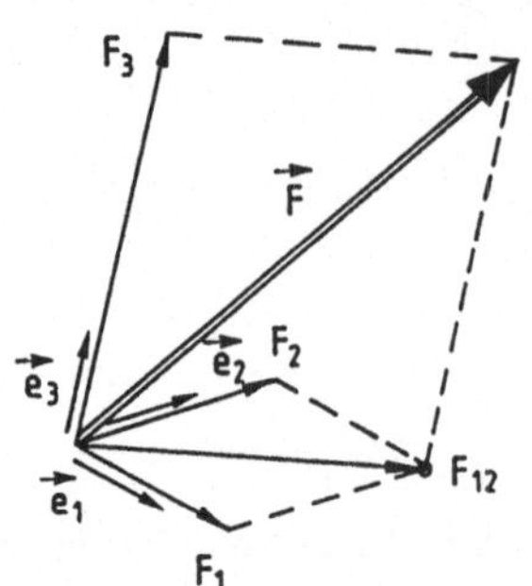

Die Kraft $\vec{F}$ soll in die Komponenten F_1, F_2, F_3 in Richtung der drei nicht aufeinander senkrecht stehenden Einsvektoren $\vec{e}_1, \vec{e}_2, \vec{e}_3$ zerlegt werden (Bild 7.8).

Bild 7.8

Die zugehörige Vektorgleichung lautet

$$\vec{F} = F_1\vec{e}_1 + F_2\vec{e}_2 + F_3\vec{e}_3 \quad | \quad \cdot(\vec{e}_2 \times \vec{e}_3)$$

Diese Gleichung wird skalar mit dem Vektor $(\vec{e}_2 \times \vec{e}_3)$ multipliziert. Da $(\vec{e}_2 \times \vec{e}_3)$ auf $\vec{e}_2$ und $\vec{e}_3$ senkrecht steht, verschwinden deren skalare Produkte

$$\vec{F} \cdot (\vec{e}_2 \times \vec{e}_3) = F_1 \cdot \vec{e}_1(\vec{e}_2 \times \vec{e}_3) + F_2 \underbrace{\vec{e}_2(\vec{e}_2 \times \vec{e}_3)}_{0} + F_3 \underbrace{\vec{e}_3(\vec{e}_2 \times \vec{e}_3)}_{0}$$

Mit Anwendung der Schreibweise für das Spatprodukt wird (siehe Kapitel G 1.10.1)

$$\boxed{F_1 = \frac{\vec{F}(\vec{e}_2 \times \vec{e}_3)}{\vec{e}_1(\vec{e}_2 \times \vec{e}_3)} = \frac{(\vec{F} \cdot \vec{e}_2 \cdot \vec{e}_3)}{(\vec{e}_1 \cdot \vec{e}_2 \cdot \vec{e}_3)}}$$

Zu beachten ist, daß der im Zähler und Nenner vorkommende Faktor $(\vec{e}_2 \times \vec{e}_3)$ als Vektor nicht gekürzt werden darf (siehe Kap. G 1.9). Analog findet man durch zyklische Vertauschung

$$\boxed{F_2 = \frac{(\vec{F}\vec{e}_3\vec{e}_1)}{(\vec{e}_1\vec{e}_2\vec{e}_3)}} \quad \text{und} \quad \boxed{F_3 = \frac{(\vec{F}\vec{e}_1\vec{e}_2)}{(\vec{e}_1\vec{e}_2\vec{e}_3)}}$$

Die Zerlegung der Kraft $\vec{F}$ lautet damit

$$\boxed{\vec{F} = \frac{(\vec{F}\vec{e}_2\vec{e}_3)}{(\vec{e}_1\vec{e}_2\vec{e}_3)}\,\vec{e}_1 + \frac{(\vec{F}\vec{e}_3\vec{e}_1)}{(\vec{e}_1\vec{e}_2\vec{e}_3)}\,\vec{e}_2 + \frac{(\vec{F}\vec{e}_1\vec{e}_2)}{(\vec{e}_1\vec{e}_2\vec{e}_3)}\,\vec{e}_3} \tag{7.14}$$

Die Zerlegung der Kraft in die Richtung der drei Einsvektoren $\vec{e}_1, \vec{e}_2, \vec{e}_3$ gelingt nur, wenn der Nenner der Komponenten von Null verschieden ist. Für $(\vec{e}_1\vec{e}_2\vec{e}_3) = 0$ ist das von den drei Vektoren $\vec{e}_1, \vec{e}_2, \vec{e}_3$ aufgespannte Spatvolumen gleich Null, d.h. die Vektoren liegen in einer Ebene. Für die Zerlegung einer Kraft nach drei Richtungen in einer Ebene gibt es beliebig viele Möglichkeiten, sie kann daher nicht eindeutig erfolgen.

Beispiel: Bockgerüst nach Bild 7.6

Die Kraft $\vec{F}$ soll in die Richtungen der 3 Stäbe zerlegt werden. Die Ortsvektoren zeigen vom Koordinaten-Ursprung zum Durchstoßpunkt durch die Grundrißebene:

$$\vec{r}_1 = \begin{bmatrix} 2 \\ -5 \\ -10 \end{bmatrix} \text{m}; \quad \vec{r}_2 = \begin{bmatrix} 6 \\ 4{,}5 \\ -10 \end{bmatrix} \text{m}; \quad \vec{r}_3 = \begin{bmatrix} 4 \\ 7 \\ -10 \end{bmatrix} \text{m}; \quad \vec{F} = \begin{bmatrix} 3 \\ -4 \\ -3{,}5 \end{bmatrix} \text{kN}$$

Beträge der Ortsvektoren

$$|\vec{r}_1| = r_1 = \sqrt{2^2 + 5^2 + 10^2} \ = \sqrt{129} \ = 11,36 \text{ m}$$

$$|\vec{r}_2| = r_2 = \sqrt{6^2 + 4,5^2 + 10^2} = \sqrt{156,25} = 12,5 \text{ m}$$

$$|\vec{r}_3| = r_3 = \sqrt{4^2 + 7^2 + 10^2} \ = \sqrt{165} \ = 12,85 \text{ m}$$

Die Einsvektoren ergeben sich damit zu

$$\vec{e}_1 = \frac{\vec{r}_1}{r_1}; \quad \vec{e}_2 = \frac{\vec{r}_2}{r_2}; \quad \vec{e}_3 = \frac{\vec{r}_3}{r_3}$$

Die Spatprodukte werden mit den Komponenten der Faktoren in einer Determinante gebildet

$$(\vec{F}\vec{e}_2\vec{e}_3) = \begin{vmatrix} F_x & e_{2x} & e_{3x} \\ F_y & e_{2y} & e_{3y} \\ F_z & e_{2z} & e_{3z} \end{vmatrix} = \frac{1}{\sqrt{156,25}\cdot\sqrt{165}} \begin{vmatrix} 3 & 6 & 4 \\ -4 & 4,5 & 7 \\ -3,5 & -10 & -10 \end{vmatrix} = -\frac{89}{\sqrt{156,25\cdot165}}$$

$$(\vec{e}_1\vec{e}_2\vec{e}_3) = \begin{vmatrix} e_{1x} & e_{2x} & e_{3x} \\ e_{1y} & e_{2y} & e_{3y} \\ e_{1z} & e_{2z} & e_{3z} \end{vmatrix} = \frac{1}{\sqrt{129\cdot156,25\cdot165}} \begin{vmatrix} 2 & 6 & 4 \\ -5 & 4,5 & 7 \\ -10 & -10 & -10 \end{vmatrix} = -\frac{290}{\sqrt{129\cdot156,25\cdot165}}$$

$$F_1 = \frac{(\vec{F}\vec{e}_2\vec{e}_3)}{(\vec{e}_1\vec{e}_2\vec{e}_3)} = \frac{89\cdot\sqrt{129}}{290} = 3,486 \text{ kN}$$

Analog ist

$$(\vec{F}\vec{e}_3\vec{e}_1) = \frac{1}{\sqrt{165\cdot129}} \begin{vmatrix} 3 & 4 & 2 \\ -4 & 7 & -5 \\ -3,5 & -10 & -10 \end{vmatrix} = -\frac{311}{\sqrt{165\cdot129}}$$

$$F_2 = \frac{(\vec{F}\vec{e}_3\vec{e}_1)}{(\vec{e}_1\vec{e}_2\vec{e}_3)} = \frac{321\cdot\sqrt{156,25}}{290} = 13,836 \text{ kN}$$

$$(\vec{F}\vec{e}_1\vec{e}_2) = \frac{1}{\sqrt{129\cdot156,25}} \begin{vmatrix} 3 & 2 & 6 \\ -4 & -5 & 4,5 \\ -3,5 & -10 & -10 \end{vmatrix} = \frac{308,5}{\sqrt{129\cdot156,25}}$$

$$F_3 = \frac{(\vec{F}\vec{e}_1\vec{e}_2)}{(\vec{e}_1\vec{e}_2\vec{e}_3)} = -\frac{308,5\cdot\sqrt{165}}{290} = -13,655 \text{ kN}$$

Im Prinzip erhält man die gleichen Determinanten und somit auch die gleichen Ergebnisse wie bei der Berechnung unter b).

Die Komponenten $\vec{F}_1$ und $\vec{F}_2$ laufen in die Richtung der Einsvektoren $\vec{e}_1$ und $\vec{e}_2$, $\vec{F}_3$ läuft entgegengesetzt zu $\vec{e}_3$.

Die Stabkräfte müssen den Kraftkomponenten das Gleichgewicht halten und sind den Komponenten entgegen gerichtet.

Somit werden die Stäbe 1 und 2 auf Druck, der Stab 3 auf Zug beansprucht.

7.5 Vektorielle Darstellung des Moments

7.5.1 Moment in bezug auf einen Punkt

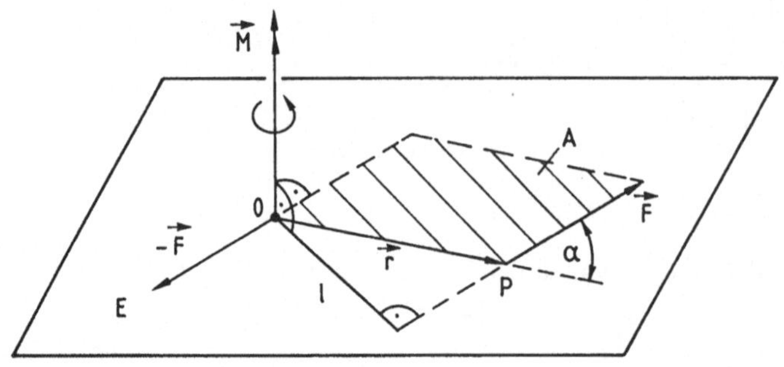

Bild 7.9

Das Moment einer räumlichen Kraft bezogen auf einen Punkt 0 kann man wie in der Ebene definieren, da durch eine Gerade und einen Punkt eine Ebene E festgelegt wird (Bild 7.9).

Unter einem Moment versteht man die drehende Wirkung (bzw. bei nicht drehfähigen Körpern das Drehbestreben) einer Kraft $\vec{F}$ um einen Punkt, der nicht auf der Wirklinie der Kraft liegt.

Wie noch gezeigt wird, kann der Bezugspunkt 0 als Durchstoßpunkt einer zu der Ebene E senkrechten Achse aufgefaßt werden.

Die Drehwirkung (das Moment) der Kraft ist dabei um so stärker, je größer ihr Betrag F und je länger ihr senkrechter Abstand ℓ vom Drehpunkt ist.

Ist im Punkt 0 tatsächlich eine Achse angebracht, so kommt es zu einer Drehung der Scheibe infolge eines Kräftepaars. Zunächst versucht die Kraft $\vec{F}$ die Scheibe zu verschieben, wodurch im Lager eine gleich große Gegenkraft $-\vec{F}$ geweckt wird. $\vec{F}$ und $-\vec{F}$ bilden zusammen ein Kräftepaar, das auf die Scheibe ein Moment ausübt, wodurch sich die Scheibe um die Achse dreht. Der zugehörige Momentenvektor steht dabei senkrecht auf der Ebene des Kräftepaares.

Nach den Gesetzen der Vektoralgebra läßt sich dem Drehmoment ein Momentenvektor $\vec{M}$ zuordnen, der aus dem vektoriellen Produkt des Ortsvektors $\vec{r}$ mit dem Kraftvektor $\vec{F}$ hervorgeht

$$\boxed{\vec{M} = \vec{r} \times \vec{F}} \tag{7.15}$$

Dabei ist $\vec{r}$ der Fahrstrahl, der zum Bezugspunkt 0 zu einem beliebigen Punkt P (z. B. zum Angriffspunkt) der Wirklinie von $\vec{F}$ weist.

Durch den Momentenvektor lassen sich die Eigenschaften des Drehmoments ausdrücken:

a) Pfeillänge des Momentenvektors

Sie entspricht dem Betrag des Moments M unter Berücksichtigung eines Momenten-Maßstabs

$$\boxed{M = |\vec{M}| = |\vec{r}|\,|\vec{F}|\sin(\vec{r},\vec{F}) = Fr\sin\alpha = F\cdot\ell \sim A} \tag{7.16}$$

Verschiebt man die beiden zu multiplizierenden Vektoren auf ihren Wirklinien so, daß die beiden Federn zusammenfallen, und dreht man den ersten Vektor auf dem kürzesten Weg in den zweiten Vektor bis er sich mit diesem deckt, so wird dabei der Winkel α überstrichen

$$\sphericalangle(\vec{r},\vec{F}) = \alpha \quad \text{wobei} \quad 0 \le \alpha \le 180°$$

$\ell = r\sin\alpha = $ Lot vom Drehpunkt auf die Wirklinie der Kraft.

Der Betrag des Moments M ist proportional der schraffierten Parallelogrammfläche A, die von $\vec{r}, \vec{F}$ und deren Parallelen umrandet wird.

b) Richtung des Momentenvektors

$\vec{M}$ steht senkrecht zu $\vec{r}$ und $\vec{F}$, also senkrecht auf der zu $\vec{r}$ und $\vec{F}$ aufgespannten Ebene.

c) Richtungssinn des Momentenvektors

$\vec{r}$, $\vec{F}$ und $\overrightarrow{M}$ bilden (in dieser Reihenfolge) eine Rechtsschraube. Die Pfeilspitzen von $\overrightarrow{M}$ zeigen in die Richtung, in die sich eine Schraube mit Rechtsgewinde unter der Wirkung des Moments fortbewegen würde. In Richtung von $\overrightarrow{M}$ gesehen wird ein Körper rechts herum gedreht.

Die Drehvektoren werden mit einem Doppelpfeil gekennzeichnet, um sie besser von den Verschiebungsvektoren unterscheiden zu können.

d) Vorzeichen-Festlegung bezüglich eines Koordinaten-Systems

Das Moment einer Kraft ist positiv (negativ), wenn ihr Momentenvektor in die positive (negative) Koordinaten-Richtung zeigt, bzw. wenn die Kraft beim Blick auf die Achsenspitze von vorn den Körper entgegen dem Uhrzeigersinn (im Uhrzeigersinn) um die Achse zu drehen sucht.

Das Moment einer Kraft um eine Achse ist Null, wenn die Kraft die Achse schneidet oder zu ihr parallel läuft (sie also im Unendlichen schneidet).

e) Verschiebbarkeit des Momentenvektors

Der Momentenvektor ist ein freier Vektor, d.h. er kann auf seiner Wirkungslinie und parallel zu sich selbst verschoben werden.

7.5.2 Moment in bezug auf eine Achse

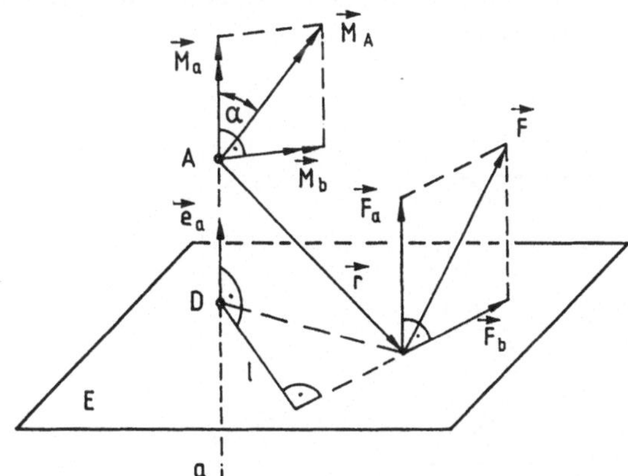

Bild 7.10

Nach Kapitel 4.2 erhält man das Moment $\overrightarrow{M}_a$ einer Kraft $\vec{F}$ bezogen auf eine Achse a, indem man den Momentenvektor $\overrightarrow{M}_A = \vec{r} \times \vec{F}$ bezogen auf einen beliebigen Punkt A der Achse auf die Achse projeziert (Bild 7.10).

Dazu zerlegt man den Momentenvektor $\overrightarrow{M}_A$ in eine Komponente $\overrightarrow{M}_a$ in Richtung der Achse und in eine Komponente $\overrightarrow{M}_b$ senkrecht dazu.

Ist $\vec{e}_a = \begin{bmatrix} e_{ax} \\ e_{ay} \\ e_{az} \end{bmatrix}$ der Einheitsvektor der Achse, so läßt sich der Betrag des Moments M_a als Projektionslänge von $\overrightarrow{M}_A$ auf die Achse a aus dem skalaren Produkt von $\overrightarrow{M}_A$ und $\vec{e}_a$ bestimmen zu

$$M_a = M_A \cdot \cos\alpha = M_A \cdot 1 \cdot \cos\alpha = \overrightarrow{M}_A \cdot \vec{e}_a \tag{7.17}$$

Der Vektor $\overrightarrow{M}_a$ wird aus seinem Betrag und dem Einsvektor gebildet

$$\overrightarrow{M}_a = M_a \cdot \vec{e}_a = (\overrightarrow{M}_A \cdot \vec{e}_a) \cdot \vec{e}_a = [(\vec{r} \times \vec{F}) \cdot \vec{e}_a] \cdot \vec{e}_a = (\vec{r}\,\vec{F}\,\vec{e}_a) \cdot \vec{e}_a \tag{7.18}$$

Dabei ist $(\vec{r}\,\vec{F}\,\vec{e}_a) = \begin{vmatrix} x & F_x & e_{ax} \\ y & F_y & e_{ay} \\ z & F_z & e_{az} \end{vmatrix}$ das Spatprodukt der Vektoren $\vec{r}$, $\vec{F}$, $\vec{e}_a$, das proportional ist dem Volumen des aus diesen drei Vektoren aufgebauten Spates.

Das Spatprodukt ist Null, wenn die Vektoren $\vec{r}, \vec{F}, \vec{e}_a$ komplanar sind, d.h. wenn die Kraft $\vec{F}$ in der von $\vec{r}$ und $\vec{e}_a$ aufgepannten Ebene liegt und damit die Achse schneidet.

Das Moment in bezug auf einen Punkt wird als Produkt aus der Kraft und dem kürzesten Abstand des Punktes zur Kraft (dem Lot) bestimmt.

Das Moment in bezug auf eine Achse ergibt sich entsprechend aus dem Produkt der Kraft mit dem kürzesten Abstand zwischen der Kraft und der Drehachse. Dieser Abstand steht senkrecht zu den beiden im allgemeinen windschiefen Geraden.

Will man das Moment der Kraft $\vec{F}$ in bezug auf die Achse a bestimmen, dann teilt man sie zweckmäßig in zwei Komponenten $\vec{F}_a$ in Richtung der Achse und $\vec{F}_b$ senkrecht dazu auf. $\vec{F}_b$ liegt dann in einer zur Achse senkrechten Ebene E. Der Durchstoßpunkt der Achse durch diese Ebene ist D.

Da $\vec{F}_a$ keine Drehwirkung um die Achse hat, verursacht nur die Komponente $\vec{F}_b$ ein Moment um sie. Der kürzeste Abstand der Kraft $\vec{F}_b$ von der Achse ist das Lot ℓ vom Durchstoßpunkt D auf ihre Wirklinie. Damit ergibt sich das Moment der gesamten Kraft $\vec{F}$ um die Achse a zu

$$\boxed{M_a = F_b \cdot \ell} \tag{7.19}$$

In gleicher Weise werden die Momente einer räumlichen Kraft $\vec{F}$ in bezug auf die drei Achsen x, y, z eines kartesischen Koordinaten-Systems bestimmt.

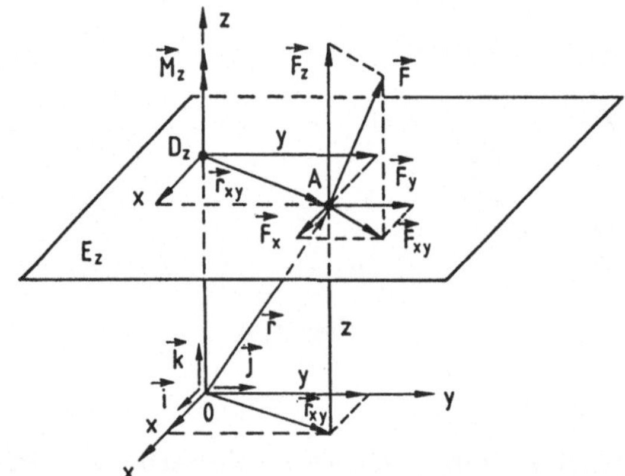

Bild 7.11

In Bild 7.11 ist die Kraftaufteilung zur Bestimmung des Moments um die z-Achse dargestellt. Dabei ist

E_z = Ebene parallel zur x, y-Ebene durch den Kraftangriffspunkt A (senkrecht zur z-Achse)

D_z = Durchstoßpunkt der z-Achse durch die Normalebene E_z

$$\vec{r}_{xy} = \begin{bmatrix} x \\ y \\ 0 \end{bmatrix} = \text{Projektion von } \vec{r} \text{ in die Ebene } E_z$$

$$\vec{F}_{xy} = \begin{bmatrix} F_x \\ F_y \\ 0 \end{bmatrix} = \text{Projektion von } \vec{F} \text{ in die Ebene } E_z$$

$\vec{F} = \vec{F}_{xy} + \vec{F}_z$ = Zerlegung der Kraft $\vec{F}$ in Komponenten in Richtung der z-Achse und senkrecht
         dazu

Die Komponente $\vec{F}_z$ verläuft parallel zur z-Achse und hat daher keine Drehwirkung um sie. Zur Momentenbildung um die z-Achse trägt also nur die Komponente $\vec{F}_{xy}$ bei, wobei gilt:

Moment $\vec{M}_z$ von $\vec{F}$ um die z-Achse = Moment der Komponente $\vec{F}_{xy}$ bezogen auf den Durchstoß-punkt D_z

$$\vec{M}_z = \vec{r}_{xy} \times \vec{F}_{xy} = \begin{bmatrix} x \\ y \\ 0 \end{bmatrix} \times \begin{bmatrix} F_x \\ F_y \\ 0 \end{bmatrix} = \begin{vmatrix} \vec{i} & x & F_x \\ \vec{j} & y & F_y \\ \vec{k} & 0 & 0 \end{vmatrix} = \vec{k} \cdot (xF_y - yF_x)$$

Entsprechend ist für die Momente um die x- und y-Achse

$$\vec{M}_x = \vec{r}_{yz} \times \vec{F}_{yz} = \begin{bmatrix} 0 \\ y \\ z \end{bmatrix} \times \begin{bmatrix} 0 \\ F_y \\ F_z \end{bmatrix} = \begin{vmatrix} \vec{i} & 0 & 0 \\ \vec{j} & y & F_y \\ \vec{k} & z & F_z \end{vmatrix} = \vec{i}(yF_z - z \cdot F_y)$$

$$\vec{M}_y = \vec{r}_{xz} \times \vec{F}_{xz} = \begin{bmatrix} x \\ 0 \\ z \end{bmatrix} \times \begin{bmatrix} F_x \\ 0 \\ F_z \end{bmatrix} = \begin{vmatrix} \vec{i} & x & F_x \\ \vec{j} & 0 & 0 \\ \vec{k} & z & F_z \end{vmatrix} = \vec{j}(zF_x - x \cdot F_z)$$

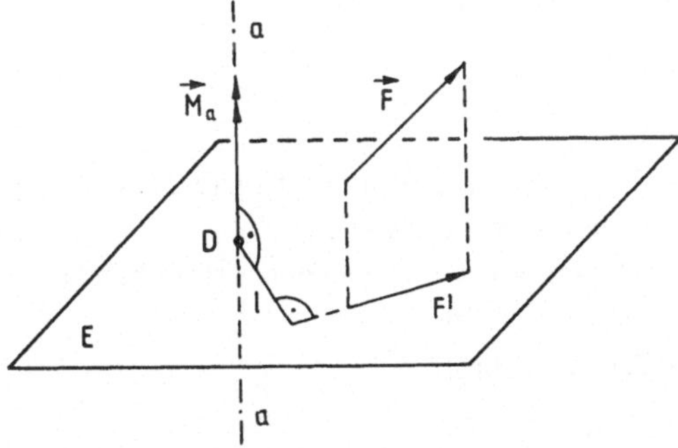

Bild 7.12

Allgemein formuliert gilt:

Das Moment einer Kraft $\vec{F}$ um eine Achse a wird gebildet, indem man die Kraft in eine auf der Achse senkrecht stehende Ebene E projeziert (Bild 7.12) und das Moment der Projektion F' bezüglich des Durchstoßpunktes D der Achse durch die Ebene bestimmt zu

$$M_a = F' \cdot \ell$$

Durch Zusammenfassen der Komponenten $\vec{M}_x$, $\vec{M}_y$, $\vec{M}_z$ erhält man den Vektor $\vec{M}$ für das Moment der Kraft $\vec{F}$ bezogen auf den Koordinaten-Ursprung 0, das sich als vektorielles Produkt des Orts- und Kraftvektors ergibt zu

$$\vec{M} = \begin{bmatrix} M_x \\ M_y \\ M_z \end{bmatrix} = \vec{r} \times \vec{F} = \begin{bmatrix} x \\ y \\ z \end{bmatrix} \times \begin{bmatrix} F_x \\ F_y \\ F_z \end{bmatrix} = \begin{vmatrix} \vec{i} & x & F_x \\ \vec{j} & y & F_y \\ \vec{k} & z & F_z \end{vmatrix} = \begin{bmatrix} y \cdot F_z - z \cdot F_y \\ z \cdot F_x - x \cdot F_z \\ x \cdot F_y - y \cdot F_x \end{bmatrix}$$

$$\vec{M} = \vec{i} \begin{vmatrix} y & F_y \\ z & F_z \end{vmatrix} - \vec{j} \begin{vmatrix} x & F_x \\ z & F_z \end{vmatrix} + \vec{k} \begin{vmatrix} x & F_x \\ y & F_y \end{vmatrix} = \vec{i} M_x + \vec{j} M_y + \vec{k} M_z$$

$$\vec{M} = \vec{i} \underbrace{(yF_z - zF_y)}_{M_x} + \vec{j} \underbrace{(zF_x - xF_z)}_{M_y} + \vec{k} \underbrace{(xF_y - yF_x)}_{M_z} = \vec{M}_x + \vec{M}_y + \vec{M}_z$$

$$(7.20)$$

Zuhalteregel

Für die drei Komponenten des Momentenvektors erhält man zweireihige Unterdeterminanten, wenn man bei den Faktoren $\vec{r}$ und $\vec{F}$ jeweils eine Reihe zuhält.

Streicht man z.B. die x-Reihe der Faktoren, so verbleibt eine zweireihige Determinante, aus der sich die x-Komponente des Momentenvektors errechnen läßt.

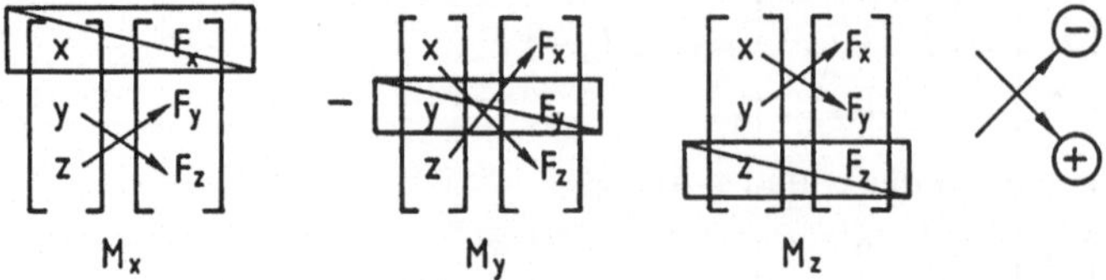

Beim Zuhalten der mittleren Zeile ist die Determinante mit dem Minuszeichen zu versehen, da nach der sog. „Schachbrettregel" die einzelnen Unterdeterminanten mit wechselnden Vorzeichen gebildet werden.

7.6 Begründung des Vektorcharakters des Moments

Um nachzuweisen, daß das Moment Vektoreigenschaft besitzt, soll die Verschiebbarkeit und die Zusammenfassung von Momentenvektoren untersucht werden.

7.6.1 Verschiebbarkeit von Momentenvektoren

Vorbetrachtung:

Auf eine **ebene** Scheibe (Bild 7.13) wirken zwei parallele gegensinnige Kräfte $2\vec{F}$ und $\vec{F}$ im Abstand a, die zu einer Resultierenden $\vec{R}$ zusammengefaßt werden sollen.

Die Resultierende muß die gleiche mechanische Wirkung wie die ersetzten Kräfte haben:

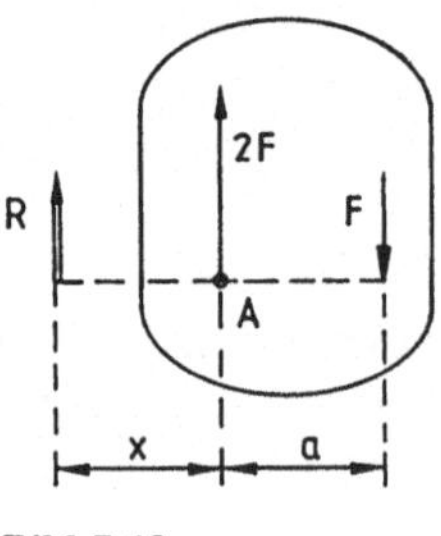

Bild 7.13

gleiche Verschiebekraft

$$R = \sum F_y = 2F - F = F$$

gleiches Drehmoment z.B. bezüglich des Punktes A

$$R \cdot x = F \cdot a \quad \Rightarrow \quad x = a\,\frac{F}{R} = a$$

Die Resultierende hat also von $2F$ den gleichen Abstand wie die andere Kraft F.

Anwendung:

Diese Erkenntnis läßt sich bei der Verschiebung eines Kräftepaars im Raum von einer Ebene E_1 in eine dazu parallele Ebene E_2 (Bild 7.14) wie folgt ausnutzen

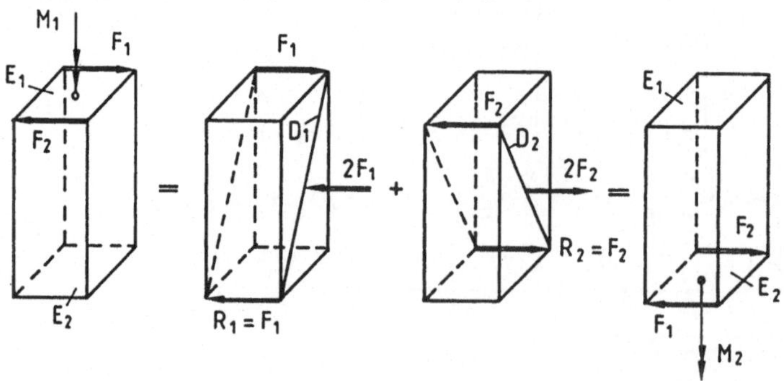

Bild 7.14

Kräftepaar $F_1 = F_2$ in der Ebene E_1	Ergänzung zweier Gegenkräfte $2F_1$; $2F_2$	gleichwertiges, verschobenes Kräftepaar $F_1 = F_2$ in der Ebene E_2

An der Oberseite E_1 eines Quaders wirkt ein Kräftepaar $\vec{F}_1, \vec{F}_2$. Um das Kräftepaar auf die Unterseite des Quaders zu transponieren, werden in der Schnittgeraden der beiden Diagonalebenen D_1 und D_2 zwei Gegenkräfte $2\vec{F}_1$ und $2\vec{F}_2$ angebracht, die sich gegenseitig aufheben und das System daher nicht verändern.

Aus $\vec{F}_1$ und $2\vec{F}_1$ bildet man die Resultierende $\vec{R}_1$ (wobei $R_1 = F_1$ ist) und aus $\vec{F}_2$ und $2\vec{F}_2$ die Resultierende $\vec{R}_2$ (wobei $R_2 = F_2$ ist).

Die beiden Resultierenden ergeben zusammen wieder ein Kräftepaar $\vec{F}_1, \vec{F}_2$, das gegenüber dem ursprünglichen Kräftepaar senkrecht zu seiner Wirkebene verschoben ist.

Zwei Kräftepaare vom gleichen Moment in parallelen Ebenen $E_1 \parallel E_2$ sind einander gleichwertig, d. h. der Momentenvektor darf entlang seiner Wirklinie verschoben werden.

Im Kapitel 4.3 wurde gezeigt, daß ein Kräftepaar in seiner Ebene um jeden beliebigen Drehpunkt die gleiche Drehwirkung hat. Man kann ein Kräftepaar also innerhalb seiner Ebene beliebig verschieben und verdrehen, d. h. der Momentenvektor darf auch parallel zu sich selbst verschoben werden.

Insgesamt darf der Momentenvektor also entlang seiner Wirkungslinie und parallel zu sich selbst verschoben werden, weshalb man ihn als freien Vektor bezeichnet.

7.6.2 Zusammenfassung von Kräftepaaren in sich schneidenden Ebenen

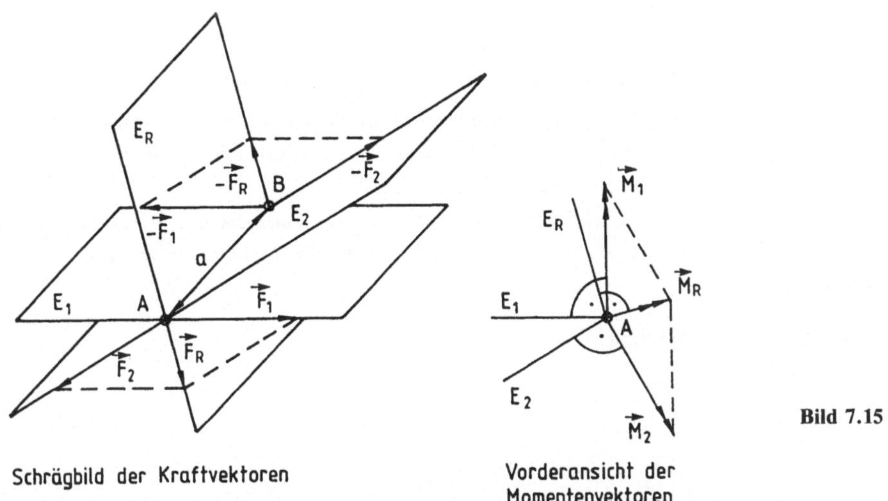

Schrägbild der Kraftvektoren

Vorderansicht der
Momentenvektoren

Bild 7.15

Gegeben sind zwei Kräftepaare $\vec{F}_1, -\vec{F}_1$ und $\vec{F}_2, -\vec{F}_2$ in sich schneidenden Ebenen E_1 und E_2.

Die Kräftepaare werden nach Bild 7.15 auf gleichen Abstand a gebracht und innerhalb ihrer Ebenen an die Schnittgerade von E_1 und E_2 geschoben, so daß die Kräfte sich in den Punkten A und B nach dem Parallelogramm-Gesetz zusammenfassen lassen:

in A: $\qquad \vec{F}_1 + \vec{F}_2 = \vec{F}_R$

in B: $\qquad -\vec{F}_1 - \vec{F}_2 = -\vec{F}_R$

Es entsteht ein Kräftepaar $\vec{F}_R, -\vec{F}_R$ in der Ebene E_R.

Wegen des gleichen Abstands $\overline{AB} = a$ aller Kräftepaare ist

$$M_1 = F_1 \cdot a, \quad M_2 = F_2 \cdot a, \quad M_R = F_R \cdot a$$

und die Momente verhalten sich wie die Kräfte

$$M_1 : M_2 : M_R = F_1 : F_2 : F_R$$

Nach der Rechtsschraubenregel stehen die Momentenvektoren senkrecht auf den Kraftvektoren

$$\vec{M}_1 \perp \vec{F}_1, \quad \vec{M}_2 \perp \vec{F}_2, \quad \vec{M}_R \perp \vec{F}_R$$

Wie die Kräfte setzen sich daher auch die Momente nach einem dazu ähnlichen Parallelogramm zusammen.

Das Parallelogramm der Momente ist a mal so groß wie das der Kräfte und um 90° um die Schnittgerade AB der Ebenen gedreht.

Momente, die räumliche Kräftepaare repräsentieren, dürfen daher als Vektoren aufgefaßt werden, die sich nach dem Parallelogramm-Gesetz zu einer Resultierenden zusammenfassen lassen:

$$\vec{M}_R = \vec{M}_1 + \vec{M}_2$$

Wirken mehrere Kräftepaare gleichzeitig in einer Ebene, so können diese zunächst innerhalb der Ebene addiert werden.

Wirken außerdem noch weitere Kräftepaare in anderen Ebenen, so muß die Momenten-Parallelogramm-Konstruktion auf sie nacheinander in beliebiger Reihenfolge angewandt werden, um den resultierenden Momentenvektor zu erhalten:

$$\boxed{\vec{M}_R = \vec{M}_1 + \vec{M}_2 + \ldots + \vec{M}_n = \sum_{i=1}^{n} \vec{M}_i} \tag{7.21}$$

7.7 Allgemeines Kräftesystem (Kräftegruppe am starren Körper)

Während in der Ebene sich beliebige Kräfte immer schneiden oder parallel laufen (sich also im Unendlichen schneiden), sind im Raum die Kräfte zueinander windschief, d.h. sie kreuzen sich in einem bestimmten Abstand und schneiden sich daher nicht.

Um räumliche Kräfte nach dem Parallelogramm-Gesetz zusammenfassen zu können, muß man sie daher erst parallel zu sich selbst in eine gemeinsame Ebene verschieben, wobei für jede Kraft ein Versetzungsmoment anfällt.

7.7.1 Reduktion auf eine Dyname

7.7.1.1 Windschiefe Einzelkraft

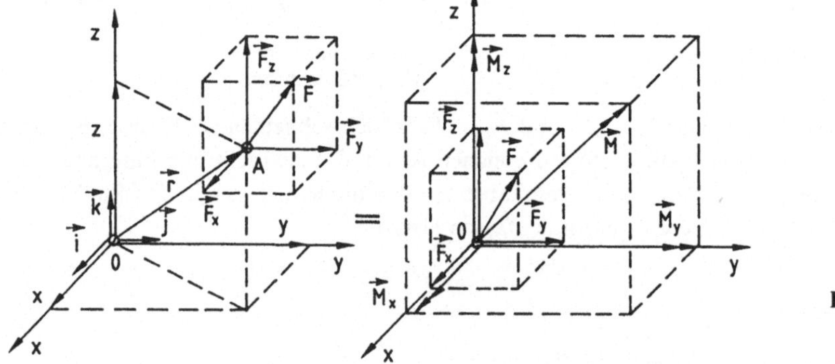

Bild 7.16

Bei einem allgemeinen räumlichen Kräftesystem hat jede Kraft einen anderen Angriffspunkt im Raum.

Der Angriffspunkt A der Kraft $\vec{F}$ wird durch den Ortsvektor $\vec{r}$ vom Koordinaten-Ursprung aus festgelegt.

$$\vec{r} = \begin{bmatrix} x \\ y \\ z \end{bmatrix} = x\cdot\vec{i} + y\cdot\vec{j} + z\cdot\vec{k} \qquad\qquad (7.22)$$

Ein allgemeines Kräftesystem kann man in ein gleichwertiges zentrales umwandeln, wenn man alle Kräfte parallel zu sich selbst in den Ursprung des Koordinatensystems verschiebt (Bild 7.16).

Für jede Komponente einer Kraft müssen dann je zwei Verschiebemomente um die beiden nicht zur Kraft parallelen Koordinatenachsen hinzugefügt werden (Bild 7.17).

Um eine Kraftkomponente durch zweifache Parallelverschiebung in den Koordinaten-Ursprung zu bekommen, müssen jeweils zwei Gegenkräfte, die so groß wie die zu verschiebende Komponente sind, im Koordinaten-Abstand angebracht werden.

Durch entsprechende Zusammenfassung zu Kräftepaaren entstehen dabei jeweils zwei Versetzungsmomente.

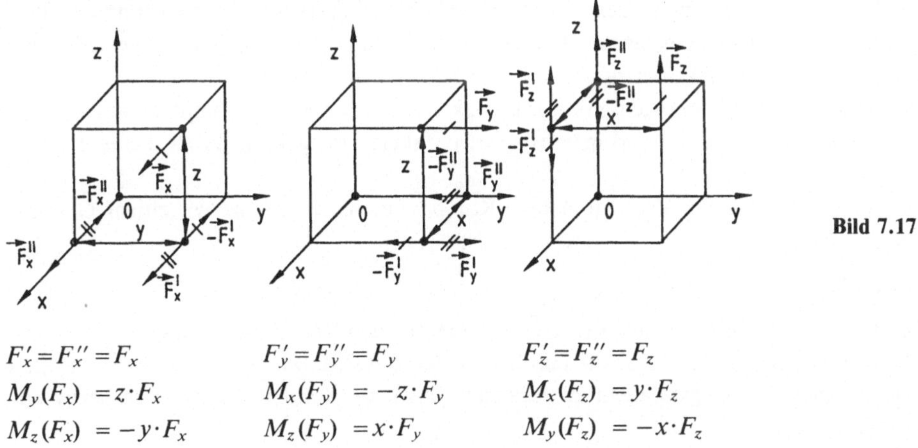

Bild 7.17

$$F'_x = F''_x = F_x \qquad\qquad F'_y = F''_y = F_y \qquad\qquad F'_z = F''_z = F_z$$
$$M_y(F_x) = z\cdot F_x \qquad\qquad M_x(F_y) = -z\cdot F_y \qquad\qquad M_x(F_z) = y\cdot F_z$$
$$M_z(F_x) = -y\cdot F_x \qquad\qquad M_z(F_y) = x\cdot F_y \qquad\qquad M_y(F_z) = -x\cdot F_z$$

Faßt man die Versetzungsmomente um die gleichen Drehachsen zusammen, so erhält man die skalaren Komponenten des Moments der Kraft $\vec{F}$ bezogen auf die Koordinatenachsen x, y, z entsprechend Gl. 7.20

$$M_x = M_x(F_y) + M_x(F_z) = -z\,F_y + y\,F_z$$
$$M_y = M_y(F_x) + M_y(F_z) = z\,F_x - x\,F_z$$
$$M_z = M_z(F_x) + M_z(F_y) = -y\,F_x + x\,F_y$$

Bei der Parallelverschiebung in den Koordinaten-Ursprung verlieren die Komponenten F_x, F_y, F_z ihre Drehwirkung um den Punkt 0 bzw. um die Koordinatenachsen x, y, z.

Die ursprüngliche Drehwirkung muß durch Einführung der äquivalenten Momente M_x, M_y, M_z wieder hergestellt werden. Diese lassen sich sehr einfach aus der Rißdarstellung in Bild 7.18 ermitteln und führen wiederum auf die Momenten-Komponenten der Gl. 7.20.

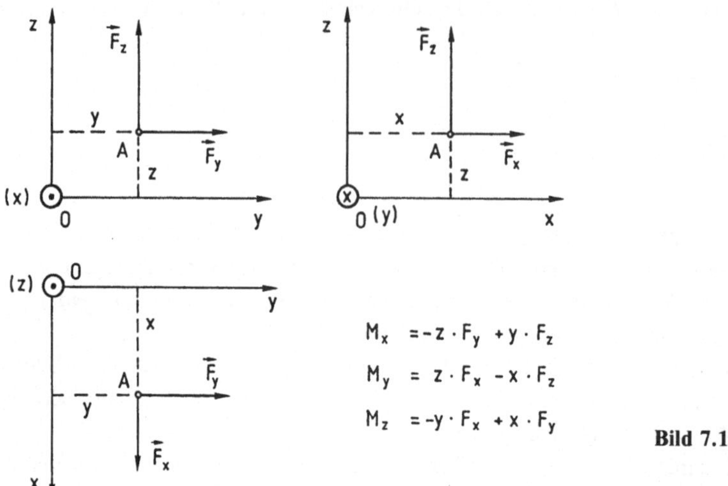

$$M_x = -z \cdot F_y + y \cdot F_z$$
$$M_y = z \cdot F_x - x \cdot F_z$$
$$M_z = -y \cdot F_x + x \cdot F_y$$

Bild 7.18

Bei der Parallelverschiebung in den Ursprung verliert die Kraft ihre Drehwirkung um die Koordinatenachsen. Um wieder gleichwertige Verhältnisse zu schaffen, müssen zur verschobenen Kraft noch die entsprechenden Versetzungsmomente hinzugefügt werden.

Das Moment einer Kraft bezogen auf einen Punkt setzt sich aus drei Komponenten zusammen, die die Momente um drei zum Koordinatensystem parallele Drehachsen durch diesen Punkt darstellen.

Die Zusammenfassung der drei Momenten-Komponenten M_x, M_y, M_z zu einem Gesamt-Versetzungsmoment

$$\vec{M} = M_x \vec{i} + M_y \vec{j} + M_z \vec{k}$$

ist also das statische Moment der Kraft $\vec{F}$ bezogen auf den Koordinaten-Ursprung.

Verschiebt man eine räumliche Kraft parallel zu sich selbst durch einen Bezugspunkt 0, so ist zur Kraft noch ein Versetzungsmoment zu ergänzen, das dem Moment der Kraft in bezug auf diesen Punkt 0 entspricht.

Das Versetzungsmoment ist vom Bezugspunkt abhängig, die Kraft dagegen nicht, so daß Kraft- und Momentenvektor der Dyname im allgemeinen verschiedene Richtungen haben.

7.7.1.2 Beliebige Anzahl von Kräften

Hat man ein System von n beliebigen räumlichen Kräften $\vec{F}_i$ mit verschiedenen Angriffspunkten A_i zu untersuchen, so werden zweckmäßig alle Einzelkräfte durch Parallelverschiebung in den Koordinaten-Ursprung 0 auf eine räumliche Dyname reduziert.

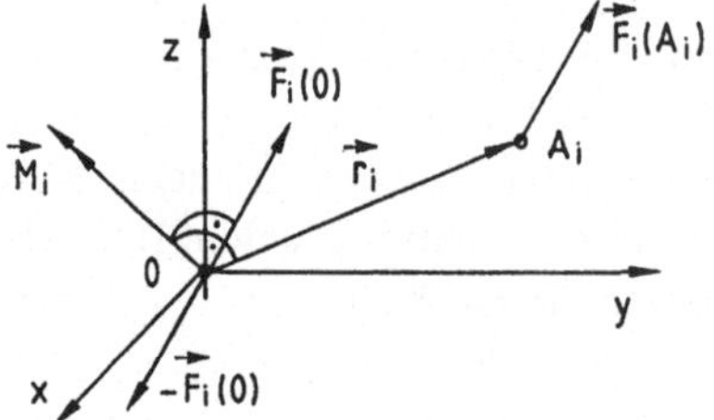

Bild 7.19

Bei der Verschiebung einer Kraft $\vec{F}_i$ bringt man im Ursprung zwei gleich große parallele Gegenkräfte $\vec{F}_i(0)$ und $-\vec{F}_i(0)$ nach Bild 7.19 an. $\vec{F}_i(A_i)$ und $-\vec{F}_i(0)$ kann man dann als Kräftepaar auffassen, das einem Versetzungsmoment $\vec{M}_i = \vec{r}_i \times \vec{F}_i$ entspricht.

Alle in den Ursprung verschobenen Kräfte werden zu einer resultierenden Kraft $\vec{F}_R$ und alle Versetzungsmomente zu einem resultierenden Moment $\vec{M}_R$ zusammengefaßt. $\vec{M}_R$ ist von der Lage des Bezugspunktes 0 abhängig, $\vec{F}_R$ dagegen nicht, so daß die beiden Vektoren im allgemeinen nicht zusammenfallen, sondern einen Winkel bilden. Insgesamt ergibt sich bei der Reduktion eines allgemeinen räumlichen Kräftesystems eine räumliche Dyname bestehend aus

a) einer resultierenden Kraft
$$\vec{F}_R = \sum_{i=1}^{n} \vec{F}_i \qquad (7.23)$$

mit den skalaren Komponenten

$$F_{Rx} = \sum_{i=1}^{n} F_{ix}; \quad F_{Ry} = \sum_{i=1}^{n} F_{iy}; \quad F_{Rz} = \sum_{i=1}^{n} F_{iz} \qquad (7.23\,a)$$

die sich zusammensetzen lassen zum Betrag der resultierenden Kraft

$$F_R = \sqrt{F_{Rx}^2 + F_{Ry}^2 + F_{Rz}^2} \qquad (7.24)$$

die mit den Koordinatenachsen die Winkel α_F, β_F, γ_F einschließt, wobei

$$\cos\alpha_F = \frac{F_{Rx}}{F_R}; \quad \cos\beta_F = \frac{F_{Ry}}{F_R}; \quad \cos\gamma_F = \frac{F_{Rz}}{F_R} \qquad (7.25)$$

b) einem resultierenden Moment
$$\vec{M}_R = \sum_{i=1}^{n} \vec{M}_i = \sum_{i=1}^{n} (\vec{r}_i \times \vec{F}_i) \qquad (7.26)$$

mit den skalaren Komponenten, die sich durch zyklische Vertauschung der Indizes ergeben:

$$M_{Rx} = \sum_{i=1}^{n} (y_i F_{iz} - z_i F_{iy})$$
$$M_{Ry} = \sum_{i=1}^{n} (z_i F_{ix} - x_i F_{iz}) \qquad (7.26\,a)$$
$$M_{Rz} = \sum_{i=1}^{n} (x_i F_{iy} - y_i F_{ix})$$

Die Versetzungsmomente aller Kräfte um die drei Koordinatenachsen lassen sich zu einem resultierenden Moment zusammenfassen mit dem Betrag

$$M_R = \sqrt{M_{Rx}^2 + M_{Ry}^2 + M_{Rz}^2} \qquad (7.27)$$

und den Richtungen

$$\cos\alpha_M = \frac{M_{Rx}}{M_R}; \quad \cos\beta_M = \frac{M_{Ry}}{M_R}; \quad \cos\gamma_M = \frac{M_{Rz}}{M_R} \qquad (7.28)$$

7.7.2 Reduktion auf eine Kraftschraube

Das bei der Reduktion eines allgemeinen räumlichen Kräftesystems anfallende Versetzungsmoment hängt vom Bezugspunkt ab, so daß durch passende Wahl dieses Punktes die entstehende Dyname noch weiter vereinfacht werden kann.

Im allgemeinen steht der resultierende Momentenvektor nicht senkrecht auf dem resultierenden Kraftvektor, wie das beim ebenen Kräftesystem der Fall ist.

Der Momentenvektor $\vec{M}_R$ hat also eine Komponente $\vec{M}_R'$ in Richtung von $\vec{F}_R$ und eine Komponente $\vec{M}_R''$ senkrecht dazu (Bild 7.20), wobei

$$M_R^I = M_R \cdot \cos\varphi \quad ; \quad M_R^{II} = M_R \cdot \sin\varphi$$

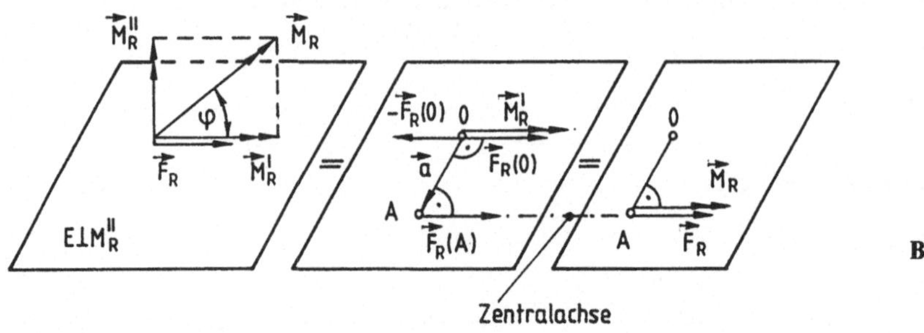

Bild 7.20

Durch geeignete Wahl des Reduktionspunktes A kann man $\vec{M}_R''$ zu Null machen. Dazu ersetzt man $\vec{M}_R''$ durch ein Kräftepaar $-\vec{F}_R(0)$, $\vec{F}_R(A)$ im Abstand

$$a = \frac{M_R''}{F_R} = \frac{M_R \cdot \sin\varphi}{F_R} = \frac{F_R \cdot M_R \cdot \sin\varphi}{F_R^2} = \frac{|\vec{F}_R \times \vec{M}_R|}{F_R^2}$$

oder als Vektor geschrieben

$$\boxed{\vec{a} = \overrightarrow{0A} = \frac{\vec{F}_R \times \vec{M}_R}{F_R^2}} \tag{7.29}$$

Die Kräfte $-\vec{F}_R(0)$ und $\vec{F}_R(0)$ im Punkt 0 heben sich gegenseitig auf, so daß von der ursprünglichen Dyname nur noch $\vec{F}_R(A)$ und $\vec{M}_R'$ übrig bleiben.

$\vec{M}_R'$ kann man als freien Vektor parallel zu sich in den Punkt A verschieben. Beide Vektoren $\vec{F}_R$ und $\vec{M}_R'$ liegen dann auf einer Wirkungslinie, die man Zentralachse des Kräftesystems nennt. Der Distanzvektor $\vec{a}$ steht senkrecht auf der Zentralachse und gibt den kürzesten Abstand der Zentralachse vom Punkt 0 an.

Das Versetzungsmoment $\vec{M}_R''$ läßt sich damit als vektorielles Produkt schreiben zu

$$\boxed{\vec{M}_R'' = \vec{a} \times \vec{F}_R} \tag{7.30}$$

$\vec{F}_R$ und $\vec{M}_R'$ zusammen werden als Kraftschraube bezeichnet, da diese Vektor-Kombination eine Schraubung (Verschiebung und Drehung) an einem Körper verursacht.

Das Moment $\vec{M}_R'$ dieser Kraftschraube, das nach Bild 7.21 durch ein Kräftepaar mit dem Betrag $\dfrac{M_R'}{b}$ in einer Ebene senkrecht zu $\vec{F}_R$ ersetzt werden kann, hat das Bestreben, den Körper um die Zentralachse zu drehen, während die Resultierende $\vec{F}_R$ den Körper in Richtung der Zentralachse zu verschieben sucht (Wirkung eines Schraubendrehers beim Eindrehen einer Schraube).

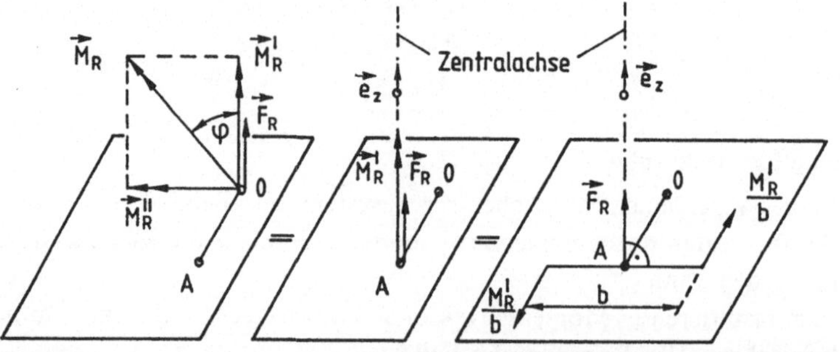

Bild 7.21

Die Richtung der Zentralachse läßt sich durch einen Einsvektor festlegen

$$\vec{e}_z = \frac{\vec{F}_R}{|\vec{F}_R|} = \frac{\vec{F}_R}{F_R}$$

Der Momentenvektor der Kraftschraube ergibt sich aus seinem Betrag und dem Einsvektor zu

$$\vec{M}_R' = M_R'\,\vec{e}_z = M_R \cdot \cos\varphi \,\frac{\vec{F}_R}{F_R} = \frac{F_R}{F_R} \cdot M_R \cdot \cos\varphi \cdot \frac{\vec{F}_R}{F_R}$$

Mit dem Skalarprodukt $\vec{F}_R \cdot \vec{M}_R = F_R \cdot M_R \cdot \cos\varphi$ wird der Momentenvektor der Kraftschraube

$$\boxed{\vec{M}_R' = \underbrace{\frac{\vec{F}_R \cdot \vec{M}_R}{F_R^2}}_{p} \cdot \vec{F}_R = p \cdot \vec{F}_R} \qquad (7.31)$$

wobei der skalare Faktor

$$\boxed{p = \frac{\vec{F}_R \cdot \vec{M}_R}{F_R^2}} \qquad (7.32)$$

das Größenverhältnis der beiden Kraftschrauben-Vektoren angibt und als „Parameter der Kraftschraube" bezeichnet wird.

Die Gleichung der Zentralachse läßt sich nach Bild 7.22 durch Vektor-Addition aufstellen:

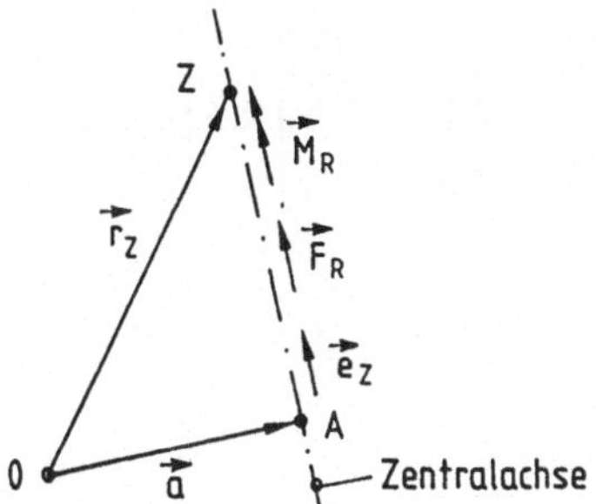

Bild 7.22

Ist Z ein beliebiger Punkt der Zentralachse und $\vec{r}_Z$ dessen Ortsvektor vom Koordinaten-Ursprung 0 aus gezählt, so ist

$$\vec{r}_Z = \vec{a} + \lambda'\,\vec{e}_z = \vec{a} + \lambda'\,\frac{\vec{F}_R}{F_R} = \vec{a} + \lambda \cdot \vec{F}_R$$

wobei λ bzw. $\lambda' = \lambda \cdot F_R$ ein variabler Faktor ist.

Damit wird die Gleichung zur Zentralachse

$$\boxed{\vec{r}_Z = \frac{\vec{F}_R \times \vec{M}_R}{F_R^2} + \lambda \cdot \vec{F}_R} \qquad (7.33)$$

■ **Beispiel:** Auf einen Quader mit den Kantenlängen 3ℓ, ℓ, 2ℓ wirken nach Bild 7.23 drei Einzelkräfte

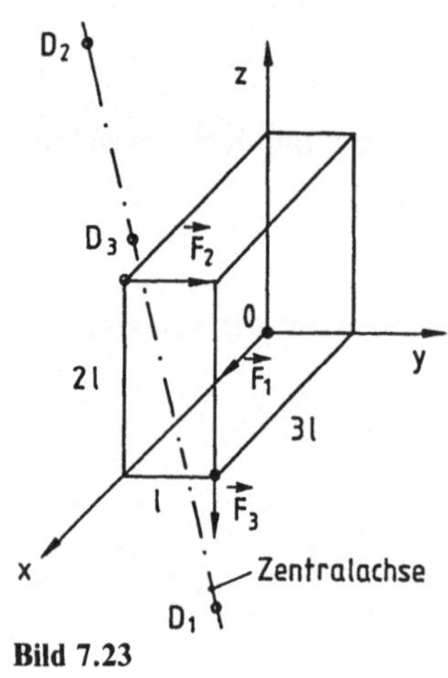

Bild 7.23

$$\text{geg.:} \quad \vec{F}_1 = \begin{bmatrix} F \\ 0 \\ 0 \end{bmatrix}; \qquad \vec{r}_1 = \begin{bmatrix} 0 \\ 0 \\ 0 \end{bmatrix}$$

$$\vec{F}_2 = \begin{bmatrix} 0 \\ 2F \\ 0 \end{bmatrix}; \qquad \vec{r}_2 = \begin{bmatrix} 3\ell \\ 0 \\ 2\ell \end{bmatrix}$$

$$\vec{F}_3 = \begin{bmatrix} 0 \\ 0 \\ -3F \end{bmatrix}; \qquad \vec{r}_3 = \begin{bmatrix} 3\ell \\ \ell \\ 0 \end{bmatrix}$$

ges.: a) Kraftschraube und Zentralachse
b) Durchstoßpunkte der Zentralachse durch die Koordinatenebenen

Resultierende Kraft

$$\vec{F}_R = \vec{F}_1 + \vec{F}_2 + \vec{F}_3 = F \begin{bmatrix} 1 \\ 2 \\ -3 \end{bmatrix}; \quad F_R^2 = F_{Rx}^2 + F_{Ry}^2 + F_{Rz}^2 = F^2(1^2 + 2^2 + 3^2) = 14F^2$$

Resultierendes Moment

$$\vec{M}_R(0) = \vec{M}_R = \vec{r}_1 \times \vec{F}_1 + \vec{r}_2 \times \vec{F}_2 + \vec{r}_3 \times \vec{F}_3 = \vec{0} \times \vec{F}_1 + \ell \begin{bmatrix} 3 \\ 0 \\ 2 \end{bmatrix} \times F \begin{bmatrix} 0 \\ 2 \\ 0 \end{bmatrix} + \ell \begin{bmatrix} 3 \\ 1 \\ 0 \end{bmatrix} \times F \begin{bmatrix} 0 \\ 0 \\ -3 \end{bmatrix}$$

$$\vec{M}_R = -4F\ell\,\vec{i} + 6F\ell\,\vec{k} - 3F\ell\,\vec{i} + 9F\ell\,\vec{j} = F\ell \begin{bmatrix} -7 \\ 9 \\ 6 \end{bmatrix}$$

Parameter der Kraftschraube

$$\vec{F}_R \cdot \vec{M}_R = F \begin{bmatrix} 1 \\ 2 \\ -3 \end{bmatrix} \cdot F\ell \begin{bmatrix} -7 \\ 9 \\ 6 \end{bmatrix} = F^2\ell(-7 + 18 - 18) = -7F^2\ell$$

$$p = \frac{\vec{F}_R \cdot \vec{M}_R}{F_R^2} = \frac{-7F^2\ell}{14F^2} = -\frac{\ell}{2}$$

Moment der Kraftschraube

$$\vec{M}_R' = p \cdot \vec{F}_R = -\frac{F\ell}{2} \begin{bmatrix} 1 \\ 2 \\ -3 \end{bmatrix} \quad \text{Da } p < 0, \text{ ist } \vec{M}_R' \text{ der Kräfteresultierenden } \vec{F}_R \text{ entgegen gerichtet.}$$

Abstand der Zentralachse vom Koordinaten-Ursprung

$$\vec{F}_R \times \vec{M}_R = F^2\ell \begin{bmatrix} 1 \\ 2 \\ -3 \end{bmatrix} \times \begin{bmatrix} -7 \\ 9 \\ 6 \end{bmatrix} = F^2\ell \begin{bmatrix} 2\cdot6 + 3\cdot9 \\ -1\cdot6 + 3\cdot7 \\ 1\cdot9 + 2\cdot7 \end{bmatrix} = F^2\ell \begin{bmatrix} 39 \\ 15 \\ 23 \end{bmatrix}$$

$$\vec{a} = \frac{\vec{F}_R \times \vec{M}_R}{F_R^2} = \frac{F^2\ell}{14F^2} \begin{bmatrix} 39 \\ 15 \\ 23 \end{bmatrix} = \frac{\ell}{14} \begin{bmatrix} 39 \\ 15 \\ 23 \end{bmatrix}$$

Versetzungsmoment

$$\vec{M}_R'' = \vec{a} \times \vec{F}_R = \frac{\ell}{14}\begin{bmatrix} 39 \\ 15 \\ 23 \end{bmatrix} \times F \begin{bmatrix} 1 \\ 2 \\ -3 \end{bmatrix} = \frac{F\ell}{14}\begin{bmatrix} -15\cdot 3 - 23\cdot 2 \\ 39\cdot 3 + 23\cdot 1 \\ 39\cdot 2 - 15\cdot 1 \end{bmatrix} = \frac{F\ell}{14}\begin{bmatrix} -91 \\ 140 \\ 63 \end{bmatrix} = \frac{F\ell}{2}\begin{bmatrix} -13 \\ 20 \\ 9 \end{bmatrix}$$

Kontrolle: Durch Addition der vektoriellen Momentenkomponenten muß sich das Gesamtmoment ergeben.

$$\vec{M}_R' + \vec{M}_R'' = -\frac{F\ell}{2}\begin{bmatrix} 1 \\ 2 \\ -3 \end{bmatrix} + \frac{F\ell}{2}\begin{bmatrix} -13 \\ 20 \\ 9 \end{bmatrix} = \frac{F\ell}{2}\begin{bmatrix} -1-13 \\ -2+20 \\ 3+9 \end{bmatrix} = \frac{F\ell}{2}\begin{bmatrix} -14 \\ 18 \\ 12 \end{bmatrix} = F\ell \begin{bmatrix} -7 \\ 9 \\ 6 \end{bmatrix} = \vec{M}_R$$

Gleichung der Zentralachse

$$\vec{r}_Z = \vec{a} + \lambda\cdot\vec{F}_R = \frac{\ell}{14}\begin{bmatrix} 39 \\ 15 \\ 23 \end{bmatrix} + \lambda\cdot F \begin{bmatrix} 1 \\ 2 \\ -3 \end{bmatrix}$$

Durchstoßpunkte D_1, D_2, D_3 der Zentralachse durch die Koordinatenebenen

a) x, y-Ebene:

$$z(\lambda_1) = 0: \quad \frac{23}{14}\ell - 3\lambda_1 F = 0 \quad \Rightarrow \quad \lambda_1 = \frac{23}{42}\frac{\ell}{F}$$

$$\vec{r}_Z(D_1) = \frac{\ell}{14}\begin{bmatrix} 39 \\ 15 \\ 23 \end{bmatrix} + \frac{23}{42}\frac{\ell}{F}\cdot F \begin{bmatrix} 1 \\ 2 \\ -3 \end{bmatrix} = \ell \begin{bmatrix} 10/3 \\ 13/6 \\ 0 \end{bmatrix} = \frac{\ell}{6}\begin{bmatrix} 20 \\ 13 \\ 0 \end{bmatrix}$$

b) y, z-Ebene:

$$x(\lambda_2) = 0: \quad \frac{39}{14}\ell + \lambda_2 F = 0 \quad \Rightarrow \quad \lambda_2 = -\frac{39}{14}\frac{\ell}{F}$$

$$\vec{r}_Z(D_2) = \frac{\ell}{14}\begin{bmatrix} 39 \\ 15 \\ 23 \end{bmatrix} - \frac{39}{14}\frac{\ell}{F}\cdot F \begin{bmatrix} 1 \\ 2 \\ -3 \end{bmatrix} = \ell \begin{bmatrix} 0 \\ -9/2 \\ 10 \end{bmatrix} = \frac{\ell}{2}\begin{bmatrix} 0 \\ -9 \\ 20 \end{bmatrix}$$

c) x, z-Ebene:

$$y(\lambda_3) = 0: \quad \frac{15}{14}\ell + 2\lambda_3 F = 0 \quad \Rightarrow \quad \lambda_3 = -\frac{15}{28}\frac{\ell}{F}$$

$$\vec{r}_Z(D_3) = \frac{\ell}{14}\begin{bmatrix} 39 \\ 15 \\ 23 \end{bmatrix} - \frac{15}{28}\frac{\ell}{F}\cdot F \begin{bmatrix} 1 \\ 2 \\ -3 \end{bmatrix} = \ell \begin{bmatrix} 9/4 \\ 0 \\ 13/4 \end{bmatrix} = \frac{\ell}{4}\begin{bmatrix} 9 \\ 0 \\ 13 \end{bmatrix}$$

■

7.7.3 Reduktion auf ein Kraftkreuz

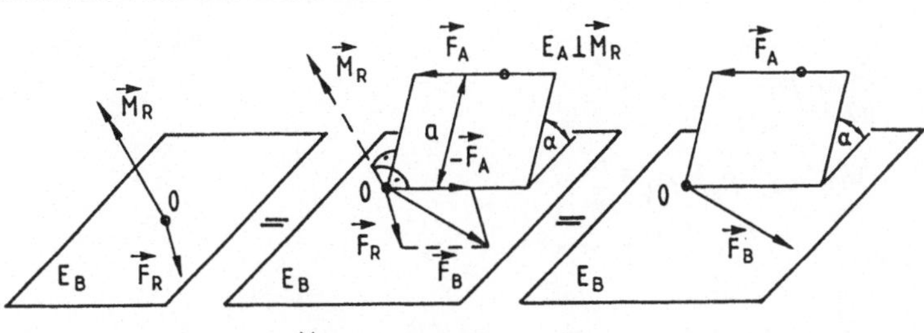

Bild 7.24

$$F_A = \frac{M_R}{a} \; ; \quad \vec{F}_B = \vec{F}_R + (-\vec{F}_A)$$

Durch weitere Reduktion einer Dyname $\vec{F}_R$, $\vec{M}_R$ im Punkt 0 kann man ein allgemeines räumliches Kräftesystem im Endeffekt auf zwei windschiefe Kräfte $\vec{F}_A$ und $\vec{F}_B$ zurückführen, die man zusammen Kraftkreuz nennt (Bild 7.24).

Dazu ersetzt man den Momentenvektor $\vec{M}_R$ durch ein äquivalentes Kräftepaar $\vec{F}_A$, $-\vec{F}_A$ in der Ebene E_A, die zu $\vec{M}_R$ senkrecht steht. Die resultierende Kraft $\vec{F}_R$ der Dyname liegt in der Ebene E_B. Man wählt das Kräftepaar so, daß eine Komponente $-\vec{F}_A$ in die Schnittgerade der beiden Ebenen E_A und E_B fällt, um diese mit der Kraft $\vec{F}_R$ zu einer Resultierenden $\vec{F}_B$ zusammenfassen zu können.

Das allgemeine Kräftesystem wird dann durch die beiden windschiefen Einzelkräfte $\vec{F}_A$ und $\vec{F}_B$ ersetzt.

Da es zu einem Momentenvektor beliebig viele äquivalente Kräftepaare gibt (ihr Abstand a kann beliebig gewählt werden), ist die Reduktion eines allgemeinen räumlichen Kräftesystems auf ein Kraftkreuz nicht eindeutig.

■ **Beispiel:** Abgewinkelte Konsole

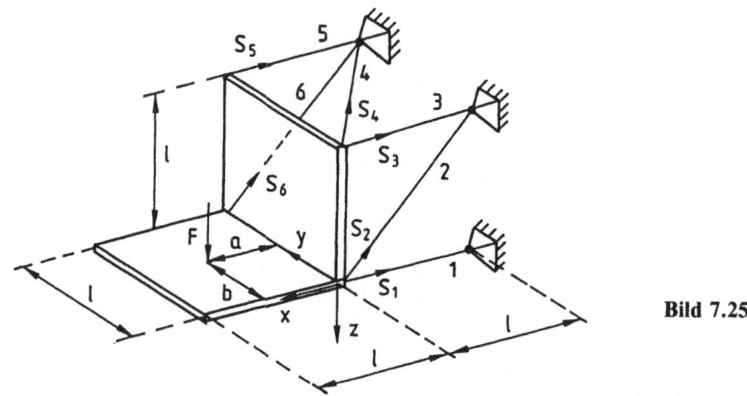

Bild 7.25

Eine abgewinkelte Konsole nach Bild 7.25 ist mit 6 Stäben an einer starren Wand befestigt. Auf die Konsole wirkt eine Einzelkraft $\vec{F}$, die im Bereich $0 \le a \le \ell$, $0 \le b \le \ell$ verschoben wird.

Gesucht:

a) Stabkräfte in Abhängigkeit von F, ℓ, a, b.

b) Bei welcher Lage von $\vec{F}$ entstehen in den einzelnen Stäben maximale Kräfte und wie groß sind diese?

Lsg.: Die Stabkräfte werden zunächst als Zugkräfte angenommen.

Die Gleichgewichts-Bedingungen für die 6 unbekannten Stabkräfte lauten

I) $\quad \sum F_x = 0 = -S_1 - \dfrac{S_2}{\sqrt{2}} - S_3 - \dfrac{S_4}{\sqrt{2}} - S_5 - \dfrac{S_6}{\sqrt{2}}$

II) $\quad \sum F_y = 0 = \dfrac{S_4}{\sqrt{2}} \quad \Rightarrow \quad S_4 = 0$

III) $\quad \sum F_z = 0 = -\dfrac{S_2}{\sqrt{2}} - \dfrac{S_6}{\sqrt{2}} + F$

IV) $\quad \sum M_x = 0 = -\dfrac{S_6}{\sqrt{2}} \ell + F \cdot b \quad \Rightarrow \quad S_6 = F \sqrt{2} \, \dfrac{b}{\ell}$

V) $\quad \sum M_y = 0 = S_3 \ell + S_5 \ell - F a$

VI) $\quad \sum M_z = 0 = S_5\, \ell + \dfrac{S_6}{\sqrt{2}}\, \ell$

IV in III: $\qquad S_2 = F\sqrt{2} - S_6 = F\sqrt{2} - F\sqrt{2}\,\dfrac{b}{\ell} = F\sqrt{2}\left(1 - \dfrac{b}{\ell}\right)$

IV in VI = VI′: $\ S_5 = -\dfrac{S_6}{\sqrt{2}} = -F\,\dfrac{b}{\ell}$

VI′ in V: $\qquad S_3 = F\,\dfrac{a}{\ell} - S_5 = F\,\dfrac{a}{\ell} + F\,\dfrac{b}{\ell} = F\,\dfrac{a+b}{\ell}$

aus I: $\qquad S_1 = -F\left(1 - \dfrac{b}{\ell}\right) - F\,\dfrac{a+b}{\ell} + F\,\dfrac{b}{\ell} - F\,\dfrac{b}{\ell} = -F\left(1 + \dfrac{a}{\ell}\right)$

Maximale Stabkräfte

$$
\begin{aligned}
S_{1\,\text{max}} &= -2F &&\text{für } a \to \ell \\
S_{2\,\text{max}} &= F\sqrt{2} &&\text{für } b \to 0 \\
S_{3\,\text{max}} &= 2F &&\text{für } a \to \ell,\, b \to \ell \\
S_{4\,\text{max}} &= 0 \\
S_{5\,\text{max}} &= -F &&\text{für } b \to \ell \\
S_{6\,\text{max}} &= F\sqrt{2} &&\text{für } b \to \ell
\end{aligned}
$$

7.8 Kräfte an Zahnrädern

Meist haben Antriebsmaschinen (Elektro- und Verbrennungsmotore, Dampf- und Gasturbinen) und Arbeitsmaschinen (Pumpen, Verdichter, Werkzeugmaschinen, Seiltrommeln von Förderanlagen usw.) unterschiedliche Drehzahlbereiche, in denen sie betriebssicher und wirtschaftlich arbeiten, so daß die Drehzahlen mit Hilfe von Getrieben angepaßt werden müssen.

In den Getrieben werden die Drehmomente über Zahnräder von einer Welle auf die andere übertragen.

In Bild 7.26 sind zwei kämmende Zahnräder gezeichnet.

Die Zahnkraft $\vec{F}$ steht bei Annahme von Reibungsfreiheit senkrecht auf der Zahnflanke und kann in eine Umfangskomponente $\vec{F}_u$, eine Radialkomponente $\vec{F}_r$ und bei Schrägverzahnung auch noch in eine Axialkomponente $\vec{F}_a$ zerlegt werden:

$$\vec{F} = \vec{F}_{a,u} + \vec{F}_r = \vec{F}_a + \vec{F}_u + \vec{F}_r, \quad \text{wobei } \vec{F}_{a,u} = \vec{F}_a + \vec{F}_u.$$

Damit die verschiedenen Zahnräder zueinander passen und einheitlich gefertigt werden können, ist für Evolventenverzahnung der Eingriffswinkel $\alpha = 20°$ genormt.

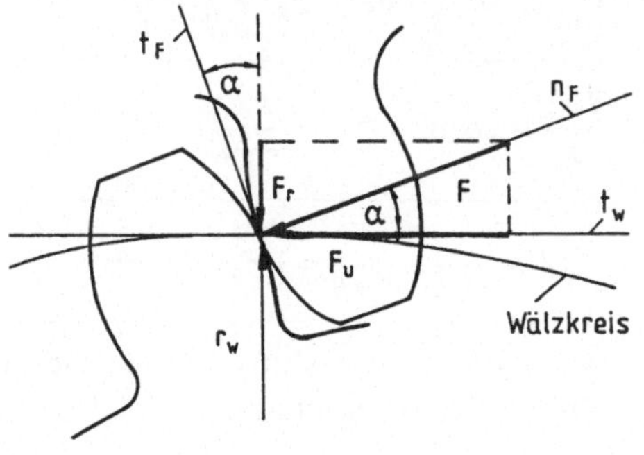

Bild 7.26

α = Normal-Eingriffs ∢
β = Schrägungs ∢
F = Zahnkraft
F_a = Axialkomponente
F_u = Umfangskomponente
F_r = Radialkomponente
t_F = Tangente an der Zahnflanke
n_F = Normale zur Zahnflanke ($n_F \perp t_F$)
t_W = Tangente an den Wälzkreis
r_W = Radius des Wälzkreises

Meist kennt man die Leistung und die Drehzahlen der Getriebewellen und kann daraus die Kraft bestimmen, die am Umfang der Zahnräder wirkt. Aus der Verzahnungsgeometrie (α, β) ergibt sich dann die Axial- und die Radialkomponente sowie die Gesamtzahnkraft.

Beispiel

geg.: Leistung P, Drehzahl $n \left[\frac{1}{s}\right]$

ges.: F_u, F_a, F_r, F

Lsg.: $P = M \cdot \omega$

Mit dem Drehmoment $M = F_u r$ und der Winkelgeschwindigkeit $\omega = 2\pi n$ erhält man die Umfangskraft $F_u = \dfrac{M}{r} = \dfrac{P}{\omega \cdot r} = \dfrac{P}{2\pi n r}$.

Für die Übertragung großer Kräfte ist die Geradverzahnung festigkeitsmäßig günstiger, während bei hohen Drehzahlen die Schrägverzahnung bessere Laufruhe gewährleistet.

Wie man aus den entsprechenden rechtwinkligen Dreiecken ablesen kann, hängen die einzelnen Kräfte über folgende Formeln zusammen:

a) Geradverzahnung (Bild 7.27)

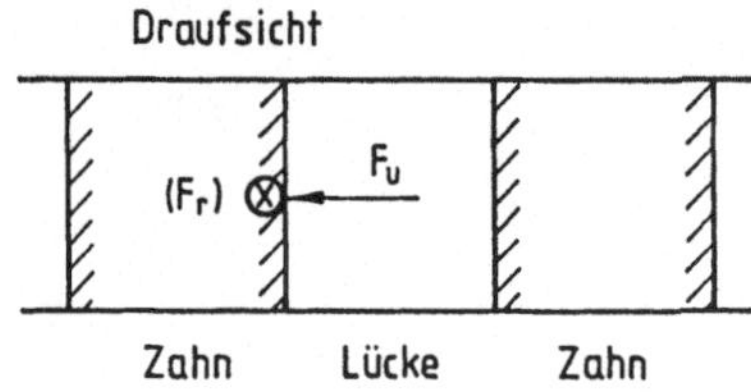

Bild 7.27

$\beta = 0$

$$\boxed{F_a = 0} \qquad (7.34\,a)$$

$$\boxed{F_r = F_u \cdot \tan\alpha} \qquad (7.35\,a)$$

$$\boxed{F = \frac{F_u}{\cos\alpha} = \sqrt{F_u^2 + F_r^2}} \qquad (7.36\,a)$$

b) Schrägverzahnung (Bild 7.28)

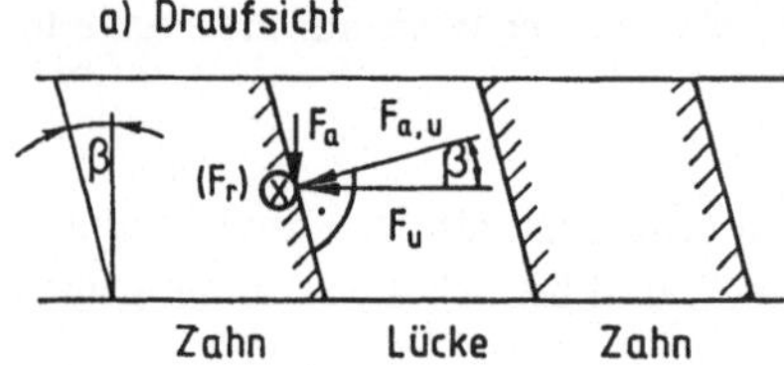

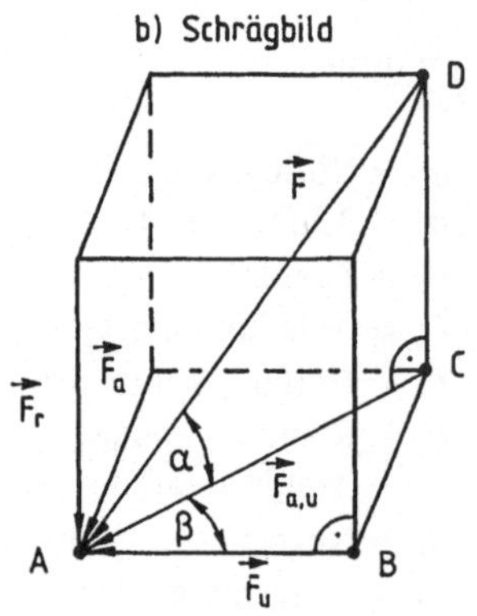

Bild 7.28

$\beta \neq 0$

$\triangle ABC$

$$\boxed{F_a = F_u \cdot \tan\beta} \qquad (7.34\,b)$$

$$\frac{F_u}{F_{a,u}} = \cos\beta \;\Rightarrow\; F_{a,u} = \frac{F_u}{\cos\beta}$$

$\triangle ACD$

$$\boxed{F_r = F_{a,u} \cdot \tan\alpha = F_u \frac{\tan\alpha}{\cos\beta}} \qquad (7.35\,b)$$

$$\frac{F_{a,u}}{F} = \cos\alpha \;\Rightarrow\; F = \frac{F_{a,u}}{\cos\alpha}$$

$$\boxed{F = \frac{F_u}{\cos\alpha \cdot \cos\beta} = \sqrt{F_a^2 + F_u^2 + F_r^2}} \qquad (7.36\,b)$$

Mit $\beta = 0$ ergeben sich wiederum die Formeln für die Geradverzahnung.

Zahnrad-Getriebe

Wie die Kräfte sich von einem Zahnrad aus weiter fortpflanzen, kann man bei einem Getriebe beobachten.

Ein Getriebe dient zur Umwandlung von Drehzahl und Drehmoment einer Kraftmaschine für den Bedarf einer Arbeitsmaschine oder einer Förderanlage.

■ **Beispiel:** Getriebe eines Aufzugs

Bei einem Aufzug wird über ein Getriebe (Bild 7.29 Schrägbild, Bild 7.30 Rißzeichnung) mit schrägverzahnten Zahnrädern (Eingriffswinkel α, Schrägungswinkel β) eine Last G_3 mit einer Seilrolle angehoben.

Die Getriebewellen (Eigengewichte G_1, G_2) sind in A und C durch Festlager und bei B und D durch Loslager im Getriebekasten (Eigengewicht G_4) abgestützt.

Der Schwerpunkt der Wellen soll (zur Vereinfachung der Rechnung) jeweils in Zahnradmitte angenommen werden.

Die Welle AB wird an der Kupplung K_1 durch ein Drehmoment M_A (z.B. von einem Motor) im Uhrzeigersinn (in Richtung AB gesehen) angetrieben.

Die Leistungsabgabe erfolgt an der Kupplung K_2, wo die angetriebene Maschine (Aufzug) mit dem Moment M_D entgegen der Drehrichtung n_2 (also in Richtung CD gesehen ebenfalls im Uhrzeigersinn) auf das Getriebe zurückwirkt.

Das eingeleitete Drehmoment M_A ruft an den schrägverzahnten Stirnrädern Kräfte hervor, die die Drehung der Welle AB hemmen und die Welle CD beschleunigen.

Für die richtige Erkennung der Kraftrichtung am treibenden und am getriebenen Rad ist folgende Vorstellung nützlich:

Die Zahnkräfte wirken immer in die Richtung, in die der Zahn (bei zu hoher Belastung) wegbrechen würde.

Die Zahnkräfte werden von den Lagern aufgenommen, die in A und C als Festlager und in B und D als längsverschiebliche Loslager (um Wärmedehnungen nicht zu behindern) ausgebildet sind.

In den Lagern werden die Kräfte von der Welle auf den Getriebekasten übertragen. Am Freikörperbild des Getriebe-Unterteils erkennt man die drehende Wirkung der Lagerkräfte entsprechend den Momenten M_A und M_D, die durch Schraubenkräfte vom Fundament im Gleichgewicht gehalten werden, während die Gewichtskräfte durch die Gehäusefüße direkt an das Fundament übergehen.

Mit folgenden Daten soll gerechnet werden:

$G_1 = 0,6$ kN, $G_2 = 1$ kN, $G_3 = 5$ kN, $G_4 = 0,8$ kN, $\alpha = 20°$, $\beta = 15°$

$r_1 = 0,15$ m, $r_2 = 0,3$ m, $r_3 = 0,4$ m, $a = 0,2$ m, $\ell_x = 0,6$ m, $\ell_y = 0,5$ m

Man bestimme

a) Erforderliches Antriebsmoment

b) Zahnkräfte und Auflagerkräfte

c) Schraubenkräfte am Getriebekasten.

Lsg.: Nach dem Wechselwirkungsprinzip actio = reactio sind die Zahnkräfte an beiden Wellen gleich.

Nach Gl. IV der Welle CD beträgt die Umfangskraft an den Zahnrädern $F_u = 6667$ N.

Damit werden die übrigen Zahnkräfte

$$F_r = F_u \frac{\tan\alpha}{\cos\beta} = 6667 \text{ N} \frac{\tan 20°}{\cos 15°} = 2512 \text{ N}$$

$$F_a = F_u \cdot \tan\beta = 6667 \text{ N} \cdot \tan 15° = 1786 \text{ N}$$

$$F = \frac{F_u}{\cos\alpha \cdot \cos\beta} = \frac{6667 \text{ N}}{\cos 20° \cdot \cos 15°} = 7345 \text{ N}$$

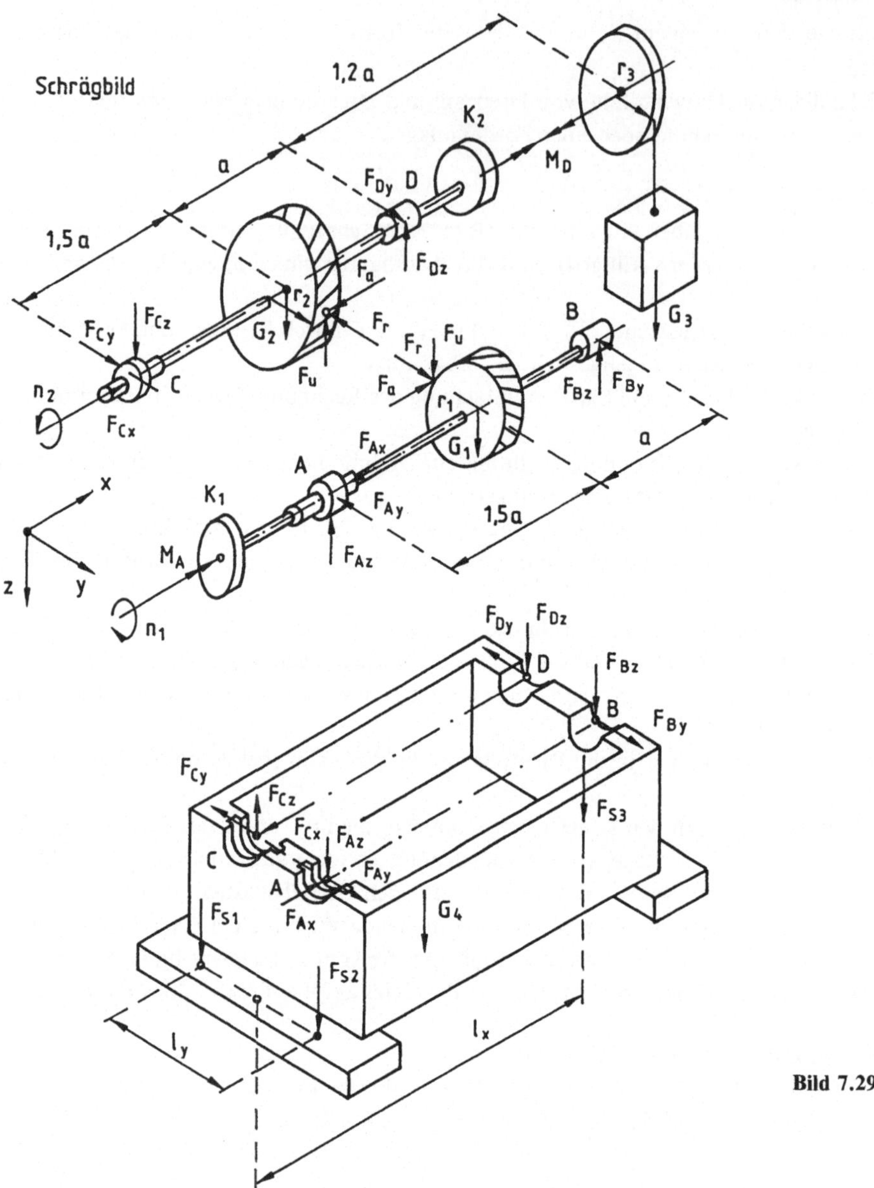

Bild 7.29

Die Auflagerkräfte ergeben sich aus den Gleichgewichts-Bedingungen.
Welle AB (Koordinaten-System im Punkt A angenommen):

I) $\sum F_x = 0 \;\Rightarrow\; F_{Ax} = F_a = 1786\,\text{N}$

II) $\sum F_y = 0 = F_r - F_{Ay} - F_{By} \;\Rightarrow\; F_{Ay} = F_r - F_{By} = 2512 - 2043 = 469\,\text{N}$

III) $\sum F_z = 0 = F_u + G_1 - F_{Az} - F_{Bz} \;\Rightarrow\; F_{Az} = F_u + G_1 - F_{Bz} = 6667 + 600 - 4360 = 2907\,\text{N}$

IV) $\sum M_x^{(A)} = 0 = M_A - F_u \cdot r_1 \;\Rightarrow\; M_A = F_u \cdot r_1 = 6667\,\text{N} \cdot 0,15\,\text{m} = 1000\,\text{Nm}$

Das Antriebsmoment M_A wirkt im Drehsinn der Drehzahl n_1

V) $\quad \sum M_y^{(A)} = 0 = -F_u \cdot 1{,}5a - G_1 \cdot 1{,}5a + F_{Bz} \cdot 2{,}5a \quad \Rightarrow \quad F_{Bz} = \dfrac{1{,}5}{2{,}5}(F_u + G_1)$

$\quad F_{Bz} = \dfrac{3}{5}(6667 + 600)\,\text{N} = 4360\,\text{N}$

VI) $\quad \sum M_z^{(A)} = 0 = F_r \cdot 1{,}5a + F_a \cdot r_1 - F_{By} \cdot 2{,}5a \quad \Rightarrow \quad F_{By} = \dfrac{1{,}5}{2{,}5}F_r + \dfrac{r_1}{2{,}5a}F_a$

$\quad F_{By} = \dfrac{3}{5}\,2512\,\text{N} + \dfrac{0{,}15}{2{,}5 \cdot 0{,}2}\,1786\,\text{N} = 2043\,\text{N}$

Welle CD (Koordinaten-System im Punkt C angenommen):

I) $\quad \sum F_x = 0 \quad \Rightarrow \quad F_{Cx} = F_a = 1786\,\text{N}$

II) $\quad \sum F_y = 0 = F_{Cy} + F_{Dy} - F_r \quad \Rightarrow \quad F_{Cy} = F_r - F_{Dy} = 2512 - 436 = 2076\,\text{N}$

III) $\quad \sum F_z = 0 = F_{Cz} + G_2 - F_u - F_{Dz} + G_3 \quad \Rightarrow \quad F_{Cz} = F_u + F_{Dz} - G_2 - G_3$
$\qquad\qquad\qquad\qquad\qquad\qquad\qquad\qquad\qquad\quad = 6667 + 4000 - 1000 - 5000 = 4667\,\text{N}$

Die Kraft F_{Cz} vom Gehäuse auf die Welle ist nach unten gerichtet. Der Lagerzapfen der Welle muß sich also am Gehäuse-Oberteil abstützen.

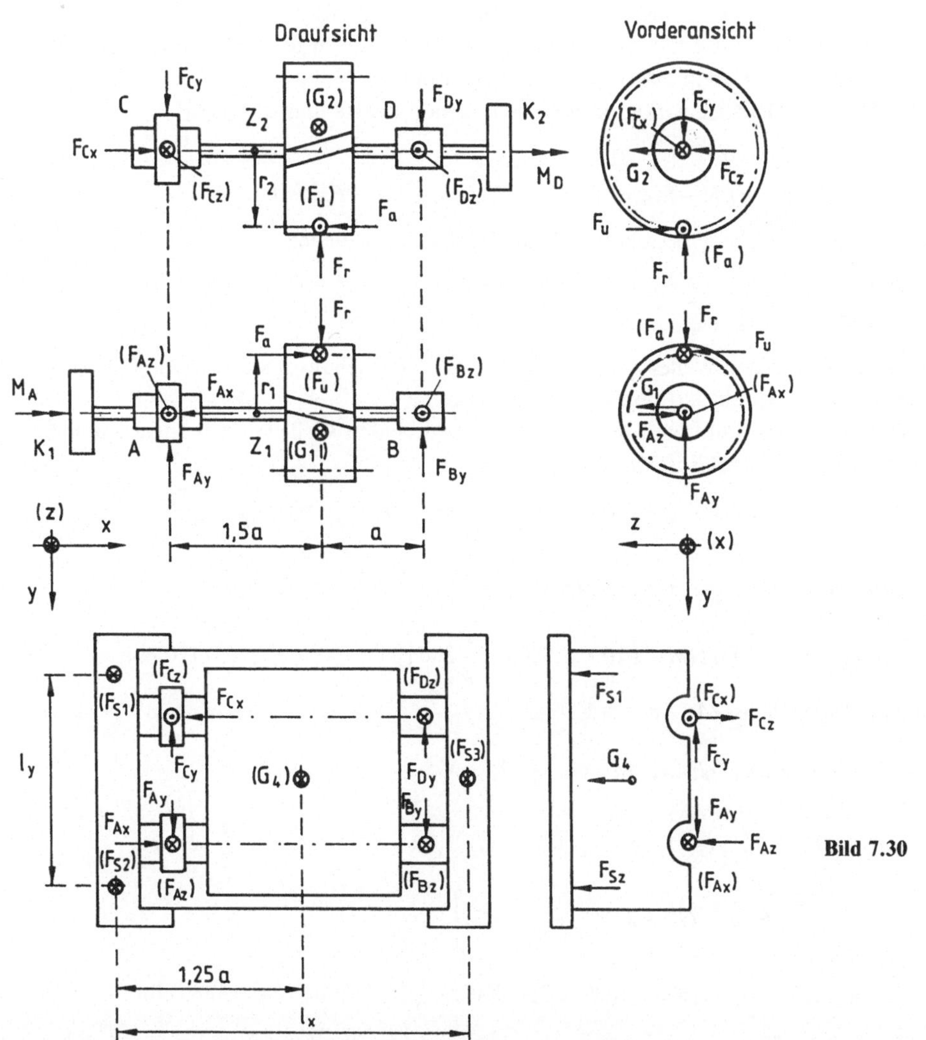

Bild 7.30

Das Lastmoment $M_D = G_3 r_3 = 5\ \text{kN}\ 0,4\ \text{m} = 2\ \text{kNm}$ wirkt an der Kupplung K_2 entgegen dem Drehsinn von n_2.

IV) $\sum M_x^{(C)} = 0 = G_3 r_3 - F_u r_2 \quad \Rightarrow \quad F_u = G_3 \dfrac{r_3}{r_2} = 5\ \text{kN}\ \dfrac{0,4}{0,3} = 6,\overline{6}\ \text{kN} = 6667\ \text{N}$

V) $\sum M_y^{(C)} = 0 = F_u \cdot 1,5a - G_2 \cdot 1,5a + F_{Dz} \cdot 2,5a - G_3 \cdot 3,7a \quad \Rightarrow$

$$F_{Dz} = \frac{1}{2,5}(1,5 G_2 + 3,7 G_3 - 1,5 F_u) = \frac{1}{2,5}(1,5 \cdot 1000 + 3,7 \cdot 5000 - 1,5 \cdot 6667)\ \text{N} = 4000\ \text{N}$$

VI) $\sum M_z^{(C)} = 0 = -F_r \cdot 1,5a + F_a r_2 + F_{Dy} \cdot 2,5a \quad \Rightarrow \quad F_{Dy} = \dfrac{1}{2,5a}(F_r \cdot 1,5a - F_a r_2)$

$$F_{Dy} = \frac{1}{2,5 \cdot 0,2}(2512 \cdot 1,5 \cdot 0,2 - 1786 \cdot 0,3)\ \text{N} = 436\ \text{N}$$

Die großen Lagerkräfte können bei Überschreitung der zulässigen Spannungen reduziert werden, wenn man eigene Lager für die Seilrolle vorsieht, die das Gewicht G_3 aufnehmen, so daß nur das Drehmoment M_D über die Kupplung K_2 auf die Getriebewelle übergeht.

Schraubenkräfte:

Die Kräfte und Momente an den Wellen werden über die Lager auf den Getriebekasten übertragen, von wo aus sie teils direkt, teils über die Schrauben an das Fundament abgeleitet werden.

In der Praxis sind zur Sicherheit und zur besseren Verteilung der Kräfte meist so viele Schrauben angebracht, daß das System mehrfach statisch unbestimmt ist.

Um das prinzipielle Kräftespiel zu erkennen, wird eine statisch bestimmte Fixierung des Gehäuses mit nur 3 Schrauben (Dreipunkt-Lagerung) angenommen.

Auf das Getriebe-Gehäuse wirken insgesamt folgende Kräfte und Momente

$$F_x = F_{Ax} - F_{Cx} = 0$$
$$F_y = F_{Ay} + F_{By} - F_{Cy} - F_{Dy} = F_r - F_{By} + F_{By} - F_r + F_{Dy} - F_{Dy} = 0$$

In der horizontalen Ebene besteht also keine Verschiebe-Tendenz.

$$F_z = F_{Az} + F_{Bz} - F_{Cz} + F_{Dz} + G_4 = F_u + G_1 - F_{Bz} + F_{Bz} - F_u - F_{Dz} + G_2 + G_3 + F_{Dz} + G_4$$
$$F_z = G_1 + G_2 + G_3 + G_4$$

Die Gewichtskräfte der Wellen, der Förderlast und des Gehäuses werden durch Formschluß von den Gehäusefüßen direkt auf den Boden übertragen.

Der Gehäuse-Schwerpunkt wird mittig zwischen den beiden Wellenachsen angenommen.

Bezogen auf die Achse AB ist dann

$$M_x = (F_{Cz} - F_{Dz})(r_1 + r_2) - G_4 \frac{r_1 + r_2}{2} = (F_u - G_2 - G_3)(r_1 + r_2) - G_4 \frac{r_1 + r_2}{2}$$

$$M_x = M_A + M_D - \left(G_2 + G_3 + \frac{1}{2}G_4\right)(r_1 + r_2)$$

$$= (1000 + 2000)\ \text{Nm} - \left(1000 + 5000 + \frac{1}{2}800\right)\text{N} \cdot (0,15 + 0,3)\ \text{m} = 120\ \text{Nm}$$

Bezogen auf eine Achse AC ist

$$M_y = -F_{Bz} \cdot 2,5a - F_{Dz} \cdot 2,5a - G_4 \cdot \frac{1}{2} \cdot 2,5a$$

$$M_y = -F_u \cdot 1,5a - G_1 \cdot 1,5a - G_2 \cdot 1,5a - G_3 \cdot 3,7a + F_u \cdot 1,5a - G_4 \cdot \frac{1}{2} \cdot 2,5a$$

$$M_y = -a\left[1,5(G_1 + G_2) + 3,7 G_3 + \frac{1}{2}2,5 G_4\right]$$

$$= -0,2\ \text{m}\left[0,15(600 + 1000) + 3,7 \cdot 5000 + \frac{1}{2} \cdot 2,5 \cdot 800\right]\text{N} = -4380\ \text{Nm}$$

Zum gleichen Ergebnis kommt man, wenn man die Wellen im eingebauten Zustand betrachtet. Dann heben sich die Lagerkräfte an den Wellen und am Gehäuse als innere Kräfte gegenseitig auf, so daß nur die Wellenmomente und die Gewichtskräfte als Belastung übrig bleiben.
Bezogen auf eine senkrechte Achse durch A ist

$$M_z = F_{By} \cdot 2{,}5\,a - F_{Dy} \cdot 2{,}5\,a - F_{Cx}(r_1 + r_2)$$

$$M_z = F_r \cdot 1{,}5\,a + F_a \cdot r_1 - F_r \cdot 1{,}5\,a + F_a \cdot r_2 - F_a \cdot (r_1 + r_2) = 0$$

Es treten also nur Gehäuse-Kippmomente um die x- und y-Achse auf, die durch Schraubenkräfte aufgenommen werden.
Denkt man sich die Drehachse jeweils in x- und y-Richtung durch die Schraubenmitte von F_{S3} gelegt, so ist

$$\text{I)} \qquad (F_{S1} + F_{S2})\ell_x + M_y = 0 \qquad \Rightarrow \quad F_{S1} + F_{S2} = -\frac{M_y}{\ell_x}$$

$$\text{II)} \qquad F_{S2}\frac{\ell_y}{2} - F_{S1}\frac{\ell_y}{2} + M_x = 0 \quad \Rightarrow \quad F_{S1} - F_{S2} = \frac{2M_x}{\ell_y}$$

$$\text{I + II:} \qquad F_{S1} = \frac{M_x}{\ell_y} - \frac{M_y}{2\ell_x} = \frac{120}{0{,}5} + \frac{4380}{2 \cdot 0{,}6} = 3890\,\text{N}$$

$$\text{I − II:} \qquad F_{S2} = -\frac{M_x}{\ell_y} - \frac{M_y}{2\ell_x} = -\frac{120}{0{,}5} + \frac{4380}{2 \cdot 0{,}6} = 3410\,\text{N}$$

Bezogen auf eine Drehachse parallel zu y durch F_{S1} und F_{S2} ist

$$M_y - F_{S3} \cdot \ell_x = 0 \quad \Rightarrow \quad F_{S3} = \frac{M_y}{\ell_x} = -\frac{4380\,\text{Nm}}{0{,}6\,\text{m}} = -7300\,\text{N}$$

Um das Gleichgewicht am Getriebekasten herzustellen, müssen die Schrauben 1 und 2 (mit ihren zugehörigen Muttern) nach unten drücken und werden dabei selbst durch die Gegenkräfte vom Gehäuse auf Zug belastet.
Schraube 3 müßte zum Kräfteausgleich den Getriebekasten nach oben drücken (da F_{S3} negativ herauskommt). Diese Kraft wird jedoch vom Boden über die Gehäusefüße direkt aufgebracht, so daß die Schraube 3 nicht beansprucht wird. ∎

8 Lagerung von Körpern

Lager haben die Aufgabe, Verbindungen zwischen den einzelnen Bauteilen oder Systemen herzustellen und die einwirkenden Kräfte und Momente von dem gelagerten Körper auf die Umgebung abzuleiten. Die Lager geben dem Körper somit Halt und legen den Verlauf der einwirkenden Kräfte durch den Körper (Kraftfluß) fest, d. h. sie geben den Kräften eine bestimmte Orientierung.

8.1 Auflager und Zwischenlager

Bei den Verbindungselementen unterscheidet man zwischen Auflager und Zwischenlager. Die Auflager leiten Kräfte und Momente vom Bauwerk auf das Fundament über. Die Zwischenlager verbinden Bauteile (Körper) zu einem Bauwerk (System) und übertragen Kräfte und Momente von einem Bauteil auf das andere.

Will man für den betrachteten Körper die Gleichgewichts-Bedingungen aufstellen, so muß man sich den Körper nach dem Schnittprinzip an den Verbindungsstellen aus seiner Umgebung herausgelöst denken (befreien). Die Kräfte und Momente, die dabei von den Lagern auf den gelagerten Körper wirken, werden Lagerreaktionen genannt.

Als Lagerbeanspruchung bezeichnet man die Gegenwirkungen, also die Kräfte und Momente, die vom Körper auf die Lager ausgeübt werden.

Eine Klassifizierung der Lager ist gegeben durch die Anzahl der möglichen Lagerreaktionen, die man als Reaktionswertigkeit des Lagers bezeichnet.

Die Verhinderung einer Bewegung wird Fessel, die Möglichkeit einer Bewegung Freiheitsgrad genannt. Die Summe der Fesseln und Freiheitsgrade beträgt an jedem einzelnen Lager in der Ebene drei, im Raum sechs.

Die Bauart des Lagers gibt Aufschluß über die Bewegungs-Einschränkungen des Körpers und die dadurch wirksamen Lagerreaktionen, die aus den Gleichgewichts-Bedingungen bestimmbar sind.

Eine (reibungsfreie) gelenkige Verbindung kann z. B. eine beliebige Kraft, aber kein Moment übertragen. Ein räumliches Festlager kann also eine beliebige Kraft aufnehmen, die durch drei Komponenten beschrieben wird, weshalb die Reaktionswertigkeit gleich drei ist.

Eine (reibungsfreie) Führung kann nur einen Widerstand senkrecht zur Gleitbahn, nicht aber in Führungsrichtung aufbringen.

Eine feste Einspannung läßt weder eine Verschiebung noch eine Verdrehung des Körpers zu, d. h. es werden alle möglichen Kräfte und Momente aufgenommen. Das sind in der Ebene zwei Kräfte und ein Moment (Reaktionswertigkeit 3), im Raum drei Kräfte in Richtung der Koordinatenachsen und drei Momente um die Koordinatenachsen (Reaktionswertigkeit 6). Weitere Einzelheiten entnehme man der nachfolgenden Tabelle.

8.2 Lagerungsarten

Lagertyp	Symbol	mögliche Reaktionen	Wertig-keit	bauliche Ausführungen mögliche Bewegungen (Freiheitsgrade)
verschiebbares Gelenklager (Gleitlager Rollenlager Pendelstütze)		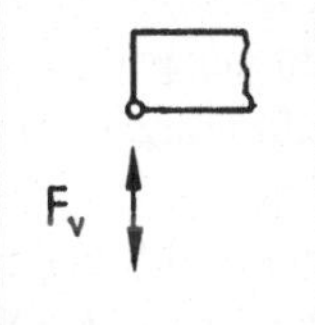 F_v	1	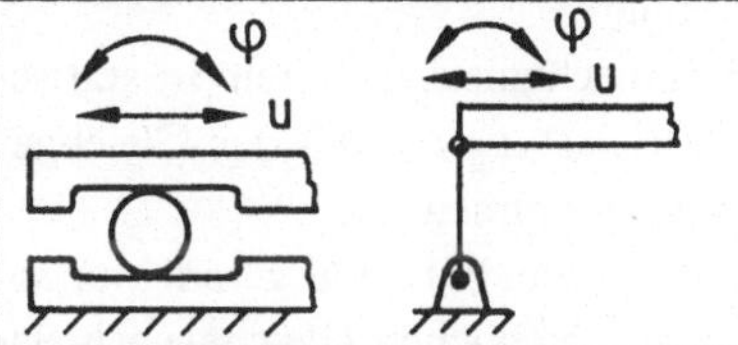
Festes Gelenklager (Doppelstütze)		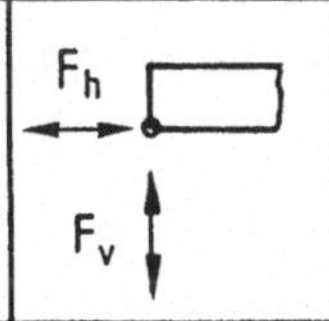 F_h F_v	2	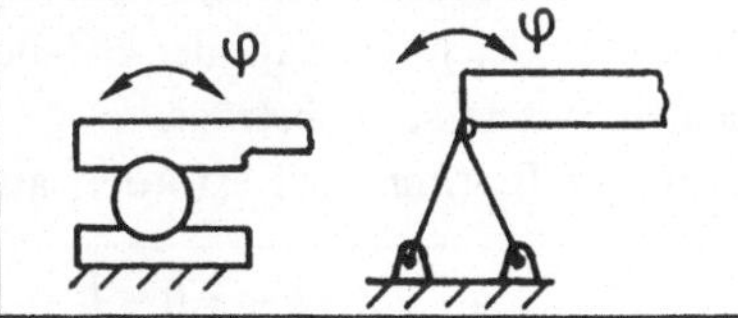
Schiebehülse quer (Parallel-führung)	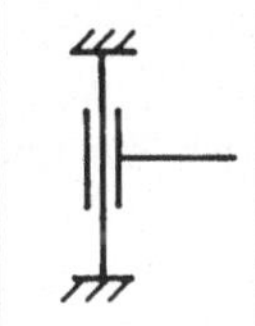	 M F_h	2	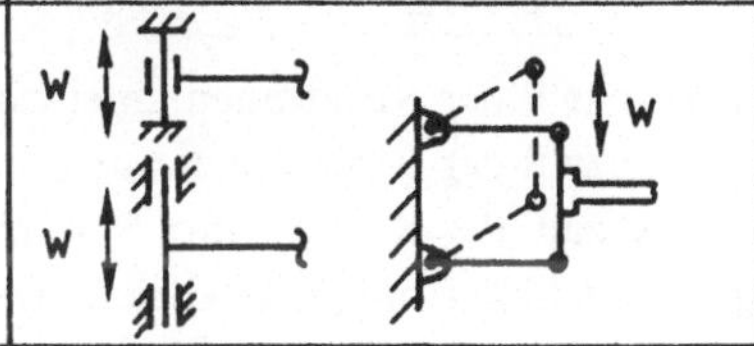
Schiebehülse längs (lose Ein-spannung)	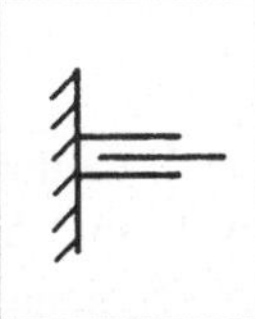	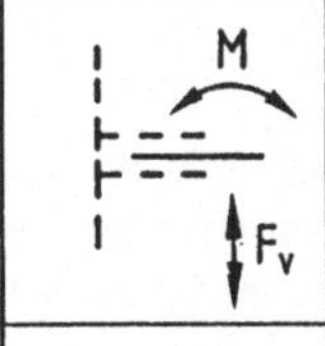 M F_v	2	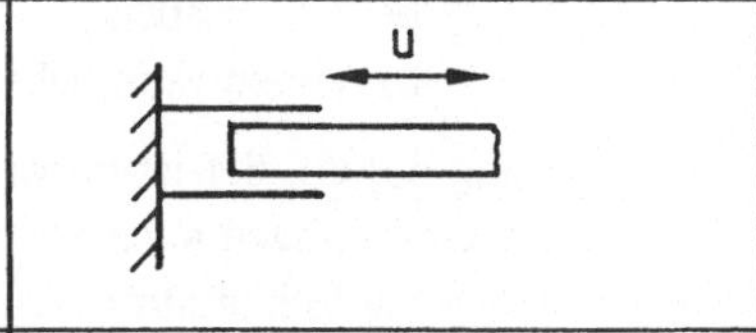
Momentenstütze	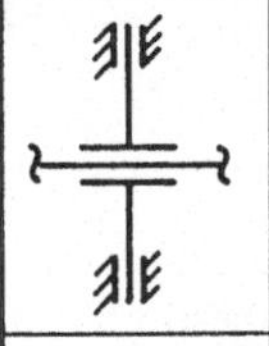	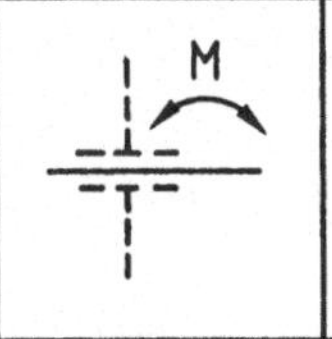 M	1	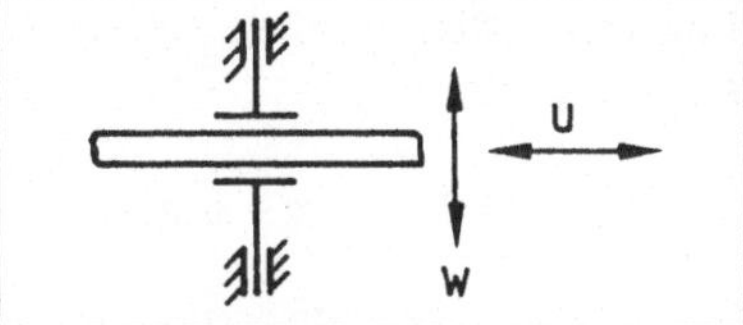
Gleithülse mit Gelenk		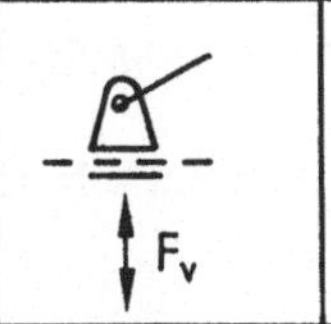 F_v	1	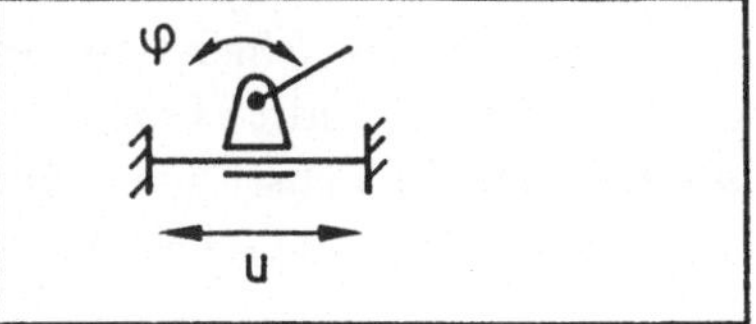
Gleithülse ohne Gelenk	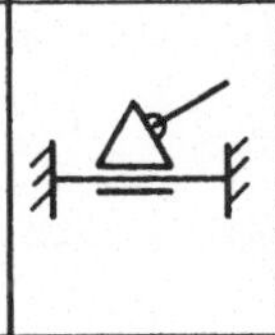	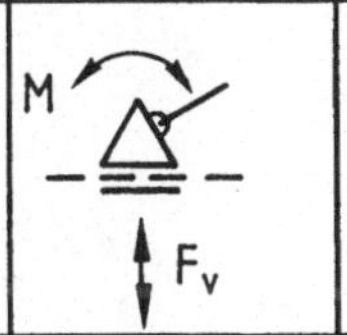 M F_v	2	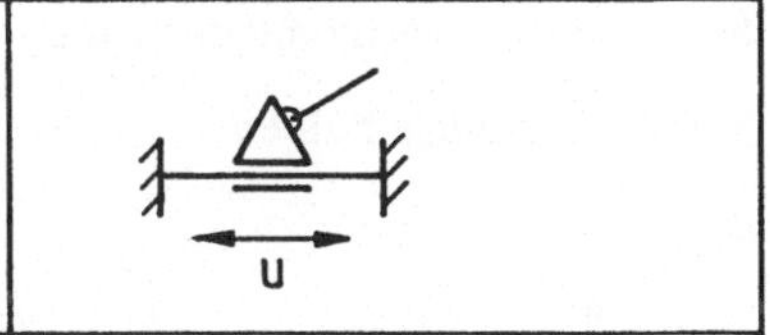
feste Einspannung	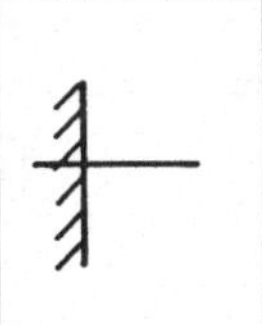	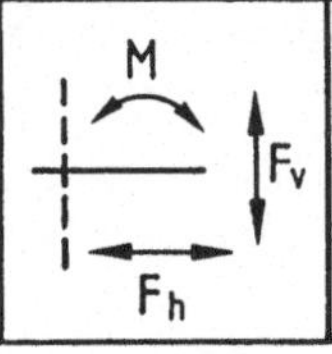 M F_v F_h	3	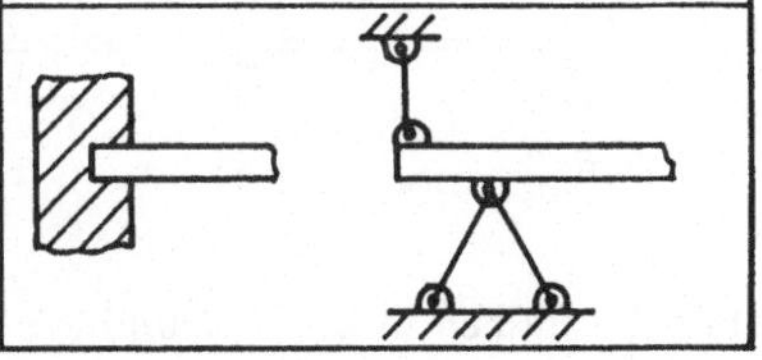

8.3 Kinematische und statische Bestimmtheit

Eine Lagerung heißt kinematisch bestimmt, wenn sie die Lage des Körpers eindeutig festlegt, so daß er nicht verschoben und nicht verdreht werden kann (z.B. geschlossene Tür).
Ist der Körper dagegen noch beweglich (offene Tür), so ist die Lagerung kinematisch unbestimmt.
Ein mechanisches System ist statisch bestimmt gelagert, wenn seine Auflagerreaktionen bei beliebiger Belastung nur mit den Gleichgewichts-Bedingungen (ohne Verformungs-Bedingungen) ermittelt werden können.
Das System hat dann gerade nur so viele Lager und Stützen (nicht mehr), wie zu einer eindeutigen, unverschieblichen Gleichgewichtslage erforderlich sind. Die Zahl der möglichen Lagerreaktionen ist damit gleich der Zahl der GG-Bedingungen, die bei einem ebenen System drei, bei einem räumlichen System sechs beträgt.
Statische Bestimmtheit erfordert also

$$\sum a + \sum z - k \cdot g = 0 \tag{8.1}$$

a = Anzahl der Reaktionen an einem Auflager

z = Anzahl der (voneinander unabhängigen) Reaktionen in den Zwischengelenken

k = Anzahl der Körper eines Systems

g = Anzahl der mögliche Gleichungen an einem Körper

        bei einem ebenen   System ist $g = 3$

        bei einem räumlichen System ist $g = 6$

Die Forderung der Gl. 8.1 ist notwendig aber nicht hinreichend, da die aus den GG-Bedingungen stammenden Gleichungen auch voneinander abhängig oder widersprechend sein können.
Um neben den statisch bestimmten Körpern auch bewegliche Systeme oder zusätzlich versteifte Lagerungsarten mit einzubeziehen, wird zur Verallgemeinerung die Abweichung d (Defekt) in die Gl. 8.1 eingeführt.

$$d = \sum a + \sum z - k \cdot g \tag{8.2}$$

$d < 0$: System ist statisch überbestimmt bzw. kinematisch unbestimmt, d.h. verschieblich und nicht tragfähig. Es fehlen Lagerfesseln zur Fixierung des Systems

$d = 0$: System ist statisch bestimmt

$d > 0$: System ist statisch unbestimmt bzw. kinematisch überbestimmt. d gibt den Grad der statischen Unbestimmtheit an.

8.3.1 Statisch bestimmte Systeme

8.3.1.1 Einteilige Balken

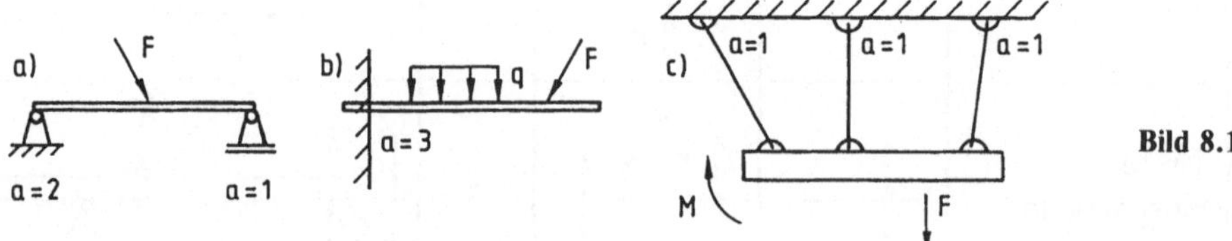

Für die Balken in Bild 8.1 und 8.2 ist

$$\sum a = 3, \quad \sum z = 0, \quad k = 1, \quad g = 3$$

eingesetzt in Gl. 8.1 ergibt $3 + 0 - 1 \cdot 3 = 0 \implies$ statisch bestimmt.

■ **Beispiel:** Balken mit loser Einspannung und schrägem Loslager

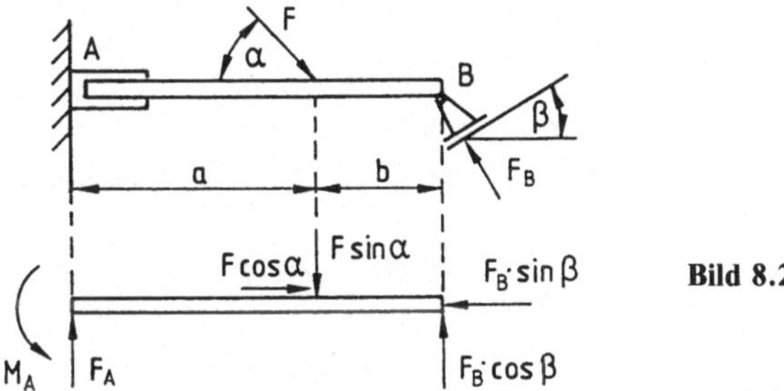

Nach der Befreiungsskizze in Bild 8.2 lauten die GG-Bedingungen

Sortieren der Unbekannten nach Spalten

$$M_A \qquad F_A \qquad\qquad F_B \quad \text{Konst.}$$

$$\sum F_x = 0 = F \cdot \cos\alpha - F_B \cdot \sin\beta \qquad \Rightarrow \quad 0 \cdot M_A + 0 \cdot F_A + \ \sin\beta \cdot F_B = F \cdot \cos\alpha$$

$$\sum F_y = 0 = F_A - F \cdot \sin\alpha + F_B \cdot \cos\beta \qquad \Rightarrow \quad 0 \cdot M_A + 1 \cdot F_A + \ \cos\beta \cdot F_B = F \cdot \sin\alpha$$

$$\sum M^{(A)} = 0 = M_A - a \cdot F \cdot \sin\alpha + \ell \cdot F_B \cdot \cos\beta \ \Rightarrow \ 1 \cdot M_A + 0 \cdot F_A + \ell \cdot \cos\beta \cdot F_B = F \cdot a \cdot \sin\alpha$$

Auf der linken Gleichungsseite werden die Koeffizienten der Unbekannten zu einer Koeffizienten-Matrix $\underline{A}$ und die Unbekannten selbst zu einem Unbekannten-Vektor $\vec{X}$ zusammengefaßt. Die gegebenen eingeprägten Kräfte vereinigt man auf der rechten Gleichungsseite zu einem Vektor $\vec{F}_e$. Damit läßt sich das Gleichungssystem in Matrizenform schreiben:

$$\begin{bmatrix} 0 & 0 & \sin\beta \\ 0 & 1 & \cos\beta \\ 1 & 0 & \ell\cdot\cos\beta \end{bmatrix} \cdot \begin{bmatrix} M_A \\ F_A \\ F_B \end{bmatrix} = \begin{bmatrix} F\cdot\cos\alpha \\ F\cdot\sin\alpha \\ F\cdot a\cdot\sin\alpha \end{bmatrix}$$
$$\underline{A} \qquad\quad \cdot \quad \vec{X} \ = \qquad \vec{F}_e$$

Um die allgemeinen Lösungs-Bedingungen für ein mechanisches System einmal aufzuzeigen, soll die Auflösung der Gleichungen trotz des größeren Rechenaufwands durch Matrizen-Inversion erfolgen.

Durch linksseitiges Multiplizieren der Gleichungen mit der Koeffizienten-Kehrmatrix $\underline{A}^{-1}$ wird

$$\underline{A}^{-1} \cdot \underline{A} \cdot \vec{X} = \underline{A}^{-1} \cdot \vec{F}_e$$

wobei mit $\underline{A}^{-1} \cdot \underline{A} = \underline{E}$ die Einheitsmatrix entsteht, die als neutrales Element der Matrizen-Multiplikation weggelassen werden kann.

Damit wird $\ \vec{X} = \underline{A}^{-1} \cdot \vec{F}_e$

Die Auflösung nach dem Unbekannten-Vektor $\vec{X}$ ist nur möglich, wenn die inverse Koeffizienten-Matrix existiert, d.h. wenn die Determinante von $\underline{A}$ nicht Null ist.

Die Entwicklung der Koeffizienten-Determinante nach der ersten Spalte ergibt

$$\det\underline{A} = 1 \cdot \begin{vmatrix} 0 & \sin\beta \\ 1 & \cos\beta \end{vmatrix} = -\sin\beta \neq 0 \quad \text{für} \ \beta \neq 0$$

Das System ist kinematisch und statisch bestimmt, wenn die Koeffizienten-Determinante von Null verschieden ist.

Für $\beta = 0$ wird der Balken horizontal verschiebbar und damit kinematisch unbestimmt. Die Matrizen-Inversion wird nach Gl. G37 durchgeführt. Man erhält die adjungierte Matrix $\underline{A}_{\text{adj}}$, wenn man die Matrix der algebraischen Komplemente (A_{ik}) transponiert.

$$(A_{ik}) = \begin{bmatrix} A_{11} & A_{12} & A_{13} \\ A_{21} & A_{22} & A_{23} \\ A_{31} & A_{32} & A_{33} \end{bmatrix}; \qquad \underline{A}_{\text{adj}} = (A_{ik})^T = \begin{bmatrix} A_{11} & A_{21} & A_{31} \\ A_{12} & A_{22} & A_{32} \\ A_{13} & A_{23} & A_{33} \end{bmatrix}$$

Die algebraischen Komponenten ergeben sich aus der Koeffizienten-Determinante durch Streichung je einer Zeile und einer Spalte unter Berücksichtigung der Vorzeichen nach der Schachbrettregel.

$$A_{11} = \begin{vmatrix} 1 & \cos\beta \\ 0 & \ell\cdot\cos\beta \end{vmatrix} = \ell\cdot\cos\beta; \quad A_{12} = -\begin{vmatrix} 0 & \cos\beta \\ 1 & \ell\cdot\cos\beta \end{vmatrix} = \cos\beta; \quad A_{13} = \begin{vmatrix} 0 & 1 \\ 1 & 0 \end{vmatrix} = -1$$

$$A_{21} = -\begin{vmatrix} 0 & \sin\beta \\ 0 & \ell\cdot\cos\beta \end{vmatrix} = 0; \qquad A_{22} = \begin{vmatrix} 0 & \sin\beta \\ 1 & \ell\cdot\cos\beta \end{vmatrix} = -\sin\beta; \quad A_{23} = -\begin{vmatrix} 0 & 0 \\ 1 & 0 \end{vmatrix} = 0$$

$$A_{31} = \begin{vmatrix} 0 & \sin\beta \\ 1 & \cos\beta \end{vmatrix} = -\sin\beta; \quad A_{32} = -\begin{vmatrix} 0 & \sin\beta \\ 0 & \cos\beta \end{vmatrix} = 0; \qquad A_{33} = \begin{vmatrix} 0 & 0 \\ 0 & 1 \end{vmatrix} = 0$$

Damit wird die inverse Matrix

$$\underline{A}^{-1} = \frac{1}{\det\underline{A}}\cdot\underline{A}_{\text{adj}} = -\frac{1}{\sin\beta}\cdot\begin{bmatrix} \ell\cdot\cos\beta & 0 & -\sin\beta \\ \cos\beta & -\sin\beta & 0 \\ -1 & 0 & 0 \end{bmatrix}$$

und der Unbekannten-Vektor

$$\begin{bmatrix} M_A \\ F_A \\ F_B \end{bmatrix} = \begin{bmatrix} -\dfrac{1}{\tan\beta} & 0 & 1 \\ -\dfrac{1}{\tan\beta} & 1 & 0 \\ \dfrac{1}{\sin\beta} & 0 & 0 \end{bmatrix}\cdot F \begin{bmatrix} \cos\alpha \\ \sin\alpha \\ a\cdot\sin\alpha \end{bmatrix} \Rightarrow \begin{aligned} M_A &= -F\cdot\ell\cdot\frac{\cos\alpha}{\tan\beta} + F\cdot a\cdot\sin\alpha \\ F_A &= -F\cdot\frac{\cos\alpha}{\tan\beta} + F\cdot\sin\alpha \\ F_B &= F\cdot\frac{\cos\alpha}{\sin\beta} \end{aligned}$$

$$\vec{X} \qquad = \qquad \underline{A}^{-1} \qquad\qquad \vec{F}_e$$

Kehrmatrix-Bestimmung nach dem Gauß-Jordan-Verfahren

Schneller läßt sich die inverse Matrix mit dem Verfahren von Gauß-Jordan finden. Multipliziert man eine Matrix $\underline{A}$ mit einer Kehrmatrix $\underline{A}^{-1}$ (die berechnet werden soll), so ergibt sich die Einheitsmatrix $\underline{E}$.

$$\underline{A}\cdot\underline{A}^{-1} = \underline{E}$$

Wir suchen also eine Matrix $\underline{X} = \underline{A}^{-1}$, für die gilt $\underline{A}\cdot\underline{X} = \underline{E}$ oder ausführlicher geschrieben

$$\begin{array}{ccc} \underline{A} & \underline{X} & \underline{E} \end{array}$$
$$\begin{bmatrix} a_{11} & a_{12} & a_{13} \\ a_{21} & a_{22} & a_{23} \\ a_{31} & a_{32} & a_{33} \end{bmatrix}\cdot\begin{bmatrix} x_{11} & x_{12} & x_{13} \\ x_{21} & x_{22} & x_{23} \\ x_{31} & x_{32} & x_{33} \end{bmatrix} = \begin{bmatrix} 1 & 0 & 0 \\ 0 & 1 & 0 \\ 0 & 0 & 1 \end{bmatrix}$$
$$\begin{array}{cccccc} \downarrow & \downarrow & \downarrow & \downarrow & \downarrow & \downarrow \\ \vec{x}_1 & \vec{x}_2 & \vec{x}_3 & \vec{e}_1 & \vec{e}_2 & \vec{e}_3 \end{array}$$

Faßt man die Spalten von $\underline{X}$ und $\underline{E}$ zu Vektoren zusammen, so läßt sich das Gleichungssystem in drei gleichwertige Teilsysteme mit gleicher Koeffizientenmatrix, aber verschiedenen rechten Seiten zerlegen.

$$\underline{A}\cdot\vec{x}_1 = \vec{e}_1$$
$$\underline{A}\cdot\vec{x}_2 = \vec{e}_2$$
$$\underline{A}\cdot\vec{x}_3 = \vec{e}_3$$

Bei der Lösung dieser Gleichungssysteme muß der Gaußsche Algorithmus für die Matrix $\underline{A}$ nur einmal ausgeführt werden.

Eliminiert man dabei die Koeffizienten der Unbekannten nicht nur unterhalb der Eliminationszeile, sondern auch darüber, so kann man die Matrix $\underline{A}$ in die Einheitsmatrix überführen. Die Einheitsmatrix $\underline{E}$ auf der rechten Seite geht dann in die Kehrmatrix $\underline{A}^{-1}$ über.

$$\underline{A} \cdot \underline{X} = \underline{E}$$
$$\downarrow \quad \downarrow \qquad \downarrow$$
$$\underline{E} \cdot \underline{A}^{-1} = \underline{A}^{-1}$$

Aus der Matrix $\underline{A}$ soll also die Einheitsmatrix $\underline{E}$ durch Elimination entwickelt werden. In unserem Beispiel liegt die Matrix $\underline{A}$ schon sehr nahe an der Einheitsmatrix, wenn wir als ersten Schritt die 1. und die 3. Zeile vertauschen.

Als zweiten Schritt teilen wir die 3. Zeile durch $\sin\beta$ und erhalten in der 3. Spalte eine 1.

Diese modifizierte Gleichung wird einmal mit $\cos\beta$ und einmal mit $\ell\cdot\cos\beta$ multipliziert und von der 2. bzw. 3. Zeile subtrahiert. Dann wird aus der ursprünglichen Einheitsmatrix auf der rechten Seite die gesuchte Kehrmatrix $\underline{A}^{-1}$.

$$
\begin{array}{ccc|ccc}
\multicolumn{3}{c|}{\underline{A}} & \multicolumn{3}{c}{\underline{E}} \\
\hline
0 & 0 & \sin\beta & 1 & 0 & 0 \\
0 & 1 & \cos\beta & 0 & 1 & 0 \\
0 & 0 & \ell\cdot\cos\beta & 0 & 0 & 1 \\
\hline
1 & 0 & \ell\cdot\cos\beta & 0 & 0 & 1 \\
0 & 1 & \cos\beta & 0 & 1 & 0 \\
0 & 0 & \sin\beta & 1 & 0 & 0 \\
\hline
1 & 0 & 0 & -\dfrac{\ell\cdot\cos\beta}{\sin\beta} & 0 & 1 \\
0 & 1 & 0 & -\dfrac{\cos\beta}{\sin\beta} & 1 & 0 \\
0 & 0 & 1 & \dfrac{1}{\sin\beta} & 0 & 0 \\
\hline
\multicolumn{3}{c|}{\underline{E}} & \multicolumn{3}{c}{\underline{A}^{-1}}
\end{array}
$$

Operationen an der vierten Zeilengruppe: $+$ mit $\cdot\left(-\dfrac{\cos\beta}{\sin\beta}\right)$ und $+$ mit $\cdot\left(-\dfrac{\ell\cdot\cos\beta}{\sin\beta}\right)$.

Zur Lösung von umfangreichen linearen Gleichungssystemen, wie sie z. B. in der Festigkeitslehre bei der Finite Elemente Methode vorkommen, werden meist die Eliminations-Verfahren von Gauß (Gaußscher Algorithmus), von Gauß-Jordan und bei symmetrischen Matrizen von Cholesky, sowie das Iterations-Verfahren von Gauß-Seidel angewandt.

8.3.1.2 Mehrteilige Balken

Zur Überbrückung großer Stützweiten werden lange Träger benötigt. Damit die Biegespannung und die Durchbiegung nicht zu groß werden, sind mehrere Lager zur Abstützung erforderlich, die ein genaues Fluchten der Balken bzw. Wellen verlangen. Durch ungenaue Fertigung oder Montage eines Lagers oder durch Absenkung einer Stütze bei nachgiebigem Boden entstehen zusätzliche Spannungen im Balken. Liegt der Balken nur lose auf der Stütze auf, so geht bei einer Absenkung die Stützwirkung verloren.

Diese Nachteile werden beim sog. Gerberträger (benannt nach Gottfried Heinrich Gerber: geb. 1832 in Hof, gest. 1912 in München, Direktor bei MAN) durch die Einführung eines Zwischengelenks vermieden. Den gleichen Zweck haben elastische Kupplungen bei der Verbindung von zwei separat gelagerten Wellen oder bei der Kupplung von Fahrzeugen mit Anhängern (Busse, Lkw's, Eisenbahnzüge).

■ **Beispiel:** Träger auf 3 Stützen

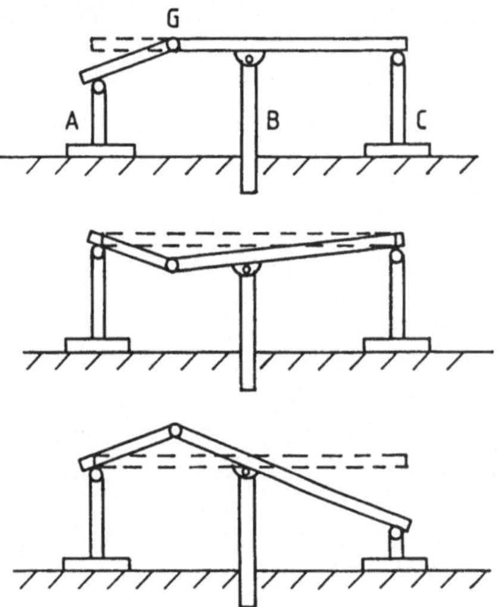

Jeweils eine der Stützen A, B, C ist in Bild 8.3 abgesenkt. Während der Gerberträger durch Abknicken im Zwischengelenk G der abgesenkten Stütze folgen kann, ist der starre Durchgangsträger (gestrichelt gezeichnet) von der nachgiebigen Stütze abgelöst, so daß deren Tragwirkung entfällt.

Bild 8.3

Wird ein ursprünglich statisch unbestimmt gelagerter Balken durch Einbau eines Zwischengelenks oder einer Schiebehülse (bzw. einer Parallelführung) unterbrochen, so entsteht ein zusätzlicher Körper mit 3 weiteren Gleichgewichts-Bedingungen. Die Verbindungs-Konstruktion der beiden Balkenteile bewirkt dagegen nur 2 unbekannte Zwischenreaktionen, so daß die statische Unbestimmtheit um 1 erniedrigt wird.   ■

■ **Beispiele:**

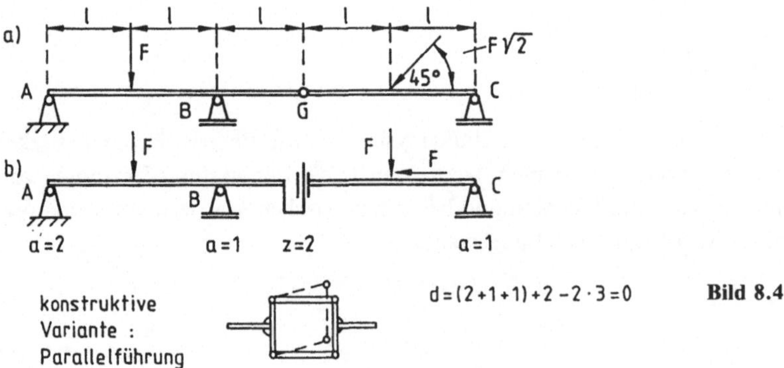

Bestimmung der Auflager- und Zwischenreaktionen

a) Balken mit Zwischengelenk (Bild 8.4a)

Durch das Gelenk wird eine beliebige Kraft (2 unbekannte Komponenten), jedoch kein Moment übertragen, d.h. $\sum z = 2$.

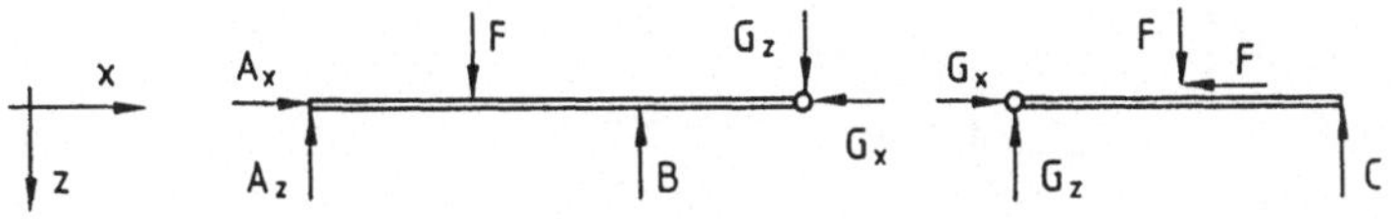

Bild 8.5

Die Befreiungsskizze nach Bild 8.5 enthält 6 Unbekannte: A_x, A_z, B, C, G_x, G_z. Zu deren Bestimmung sind 6 Gleichgewichts-Bedingungen erforderlich.

Rechter Teilkörper GC:

$$\sum M^{(G)} = 0 = C \cdot 2\ell - F \cdot \ell \quad \Rightarrow \quad C = \frac{F}{2}$$

$$\sum F_x = 0 \quad \Rightarrow \quad G_x = F; \quad \sum F_z = 0 \quad \Rightarrow \quad G_z = F - C = \frac{F}{2}$$

Linker Teilkörper AG:

$$\sum M^{(A)} = 0 = -G_z \cdot 3\ell + B \cdot 2\ell - F \cdot \ell \quad \Rightarrow \quad B = \frac{1}{2} \cdot (3G_z - F) = \frac{F}{4}$$

$$\sum F_x = 0 \quad \Rightarrow \quad A_x = G_x = F; \quad \sum F_z = 0 \quad \Rightarrow \quad A_z = F + G_z - B = \frac{5}{4} \cdot F$$

b) Balken mit Schiebehülse (Bild 8.4b)

Die Schiebehülse und die Parallelführung verhindern eine horizontale Verschiebung und eine Verdrehung der beiden angeschlossenen Teilkörper, lassen aber eine vertikale Verschiebung zu. Eine solche kann z.B. durch Ungenauigkeiten bei der Fertigung und der Montage oder betriebsbedingt (Anhänger-Kupplung) auftreten.

Es wird also eine Normalkraft und ein Moment, jedoch keine Querkraft übertragen, d.h. $\sum z = 2$.

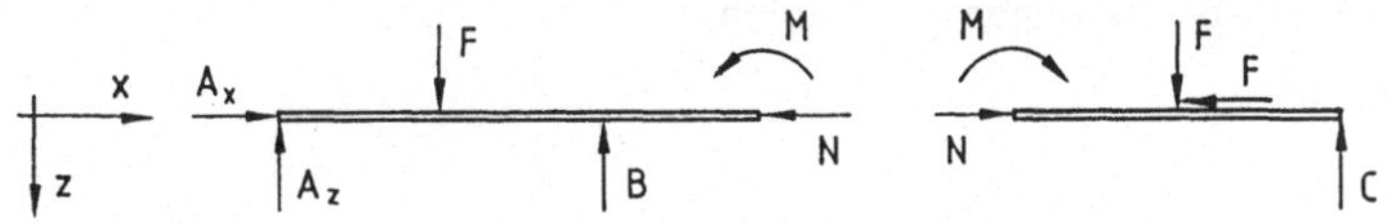

Bild 8.6

Nach der Befreiungsskizze in Bild 8.6 existieren 6 Unbekannte: A_x, A_z, B, C, N, M

Rechter Teilkörper:

$$\sum F_x = 0 \quad \Rightarrow \quad N = F; \quad \sum F_z = 0 \quad \Rightarrow \quad C = F; \quad \sum M^{(C)} = 0 \quad \Rightarrow \quad M = F \cdot \ell$$

Linker Teilkörper:

$$\sum M^{(A)} = 0 = -F \cdot \ell + B \cdot 2\ell - M \quad \Rightarrow \quad B = \frac{1}{2} \cdot \left(F - \frac{M}{\ell} \right) = 0$$

$$\sum F_x = 0 \quad \Rightarrow \quad A_x = N = F; \quad \sum F_z = 0 \quad \Rightarrow \quad A_z = F - B = F$$

c) Verbindung mehrerer Körper durch ein Gelenk

In Bild 8.7 werden 3 Körper in einer Ebene durch ein Gelenk G miteinander verbunden.

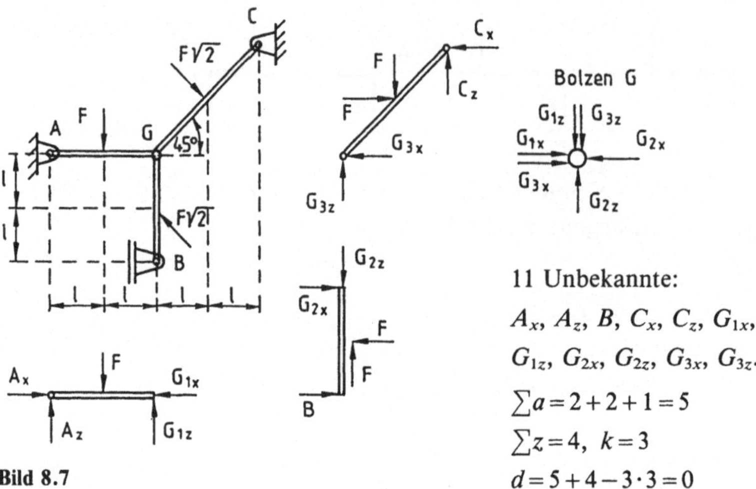

Bild 8.7

$$\sum a = 2+2+1 = 5$$
$$\sum z = 4, \quad k = 3$$
$$d = 5 + 4 - 3 \cdot 3 = 0$$

Im Gelenkpunkt G stoßen 3 Balken zusammen. Jeder Balken liefert 2 unbekannte Gelenkkräfte, insgesamt entstehen also $3 \cdot 2 = 6$ Unbekannte.

Die entsprechenden Gegenkräfte wirken am Bolzen, an dem man 2 Gleichgewichts-Bedingungen ($\sum F_x = 0$, $\sum F_z = 0$) aufstellen kann. Die GG-Bedingungen am Bolzen stellen einen Zusammenhang zwischen den Gelenkkräften her, so daß diese nicht mehr alle voneinander unabhängig sind.

Wählt man z.B. für 4 Gelenkkräfte bestimmte Werte, so liegen die restlichen beiden über die GG-Bedingungen fest. Es verbleiben also noch 4 unabhängige Zwischenreaktionen, d.h. $\sum z = 4$.

Allgemein gilt:

Zahl der unabhängigen Zwischenreaktionen ist gleich der Anzahl der Gelenkreaktionen vermindert um die Zahl der möglichen GG-Bedingungen am Knoten.

Gleichgewichts-Bedingungen

Körper AG

$$\sum M^{(A)} = 0 = -F \cdot \ell + G_{1z} \cdot 2\ell \quad \Rightarrow \quad G_{1z} = \frac{F}{2}$$

$$\sum F_x = 0 \quad \Rightarrow \quad A_x = G_{1x}$$

$$\sum F_z = 0 \quad \Rightarrow \quad A_z = F - G_{1z} = \frac{F}{2}$$

Körper BG

$$\sum M^{(G)} = 0 = B \cdot 2\ell - F \cdot \ell \quad \Rightarrow \quad B = \frac{F}{2}$$

$$\sum F_x = 0 \quad \Rightarrow \quad G_{2x} = F - B = \frac{F}{2}$$

$$\sum F_z = 0 \quad \Rightarrow \quad G_{2z} = F$$

Bolzen G

$$\sum F_x = 0 = G_{1x} - G_{2x} + G_{3x} \quad \Rightarrow \quad G_{3x} = G_{2x} - G_{1x} = F - A_x$$

$$\sum F_z = 0 = -G_{1z} + G_{2z} - G_{3z} \quad \Rightarrow \quad G_{3z} = -G_{1z} + G_{2z} = -\frac{F}{2} + F = \frac{F}{2}$$

Körper CG

$$\sum F_z = 0 \;\Rightarrow\; C_z = F - G_{3z} = \frac{F}{2}$$

$$\sum M^{(G)} = 0 = C_x \cdot 2\ell + C_z \cdot 2\ell - F \cdot \ell - F \cdot \ell \;\Rightarrow\; C_x = F - C_z = \frac{F}{2}$$

$$\sum F_x = 0 \;\Rightarrow\; G_{3x} = F - C_x = \frac{F}{2}$$

Aus der ersten Bolzen-Gleichung erhält man $A_x = F - G_{3x} = \dfrac{F}{2} = G_{1x}$. ■

8.3.1.3 Räumliche Lagerungen

Ein Quader ist nach Bild 8.8 auf 3 Gelenklagern abgestützt, wobei Lager A dreiwertig, Lager B zweiwertig und Lager C einwertig ist und durch die entsprechende Anzahl von Stäben ersetzt werden kann.

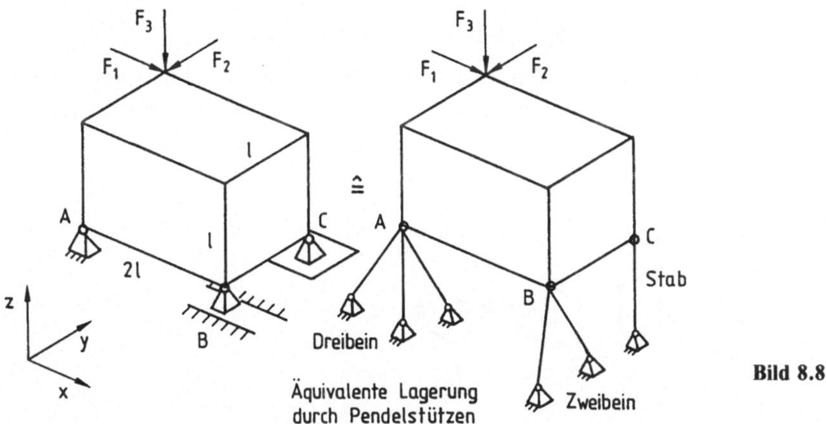

Bei der Untersuchung auf statische Bestimmtheit ist zu beachten:
Die Stäbe sind Pendelstützen und damit Lager und keine Körper des Systems.

Befreiungsskizze

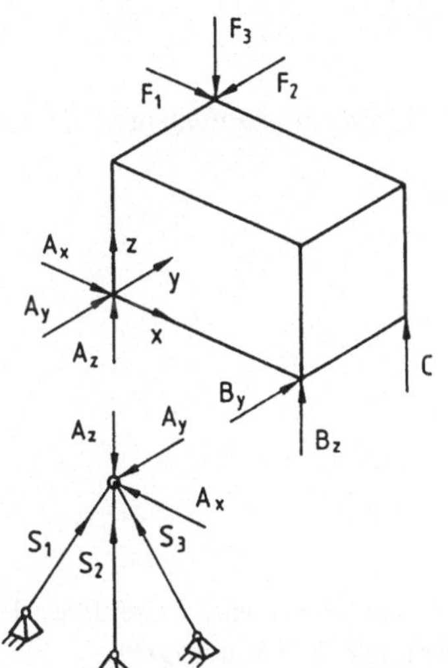

$d = (3 + 2 + 1) - 1 \cdot 6 = 0$

Anstelle des dreiwertigen Lagers A kann man ein Dreibein nach Bild 8.9 zur Abstützung verwenden. Durch Umkehrung der entsprechenden Quaderkräfte erhält man die Belastung des Dreibeins durch eine schräge Kraft (mit 3 Komponenten) und kann damit die Stabkräfte S_1, S_2, S_3 ermitteln (siehe Kapitel 7.4 Beispiel b).

Auflagerkräfte am Quader:
6 Unbekannte: A_x, A_y, A_z, B_y, B_z, C.

Bild 8.9

Gleichgewichts-Bedingungen

I) $\quad \sum F_x = 0 = A_x + F_1 \quad \Rightarrow \quad A_x = -F_1$

II) $\quad \sum F_y = 0 = A_y + B_y - F_2$

III) $\quad \sum F_z = 0 = A_z + B_z + C - F_3$

IV) $\quad \sum M_x = 0 = C \cdot \ell + F_2 \cdot \ell - F_3 \cdot \ell \qquad \Rightarrow \quad C = F_3 - F_2$

V) $\quad \sum M_y = 0 = -B_z \cdot 2\ell - C \cdot 2\ell + F_1 \cdot \ell \quad \Rightarrow \quad B_z = \frac{1}{2} \cdot F_1 - C = \frac{1}{2} \cdot F_1 + F_2 - F_3$

VI) $\quad \sum M_z = 0 = B_y + 2\ell - F_1 \cdot \ell \qquad \Rightarrow \quad B_y = \frac{1}{2} \cdot F_1$

VI in II: $\qquad A_y = F_2 - B_y = F_2 - \frac{1}{2} \cdot F_1$

IV, V in III: $\quad A_z = F_3 - B_z - C = F_3 - \frac{1}{2} F_1 - F_2 + F_3 - F_3 + F_2 = F_3 - \frac{1}{2} F_1$

■ **Beispiel:** Eingespannter Balken mit Streckenlast und Einzelkräften

Ein abgewinkelter, schwerer Balken (Berücksichtigung des Eigengewichts durch eine Streckenlast q) ist nach Bild 8.10 am freien Ende mit 3 Einzelkräften belastet. Man bestimme die Einspannreaktionen.

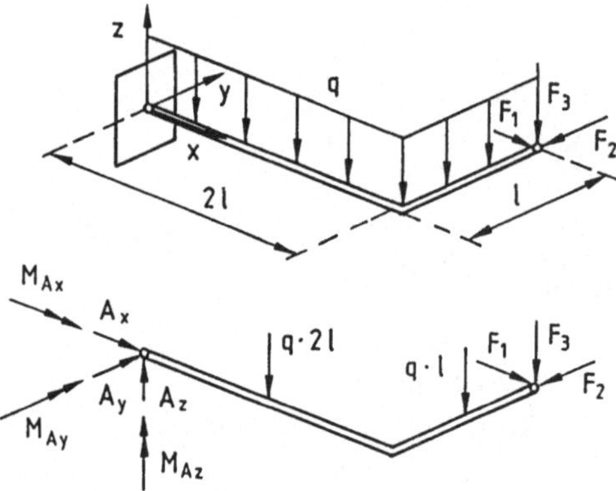

Bild 8.10

6 Unbekannte: A_x, A_y, A_z, M_{Ax}, M_{Ay}, M_{Az}

Die Streckenlast wird abschnittsweise in ihrem Schwerpunkt durch eine äquivalente Einzelkraft ersetzt.

Damit lauten die GG-Bedingungen

$$\sum F_x = 0 \quad \Rightarrow \quad A_x = -F_1$$

$$\sum F_y = 0 \quad \Rightarrow \quad A_y = F_2$$

$$\sum F_z = 0 \quad \Rightarrow \quad A_z = F_3 + 3q\ell$$

$$\sum M_x = 0 \quad \Rightarrow \quad M_{Ax} = F_3 \cdot \ell + q\ell \cdot \frac{\ell}{2} = \ell \cdot \left(F_3 + \frac{1}{2} q\ell\right)$$

$$\sum M_y = 0 \quad \Rightarrow \quad M_{Ay} = -F_3 \cdot 2\ell - q \cdot 2\ell \cdot \ell - q\ell \cdot 2\ell = -\ell(F_3 + 4q\ell)$$

$$\sum M_z = 0 \quad \Rightarrow \quad M_{Az} = F_1 \cdot \ell + F_2 \cdot 2\ell = \ell \cdot (F_1 + 2F_2)$$

Verschiebt man die Einspannung entlang des Balkens und bestimmt für jede Lage deren Reaktionen, so hat man den Verlauf der Schnittgrößen im Balken ermittelt. Die Schnittgrößen entsprechen nämlich den 6 räumlichen bzw. 3 ebenen Einspannreaktionen (siehe Kapitel 11).

Ein Schnitt durch einen Balken bringt daher keine Vereinfachung bei der Bestimmung von Auflager-, Stab- und Gelenkkräften. Durch den Schnitt wird zwar ein neuer Körper abgetrennt und liefert in der Ebene 3 bzw. im Raum 6 neue Gleichungen. Aber gleichzeitig entstehen durch die Schnittgrößen ebensoviele Unbekannte.
Gelenke bieten keinen Widerstand gegen Verdrehung und sind daher frei von Momenten. Schnitte durch Gelenke sind also zweckmäßig, da sie weniger Unbekannte bringen. ∎

∎ **Beispiel:** Abgewinkelter Balken mit Zwischengelenk G (Bild 8.11)

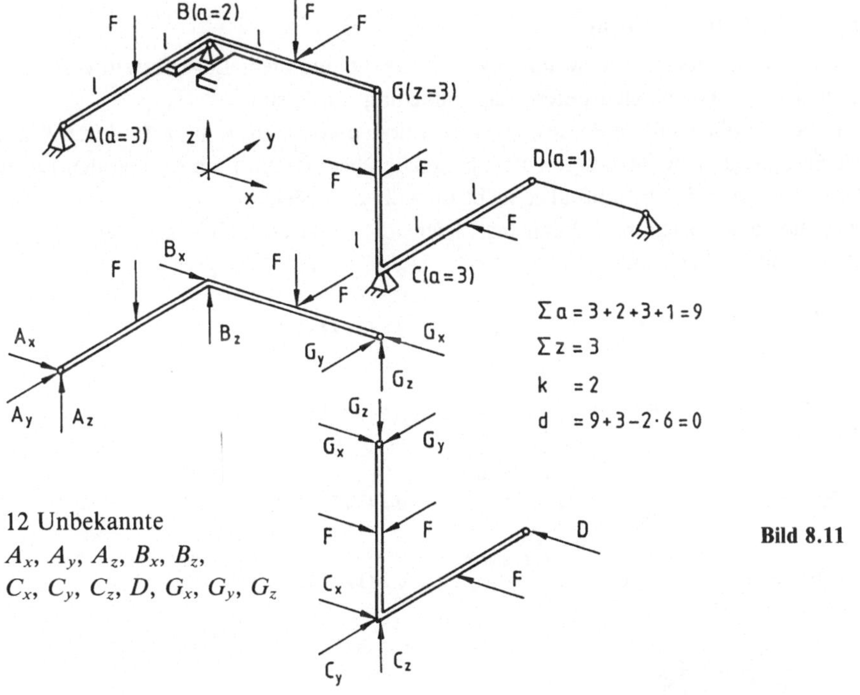

Körper AG

I) $\sum F_x = 0 = A_x + B_x - G_x$

II) $\sum F_y = 0 = A_y + G_y - F$

III) $\sum F_z = 0 = A_z + B_z + G_z - 2F$

IV) $\sum M_x^{(B)} = 0 = -A_z \cdot 2\ell + F \cdot \ell \;\Rightarrow\; A_z = \frac{1}{2}F$

V) $\sum M_y^{(B)} = 0 = -G_z \cdot 2\ell + F \cdot \ell \;\Rightarrow\; G_z = \frac{1}{2}F$

VI) $\sum M_z^{(B)} = 0 = A_x \cdot 2\ell + G_y \cdot 2\ell - F \cdot \ell$

Körper DG

I′) $G_x + C_x - D - F = 0$

II′) $C_y - G_y - F = 0$

III′) $C_z = G_z = \frac{1}{2}F$

IV′) $\sum M_x^{(C)} = 0 = G_y \cdot 2\ell + F \cdot \ell \;\Rightarrow\; G_y = -\frac{F}{2}$

V′) $\sum M_y^{(C)} = 0 = G_x \cdot 2\ell + F \cdot \ell \;\Rightarrow\; G_x = -\frac{F}{2}$

VI′) $\sum M_z^{(C)} = 0 = D \cdot 2\ell + F \cdot \ell \;\Rightarrow\; D = -\frac{F}{2}$

V′, IV′ in I′: $C_x = D - G_x + F = F$

IV′ in II′: $C_y = G_y + F = \dfrac{F}{2}$

IV′ in VI: $A_x = \dfrac{1}{2}F - G_y = F$

IV′ in II: $A_y = F - G_y = \dfrac{3}{2}F$

IV, V in III: $B_z = -A_z - G_z + 2F = F$

aus I: $B_x = G_x - A_x = -\dfrac{3}{2}F$ ■

8.3.2 Statisch unbestimmte Systeme

Ein System ist statisch unbestimmt, wenn zu seiner Abstützung mehr Lagerfesseln verwendet wurden, als zu einer unverschieblichen Befestigung unbedingt nötig sind.

Dann kann es bereits ohne äußere Belastung zu Reaktionen kommen, wenn z.B. durch Wärmedehnungen oder Fertigungs- bzw. Montage-Ungenauigkeiten bedingt ein Klemmen an den Lagerstellen auftritt. Dieses Klemmen kann, muß aber nicht unbedingt entstehen.

Anhang eines möglichen Klemmens kann man leicht die statische Unbestimmtheit erkennen, wie die Beispiele in Bild 8.12 zeigen.

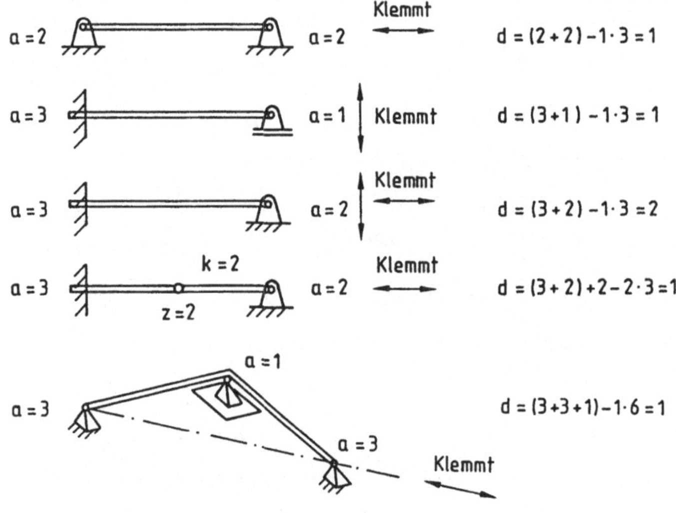

Bild 8.12

Statisch unbestimmte Konstruktionen sind deswegen keineswegs unbrauchbar. Infolge ihrer größeren Steifigkeit sind diese Systeme meist stabiler und haben den Vorteil, daß beim Bruch eines Elements unter Umständen eine eingeschränkte Tragfähigkeit erhalten bleibt, was erhöhte Sicherheit bedeutet.

Zur Bestimmung der äußeren und inneren Kräfte und Momente statisch unbestimmter Systeme muß man die elastischen Eigenschaften der Körper berücksichtigen und Verformungs-Bedingungen aufstellen, da das statische Gleichgewicht nicht genügend Gleichungen zur Lösung der Unbekannten liefert.

Bei überzähligen Auflager-Unbekannten ist das System äußerlich statisch unbestimmt. Bei überzähligen inneren Größen (Stäbe im Fachwerk, Schnittgrößen bei Balken und Rahmen) und äußerlich bestimmter Lagerung ist das System innerlich statisch unbestimmt.

■ Beispiel: Rahmen

Im Bild 8.13 ist ein äußerlich statisch unbestimmter Rahmen angegeben, bei dem durch Einführung von Gelenken die statische Unbestimmtheit reduziert werden kann bis hin zum statisch bestimmten Dreigelenkbogen.

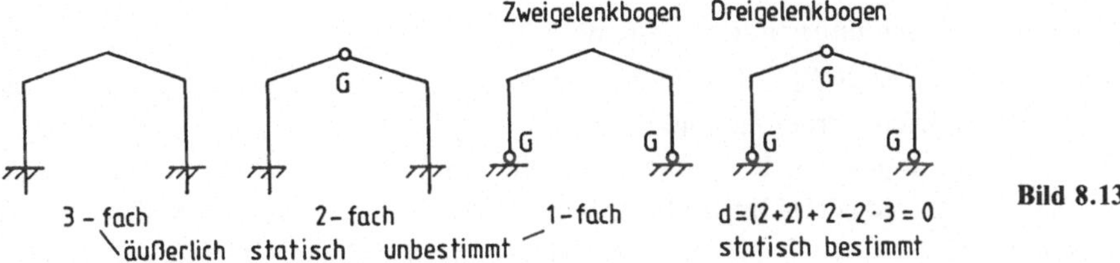

Bild 8.13

■ Beispiel: Durchlaufende, mehrfach gestützte Balken

Träger mit großen Stützweiten werden bei ihrer Belastung stark auf Biegung beansprucht, da die äußeren Kräfte lange Hebel besitzen. Die Folge sind zu hohe Spannungen und Verformungen. Durch Hinzufügen weiterer Lager kann die Stützweite verringert und die Tragfähigkeit verbessert werden. Dann allerdings sind die Träger statisch unbestimmt, was man am Klemmen der überzähligen Lager erkennt. Wenn die Lager nicht genau fluchten oder unterschiedliche Wärmedehnungen auftreten, kommt es zu zusätzlichen Spannungen. Diese können vermieden werden, wenn man Zwischengelenke einbaut, die die unterschiedlichen Höhenlagen einzelner Balkenabschnitte ausgleichen. Durch das Einsetzen von Zwischengelenken wird das System wieder statisch bestimmt.

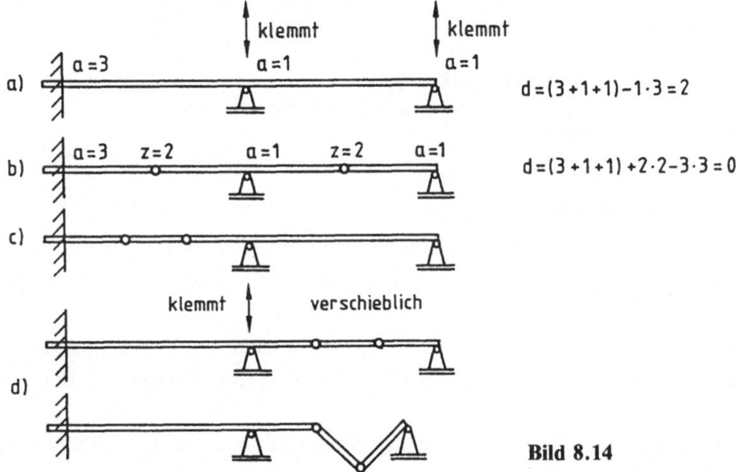

Bild 8.14

Ein eingespannter Balken nach Bild 8.14 mit zwei zusätzlichen Loslagern ist zweifach statisch unbestimmt, was man an der Abzähl-Bedingung ($d = 2$) und am zweifachen Klemmen erkennt. Sind die Lagerblöcke z. B. etwas zu groß gefertigt, so muß der Balken bei der Montage nach oben gebogen werden.

Einen Ausgleich des Klemmens kann man durch Einsetzen von Zwischengelenken (Scharniere, die den Balken unterbrechen) schaffen, wobei die Abzähl-Bedingung $d = 0$ ergibt.

Ein Gelenk kann eine beliebige Kraft, jedoch kein Moment übertragen. Jedes geschnittene Gelenk bringt daher zwei unbekannte Kraftkomponenten G_x und G_y. Die Einführung eines Gelenks bedeutet aber auch eine Unterbrechung des Balkens, so daß ein zusätzlicher Körper entsteht, der wiederum 3 Gleichgewichts-Bedingungen liefert. Jedes eingefügte Gelenk hebt also eine Unbekannte auf und vermindert die statische Unbestimmtheit um eins.

Die Gelenke sind jedoch so anzuordnen, daß an den einzelnen Balkenteilen kein Klemmen und keine Verschieblichkeit auftritt. Zwischen den beiden Loslagern dürfen z. B. nicht beide Gelenke eingebaut werden, da sich sonst neben dem Klemmen im linken Balkenteil gleichzeitig im rechten Balkenteil die im Bild 8.14 d angedeutete Verschiebung einstellt.   ■

■ **Beispiel:** Innerlich statisch unbestimmte Systeme

Ein System ist innerlich statisch unbestimmt, wenn bei einem beliebigen Schnitt nicht sämtliche Schnittreaktionen ermittelt werden können.

In dem in Bild 8.15 a angegebenen Rahmen wird die innerliche statische Unbestimmtheit durch Einfügen von Gelenken reduziert. Im Bild 8.15 b liefert der Balken 3 und die beiden freien Knoten der Unterspannung je 2 GG-Bedingungen. Die 7 Gleichungen enthalten 3 Lagerkräfte und 5 Stabkräfte als Unbekannte. Mithin ist das System einfach statisch unbestimmt.

Schneidet man z. B. den Balken in der Mitte, so muß zur Erzeugung einer in sich geschlossenen Systemgrenze auch der Stab 3 geschnitten werden. Drei Schnittgrößen am Balken und eine Stabkraft ergeben 4 Unbekannte, die an einem ebenen System statisch nicht bestimmbar sind.

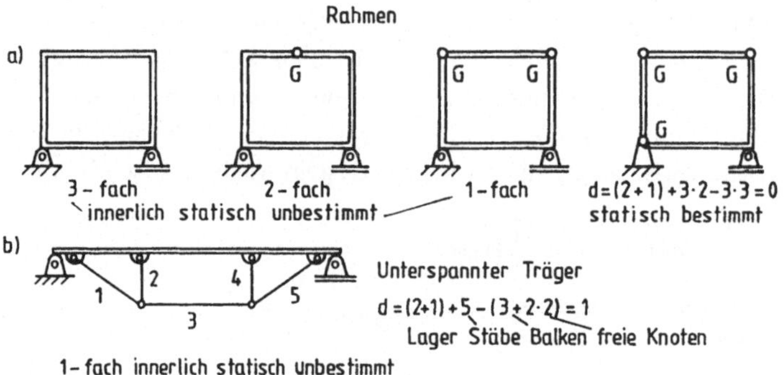

Bild 8.15   ■

8.3.3 Kinematisch unbestimmte Systeme

Ist ein System nicht eindeutig fixiert, fehlen also noch Fesseln, um es unbeweglich und damit tragfähig zu machen, so spricht man von kinematischer Unbestimmtheit. Verschiebliche bzw. drehbare Konstruktionen sind Getriebe und keine Tragwerke.

Die voneinander unabhängigen Verschiebungen und Drehungen nennt man Freiheitsgrade. Ein Körper besitzt so viele Freiheitsgrade, wie voneinander unabhängige Koordinaten zur Beschreibung seiner Bewegung erforderlich sind.

Wie man an den Beispielen in Bild 8.16 sieht, wird die Abweichung d bei der Abzählbedingung negativ.

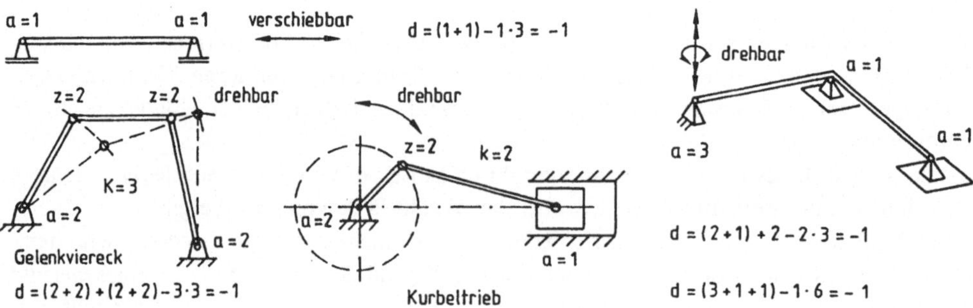

Bild 8.16

8.3.4 Gleichzeitige statische und kinematische Unbestimmtheit

Systeme können teils statisch, teils kinematisch unbestimmt sein, so daß die Unbestimmtheiten sich gemäß der Abzähl-Bedingung scheinbar aufheben, wie die Beispiele im Bild 8.17 zeigen.

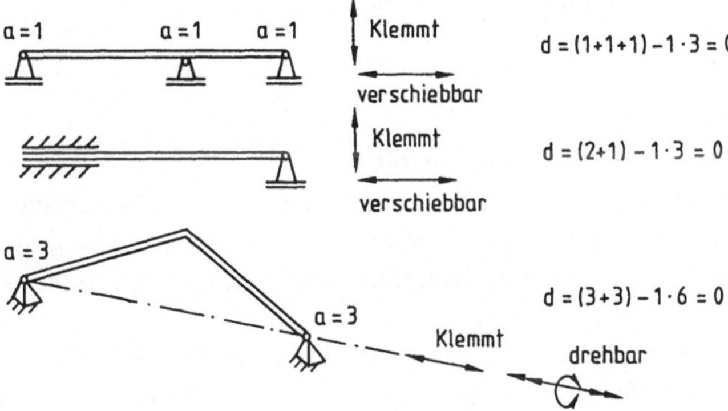

Bild 8.17

8.3.5 Begrenzte Beweglichkeit statisch bestimmter Systeme

Für eine einwandfreie, technisch brauchbare Lagerung reicht es nicht aus, wenn die Anzahl der Stützreaktionen in der Ebene 3 und im Raum 6 beträgt, bzw. wenn $d = 0$ ist.

Ungünstige Konstruktionen sind z.B. bereichsweise zu oft abgestützt und haben ein Klemmen zur Folge. An anderen Stellen wiederum sind die Stützen so angeordnet, daß sie in bestimmten Richtungen nicht den nötigen Widerstand aufbringen können. Durch Verschiebungen und Verformungen kann sich dann manchmal eine mögliche Gleichgewichtslage einstellen, oder aber infolge der großen auftretenden Kräfte ein Bruch einzelner Konstruktionsteile entstehen.

■ **Beispiele:**

a) Zwei Stäbe in gleicher Richtung

Zwei horizontale Stäbe sind nach Bild 8.18 gelenkig miteinander verbunden und mit einer vertikalen Kraft $\vec{F}$ belastet.

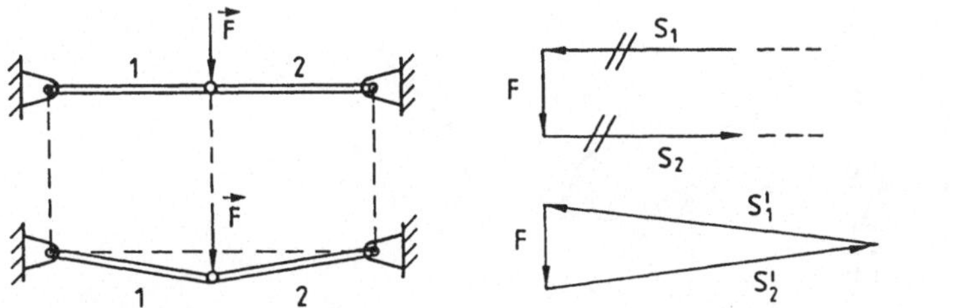

Bild 8.18

Zwei horizontale Kräfte können eine vertikale Kraft nicht im Gleichgewicht halten. Im Krafteck laufen die Stabkräfte $\vec{S}_1$ und $\vec{S}_2$ parallel, d.h. sie schneiden sich im Unendlichen. Die Stabkräfte würden bei starren Stäben theoretisch unendlich groß. In Wirklichkeit verformen sich die Stäbe bei der Belastung infolge ihrer Elastizität so lange, bis sie im gelängten Zustand eine Schräglage erreichen, bei der sich Gleichgewicht mit der eingeprägten Kraft $\vec{F}$ einstellen kann. Die Bestimmung der Stabkräfte gelingt also nur, wenn man die Verformung der Stäbe bei der Lastaufnahme berücksichtigt (Problem der Festigkeitslehre), weshalb man auch von einem Ausnahme-Fachwerk spricht. Da die Kräfte auf alle Fälle groß werden und zum Bruch des Systems führen können, sind solche Konstruktionen nach Möglichkeit zu vermeiden.

b) Balken auf 3 parallelen Stützen (Bild 8.19)

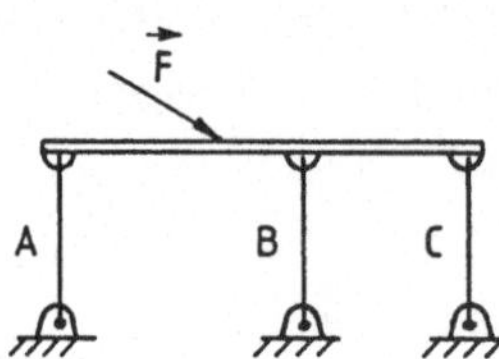

Der horizontalen Komponente der Belastungskraft $\vec{F}$ kann kein Widerstand entgegengebracht werden, da die Auflagerkräfte alle senkrecht wirken.

Bild 8.19

8.3.6 Analytische Bedingungen für die statische Bestimmtheit

Wie die Beispiele gezeigt haben, hat man mit $d = 0$ eine notwendige aber nicht hinreichende Bedingung für die statische Bestimmtheit. Das Gleichgewicht liefert ein lineares, inhomogenes Gleichungssystem und mit $d = 0$ stehen den unbekannten Reaktionen eine gleich große Anzahl von Gleichungen gegenüber.

Das Gleichungssystem ist lösbar, wenn die Gleichungen weder linear voneinander abhängen noch in sich widersprüchlich sind. Eine hinreichende Bedingung für die statische Bestimmtheit eines mechanischen Systems ist daher gegeben, wenn die Koeffizienten-Determinante des Gleichungssystems von Null verschieden ist. Lineare Abhängigkeit besteht, wenn die Nennerdeterminante und alle Zählerdeterminanten gleich Null sind.

Widerspruch liegt vor, wenn die Nennerdeterminante gleich Null ist und nicht alle Zählerdeterminanten verschwinden.

■ **Beispiele:**

a) Alle Auflagerkräfte schneiden sich in einem Punkt

Bei dem Balken in Bild 8.20 bilden die Auflagerkräfte ein zentrales Kräftesystem, wohingegen die resultierende Belastungskraft $\vec{F}$ nicht durch den Schnittpunkt P der Auflagerkräfte geht.

In bezug auf den Drehpunkt P ist kein Momenten-Gleichgewicht möglich, da die Auflagerkräfte im Gegensatz zur eingeprägten Kraft keinen Hebelarm haben. Die Auflagerkräfte müßten unendlich groß sein, um bei unendlich kleinem Hebel die Drehwirkung von $\vec{F}$ ausgleichen zu können.

$$\sum M^{(P)} = F \cdot \ell \neq 0 \quad \Rightarrow \quad \text{kein GG}$$

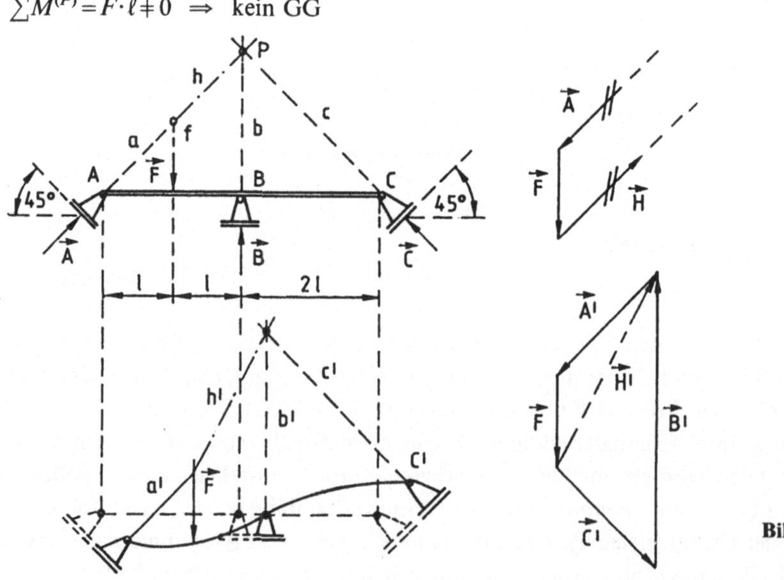

Bild 8.20

Normalerweise liefert hier das Culmann-Verfahren die Auflagerkräfte $\vec{A}, \vec{B}, \vec{C}$. Die Schnittpunkte der Wirkungslinien f mit a sowie b mit c bestimmen die Culmannsche Hilfsgerade h, die hier mit der Richtung von a zusammenfällt.

Im Krafteck ist a und h parallel, d.h. die Auflagerkraft $\vec{A}$ sowie die Hilfskraft $\vec{H}$ und damit die Kräfte $\vec{B}$ und $\vec{C}$ sind unendlich groß.

Bevor die Kräfte ins Unermeßliche steigen, wird sich infolge einer Verformung des Balkens und kleinen Verschiebungen der Lager eine etwas veränderte Gleichgewichtslage einstellen oder die Konstruktion zu Bruch gehen.

Da die entsprechenden Richtungen a' und h' auch im verformten Zustand wenig voneinander abweichen, d.h. noch fast parallel laufen, sind die Auflagerkräfte immer noch sehr groß.

Solche Konstruktionen sind im kleinen verschieblich, d.h. wackelig und führen zu großen Kräften, weshalb sie zu vermeiden sind.

Für eine analytische Untersuchung des Systems stellt man die GG-Bedingungen auf.

$$\text{I)} \quad \sum F_x = 0 = \frac{1}{\sqrt{2}} A - \frac{1}{\sqrt{2}} C \ \Big| \ \cdot\sqrt{2} \qquad \Rightarrow \quad A - C = 0$$

$$\text{II)} \quad \sum F_y = 0 = \frac{1}{\sqrt{2}} A + B + \frac{1}{\sqrt{2}} C - F \ \Big| \ \cdot\sqrt{2} \quad \Rightarrow \quad A + \sqrt{2}B + C = \sqrt{2}F$$

$$\text{III)} \quad \sum M^{(A)} = 0 = B \cdot 2\ell + \frac{\ell}{2}\sqrt{2}\,C \cdot 4\ell - F \cdot \ell \ \Big| \ :\ell \quad \Rightarrow \quad 2 \cdot B + 2\sqrt{2}\,C = F$$

Faßt man die Auflagerkräfte zu einem Unbekannten-Vektor $\vec{X}$ und die eingeprägten Kräfte zu einem Vektor $\vec{F}_e$ zusammen, so lautet das Gleichungssystem in Matrizenform

$$\underbrace{\begin{bmatrix} 1 & 0 & -1 \\ 1 & \sqrt{2} & 1 \\ 0 & 2 & 2\sqrt{2} \end{bmatrix}}_{\underline{K}} \cdot \underbrace{\begin{bmatrix} A \\ B \\ C \end{bmatrix}}_{\vec{X}} = \underbrace{F\begin{bmatrix} 0 \\ \sqrt{2} \\ 1 \end{bmatrix}}_{\vec{F}_e}$$

Nach der Cramerschen Regel ergibt sich jeweils eine Unbekannte aus dem Verhältnis zweier Determinanten, wobei im Nenner immer die System-Determinante $\det \underline{K}$ steht.

Die Zählerdeterminante $\det\underline{K}_A$ ($\det\underline{K}_B$, $\det\underline{K}_C$) für die Unbekannte A (B, C) erhält man durch Austausch der 1. (2., 3.) Spalte der Koeffizienten-Matrix mit der rechten Seite.

$$\det\underline{K} = \begin{vmatrix} 1 & 0 & -1 \\ 1 & \sqrt{2} & 1 \\ 0 & 2 & 2\sqrt{2} \end{vmatrix} = 0; \qquad \det\underline{K}_A = \begin{vmatrix} 0 & 0 & -1 \\ \sqrt{2} & \sqrt{2} & 1 \\ 1 & 2 & 2\sqrt{2} \end{vmatrix} \cdot F = -\sqrt{2}F$$

$$\det\underline{K}_B = \begin{vmatrix} 1 & 0 & -1 \\ 1 & \sqrt{2} & 1 \\ 0 & 1 & 2\sqrt{2} \end{vmatrix} \cdot F = 2F; \qquad \det\underline{K}_C = \begin{vmatrix} 1 & 0 & 0 \\ 1 & \sqrt{2} & \sqrt{2} \\ 0 & 2 & 1 \end{vmatrix} \cdot F = -\sqrt{2}F$$

$$A = \frac{\det\underline{K}_A}{\det\underline{K}} = \frac{-\sqrt{2}F}{0} \to \infty; \quad B = \frac{\det\underline{K}_B}{\det\underline{K}} = \frac{2F}{0} \to \infty; \quad C = \frac{\det\underline{K}_C}{\det\underline{K}} = \frac{-\sqrt{2}F}{0} \to \infty$$

Die Nennerdeterminante ist Null, die Zählerdeterminanten sind dagegen von Null verschieden. Es liegt also Widerspruch im Gleichungssystem vor.

Man erkennt diesen Widerspruch auch ohne Untersuchung der Determinanten. Aus Gl. I und II ergibt sich

$$\text{II} - \text{I:} \quad \sqrt{2}B + 2C = \sqrt{2}F \ \Big| \ \cdot\sqrt{2} \quad \Rightarrow \quad 2B + 2\sqrt{2}\,C = 2F$$

Diese Gleichung steht im Widerspruch zu Gl. III: $2B + 2\sqrt{2}\,C = F$

b) Alle äußeren Kräfte schneiden sich in einem Punkt

Im Bild 8.21 schneiden sich die Auflagerkräfte und die resultierende Belastungskraft F in einem Punkt P. Alle äußeren Kräfte bilden zusammen ein zentrales Kräftesystem, das im Gleichgewicht ist.

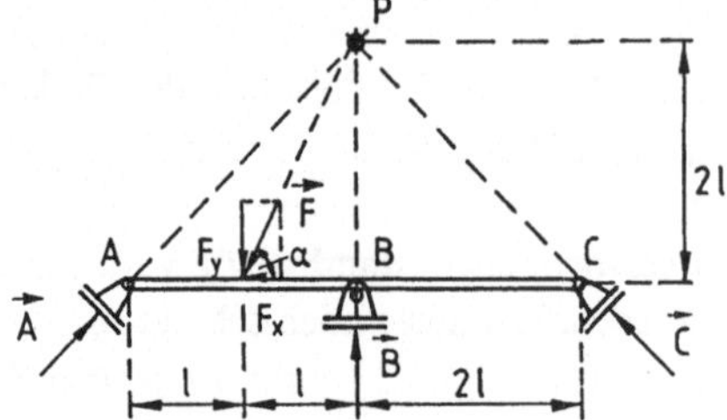

Strahlensatz:

$$\frac{F_y}{F_x} = \frac{2\ell}{\ell} = 2 \;\Rightarrow\; F_y = 2F_x$$

Bild 8.21

$$\text{I)}\quad \sum F_x = 0 = \frac{1}{\sqrt{2}}A - \frac{1}{\sqrt{2}}C - F_x \;\Big|\; \cdot\sqrt{2} \qquad\qquad \Rightarrow\; A - C = \sqrt{2}F_x$$

$$\text{II)}\quad \sum F_y = 0 = \frac{1}{\sqrt{2}}A + B + \frac{1}{\sqrt{2}}C - \underbrace{F_y}_{2F_x} \;\Big|\; \cdot\sqrt{2} \qquad \Rightarrow\; A + \sqrt{2}B + C = 2\sqrt{2}F_x$$

$$\text{III)}\quad \sum M^{(A)} = 0 = B\cdot 2\ell + \frac{1}{\sqrt{2}}C\cdot 4\ell - \underbrace{F_y}_{2F_x}\cdot\ell \;\Big|\; :2\ell \;\Rightarrow\; B + \sqrt{2}C = F_x$$

Oder in Matrizen-Schreibweise

$$\underbrace{\begin{bmatrix} 1 & 0 & -1 \\ 1 & \sqrt{2} & 1 \\ 0 & 1 & \sqrt{2} \end{bmatrix}}_{\underline{K}} \cdot \underbrace{\begin{bmatrix} A \\ B \\ C \end{bmatrix}}_{\vec{X}} = F_x \underbrace{\begin{bmatrix} \sqrt{2} \\ 2\sqrt{2} \\ 1 \end{bmatrix}}_{\vec{F}_e}$$

Bestimmt man die Determinanten wie unter a), so findet man $\det\underline{K} = \det\underline{K}_A = \det\underline{K}_B = \det\underline{K}_C = 0$

$$A = \frac{\det\underline{K}_A}{\det\underline{K}} = \frac{0}{0} = \text{unbestimmter Ausdruck, ebenso für } B \text{ und } C.$$

Da sämtliche Determinanten Null werden, sind die Gleichungen linear voneinander abhängig.
Das wird offensichtlich, wenn man die erste Gleichung von der zweiten abzieht, dann ergibt sich nämlich die dritte Gleichung.

$$\text{II} - \text{I:}\quad \sqrt{2}B + 2C = \sqrt{2}F_x \;\Big|\; :\sqrt{2} \;\Rightarrow\; B + \sqrt{2}C = F_x$$

Da alle Drehpunkte gleichberechtigt sind, könnte man auch P anstelle von A als Momenten-Bezugspunkt wählen, was aber zu keiner Gleichung führt, da keine Kraft einen Hebelarm besitzt.

Man hat also in Wirklichkeit – wie es einem zentralen, ebenen Kräftesystem entspricht – nur zwei voneinander unabhängige Gleichungen. Es gibt daher beliebig viele Lösungs-Möglichkeiten für die 3 Auflagerkräfte, die von den Steifigkeits-Verhältnissen abhängen und in der Festigkeitslehre berechnet werden. ∎

9 Haftung und Reibung

Bei der Berührung zweier Körper werden von dem einen auf den anderen im Kontaktbereich Kräfte übertragen. Sind die Berührungsflächen glatt bzw. geschmiert, stehen diese Kräfte senkrecht zur gemeinsamen Tangentialebene.

Bei rauhen, nicht geschmierten Oberflächen kommen zu den Normalkräften noch tangentiale, in der Berührungsebene liegende Kräfte hinzu, so daß die resultierende Auflagerkraft schräg zur Tangentialebene gerichtet ist. Diese Tangentialkräfte kann man z. B. erkennen, wenn man einen Körper auf einer horizontalen Unterlage verschieben will. Die Verschiebung setzt erst dann ein, wenn man eine Kraft von bestimmter Größe aufbringt, die die Bodenhaftung des Körpers überwinden kann. Nimmt man die Verschiebekraft wieder weg, so bleibt der Körper nicht in gleichförmiger, geradliniger Bewegung, wie es bei Kräftefreiheit nach dem Trägheitsgesetz sein müßte, sondern kommt nach einer gewissen Strecke zur Ruhe. Es muß also in allen diesen Fällen noch eine Kraft in der Berührungsfläche zwischen Körper und Unterlage wirken, die man als Reibungskraft oder Reibungswiderstand bezeichnet.

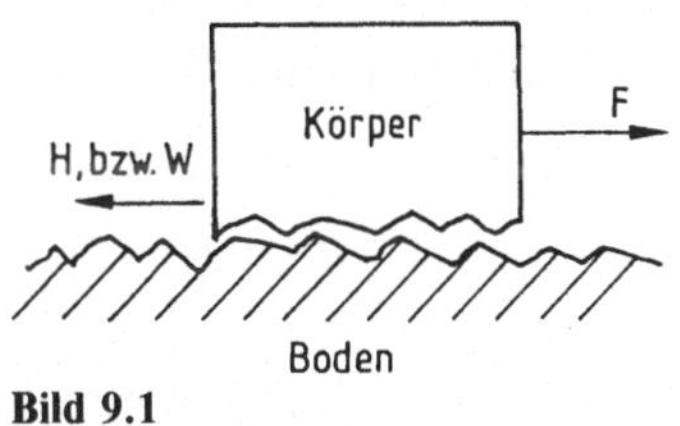

Bild 9.1

Aus der Ruhelage

$F \le H_{max} \;\Rightarrow\;$ Stillstand

$F > H_{max} \;\Rightarrow\;$ Bewegungs-Einleitung

In der Bewegungslage

$F > W \;\Rightarrow\;$ beschleunigte Bewegung

$F = W \;\Rightarrow\;$ gleichförmige Bewegung

$F < W \;\Rightarrow\;$ verzögerte Bewegung

Reibungskräfte treten auf, wenn Körper unter Druck miteinander in Berührung stehen. Sie hängen in der Hauptsache von den Normalkräften, sowie von den Materialien und den Rauhigkeiten der Berührungsflächen ab, die miteinander verzahnt bzw. verhakt sind (Bild 9.1). Ehe die Bewegung einsetzt, muß der Körper die Unebenheiten der Oberflächen wegdrücken, oder er muß über sie hinweg gehoben werden.

Man unterscheidet Haftungskräfte, die als Stützkräfte zwischen zwei ruhenden Körpern wirken, und Gleitreibungskräfte, die als bewegungshemmende Kräfte zwischen zwei gegeneinander bewegten Berührungsflächen auftreten. Eigentliches Reiben bzw. Reibung tritt dem Sprachgebrauch nach nur bei Bewegung auf, weshalb wir bei der Haftreibung von Haftkräften und bei der Gleitreibung von Reibungskräften sprechen wollen.

9.1 Körper auf horizontaler Unterlage

9.1.1 ohne Verschiebekraft

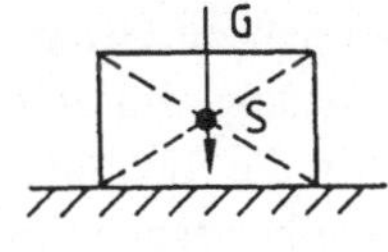

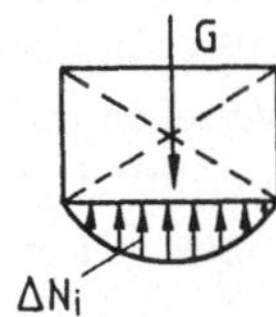

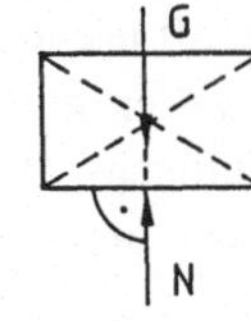

Bild 9.2

Berühren sich zwei Körper in einer Fläche, so kann man über die Verteilung der Kräfte im Kontaktbereich meist keine genauen Aussagen machen. Die Resultierende dieser Flächenpressung läßt sich jedoch mit den Gleichgewichts-Bedingungen bestimmen (Bild 9.2).

$\vec{G}$ = Gewichtskraft; $\vec{N} = \sum \Delta \vec{N_i}$ = Normalkraft (resultierende Anpreßkraft) von der Unterlage auf den Körper, steht senkrecht auf der Berührungsfläche.

Gleichgewicht: $\sum F_y = 0 = N - G \;\Rightarrow\; N = G$

9.1.2 mit Verschiebekraft $\vec{F}$

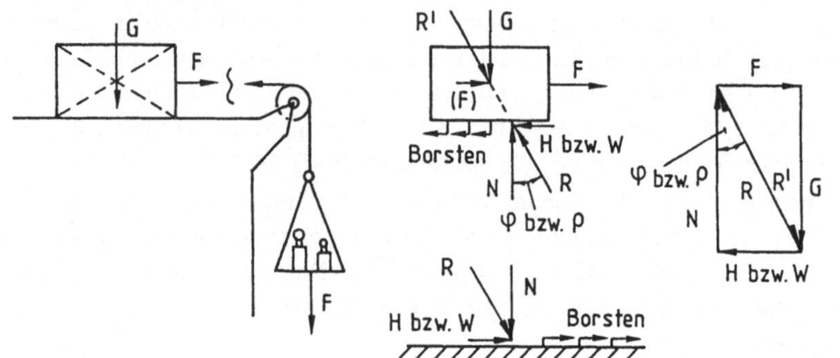

Bild 9.3

$\vec{R}\,' = \vec{F} + \vec{G}$ = Resultierende aller auf der Oberseite des Körpers wirkende Kräfte

$\vec{R} = \vec{N} + \vec{H}$ = Resultierende aller auf der Unterseite des Körpers wirkende Kräfte

bzw. $\vec{N} + \vec{W}$

Gleichgewicht: $\vec{R}\,' + \vec{R} = 0 \;\Rightarrow\; \vec{R} = -\vec{R}\,'$

Läßt man auf den Körper zusätzlich eine (horizontale) Verschiebekraft $\vec{F}$ einwirken (Bild 9.3), so wird das Gleichgewicht zwischen $\vec{N}$ und $\vec{G}$ gestört und der Körper müßte sich eigentlich in Richtung von $\vec{F}$ bewegen. Solange die Verschiebekraft einen bestimmten Grenzwert H_0 bzw. H_{max} nicht überschreitet, bleibt der Körper jedoch erfahrungsgemäß in Ruhe. Damit dabei das Kräftegleichgewicht gewahrt bleibt, muß offenbar von der Unterlage neben der Normalkraft jetzt noch eine weitere in der Berührungsfläche liegende tangentiale Haftkraft wirksam sein, die die Verschiebekraft aufhebt.

Diese Haftkraft ist ihrem Ursprung nach keine Einzelkraft, sondern ähnlich wie die Gewichtskraft und die Normalkraft die Resultierende von vielen kleinen Kräften, die sich über die gesamte Berührungsfläche beider Körper verteilen.

Damit überhaupt eine Bewegung zustande kommt (z.B. beim Verschieben einer Kiste, Verrücken eines Schranks), muß die Verschiebekraft F wenigstens kurzzeitig die maximale Haftkraft H_{max} überschreiten.

Ist der Bewegungszustand somit eingeleitet, dann gleitet der Körper über den Boden, wobei ein Reibwiderstand $W < H_{max}$ auftritt, der die Bewegung zu hemmen sucht.

Behält man die ursprüngliche Verschiebekraft bei, so überwiegt sie gegenüber dem Widerstand. Die verbleibende Restkraft bewirkt eine beschleunigte Bewegung in Richtung der Verschiebekraft.

Um den Richtungssinn der Reibungskraft leichter herauszufinden, kann man sich zur Gedankenhilfe vorstellen, die Berührungsflächen wären mit Borsten versehen (z.B. Bewegung von Skiern mit Steigfellen bzw. Gleiten über einen Teppich). Die Reibungskraft zeigt dann in die Richtung, in die sich die Borsten an der Oberfläche des betrachteten Systems bei einer Gleitbewegung einstellen würden.

9.1.3 Coulombsches Gesetz für trockene Reibung

(Charles Coulomb: geb. 1736 in Angoulême, gest. 1806 in Paris)

Experimente zum Nachweis der Reibungsgesetze:

1) Veränderung der Anpreßkraft (Bild 9.4)

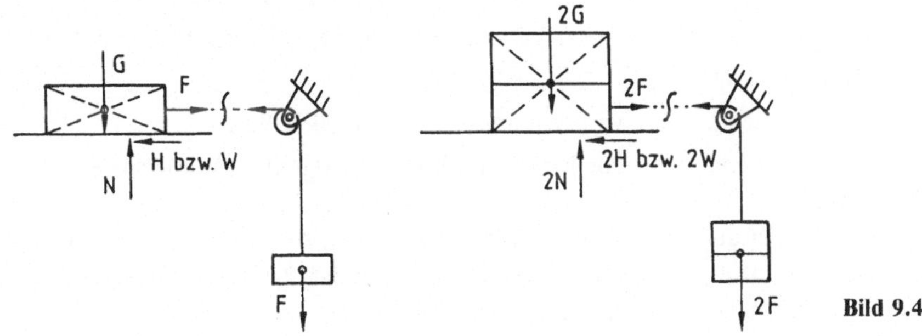

Bild 9.4

Eine Verdopplung des Blockgewichts erfordert auch eine zweimal so große Verschiebekraft, um eine Bewegung in Gang zu setzen bzw. aufrecht zu halten. Je stärker ein Körper an seine Unterlage angedrückt wird, um so schwerer ist er zu verschieben, d.h. um so größer wird H_{max} bzw. W.

2) Veränderung der Anpreßfläche (Bild 9.5)

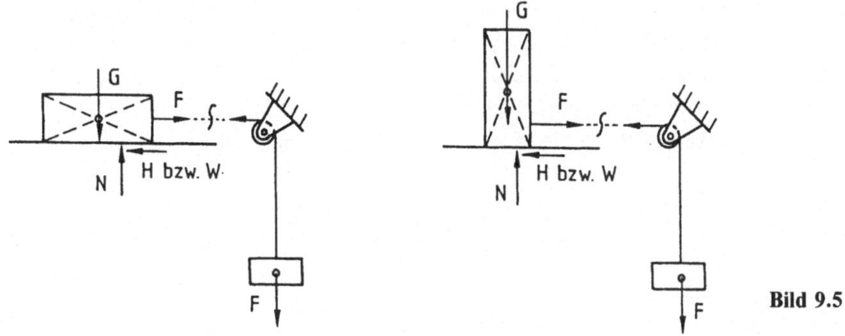

Bild 9.5

Ein Umlegen bzw. Aufstellen des Blocks bewirkt keine Veränderung der Verschiebekräfte. Die Reibungskräfte sind daher von der Größe der Berührungsflächen unabhängig, solange der Druck nicht zu einer starken Verformung der Oberfläche führt (Eindrücken des Gegenstandes in die Unterlage).

Mögliche Fälle:

1) Haftung

Es findet keine Bewegung zwischen den Berührungsflächen statt (Index 0 bedeutet Ruhezustand). Die maximale Haftkraft ist der Normalkraft proportional: $H_{max} \sim N$. Nach Einführung eines Proportionalitäts-Faktors erhält man eine Gleichung

$$H_{max} = \mu_0 \cdot N \qquad \text{maximale Haftkraft} \qquad (9.1)$$

wobei der Proportionalitäts-Faktor folgende Bedeutung hat:

$$\mu_0 = \frac{H_{max}}{N} = \tan \rho_0 \qquad \text{Haftungskoeffizient, Haftzahl} \qquad (9.1a)$$

$\rho_0 = \arctan \mu_0$ = maximaler Haftwinkel zwischen der Normalkraft und der resultierenden Berührungskraft (gebildet aus Normalkraft und maximaler Haftkraft)

Solange der Block auf seiner Unterlage nicht gleitet, sind Verschiebe- und Haltekraft im Gleichgewicht, wobei die auftretende Haftkraft gerade nur so groß ist, wie zur Aufrechterhaltung des Gleichgewichts erforderlich ist, d.h.

$$F = H \leq H_{max} = \mu_0 \cdot N \quad \Rightarrow \quad \boxed{H \leq \mu_0 \cdot N}$$

Die auftretende Haftkraft liegt also je nach Verschiebe-Wirkung zwischen Null und einem möglichen Maximalwert.

Haftungskegel zur grafischen Lösung von Reibungsproblemen (Bild 9.6).

Durch $\rho_0 = \arctan \mu_0$ ist der maximal mögliche Haftwinkel und damit die äußerste Schräglage der Auflagerkraft gegeben.

Versucht man einen Körper auf seiner Unterlage zu verschieben, so bleibt er solange in Ruhe, wie die Resultierende der Berührungskräfte innerhalb des Winkelfeldes $2\rho_0$ (Haftungssektor bei ebenen Problemen), von der Normalen aus abgetragen, liegt.

Erweitert man die Betrachtung auf eine räumliche Verschiebekraft durch sukzessives Verdrehen um 360° parallel zur Auflagefläche, so erhält man als Zusammenfassung für die möglichen Grenzlagen der Auflagerkraft einen Haftungskegel mit dem Öffnungswinkel $2\rho_0$. Dieser Haftungskegel steht mit seiner Achse senkrecht zur Auflagefläche und berührt sie mit seiner Spitze. Er enthält alle möglichen Wirklinien der resultierenden Berührungskraft des Gleichgewichts-Bereichs der Ruhe. Der Körper bewegt sich nicht und wird durch Haftungskräfte so lange festgehalten, wie die Auflagerkräfte innerhalb oder höchstens auf dem Kegelmantel (niemals jedoch außerhalb) liegen.

Bildet man aus der horizontalen Verschiebekraft $\vec{F}$ und der vertikalen Anpreßkraft $\vec{G}$ (Gewicht) in allen möglichen Lagen jeweils eine Resultierende, so ergeben diese Resultierenden R_0' in ihren Extremlagen insgesamt ebenfalls einen oberseitigen Kegel, der sich mit dem unterseitigen Kegel der entsprechenden Auflagerkräfte R_0 zu einem Doppelkegel zusammensetzt.

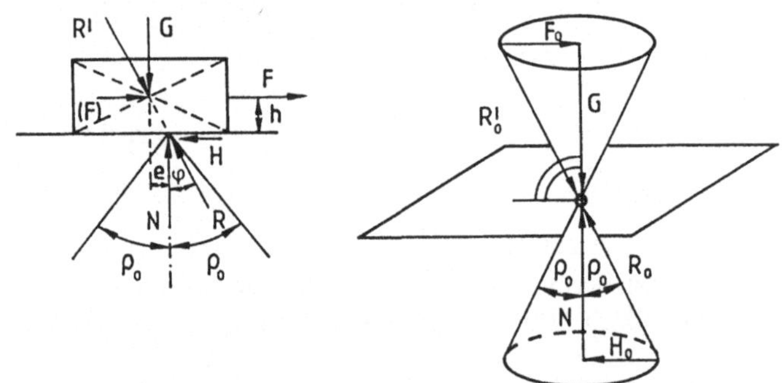

Bild 9.6

Ruhe, wenn $0 \leq F \leq H_{max}$

$ 0 \leq \varphi \leq \rho_0$

wobei $\quad F = H = N \cdot \tan \varphi; \quad N = G$

$$N \cdot e = F \cdot h \quad \Rightarrow \quad e = h \cdot \frac{F}{N} \qquad H_0 = H_{max} = \tan \rho_0 \cdot N = \mu_0 \cdot N$$

2) Reibung

Wird die maximale Haftkraft H_{max} überschritten, so kommt es zu einer Relativbewegung zwischen den sich berührenden Körpern, wobei ein Reibwiderstand W auftritt, der die Bewegung zu hemmen sucht. Der Richtungssinn der auftretenden Reibungskraft ist also der relativen Bewegungsrichtung entgegengesetzt. Die Reibungskraft ist der Normalkraft proportional $W \sim N$, bzw.

$$\boxed{W = \mu \cdot N} \qquad \text{Reibungswiderstand, Reibkraft} \hspace{3cm} (9.3)$$

wobei der Proportionalitätsfaktor die Bedeutung hat

$$\mu = \frac{W}{N}$$ Reibungskoeffizient, Reibungszahl   (9.3a)

hierbei ist $\rho = \arctan\mu$ = Reibungswinkel = Winkel zwischen der Normalkraft und der resultierenden Berührungskraft.

Zusammenfassung

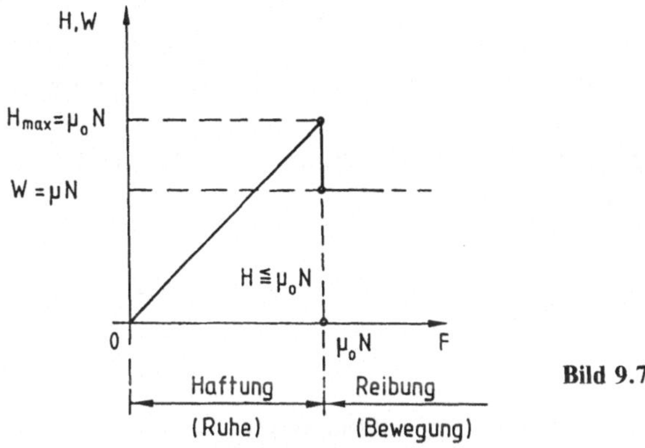

Bild 9.7

Steigert man die Verschiebekraft F nach Bild 9.7 von Null beginnend immer mehr, so wird auch in der Berührungsfläche des Körpers mit dem Boden eine gleich große Haftkraft $H \leq \mu_0 \cdot N$ geweckt, die immer größer wird, bis sie ihren Maximalwert $H_{max} = \mu_0 \cdot N$ erreicht. Überschreitet die Verschiebekraft geringfügig den Höchstwiderstand H_{max}, so setzt Bewegung ein, wobei der Verschiebe-Widerstand auf $W = \mu \cdot N$ merklich abnimmt. Zur Aufrechterhaltung der Bewegung reicht jetzt eine wesentlich kleinere Kraft $F = W = \mu \cdot N$ aus. Würde man die ursprüngliche Verschiebekraft beibehalten, dann wird der Körper beschleunigt, d. h.

$F = W = \mu \cdot N \implies$ gleichförmige Bewegung

$F > W \qquad\quad \implies$ beschleunigte Bewegung

$F < W \qquad\quad \implies$ verzögerte Bewegung, die zum Stillstand führt.

9.1.4 Abhängigkeiten und Verhalten der Reibzahlen

Nach dem Coulombschen Gesetz sind die Reibzahlen der Ruhe und der Bewegung Materialkonstanten, die experimentell bestimmt werden müssen. Eine exakte Feststellung von allgemein gültigen und immer wieder verwendbaren Reibzahlen ist jedoch schon wegen der nicht eindeutig beschreibbaren und reproduzierbaren Eigenschaften der Materialien und der Oberflächen nicht möglich.

Bei den meisten Werkstoff-Paarungen ist die Reibzahl der Bewegung kleiner als die der Ruhe, d. h. $\mu < \mu_0$. Zur Aufrechterhaltung einer Bewegung ist also eine geringere Verschiebekraft erforderlich als zum Ingangsetzen.

Bei Relativgeschwindigkeiten der Berührungsflächen zwischen ca. 1 und 5 m/s bleibt die Reibzahl der Bewegung nahezu konstant und nimmt bei höheren Geschwindigkeiten wieder ab (Bild 9.8).

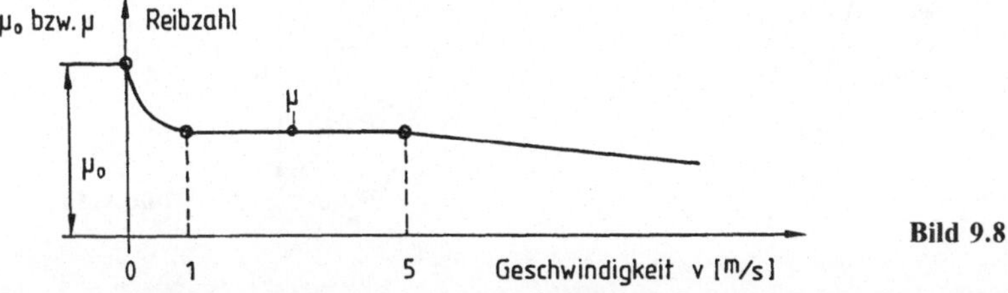

Bild 9.8

Die Reibzahlen sind abhängig von der

1. Werkstoffpaarung
2. Rauhigkeit der Oberflächen
   Struktur der Materialien (z.B. Faserrichtung von Holz, Bearbeitungs- oder Walzrichtung bei Metallen)
3. Schmierung zwischen den Körpern
   a) trockene Reibung: keine Schmierung
   b) Mischreibung: unvollkommene Schmierung
   c) flüssige Reibung (Schwimmreibung):
      Eine Schmierschicht trennt die beiden festen Körper vollständig voneinander, so daß Kräfte nur noch über das Schmiermittel übertragen werden können. Die Reibung hängt dann im wesentlichen von der Zähigkeit des Schmiermittels ab.

Die Reibzahlen sind dagegen innerhalb gewisser Grenzen annähernd unabhängig von der Größe der Berührungsflächen und von der Gleitgeschwindigkeit.

9.2 Körper auf schräger Unterlage

9.2.1 ohne Verschiebekraft (Bild 9.9)

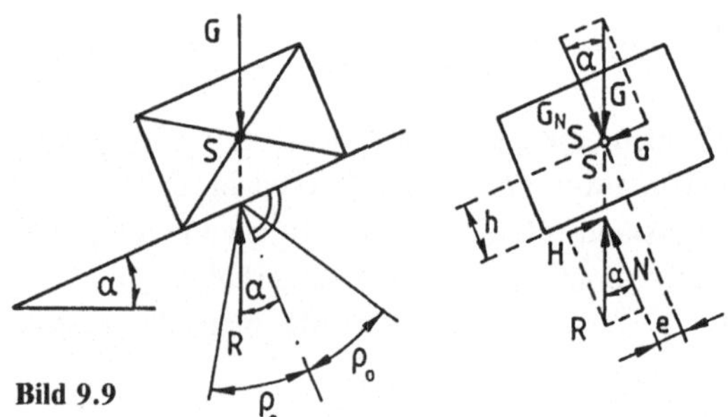

Bild 9.9

Es herrscht Gleichgewicht der Ruhe, solange

$$G \cdot \sin\alpha = H \leq H_0 = \mu_0 \cdot N = \mu_0 \cdot G \cdot \cos\alpha = \tan\rho_0 \cdot G \cdot \cos\alpha$$

$$\tan\alpha \leq \tan\rho_0 \quad \text{bzw.} \quad \alpha \leq \alpha_0$$

Auf einer schiefen Ebene bleibt ein schwerer Körper in Ruhe, wenn der Neigungswinkel α der Ebene kleiner oder gleich dem maximalen Haftungswinkel ρ_0 ist.

Steigert man den Neigungswinkel solange, bis der Körper zu rutschen beginnt, so kann man durch Messung des Winkels die maximale Haftungszahl zwischen Körper und Unterlage bestimmen.

9.2.2 mit Verschiebekraft $\vec{F}$ (Bild 9.10)

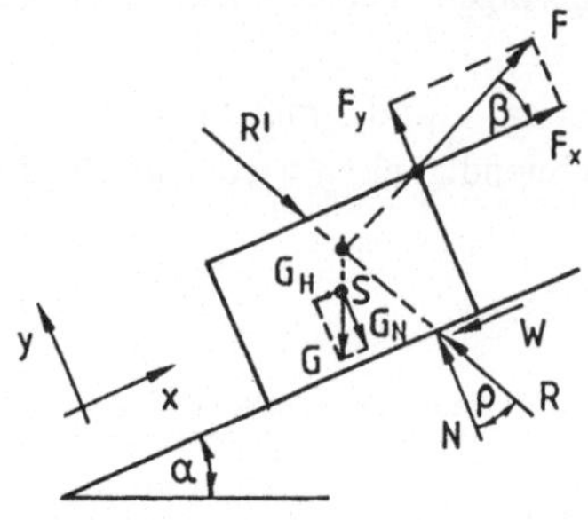

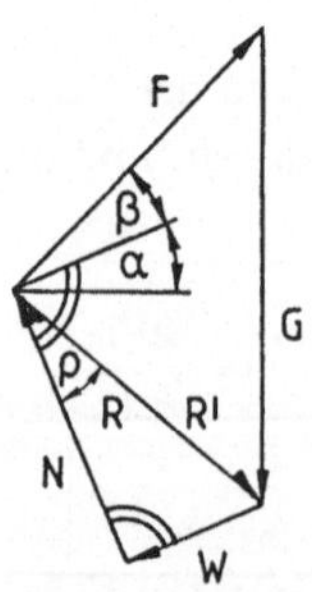

Bild 9.10

geg.: G, α, β, $\mu = \tan\rho$

ges.:   erforderliche Verschiebekraft $\vec{F}$, um den Körper mit konstanter Geschwindigkeit auf- bzw. abwärts zu bewegen.

Lsg.:   a) Aufwärts-Bewegung

I) $\sum F_x = 0 = F\cdot\cos\beta - G\cdot\sin\alpha - W$

II) $\sum F_y = 0 = N - G\cdot\cos\alpha + F\cdot\sin\beta \;\Rightarrow\; N = G\cdot\cos\alpha - F\cdot\sin\beta$

III) $W = \mu\cdot N = \mu\cdot(G\cdot\cos\alpha - F\cdot\sin\beta)$

II und III in I: $F\cdot\cos\beta - G\cdot\sin\alpha - \mu\cdot G\cdot\cos\alpha + \mu\cdot F\cdot\sin\beta = 0 \;\Rightarrow$

$$\boxed{F = G\cdot\frac{\sin\alpha + \mu\cdot\cos\alpha}{\cos\beta + \mu\cdot\sin\beta}} \qquad \text{erforderliche Verschiebekraft} \qquad (9.4)$$

b) Abwärts-Bewegung

Bewegt sich der Körper mit konstanter Geschwindigkeit hangabwärts, so ist die Reibungskraft hangaufwärts gerichtet und unterstützt mit ihrer Wirkung die Haltekraft $\vec{F}$. Nur die Reibungskraft ändert also ihren Richtungssinn, alle anderen Kräfte bleiben gleich, weshalb in den vorstehenden Gleichungen ρ durch $-\rho$ zu ersetzen ist.

Damit wird die Haltekraft, d.h. die erforderliche Bremskraft zur Aufrechterhaltung einer gleichförmigen Abwärts-Bewegung

$$\boxed{F = G\cdot\frac{\sin\alpha - \mu\cdot\cos\alpha}{\cos\beta - \mu\cdot\sin\beta}} \qquad\qquad (9.4\,a)$$

Sonderfälle:

1. bahnparallele Verschiebekraft: $\beta = 0$
   a) Aufwärts-Bewegung $F = G\cdot(\sin\alpha + \mu\cdot\cos\alpha)$
   b) Abwärts-Bewegung $F = G\cdot(\sin\alpha - \mu\cdot\cos\alpha)$

2. horizontale Verschiebekraft: $\beta = -\alpha$
   a) Aufwärts-Bewegung $F = G\cdot\dfrac{\sin\alpha + \mu\cdot\cos\alpha}{\cos\alpha - \mu\cdot\sin\alpha} = G\cdot\dfrac{\tan\alpha + \tan\rho}{1 - \tan\alpha\cdot\tan\rho} \;\Rightarrow\; F = G\cdot\tan(\alpha + \beta)$
   b) Abwärts-Bewegung $F = G\cdot\tan(\alpha - \beta)$

Für $\alpha < \rho$ wird $F < 0$, das bedeutet, die Verschiebekraft ist abwärts gerichtet. Ohne Verschiebekraft bleibt der Körper dann auf der schiefen Ebene liegen, da der Hangabtrieb allein den Körper nicht in Bewegung versetzen kann (Selbsthemmung).

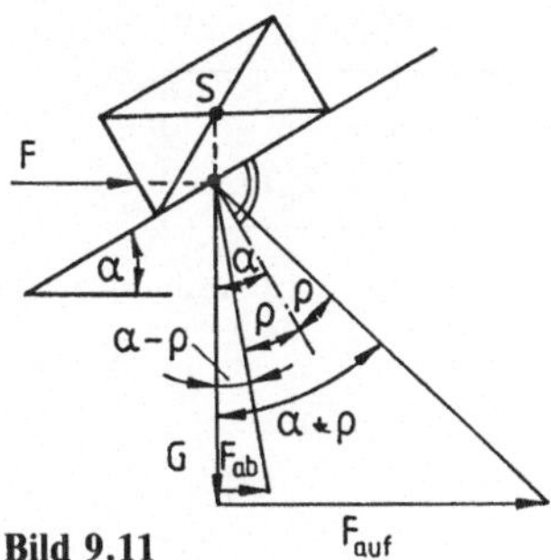

Bild 9.11

Die zeichnerische Lösung zeigt Bild 9.11, aus dem ebenfalls die Bewegungs-Tendenz des Körpers abgelesen werden kann.

$$G\cdot\tan(\alpha - \rho) \;\geq\; F \;\geq\; G\cdot\tan(\alpha + \rho)$$
Herunterrutschen   Hinaufschieben

Liegt $\vec{F}$ zwischen den beiden Grenzen, so bleibt der Körper in Ruhe.

9.2.3 Reibung an der Schraube

9.2.3.1 Flachgängige Schraube

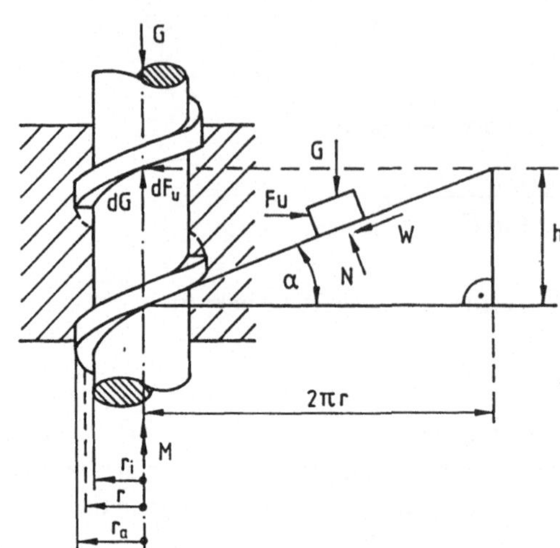

α = Steigungs $\sphericalangle$

h = Steigung (Ganghöhe)

r_i = innerer Radius

r_a = äußerer Radius

$r = \dfrac{r_i + r_a}{2}$ = mittlerer Radius

$$\tan\alpha = \frac{h}{2\cdot\pi\cdot r} \qquad (9.5)$$

Bild 9.12

Um die Formeln des Schraubgewindes mit denen der schiefen Ebene vergleichen zu können, wird das Drehmoment M an der Schraube durch eine horizontale Umfangskraft $F_u = \dfrac{M}{r}$ am mittleren Radius r ersetzt.

Eine Flachgewinde-Schraube ist nach Bild 9.12 durch eine Kraft G in Richtung ihrer Achse belastet. Außerdem wirkt um die Achse ein Drehmoment M. An einem Element der aufliegenden Gewindefläche wirken von der Mutter auf die Schraube eine axiale Längskraft dG, sowie eine tangentiale Umfangskraft senkrecht zur Achse.

$$dF_u = dG\cdot\tan(\alpha\pm\rho) \qquad \begin{array}{l} +\ \text{gilt für Anheben der Last} \\ -\ \text{gilt für Absenken der Last} \end{array}$$

und ein entsprechendes Drehmoment

$$dM = dF_u\cdot r = dG\cdot\tan(\alpha\pm\rho)\cdot r$$

Die Integration über alle Flächenelemente ergibt das Gesamtmoment

$$M = \int dM = r\cdot\tan(\alpha\pm\rho)\cdot\int dG = G\cdot r\cdot\tan(\alpha\pm\rho)$$

Für eine gleichförmige Schraubenbewegung müssen also folgende Drehmomente aufgebracht werden:

$$\begin{array}{ll} M' = G\cdot r\cdot\tan(\alpha+\rho) & \text{zur Aufwärtsbewegung} \\ M'' = G\cdot r\cdot\tan(\alpha-\rho) & \text{zur Abwärtsbewegung, wobei } M \lesseqgtr 0 \text{ sein kann} \end{array} \qquad (9.6)$$

Zum Ingangsetzen einer ruhenden Schraube ist das erforderliche Drehmoment mit dem Haftungswinkel ρ_0 zu bestimmen:

$$G\cdot r\cdot\tan(\alpha-\rho_0) \le M \le G\cdot r\cdot\tan(\alpha+\rho_0) \qquad (9.7)$$

    zum Losdrehen   zum Anziehen

$\alpha > \rho_0 \ \Rightarrow\ M'' > 0 \ \Rightarrow\ $ die Schraubenspindel muß mit $\vec{M}''$ gegen die Richtung von $\vec{G}$ festgehalten werden, damit sie sich nicht unter der Wirkung von $\vec{G}$ von selbst in Bewegung setzt.

$\alpha < \rho_0 \;\Rightarrow\; M'' < 0 \;\Rightarrow\;$ zum Losschrauben ist ein negatives Moment $\vec{M}''$, d.h. in Richtung von $\vec{G}$ notwendig (Selbsthemmung der Schraube).

Der Wirkungsgrad bei der Verrichtung einer Arbeit ist definiert zu

$$\boxed{\eta = \frac{W_n}{W_z} = \frac{\text{Nutzarbeit}}{\text{zugeführte Arbeit}}} \tag{9.8}$$

a) Umsetzen von Drehmoment in Hubkraft

Beim Anheben einer Last mit einem Drehmoment wird für eine volle Umdrehung der Schraube

die Hubarbeit (Gewinn an potentieller Energie) $\qquad W_n = G \cdot h$

die zugeführte Arbeit (Moment mal Drehwinkel) $\qquad W_z = M' \cdot 2 \cdot \pi$

das erforderliche Anzugsmoment $\qquad\qquad\qquad M' = G \cdot r \cdot \tan(\alpha + \rho)$

der Wirkungsgrad

$$\boxed{\eta_{M-G} = \frac{W_n}{W_z} = \frac{G \cdot h}{M' \cdot 2 \cdot \pi} = \frac{G \cdot r \cdot 2 \cdot \pi \cdot \tan\alpha}{G \cdot r \cdot \tan(\alpha + \rho) \cdot 2 \cdot \pi} = \frac{\tan\alpha}{\tan(\alpha + \rho)} \approx \frac{\alpha}{\alpha + \rho} = \frac{1}{1 + \dfrac{\rho}{\alpha}} \quad \text{für } \alpha \lesseqgtr \rho} \tag{9.9}$$

Schrauben, die sich unter Belastung nicht von selbst zurückdrehen (z. B. Wagenheber), bezeichnet man als selbsthemmend oder selbstsperrend, was nur für $\rho > \alpha$ möglich ist. Für den Wirkungsgrad gilt dann

$$\eta_{M-G} = \frac{\tan\alpha}{\tan(\alpha + \rho)} < \frac{\tan\alpha}{\tan 2\alpha} = \frac{1}{2} \cdot (1 - \tan^2\alpha) < \frac{1}{2}$$

b) Umsetzen von Längskraft in Drehmoment

Eine nicht selbstsperrende Schraube, für die $\alpha > \rho_0$ ist, läßt sich umgekehrt auch durch eine Axialkraft G gegen ein Drehmoment $M'' = G \cdot r \cdot \tan(\alpha - \rho)$ abwärts bewegen. Dabei wird der Wirkungsgrad

$$\boxed{\eta_{G-M} = \frac{W_n}{W_z} = \frac{M'' \cdot 2\pi}{G \cdot h} = \frac{G \cdot r \cdot \tan(\alpha - \rho) \cdot 2 \cdot \pi}{G \cdot 2 \cdot \pi \cdot r \cdot \tan\alpha} = \frac{\tan(\alpha - \rho)}{\tan\alpha} \approx \frac{\alpha - \rho}{\alpha} = 1 - \frac{\rho}{\alpha} \quad \text{für } \alpha > \rho_0} \tag{9.10}$$

Die Wirkungsgrade in Abhängigkeit vom Winkelverhältnis $\dfrac{\rho}{\alpha}$ haben einen Verlauf nach Bild 9.13

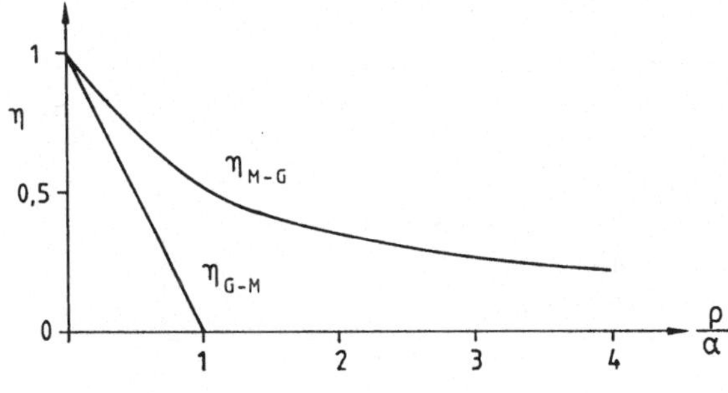

Bild 9.13

9.2.3.2 Scharfgängige Schraube (Spitzgewinde)

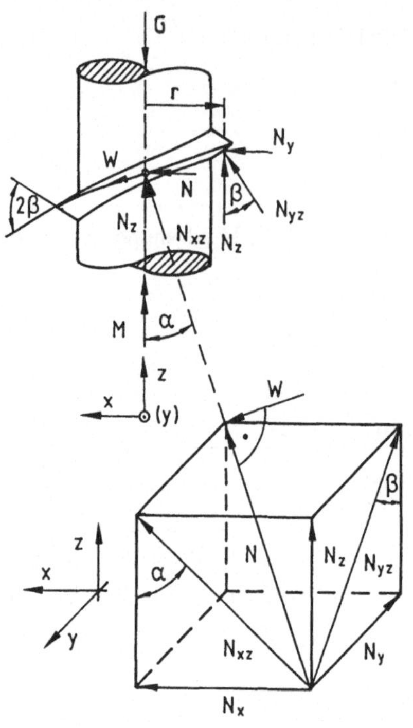

Die Gewindefläche ist unter dem Winkel β schräg zur Zeichenebene geneigt. Die Normalkraft $\vec{N}$ steht senkrecht zur Gewindefläche und bildet daher mit der Normalen zur Zeichenebene ebenfalls den Winkel β.

N_{xz} = Projektion von $\vec{N}$ auf x, z-Ebene

N_{yz} = Projektion von $\vec{N}$ auf y, z-Ebene

$\alpha = \measuredangle\,(N_{xz}, N_z)$ = Winkel von $\vec{N}$ mit der x, z-Ebene

$\beta = \measuredangle\,(N_{yz}, N_z)$ = Winkel von $\vec{N}$ mit der y, z-Ebene

Aus Bild 9.14 lassen sich folgende Beziehungen ablesen:

$$\frac{N_x}{N_z} = \tan\alpha \;\; \Rightarrow \;\; N_x = N_z \cdot \tan\alpha$$

$$\frac{N_y}{N_z} = \tan\beta$$

Bild 9.14

Durch zweimalige Anwendung des Satzes von Pythagoras erhält man

$$N = \sqrt{N_x^2 + N_y^2 + N_z^2} = N_z \cdot \sqrt{\left(\frac{N_x}{N_z}\right)^2 + \left(\frac{N_y}{N_z}\right)^2 + 1} = N_z \cdot \sqrt{1 + \tan^2\alpha + \tan^2\beta}$$

Nach dem Coulombschen Reibungsgesetz ist

I) $\quad W = \mu \cdot N = \mu \cdot N_z \cdot \sqrt{1 + \tan^2\alpha + \tan^2\beta} = k \cdot N_z$

Die Gleichgewichtsbedingungen liefern

II) $\quad \sum F_z = 0 \;\; \Rightarrow \;\; N_z = G + W \cdot \sin\alpha = G + k \cdot N_z \cdot \sin\alpha \;\; \Rightarrow \;\; N_z = \dfrac{G}{1 - k \cdot \sin\alpha}$

III) $\quad \sum M_z = 0 \;\; \Rightarrow \;\; M = \underbrace{N_x \cdot r}_{N_z \cdot \tan\alpha} + \underbrace{W \cdot \cos\alpha \cdot r}_{k \cdot N_z} = N_z \cdot r \cdot (\tan\alpha + k \cdot \cos\alpha)$

Damit wird das Anzugsmoment für die Schraube

$$\boxed{M = G \cdot r \cdot \frac{\tan\alpha + k \cdot \cos\alpha}{1 - k \cdot \sin\alpha} = G \cdot r \cdot \frac{\tan\alpha + \tan\rho'}{1 - \tan\alpha \cdot \tan\rho'} = G \cdot r \cdot \tan(\alpha + \rho')} \qquad (9.11)$$

wobei zur Abkürzung geschrieben wurde

$$k = \mu \cdot \sqrt{1 + \tan^2\alpha + \tan^2\beta} = \mu \cdot \sqrt{\frac{\cos^2\alpha + \sin^2\alpha + \cos^2\alpha \cdot \tan^2\beta}{\cos^2\alpha}}$$

$$k = \frac{\mu}{\cos\alpha} \cdot \sqrt{1 + \cos^2\alpha \cdot \tan^2\beta} = \frac{\mu'}{\cos\alpha} = \frac{\tan\rho'}{\cos\alpha}$$

Der modifizierte Reibungskoeffizient für die scharfgängige Schraube ist

$$\mu' = \tan\rho' = \mu \cdot \sqrt{1 + \cos^2\alpha \cdot \tan^2\beta} \approx \mu \cdot \sqrt{1 + \tan^2\beta} = \frac{\mu}{\cos\beta} > \mu \qquad (9.12)$$

Meist ist die Gewindesteigung α so klein, daß $\cos\alpha \approx 1$ und damit $\mu' = \dfrac{\mu}{\cos\beta}$ angenommen werden kann.

Die Formeln der scharfgängigen Schraube unterscheiden sich von denen der flachgängigen Schraube also nur durch den Reibungswinkel $\rho' > \rho$.

Die scharfgängige Schraube verhält sich daher wie eine flachgängige von größerer Rauhigkeit. Zur Befestigung eignet sich demnach mehr die scharfgängige, für die Bewegung dagegen die flachgängige Schraube.

9.2.4 Reibung am Keil

9.2.4.1 Bewegung in der Keilflächenebene

a) Eintreiben des Keils (Gleitreibung)

Erforderliche Eintreibekraft $\vec{F}_e$

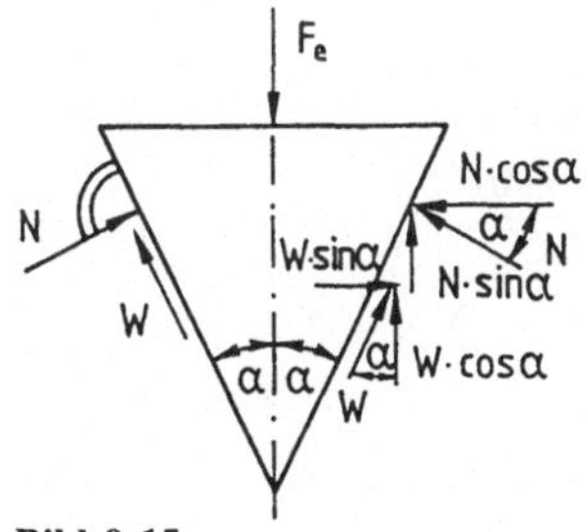

Bild 9.15

Nach Bild 9.15 ist

$$W = \mu \cdot N = \tan\rho \cdot N$$

$$\sum F_y = 0 = 2 \cdot N \cdot \sin\alpha + 2 \cdot W \cdot \cos\alpha - F_e \implies$$

$$F_e = 2 \cdot (N \cdot \sin\alpha + W \cdot \cos\alpha)$$

$$= 2 \cdot N \cdot (\sin\alpha + \tan\rho \cdot \cos\alpha)$$

$$= \frac{2 \cdot N}{\cos\rho} \cdot (\sin\alpha \cdot \cos\rho + \sin\rho \cdot \cos\alpha)$$

$$\boxed{F_e = 2 \cdot N \cdot \frac{\sin(\alpha + \rho)}{\cos\rho}} \qquad (9.13)$$

Damit die Eintreibekraft bei der Verwendung von Werkzeugen (z. B. Klinge eines Messers) nicht zu groß wird, muß α und ρ möglichst klein gehalten werden.

b) Halten des Keils (Haftung)

Bei der Bestimmung der Festhaltekraft muß entsprechend der Ruhelage mit der Haftung, also mit ρ_0 anstatt ρ gerechnet werden. Außerdem kehrt die Reibungskraft ihren Richtungssinn um, was durch ein Minuszeichen bei ρ_0 berücksichtigt werden kann.

Die Kraft, die zum Halten des Keils erforderlich ist, ergibt sich zu

$$\boxed{F_h = 2 \cdot N \cdot \frac{\sin(\alpha - \rho_0)}{\cos\rho_0}} \qquad (9.13\,\text{a})$$

Damit der Keil auch ohne Haltekraft steckenbleibt (Selbstsperrung), muß $F_h \leq 0$, d. h. $\alpha \leq \rho_0$ sein. Um einen großen Unterschied zwischen ρ_0 und α zu erreichen, muß z. B. ein Nagel möglichst rauh und spitz gemacht werden.

Auch mit dem Haftungskegel kann man leicht feststellen, wie groß der Öffnungswinkel 2α eines in den Klotz getriebenen Keils sein darf, damit der Keil nicht von selbst zurückspringt (Bild 9.16).

Gleichgewicht kann nur bestehen, wenn die auf den Keil ausgeübten Kräfte
1) senkrecht zur Keilachse gerichtet sind (eine vertikale Komponente würde den Keil austreiben)
2) innerhalb des Haftungskegels liegen.

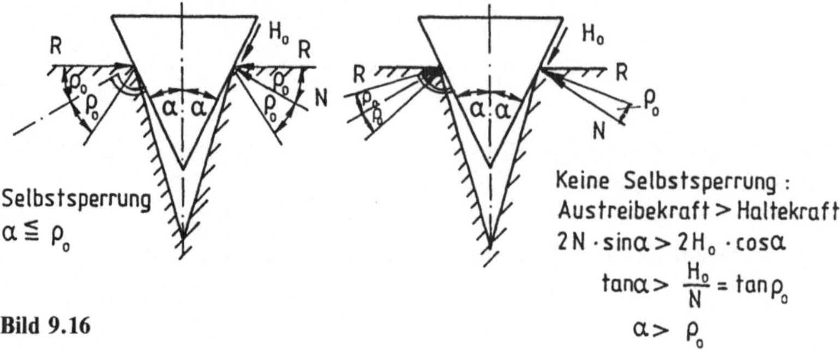

Bild 9.16

9.2.4.2 Bewegung senkrecht zur Keilfläche

Z.B. Bewegung eines Werkzeugmaschinen-Schlittens in einer Führung oder eines Keilriemens in einer Keilnut.

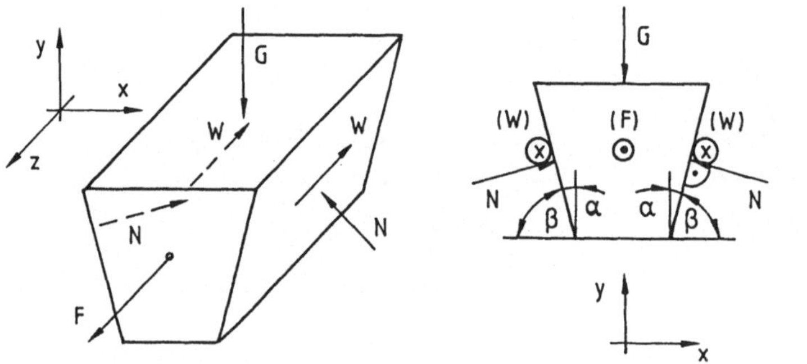

Bild 9.17

Die Verschiebekraft $\vec{F}$ in Bewegungsrichtung, die für die Bewegung eines Schlittens vom Gewicht $\vec{G}$ mit konstanter Geschwindigkeit erforderlich ist, ergibt sich aus den Gleichgewichts-Bedingungen nach Bild 9.17

I) $\quad \sum F_y = 0 = 2 \cdot N \cdot \sin\alpha - G \quad \Rightarrow \quad N = \dfrac{G}{2 \cdot \sin\alpha}$

II) $\quad \sum F_z = 0 = F - 2 \cdot W \quad\quad \Rightarrow \quad F = 2 \cdot W = 2 \cdot \mu \cdot N$

I in II: $\quad \boxed{F = \dfrac{\mu}{\sin\alpha} \cdot G = \dfrac{\mu}{\cos\beta} \cdot G = \mu' \cdot G}$ $\hspace{2cm}$ (9.14)

wobei $\quad \boxed{\mu' = \dfrac{\mu}{\sin\alpha} = \dfrac{\mu}{\cos\beta}}$ $\hspace{3cm}$ (9.14a)

die Reibungszahl der Keilnut bezogen auf die Gewichtskraft bedeutet.

■ **Beispiel:** Schräge Leiter

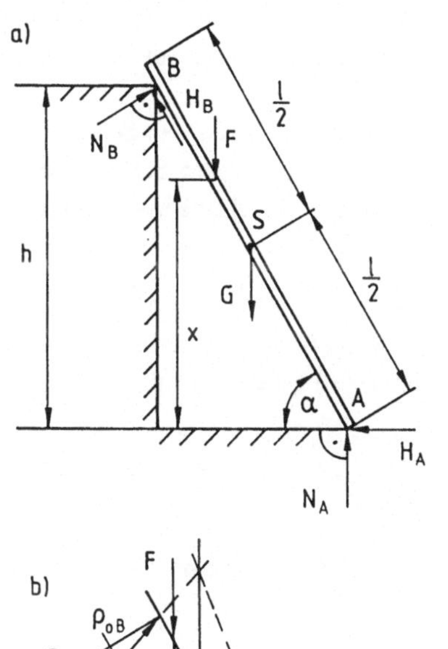

geg.:
$$G = 400\,\text{N}$$
$$F = 800\,\text{N}$$
$$\alpha = 60°$$
$$h = 6,5\,\text{m}$$
$$\ell = 8,0\,\text{m}$$
$$\mu_{0A} = 0,4$$
$$\mu_{0B} = 0,3$$

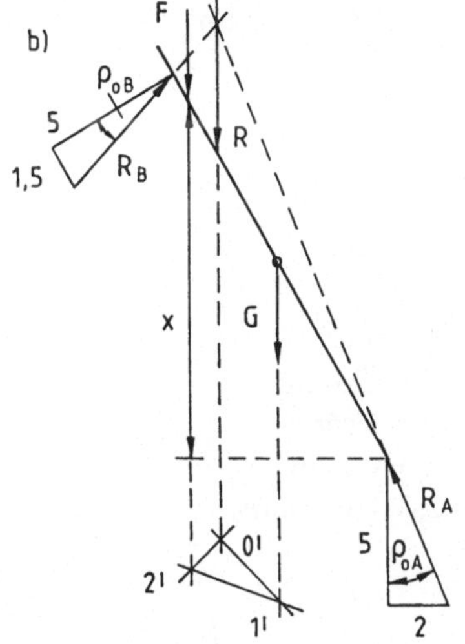

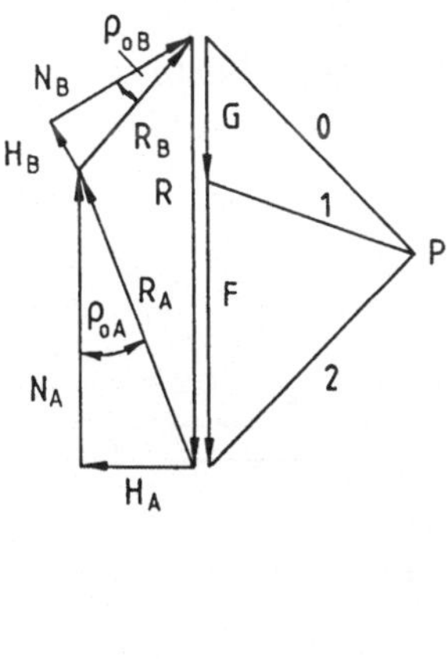

Bild 9.18

Eine schräge Leiter (Länge ℓ, Eigengewicht G) steht nach Bild 9.18a bei A (Haftungskoeffizient μ_{0A}) auf einem rauhen Boden und lehnt bei B (Haftungskoeffizient μ_{0B}) gegen eine rauhe Kante. Die Leiter wird durch die Kraft $\vec{F}$ belastet.

Man bestimme zeichnerisch und rechnerisch bis zu welcher Höhe x die Last $\vec{F}$ angreifen darf, ohne daß die Leiter abrutscht. Wie groß sind dann die Stützkräfte und deren Komponenten?

Zeichnerische Lösung (Bild 9.18)

Das Abrutschen der Leiter wird durch die Haftung am Boden und an der Wand verhindert. Bei geringer Verschiebetendenz ist die Aufteilung der Reaktionskräfte am Boden und an der Wand unbekannt (statisch unbestimmtes System).

Durch Verschiebung der Kraft $\vec{F}$ nach oben wird an den Auflagern der Grenzfall der Haftung erreicht, bei dem am Boden und an der Wand die maximal möglichen Haftungskräfte auftreten, die mit Hilfe des Haftungskegels bestimmbar sind (statisch bestimmtes System).

Die Normalkraft steht bei A senkrecht zum Boden, bei B senkrecht zur Leiter. Die Haftungskräfte wirken dem Abrutschen der Leiter entgegen. Die resultierenden Berührungskräfte $\vec{R}_A$ und $\vec{R}_B$ bilden daher jeweils den rechten Mantel des Haftungskegels.

Faßt man $\vec{G}$ und $\vec{F}$ zu einer Resultierenden $\vec{R}$ zusammen, so muß diese nach dem 3-Kräfte-Verfahren durch den Schnittpunkt von $\vec{R}_A$ und $\vec{R}_B$ gehen. Die Lage von $\vec{F}$ bestimmt man mit dem Seileck-Verfahren: Man zeichnet das Poleck mit den Kräften $\vec{G}$ und $\vec{F}$ und deren Resultierende $\vec{R}$.

Auf der WL von $\vec{G}$ im LP schneiden sich die Seilstrahlen 0' und 1'. Durch den Schnittpunkt von 0' mit der WL $\vec{R}$ muß auch 2' hindurchlaufen. Bringt man 1' und 2' zum Schnitt, so hat man einen Punkt der WL $\vec{F}$ gefunden, durch den $\vec{F}$ parallel aus dem KP verschoben wird. Damit ist die äußerste Lage von $\vec{F}$ bestimmt.

Rechnerische Lösung

Nach dem Coulombschen Gesetz ist $H_A = \mu_{0A} \cdot N_A$ und $H_B = \mu_{0B} \cdot N_B$. Damit verbleiben noch 3 Unbekannte: N_A, N_B, x, die aus den GG-Bedingungen der Leiter zu bestimmen sind.

$$\text{I)} \quad \sum F_x = 0 = N_B \cdot \sin\alpha - \mu_{0B} \cdot N_B \cdot \cos\alpha - \mu_{0A} \cdot N_A$$

$$\text{II)} \quad \sum F_y = 0 = N_A - G - F + N_B \cdot \cos\alpha + \mu_{0B} \cdot N_B \cdot \sin\alpha$$

$$\text{III)} \quad \sum M^{(B)} = 0 = N_A \cdot \frac{h}{\tan\alpha} - \mu_{0A} \cdot N_A \cdot h - G \cdot \left(\frac{h}{\tan\alpha} - \frac{\ell}{2} \cdot \cos\alpha \right) - F \cdot \frac{h-x}{\tan\alpha}$$

aus I und II: $N_A = 842{,}43\ \text{N};\quad N_B = 470{,}61\ \text{N}$

$H_A = 336{,}97\ \text{N};\quad H_B = 141{,}18\ \text{N}$

aus III: $x = 5{,}915\ \text{m}$ ■

■ **Beispiel:** Rohrzange

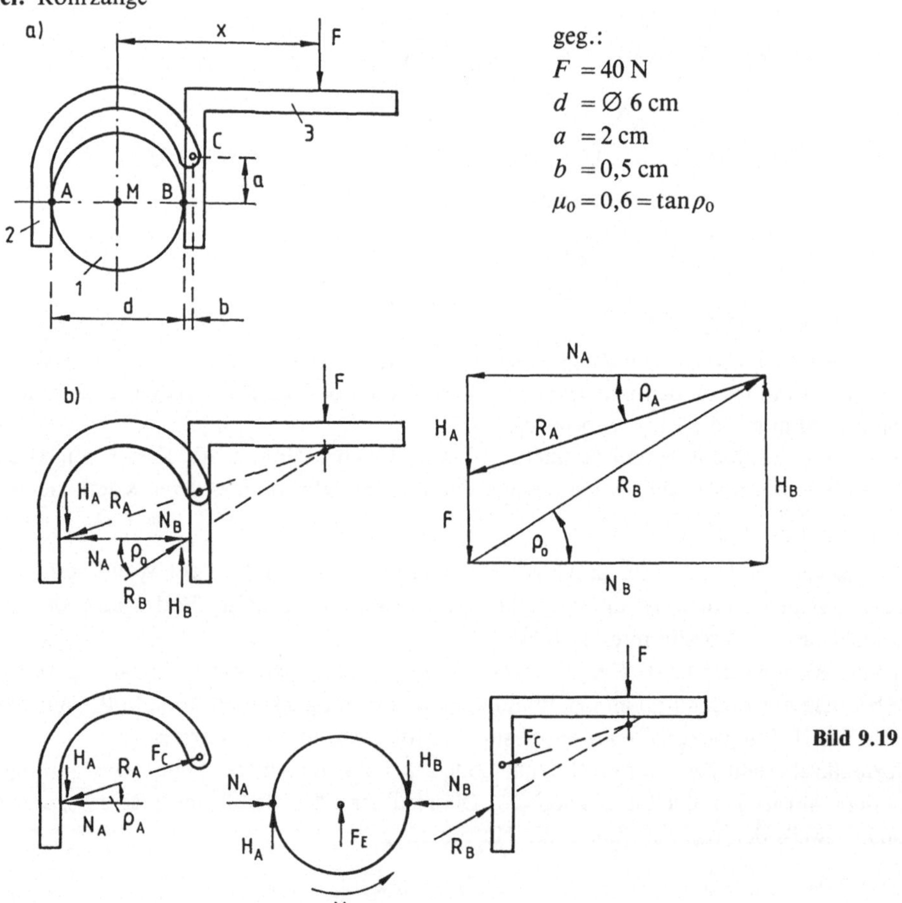

Bild 9.19

Ein (senkrecht zur Zeichenebene) eingespanntes Rohr 1 soll mit einer Zange verdreht werden, die aus dem Bügel 2 und einem Hebel 3 besteht (Bild 9.19a). Der Haftungskoeffizient zwischen Rohr und Zange ist μ_0. Im Abstand x greift eine Handkraft $\vec{F}$ an.

Man bestimme zeichnerisch und rechnerisch

a) Welchen Abstand x muß die Handkraft von der Rohrmitte mindestens haben, damit die Zange nicht abrutscht?

b) Wie groß sind dabei die Kräfte auf die Einzelteile 1, 2, 3?

Zeichnerische Lösung (Bild 9.19b)

Der Bügel 2 ist ein Zweikräftekörper, da nur an den beiden Stellen A und C Kräfte wirken. Damit liegt die Wirkungslinie AC der Berührungskraft bei A und der Gelenkkraft bei C fest. Je steiler die WL bei B ist, um so kürzer wird der Abstand x. Der größtmögliche Steigungswinkel bei B ist ρ_0, da sonst die Zange abrutscht, womit der kürzeste Abstand x von $\vec{F}$ festliegt. Am Gesamtsystem wirken die 3 Kräfte $\vec{F}$, $\vec{R}_A$ und $\vec{R}_B$, die im Gleichgewicht sind. Aus dem Krafteck erhält man deren Beträge und deren Komponenten.

Rechnerische Lösung

5 Unbekannte treten auf: N_A, H_A, N_B, H_B, x.

Gleichgewicht der gesamten Zange

I) $\quad \sum F_x = 0 = N_B - N_A \qquad \Rightarrow \quad N_A = N_B = N$

II) $\quad \sum F_y = 0 = H_B - H_A - F \quad \Rightarrow \quad H_B = H_A + F$

Wenn die Haftungskräfte bis zum äußersten ausgenutzt werden, dann wirkt an der höchst beanspruchten Stelle die maximale Haftkraft. Die Haftkraft bei B ist um F größer als bei A, weshalb an der Stelle B mit der größten Haftung zu rechnen ist.

III) $\quad H_B > H_A \quad \Rightarrow \quad H_B = \mu_0 \cdot N; \quad \rho_B = \rho_0$

$\qquad H_A < \mu_0 \cdot N : \rho_A < \rho_0$: bei A ist noch Haftungs-Reserve

IV) $\quad \sum M^{(M)} = 0 = H_A \cdot \dfrac{d}{2} + H_B \cdot \dfrac{d}{2} - F \cdot x$

Gleichgewicht des Bügels 2

V) $\quad \sum M^{(C)} = 0 = N_A \cdot a - H_A \cdot (d + b)$

Die Auflösung der Gleichungen ergibt

$$H_B = 82{,}13 \text{ N}; \quad N_A = N_B = 136{,}89 \text{ N}; \quad H_A = 42{,}19 \text{ N}; \quad x = 9{,}32 \text{ cm} \qquad \blacksquare$$

■ **Beispiel:** Balken verbunden mit einem Zylinder

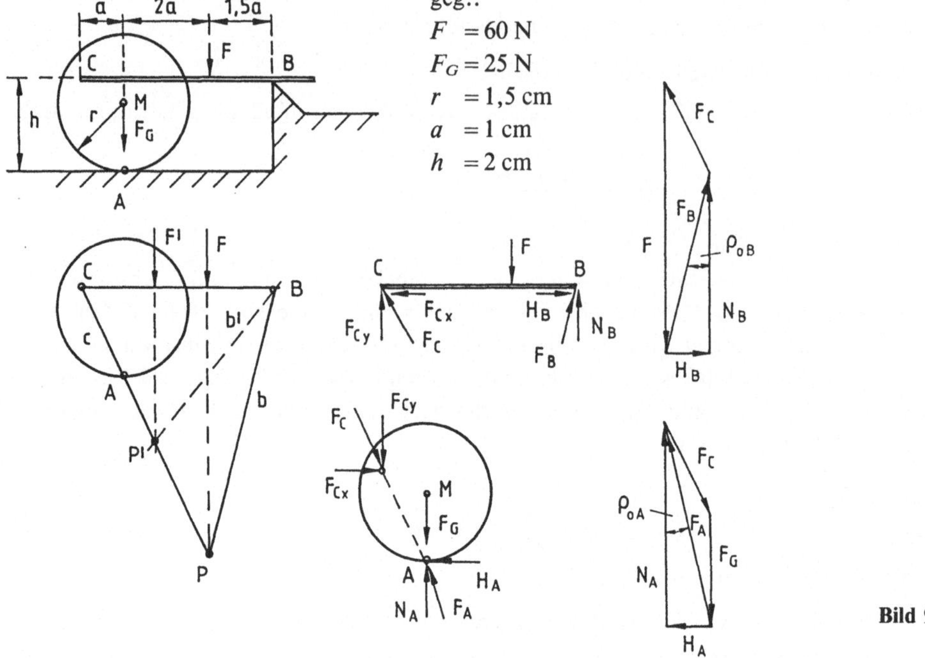

Eine kreiszylindrische Scheibe mit der Gewichtskraft $\vec{F}_G$ liegt bei A auf einem rauhen Boden und ist bei C mit einem gewichtslosen, horizontalen Balken gelenkig verbunden (Bild 9.20a). Der Balken ist außerdem bei B auf einer rauhen Unterlage abgestützt und mit einer Kraft $\vec{F}$ belastet.

Man bestimme zeichnerisch und rechnerisch

a) Die Berührungskräfte in A und B und die Gelenkkraft in C.

b) Wie groß muß der Haftungs-Koeffizient bei A und B mindestens sein, damit die Walze bzw. das Brett nicht rutscht?

c) Wie weit kann die Kraft $\vec{F}$ nach links verschoben werden, wenn der Haftungs-Koeffizient bei B $\mu_{0B} = 0,8$ beträgt?

Zeichnerische Lösung (Bild 9.20b)

Zunächst betrachtet man die befreite Walze, an der die 3 Kräfte $\vec{F}_G, \vec{F}_A, \vec{F}_C$ wirken. $\vec{F}_G$ geht durch den Angriffspunkt der Auflagerkraft $\vec{F}_A$, schneidet also dort die zweite Kraft. Nach dem Dreikräfte-Verfahren muß auch die dritte Kraft durch diesen Schnittpunkt hindurchgehen. Diese Überlegung ist bei manchen Aufgaben zu beachten und soll daher als Regel gelten:

> Wenn an einem Dreikräftekörper die gegebene Kraft durch den Angriffspunkt einer zweiten Kraft hindurchgeht, dann muß auch die dritte Kraft durch diesen gemeinsamen Schnittpunkt laufen.

Damit hat man an der Walze die Wirklinie c der Gelenkkraft gefunden und kann das Gleichgewicht des Balkens BC verfolgen. Nach dem Dreikräfte-Verfahren muß dort durch den Schnittpunkt P der Wirklinien von $\vec{F}$ und $\vec{F}_C$ die dritte Kraft $\vec{F}_B$ hindurchlaufen, womit auch deren Wirklinie feststeht. Das Krafteck des Balkens mit den 3 Kräften $\vec{F}, \vec{F}_B, \vec{F}_C$ liefert die Beträge von $\vec{F}_B$ und $\vec{F}_C$.

Nach dem Wechselwirkungs-Gesetz muß der Richtungssinn von $\vec{F}_C$ beim Übergang auf die Walze umgekehrt werden. Mit $\vec{F}_C$ und $\vec{F}_G$ ergibt sich die dritte Kraft $\vec{F}_A$ aus dem Krafteck. Zerlegt man in beiden Kraftecken die Berührungskräfte $\vec{F}_A$ und $\vec{F}_B$ in Normal- und Haftungs-Komponenten, so kann man in den entsprechenden Dreiecken die erforderlichen Haftungs-Koeffizienten aus den Winkeln bestimmen. Ist bei B eine größere Haftung ($\mu_{0B}=0{,}8$) gegeben, so wird der Haftungswinkel zwischen der Senkrechten durch B und dem Kegelmantel b' größer. Entsprechend dem Schnittpunkt P' von b' und c kann die Kraft $\vec{F}$ bis nach $\vec{F}'$ verschoben werden, ohne Abrutschen des Balkens.

Rechnerische Lösung

6 Unbekannte: H_A, N_A, H_B, N_B, F_{Cx}, F_{Cy}

Gleichgewicht des Balkens BC

$$\sum M^{(C)} = 0 = N_B \cdot 4{,}5\,a - F \cdot 3\,a \;\Rightarrow\; N_B = \frac{3}{4{,}5} \cdot F = \frac{2}{3} \cdot F = 40\,\text{N}$$

$$\sum F_x = 0 \;\Rightarrow\; H_B = F_{Cx} = 10\,\text{N}$$

$$\sum F_y = 0 \;\Rightarrow\; F_{Cy} = F - N_B = \frac{1}{3}\,F = 20\,\text{N}$$

Gleichgewicht der Walze

$$\sum M^{(A)} = 0 = F_{Cy} \cdot a - F_{Cx} \cdot h \;\Rightarrow\; F_{Cx} = \frac{a}{h} \cdot F_{Cy} = \frac{a}{3h} \cdot F = \frac{1}{3 \cdot 2} \cdot 60\,\text{N} = 10\,\text{N}$$

$$\sum F_x = 0 \;\Rightarrow\; H_A = F_{Cx} = 10\,\text{N}$$

$$\sum F_y = 0 \;\Rightarrow\; N_A = F_G + F_{Cy} = F_G + \frac{1}{3}\,F = 45\,\text{N}$$

Damit werden die erforderlichen Haftungs-Koeffizienten

$$\mu_{0A} = \frac{H_A}{N_A} = \frac{10}{45} = 0{,}22; \quad \mu_{0B} = \frac{H_B}{N_B} = \frac{10}{40} = 0{,}25$$

9.3 Reibung zwischen zylindrischen Berührungsflächen

9.3.1 Seilreibung

Über einen feststehenden zylindrischen Körper ist ein vollkommen biegsames, undehnbares Seil (Band oder Riemen) so gelegt, daß es diesen mit dem Winkel α umschlingt. Das Seil ist an seinen Enden durch die Massen m_1 und m_2 belastet (Bild 9.21 a). Wäre der Zylinder vollkommen glatt, dann müßten im Gleichgewichtsfall die beiden Seilkräfte $\vec{S}_1$ und $\vec{S}_2$ gleich sein. Dagegen kann bei einem rauhen Zylinder an einer Seite stärker gezogen werden als an der anderen (z. B. $S_2 > S_1$), ohne daß sich das Seil bewegt.

Durch die Haftungskraft $\vec{H}$, die vom Zylinder auf das Seil längs der Berührungsfläche wirkt, kann eine bestimmte Differenz zwischen den Seilkräften vom Zylinder übernommen werden. Man bezeichnet dabei

$\vec{S}_2$ = Seilkraft am ziehenden Ende (Lasttrum = ziehender Seilabschnitt)

$\vec{S}_1$ = Seilkraft am gezogenen Ende (Leertrum = gezogener Seilabschnitt)

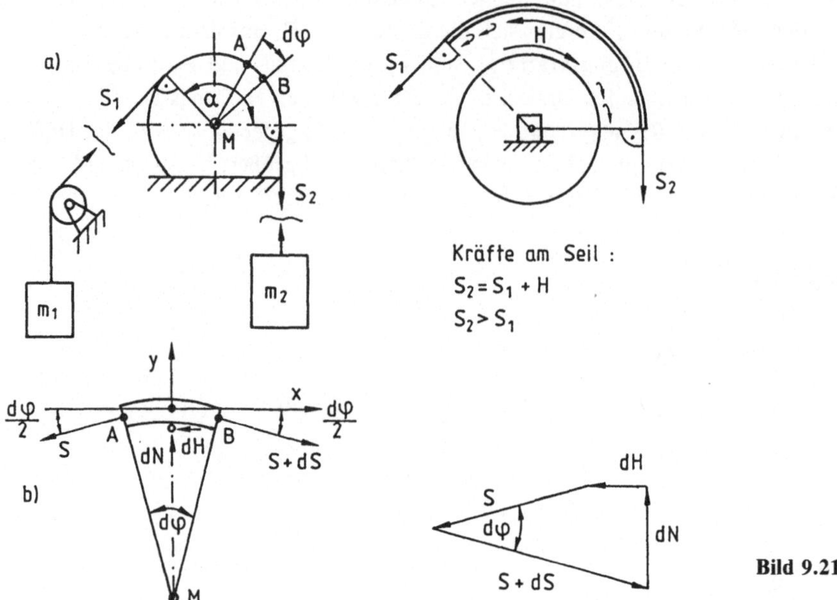

Steigert man die größere Seilkraft S_2 immer mehr, so beginnt das Seil zu rutschen, wenn die Seilkräfte ein bestimmtes Verhältnis überschreiten. Der Grenzzustand des Gleichgewichts soll berechnet werden. Dazu betrachtet man die Kräfte an einem herausgeschnittenen Seilelement AB (Bild 9.21 b).

$$\sum F_y = 0 = \mathrm{d}N - S \cdot \sin\frac{\mathrm{d}\varphi}{2} - (S + \mathrm{d}S) \cdot \sin\frac{\mathrm{d}\varphi}{2}$$

kleine Winkel $\quad \mathrm{d}\varphi \to 0$ also $\sin\dfrac{\mathrm{d}\varphi}{2} \approx \dfrac{\mathrm{d}\varphi}{2}; \quad \cos\dfrac{\mathrm{d}\varphi}{2} \approx 1$

damit wird $\quad \mathrm{d}N - S \cdot \dfrac{\mathrm{d}\varphi}{2} - S \cdot \dfrac{\mathrm{d}\varphi}{2} - \mathrm{d}S \cdot \dfrac{\mathrm{d}\varphi}{2} = 0$

dabei ist $\mathrm{d}S \cdot \dfrac{\mathrm{d}\varphi}{2} \approx 0$, da klein von höherer Ordnung, also $\mathrm{d}N - 2S \cdot \dfrac{\mathrm{d}\varphi}{2} = 0 \;\Rightarrow\; \mathrm{d}N = S \cdot \mathrm{d}\varphi$

$$\sum F_x = 0 = (S + \mathrm{d}S) \cdot \underbrace{\cos\frac{\mathrm{d}\varphi}{2}}_{1} - S \cdot \underbrace{\cos\frac{\mathrm{d}\varphi}{2}}_{1} - \mathrm{d}H \;\Rightarrow\; \mathrm{d}S = \mathrm{d}H$$

Coulombsches Haftungsgesetz für den Grenzfall $\mathrm{d}H = \mu_0 \cdot \mathrm{d}N = \mu_0 \cdot S \cdot \mathrm{d}\varphi$ eingesetzt $\mathrm{d}S = \mu_0 \cdot S \cdot \mathrm{d}\varphi \;\Rightarrow$

$$\boxed{\frac{\mathrm{d}S}{S} = \mu_0 \cdot \mathrm{d}\varphi}\qquad \text{Differentialgleichung der Seilreibung} \qquad (9.15)$$

Integration $\displaystyle\int_{S_1}^{S_2} \frac{\mathrm{d}S}{S} = \mu_0 \int_0^\alpha \mathrm{d}\varphi \;\Rightarrow\; [\ln S]_{S_1}^{S_2} = \mu_0 [\varphi]_0^\alpha \;\Rightarrow\; \ln S_2 - \ln S_1 = \mu_0 \cdot (\alpha - 0)$

$$\Rightarrow\; \frac{S_2}{S_1} = e^{\mu_0 \cdot \alpha} > 1 \quad \text{da } \mu_0 \cdot \alpha > 0$$

Der Umschlingungswinkel α ist dabei in Radiant-Einheiten einzusetzen.

Deutlichere Schreibweise: $S_2 = S_{\text{größer}}$
$$S_1 = S_{\text{kleiner}}$$

a) Ohne Relativbewegung zwischen Seil und Scheibe
   z.B. Seiltrommel, in der Berührungsfläche sind Haftungskräfte wirksam.

$$\boxed{\frac{S_{\text{größer}}}{S_{\text{kleiner}}} \leq e^{\mu_0\alpha}}$$ Eytelweinsche Gleichung   (9.16)

Das Ungleichheitszeichen besagt, daß das Kräfteverhältnis bei geringerer Belastung kleiner ist. Das Gleichheitszeichen gibt das maximal mögliche Kräfteverhältnis im Grenzfall unmittelbar vor dem Durchrutschen an.

b) Mit Relativbewegung zwischen Seil und Scheibe
   z.B. Bandbremse, in der Berührungsfläche tritt Gleitreibung auf, daher ist μ anstelle μ_0 zu setzen, außerdem entfällt das Ungleichheitszeichen

$$\boxed{\frac{S_{\text{größer}}}{S_{\text{kleiner}}} = e^{\mu\alpha}}$$ (9.17)

Seilkräfte mit Berücksichtigung der Fliehkraft

Bei großer Seil- bzw. Riemengeschwindigkeit $\left(v > 10\,\frac{\text{m}}{\text{s}}\right)$, muß die Wirkung der Fliehkraft berücksichtigt werden, die das Bestreben hat, den Riemen von der Scheibe abzuheben.

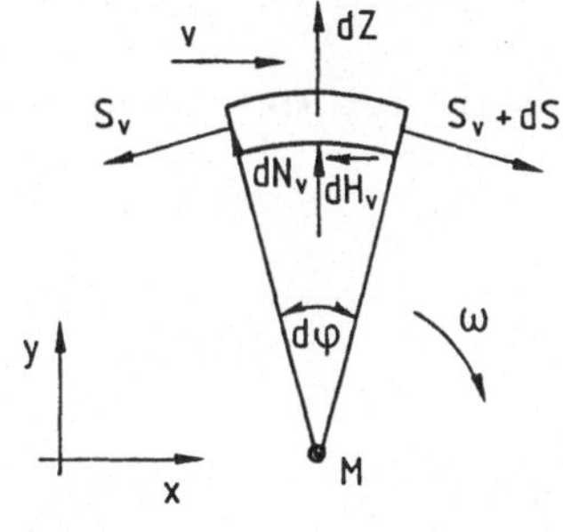

ω = Winkelgeschwindigkeit der Scheibe

$v = r \cdot \omega$ = Seilgeschwindigkeit

S_v = Seilkraft mit Berücksichtigung
der Seilgeschwindigkeit

Streckenlast

$$q = \frac{\text{Seilgewicht}}{\text{Längeneinheit}} = \frac{G}{\ell} \;\Rightarrow\; G = q \cdot \ell$$

Bild 9.22

$dG = q \cdot d\ell = q \cdot r \cdot d\varphi$ wobei $d\ell = r \cdot d\varphi$ = Bogenlänge

Masse des Seilelements $\;dm = \dfrac{dG}{g} = \dfrac{q}{g} \cdot r \cdot d\varphi$

Auf ein Seilelement wirkt die Fliehkraft dZ in gleicher Richtung wie die Normalkraft dN_v (Bild 9.22)

$$dZ = dm \cdot r \cdot \omega^2 = dm \cdot \frac{v^2}{r} = \frac{q}{g} \cdot r \cdot d\varphi \cdot \frac{v^2}{r} = \frac{q}{g} \cdot v^2 \cdot d\varphi$$

Ähnlich wie bei der vorhergehenden Ableitung wird

$$\sum F_y = 0 \;\Rightarrow\; dN_v = S_v \cdot d\varphi - dZ = \left(S_v - \frac{q}{g} \cdot v^2\right) d\varphi$$

$$\sum F_x = 0 \;\Rightarrow\; dS_v = dH_v = (\mu_0 \cdot dN_v = \mu_0 \cdot \left(S_v - \frac{q}{g} \cdot v^2\right) d\varphi \;\Rightarrow\; \frac{dS_v}{S_v - \frac{q}{g} \cdot v^2} = \mu_0 \cdot d\varphi$$

durch Integration $\displaystyle\int_{S_{v1}}^{S_{v2}} \frac{dS_v}{S_v - \frac{q}{g}\cdot v^2} = \mu_0 \int_0^{\alpha} d\varphi$

$$\ln\left(S_v - \frac{q}{g}\cdot v^2\right)\Big|_{S_{v1}}^{S_{v2}} = \mu_0\cdot\varphi\Big|_0^{\alpha} \quad\Rightarrow\quad \ln\frac{S_{v2} - \frac{q}{g}\cdot v^2}{S_{v1} - \frac{q}{g}\cdot v^2} = \mu_0\cdot\alpha$$

$$S_{v2} - \frac{q}{g}\cdot v^2 = \left(S_{v1} - \frac{q}{g}\cdot v^2\right)\cdot e^{\mu_0\alpha}$$

damit wird die Seilkraft am stärker belasteten Seilende mit Berücksichtigung der Fliehkraft

$$\boxed{\,S_{v2} = S_{v1}\cdot e^{\mu_0\alpha} - \frac{q}{g}\cdot v^2\cdot(e^{\mu_0\alpha} - 1)\,} \tag{9.18}$$

$$S_{v2} - S_{v1} = S_{v1}(e^{\mu_0\alpha} - 1) - \frac{q}{g}\cdot v^2\cdot(e^{\mu_0\alpha} - 1) = \left(S_{v1} - \frac{q}{g}\cdot v^2\right)\cdot(e^{\mu_0\alpha} - 1)$$

Dagegen war bei Vernachlässigung der Fliehkraft

$$S_2 = S_1\cdot e^{\mu_0\alpha} \quad\Rightarrow\quad S_2 - S_1 = S_1\cdot(e^{\mu_0\alpha} - 1)$$

Zum Vergleich dividiert man die beiden Gleichungen miteinander. Nimmt man außerdem gleiche Seilkräfte $S_{v1} = S_{v2}$ im Leertrum des Riementriebs an, so wird

$$\frac{S_{v2} - S_{v1}}{S_2 - S_1} = \frac{S_{v1} - \frac{q}{g}\cdot v^2}{S_1} = 1 - \frac{q\cdot v^2}{g\cdot S_1} < 1 \quad\Rightarrow\quad S_{v2} - S_1 < S_2 - S_1 \quad\Rightarrow\quad S_{v2} < S_2$$

Die Seilkraft im ziehenden Trum wird also mit Berücksichtigung der Fliehkraft kleiner, was eine Verringerung des übertragbaren Drehmoments bedeutet.

■ **Beispiel:** Differential-Bandbremse (Bild 9.23)

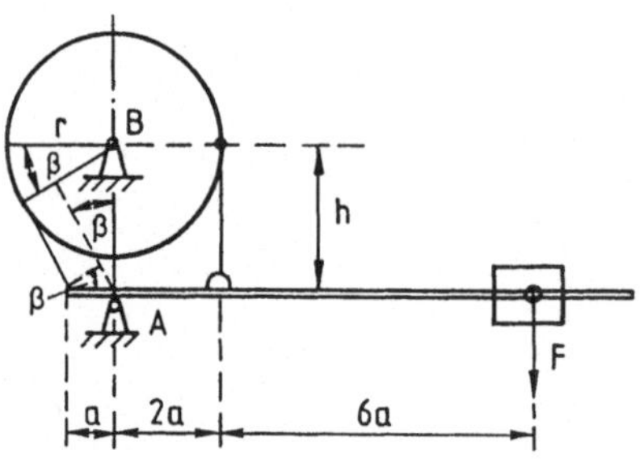

geg.:
$F = 150\,\text{N}$
$r = 125\,\text{mm}$
$a = 50\,\text{mm}$
$h = 160\,\text{mm}$
$\mu = 0{,}15$

ges.: Bremsmoment M für Links- und Rechtslauf der Trommel.

Bild 9.23

Bei der einfachen Bandbremse ist das linke Seilende am Lager, bei der Differential-Bandbremse dagegen seitlich davon am Hebel befestigt, so daß es mit seiner Drehwirkung die Handkraft beim Anziehen der Bremse unterstützt.

Aus den Dreiecken an der Bremse liest man ab

$$\sin\beta = \frac{r - a\cos\beta}{h} \quad\Rightarrow\quad a\cdot\cos\beta = r - h\cdot\sin\beta$$

Setzt man für $\cos\beta = \sqrt{1 - \sin^2\beta}$ ein, so kann man die goniometrische Gleichung auflösen.

$$a^2 \cdot (1 - \sin^2\beta) = r^2 - 2rh \cdot \sin\beta + h^2 \cdot \sin^2\beta \quad | :(a^2 + h^2)$$

$$\sin^2\beta - 2 \cdot \frac{rh}{a^2 + h^2} \cdot \sin\beta + \frac{r^2 - a^2}{a^2 + h^2} = 0$$

$$\sin\beta = \frac{rh}{a^2 + h^2} \pm \sqrt{\left(\frac{rh}{a^2 + h^2}\right)^2 - \frac{r^2 - a^2}{a^2 + h^2}}$$

Einsetzen der Zahlen ergibt nur eine brauchbare Lösung der quadratischen Gleichung: $\beta = 30{,}8°$
Damit wird der Umschlingungswinkel

$$\varphi = 180° + \beta = 210{,}8° = \frac{210{,}8°}{180°} \cdot \pi \cdot \text{rad} = 3{,}679 \text{ rad}$$

a) Trommel linksdrehend (Bild 9.24)

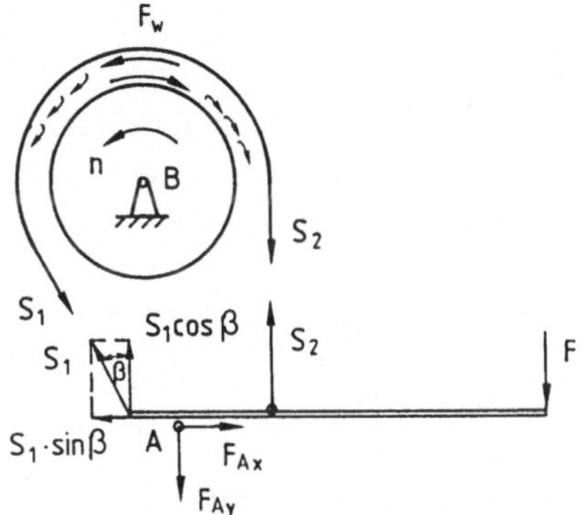

Bild 9.24

Gleichgewicht des Seils

I) $\quad S_2 = S_1 + F_W \implies F_W = S_2 - S_1$

$$S_2 > S_1: \quad \frac{S_2}{S_1} = e^{\mu\varphi} \implies S_2 = S_1 \cdot e^{\mu\varphi}$$

Gleichgewicht des Hebels

II) $\quad \sum M^{(A)} = 0 = S_2 \cdot 2a - S_1 \cdot \cos\beta \cdot a - F \cdot 8a \quad | :a$

I in II: $\quad 2 \cdot S_1 \cdot e^{\mu\varphi} - S_1 \cdot \cos\beta = 8F \implies S_1 = \dfrac{8F}{2e^{\mu\varphi} - \cos\beta} = \dfrac{8 \cdot 150 \text{ N}}{2e^{0{,}15 \cdot 3{,}679} - \cos 30{,}8°} = 459{,}07 \text{ N}$

aus I: $\quad S_2 = 459{,}07 \text{ N} \cdot e^{0{,}15 \cdot 3{,}679} = 797{,}16 \text{ N}$

Die Bremskraft F_W wirkt entgegengesetzt zur Drehzahl n und übt auf die Trommel ein Bremsmoment aus

$$M = F_W \cdot r = (S_2 - S_1) \cdot r = S_1 \cdot \left(\frac{S_2}{S_1} - 1\right) \cdot r = S_1 \cdot r (e^{\mu\varphi} - 1)$$

$$M = 459{,}07 \text{ N} \cdot 0{,}125 \text{ m} \cdot (e^{0{,}15 \cdot 3{,}679} - 1) = 42{,}26 \text{ Nm}$$

Auflagerkräfte am Hebel

$$\sum F_x = 0 \implies F_{Ax} = S_1 \cdot \sin\beta = 459{,}07 \text{ N} \cdot \sin 30{,}8° = 235{,}06 \text{ N}$$

$$\sum F_y = 0 \implies F_{Ay} = S_1 \cdot \cos\beta + S_2 - F = 459{,}07 \text{ N} \cdot \cos 30{,}8° + 797{,}16 \text{ N} - 150 \text{ N} = 1041{,}48 \text{ N}$$

b) Trommel rechtsdrehend

Der Richtungssinn von $\vec{n}$ und $\vec{F}_W$ kehrt sich um und damit wird

I) $S_1 = S_2 + F_W \;\Rightarrow\; F_W = S_1 - S_2$

        $S_1 > S_2: \;\dfrac{S_1}{S_2} = e^{\mu\varphi} \;\Rightarrow\; S_1 = S_2 \cdot e^{\mu\varphi}$

Die Beziehungen am Hebel bleiben gleich

II) $2S_2 - S_1 \cdot \cos\beta - 8F = 0$

I in II: $2S_2 - S_2 \cdot \cos\beta \cdot e^{\mu\varphi} = 8F \;\Rightarrow\; S_2 = \dfrac{8F}{2 - \cos\beta \cdot e^{\mu\varphi}} = \dfrac{8 \cdot 150\,\text{N}}{2 - \cos 30{,}8° \cdot e^{0{,}15 \cdot 3{,}679}} = 2360{,}12\,\text{N}$

Bremsmoment an der Trommel

$$M = F_W \cdot r = (S_1 - S_2) \cdot r = S_2 \cdot \left(\dfrac{S_1}{S_2} - 1\right) \cdot r = S_2 \cdot r \cdot (e^{\mu\varphi} - 1)$$

$$M = 2360{,}12\,\text{N} \cdot 0{,}125\,\text{m} \cdot (e^{0{,}15 \cdot 3{,}679} - 1) = 217{,}28\,\text{Nm}$$

Für $\cos\beta \cdot e^{\mu\varphi} = 2$ wird der Nenner Null, d.h. die Seilkraft $\vec{S}_2$ und damit auch das Bremsmoment M werden (selbst bei kleiner Handkraft $\vec{F}$) beliebig groß. Die Trommel nimmt das Seil durch die Haftung mit und zieht es selber fest. Zum Bremsen ist dann praktisch keine Handkraft mehr erforderlich, weshalb man von Selbsthemmung spricht.   ■

■ **Beispiel:** Aufzug mit Riementrieb

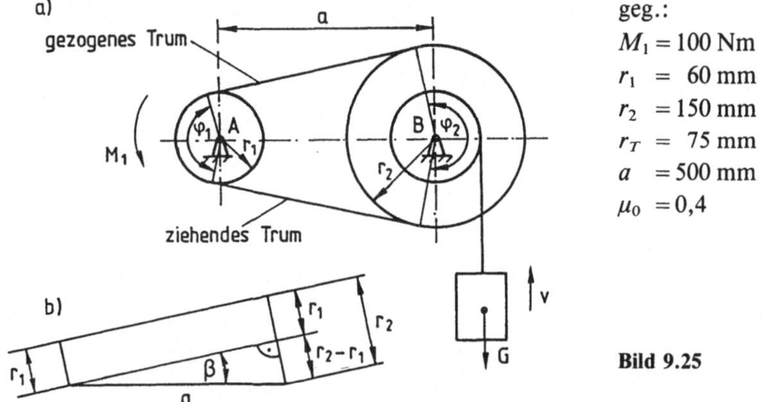

geg.:
$M_1 = 100\,\text{Nm}$
$r_1 = 60\,\text{mm}$
$r_2 = 150\,\text{mm}$
$r_T = 75\,\text{mm}$
$a = 500\,\text{mm}$
$\mu_0 = 0{,}4$

Bei einem Riementrieb nach Bild 9.25a wirkt an der treibenden Scheibe (Radius r_1) ein Drehmoment M_1. An der getriebenen Scheibe (Radius r_2) ist eine Seiltrommel angebracht, mit der eine Last (Gewicht G) hochgezogen wird.

Gesucht:

a) Welche Mindest-Vorspannkraft muß im gezogenen Trum aufgebracht werden, damit das Drehmoment (bei voller Ausnutzung der Haftung zwischen Riemen und Scheibe) übertragen werden kann?

b) Welche effektiven Haftungs-Koeffizienten sind an den beiden Scheiben wirksam?

c) Welche maximale Last G kann mit dem Aufzug gefördert werden?

Lösung:

a) Nach Bild 9.25 b erhält man die Umschlingungswinkel

$$\sin\beta = \frac{r_2 - r_1}{a} = \frac{150 - 60}{500} = 0,18 \quad \Rightarrow \quad \beta = 10,37°$$

$$\varphi_1 = 180° - 2\beta = 180° - 2 \cdot 10,37° = 159,26° = 2,78 \text{ rad}$$

$$\varphi_2 = 180° + 2\beta = 180° + 2 \cdot 10,37° = 200,74° = 3,504 \text{ rad}$$

Bei gleichen Kraftverhältnissen ist bei kleineren Umschlingungswinkeln größere Haftung erforderlich.

$\varphi_1 < \varphi_2 \Rightarrow$ die maximal mögliche Haftung wird zuerst am kleineren Rad erreicht, d.h. im Grenzfall ist $\mu_{01} = \mu_0 = 0,4$.

$\mu_{02} < \mu_0$ am großen Rad besteht Haftungs-Reserve.

Im Bild 9.26 sind die Scheiben und der Riemen voneinander getrennt, so daß die Haftungskräfte sichtbar werden.

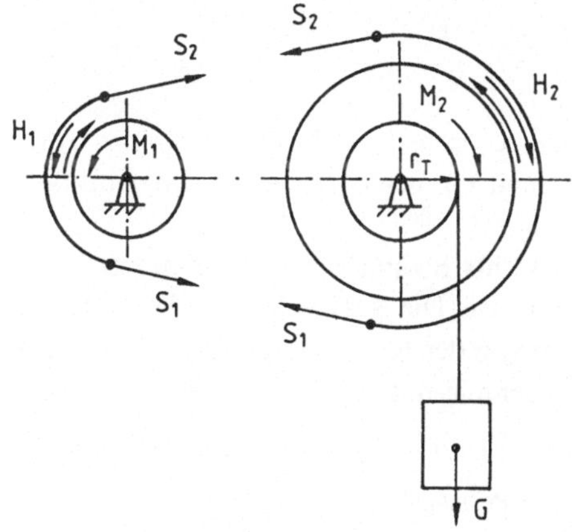

Bild 9.26

treibende Scheibe

$$S_2 = S_1 + H_1 \quad \Rightarrow \quad H_1 = S_2 - S_1$$

$$S_2 > S_1: \quad \frac{S_2}{S_1} \overset{(<)}{=} e^{\mu_0 \varphi_1}$$

getriebene Scheibe

$$S_2 = S_1 + H_2 \quad \Rightarrow \quad H_2 = S_2 - S_1$$

$$S_2 > S_1: \quad \frac{S_2}{S_1} \overset{<}{(=)} e^{\mu_0 \varphi_1}$$

$$M_1 = H_1 \cdot r_1 = (S_2 - S_1) \cdot r_1$$

$$M_1 = S_1 \cdot \left(\frac{S_2}{S_1} - 1 \right) = S_1 \cdot r_1 \cdot (e^{\mu_0 \varphi_1} - 1) \quad \Rightarrow$$

$$S_1 = \frac{M_1}{r_1 \cdot (e^{\mu_0 \varphi_1} - 1)} = \frac{100 \text{ Nm}}{0,06 \text{ m} \cdot (e^{0,4 \cdot 2,78} - 1)} = 548,17 \text{ N}$$

$$S_2 = S_1 \cdot e^{\mu_0 \varphi_1} = 548,17 \text{ N} \cdot e^{0,4 \cdot 2,78} = 1666,67 \text{ N}$$

$$H_1 = H_2 = S_2 - S_1 = 1666,67 \text{ N} - 548,17 \text{ N} = 1118,5 \text{ N}$$

Für $S_1 = 0$ wird $M_1 = 0$, d.h. ohne Vorspannung ist kein Drehmoment übertragbar. Eine (eventuell erforderliche) Übertragung größerer Momente ist nur durch eine Erhöhung der Vorspannkraft möglich.

b) Führt man die tatsächlich wirksamen Haftungs-Koeffizienten μ_{01} und μ_{02} ein, so können generell die Gleichheitszeichen in der Eytelweinschen Haftungsgleichung geschrieben werden.

$$\frac{S_2}{S_1} = e^{\mu_{01} \varphi_1} \quad \text{und} \quad \frac{S_2}{S_1} = e^{\mu_{02} \varphi_2}$$

Durch Gleichsetzen wird $e^{\mu_{01}\varphi_1} = e^{\mu_{02}\varphi_2}$ und durch Logarithmieren

$$\mu_{01}\varphi_1 = \mu_{02}\varphi_2 \;\Rightarrow\; \mu_{02} = \mu_{01}\cdot\frac{\varphi_1}{\varphi_2} = \mu_0\cdot\frac{\varphi_1}{\varphi_2} = 0,4\cdot\frac{159,26^\circ}{200,74^\circ} = 0,317$$

Am großen Rad wird also nur ein Teil der zur Verfügung stehenden Haftung gebraucht.

c) Hebbare Last an der Trommel

$$M_2 = H_2\cdot r_2 = G\cdot r_T \;\Rightarrow\; G = H_2\cdot\frac{r_2}{r_T} = 1118,5\ \text{N}\cdot\frac{150}{75} = 2237\ \text{N}$$

Während bei der Bremse der Umschlingungskörper (Band) eine Relativbewegung gegenüber der Scheibe durchführt, bleibt beim Riementrieb das Verbindungselement (Riemen) an der Scheibe haften.

Bei der Bremse hat man es also mit Reibung (d.h. mit Wärmeentwicklung und Energieverlust), beim Riementrieb mit Haftung (ohne Umsetzung von mechanischer Energie in Wärme) zu tun. ∎

9.3.2 Reibung in Gleitlagern

9.3.2.1 Querlager zur Aufnahme radialer Kräfte

Um eine Welle oder einen Zapfen in einem Lager zu drehen, ist infolge der dabei auftretenden Reibungskräfte am Zapfenumfang ein Reibwiderstandsmoment $\vec{M}_W$ zu überwinden, das dem antreibenden Moment $\vec{M}$ entgegenwirkt (Bild 9.27).

Das Reibungsmoment kann nur dann aus Gleichgewichts-Bedingungen bestimmt werden, wenn die Verteilung der Normal- und Reibungskräfte bekannt ist. Die Kraftverteilung im Lager ist theoretisch schwer erfaßbar. Sie hängt im wesentlichen ab von der Bauart und dem Spiel des Lagers, von der Zähigkeit und damit von der Temperatur des Schmiermittels und von der Umfangsgeschwindigkeit des Lagerzapfens.

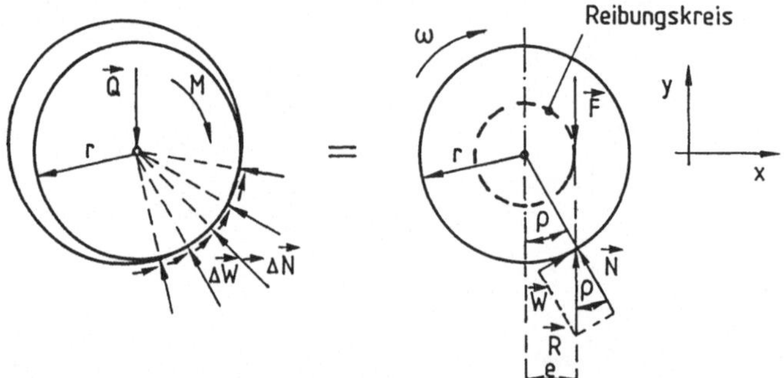

Bild 9.27

Im Stillstand liegt der Zapfen auf der unteren Lagerhälfte auf und berührt die Lagerschale theoretisch nur in einer Mantellinie. Dreht sich der Zapfen, so zieht er einen keilförmigen Schmierfilm nach sich und wird dadurch schräg nach oben angehoben. Der Zapfen läuft im Lager auf, d.h. er klettert mit Hilfe der Reibung ein Stück die Lagerschale hinauf.

Der Zapfen sei durch eine Kraft $\vec{Q}$ im Mittelpunkt belastet und durch ein Moment M angetrieben.

Die Belastungskraft $\vec{Q}$ und das Antriebsmoment werden durch eine um den Abstand $e = \dfrac{M}{Q}$ parallel verschobene Kraft $\vec{F}$ gleichen Betrags ($F = Q$) ersetzt.

Da die genaue Verteilung der Berührungskräfte zwischen Zapfen und Lagerschale unbekannt ist, kann nur die resultierende Auflagerkraft $\vec{R}$ angegeben werden, die der Kraft $\vec{F}$ gegenüberliegt.

$\vec{R}$ wird in eine Normalkomponente $\vec{N}$ und eine Reibungskomponente $\vec{W}$ zerlegt. Aus Gleichgewichtsgründen müssen die resultierende Normalkraft $\vec{N} = \sum \Delta \vec{N}$ und die resultierende Reibungskraft $\vec{W} = \sum \Delta \vec{W}$ gleich große und entgegen gerichtete, horizontale Komponenten haben. Daher ist der Angriffspunkt von $\vec{N}$ entgegen der Drehrichtung um den Reibwinkel ρ verschoben.

Die resultierende Auflagerkraft $\vec{R}$ geht also nicht durch den Zapfenmittelpunkt, sondern ist wie $\vec{F}$ um die Strecke e seitlich versetzt und berührt dabei den sog. Reibungskreis.

Soll nämlich die Drehung eines Zapfens durch eine exzentrische Kraft $\vec{F}$ eingeleitet werden, dann muß diese mindestens den Abstand e vom Zapfenmittelpunkt haben, da sonst das Reibungsmoment des Querlagers $M_q = R \cdot e$ größer ist als das Moment der treibenden Kraft.

Innerhalb des Reibungskreises ist es daher mit keiner noch so großen Kraft möglich den Zapfen zu drehen.

Gleichgewichts-Bedingungen

$$\sum F_y = 0 \implies R = F$$

$$\sum F_x = 0 = W \cdot \cos\rho - N \cdot \sin\rho \implies$$

$$W = \tan\rho \cdot N = \mu \cdot N = R \cdot \sin\rho = R \cdot \frac{\tan\rho}{\sqrt{1+\tan^2\rho}} = \frac{\mu}{\sqrt{1+\mu^2}} \cdot F = \mu_q \cdot F$$

wobei

$$\boxed{\mu_q = \frac{\mu}{\sqrt{1+\mu^2}} = \sin\rho < \mu} \qquad \text{Querlagerreibzahl} \qquad (9.19)$$

$$\boxed{M_q = W \cdot r = \mu_q \cdot F \cdot r = F \cdot r \cdot \sin\rho = F \cdot e} \qquad \text{Querlagerreibmoment} \qquad (9.20)$$

hierbei ist der Radius des Reibungskreises $e = r \cdot \sin\rho = \mu_q \cdot r$.

Zur Drehung des Zapfens mit konstanter Winkelgeschwindigkeit $\omega = 2\pi n$ muß eine Verlustleistung aufgebracht werden

$$\boxed{P_V = M_q \cdot \omega = \mu_q \cdot F \cdot r \cdot 2\pi n = \pi \cdot n \cdot \mu_q \cdot F \cdot d} \qquad (9.21)$$

wobei n = Drehzahl, $d = 2r$ = Zapfendurchmesser

Hat eine Welle mehrere unterschiedliche Lager, so müssen die Reibmomente für jedes Lager getrennt berechnet werden, um als Summe die gesamte Wellenverlustleistung zu erhalten

$$\boxed{P_{V\text{ges}} = \omega \cdot \sum M_{qi} = \pi \cdot n \cdot \sum \mu_{qi} \cdot F_i \cdot d_i} \qquad (9.21\,\text{a})$$

Nach Niemann (Maschinenelemente) gelten folgende Erfahrungswerte für μ_q bei

trockener Reibung   0,12   –0,24
Mischreibung   0,01   –0,1
Schwimmreibung   0,0017–0,014

9.3.2.2 Längslager zur Aufnahme axialer Kräfte (Bild 9.28)

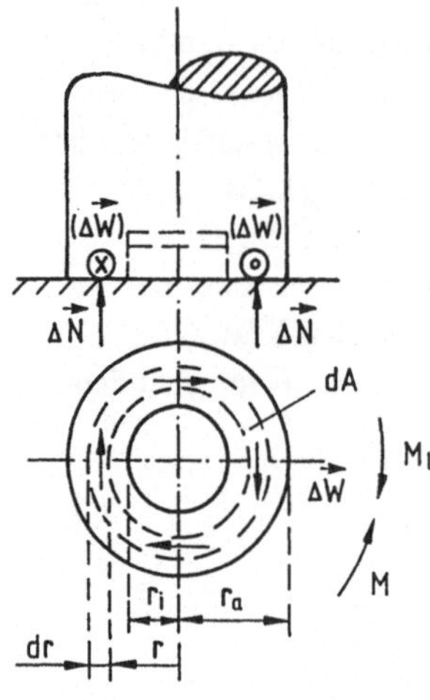

Bild 9.28

Annahmen:

1) Die Flächenpressung p sei über die gesamte Berührungsfläche konstant, was nur bei völlig ebenen Berührungsflächen (neuer Zapfen) zutrifft.

2) Reibzahl $\mu =$ konstant, gilt nur bei trockener Reibung ($\mu_\ell \approx 0{,}25$), da bei Schwimmreibung μ von der Gleitgeschwindigkeit abhängt, die mit dem Abstand von der Achse wächst.

Reine Schwimmreibung ($\mu_\ell = 0{,}0015{-}0{,}004$) kann sich am Spurzapfen aber nur dann ausbilden, wenn ein seitliches Wegdrücken der Schmierschicht z. B. durch Drucköl oder durch Kippsegmente verhindert wird.

Ansonsten wird meist Mischreibung ($\mu_\ell \approx 0{,}3$) vorliegen.

$$p = \frac{F}{\pi \cdot (r_a^2 - r_i^2)} \quad \text{mittlere Flächenpressung}$$

Für ein elementares Ringflächenelement $dA = 2\pi r\,dr$ ist

$$dN = p \cdot dA = p \cdot 2\pi r\,dr \qquad \text{Normalkraft}$$
$$dW = \mu \cdot dN = 2\pi \cdot \mu \cdot p \cdot r \cdot dr \qquad \text{Reibwiderstand}$$
$$dM_\ell = dW \cdot r = 2\pi \cdot \mu \cdot p \cdot r^2 \cdot dr \qquad \text{Reibmoment}$$

Das gesamte Längslager-Reibmoment wird dann

$$M_\ell = \int dM_\ell = 2\pi\mu \cdot p \int_{r_i}^{r_a} r^2 \cdot dr = \frac{2}{3}\pi \cdot \mu \cdot p \cdot (r_a^3 - r_i^3) = \frac{2}{3}\mu \cdot F \cdot \frac{r_a^3 - r_i^3}{r_a^2 - r_i^2} \tag{9.22}$$

Bei vollem Zapfen mit $r_i = 0$, $r_a = r = \dfrac{d}{2}$ wird

$$M_\ell = \frac{2}{3}\mu \cdot F_r = \frac{1}{3}\mu \cdot F \cdot d \tag{9.22a}$$

Um die schwer erfaßbaren Reibungsverhältnisse allgemein berücksichtigen zu können, bestimmt man das Längslager-Reibmoment aus

$$M_\ell = \mu_\ell \cdot F \cdot r_m \tag{9.22b}$$

μ_ℓ = Längslager-Reibzahl, enthält alle Einflüsse der Reibung

F = axiale Belastung

$$r_m = \frac{r_a + r_i}{2} = \text{mittlerer Radius}$$

9.3.3 Rollwiderstand: = Widerstand, den ein Rad beim Rollen über eine Unterlage erfährt

Da weder Rad noch Bahn ideal starr sind, findet die Berührung mit der Unterlage nicht in einer Linie (das würde unendlich große Flächenpressung bedeuten), sondern in einer gewölbten Fläche statt. Meist weist einer der beiden beteiligten Körper eine größere Elastizität auf und erfährt an der Berührungsstelle eine (im allgemeinen unsymmetrische) Deformation, wodurch die Berührung flächenhaft wird (z.B. Eindrücken eines Rades in weichen Boden oder Abplattung eines Gummireifens auf hartem Untergrund). Mehr oder weniger verformen sich beide Körper. Das Rad plattet sich ab und die Unterlage wird unter Bildung zweier Wülste längs des Zylinders eingedrückt.

Rollt das Rad über die Unterlage hinweg, so werden laufend neue, kleine Hügel teils elastisch, teils plastisch verformt (z.B. Walze auf frisch geteerter Straße). Dabei wird dem rollenden System ständig Energie entzogen, die ihm von außen wieder zugeführt werden muß (z.B. kann man bei schwach aufgepumpten Reifen die Walkarbeit an der Erwärmung erkennen).

Zur Fortbewegung eines Rades auf horizontaler Ebene mit konstanter Geschwindigkeit ist daher eine Zugkraft $\vec{F}$ oder ein Antriebsmoment $\vec{M}$ erforderlich.

a) Antrieb durch eine Einzelkraft $\vec{F}$ (Bild 9.29)

Z.B. Handwagen oder Laufrad eines Fahrzeugs

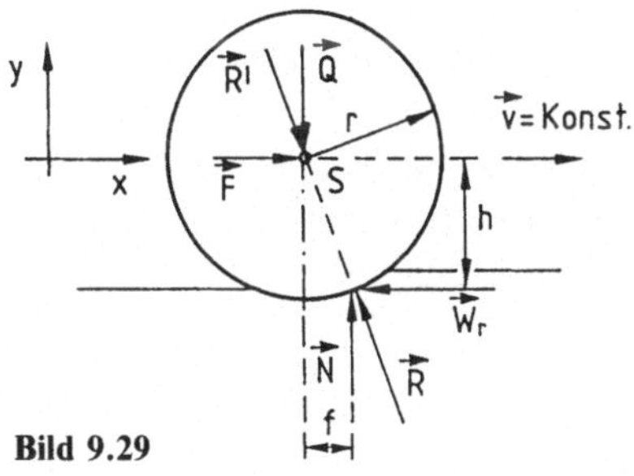

Bezeichnungen:

$\vec{Q}$ = Belastung und Eigengewicht der Rolle

$\vec{F}$ = Verschiebekraft

$\vec{R}' = \vec{Q} + \vec{F}$ = resultierende Achskraft

$\vec{N}$ = Boden-Normalkraft

$\vec{W}_r$ = Rollwiderstand

$\vec{R} = \vec{N} + \vec{W}$ = resultierende Auflagerkraft

f = Hebelarm der Boden-Normalkraft

r = Rollenradius

$\mu_r = \dfrac{f}{r}$ = Rollwiderstands-Koeffizient

Die resultierende Berührungskraft $\vec{R}$ vom Boden auf die Walze ist schräg gerichtet und um die Strecke f vom Radmittelpunkt nach vorne verlegt.

Gleichgewichtsbedingungen:

$$\sum F_x = 0 \;\Rightarrow\; F = W_r; \quad \sum F_y = 0 \;\Rightarrow\; N = Q; \quad \sum M^{(S)} = 0 = N \cdot f - W_r \cdot h \;\Rightarrow\; W_r = \frac{f}{h} \cdot N$$

Für kleine Verformungen ist annähernd $h \approx r$ und damit

$$\boxed{W_r = \frac{f}{h} \cdot N = \mu_r \cdot N} \qquad \text{Rollwiderstand} \tag{9.23}$$

$$\boxed{f = \frac{W_r}{N} \cdot r} \tag{9.23a}$$

Diese Beziehung kann als Definitionsgleichung für f aufgefaßt werden, die auch bei größeren Verformungen für $h < r$ gültig ist.

b) Antrieb durch ein Drehmoment $\vec{M}$ (Bild 9.30)

Z. B. Treibrad eines Kraftwagens

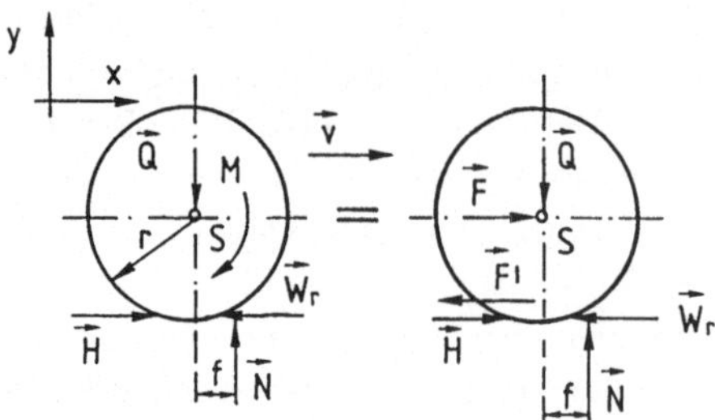

Bild 9.30

Gleichgewichts-Bedingungen:

$$\sum F_x = 0 \;\Rightarrow\; H = W_r$$

$$\sum F_y = 0 \;\Rightarrow\; N = Q$$

$$\sum M^{(S)} = 0 \;\Rightarrow\; M = F \cdot r = N \cdot f \mid :r$$

$$\Rightarrow\; F = F' = \frac{M}{r} = N \cdot \frac{f}{r} = W_r = H$$

Das zur Überwindung des Rollwiderstands erforderliche Moment $\vec{M}$ wird zur Veranschaulichung durch ein Kräftepaar $(\vec{F}, \vec{F}')$ im Abstand r ersetzt, das in der Achse und am Boden wirkt.

Die Kraft $\vec{F}'$ am Boden versucht das Rad auf der Unterlage gleitend zu verschieben, wodurch eine Haftkraft $\vec{H}$ geweckt wird, die bei genügender Rauhigkeit ein Verschieben verhindert.

$\vec{H}$ und $\vec{F}'$ gleichen sich miteinander aus, so daß die restlichen Kräfte wie beim Antrieb durch eine Einzelkraft übrig bleiben.

Praktisch tritt auch beim Ziehen eines Handwagens mit einer Einzelkraft eine Haftkraft auf, jedoch nicht am Rad, sondern an den Füßen des Ziehenden.

Damit beim Antrieb durch ein Moment ein Rollen des Rades zustande kommt, muß die Haftungskraft größer als der Rollwiderstand sein (bzw. der Haftungs-Koeffizient größer als der Rollwiderstands-Koeffizient):

$$H_0 = \mu_0 \cdot N \geq W_r = \frac{f}{r} \cdot N = \mu_r \cdot N \;\Rightarrow\; \boxed{\; \mu_0 \geq \mu_r = \frac{f}{r} \;} \qquad (9.24)$$

Dagegen rutscht das Rad, wenn $H_0 < W_r \;\Rightarrow\; \mu_0 < \mu_r$.

Meist wird auf das Treibrad (wie in Bild 9.31) noch zusätzlich eine Zugkraft $\vec{Z}$ vom eigenen Fahrzeug oder von einem Anhänger ausgeübt (z.B. zur Überwindung des Rollwiderstands von anschließenden Laufrädern, zur Überwindung des Luftwiderstandes oder zur Beschleunigung von Massen), so daß ein Antriebsmoment (aber auch eine größere Haftkraft) als zum bloßen Überwinden des eigenen Rollwiderstands erforderlich ist.

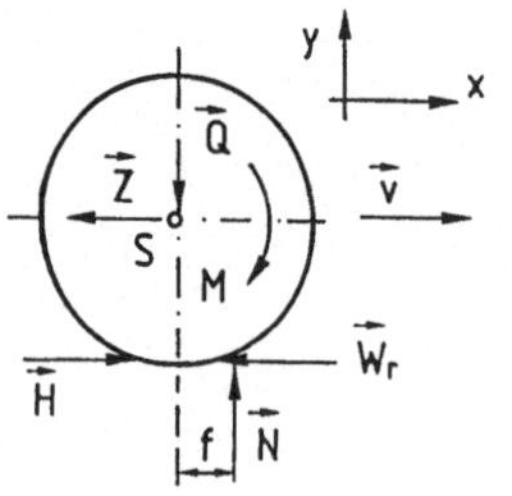

$$\sum M^{(S)} = 0 \;\Rightarrow\; M = H \cdot r + N \cdot f - W \cdot r \mid :r$$

$$\frac{M}{r} = H + N \cdot \frac{f}{r} - W_r = H$$

$$\sum F_x = 0 \;\Rightarrow\; Z = H - W_r = \frac{M}{r} - W_r$$

Bild 9.31

10 Schwerpunkt

10.1 Definition

Im Schwerefeld der Erde wirken auf sämtliche elementaren Masseteilchen dm eines Körpers infolge der Erdanziehung Gewichtskräfte $d\vec{F}_G = dm\,\vec{g}$, die alle auf den Erdmittelpunkt gerichtet sind, also ein zentrales Kräftesystem bilden.

Da der Abstand zum Erdmittelpunkt im Vergleich zu den Körperabmessungen sehr groß ist, können die Teilgewichtskräfte als parallele, lotrechte Kräfte angesehen werden.

Die Erdbeschleunigung $\vec{g}$ ist im wesentlichen von der geographischen Breite und von der Höhe über dem Meeresspiegel abhängig. Bei örtlich beschränkten Verhältnissen kann man $\vec{g}$ jedoch als konstant annehmen.

Die parallelen Teilgewichtskräfte lassen sich zu einer Resultierenden, der Gewichtskraft $\vec{F}_G$ des Körpers zusammenfassen, die parallel zu den Elementarkräften verläuft.

Die Wirkungslinie dieser resultierenden Gewichtskraft geht in jeder Lage des Körpers durch einen Punkt S hindurch, den man somit als Angriffspunkt der Gewichtskräfte auffassen kann. Er wird als Schwerpunkt oder als Mittelpunkt der Gewichtskräfte bezeichnet.

10.2 Schwerpunkts-Koordinaten

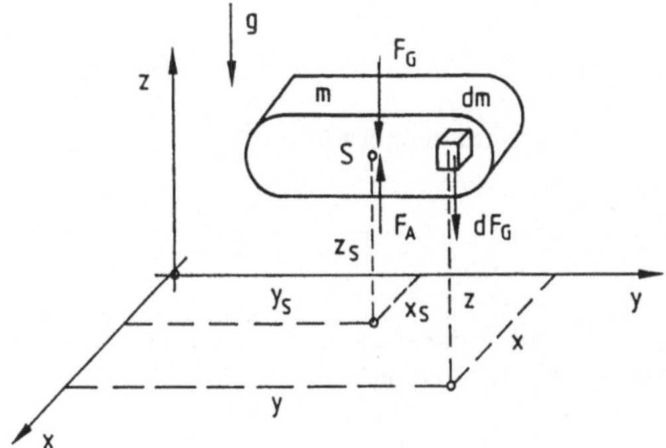

Bild 10.1

Der Schwerpunkt eines Körpers ist der Punkt, um den die Gewichtskraft bei beliebiger Orientierung des Körpers kein Moment ausübt. Stützt man einen Körper in seinem Schwerpunkt durch eine Auflagerkraft $\vec{F}_A$ ab, so ist er in jeder beliebigen räumlichen Lage im Gleichgewicht.

In der Lage des Körpers nach Bild 10.1 wirken die Erdbeschleunigung und damit auch die Gewichtskräfte in die negative z-Richtung, so daß die entsprechenden Gleichgewichts-Bedingungen lauten

$$\sum F_z = 0 = F_A - \int dF_G \;\Rightarrow\; F_A = \int dF_G = F_G$$

$$\sum M_y = 0 = \underbrace{F_A}_{F_G} \cdot x_S - \int x \cdot dF_G \;\Rightarrow\; x_S = \frac{1}{F_G} \cdot \int x \cdot dF_G$$

$$\sum M_x = 0 = F_A \cdot y_S - \int y \cdot dF_G \;\Rightarrow\; y_S = \frac{1}{F_G} \cdot \int y \cdot dF_G$$

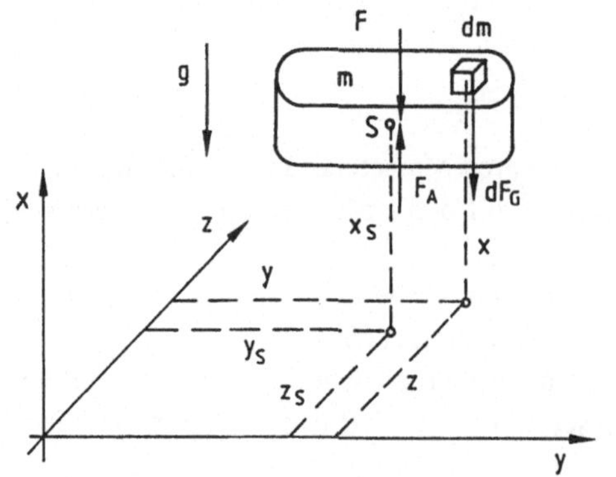

Bild 10.2

Dreht man den Körper mit dem (körperfesten) Koordinatensystem z.B. um die y-Achse um $90°$ (Bild 10.2), so ändern sich die Abstände der einzelnen Kraftangriffspunkte von den Koordinatenachsen nicht.

Die elementaren Gewichtskräfte zeigen wieder in die Richtung der Erdbeschleunigung $\vec{g}$ (zum Erdmittelpunkt), also jetzt in die negative x-Richtung.

Die Gleichgewichts-Bedingungen liefern somit

$$\sum F_x = 0 \;\Rightarrow\; F_A = \int dF_G = F_G$$

$$\sum M_y = 0 = F_A \cdot z_S - \int z \cdot dF_G \;\Rightarrow\; z_S = \frac{1}{F_G} \cdot \int z \cdot dF_G$$

Die Schwerpunkts-Koordinaten werden noch einmal zusammengefaßt:

$$\boxed{\; x_S = \frac{1}{F_G} \cdot \int x \cdot dF_G; \quad y_S = \frac{1}{F_G} \cdot \int y \cdot dF_G; \quad z_S = \frac{1}{F_G} \cdot \int z \cdot dF_G \;}$$

(10.1)

Die Integralausdrücke $\int x \cdot dF_G$, $\int y \cdot dF_G$, $\int z \cdot dF_G$ werden dabei als Momente erster Ordnung oder als statische Momente der elementaren Gewichtskräfte bezeichnet.

10.3 Übertragung der Formeln auf andere Gebilde

Gebilde = Sammelbegriff für Körper, Fläche und Linie.

10.3.1 Masse

Für den vorausgesetzten Fall konstanter Erdbeschleunigung $\vec{g} = $ konst. (nach Betrag und Richtung) ist

$$F_G = m \cdot g; \quad \Delta F_{Gi} = \Delta m_i \cdot g; \quad dF_G = dm \cdot g; \quad m = \sum \Delta m = \int dm$$

$$x_S = \frac{1}{F_G} \int x \, dF_G = \frac{1}{m \cdot g} \int x g \, dm = \frac{g}{m \cdot g} \int x \, dm = \frac{1}{m} \int x \, dm$$

Der konstante Faktor g kann vor das Integral gezogen werden. Analog zusammengefaßt ergeben sich die Schwerpunktskoordinaten.

$$\boxed{\; x_S = \frac{1}{m} \int x \, dm; \quad y_S = \frac{1}{m} \int y \, dm; \quad z_S = \frac{1}{m} \int y \, dm \;}$$

(10.2)

Bei Annahme einer konstanten Erdbeschleunigung sind also Massenmittelpunkt und Schwerpunkt identisch.

10.3.2 Volumen

Ist der Körper stetig mit Masse erfüllt, dann enthält jedes Volumenelement $\Delta V = \Delta x \cdot \Delta y \cdot \Delta z$ eine Masse Δm und man definiert die Dichte ρ an einer Stelle des Körpers zu

$$\rho = \lim_{\Delta V \to 0} \frac{\Delta m}{\Delta V} = \frac{dm}{dV} \qquad (10.3)$$

Bei einem homogenen Körper ist die Dichte an allen Stellen gleich, so daß gilt

$$\rho = \text{konst.} \quad \Rightarrow \quad \rho = \frac{dm}{dV} = \frac{\Delta m}{\Delta V} = \frac{m}{V} \quad \Rightarrow \quad m = \rho \cdot V; \quad dm = \rho \cdot dV$$

$$x_S = \frac{1}{m} \int x \, dm = \frac{1}{\rho \cdot V} \int x \rho \, dV = \frac{\rho}{\rho \cdot V} \int x \, dV = \frac{1}{V} \int x \, dV$$

$$x_S = \frac{1}{V} \int x \, dV; \quad y_S = \frac{1}{V} \int y \, dV; \quad z_S = \frac{1}{V} \int z \, dV \qquad (10.4)$$

Bei homogenen Körpern ist der Volumenmittelpunkt mit dem Schwerpunkt identisch.

10.3.3 Fläche

Betrachtet man einen homogenen Körper, der die Form einer Platte mit der konstanten Dicke h und der Oberfläche A hat (Bild 10.3), dann kann man daraus mit immer kleiner werdender Dicke eine materielle Fläche idealisieren, für die gilt

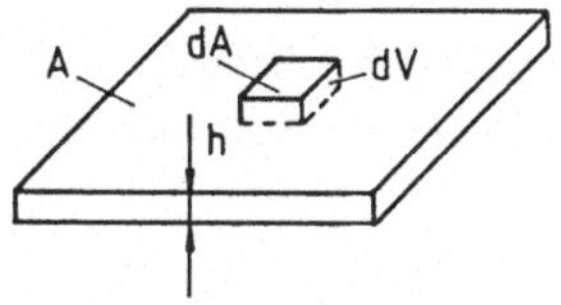

$$V = h \cdot A; \quad dV = h \cdot dA$$

$$x_S = \frac{1}{V} \int x \, dV = \frac{1}{hA} \int x h \, dA =$$

$$= \frac{h}{hA} \int x \, dA = \frac{1}{A} \int x \, dA$$

Bild 10.3

$$x_S = \frac{1}{A} \int x \, dA; \quad y_S = \frac{1}{A} \int y \, dA; \quad z_S = \frac{1}{A} \int z \, dA \qquad (10.5)$$

Der Flächen-Schwerpunkt wird vor allem in der Festigkeitslehre bei der Bestimmung von Spannungen benötigt. Man bezeichnet dort die Integrale $\int y \, dA$ und $\int z \, dA$ als statische Flächenmomente oder Flächenmomente erster Ordnung.

10.3.4 Linie

Einen homogenen, dünnen, langgezogenen Stab mit konstantem Querschnitt A und Länge ℓ kann man als materielle Linie auffassen (Bild 10.4).

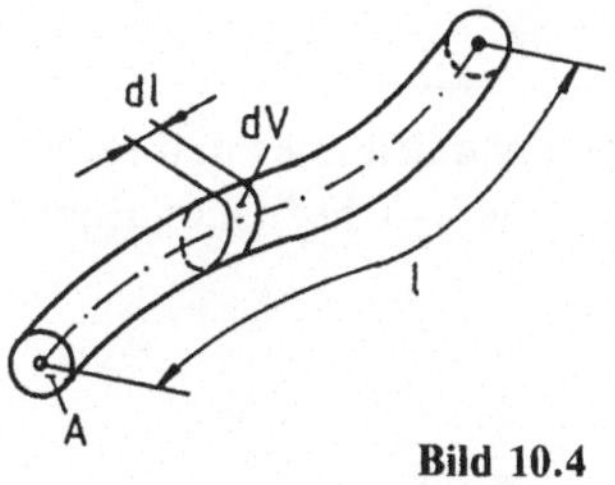

$$V = A \cdot \ell; \quad dV = A \cdot d\ell$$

$$x_S = \frac{1}{V} \int x \, dV = \frac{1}{A\ell} \int x A \, d\ell =$$

$$= \frac{A}{A\ell} \int x \, d\ell = \frac{1}{\ell} \int x \, d\ell$$

Bild 10.4

$$x_S = \frac{1}{\ell} \int x \, d\ell; \quad y_S = \frac{1}{\ell} \int y \, d\ell; \quad z_S = \frac{1}{\ell} \int z \, d\ell \qquad (10.6)$$

10.3.5 Zerlegung eines Gebildes in eine endliche Anzahl von Teilelementen

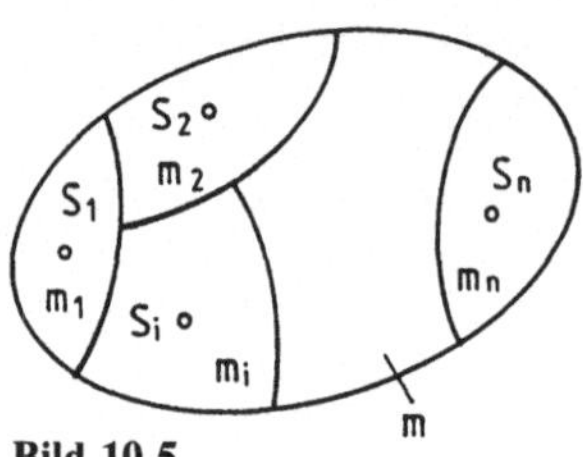

Die statischen Momente $x\,\mathrm{d}m$ der einzelnen Masseteilchen $\mathrm{d}m$ eines Körpers kann man zuerst innerhalb von n Elementgruppen wie in Bild 10.5 zusammenfassen und die vorsortierten Anteile dann summieren.

$$\int\limits_m x\,\mathrm{d}m = \sum_{i=1}^{n} \int\limits_{m_i} x\,\mathrm{d}m$$

Bild 10.5

Der Schwerpunkts-Abstand einer Elementgruppe ist

$$x_{Si} = \frac{1}{m_i} \int\limits_{m_i} x\,\mathrm{d}m \;\Rightarrow\; \int\limits_{m_i} x\,\mathrm{d}m = x_{Si}\cdot m_i$$

In obige Beziehung eingesetzt ergibt

$$\int\limits_m x\,\mathrm{d}m = \sum_{i=1}^{n} x_{Si} m_i$$

Aus der Schwerpunktsformel Gl. 10.2 wird damit

$$x_S = \frac{1}{m} \int\limits_m x\,\mathrm{d}m = \frac{1}{m} \sum_{i=1}^{n} x_{Si} m_i$$

Gleiches gilt für die Schwerpunkts-Abstände y_S und z_S.
Setzt sich ein Körper aus einer endlichen Anzahl von n Teilen mit bekannten Schwerpunkts-Koordinaten x_{Si}, y_{Si}, z_{Si} und bekannten Massen m_i zusammen, so kann man die Integration durch eine endliche Summierung ersetzen und erhält

$$\boxed{x_S = \frac{1}{m} \sum_{i=1}^{n} x_{Si} m_i; \quad y_S = \frac{1}{m} \sum_{i=1}^{n} y_{Si} m_i; \quad z_S = \frac{1}{m} \sum_{i=1}^{n} z_S m_i} \qquad (10.7)$$

Entsprechende Formeln ergeben sich für den Volumen-, Flächen- oder Linien-Schwerpunkt, wenn man m durch V, A oder ℓ ersetzt.

10.4 Sätze und Regeln zur Schwerpunkts-Bestimmung

Schwerlinie: = Linie durch den Schwerpunkt
Schwerpunkt: = Schnittpunkt der Schwerlinien

10.4.1 Symmetrische Gebilde

> Jede Symmetrielinie eines Körpers ist auch eine Schwerlinie.

Bei der Aufteilung des Körpers in Elementarelemente ergeben sich nämlich links und rechts je zwei symmetrische Anteile, die sich gegenseitig aufheben. Legt man die y-Achse eines Koordinaten-

Systems in die Symmetrieachse, so gilt nach Bild 10.6

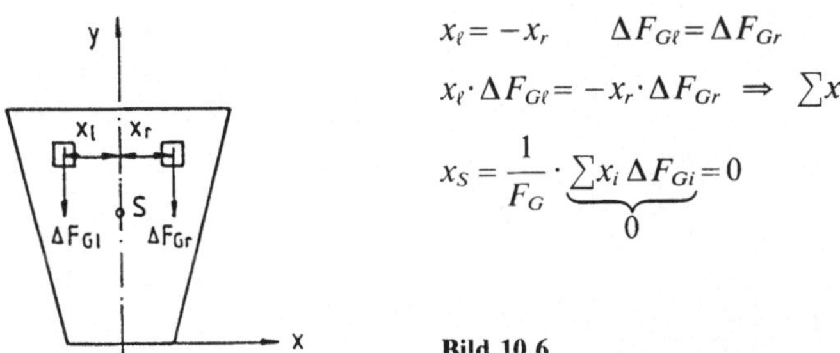

$$x_\ell = -x_r \qquad \Delta F_{G\ell} = \Delta F_{Gr}$$

$$x_\ell \cdot \Delta F_{G\ell} = -x_r \cdot \Delta F_{Gr} \;\Rightarrow\; \sum x_i \Delta F_{Gi} = 0$$

$$x_S = \frac{1}{F_G} \cdot \underbrace{\sum x_i \Delta F_{Gi}}_{0} = 0$$

Bild 10.6

Der Schwerpunkt S liegt also auf der y-Achse als Symmetrieachse.

Für den räumlichen Fall gilt:

Ist $\int x\, dF_G = 0$ und damit $x_S = 0$, so liegt S in der y, z-Ebene

y	y_S	x, z
z	z_S	x, y

Zur Bestimmung des Schwerpunkts nutzt man gegebene Symmetrien aus.

Hat ein homogener Körper

eine Symmetrieebene, so liegt S in dieser Ebene (z.B. Quader)

eine Symmetrieachse, so liegt S auf dieser Achse (z.B. Zylinder)

einen Symmetriepunkt, so ist dieser der Schwerpunkt (z.B. Kugel)

10.4.2 Zweiteilige Gebilde

> Bei zweiteiligen Körpern (Flächen, Linien) liegt der Gesamtschwerpunkt auf der Verbindungsstrecke der Teilschwerpunkte und unterteilt diese im umgekehrten Verhältnis der Gewichte (Flächeninhalte, Linienlängen) der beiden Teile.

Bei der Zusammenfassung von Vektoren zu einer Resultierenden muß für jeden beliebigen Drehpunkt Gleichheit zwischen dem Moment der Resultierenden und dem Moment der Teilvektoren bestehen. Das läßt sich auch auf den Schwerpunkt S beziehen, für den die Resultierende keine Drehwirkung hat.

Für eine zweiteilige Fläche gilt nach Bild 10.7

$$A_1 a_1 - A_2 a_2 = R \cdot 0 = 0 \;\Rightarrow\; \frac{a_1}{a_2} = \frac{A_2}{A_1}$$

Nach dem Strahlensatz ist $\boxed{\dfrac{a_1}{a_2} = \dfrac{a_1'}{a_2'} = \dfrac{\ell_1}{\ell_2} = \dfrac{A_2}{A_1}}$ (10.8)

■ **Beispiel:** Aus zwei Rechtecken zusammengesetzte Fläche

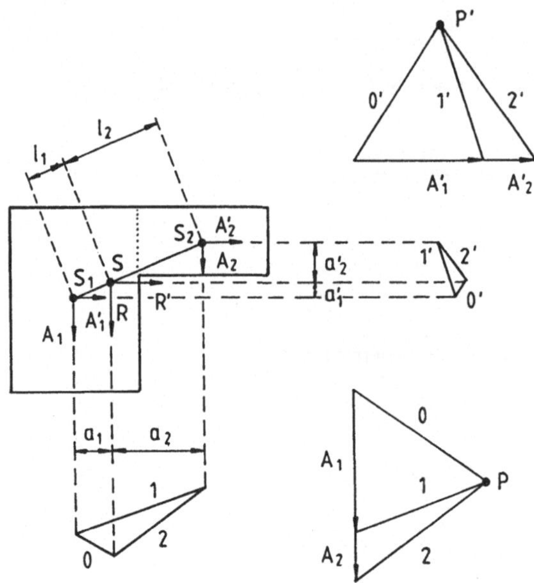

10.4.3 Graphische Schwerpunkts-Bestimmung

Will man den Schwerpunkt zeichnerisch ermitteln (z. B. wie im Bild 10.7 mit dem Seileckverfahren), so teilt man das System in Teilsysteme mit bekannten Schwerpunkten auf.

Durch die Einzelschwerpunkte legt man parallele Vektoren, deren Längen proportional sind den Gewichten (Flächen, Linienlängen) der Teilsysteme und bildet deren Resultierende für zwei verschiedene (z. B. um 90° gegeneinander verdrehte) Lagen.

Der Schwerpunkt ergibt sich dann als Schnittpunkt zweier Wirklinien der Resultierenden in den verschiedenen Lagen des Systems.

Gebilde mit Aussparungen

Hat ein Körper Hohlräume wie Aussparungen, Bohrungen usw., so ist es meist zweckmäßig, diese zunächst außer acht zu lassen, so daß man einfache Vollkörper erhält. Die Hohlräume werden nachträglich als „negative Teilkörper" vom Vollmaterial wieder abgezogen.

Entsprechendes gilt auch für Flächen und Linien.

Um die Rechnung zu vereinfachen, wird man nicht nur das effektiv vorhandene Material berücksichtigen, sondern die unvollständigen Formen und Flächen zu einfachen Grundfiguren ergänzen. Die fehlenden Reststücke werden als negative Gebilde aufgefaßt, um die zu viel angenommenen Anteile zu kompensieren.

Bei der zeichnerischen Methode müssen die Gewichtspfeile der Hohlräume entgegengesetzten Richtungssinn gegenüber dem Vollmaterial haben.

10.4.4 Experimentelle Schwerpunkts-Bestimmung

Experimentell läßt sich die Wirklinie der Gewichtskraft eines Körpers und damit eine Schwerlinie durch Aufhängung an einem Seil finden. Der Körper pendelt sich so ein, daß sein Schwerpunkt auf der Verlängerung des Aufhängeseils liegt. Nach dem Zweikräfteprinzip ist dann die Gewichtskraft mit der Seilkraft im Gleichgewicht, da die beiden Kräfte auf einer Wirkungslinie liegen, gleich groß und entgegengesetzt gerichtet sind.

Eine andere Möglichkeit ist die Abstützung und Austarierung eines Körpers auf einer Schneide, in deren Verlängerung dann eine Schwerebene liegt.

Der Schwerpunkt ergibt sich somit als Schnittpunkt zweier Schwerlinien oder als gemeinsamer Punkt dreier Schwerebenen.

■ **Beispiel:** Aufhängung eines dreieckförmigen Körpers

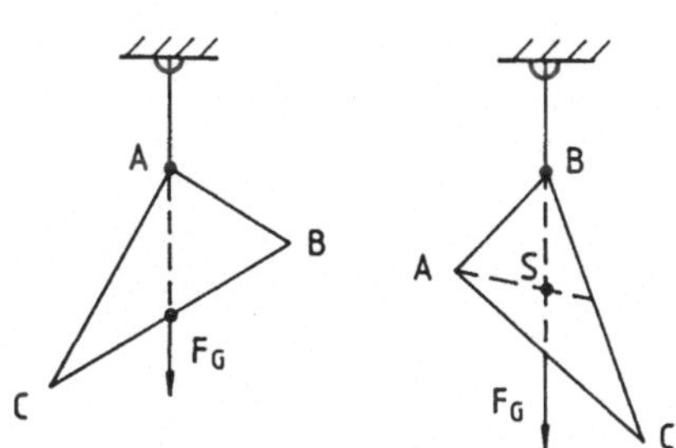

Das Dreieck pendelt sich nach Bild 10.8 so ein, daß die Verlängerung des Aufhängeseils mit einer Seitenhalbierenden zusammenfällt. Durch zweimalige Aufhängung des Dreiecks an verschiedenen Eckpunkten erhält man zwei Schwerlinien und deren Schnittpunkt als Schwerpunkt.

Bild 10.8   ■

■ **Beispiel:** PKW auf einer Waage

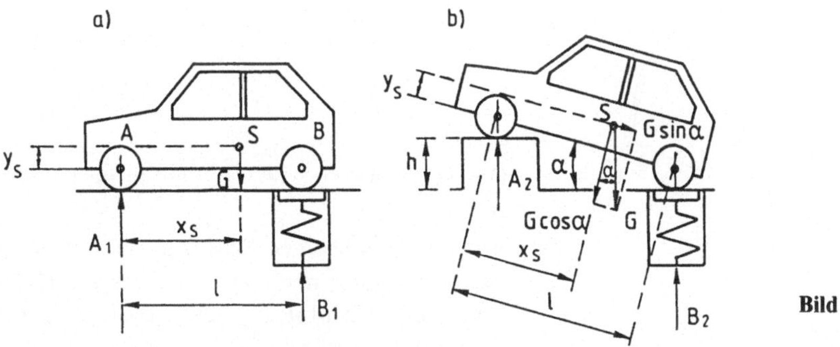

Bild 10.9

Zur experimentellen Bestimmung seines horizontalen Schwerpunktabstands x_S von der Vorderachse wird ein PKW einmal nur mit den Vorderrädern und einmal nur mit den Hinterrädern auf eine Waage gestellt (Bild 10.9a). Die Waage zeigt (nacheinander) die Auflagerkräfte $A_1 = 3,8$ kN und $B_1 = 6,7$ kN an. Zur Ermittlung des vertikalen Schwerpunktabstands y_S von der Radmitte werden die Hinterräder auf die Waage gestellt und die Vorderräder bei angezogener Handbremse um die Höhe $h = 0,5$ m angehoben (Bild 10.9b). Diesmal beträgt die Hinterachslast $B_2 = 7,4$ kN. Der horizontale Achsabstand wird mit $\ell = 2,5$ m gemessen.

Welche Lage hat der Schwerpunkt S des Fahrzeugs?

Lsg.: a) Horizontale Meßlage

$$\sum F_y = 0 \quad \Rightarrow \quad G = A_1 + B_1 = (3,8 + 6,7) \text{ kN} = 10,5 \text{ kN}$$

$$\sum M^{(A)} = 0 = B_1 \ell - G \cdot x_S \quad \Rightarrow \quad \boxed{x_S = \frac{B_1}{G} \cdot \ell} \qquad x_S = \frac{6,7}{10,5} \cdot 2,5 \text{ m} = 1,60 \text{ m}$$

b) Schräge Meßlage

$$\sum M^{(A)} = 0 = B_2 \cdot \cos\alpha \cdot \ell - G \cdot \sin\alpha \cdot y_S - G \cdot \cos\alpha \cdot \underbrace{x_S}_{\dfrac{B_1}{G} \cdot \ell}$$

$$G \cdot \sin\alpha \cdot y_S = (B_2 - B_1) \cdot \cos\alpha \cdot \ell \;\Rightarrow$$

$$\boxed{y_S = \frac{B_2 - B_1}{G} \cdot \frac{\ell}{\tan\alpha} = \frac{B_2 - B_1}{G} \cdot \frac{\ell}{h} \cdot \sqrt{\ell^2 - h^2} = \frac{B_2 - B_1}{G} \cdot \ell \cdot \sqrt{\left(\frac{\ell}{h}\right)^2 - 1}}$$

$$y_S = \frac{7{,}4 - 6{,}7}{10{,}5} \cdot 2{,}5\ \text{m} \cdot \sqrt{\left(\frac{2{,}5}{0{,}5}\right)^2 - 1} = 0{,}82\ \text{m} \qquad\blacksquare$$

10.5 Schwerpunkt von einfachen Gebilden

10.5.1 Schwerpunkt von Linien

10.5.1.1 Gebrochener Linienzug

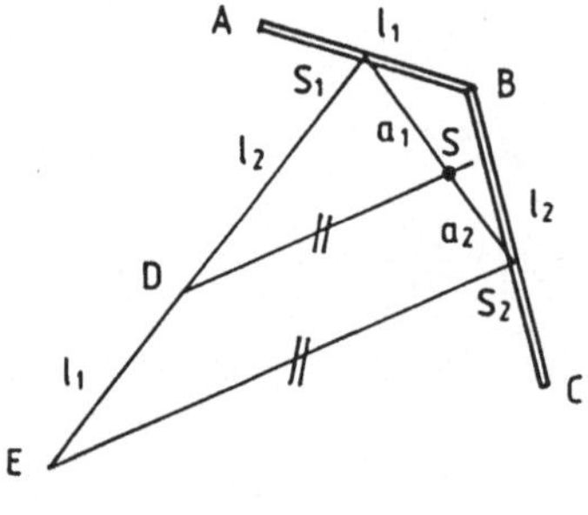

Bild 10.10

Nach Bild 10.10 bestimmt man den Schwerpunkt mit dem Strahlensatz

$$\boxed{\frac{a_1}{a_2} = \frac{\ell_2}{\ell_1}} \qquad\qquad (10.9)$$

Die Teilschwerpunkte S_1, S_2 liegen in der Mitte von AB bzw. BC.

Auf einem beliebigen Schenkel durch S_1 trägt man die Teillängen ℓ_1 und ℓ_2 des Linienzuges ABC in umgekehrter Reihenfolge an und erhält die Endpunkte D und E. E wird mit S_2 verbunden.

Der Gesamtschwerpunkt S liegt einerseits auf der Verbindungslinie $S_1 S_2$ und andererseits auf der Parallelen zu ES_2 durch den Punkt D.

10.5.1.2 Kreisbogen

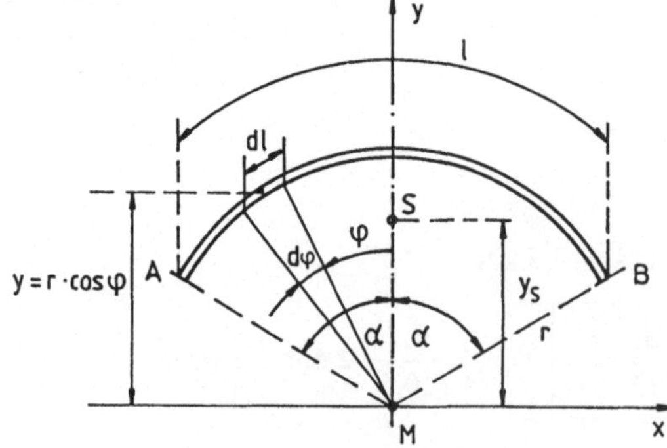

**Bild 10.11

Aus Symmetriegründen liegt der Schwerpunkt auf der Winkelhalbierenden des Zentriwinkels. Mit $\alpha =$ halber Mittelpunktswinkel wird nach Bild 10.11

Länge des Bogens $\widehat{AB} = \ell = r \cdot 2 \cdot \alpha$

Länge des Bogenelements $\mathrm{d}\ell = r\,\mathrm{d}\varphi$

Mit Ausnutzung der Symmetrie-Bedingung bei der Auswertung des Integrals ergibt sich der Abstand des Schwerpunkts vom Kreismittelpunkt

$$\overline{MS} = y_S = \frac{1}{\ell} \int y\,\mathrm{d}\ell = \frac{1}{r \cdot 2\alpha} \int_{-\alpha}^{\alpha} r\cos\varphi \cdot r\,\mathrm{d}\varphi = \frac{r^2}{r \cdot 2\alpha} \cdot 2 \cdot \int_{0}^{\alpha} \cos\varphi\,\mathrm{d}\varphi = \frac{r}{\alpha} \left[\sin\varphi\right]_0^{\alpha}$$

$$\boxed{y_S = r \cdot \frac{\sin\alpha}{\alpha}} \tag{10.10}$$

■ **Beispiel:** Halbkreisbogen

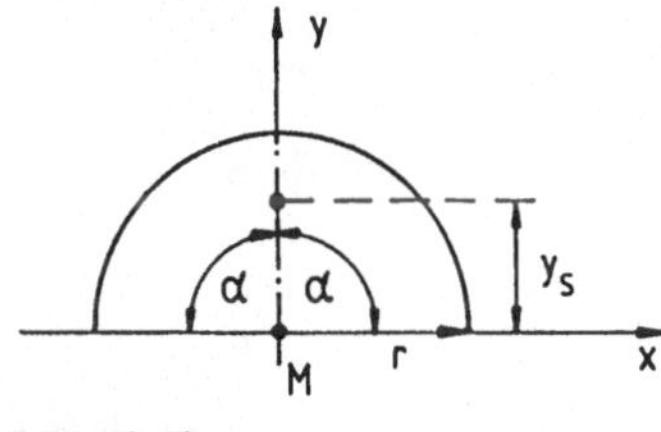

Bild 10.12

Nach Bild 10.12 ist

$$\alpha = \frac{\pi}{2}$$

Damit wird nach Gl. 10.10

$$y_S = r \cdot \frac{\sin\dfrac{\pi}{2}}{\dfrac{\pi}{2}} = \frac{2}{\pi} \cdot r$$

■

10.5.2 Schwerpunkt von Flächen

10.5.2.1 Doppeltsymmetrische Flächen

Beim Kreis, Kreisring, Quadrat, Doppel-T usw. findet man den Schwerpunkt als Schnittpunkt zweier Symmetrielinien (Bild 10.13).

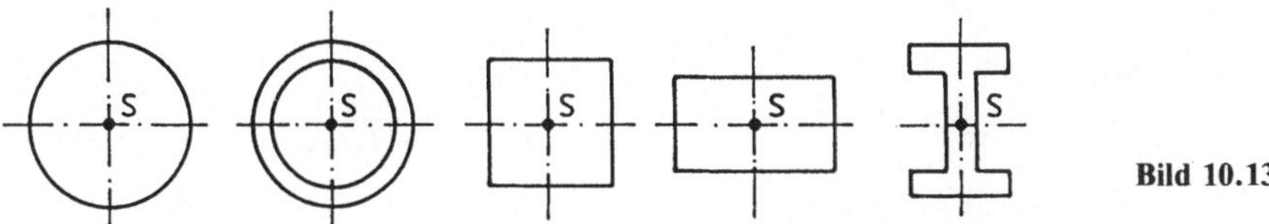

Bild 10.13

10.5.2.2 Dreieck

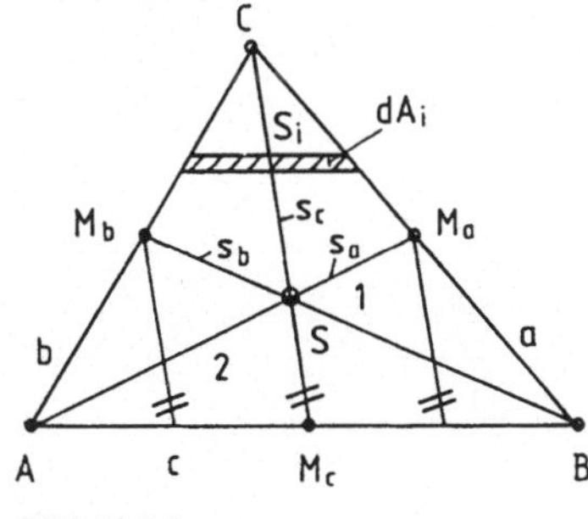

Bild 10.14

$M_a =$ Mittelpunkt der Seite a

$M_b =$ Mittelpunkt der Seite b

$M_c =$ Mittelpunkt der Seite c

Seitenhalbierende

$s_a = \overline{AM_a}$

$s_b = \overline{BM_b}$

$s_c = \overline{CM_c}$

Schwerpunkt $S =$ Schnittpunkt der Seitenhalbierenden (Schwerlinien)

Begründung: Auf der Seitenhalbierenden liegen die Teilschwerpunkte S_i aller parallelen Flächenstreifen dA_i und damit auch der Gesamtschwerpunkt S (Bild 10.14). Man zieht durch M_a und M_b Parallele zu s_c, die die Seite $\overline{AB} = c$ in 4 gleiche Teile und die Seitenhalbierende s_a und s_b in 3 gleiche Teile zerlegen. Nach dem Strahlensatz gilt:

$$\frac{\overline{AS}}{\overline{SM_a}} = \frac{\overline{BS}}{\overline{SM_b}} = \frac{\overline{CS}}{\overline{SM_c}} = \frac{2}{1} \qquad (10.11)$$

Der Schwerpunkt teilt jede Seitenhalbierende so, daß der Abschnitt an der Ecke doppelt so groß ist wie der an der gegenüberliegenden Seite.

Übertragung auf die Höhen:

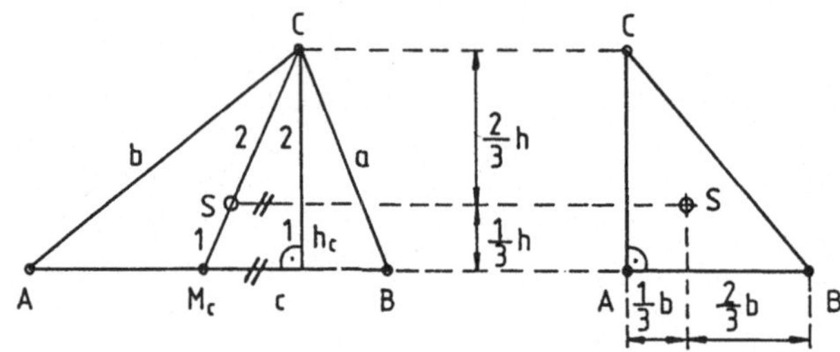

Bild 10.15

S liegt auf einer Parallelen zu $\begin{matrix} a \\ b \\ c \end{matrix}$ im Abstand $\dfrac{1}{3} \begin{matrix} h_a \\ h_b \\ h_c \end{matrix}$

Der Schwerpunkt eines beliebigen Dreiecks liegt auf der Parallelen zur Grundlinie im Abstand ein Drittel der zugehörigen Höhe.

Beim rechtwinkligen Dreieck sind die Katheten gleichzeitig Höhen, so daß der Schwerpunkt dort auf einer Parallelen im Abstand 1/3 der anderen Kathetenlänge liegt (Bild 10.15).

Bestimmung der Schwerpunkts-Koordinaten aus den Koordinaten der Eckpunkte:

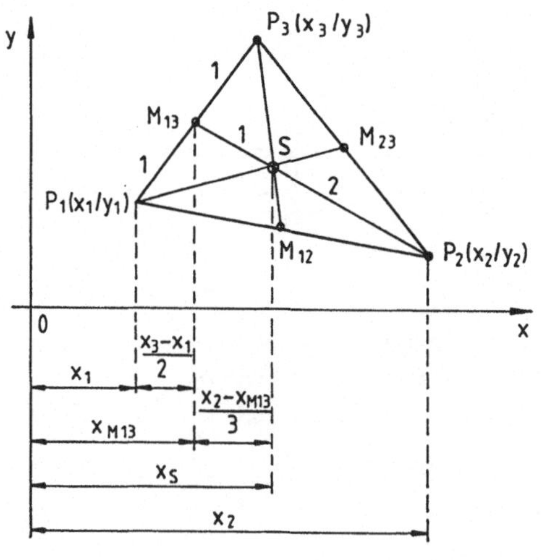

geg.: x_1, x_2, x_3
$\qquad y_1, y_2, y_3$

ges.: x_s, y_s

$$\overline{P_1 M_{13}} = \overline{M_{13} P_3}$$

$$\frac{\overline{P_2 S}}{\overline{SM_{13}}} = \frac{2}{1}$$

Bild 10.16

M_{13} ist der Mittelpunkt der Seite P_1P_3, daher gilt nach Bild 10.16

$$x_{M13} = x_1 + \frac{x_3 - x_1}{2} = \frac{x_1 + x_3}{2}$$

Der Schwerpunkt S unterteilt die Seitenhalbierende im Verhältnis $2:1$, also ist

$$x_s = x_{M13} + \frac{x_2 - x_{M13}}{3} = \frac{2}{3} x_{M13} + \frac{1}{3} x_2 = \frac{2}{3} \cdot \frac{x_1 + x_3}{2} + \frac{1}{3} x_2$$

Zusammengefaßt und analog für die y-Richtung berechnet ergeben sich die Schwerpunkts-Koordinaten zu

$$\boxed{\begin{aligned} x_s &= \frac{1}{3}(x_1 + x_2 + x_3) \\ y_s &= \frac{1}{3}(y_1 + y_2 + y_3) \end{aligned}} \tag{10.12}$$

10.5.2.3 Parallelogramm

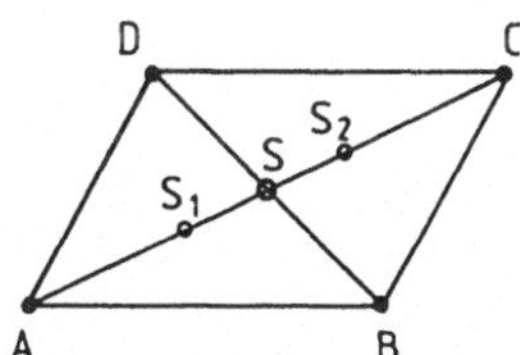

In Bild 10.17 wird das Parallelogramm $ABCD$ durch die Diagonale BD in zwei Dreiecke zerlegt.

Bild 10.17

S_1 = Schwerpunkt von $\triangle ABD$, liegt auf der Seitenhalbierenden AS
S_2 = Schwerpunkt von $\triangle BCD$, liegt auf der Seitenhalbierenden CS
Der Schwerpunkt S des Parallelogramms liegt auf der Verbindungslinie S_1S_2 der beiden Teilflächen-Schwerpunkte.
Die Parallelogramm-Diagonalen sind also Schwerlinien und ihr Schnittpunkt ist der Schwerpunkt.

10.5.2.4 Trapez

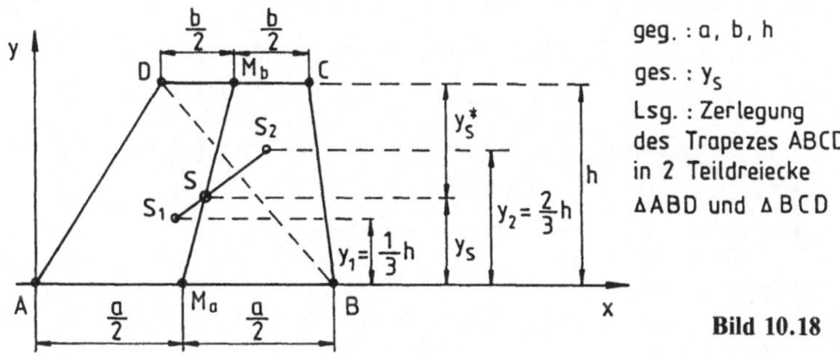

Bild 10.18

Wie in Bild 10.18 ersichtlich, liegt der Schwerpunkt S des Trapezes
1) auf der Verbindungslinie M_aM_b der Mittelpunkte der beiden parallelen Seiten, da dort die Teilschwerpunkte aller zu AB parallelen Flächenstreifen liegen,

2) auf der Verbindungslinie $S_1 S_2$ der beiden Dreiecks-Teilschwerpunkte, wobei

$$\frac{\overline{S_1 S}}{\overline{SS_2}} = \frac{A_2}{A_1} = \frac{\frac{1}{2} bh}{\frac{1}{2} ah} = \frac{b}{a}$$

$$y_s = \frac{\sum y_i A_i}{A} = \frac{y_1 A_1 + y_2 A_2}{A_1 + A_2} = \frac{\frac{1}{3} h \cdot \frac{1}{2} ah + \frac{2}{3} h \cdot \frac{1}{2} bh}{\frac{1}{2} ah + \frac{1}{2} bh} = \frac{h}{3} \cdot \frac{a + 2b}{a + b} \qquad (10.13)$$

$$y_s^* = h - y_s = h \cdot \left[1 - \frac{a + 2b}{3(a + b)} \right] = h \cdot \frac{3a + 3b - a - 2b}{3(a + b)} = \frac{h}{3} \cdot \frac{2a + b}{a + b} \qquad (10.13\,a)$$

Sonderfall: Parallelogramm (Bild 10.19)

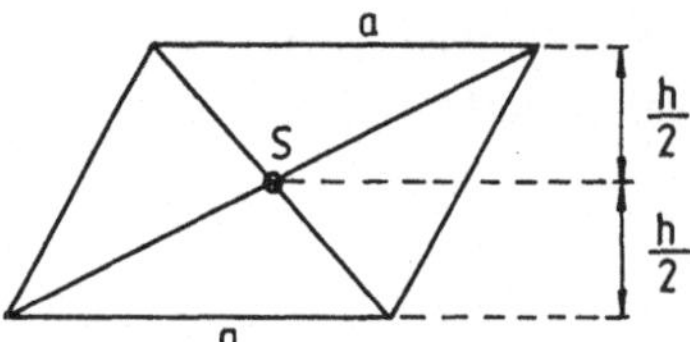

Bild 10.19

Mit $b = a$ wird nach Gl. 10.13

$$y_s = \frac{h}{3} \cdot \frac{a + 2a}{a + a} = \frac{h}{3} \cdot \frac{3a}{2a} = \frac{h}{2} \quad \Rightarrow$$

S liegt im Schnittpunkt der Diagonalen, die sich durch ihren Schnitt halbieren.

Zeichnerische Bestimmung des Trapez-Schwerpunktes

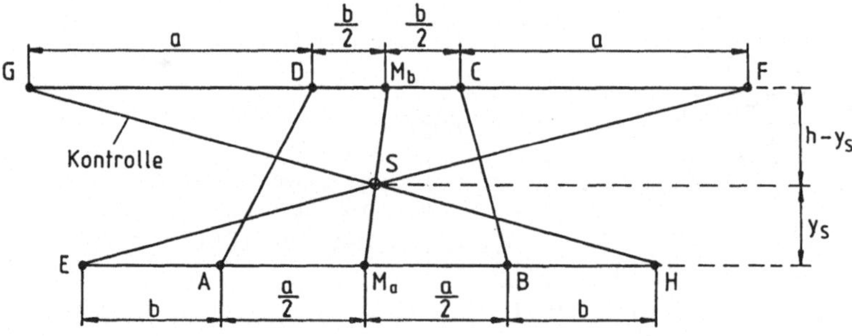

Bild 10.20

$$S = M_a M_b \cap EF$$

bzw. $\quad S = M_a M_b \cap GH$

Entsprechend dem Bild 10.20 halbiert man die parallelen Seiten und trägt die gegenüberliegende Seite an einer Ecke und zur Kontrolle auch auf der anderen Ecke an. Der Schwerpunkt S liegt dann auf der Verbindungslinie $M_a M_b$ der Seitenmitten und auf der Geraden EF bzw. GH der über Kreuz verbundenen angelegten Seiten.

Beweis der Konstruktion
Aus der Ähnlichkeit der Dreiecke läßt sich die Beziehung der Gl. 10.13 herleiten und damit die Richtigkeit der Konstruktion bestätigen.

$$\triangle M_a ES \sim \triangle M_b FS: \quad \frac{y_s}{h - y_s} = \frac{\dfrac{a}{2} + b}{a + \dfrac{b}{2}} = \frac{a + 2b}{2a + b} \quad \Rightarrow$$

$$2ay_s + by_s = h(a + 2b) - ay_s - 2by_s \quad \Rightarrow \quad \boxed{y_s = \frac{h}{3} \cdot \frac{a + 2b}{a + b}} \quad \text{q.e.d.}$$

10.5.2.5 Kreissektor

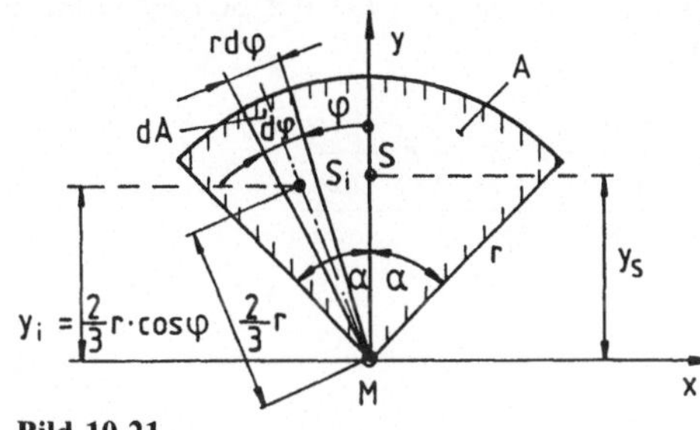

Bild 10.21

geg.: r, α = halber Mittelpunkts $\sphericalangle$

ges.: y_s

Lsg.: Nach Bild 10.21 ist

$$A = r^2 \cdot \pi \cdot \frac{2\alpha}{2\pi} = \frac{1}{2} r^2 \cdot 2\alpha = r^2 \alpha$$

$$dA = \frac{1}{2} r^2 \cdot d\varphi \quad (\approx \text{Dreiecksfläche})$$

Der Kreissektor wird in einzelne Sektorelemente zerlegt, die als Dreiecksflächen aufgefaßt werden können. Ihr jeweiliger Teilschwerpunkt S_i hat demnach den Abstand $\dfrac{2}{3} r$ von der Dreiecksspitze M. Der Schwerpunkt liegt auf der Winkelhalbierenden des Kreissektors, die eine Symmetrielinie darstellt.

Nach Gl. 10.6 ist sein Abstand vom Kreismittelpunkt

$$y_s = \frac{1}{A} \int_A y \cdot dA = \frac{1}{r^2 \cdot \alpha} \int_{-\alpha}^{\alpha} \frac{2}{3} r \cdot \cos\varphi \cdot \frac{1}{2} r^2 \cdot d\varphi = \frac{r^3}{3r^2 \cdot \alpha} \int_{-\alpha}^{\alpha} \cos\varphi\, d\varphi$$

$$\boxed{\overline{MS} = y_s = \frac{r}{3\alpha} \cdot 2 \cdot \int_0^{\alpha} \cos\varphi \cdot d\varphi = \frac{2r}{3\alpha} \cdot [\sin\varphi]_0^{\alpha} = \frac{2}{3} r \cdot \frac{\sin\alpha}{\alpha}} \qquad (10.14)$$

■ **Beispiel:** Halbkreissektor (Bild 10.22)

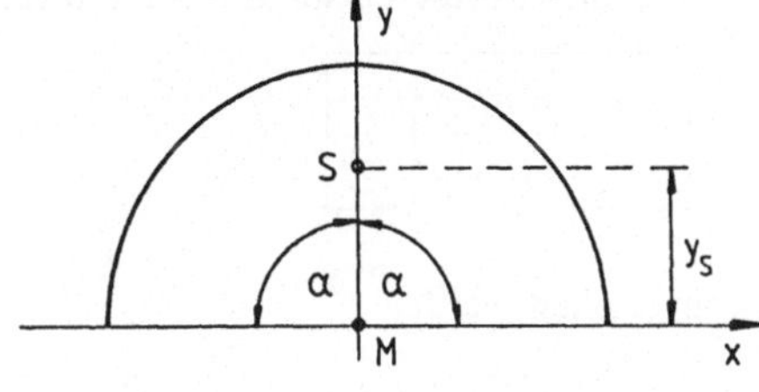

Bild 10.22

Mit $\alpha = \dfrac{\pi}{2}$ wird aus Gl. 10.14 $\quad \boxed{y_s = \frac{2}{3} r \cdot \frac{\sin\dfrac{\pi}{2}}{\dfrac{\pi}{2}} = \frac{4r}{3\pi}} \qquad (10.14a)$ ■

10.5.2.6 Kreisringsektor

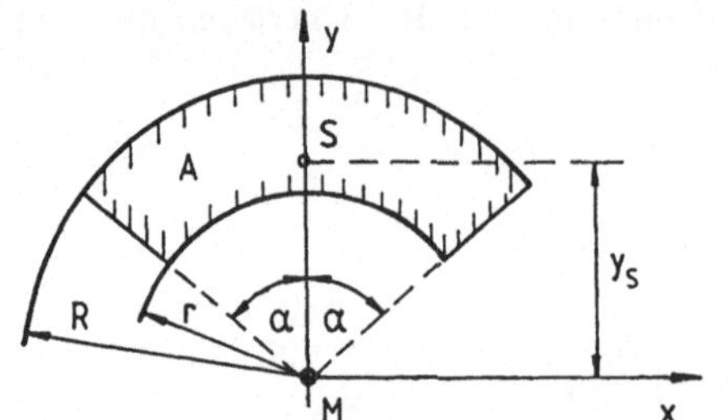

geg.: R, r, α

ges.: y_s

Lsg.:

Bild 10.23

Bei dem Kreisringsektor nach Bild 10.23 geht man von einem Vollquerschnitt aus und berücksichtigt den zuviel berechneten Anteil des inneren Hohlraums als negative Fläche.

Auch hier ist die Winkelhalbierende des Sektors Symmetrielinie, auf der der Schwerpunkt S liegt. Sein Abstand vom Mittelpunkt M ist nach Gl. 10.5

$$y_s = \frac{\sum y_i \cdot A_i}{A} = \frac{A_1 \cdot y_1 - A_2 \cdot y_2}{A} = \frac{R^2 \cdot \alpha \cdot \frac{2}{3} R \cdot \frac{\sin\alpha}{\alpha} - r^2 \cdot \alpha \cdot \frac{2}{3} r \cdot \frac{\sin\alpha}{\alpha}}{\alpha(R^2 - r^2)}$$

$$\boxed{\overline{MS} = y_s = \frac{2}{3} \cdot \frac{R^3 - r^3}{R^2 - r^2} \cdot \frac{\sin\alpha}{\alpha}} \qquad (10.15)$$

10.5.2.7 Schwerpunkt von parabelförmigen Flächen

Bei der Bestimmung von Schnittgrößen und Verformungen eines Balkens mit parabelförmigen Streckenlasten braucht man die von der Parabel eingeschlossene Fläche und die Koordinaten des Flächen-Schwerpunkts.

a) Parabelast nach oben geöffnet

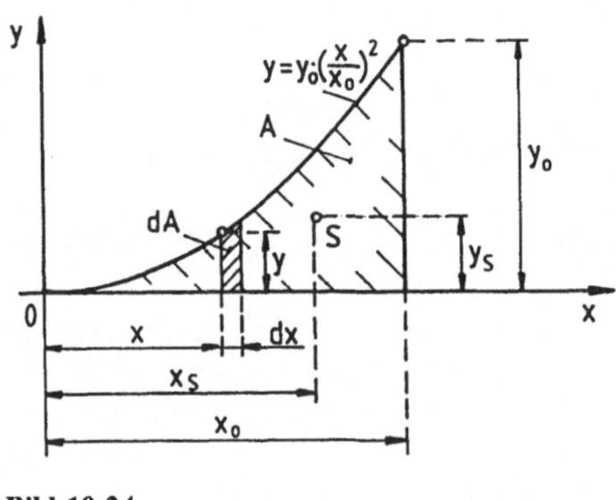

Bild 10.24

Nach Bild 10.24 gilt für die Parabel

$$y = k \cdot x^2$$

Die Konstante k ergibt sich aus der Randbedingung für

$x = x_0$ ist $y = y_0$

$$y_0 = k \cdot x_0^2 \quad \Rightarrow \quad k = \frac{y_0}{x_0^2}$$

Damit wird die Gleichung der Parabel

$$\boxed{y = y_0 \cdot \left(\frac{x}{x_0}\right)^2} \qquad (10.16a)$$

Ein infinitesimales Flächenelement kann als Rechteck angesehen werden.

$$dA = y\,dx = \frac{y_0}{x_0^2} x^2\,dx$$

Durch Integration ergibt sich die Fläche zwischen der Parabel und der Abszisse.

$$\boxed{A = \int dA = \frac{y_0}{x_0^2} \int_0^{x_0} x^2\,dx = \frac{y_0}{x_0^2} \cdot \frac{1}{3} x^3 \Big|_0^{x_0} = \frac{y_0}{x_0^2} \cdot \frac{1}{3} x_0^3 = \frac{1}{3} x_0 y_0} \qquad (10.17a)$$

Nach Gl. 10.6 ist

$$x_s = \frac{1}{A} \int_A x\,dA = \frac{3}{x_0 y_0} \cdot \frac{y_0}{x_0^2} \int_0^{x_0} x^3\,dx = \frac{3}{x_0^3} \cdot \frac{1}{4} \cdot x^4 \Big|_0^{x_0} = \frac{3}{4} x_0 \tag{10.18a}$$

Der Schwerpunkts-Abstand eines Flächenelements von der x-Achse ist $\dfrac{y}{2}$ und somit

$$y_s = \frac{1}{A} \int_A \frac{y}{2}\,dA = \frac{3}{x_0 y_0} \cdot \frac{1}{2} \cdot \frac{y_0}{x_0^2} \cdot \frac{y_0}{x_0^2} \cdot \int_0^{x_0} x^4\,dx = \frac{3 y_0}{2 x_0^5} \cdot \frac{1}{5} \cdot x^5 \Big|_0^{x_0} = \frac{3}{10} y_0 \tag{10.19a}$$

Allgemein gilt bei einer Parabel n-ter Ordnung

$$y = y_0 \left(\frac{x}{x_0}\right)^n; \quad A = \frac{1}{n+1} x_0 y_0; \quad x_s = \frac{n+1}{n+2} x_0; \quad y_s = \frac{n+1}{2(2n+1)} y_0 \tag{10.20a}$$

b) Parabellast nach rechts geöffnet

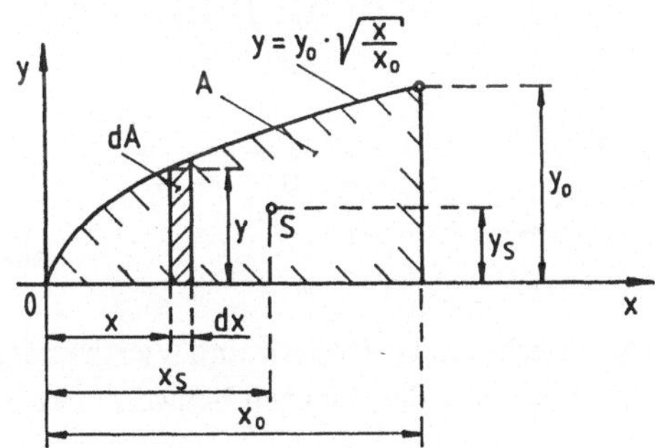

Bild 10.25

Nach Bild 10.25 ist

$$x = k \cdot y^2$$

für $x = x_0$ ist $y = y_0$

$$x_0 = k \cdot y_0^2 \;\Rightarrow\; k = \frac{x_0}{y_0^2}$$

eingesetzt

$$x = \frac{x_0}{y_0^2} \cdot y_0^2 \;\Rightarrow\; y^2 = y_0^2 \cdot \frac{x}{x_0}$$

$$y = y_0 \cdot \sqrt{\frac{x}{x_0}} \tag{10.16b}$$

$$dA = y\,dx = \frac{y_0}{\sqrt{x_0}} \cdot \sqrt{x}\,dx$$

$$A = \int dA = \frac{y_0}{\sqrt{x_0}} \int_0^{x_0} x^{\frac{1}{2}}\,dx = \frac{y_0}{\sqrt{x_0}} \cdot \frac{2}{3} x^{\frac{3}{2}} \Big|_0^{x_0} = \frac{y_0}{\sqrt{x_0}} \cdot \frac{2}{3} x_0 \sqrt{x_0} = \frac{2}{3} x_0 y_0 \tag{10.17b}$$

$$x_s = \frac{1}{A} \int_A x\,dA = \frac{3}{2 x_0 y_0} \cdot \frac{y_0}{\sqrt{x_0}} \int_0^{x_0} x\sqrt{x}\,dx = \frac{3}{2} x_0^{-\frac{3}{2}} \int_0^{x_0} x^{\frac{3}{2}}\,dx = \frac{3}{2} x_0^{-\frac{3}{2}} \cdot \frac{2}{5} x_0^{\frac{5}{2}}$$

$$x_s = \frac{3}{5} x_0 \tag{10.18b}$$

$$y_s = \frac{1}{A} \int_A \frac{y}{2}\,dA = \frac{3}{2 x_0 y_0} \cdot \frac{1}{2} \cdot \frac{y_0}{\sqrt{x_0}} \cdot \frac{y_0}{\sqrt{x_0}} \int_0^{x_0} \sqrt{x}\sqrt{x}\,dx = \frac{3}{4} \frac{y_0}{x_0^2} \int_0^{x_0} x\,dx = \frac{3}{4} \frac{y_0}{x_0^2} \cdot \frac{1}{2} x_0^2$$

$$y_s = \frac{3}{8} y_0 \tag{10.19b}$$

Allgemein gilt für eine Parabel n-ter Ordnung

$$y = y_0 \left(\frac{x}{x_0}\right)^{\frac{1}{n}}; \quad A = \frac{1}{\frac{1}{n}+1}\, x_0 y_0; \quad x_s = \frac{\frac{1}{n}+1}{\frac{1}{n}+2}\, x_0; \quad y_s = \frac{\frac{1}{n}+1}{2\left(2\frac{1}{n}+1\right)}\, y_0 \qquad (10.20\,\mathrm{b})$$

■ **Beispiel:** Ausgestanztes Blech

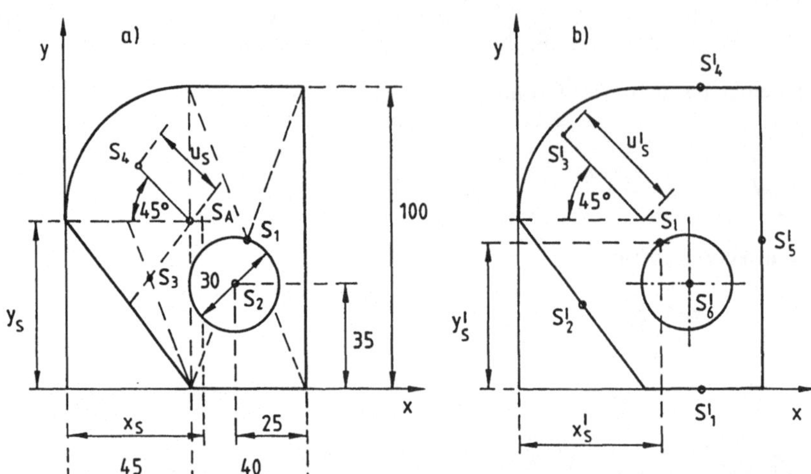

Bild 10.26

Ein Bauteil nach Bild 10.26a setzt sich aus einem Rechteck, einem Dreieck und Viertelkreissektor zusammen und ist mit einer Bohrung versehen. Man bestimme den Flächen-Schwerpunkt S_A und den Linien-Schwerpunkt S_ℓ.

Die Rechnung wird zur besseren Übersicht in Tabellenform durchgeführt.

a) Flächen-Schwerpunkt

Einzelne Werte

$$\Delta A_1 = 4 \cdot 10 = 40 \ \mathrm{cm}^2 \qquad\qquad \alpha = 45°$$

$$\Delta A_2 = -\pi \cdot 3^2 = -7{,}069 \ \mathrm{cm}^2$$

$$\Delta A_3 = \frac{1}{2} \cdot 4{,}5 \cdot 5{,}5 = 12{,}375 \ \mathrm{cm}^2 \qquad u_s = \frac{2}{3}\, r \cdot \frac{\sin\alpha}{\alpha} = \frac{2}{3} \cdot 4{,}5 \cdot \frac{\sin 45°}{\frac{\pi}{4}} = 2{,}671 \ \mathrm{cm}$$

$$\Delta A_4 = \frac{1}{4}\,\pi \cdot 4{,}5^2 = 15{,}904 \ \mathrm{cm}^2 \qquad \begin{aligned} x_4 &= 4{,}5 - 2{,}671 \cos 45° = 2{,}611 \ \mathrm{cm} \\ y_4 &= 5{,}5 + 2{,}671 \sin 45° = 7{,}389 \ \mathrm{cm} \end{aligned}$$

i	ΔA_i [cm²]	x_i [cm]	y_i [cm]	$x_i \cdot \Delta A_i$ [cm³]	$y_i \cdot \Delta A_i$ [cm³]
1	40	6,5	5	260	200
2	−7,069	6	3,5	−42,414	−24,742
3	12,375	3	3,667	37,125	45,375
4	15,904	2,611	7,389	41,525	117,515
Σ	61,210	—	—	296,236	338,148

$$x_s = \frac{\sum x_i \cdot \Delta A_i}{A} = \frac{296{,}236 \ \mathrm{cm}^3}{61{,}21 \ \mathrm{cm}^2} = 4{,}840 \ \mathrm{cm}; \quad y_s = \frac{\sum y_i \cdot \Delta A_i}{A} = \frac{338{,}148 \ \mathrm{cm}^2}{61{,}21 \ \mathrm{cm}^2} = 5{,}524 \ \mathrm{cm}$$

b) Linien-Schwerpunkt

Das Bauteil wird aus Blech ausgestanzt, wobei sich die Schnittkraft des Werkzeugs als Streckenlast gleichmäßig über die Schnittkanten verteilen soll (Bild 10.26 b). Die resultierende Schnittkraft greift dabei im Schwerpunkt S_ℓ der ausgestanzten Kontur (einschließlich der Bohrungen und Aussparungen) an. Um unnötige Biegung zu vermeiden, muß die Stempelkraft des Stanzwerkzeugs mit der Wirkungslinie der resultierenden Schnittkraft zusammenfallen, also ebenfalls im Linien-Schwerpunkt angreifen.

Einzelne Werte

$$\Delta\ell_1 = \Delta\ell_4 = 4 \text{ cm} \qquad \alpha = 45°$$

$$\Delta\ell_2 = \sqrt{4,5^2 + 5,5^2} = 7,106 \text{ cm} \qquad u_s' = r \cdot \frac{\sin\alpha}{\alpha} = 4,5 \cdot \frac{\sin 45°}{\frac{\pi}{4}} = 4,051 \text{ cm}$$

$$\Delta\ell_3 = \frac{1}{2} \cdot 4,5 \cdot \pi = 7,069 \text{ cm}$$

$$\Delta\ell_5 = 10 \text{ cm} \qquad x_3' = 4,5 - 4,051 \cos 45° = 1,636 \text{ cm}$$

$$\Delta\ell_6 = \pi \cdot 3 = 9,425 \text{ cm} \qquad y_3' = 5,5 + 4,051 \sin 45° = 8,364 \text{ cm}$$

i	$\Delta\ell_i$ [cm]	x_i' [cm]	y_i' [cm]	$x_i' \cdot \Delta\ell_i$ [cm³]	$y_i' \cdot \Delta\ell_i$ [cm³]
1	4	6,5	0	26	0
2	7,106	2,25	2,75	15,989	19,542
3	7,069	1,636	8,364	11,565	59,125
4	4	6	10	26	40
5	10	8,5	5	85	50
6	9,425	6	3,5	56,55	32,988
$\sum$	41,600	—	—	221,104	201,655

$$x_s' = \frac{\sum x_i' \cdot \Delta\ell_i}{\ell} = \frac{221,104 \text{ cm}^2}{41,6 \text{ cm}} = 5,315 \text{ cm}; \qquad y_s' = \frac{\sum y_i' \cdot \Delta\ell_i}{\ell} = \frac{201,655 \text{ cm}^2}{41,6 \text{ cm}} = 4,847 \text{ cm} \qquad \blacksquare$$

Bei einer spezifischen Schnittkraft $f = 500 \dfrac{N}{\text{cm}}$ beträgt die resultierende Schnittkraft

$$F_s = f \cdot \ell = 500 \frac{N}{\text{cm}} \cdot 41,6 \text{ cm} = 20,8 \text{ kN}$$

10.5.3 Schwerpunkt von Körpern

Die allgemeine Beziehung für die Bestimmung von Schwerpunkten homogener Körper führt mit $dV = dx \cdot dy \cdot dz$ auf Dreifach-Integrale wie

$$x_s = \frac{1}{V} \int_V x \, dV = \frac{1}{V} \int\int\int x \, dx \, dy \, dz$$

Man kann jedoch häufig das Volumenelement so wählen, daß die Integration nur über eine Variable durchgeführt werden muß.

■ **Beispiel:** Homogener Kreiskegel (Bild 10.27)

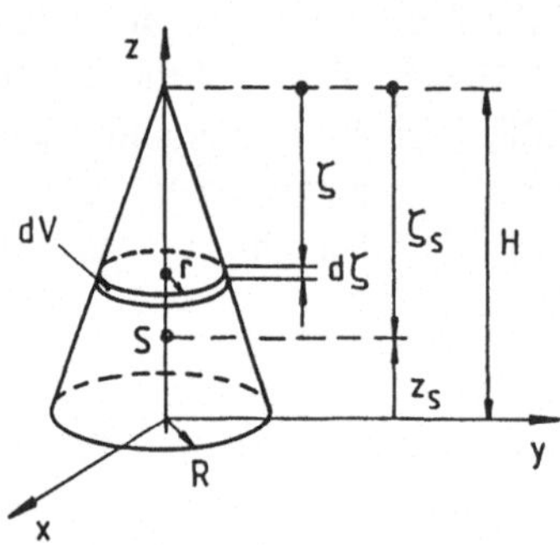

Aus Symmetriegründen ist

$x_s = y_s = 0$

Strahlensatz

$$\frac{r}{R} = \frac{\zeta}{H} \implies r = \frac{R}{H} \cdot \zeta$$

Bild 10.27

Als Volumeneinheit wählt man eine Kreisscheibe parallel zur x, y-Ebene.

Um leichter integrieren zu können, führt man von der Kegelspitze aus beginnend die Koordinate ζ ein.

$$dV = \pi \cdot r^2 \cdot d\zeta = \pi \cdot \left(\frac{R}{H}\right)^2 \cdot \zeta^2 \cdot d\zeta$$

$$V = \int dV = \pi \cdot \left(\frac{R}{H}\right)^2 \cdot \int_0^H \zeta^2 d\zeta = \pi \cdot \frac{R^2}{H^2} \cdot \frac{H^3}{3} = \frac{1}{3}\pi R^2 H$$

$$\zeta_s = \frac{1}{V} \int \zeta \cdot dV = \frac{\pi \cdot \dfrac{R^2}{H^2}}{\dfrac{1}{3}\pi R^2 H} \cdot \int_0^H \zeta^3 d\zeta = \frac{3}{H^3} \cdot \frac{H^4}{4} = \frac{3}{4} H$$

$$\boxed{z_s = H - \zeta_s = \frac{1}{4}H}$$ Schwerpunkts-Abstand von der Grundfläche   (10.21) ■

10.6 Regeln von Guldin und Pappus

(Guldin 1577–1643, holländischer Physiker
Pappus 4. Jahrhundert n. Chr., Mathematiker aus Alexandria)

Die Oberfläche und das Volumen eines rotations-symmetrischen Körpers kann mit dem Schwerpunkt der erzeugenden Linie bzw. der erzeugenden Fläche berechnet werden.

Bedingung: Die Rotationsachse (y-Achse) darf den erzeugenden Bogen bzw. die erzeugende Fläche nicht schneiden.

10.6.1 Guldinsche Regeln für Oberflächen

Mit der Guldinschen Formel kann man einerseits aus dem Abstand des Linien-Schwerpunkts die Rotationsoberfläche bestimmen, oder andererseits bei gegebener Oberfläche den Linienschwerpunkt ermitteln.

Die Kurve $\widehat{AB}$ rotiert um die y-Achse und erzeugt dabei eine Oberfläche O (Bild 10.28).

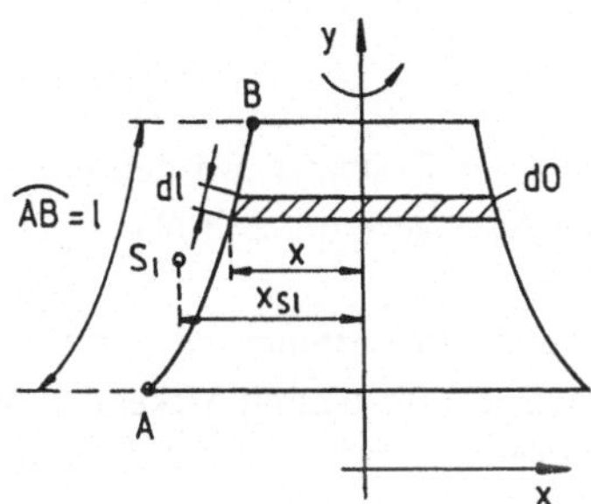

$$dO = 2\pi \cdot x \cdot d\ell$$

$$O = \int dO = 2\pi \cdot \int x\,d\ell = 2\pi \cdot x_s \cdot \ell$$

wobei nach Gl. 10.6 gilt

$$x_s = \frac{1}{\ell} \int x\,d\ell \;\Rightarrow\; \int x\,d\ell = x_s \cdot \ell$$

Bild 10.28

$$\boxed{O = 2\pi \cdot x_{s\ell} \cdot \ell} \;\Rightarrow\; \boxed{x_{s\ell} = \frac{O}{2\pi \cdot \ell}} \qquad (10.22)$$

Die Oberfläche O eines Rotationskörpers ist gleich dem Produkt aus dem Weg des Schwerpunkts $2\pi \cdot x_{s\ell}$ der erzeugenden Linie bei der Rotation und der Länge ℓ der Linie.

10.6.2 Guldinsche Regel für Volumina

Die Fläche A rotiert um die y-Achse und erzeugt dabei ein Volumen V (Bild 10.29).

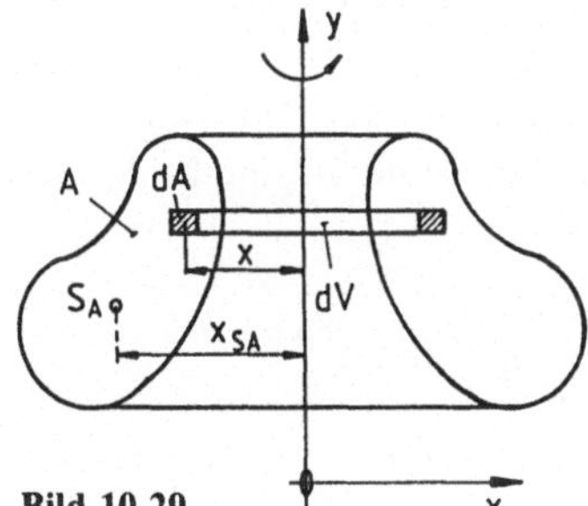

$$dV = 2\pi \cdot x \cdot dA$$

$$V = \int dV = 2\pi \int x \cdot dA = 2\pi \cdot x_s \cdot A$$

wobei nach Gl. 10.5 gilt

$$x_s = \frac{1}{A} \int x \cdot dA \;\Rightarrow\; \int x \cdot dA = x_s \cdot A$$

Bild 10.29

$$\boxed{V = 2\pi \cdot x_{SA} \cdot A} \;\Rightarrow\; \boxed{x_{SA} = \frac{V}{2\pi \cdot A}} \qquad (10.23)$$

Das Volumen V eines Rotationskörpers ist gleich dem Produkt aus dem Weg des Schwerpunkts $2\pi \cdot x_{SA}$ der erzeugenden Fläche und dem Inhalt A der Fläche.

■ **Beispiel:** Oberfläche und Volumen einer Kugel (Bild 10.30)

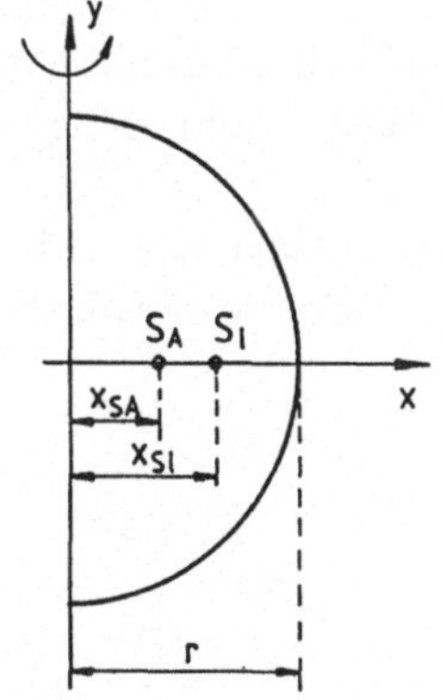

$$x_{S\ell} = \frac{2r}{\pi}; \quad \ell = r \cdot \pi$$

$$\boxed{O = 2\pi \cdot x_{S\ell} \cdot \ell = 2\pi \cdot \frac{2r}{\pi} \cdot r \cdot \pi = 4\pi \cdot r^2}$$

$$x_{SA} = \frac{4r}{3\pi}; \quad A = \frac{r^2 \cdot \pi}{2}$$

$$\boxed{V = 2\pi \cdot x_{SA} \cdot A = 2\pi \cdot \frac{4r}{3\pi} \cdot \frac{r^2 \cdot \pi}{2} = \frac{4}{3}\pi \cdot r^3}$$

Bild 10.30

11 Schnittgrößen

Bei den bisherigen Berechnungen von Bauteilen und mechanischen Systemen wurden nur die bei einem starren Körper durch äußere Belastung hervorgerufenen Auflager- und Zwischenlager-Reaktionen bestimmt.

Für die Ermittlung der Spannungen und Verformungen und zur Dimensionierung von Konstruktionsteilen entsprechend ihrer Beanspruchung ist es erforderlich, die im Bauteil wirkenden inneren Kräfte und Momente zu kennen. Diese sog. Schnittgrößen lassen sich mit dem Schnittprinzip bestimmen:

Ist ein Körper im Gleichgewicht, so ist auch jeder (gedanklich) beliebig abgetrennte Teil des Körpers für sich im Gleichgewicht, wenn man an der Schnittstelle die durch den Schnitt freiwerdenden Kräfte hinzufügt.

Diese Schnittkräfte sind kontinuierlich über die Schnittfläche verteilt. Sie lassen sich auf ein äquivalentes Kräftesystem mit Einzelkräften und Einzelmomenten reduzieren und sind dann bei den Gleichgewichts-Bedingungen wie äußere Kräfte und Momente zu behandeln.

Nach dem Wechselwirkungsgesetz sind die Schnittgrößen an beiden Schnittufern jeweils entgegengesetzt gerichtet gleich.

Die am linken Balkenteil angreifende Schnittkraft stellt die Wirkung des rechten Teils auf den linken dar und umgekehrt.

Zur Bestimmung der Schnittgrößen kann man entweder den linken oder den rechten Balkenteil heranziehen (zweckmäßig den Teil mit der geringeren Anzahl von Kräften), die beide für sich im Gleichgewicht sind, so daß die Gleichgewichts-Bedingungen gelten:

Summe aller Kräfte einschließlich der Schnittkräfte   = Null
Summe aller Momente einschließlich der Schnittmomente = Null

11.1 Schnittgrößen am Balken

Beispiel: Gelenkig gelagerter Träger mit Einzelkräften (Bild 11.1)

Obwohl die Schnittgrößen meist rechnerisch bestimmt werden, wird zur besseren Anschauung zunächst die grafische Lösung vorgenommen.

Zuerst werden am Gesamtsystem (z. B. mit dem Seileck-Verfahren) die Auflagerreaktionen ermittelt.

Zur Bestimmung der inneren Kräfte und Momente an einer beliebigen Stelle x (z. B. zwischen den Kräften $\vec{F}_1$ und $\vec{F}_2$) schneidet man den Balken in einer Ebene senkrecht zur Balkenachse in zwei völlig voneinander getrennte Teile.

Da jetzt die Bindekräfte an der Schnittstelle fehlen, ist jeder Teil für sich allein nicht mehr im Gleichgewicht. Zur Herstellung des Gleichgewichts ist das Anbringen einer Schnittkraft $\vec{F}_S$ an beiden Balkenteilen erforderlich.

Diese Schnittkraft ist die Resultierende der auf die Querschnittsfläche verteilten Kräfte. Ihre Wirkungslinie geht jedoch im allgemeinen nicht durch den Schwerpunkt der Querschnittsfläche, ja sie kann sogar außerhalb dieser Fläche liegen.

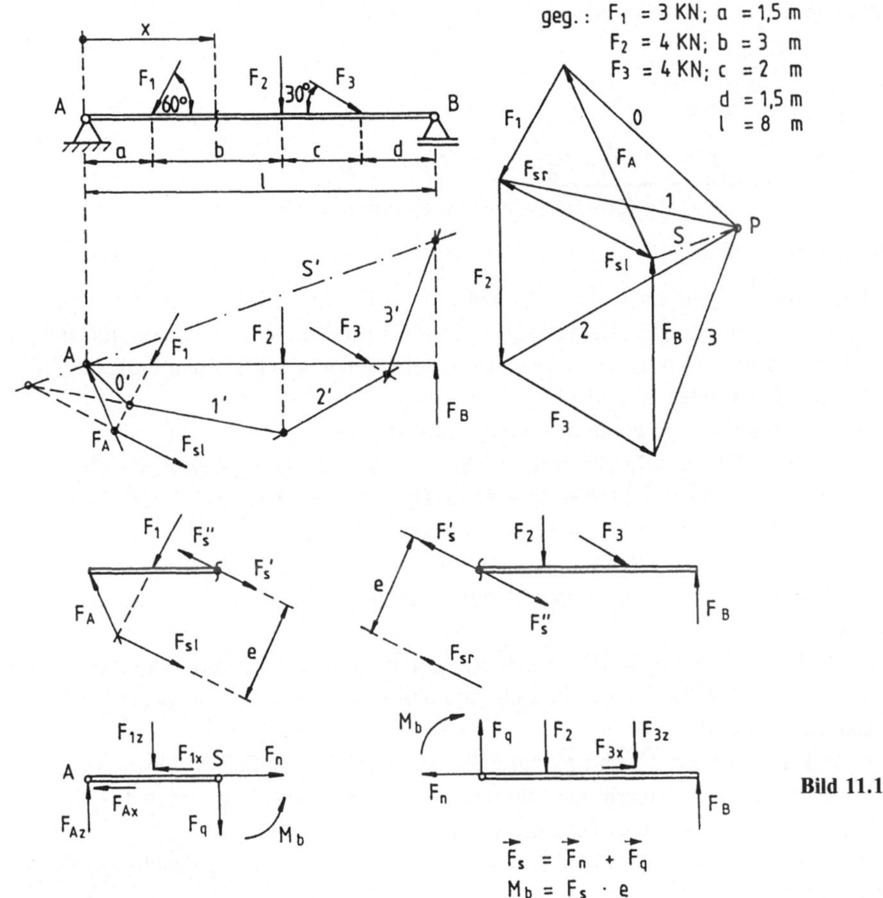

$$\vec{F_s} = \vec{F_n} + \vec{F_q}$$
$$M_b = F_s \cdot e$$

Bild 11.1

Rechnerische Lösung

Auflagerkräfte (Gesamtsystem)

$$\sum F_x = 0 \;\Rightarrow\; F_{Ax} = F_{3x} - F_{1x} = 1,96 \text{ kN};$$

$$\sum M^{(A)} = 0 = F_B l - F_{1z} a - F_2 (a+b) - F_3 (a+b+c);$$

$$F_B = \frac{a}{l} F_{1z} + \frac{a+b}{l} F_2 + \frac{a+b+c}{l} F_{3z} = 4,36 \text{ kN};$$

$$\sum M^{(B)} = 0 \;\Rightarrow\; F_{Az} = \frac{b+c+d}{l} F_{1z} + \frac{c+d}{l} F_2 + \frac{d}{l} F_{3z} = 4,24 \text{ kN};$$

Schnittgrößen (linker Balkenteil)

$$\sum F_x \;\;= 0 \;\Rightarrow\; F_n = F_{Ax} + F_{1x} = 3,46 \text{ kN}$$

$$\sum F_z \;\;= 0 \;\Rightarrow\; F_q = F_{Az} - F_{1z} = 1,64 \text{ kN}$$

$$\sum M^{(S)} = 0 \;\Rightarrow\; M_b = F_{Az} \cdot x - F_{1z}(x-a)$$

$$\text{für } a \le x \le a+b$$

Die Schnittkräfte $\vec{F}_{S\ell}$ bzw. $\vec{F}_{Sr}$ am linken bzw. rechten Trägerteil müssen den äußeren Kräften links bzw. rechts von der Schnittstelle das Gleichgewicht halten:

I)　　$\vec{F}_{S\ell} + \vec{F}_A + \vec{F}_1 = 0$

II)　　$\vec{F}_{Sr} + \vec{F}_2 + \vec{F}_3 + \vec{F}_B = 0$

$$\text{I + II:}\quad \vec{F}_{S\ell} + \vec{F}_{Sr} + \underbrace{\vec{F}_A + \vec{F}_1 + \vec{F}_2 + \vec{F}_3 + \vec{F}_B}_{0} = 0 \;\Rightarrow\; \vec{F}_{Sr} = -\vec{F}_{S\ell}$$

$$\text{(Gleichgewicht des Gesamtsystems)}$$

$\vec{F}_{Sr}$ ist die Gegenkraft von $\vec{F}_{S\ell}$.

Die Wirklinie von $\vec{F}_{S\ell}$ geht nach dem Dreikräfte-Prinzip durch den Schnittpunkt von $\vec{F}_A$ und $\vec{F}_1$ bzw. nach den Bedingungen des Seileck-Verfahrens (und diese Überlegung gilt entsprechend auch für andere Schnittstellen mit beliebig vielen Kräften am abgeschnittenen Balkenteil) durch den Schnittpunkt der Seilstrahlen $1'$ und s'.

$\vec{F}_{S\ell}$ liegt also außerhalb der geschnittenen Querschnittsfläche.

Da aber die inneren Elementarkräfte bzw. die Spannungen nur am Material, also im Querschnitt wirken können, muß man die Schnittkraft auf eine Dyname (= System aus verschobener Kraft und Versetzungsmoment) in bezug auf den Schwerpunkt reduzieren.

Mit den Formeln der Festigkeitslehre (also unter Berücksichtigung von Verformungs-Bedingungen) können die Schnittgrößen im Schwerpunkt dann durch die entsprechenden Spannungen ausgedrückt werden.

Für die Parallel-Verschiebung der Schnittkraft nimmt man im Schwerpunkt zwei Gegenkräfte $\vec{F}_S'$ und $\vec{F}_S''$ (wobei $F_S' = F_S'' = F_S$) an, die sich gegenseitig aufheben, die mechanische Wirkung des Systems also nicht verändern.

$\vec{F}_S'$ wird in die Komponenten $\vec{F}_n$ und $\vec{F}_q$ parallel und senkrecht zur Balkenachse zerlegt.

Das Kräftepaar $\vec{F}_S, \vec{F}_S''$ wird durch das Moment $M_b = F_S \cdot e$ ersetzt. Man erhält für ebene Systeme die drei Schnittgrößen F_n, F_q, M_b oder kürzer geschrieben N, Q, M.

Die Normalkraft oder Längskraft $F_n = F_n(x)$ hält den in Richtung der Balkenachse wirkenden Kräften an einem Balkenteil jenseits der Schnittstelle x das Gleichgewicht.

Sie wird als Zugkraft positiv angenommen, d.h. wenn sie am linken Balkenteil nach rechts, am rechten Balkenteil nach links zeigt.

Die Querkraft $F_q = F_q(x)$ hält den senkrechten Komponenten der äußeren Kräfte an einem Balkenteil links oder rechts von der Schnittstelle x das Gleichgewicht.

Sie wird für den linken Balkenteil nach unten, für den rechten Balkenteil nach oben wirkend positiv angenommen.

Das Biegemoment $M_b = M_b(x)$ hält dem Moment der äußeren Kräfte einer Schnitthälfte bezogen auf den Querschnitts-Schwerpunkt das Gleichgewicht.

Das Biegemoment wird positiv angenommen, wenn es am linken Balkenteil entgegen dem Uhrzeigersinn, am rechten Balkenteil im Uhrzeigersinn dreht.

Schnittgrößen-Verlauf

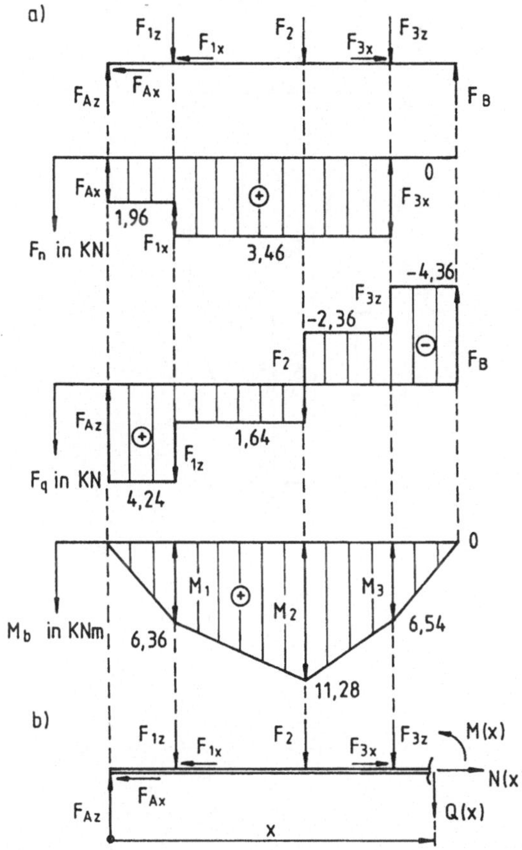

$$F_{1x} = F_1 \cos 60° = 1{,}5 \text{ kN}$$

$$F_{1z} = F_1 \sin 60° = 2{,}6 \text{ kN}$$

$$F_{3x} = F_3 \cos 30° = 3{,}46 \text{ kN}$$

$$F_{3z} = F_3 \sin 30° = 2 \text{ kN}$$

$$M_1 = F_{Az}\, a = 6{,}36 \text{ kNm}$$

$$M_2 = M_{max} = F_{Az}(a+b) - F_{1z}\, b$$

$$M_2 = 11{,}28 \text{ kNm}$$

$$M_3 = F_B\, d = 6{,}54 \text{ kNm}$$

Bild 11.2

Zur Bestimmung der Schnittgrößen in den einzelnen Querschnitten unterteilt man den Balken entsprechend seiner Lagerung und Belastung in einzelne Abschnitte, für die man analytische Funktionen zur Beschreibung der Schnittgrößen angeben kann und berechnet sie damit an allen markanten Stellen.

Zur besseren Übersicht werden die Schnittgrößen entlang der Balkenachse in Diagrammen grafisch dargestellt (Bild 11.2).

Da die Balken meist von oben belastet werden (an den Enden gelagerte Balken ergeben dann positive Biegemomente) und der Platz für das Zeichnen der Diagramme nach unten frei ist, werden die positiven Schnittgrößen zweckmäßig von der Balkenachse aus nach unten abgetragen.

Mit der Föppl-Klammer (Gl. 11.12) lassen sich die Schnittgrößen mit einer Funktion für den gesamten Balken angeben.

Dazu legt man an das Ende des Balkens einen Schnitt (Bild 11.12b) und bestimmt die Schnittgrößen nach der Schnittmethode.

$$N(x) = F_{Ax} + F_{1x}\langle x-a\rangle^0 - F_{3x}\langle x-(a+b+c)\rangle^0$$

$$Q(x) = F_{Az} - F_{1z}\langle x-a\rangle^0 - F_2\langle x-(a+b)\rangle^0 - F_{3z}\langle x-(a+b+c)\rangle^0$$

$$M(x) = F_{Az}x - F_{1z}\langle x-a\rangle^1 - F_2\langle x-(a+b)\rangle^1 - F_{3z}\langle x-(a+b+c)\rangle^1$$

■ Beispiel: Eingespannte Säule

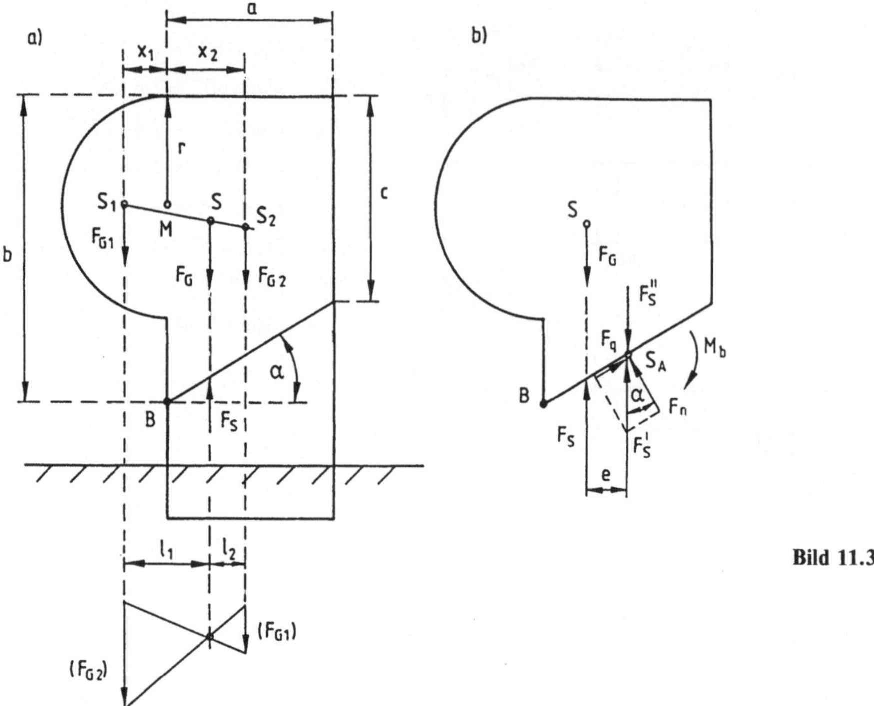

Bild 11.3

Eine Betonsäule mit Rechteck-Querschnitt ist im Boden fest eingemauert. Sie hat folgende Abmessungen und Werkstoffdaten:

geg.: $a = 40$ cm, $b = 70$ cm, $r = 25$ cm

      Dicke $d = 50$ cm ($\perp$ zur Zeichenebene)

      Dichte $\varrho = \dfrac{m}{V} = 1{,}6 \cdot 10^3 \ \dfrac{\text{kg}}{\text{m}^3}$ (Beton mit Stahleinlagen)

ges.:   Schnittgrößen infolge Eigengewichts an der Stelle B unter einem Schnittwinkel $\alpha = 30°$.

Nach Bild 11.3a ist

$$c = b - a \cdot \tan \alpha = 70 - 40 \tan 30° = 46{,}91 \text{ cm}$$

Gewichtskraft

$$F_\text{G} = \underbrace{m \cdot g}_{\varrho \cdot V} = \underbrace{\varrho\, V g}_{A \cdot d} = \underbrace{\varrho\, g\, d\, A}_{f} = f \cdot A$$

Die konstanten Größen werden zu einem Gewichtsfaktor f zusammengefaßt

$$f = \varrho\, g\, d = 1{,}6 \cdot 10^3 \ \frac{\text{kg}}{\text{m}^3} \cdot 9{,}81 \ \frac{\text{m}}{\text{s}^2} \cdot 0{,}5 \text{ m} = 7{,}85 \cdot 10^3 \ \frac{\text{N}}{\text{m}^2} = 0{,}785 \ \frac{\text{N}}{\text{cm}^2}$$

wobei die Dimensions-Umrechnung $1 \text{ N} = 1 \text{ kg} \cdot 1 \ \dfrac{\text{m}}{\text{s}^2}$ verwendet wird.

Der abgeschnittene Säulenkopf wird in zwei Teilkörper mit Halbkreis- und Trapezfläche zerlegt, die folgende Gewichtskräfte ergeben

$$F_{G1} = f \cdot A_1 = f \cdot \frac{1}{2} \pi r^2 = 0{,}785 \ \frac{\text{N}}{\text{cm}^2} \ \frac{1}{2} \pi (25 \text{ cm})^2 = 770{,}67 \text{ N}$$

$$F_{G2} = f \cdot A_2 = f \cdot \frac{b+c}{2} \cdot a = 0{,}785 \cdot \frac{70 + 46{,}91}{2} \cdot 40 = 1\,835{,}49 \text{ N}$$

Die parallelen Teilkräfte $\vec{F}_{G1}$ und $\vec{F}_{G2}$ werden zu einer resultierenden Gewichtskraft $\vec{F}_G$ vereinigt, die im Schwerpunkt S des abgeschnittenen Säulenkopfes angreift. S liegt auf der Verbindungslinie der Teilschwerpunkte S_1 und S_2 und unterteilt diese im umgekehrten Verhältnis der Teilkräfte.

$$F_G = F_{G1} + F_{G2} = 2606,16\ \text{N} = 2,606\ \text{kN} = F_S$$

Die Gewichtskraft $\vec{F}_G$ wird durch eine gleich große, entgegengesetzt gerichtete Schnittkraft $\vec{F}_S = -\vec{F}_G$ ins Gleichgewicht gebracht, die aus den Spannungen der Schnittfläche gebildet wird. Die Schnittgrößen wirken im Schwerpunkt S_A der geschnittenen Rechteckfläche

$$A = \frac{a}{\cos\alpha}\, d = \frac{40\ \text{cm}}{\cos 30°}\cdot 50\ \text{cm} = 2309\ \text{cm}^2$$

Deshalb wird $\vec{F}_S$ in den Schwerpunkt S_A parallel verschoben, wobei das Verschiebemoment $M_b = F_S e$ entsteht.

Zur Veranschaulichung denkt man sich in S_A zwei Gegenkräfte $\vec{F}_S'$ und $\vec{F}_S''$ angebracht, wobei $F_S' = F_S'' = F_S$ sein soll (Bild 11.3 b).

$\vec{F}_S''$ bildet mit $\vec{F}_S$ ein Kräftepaar mit dem Drehmoment M_b.

$\vec{F}_S'$ wird in Komponenten senkrecht bzw. parallel zur Schnittfläche zerlegt: $\vec{F}_S = \vec{F}_n + \vec{F}_q$

$$F_n = F_s \cos\alpha = 2606\ \text{N}\cdot\cos 30° = 2257\ \text{N}$$
$$F_q = F_S \sin\alpha = 2606\ \text{N}\cdot\sin 30° = 1303\ \text{N}$$

Zur Bestimmung des Biegemoments braucht man die Exzentrizität e.

Schwerpunkts-Abstand des Halbkreises nach Gl. 10.14a

$$x_1 = \frac{4r}{3\pi} = \frac{4\cdot 25\ \text{cm}}{3\cdot\pi} = 10,61\ \text{cm}$$

Schwerpunkts-Abstand des Trapezes nach Gl. 10.13

$$x_2 = \frac{a}{3}\,\frac{b+2c}{b+c} = \frac{40}{3}\cdot\frac{70+2\cdot 46,91}{70+46,91}\ \text{cm} = 18,68\ \text{cm}$$

Für die Ermittlung von ℓ_1 und ℓ_2 hat man 2 Gleichungen

I) $\ell_1 + \ell_2 = x_1 + x_2 = 29,29\ \text{cm}$

II) $\dfrac{\ell_1}{\ell_2} = \dfrac{F_{G2}}{F_{G1}} = \dfrac{1835,49}{770,67} = 2,38 \quad \Rightarrow \quad \ell_1 = 2,38\,\ell_2$

II in I: $2,38\,\ell_2 + \ell_2 = 29,29\ \text{cm} \quad \Rightarrow \quad \ell_2 = \dfrac{29,29}{3,38}\ \text{cm} = 8,67\ \text{cm}$

aus I: $\ell_1 = 29,29 - 8,67 = 20,62\ \text{cm}$

Aus dem Bild 11.3a entnimmt man

$$e = \frac{a}{2} - (\ell_1 - x_1) = \frac{40}{2} - (20,62 - 10,61) = 9,99\ \text{cm}$$

Damit wird das Biegemoment

$$M_b = F_S\cdot e = 2,606\ \text{kN}\cdot 9,99\ \text{cm} = 26,03\ \text{kN cm}$$

Mit den Formeln der Festigkeitslehre kann man aus den Schnittgrößen und den Querschnitts-Abmessungen die Spannungen in der geschnittenen Fläche bestimmen. Die Schnittgrößen sind nämlich die Resultierenden der Spannungen. ∎

11.2 Vorzeichen-Festlegung mit einem Koordinatensystem

Um einen Vergleich der einzelnen Belastungsfälle zu ermöglichen, muß man einheitliche Richtlinien schaffen.

Die im Bild 11.1 angegebenen Richtungen der Schnittgrößen werden daher für alle Fälle beibehalten und als positiv bezeichnet.

Ist der Richtungssinn einer Schnittgröße in Wirklichkeit umgekehrt, so ist sie negativ.

Das Aufsuchen der Schnittgrößen kann man schematisieren, indem man die Schnittgrößen auf eine Schablone aufzeichnet und sie an die einzelnen Schnittstellen eines Balkens anlegt, so daß sich jedesmal das Befreiungsbild wie bei einer festen Einspannung ergibt. Wegen des stetigen Materialzusammenhangs ist links und rechts von der Schnittstelle kein Unterschied in der Verschiebung und der Neigung des Balkens zu erwarten, weshalb jede Schnittstelle einer festen Einspannung entspricht.

Um die Vorzeichen der Schnittgrößen eindeutig festlegen zu können, wird ein kartesisches Koordinatensystem eingeführt, dessen Ursprung im linken Endquerschnitt des Balkens liegt.

Die x-Achse fällt mit der Balkenachse (= Verbindungslinie der Querschnitts-Schwerpunkte) zusammen und zeigt nach rechts.

Die y-Achse kommt aus der Zeichenebene heraus, die z-Achse weist nach unten.

Der Balken, dessen Querschnitte parallel zur y, z-Ebene liegen, wird in der x, z-Ebene belastet, die daher Lastebene heißt.

Zur Bestimmung der Schnittgrößen muß man den Balken auseinander schneiden und erhält an der Trennstelle ein linkes und ein rechtes Schnittufer, die durch den Normalenvektor $\vec{n}$ unterschieden werden.

Hierzu definiert man:

Äußere Flächennormale $\vec{n}$: = Vektor, der auf der Schnittfläche senkrecht steht und vom Körperinneren nach außen zeigt.

Positives Schnittufer: = Schnittufer, bei dem die äußere Flächennormale mit der positiven Koordinatenrichtung (hier die x-Achse) übereinstimmt.

Entsprechend zeigt die Flächennormale eines negativen Schnittufers in die negative x-Richtung.

Positive Schnittgrößen: = Schnittgrößen, deren Vektoren am positiven Schnittufer in die Richtung positiver Koordinatenachsen weisen, bzw. am negativen Schnittufer in die Richtung negativer Koordinatenachsen.

Durch diese Vorzeichen-Konvention ist gewährleistet, daß die Schnittgrößen an zwei gegenüberliegenden Schnittufern entgegengesetzten Richtungssinn haben und doch gleiche Vorzeichen aufweisen.

Es ergeben sich somit für beliebige Schnitte dem Betrag und dem Vorzeichen nach immer gleiche Werte, egal ob man das Gleichgewicht des linken oder rechten Balkenteils betrachtet.

Systeme mit veränderlicher Achse

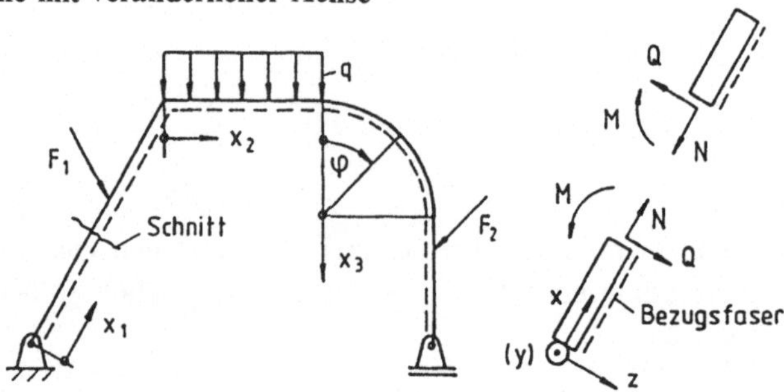

Bild 11.4

Bei abgewinkelten Balken, Rahmen und Bögen ist der Standpunkt des Betrachters, aus dem das positive und das negative Schnittufer hervorgeht, nicht immer eindeutig.

Die Vorzeichen der Schnittgrößen werden daher zweckmäßig durch eine Bezugsfaser festgelegt, die durch eine gestrichelte Linie dargestellt wird (Bild 11.4).

Das Koordinatensystem wird entsprechend wie beim horizontalen Balken eingeführt, wobei die x-Achse in Richtung der gestrichelten Faser zeigt, die z-Achse senkrecht dazu auf sie zuläuft. Die y-Achse kommt aus der Zeichenebene heraus.

Erzeugt ein Biegemoment in der Bezugsfaser

positive Biegespannung (Zug), so ist das Biegemoment positiv

negative Biegespannung (Druck), so ist das Biegemoment negativ

Die Normalkraft ist positiv, wenn sie von der Schnittfläche weggerichtet ist, also Zugspannungen bewirkt.

Die Querkraft ist positiv, wenn sie bei einem linksdrehenden Moment zur gestrichelten Zone hinweist oder bei einem rechtsdrehenden Moment von der gestrichelten Zone weggerichtet ist.

Zur Festlegung der Schnittgrößen ist an den Übergangsstellen des Balkens ein neuer Beginn für die Koordinaten-Zählung mit den Bezeichnungen $x_1, x_2, x_3, \varphi \ldots$, also eine Bereichs-Unterteilung erforderlich, damit man innerhalb eines Bereiches stetige Funktionen für die Schnittgrößen, Spannungen und Verformungen erhält.

11.2.1 Ebenes System

Bild 11.5 zeigt die Schnittgrößen am positiven und negativen Schnittufer, sowie in einem Schrägbild.

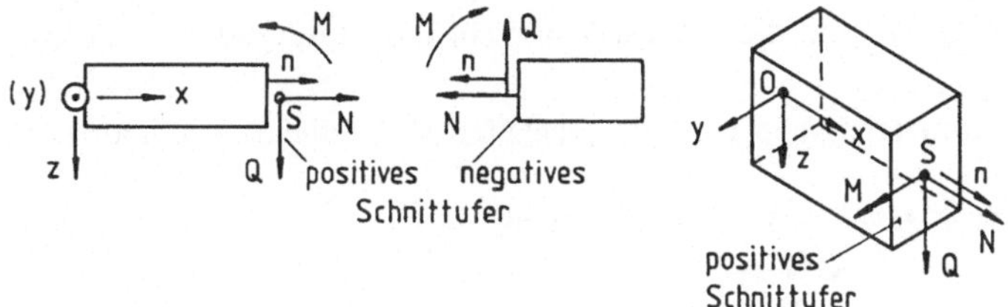

11.2.2 Räumliche Systeme

11.2.2.1 Balken mit gerader Achse

Bei einem beliebig belasteten räumlichen Balken treten an einer Schnittstelle im allgemeinen sechs Schnittgrößen auf, die auf ein feststehendes Koordinatensystem bezogen werden (Bild 11.6).

■ **Beispiel:** Eingespannter Träger mit Einzelkräften (Bild 11.7)

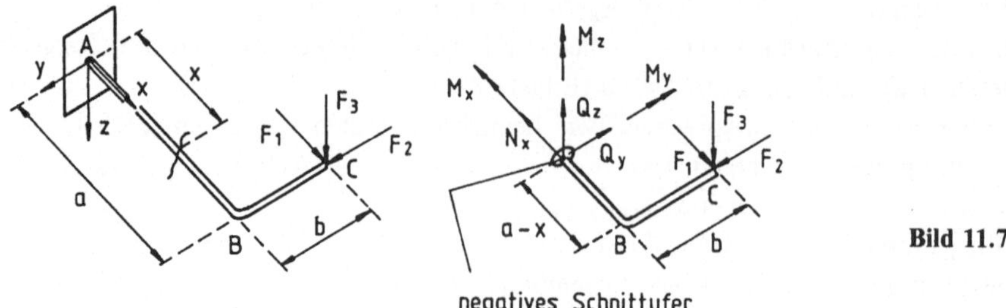

Aus den Gleichgewichts-Bedingungen für den abgeschnittenen Balkenteil erhält man die Schnittgrößen im Bereich $0 \leq x \leq a$

$$\sum F_x = 0 \Rightarrow N_x = F_1 \qquad \sum M_x = 0 \Rightarrow M_x = -F_3 \cdot b$$

$$\sum F_y = 0 \Rightarrow Q_y = F_2 \qquad \sum M_y = 0 \Rightarrow M_y = -F_3(a-x)$$

$$\sum F_z = 0 \Rightarrow Q_z = F_3 \qquad \sum M_z = 0 \Rightarrow M_z = F_1 \cdot b + F_2(a-x)$$

11.2.2.2 Balken mit gekrümmter Achse

Die Balkenachse (= Verbindungslinie der Querschnitts-Schwerpunkte) ist im allgemeinen eine beliebig gekrümmte Raumkurve, wobei die einzelnen Querschnitte unterschiedlich im Raum orientiert sind. Jedem Punkt der Balkenachse muß daher ein passendes, lokales, kartesisches Koordinatensystem zugeordnet werden.

Der Koordinaten-Ursprung läuft dabei die Balkenachse entlang, wobei die x-Achse ständig Tangente an die Balkenachse ist und die y- und die z-Achse senkrecht dazu in der Querschnittsebene liegen.

Ein solches wanderndes Koordinatensystem wird als „begleitendes Dreibein" bezeichnet.

■ **Beispiel:** Räumlich gelagerter Träger mit Einzelkräften (Bild 11.8)

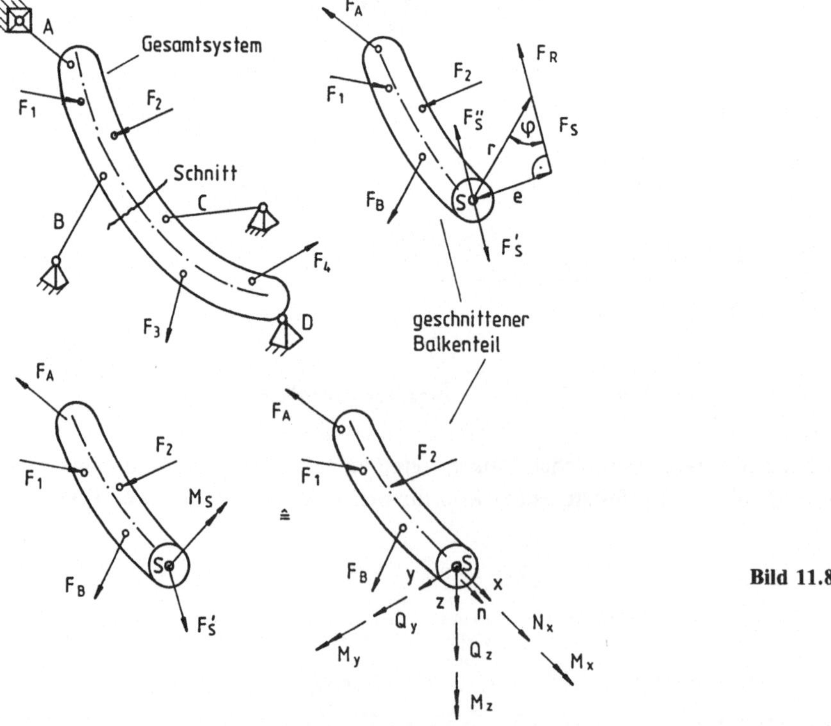

Nachdem die Auflagerreaktionen am Gesamtsystem ermittelt sind, kann der Balken an der zu untersuchenden Stelle geschnitten werden. An einem der beiden geschnittenen Balkenteile werden alle äußeren Kräfte einschließlich der Auflagerkräfte zu einer Resultierenden $\vec{F}_R = \sum\limits_{i=1}^{n} \vec{F}_i$ zusammengefaßt, die eine beliebige räumliche Lage auch außerhalb der Schnittfläche einnehmen kann. $\vec{F}_R$ wird durch eine gleich große Gegenkraft $\vec{F}_S$ (Schnittkraft) ins Gleichgewicht gebracht:

$$\vec{F}_R + \vec{F}_S = 0 \quad \Rightarrow \quad \vec{F}_S = -\vec{F}_R.$$

Die Gleichgewichtskraft $\vec{F}_S$ wird parallel zu sich selbst in den Schwerpunkt S der Schnittfläche verschoben, wobei ein Versetzungsmoment $\vec{M}_S$ entsteht, das gleich dem Moment von $\vec{F}_S$ in bezug auf den Schwerpunkt ist:

$$\vec{M}_S = \vec{r} \times \vec{F}_S; \quad \vec{M}_S \perp \vec{r}; \quad \vec{M}_S \perp \vec{F}_S$$

$$M_S = |\vec{r} \times \vec{F}_S| = F_S \cdot r \cdot \sin\alpha = F_S \cdot e$$

$\vec{r} = $ Ortsvektor vom Schwerpunkt zum Angriffspunkt (bzw. zu einem beliebigen Punkt der Wirklinie) von $\vec{F}_R$.

Das Versetzungsmoment kann man sich veranschaulichen, wenn man im Schwerpunkt des Querschnitts zwei Gegenkräfte $\vec{F}_S'$ und $\vec{F}_S''$ anbringt (wobei $F_S' = F_S'' = F_S$), die sich gegenseitig aufheben und das System daher nicht beeinflussen.

Das Kräftepaar $\vec{F}_S$, $\vec{F}_S''$ wird durch das Moment $\vec{M}_S$ ersetzt.

Die verbleibenden Schnittgrößen $\vec{F}_S'$ und $\vec{M}_S$ im Schwerpunkt werden in Richtung der Koordinatenachsen x, y, z zerlegt, wobei sechs räumliche Komponenten (Schnittreaktionen, Beanspruchungsgrößen) entstehen:

$$\vec{F}_S = \vec{N}_x + \vec{Q}_y + \vec{Q}_z; \quad \vec{M}_S = \vec{M}_x + \vec{M}_y + \vec{M}_z$$

Im einzelnen ist

$N_x \qquad = $ Normal- oder Längskraft in x-Richtung

$Q_y, Q_z \ = $ Querkraft in y- bzw. z-Richtung

$M_x \qquad = $ Torsionsmoment um die x-Achse drehend

$M_y, M_z = $ Biegemoment um die y- bzw. z-Achse drehend

Die Schnittreaktionen werden berechnet, indem man die räumlichen Gleichgewichts-Bedingungen für den geschnittenen Balkenteil ansetzt. Als Bezugspunkt für das Momentengleichgewicht wird dabei zweckmäßig der Schwerpunkt der Schnittfläche gewählt, da dann die Schnittkräfte herausfallen. ∎

11.3 Experimentelle Bestimmung der Schnittgrößen

Schnittgrößen kann man sich an einem Modell eines Balkens in einem bestimmten Schnitt durch Messungen veranschaulichen.

Die einzelnen Teile des Balkens werden durch Verbindungslaschen (z. B. in Form von Federn oder Dynamometern, durch deren Dehnung man die inneren Kräfte messen kann) zusammengehalten.

Nimmt man die Laschen weg und ersetzt sie durch entsprechende Gewichtskräfte, so kann man das Gleichgewicht eines abgeschnittenen Balkenteils für sich betrachten, und die inneren Kräfte zu äußeren und damit meßbaren Kräften machen.

■ **Beispiel:** Eingespannter Winkelträger mit einer schrägen Einzelkraft (Bild 11.9)

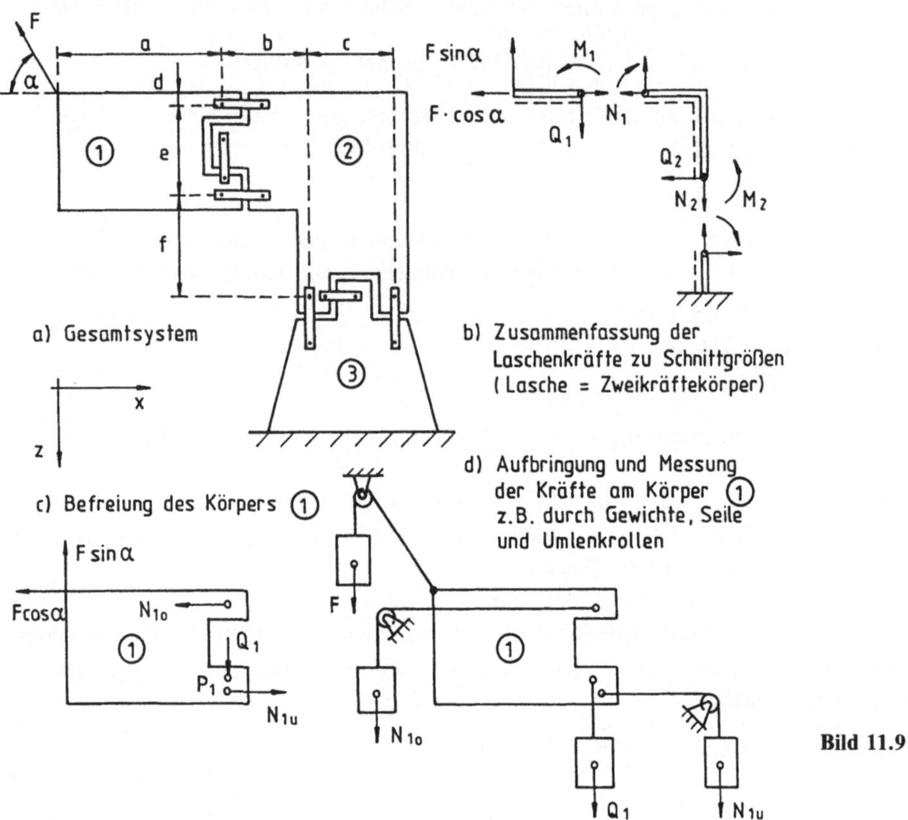

Gleichgewicht des Körpers ①

$$\sum F_x = 0 \;\Rightarrow\; N_1 = N_{1u} - N_{1o} = F\cos\alpha$$

$$\sum F_z = 0 \;\Rightarrow\; Q_1 = F\sin\alpha$$

$$\sum M^{(P_1)} = 0 = N_{1o}\cdot e + F\cos\alpha\,(d+e) - F\cdot\sin\alpha\cdot a$$

$$M_1 = N_{1o}\cdot e = F[a\sin\alpha - (d+e)\cos\alpha]$$

$$N_{1o} = F\left[\frac{a}{e}\sin\alpha - \left(\frac{d}{e}+1\right)\cdot\cos\alpha\right]$$

$$N_{1u} = N_{1o} + F\cos\alpha = F\left[\frac{a}{e}\sin\alpha - \frac{d}{e}\cos\alpha\right]$$

e) Befreiung des Körpers ②

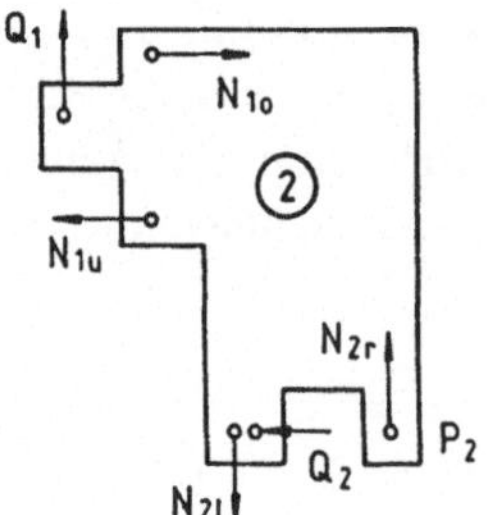

Gleichgewicht des Körpers ②

$$\sum F_x = 0 \;\Rightarrow\; Q_2 = N_{1o} - N_{1u} = -F\cdot\cos\alpha$$

$$\sum F_z = 0 \;\Rightarrow\; N_2 = N_{2\ell} - N_{2r} = Q_1 = F\cdot\sin\alpha$$

$$\sum M^{(P_2)} = 0 = -N_{1o}(e+f) + N_{1u}f - Q_1(b+c) + N_{2\ell}c \;\Rightarrow$$

$$M_2 = N_{2\ell}c = N_{1o}(e+f) - N_{1u}f + Q_1(b+c)$$

$$M_2 = (N_{1o} - N_{1u})f + N_{1o}\cdot e + Q_1(b+e)$$

$$M_2 = -F\cos\alpha\,f + F[a\sin\alpha - (d+e)\cos\alpha] + F\sin\alpha(b+c)$$

$$M_2 = F[(a+b+c)\sin\alpha - (d+e+f)\cos\alpha]$$

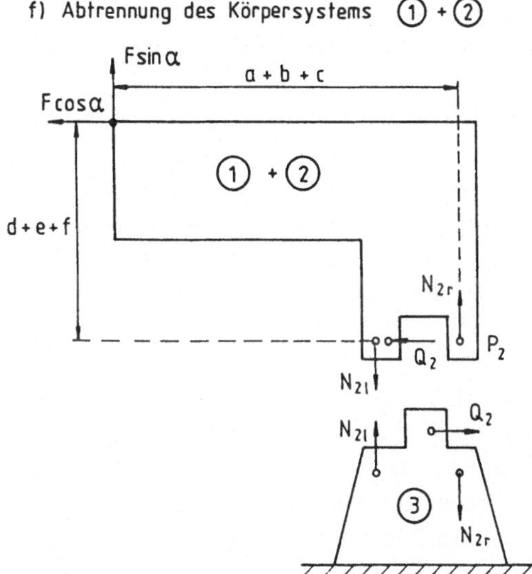

Bild 11.9

Zu den gleichen Ergebnissen für N_2, Q_2, M_2 kommt man, wenn die Körper ① und ② ungeschnitten bleiben und der Schnitt zwischen die Körper ② und ③ gelegt wird.

Daraus kann man schließen, daß die Gesamtheit aller Verbindungsmittel am Stoß zweier Teilkörper dieselbe statische Wirkung haben wie das ungeschnittene, durchlaufende Vollmaterial. ■

11.4 Verteilung von Kräften und Momenten

Bisher wurde nur mit Einzelkräften gerechnet, die punktförmig an einer Stelle angreifen. In Wirklichkeit sind die Kräfte über ein Volumen, eine Fläche oder eine Linie mehr oder weniger gleichmäßig verteilt.

Die Gewichtskraft z. B. entsteht durch die Anziehung der Erde, wobei jedes Masseteilchen eines Körpers dieser Einwirkung unterliegt, so daß die Kräfte über ein bestimmtes Volumen verteilt angreifen. Liegt ein Balken auf einer breiten Stütze auf, so berühren sich die Körper über eine größere Fläche und tauschen über dieses Gebiet Kräfte aus.

Wird der Balken dagegen über eine Kante gekippt, so steht er kurzzeitig auf einer Linie und die Kräfte verteilen sich längs einer Geraden.

Wenn man bei der Berührung zweier Körper eine punktförmige Übertragung einer Einzelkraft annimmt, so ist das nur idealisiert bei einem starren Körper möglich.

Die Flächenpressung, also die Kraft bezogen auf die Berührungsfläche, würde unendlich groß, wenn die Fläche gegen Null geht. In Wirklichkeit sind die Körper nachgiebig und passen sich dem Gegenkörper durch Verformung an, so daß sich die Kräfte auf eine angemessene Fläche verteilen, wobei eine endliche Flächenpressung auftritt.

Ist die Kontaktfläche klein gegenüber der Ausdehnung des Gesamtgebildes, so kann man näherungsweise mit Einzelkräften rechnen, die in einem Punkt konzentriert angreifen.

Häufig verteilen sich jedoch die Kräfte in der Berührungsfläche zweier Körper auf größere Gebiete und man spricht von Flächenkräften. So sind z. B. der Wasserdruck auf eine Staumauer, der Gasdruck auf einen Kolben oder auf eine Turbinenschaufel, die Schneelast und der Winddruck auf ein Dach, oder der Druck eines getragenen Körpers auf die Hand flächenförmig ausgebildet.

Wird die Abmessung der Fläche, in der die Kräfte wirken, in einer Richtung immer kleiner, so kommt man zur Linienkraft oder Streckenlast. Dabei sind die Kräfte längs einer Linie kontinuierlich angeordnet.

Drückt man z.B. mit einer Schneide gegen einen Körper, so wirkt entlang der Berührungsgeraden eine Linienkraft.

Ein anderes Beispiel ist das Eigengewicht eines schweren Balkens, das durch eine entsprechende Streckenlast längs der Balkenachse berücksichtigt werden kann. Streckenlasten sind also Kräfte je Längeneinheit.

Die Belastung ist dabei um so intensiver, je größer die Kraft und je kleiner die belastete Strecke ist.

Kraftfeld

Eine Kraft verteilt sich im allgemeinen räumlich auf die Elemente eines Körpers über sein Volumen oder über seine Oberfläche entsprechend dem Bild 11.10.

Jedem durch den Ortsvektor $\vec{r} = \vec{r}(x, y, z)$ festgelegten Element wird dabei eine Kraft zugeordnet. Der Verlauf dieser Kraft innerhalb des Systems wird durch eine vom Ort abhängige Kraftverteilungs-Funktion $p = p(x, y, z)$ beschrieben. Auf ein Element des Systems wirkt dann ein entsprechender Kraftanteil $\mathrm{d}F$ als örtliche Resultierende für einen kleinen Bereich.

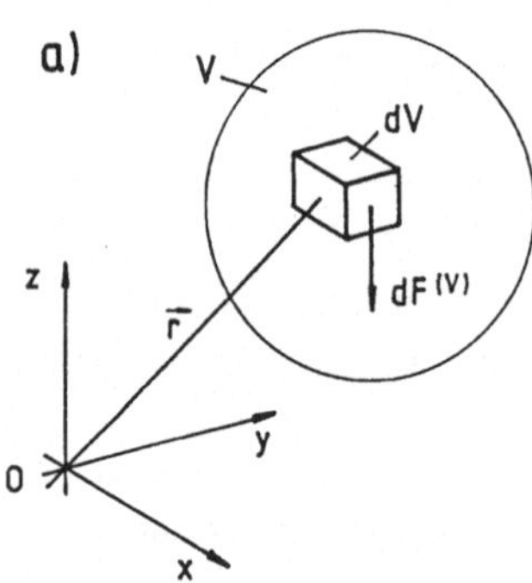

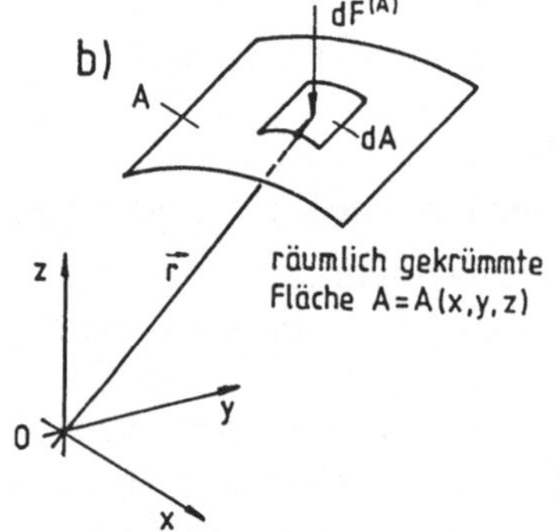

Bild 11.10

a) Raum-Kraftfeld

b) Flächen-Kraftfeld

Die Kraftverteilungs-Funktion lautet

$$p^{(V)} = p^{(V)}(x, y, z) = \frac{\mathrm{d}F^{(V)}}{\mathrm{d}V}$$

$$p^{(A)} = p^{(A)}(x, y, z) = \frac{\mathrm{d}F^{(A)}}{\mathrm{d}A}$$

Das Kraftelement $\mathrm{d}F$ ist zugeordnet dem Volumenelement $\mathrm{d}V$

dem Fächenelement $\mathrm{d}A$

$$\mathrm{d}F^{(V)}(x, y, z) = p^{(V)}(x, y, z)\,\mathrm{d}V$$

$$\mathrm{d}F^{(A)}(x, y, z) = p^{(A)}(x, y, z)\,\mathrm{d}A$$

Beispiel:

Körper im Schwerefeld der Erde oder des Mondes (Gravitation)

Gas- oder Wasserdruck auf eine Turbinenschaufel

Linienkraft

Sind die Kräfte eines Balkens über seine Breite gesehen konstant, also von der Richtung y unabhängig, so kann man sie nach Bild 11.11 zu Linienkräften zusammenfassen.

■ **Beispiel:** Halbkreisförmige Last auf einen Balken

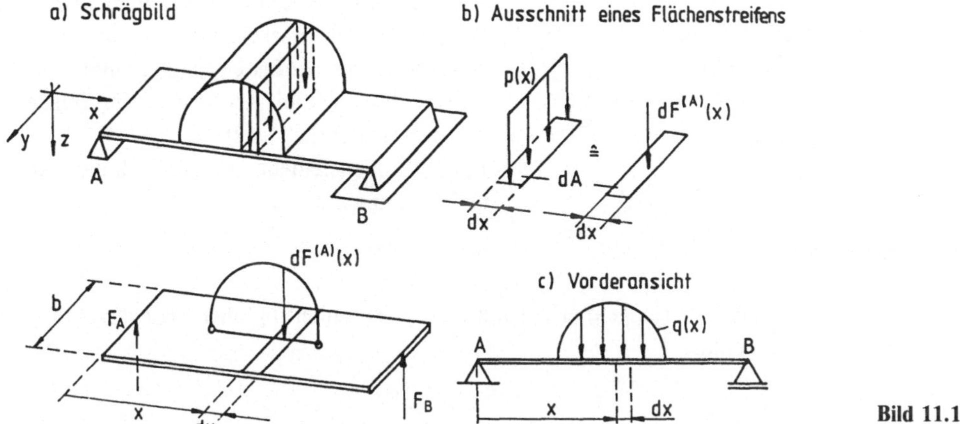

Bild 11.11

Die Flächenkräfte eines Flächenstreifens nach Bild 11.11 b sind gleichmäßig über die Fläche $dA = b\,dx$ verteilt und können durch eine Einzelkraft ersetzt werden.

$$dF^{(A)}(x) = p^{(A)}(x)\,dA = b\,p^{(A)}(x)\,dx = q(x)\,dx = dF^{(L)}(x)$$

Die flächenhaft verteilten Kräfte werden somit auf eine Linie bezogen. Man erhält eine Kraft pro Längeneinheit, also eine Linienkraft, die nur von der Koordinate x der Balkenachse abhängt.

Die Linienkraft-Funktion $q(x) = b\,p^{(A)}(x)$ beschreibt ein Linien-Kraftfeld und wird als Streckenlast oder Belastungs-Intensität bezeichnet.

Ist der Kraftanteil ΔF stetig über ein Balkenelement der Länge Δx verteilt, dann ist die mittlere Belastungs-Intensität im Bereich Δx

$$q_m = \frac{\Delta F}{\Delta x}$$

Die örtliche Belastungs-Intensität an der Stelle x ergibt sich durch Grenzwertbildung, indem man die Bezugsstrecke Δx immer kleiner werden läßt.

$$q(x) = \lim_{\Delta x \to 0} \frac{\Delta F}{\Delta x} = \frac{dF}{dx} \tag{11.1}$$

Ebenso wie die Kräfte lassen sich auch Kräftepaare (Momente) über ein Volumen, eine Fläche oder eine Linie stetig verteilen.

Der Quotient aus Moment und Volumen (Fläche, Linie) heißt Volumen-(Flächen-, Linien-)Momentendichte.

Ist das Moment längs einer geraden Linie stetig verteilt, so spricht man auch von einem Streckenmoment $m(x)$ oder Moment pro Längeneinheit. Je nachdem um welche Achsen die Streckenmomente drehen, haben sie biegende oder tordierende Wirkung.

An einer Stelle x des Balkens wirkt auf das Linienelement dx die Linienkraft $dF^{(L)}(x) = q(x)\,dx$.

Für die Berechnung der Auflagerkräfte kann man diese Linienkräfte wiederum zu einer Resultierenden zusammenfassen. ■

11.5 Resultierende einer Streckenlast

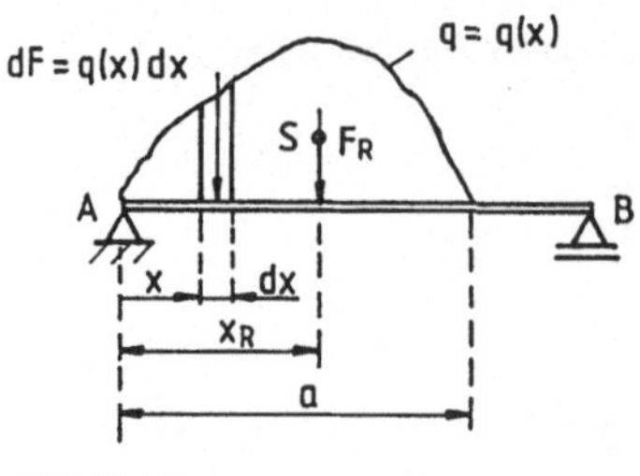

Bild 11.12

Für eine differentiell kleine Länge kann man die Streckenlast als konstant auffassen und zu einer Einzelkraft zusammenfassen, indem man die örtliche Streckenlast $q(x)$ mit der Strecke multipliziert, längs der sie wirkt (Bild 11.12).

Für ein Linienelement dx ergibt sich die entsprechende Elementarkraft zu

$$dF = q(x)\,dx$$

Für ein größeres Gebiet der Länge a erhält man durch Summierung aller Elementarkräfte die Resultierende der Streckenlast

$$F_R = \int dF = \int_0^a q(x)\,dx \tag{11.2}$$

Der Betrag der Ersatzkraft entspricht also dem Flächeninhalt zwischen der Belastungskurve und der Balkenachse.

Den Angriffspunkt dieser Resultierenden bestimmt man mit dem Momentensatz, nach dem die statisch äquivalente Resultierende einer Kräftegruppe um jeden beliebigen Punkt die gleiche Drehwirkung haben muß wie die Kräfte, die sie ersetzt.

Für das linke Auflager A als Bezugspunkt gilt

$$F_R \cdot x_R = \int_0^a dF \cdot x = \int_0^a q(x) \cdot x\,dx \;\Rightarrow$$

$$x_R = \frac{1}{F_R} \int_0^a q(x) \cdot x\,dx = \frac{\displaystyle\int_0^a q(x) \cdot x\,dx}{\displaystyle\int_0^a q(x)\,dx} = x_S \tag{11.3}$$

Der Abstand x_R der Resultierenden F_R vom Bezugspunkt wird damit gleich dem Abstand x_S des Schwerpunkts S der Belastungsfläche.

Die Resultierende der Streckenlast ist proportional der Fläche unter der Belastungskurve und geht durch den Schwerpunkt dieser Fläche.

■ **Beispiel:** Träger mit konstanter Streckenlast q

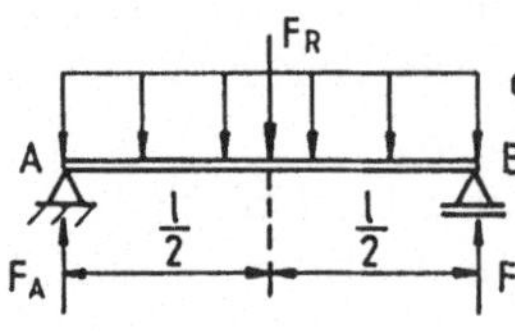

Bild 11.13

Nach Bild 11.13 ist die Resultierende

$$F_R = \int_0^\ell q\,dx = q \cdot \int_0^\ell dx = q \cdot x \Big|_0^\ell = q\ell$$

Da q konstant ist, darf es vor das Integral gezogen werden.

Für den Abstand der Resultierenden erhält man

$$x_R = \frac{1}{F_R} \int_0^\ell q \cdot x\,dx = \frac{1}{q\ell} q \int_0^\ell x\,dx = \frac{1}{\ell}\frac{1}{2}x^2 \Big|_0^\ell = \frac{\ell}{2}$$

Aus Symmetriegründen sind die Auflagerkräfte gleich $F_A = F_B = \dfrac{1}{2}F_R = \dfrac{1}{2}q\ell.$ ■

■ **Beispiel:** Eingespannter Träger mit linear veränderlicher Streckenlast (Staumauer)

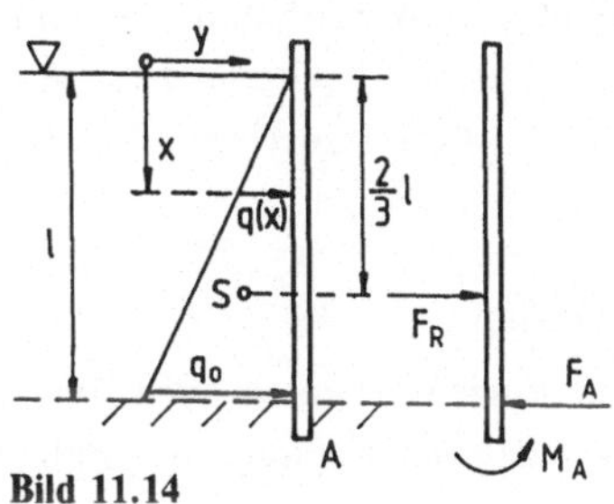

Bild 11.14

Der Wasserdruck steigt nach Bild 11.14 mit zunehmender Tiefe linear an.

Nach dem Strahlensatz ist

$$\frac{q(x)}{q_0} = \frac{x}{\ell} \quad \Rightarrow \quad q(x) = \frac{q_0}{\ell} x$$

Damit wird die Resultierende nach Gl. 11.2

$$F_R = \int\limits_0^\ell q(x)\,\mathrm{d}x = \frac{q_0}{\ell} \int\limits_0^\ell x\,\mathrm{d}x = \frac{q_0}{\ell} \cdot \frac{\ell^2}{2} = \frac{1}{2} q_0 \ell$$

Die Resultierende ist also proportional der Dreiecksfläche zwischen der Belastungskurve und der Balkenachse.

Ihr Angriffspunkt ergibt sich nach Gl. 11.3

$$x_R = \frac{1}{F_R} \int\limits_0^\ell q(x)\,x\,\mathrm{d}x = \frac{2}{q_0 \ell} \cdot \frac{q_0}{\ell} \int\limits_0^\ell x^2\,\mathrm{d}x = \frac{2}{\ell^2}\frac{\ell^3}{3} = \frac{2}{3}\ell$$

Die Resultierende greift demnach im Schwerpunkt S der Dreiecksfläche an, bzw. geht durch den Schwerpunkt hindurch.

Die Auflagerreaktionen sind somit

$$\sum F_y = 0 \quad \Rightarrow \quad F_A = F_R = \frac{1}{2} q_0 \ell$$

$$\sum M^{(A)} = 0 \quad \Rightarrow \quad M_A = F_R \frac{1}{3}\ell = \frac{1}{2} q_0 \ell \frac{1}{3}\ell = \frac{1}{6} q_0 \ell^2$$

■ **Beispiel:** Eingespannter Träger mit parabelförmiger Streckenlast

Nach den Schwerpunktsformeln der Parabel Gl. 10.16a, 17a, 18a ergibt sich

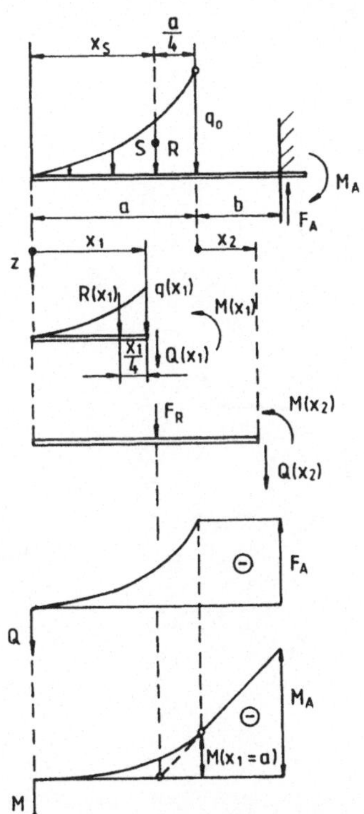

Bild 11.15

$$q = q_0 \left(\frac{x}{a}\right)^2; \quad R = \frac{1}{3} q_0 a; \quad x_S = \frac{3}{4} a$$

Nach Bild 11.15 bestimmt man
Auflagerreaktionen

$$\sum F_z = 0 \quad \Rightarrow \quad F_A = R = \frac{1}{3} q_0 a$$

$$\sum M^{(A)} = 0 \quad \Rightarrow \quad M_A = R\left(\frac{1}{4}a + b\right)$$

Schnittgrößen

$$q(x_1) \quad = \frac{q_0}{a^2} x_1^2$$

$$Q(x_1) \quad = -R(x_1) = -\frac{1}{3} q(x_1)\cdot x_1 = -\frac{1}{3}\frac{q_0}{a^2} x_1^3$$

$$M(x_1) \quad = -R(x_1)\frac{1}{4} x_1 = -\frac{1}{12}\frac{q_0}{a^2} x_1^4$$

$$M(x_1 = a) = -\frac{1}{12} q_0 a^2$$

$$Q(x_2) \quad = -R = -\frac{1}{3} q_0 a$$

$$M(x_2) \quad = -R\left(\frac{a}{4} + x_2\right) = -\frac{1}{12} q_0 a^2 - \frac{1}{3} q_0 a x_2$$

Schnittgrößen-Verlauf

Würde R als Einzelkraft wirken, dann stiege das Biegemoment vom Angriffspunkt aus linear an. Innerhalb der Streckenlast ist diese Gerade jedoch durch eine Parabel 4. Grades zu ersetzen. Im Übergangspunkt schließt sich die Gerade als Tangente ohne Knick (Querkraft macht keinen Sprung) an die Parabel an. ∎

11.6 Zusammenhang zwischen Belastung und Schnittgrößen

Im allgemeinen werden am Balken neben Einzelkräften und Einzelmomenten auch linienförmig verteilte Kräfte und Momente angreifen, so daß sich die Schnittgrößen entlang der Balkenachse stetig ändern (Bild 11.16).

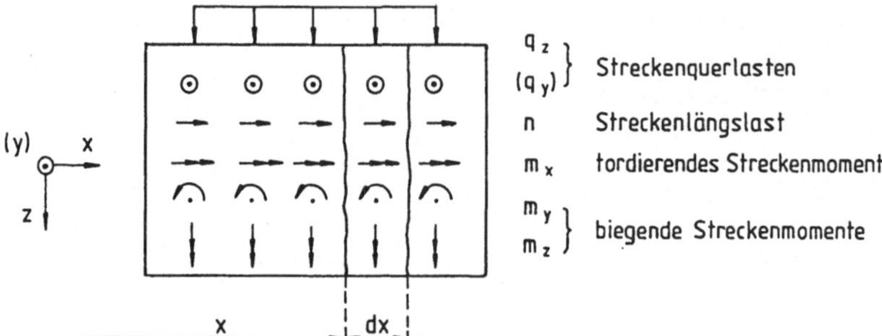

Bild 11.16

Schneidet man an einer beliebigen Stelle x des Balkens ein Teilstück der Länge dx heraus und bringt die entsprechenden Schnittgrößen an, so erhält man das Freikörperbild eines Balkenelements (Bild 11.17).

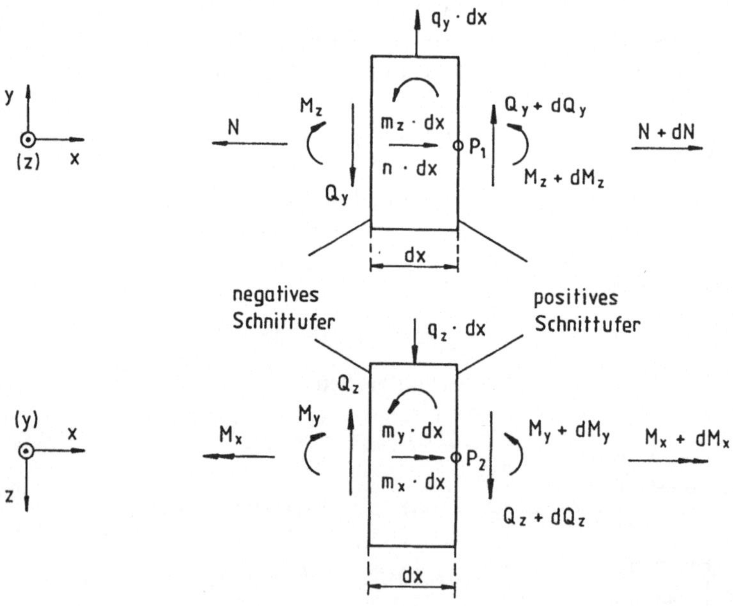

Bild 11.17

Aus den Gleichgewichts-Bedingungen kann man die Änderung der Schnittgrößen entlang der Balkenachse nach Bild 11.17 bestimmen.

a) Änderung der Normalkraft infolge axialer Streckenlast

$$\sum F_x = 0 = N + \mathrm{d}N - N + n(x) \cdot \mathrm{d}x \quad \Rightarrow \quad \boxed{\frac{\mathrm{d}N}{\mathrm{d}x} = N' = -n(x)} \tag{11.4}$$

Umgekehrt findet man die Änderung der Normalkraft im Bereich $\Delta x = x_2 - x_1$ durch Integration

$$\mathrm{d}N = -n(x) \cdot \mathrm{d}x \quad \Rightarrow \quad \Delta N = N(x_2) - N(x_1) = -\int_{x_1}^{x_2} n(x) \cdot \mathrm{d}x \tag{11.4a}$$

b) Änderung der Querkraft infolge von Streckenquerlast

$$\sum F_y = 0 = Q_y + \mathrm{d}Q_y - Q_y + q_y(x) \cdot \mathrm{d}x \quad \Rightarrow \quad \boxed{\frac{\mathrm{d}Q_y}{\mathrm{d}x} = Q_y' = -q_y(x)} \tag{11.5}$$

$$\sum F_z = 0 = Q_z + \mathrm{d}Q_z - Q_z + q_z(x) \cdot \mathrm{d}x \quad \Rightarrow \quad \boxed{\frac{\mathrm{d}Q_z}{\mathrm{d}x} = Q_z' = -q_z(x)} \tag{11.6}$$

Die Ableitung der Querkraft nach der Ortskoordinate x (Steigung der Tangente an die Querkraftkurve) = negative Belastungs-Intensität.
Die Änderung der Querkraft im Bereich Δx ist

$$\mathrm{d}Q_y = -q_y(x) \cdot \mathrm{d}x \quad \Rightarrow \quad \boxed{\Delta Q_y = Q_y(x_2) - Q_y(x_1) = -\int_{x_1}^{x_2} q_y(x) \cdot \mathrm{d}x} \tag{11.5a}$$

$$\mathrm{d}Q_z = -q_z(x) \cdot \mathrm{d}x \quad \Rightarrow \quad \boxed{\Delta Q_z = Q_z(x_2) - Q_z(x_1) = -\int_{x_1}^{x_2} q_z(x) \cdot \mathrm{d}x} \tag{11.6a}$$

c) Änderung des Torsionsmoments infolge von Streckenmoment

$$\sum M_x = 0 = M_x + \mathrm{d}M_x - M_x + m(x) \cdot \mathrm{d}x \quad \Rightarrow \quad \boxed{\frac{\mathrm{d}M_x}{\mathrm{d}x} = M_x' = -m_x(x)} \tag{11.7}$$

$$\mathrm{d}M_x = -m_x(x) \cdot \mathrm{d}x \quad \Rightarrow \quad \boxed{\Delta M_x = M(x_2) - M(x_1) = -\int_{x_1}^{x_2} m_x(x) \cdot \mathrm{d}x} \tag{11.7a}$$

d) Änderung des Biegemoments infolge von Querkraft und Streckenmoment

$$\sum M_y^{(P_2)} = 0 = M_y + \mathrm{d}M_y - M_y - Q_z\mathrm{d}x + m_y(x)\,\mathrm{d}x + \underbrace{q_z\mathrm{d}x\frac{\mathrm{d}x}{2}}_{\approx 0}$$

Nach Streichung des von höherer Ordnung kleinen Terms bleibt übrig

$$\boxed{\frac{\mathrm{d}M_y}{\mathrm{d}x} = M_y' = Q_z - m_y(x)} \tag{11.8}$$

Wirkt kein Streckenmoment, so ist

$$\boxed{\frac{\mathrm{d}M_y}{\mathrm{d}x} = M_y' = Q_z}$$

(11.8a)

Die Ableitung des um die y-Achse drehenden Biegemoments nach der Ortskoordinate x (Steigung der Tangente an die Biegemomentenkurve) = Querkraft in Richtung z

Folgerung:

An den Stellen, an denen die erste Ableitung des Biegemoments (also die Querkraft) gleich Null ist (horizontale Tangente) bzw. durch Null hindurchgeht (Vorzeichenwechsel der Steigung), nimmt das Biegemoment relative Extremwerte an.

Die Änderung des Biegemoments im Bereich Δx bestimmt man durch Integration

$$\mathrm{d}M_y = Q_z \,\mathrm{d}x \;\Rightarrow$$

$$\boxed{\Delta M_y = M_y(x_2) - M_y(x_1) = \int\limits_{x_1}^{x_2} Q_z \,\mathrm{d}x = - \int\limits_{x_1}^{x_2} \left(\int\limits_{x_1}^{x_2} q_z \,\mathrm{d}x \right) \mathrm{d}x = - \int\limits_{x_1}^{x_2}\!\!\int q_z \,\mathrm{d}x\,\mathrm{d}x}$$

(11.8b)

Wenn man das Momenten-Gleichgewicht um die z-Achse durch den Punkt P_1 betrachtet, ergibt sich entsprechend

$$\sum M_z^{(P_1)} = 0 = M_z + \mathrm{d}M_z - M_z + Q_y \,\mathrm{d}x + m_z(x) \,\mathrm{d}x - \underbrace{q_y \,\mathrm{d}x \frac{\mathrm{d}x}{2}}_{\approx 0} \;\Rightarrow$$

$$\boxed{\frac{\mathrm{d}M_z}{\mathrm{d}x} = M_z' = - Q_y - m_z(x)}$$

(11.9)

Ohne Streckenmoment ist

$$\boxed{\frac{\mathrm{d}M_z}{\mathrm{d}x} = M_z' = - Q_y}$$

(11.9a)

Man beachte den Unterschied des Vorzeichens bei der Querkraft gegenüber Gl. 11.8a bzw. Gl. 11.8b.

Durch Integration erhält man

$$\mathrm{d}M_z = - Q_y \,\mathrm{d}x \;\Rightarrow \qquad \boxed{\Delta M_z = M_z(x_2) - M_z(x_1) = - \int\limits_{x_1}^{x_2} Q_y \,\mathrm{d}x = \int\limits_{x_1}^{x_2}\!\!\int q_y \,\mathrm{d}x\,\mathrm{d}x}$$

(11.9b)

Die Beziehungen zwischen Belastung, Querkraft und Biegemoment lassen sich anschaulich verfolgen, wenn man die Schnittgrößen-Diagramme maßstäblich, untereinander fluchtend zeichnet.

Der besseren Übersicht wegen betrachten wir in der Hauptsache Balken, die nur in einer Ebene belastet sind, so daß eine Unterscheidung der Schnittgrößen durch Indizes x, y, z nicht erforderlich ist.

Am eingespannten Balken kann man die Zusammenhänge zwischen den äußeren Belastungen und den Schnittgrößen ohne direkten Einfluß der Auflagerreaktionen erkennen (Bild 11.18).

Nimmt man für den allgemeinen Fall auch Streckenlasten unter dem Balken nach oben wirkend an (z. B. Auftriebskräfte bei einem Flugzeug-Tragflügel), so ergibt sich folgendes Schema:

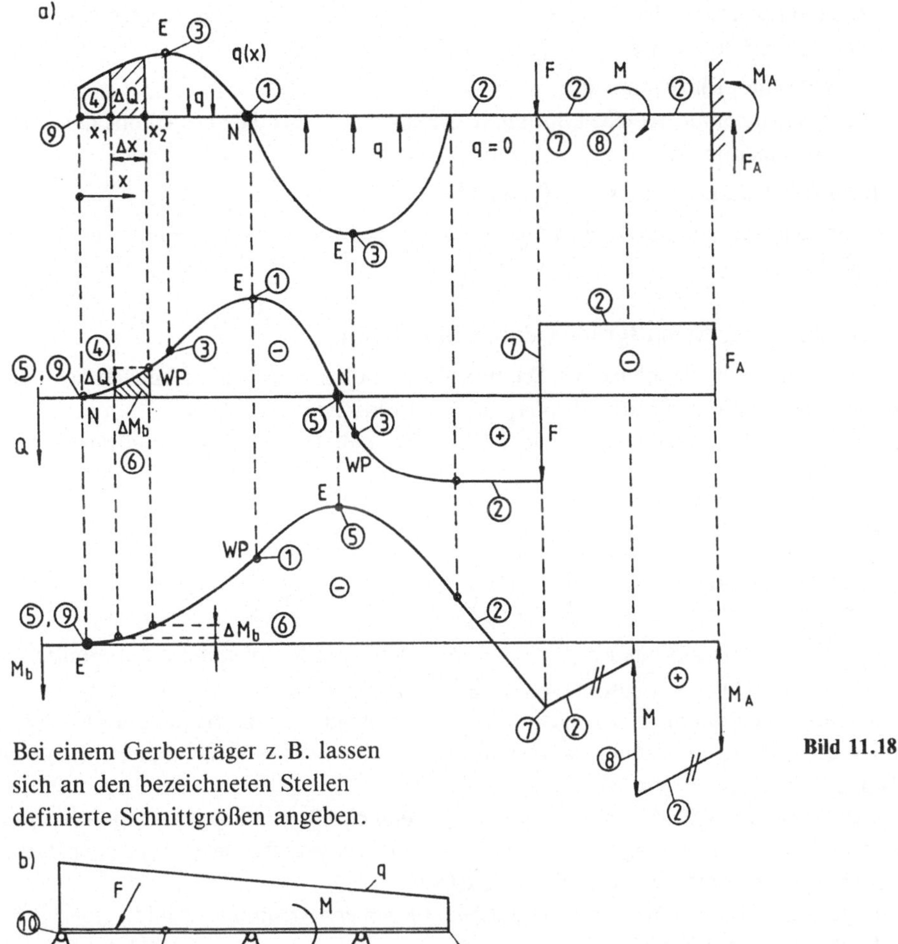

Bei einem Gerberträger z. B. lassen sich an den bezeichneten Stellen definierte Schnittgrößen angeben.

Bild 11.18

Im einzelnen erkennt man am Bild 11.18 folgende markante Stellen:

① $q = 0$ Nulldurchgang (N) $\Rightarrow$ Q = Extremwert E (horizontale Tangente)

$\Rightarrow$ M_b = Wendepunkt (WP)

② $q = 0$ Feld ohne Last $\Rightarrow$ Q = konstant (horizontale Gerade)

$\Rightarrow$ M_b = linear veränderlich (schräge Gerade)

③ q = Extremwert $\Rightarrow$ Q = Wendepunkt

④ Im Bereich $\Delta x = x_2 - x_1$ ändert sich die Querkraft nach Gl. 11.6a um

$$\Delta Q = - \int_{x_1}^{x_2} q(x)\,dx, \quad \text{wobei } \Delta Q \text{ proportional ist der Fläche unter der } q\text{-Kurve}$$

⑤ $Q = 0 \Rightarrow M_b$ = Extremwert (horizontale Tangente)

⑥ Im Bereich Δx ändert sich das Biegemoment nach Gl. 11.8b um

$$\Delta M_b = \int_{x_1}^{x_2} Q(x)\,dx, \quad \text{wobei } \Delta M_b \text{ proportional ist der Fläche unter der } Q\text{-Kurve}$$

⑦ Angriffsstelle einer Einzelkraft
Die Querkraftlinie macht einen Sprung (Unstetigkeit), wobei die Sprunghöhe der Einzelkraft proportional ist.
Die Biegemomentenlinie hat einen Knick (sprunghafte Änderung der Tangentensteigung = nicht differenzierbare Stelle)

⑧ Angriffsstelle eines Einzelmoments
Die Biegemomentenlinie hat einen Sprung (Unstetigkeit), wobei die Sprunghöhe dem Einzelmoment proportional ist

⑨ An einem freien Balkenende ist $Q = 0$ und $M_b = 0$

⑩ An einem gelenkig gelagerten Balkenende sowie im Zwischengelenk eines Gerberträgers ist $M_b = 0$

11.7 Bestimmung der Schnittgrößen durch Integration

Die differentiellen Zusammenhänge der Schnittgrößen mit der Streckenlast können auch dazu benutzt werden, die Schnittgrößen durch Integration zu gewinnen.

Schreibt man die bestimmten Integrale nach Gl. 11.6a und Gl. 11.8b in unbestimmter Form, so wird

$$Q(x) = -\int q(x)\,dx + c_1 \tag{11.10}$$

$$M_b(x) = \int Q(x)\,dx + c_1 x + c_2 \tag{11.11}$$

Die beiden Integrationskonstanten c_1 und c_2 werden aus zwei Randbedingungen ermittelt, wobei meistens Stellen betrachtet werden, bei denen Q bzw. M Null ist.

Dieses Integrations-Verfahren ist vor allem dann unumgänglich, wenn die Schwerpunktslage einer allgemeinen Streckenlast unbekannt ist, so daß die Gleichgewichts-Untersuchung eines geschnittenen Balkenteils nicht anwendbar ist.

Hat man den Verlauf der Schnittgrößen entlang der Balkenachse mittels Integration bestimmt, so findet man auch leicht die Auflagerreaktionen mit den Gleichgewichts-Bedingungen eines differentiellen Schnittelements unmittelbar an der Lagerstelle.

Da die Streckenlast-Resultierende dort noch klein von höherer Ordnung ist und keinen Beitrag zu Q und M liefert, gilt nach Bild 11.19

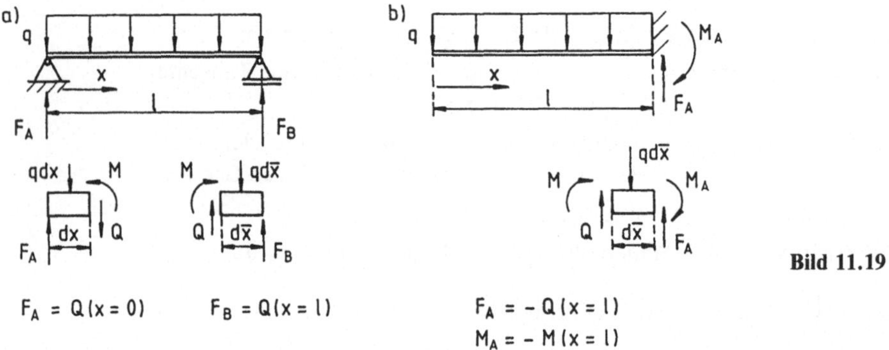

Greifen an einem Lager neben den Auflagerreaktionen zusätzlich noch eine äußere Einzelkraft oder ein Einzelmoment an, so sind diese bei den Gleichgewichts-Bedingungen des Schnittelements entsprechend dem Bild 11.20 mit einzubeziehen.

Übergangs-Bedingungen bei mehreren Feldern

Häufig ist die Streckenlast $q = q(x)$ nicht über den gesamten Balken stetig verteilt und kann daher nicht ohne weiteres durch eine einzige analytische Funktion angegeben werden. Dann wird der Balken in Felder unterteilt und die Integration bereichsweise durchgeführt, wobei zweckmäßig für jedes Feld neue Koordinaten angesetzt werden. In jedem Bereich entstehen dabei zwei Integrationskonstante, deren Bestimmung meist aufwendig ist.

Neben den Randbedingungen müssen jetzt auch Übergangsbedingungen zwischen den einzelnen Bereichsgrenzen für die Berechnung dieser Unbekannten herangezogen werden.

Auch an den Angriffsstellen von Einzelkräften und Einzelmomenten ist eine neue Bereichseinteilung erforderlich.

Für den Übergang von einem Feld zum anderen gilt dann nach Bild 11.20

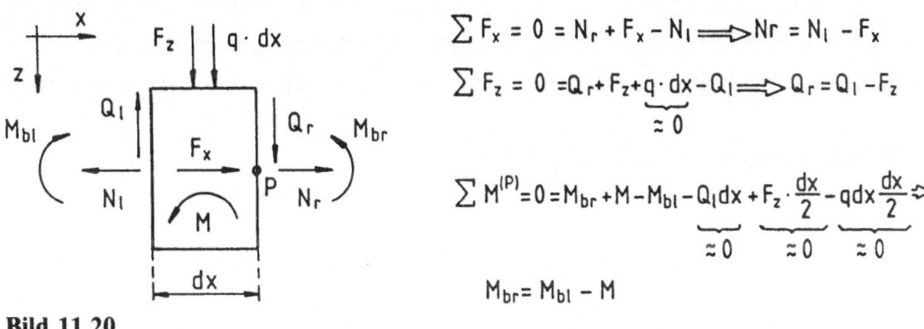

Bild 11.20

11.8 Bestimmung der Schnittgrößen mit dem Föppl-Symbol

(August Föppl: geb. 1854 in Groß-Umstadt, gest. 1924 in Ammerland, Prof. für Mechanik an der TH München)

Funktionen können nur integriert werden, solange ihr Verlauf stetig ist. Treten Sprünge in den Funktionswerten oder Knicke in der Steigung auf, so muß dort die Integration unterbrochen werden. Nach der Unstetigkeit wird die Integration in einem neuen Bereich fortgeführt, wobei jedoch in jedem Abschnitt Integrations-Konstante, also Unbekannte entstehen. Diese Unbekannten müssen aus den Übergangsbedingungen ermittelt werden, was meist sehr umständlich ist.

Mit Hilfe der Klammerfunktion von Föppl kann man über die Unstetigkeiten hinweg kommen. Es erübrigt sich damit eine Bereichseinteilung und der damit verbundene Aufwand beim Aufsuchen der entsprechenden Integrations-Konstanten.

Bei der Berechnung von Mehrfeldträgern, die mit mehreren Kräften belastet sind oder Unterbrechungen durch Lager, Gelenke, Querschnittsänderungen usw. aufweisen, kommt es zu einer Reihe von Unstetigkeiten. Hierbei ist es zweckmäßig, für den gesamten Balken über die Unstetigkeiten hinweg, die Belastungen, Schnittgrößen und Verformungen durch Klammerfunktionen auszudrükken, so daß die Integrations-Konstanten an den Übergangsstellen entfallen.

Geht man von der Streckenlast aus und ermittelt Querkraft- und Biegemomenten-Verlauf durch zweimalige Integration, so treten am gesamten Balken lediglich zwei Integrations-Konstante auf, die aus den Randbedingungen zu berechnen sind.

Auch diese beiden Integrations-Konstanten lassen sich vermeiden, wenn man durch einen Schnitt am Ende des Balkens die Schnittgrößen mit Klammerfunktionen mit Hilfe von Gleichgewichts-Bedingungen direkt so bestimmt, daß sie für den gesamten Balken gelten.

Eingeprägte Kräfte und Momente sowie Auflagerreaktionen zwischen den Balkenenden, die einen Sprung in der Q- bzw. M-Linie erzeugen, sind bei der Integration mit einer eigenen Klammerfunktion zu berücksichtigen.

Auflagerreaktionen sowie eingeprägte Kräfte und Momente an den Balkenenden selbst bewirken dagegen keinen Unstetigkeitssprung und erfordern daher auch keine eigene Klammerfunktion.
Die Wirkung einer Streckenlast wird durch die Klammerfunktion von ihrem Anfang durchgehend bis zum Balkenende berücksichtigt. Meist reicht die Streckenlast jedoch nicht bis zum Balkenende, so daß eine entsprechende Funktion zum Ausgleich wieder abgezogen werden muß (z. B. als Gegenstreckenlast auf der Unterseite des Balkens, die die überschüssige Streckenlast kompensiert).
Das Föppl-Symbol wird zur Unterscheidung von einer algebraischen Klammer meist mit spitzen Klammern geschrieben und definiert folgende Funktion

$$\langle x-a\rangle^n = \begin{cases} 0 & \text{für } x(\leqq)a \\ (x-a)^n & \text{für } x > a \end{cases} \tag{11.12}$$

Ist der Inhalt der Föppl-Klammer negativ, dann soll die ganze Klammer Null sein. Bei positivem Klammer-Inhalt ist die Föppl-Klammer einer algebraischen Klammer gleichzusetzen.
Bei der Differentiation und bei der Integration wird die Föppl-Klammer wie eine algebraische Klammer behandelt.
Entsprechend den Regeln für die Potenzfunktion gilt

$$\frac{d}{dx}\langle x-a\rangle^n = n\langle x-a\rangle^{n-1} \tag{11.13}$$

$$\int \langle x-a\rangle^n dx = \frac{1}{n+1}\langle x-a\rangle^{n+1} + c \tag{11.14}$$

In Bild 11.21 sind die bei den Schnittgrößen am häufigsten vorkommenden Funktionen dargestellt.

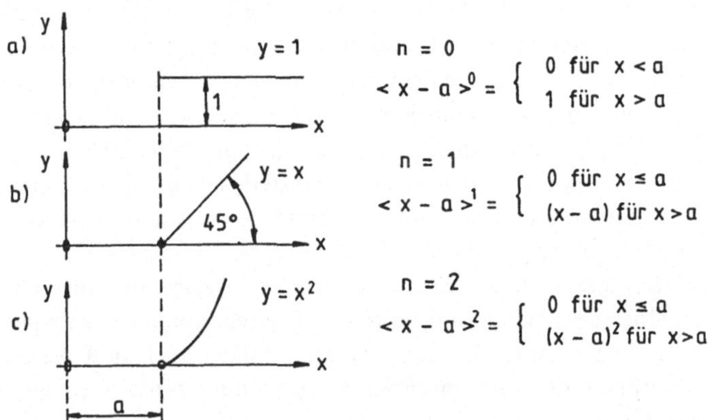

Bild 11.21

An der Stelle $x=a$ beginnt also eine horizontale Gerade ($n=0$) im Abstand 1 von der Abszisse, bzw. eine schräge Gerade ($n=1$) unter 45° mit der Steigung 1, bzw. eine Einheitsparabel ($n=2$). Durch Multiplikation mit entsprechenden Faktoren wird die Sprunghöhe, die Steigung bzw. die Parabelform den gegebenen Verhältnissen nach Bild 11.22 angepaßt.
Speziell bei dem Exponenten $n=0$ ist zu beachten, daß das Gleichheitszeichen für den Bereichsübergang im Definitionsbereich entfällt.
Für $x=a$ ist

$$\langle x-a\rangle^0 = \langle a-a\rangle^0 = 0^0 = 0^{1-1} = \frac{0^1}{0^1} = \frac{0}{0}$$

Es ergibt sich also ein mathematisch unbestimmter Ausdruck.

An der Stelle $x = a$ macht die Kurve einen Sprung.

Die Funktion $\langle x - a \rangle^0$ ist bei $x = a$ unstetig, ist also an der Übergangsstelle nicht definiert.

Man kann die Funktion unmittelbar vor oder unmittelbar hinter, aber nicht an der Unstetigkeitsstelle selbst angeben.

Der linke und der rechte Limes des Funktionswertes bei Annäherung an die Unstetigkeitsstelle von beiden Seiten sind verschieden und unterscheiden sich um die Sprunghöhe.

Die mathematischen Einschränkungen, die sich bei einer Unstetigkeit ergeben, lassen sich auch mit einer Klammerfunktion nicht beseitigen. Das gilt jedoch nur für Klammerfunktionen mit dem Exponenten Null. Für andere Exponenten ist die Kurve an der Übergangsstelle stetig, so daß das Gleichheitszeichen mit einbezogen werden kann.

Ist der Inhalt der Klammer also Null, dann ist für alle Exponenten $n \neq 0$ die Klammer Null.

Mit dem Föppl-Symbol können die Belastungen durch eine einzige Funktion entlang des gesamten Balkens beschrieben werden, wie die Beispiele nach Bild 11.22 für eine konstante Streckenlast, eine Dreieckslast, eine Einzelkraft und ein Einzelmoment zeigen.

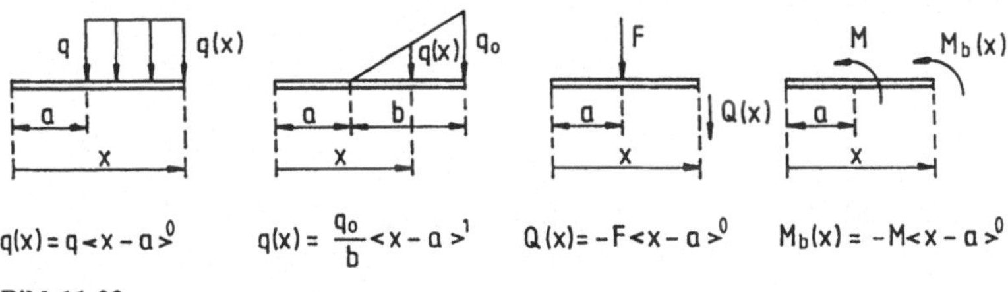

$$q(x) = q \langle x - a \rangle^0 \qquad q(x) = \frac{q_0}{b} \langle x - a \rangle^1 \qquad Q(x) = -F \langle x - a \rangle^0 \qquad M_b(x) = -M \langle x - a \rangle^0$$

Bild 11.22

Dieses Verfahren ist besonders günstig, wenn in der Festigkeitslehre durch weitere Integrationen die Neigung der Biegelinie und die Durchbiegung bestimmt werden, wobei in jedem Bereich zwei weitere Integrations-Konstanten anfallen.

Jede Bereichs-Unterteilung bringt dann insgesamt vier Integrations-Konstanten als Unbekannte (wenn man von der Streckenlast-Funktion ausgeht), die bei durchgehender Integration mit der Föppl-Klammer für den gesamten Balken nur einmal auftreten.

11.9 Bestimmung von Schnittgrößen an verschiedenen Trägern

Für die Ermittlung von Schnittgrößen gibt es verschiedene Verfahren, die noch einmal kurz zusammengefaßt werden.

a) Schnittmethode

Der Balken wird in einzelne Bereiche unterteilt, so daß sich stetige Funktionen für die Beschreibung der Schnittgrößen finden lassen. Zuerst bestimmt man z. B. am Gesamtsystem die Auflagerreaktionen. In den einzelnen Feldern werden dann Schnitte gelegt und mit Hilfe der Gleichgewichts-Bedingungen die Funktionen der Schnittgrößen aufgestellt. Nach Berechnung einiger Werte an markanten Stellen läßt sich der Schnittgrößen-Verlauf grafisch darstellen.

b) Bereichsweise Integrations-Methode

Der Balken wird so in Felder unterteilt, daß sich stetige Funktionen für die Berechnung der Schnittgrößen durch Integration der Streckenlast ergeben. Die auftretenden Integrationskonstanten bestimmt man durch Rand- und Übergangsbedingungen.

Die ermittelten Funktionen der Schnittgrößen werden dann grafisch ausgewertet, damit man eine gute Übersicht über die Beanspruchung des Balkens erhält. Auflagerreaktionen lassen sich durch Einsetzen der entsprechenden Ortskoordinaten in die Schnittfunktionen berechnen.

c) Geschlossene Integrations-Methode

Mit der Föppl-Klammer kann die Ortskoordinate über alle Unstetigkeiten hinweg den Balken entlang laufen, wodurch eine geschlossene Integration möglich wird.

Die Formeln für die Q- und M-Funktionen sind zwar etwas länger als bei der bereichsweisen Integration, dafür spart man jedoch die durch die Feldaufteilung bedingten Integrationskonstanten.

Wie im Fall b) werden die Auflagerreaktionen und einzelne Werte der Schnittgrößen berechnet, so daß sich der Schnittgrößen-Verlauf zeichnen läßt.

Die einzelnen Verfahren sollen im folgenden an verschiedenen Trägern angewendet werden.

■ **Beispiel:** Balken auf zwei Stützen mit konstanter Streckenlast (Bild 11.23)

a) Schnittmethode

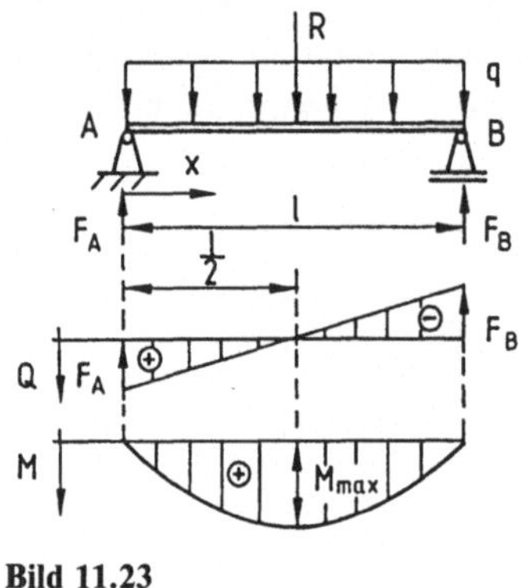

Bild 11.23

Die Streckenlast wird im betrachteten Bereich durch eine Resultierende ersetzt, die im Schwerpunkt der Belastungsfläche angreift.

Gesamtsystem $\quad R = q \cdot \ell$

Symmetrie $\quad F_A = F_B = \dfrac{R}{2} = \dfrac{1}{2} q\ell$

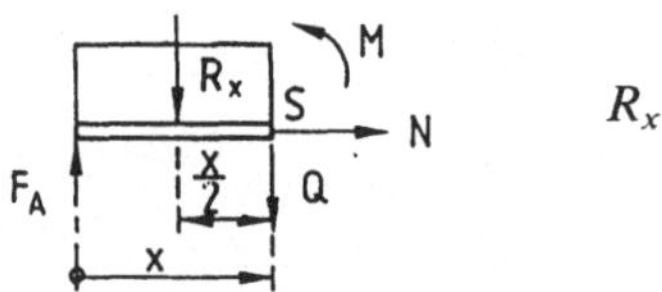

$$R_x = q \cdot x$$

abgeschnittener Balkenteil

$$\sum F_x = 0 \;\Rightarrow\; N = 0$$

$$\sum F_z = 0 \;\Rightarrow\; Q = F_A - R_x = \frac{1}{2} q\ell - qx \quad \text{(Gerade)}$$

Das Maximum des Biegemoments ergibt sich für $\dfrac{\mathrm{d}M}{\mathrm{d}x} = Q = 0$

$$\frac{1}{2} q\ell - qx_0 = 0 \;\Rightarrow\; x_0 = \frac{1}{2}\ell$$

$$\sum M^{(S)} = 0 \;\Rightarrow\; M = F_A x - R_x \frac{x}{2} = \frac{1}{2} q\ell x - \frac{1}{2} q x^2 \quad \text{(Parabel)}$$

$$\text{für } x = x_0 = \frac{\ell}{2} \text{ wird } M\left(\frac{\ell}{2}\right) = M_{\max} = \frac{1}{2} q\ell \frac{\ell}{2} - \frac{1}{2} q \frac{\ell^2}{4} = \frac{1}{8} q\ell^2$$

b) Integrations-Methode

Die Belastung läßt sich im ganzen Balken durch eine Funktion ausdrücken. Da keine Unstetigkeiten auftreten, ist eine Bereichsaufteilung nicht erforderlich.

$$q = \text{konst.}$$

$$Q = -\int q\,\mathrm{d}x = -q \int \mathrm{d}x = -qx + c_1$$

$$M = \int Q\,\mathrm{d}x = -\frac{1}{2} q x^2 + c_1 x + c_2$$

Randbedingungen

$$M(x=0)=0: \quad c_2=0$$

$$M(x=\ell)=0: \quad -\frac{1}{2}q\ell^2+c_1\ell=0 \;\Rightarrow\; c_1=\frac{1}{2}q\ell$$

Schnittgrößen

$$Q = -qx+\frac{1}{2}q\ell = \frac{1}{2}q\ell\left(1-2\frac{x}{\ell}\right)$$

$$M = -\frac{1}{2}qx^2+\frac{1}{2}q\ell x = \frac{1}{2}q\ell x\left(1-\frac{x}{\ell}\right)$$

Auflagerkräfte

$$F_A=Q(x=0) \quad =\frac{1}{2}q\ell$$

$$F_B=-Q(x=\ell) = -\frac{1}{2}q\ell(1-2) = \frac{1}{2}q\ell$$

■ **Beispiel:** Eingespannter Träger mit konstanter Streckenlast im Teilbereich

a) Schnittmethode für einzelne Bereiche

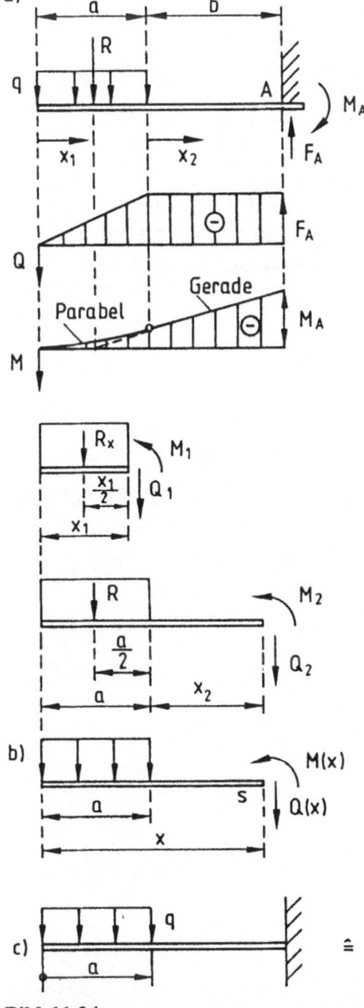

Nach Bild 11.24 ergeben sich die Einspannreaktionen aus dem Gleichgewicht des Gesamtsystems

$$\sum F_z=0 \quad\Rightarrow\quad F_A=R=qa$$

$$\sum M^{(A)}=0 \quad\Rightarrow\quad M_A=R\left(\frac{a}{2}+b\right)=qa\left(\frac{a}{2}+b\right)$$

Schnitt 1 $(0\leq x_1\leq a)$

Für die Streckenlast im abgeschnittenen Teilgebiet wird eine Resultierende R_x gebildet, d.h. Größe und Lage der Resultierenden sind vom Schnitt abhängig. Generell gilt: erst schneiden, dann Resultierende bilden, nicht umgekehrt.

$$Q_1 = -R_x = -qx_1 \qquad \text{(Gerade)}$$

$$M_1 = -R_x\frac{x_1}{2} = -\frac{1}{2}qx_1^2 \quad \text{(Parabel)}$$

Schnitt 2 $(0\leq x_2\leq b)$

Die gesamte Streckenlast kann für Schnitte außerhalb ihres Bereiches durch eine Resultierende ersetzt werden.

$$Q_2 = -R = -qa$$

$$M_2 = -R\left(\frac{a}{2}+x_2\right) = -qa\left(\frac{a}{2}+x_2\right)$$

$$M_2(x_2=b) = -qa\left(\frac{a}{2}+b\right) = -M_A$$

Bild 11.24

b) Bereichsweise Integration

Der Balken wird in zwei Felder aufgeteilt

$$0 \le x_1 < a \qquad\qquad\qquad\qquad 0 \le x_2 < b$$

$$q_1 = q = \text{konst.} \qquad\qquad\qquad q_2 = 0$$

$$Q_1 = -\int q_1\,dx = -qx_1 + c_1 \qquad\qquad Q_2 = -\int q_2\,dx = c_3$$

$$M_1 = \int Q_1\,dx = -\frac{1}{2}qx_1^2 + c_1 x_1 + c_2 \qquad M_2 = \int Q_2\,dx = c_3 x_2 + c_4$$

Mit den Rand- und Übergangs-Bedingungen findet man die Integrationskonstanten und damit die endgültigen Schnittgrößen

$$Q_1(x_1 = 0) = 0: \qquad c_1 = 0: \qquad Q_1 = -qx_1$$

$$M_1(x_1 = 0) = 0: \qquad c_2 = 0: \qquad M_1 = -\frac{1}{2}qx_1^2$$

$$Q_1(x_1 = a) = Q_2(x_2 = 0): \quad c_3 = -qa: \qquad Q_2 = -qa$$

$$M_1(x_1 = a) = M_2(x_2 = 0): \quad c_4 = -\frac{1}{2}qa^2: \quad M_2 = -qax_2 - \frac{1}{2}qa^2$$

Durch Einsetzen der speziellen Ortskoordinate $x_2 = b$ in die Schnittgrößen-Funktionen erhält man die Auflagerreaktionen

$$F_A = -Q_2(x_2 = b) = qa$$

$$M_A = -M_2(x_2 = b) = qab + \frac{1}{2}qa^2$$

c) Geschlossene Integration

Die Ortskoordinate x wird den gesamten Balken entlang durchgehend gezählt ($0 \le x \le a + b$).
Im rechten Teilbereich, also für $x > a$, muß die Streckenlast auf Null reduziert werden, was durch Abzug einer gleich großen Streckenlast auf der Unterseite des Balkens gemäß Bild 11.24c erreicht wird.

$$q(x) = q - q\langle x-a\rangle^0$$

$$Q(x) = -\int q(x)\,dx = -qx + q\langle x-a\rangle^1 + c_1$$

$$M(x) = \int Q(x)\,dx = -\frac{1}{2}qx^2 + \frac{1}{2}q\langle x-a\rangle^2 + c_1 x + c_2$$

Mit den Randbedingungen ergeben sich die Integrationskonstanten und damit die Schnittgrößen

$$Q(x=0) = 0: \quad c_1 = 0: \quad Q(x) = -qx + q\langle x-a\rangle^1$$

$$M(x=0) = 0: \quad c_2 = 0: \quad M(x) = -\frac{1}{2}qx^2 + \frac{1}{2}q\langle x-a\rangle^2$$

Die Auflagerreaktionen sind spezielle Schnittgrößen

$$F_A = -Q(x=a+b) = q(a+b) - q\cdot b = q\cdot a$$

$$M_A = -M(x=a+b) = \frac{1}{2}q(a+b)^2 - \frac{1}{2}qb^2 = \frac{1}{2}qa^2 + qab$$

d) Schnittmethode für den gesamten Balken

Um alle Belastungseinflüsse kompakt zu erfassen, legt man einen Schnitt an das Ende des Balkens. Mit den Gleichgewichts-Bedingungen bestimmt man mittels Klammerfunktion die Schnittgrößen so, daß sie für den ganzen Balken gelten. Die Belastungsgrößen müssen also mit geeigneten Faktoren (Klammerfunktionen) in den Bereichen gelöscht werden, in denen sie nicht wirksam sind, d.h. dort müssen die Faktoren Null sein.

Wegen des Gleichgewichts muß am geschnittenen Balken die Summe der nach unten wirkenden Kräfte gleich der Summe der nach oben zeigenden Kräfte sein. Stellt man gleich nach den gesuchten Schnittgrößen um, so hat man z.B. auf der linken Seite unmittelbar die Querkraft $Q(x)$. Auf der rechten Seite stehen alle Kräfte, die entgegengesetzt zu $Q(x)$ wirken mit plus, die in der gleichen Richtung (also für $Q(x)$ entlastend) wirken mit minus.

Analog ist mit Berücksichtigung der Hebelarme das Biegemoment $M_b(x)$ aufzustellen. Das Gleichgewicht erfordert, daß die Summe der nach links drehenden Momente (bezogen auf den Schwerpunkt der geschnittenen Querschnittsfläche) gleich der Summe der nach rechts drehenden Momente ist. Löst man die Gleichung nach dem Biegemoment auf, so kommen die gleichsinnigen Momente mit minus auf die andere Seite. Dem Biegemoment auf der einen Gleichungsseite stehen also auf der anderen Gleichungsseite die gegendrehenden Momente mit plus, die mitdrehenden Momente mit minus gegenüber.

Im Beispiel wirkt die Streckenlast nicht durchgehend bis zum Balkenende. Um der Klammerfunktion gerecht zu werden, denkt man sich nach Bild 11.24c die Streckenlast permanent fortlaufend und gleicht den Überschuß von q am Bereichsende durch eine entsprechende Gegenwirkung auf der Unterseite des Balkens aus. Nach dem Schneiden werden die Streckenlasten durch äquivalente Einzelkräfte ersetzt und zwar

$q \cdot x$ gleichsinnig zu $Q(x)$ im ganzen Bereich $0 \leq x \leq a+b$

$q \langle x-a \rangle^1$ gegensinnig zu $Q(x)$ im Bereich $\quad a \leq x \leq a+b$.

Durch die Klammerfunktion erfolgt die Löschung der Gegenstreckenlast im Bereich $x \leq a$ (Faktor $\langle x-a \rangle^1$ wird Null).

Es wirken außerdem die Momente

$qx \cdot \dfrac{1}{2}x$ gleichsinnig zu $M(x)$ im ganzen Bereich $0 \leq x \leq a+b$

$q \langle x-a \rangle^1 \cdot \dfrac{1}{2} \langle x-a \rangle^1$ gegensinnig zu $M(x)$ im Bereich $a \leq x \leq a+b$.

Löschung im Bereich $x \leq a$ (Faktor $\langle x-a \rangle^1$ wird Null).

Mit den Gleichgewichts-Bedingungen erhält man die Schnittgrößen gültig für den gesamten Bereich $0 \leq x \leq a+b$

$$\sum F_z = 0 \quad \Rightarrow \quad Q(x) = -qx + q \langle x-a \rangle^1$$

$$\sum M^{(S)} = 0 \quad \Rightarrow \quad M(x) = -\frac{1}{2}qx^2 + \frac{1}{2}q \langle x-a \rangle^2 \qquad \blacksquare$$

■ **Beispiel:** Gelenkig gelagerter Träger mit verschiedenen Belastungen

a) Schnittmethode für einzelne Bereiche

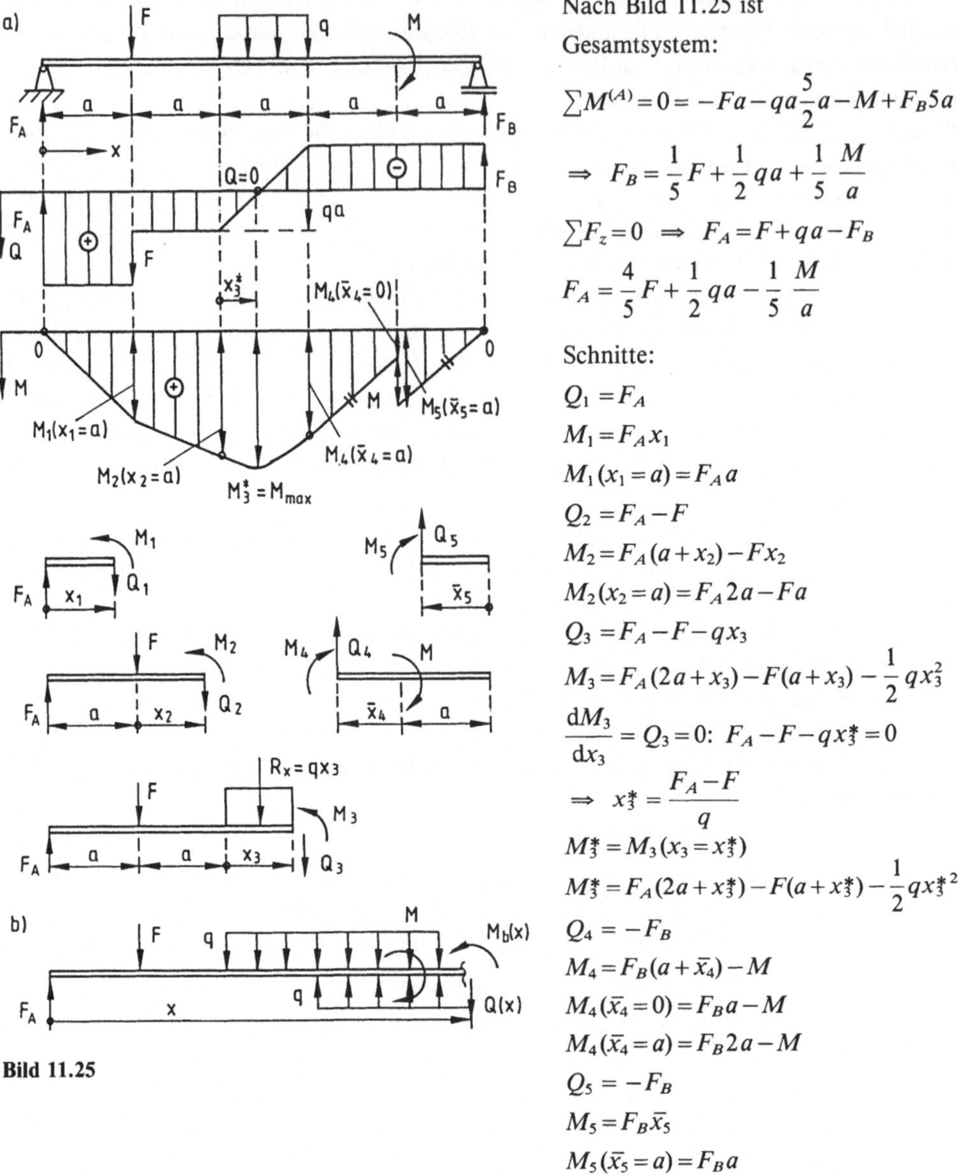

Bild 11.25

Nach Bild 11.25 ist

Gesamtsystem:

$$\sum M^{(A)} = 0 = -Fa - qa\frac{5}{2}a - M + F_B 5a$$

$$\Rightarrow F_B = \frac{1}{5}F + \frac{1}{2}qa + \frac{1}{5}\frac{M}{a}$$

$$\sum F_z = 0 \Rightarrow F_A = F + qa - F_B$$

$$F_A = \frac{4}{5}F + \frac{1}{2}qa - \frac{1}{5}\frac{M}{a}$$

Schnitte:

$$Q_1 = F_A$$
$$M_1 = F_A x_1$$
$$M_1(x_1 = a) = F_A a$$
$$Q_2 = F_A - F$$
$$M_2 = F_A(a + x_2) - F x_2$$
$$M_2(x_2 = a) = F_A 2a - Fa$$
$$Q_3 = F_A - F - q x_3$$
$$M_3 = F_A(2a + x_3) - F(a + x_3) - \frac{1}{2}q x_3^2$$
$$\frac{dM_3}{dx_3} = Q_3 = 0: \quad F_A - F - q x_3^* = 0$$
$$\Rightarrow x_3^* = \frac{F_A - F}{q}$$
$$M_3^* = M_3(x_3 = x_3^*)$$
$$M_3^* = F_A(2a + x_3^*) - F(a + x_3^*) - \frac{1}{2}q x_3^{*2}$$
$$Q_4 = -F_B$$
$$M_4 = F_B(a + \bar{x}_4) - M$$
$$M_4(\bar{x}_4 = 0) = F_B a - M$$
$$M_4(\bar{x}_4 = a) = F_B 2a - M$$
$$Q_5 = -F_B$$
$$M_5 = F_B \bar{x}_5$$
$$M_5(\bar{x}_5 = a) = F_B a$$

Die Querkraftkurve wird gebildet durch Treppenschritte von der Höhe der Einzelkräfte und durch eine schräge Gerade infolge der Streckenlast.

Die Biegemomentenkurve wird durch schräge Geraden im Bereich von Einzelkräften und durch eine Parabel im Bereich der Streckenlast begrenzt. Meist genügt schon die Berechnung einiger Werte der Biegemomente an den einzelnen Bereichsgrenzen und in den Scheitelpunkten von Parabeln (Extremwerte), um die Kurven zeichnen zu können („Einhängen" von Dreiecken und Parabeln an Eckstützpunkten). Nur bei komplizierten Fällen sind Schnitte mit ausführlicher Berechnung zur allgemeinen Klärung des Kurvenverlaufs erforderlich.

Bei langen, mehrfeldrigen Trägern legt man zweckmäßig die Schnitte vom linken und vom rechten Rand jeweils bis zur Mitte, damit einfachere Gleichungen mit weniger Kräften entstehen.

Da die x-Achse zur Festlegung von positiven und negativen Schnittufern generell von links nach rechts läuft, werden die Ortskoordinaten vom rechten Rand aus mit $\bar{x}$ bezeichnet, um Verwechslungen zu vermeiden.

b) Geschlossene Integration

Die Streckenlast beginnt bei $x = 2a$ und endet bei $x = 3a$, was durch folgenden Ansatz beschrieben wird

$$q(x) = q\langle x - 2a\rangle^0 - q\langle x - 3a\rangle^0$$

Bei der Bestimmung von Q und M_b mittels Integration muß der Querkraftsprung durch die Einzelkraft F und der Momentensprung durch das Einzelmoment M mit einer zusätzlichen Klammerfunktion berücksichtigt werden.

$$Q(x) = -\int q(x)\,dx = -q\langle x - 2a\rangle^1 + q\langle x - 3a\rangle^1 - F\langle x - a\rangle^0 + c_1$$

$$M_b(x) = \int Q(x)\,dx = -\frac{1}{2}q\langle x - 2a\rangle^2 + \frac{1}{2}q\langle x - 3a\rangle^2 - F\langle x - a\rangle^1 + M\langle x - 4a\rangle^0 + c_1 x + c_2$$

Randbedingungen: die Balkenenden sind frei von Biegemomenten

$$M_b(x = 0) = 0: \quad c_2 = 0$$

$$M_b(x = 5a) = 0: \quad -\frac{1}{2}q(3a)^2 + \frac{1}{2}q(2a)^2 - F\cdot 4a + M + c_1\cdot 5a = 0$$

$$\Rightarrow \quad c_1 = \frac{4}{5}F + \frac{1}{2}qa - \frac{1}{5}\frac{M}{a}$$

Durch Einsetzen der Integrationskonstanten ergeben sich die Schnittgrößen

$$Q(x) = -q\langle x - 2a\rangle^1 + q\langle x - 3a\rangle^1 - F\langle x - a\rangle^0 + \frac{4}{5}F + \frac{1}{2}qa - \frac{1}{5}\frac{M}{a}$$

$$M_b(x) = -\frac{1}{2}q\langle x - 2a\rangle^2 + \frac{1}{2}q\langle x - 3a\rangle^2 - F\langle x - a\rangle^1 + M\langle x - 4a\rangle^0 + \left(\frac{4}{5}F + \frac{1}{2}qa - \frac{1}{5}\frac{M}{a}\right)x$$

und die Auflagerkräfte als spezielle Querkräfte

$$F_A = Q(x = 0) = \frac{4}{5}F + \frac{1}{2}qa - \frac{1}{5}\frac{M}{a}$$

$$F_B = -Q(x = 5a) = q\cdot 3a - q\cdot 2a + F - \frac{4}{5}F - \frac{1}{2}qa + \frac{1}{5}\frac{M}{a} = \frac{1}{5}F + \frac{1}{2}qa + \frac{1}{5}\frac{M}{a}$$

c) Schnittmethode für den gesamten Balken

Hat man die Auflagerkräfte mit den Gleichgewichts-Bedingungen am Gesamtsystem bereits bestimmt, so kann man die Schnittgrößen auch unmittelbar ohne Integration angeben, wobei der Aufwand für die Integration und die Ermittlung der Integrationskonstanten entfällt. Dazu legt man einen Schnitt an das rechte Ende des Balkens (Bild 11.25b).

Für die Querkraft sind folgende Kräfte zu berücksichtigen:

F_A drückt im ganzen Bereich $0 \leq x \leq 5a$ der Querkraft entgegen, F wirkt im Sinn von $Q(x)$, tritt aber erst bei $x \geq a$ in Erscheinung, muß also mit dem Faktor $\langle x - a\rangle^0$ versehen werden, der im Bereich $x < a$ gleich Null, im Bereich $x > a$ gleich eins ist. An der Stelle $x = a$ ist ein Unstetigkeitssprung, so daß dort die Querkraft nicht angegeben werden kann.

Die Streckenlast denkt man sich von $x \geq 2a$ durchgehend bis zum Balkenende und zieht zur Kompensation bei $x \geq 3a$ auf der Unterseite des Balkens eine gleich große Streckenlast wieder ab. Die obere Streckenlast wirkt im Sinn von $Q(x)$, die untere entgegen.

Die obere Streckenlast muß mit der Länge $\langle x-2a \rangle^1$ multipliziert werden. Dieser Faktor ist für $x \leq 2a$ gleich Null, für $x > 2a$ gleich $(x-2a)$.

Die untere Streckenlast wird mit $\langle x-3a \rangle^1$ multipliziert, also im Bereich $x \leq 3a$ mit Null, im Bereich $x > 3a$ mit $(x-3a)$.

Für das Biegemoment sind folgende Momente maßgebend:

$F_A \cdot x$ gegensinnig zu $M_b(x)$ im gesamten Bereich $0 \leq x \leq 5a$

$F\langle x-a \rangle^1$ gleichsinnig zu $M_b(x)$ im Bereich $a \leq x \leq 5a$

Löschung im Bereich $x \leq a$ (Faktor $\langle x-a \rangle^1$ wird Null).

$q\langle x-2a \rangle^1 \cdot \dfrac{1}{2} \langle x-2a \rangle^1$ gleichsinnig zu $M_b(x)$ im Bereich $2a \leq x \leq 5a$

Löschung im Bereich $x \leq 2a$ (Faktor $\langle x-2a \rangle^1$ wird Null).

$q\langle x-3a \rangle^1 \cdot \dfrac{1}{2} \langle x-3a \rangle^1$ gegensinnig zu $M_b(x)$ im Bereich $3a \leq x \leq 5a$

Löschung im Bereich $x \leq 3a$ (Faktor $\langle x-3a \rangle^1$ wird Null).

$M\langle x-4a \rangle^0$ gegensinnig zu $M_b(x)$ im Bereich $4a < x \leq 5a$

Löschung im Bereich $x < 4a$ (Faktor $\langle x-4a \rangle^0$ wird Null).

An der Stelle $x = 4a$ ist ein Unstetigkeitssprung, so daß dort das Biegemoment nicht angegeben werden kann.

Mit den Gleichgewichts-Bedingungen erhält man die Schnittgrößen gültig für den gesamten Bereich $0 \leq x \leq 5a$

$$Q(x) = F_A - F\langle x-a \rangle^0 - q\langle x-2a \rangle^1 + q\langle x-3a \rangle^1$$

$$M_b(x) = F_A x - F\langle x-a \rangle^1 - \frac{1}{2} q\langle x-2a \rangle^2 + \frac{1}{2} q\langle x-3a \rangle^2 + M\langle x-4a \rangle^0$$

Zur Bestimmung der Lage des maximalen Biegemoments werden die Nullstellen der Querkraft-Funktion gesucht. Dazu ist die Auflösung der Föppl-Klammern damit Fallunterscheidung erforderlich:

$$0 \leq x < a: \quad Q(x) = F_A = \text{konst.}$$

$$a < x \leq 2a: \quad Q(x) = F_A - F = \text{konst.}$$

$$2a \leq x \leq 3a: \quad Q(x) = F_A - F - q(x-2a)$$

Für die Größenverhältnisse der Kräfte nach Bild 11.25 liegt der Nulldurchgang der Querkraft in diesem Bereich, in dem Q mit x veränderlich ist.

$$Q(x) = 0: \quad F_A - F - q(x_0 - 2a) = 0 \;\Rightarrow\; x_0 = \frac{F_A - F}{q} + 2a$$

$$3a \leq x \leq 5a: \quad Q(x) = F_A - F - q(x-2a) + q(x-3a)$$

$$Q(x) = F_A - F - qa = \text{konst.}$$

Setzt man $x = x_0$ in die Biegemomenten-Funktion ein, so erhält man das maximale Biegemoment zu

$$M_{b\max} = M(x_0) = F_A \cdot x_0 - F(x_0 - a) - \frac{1}{2} q(x_0 - 2a)^2 \qquad \blacksquare$$

■ **Beispiel:** Überkragender Gelenkträger mit linear veränderlicher Streckenlast und Einzelkraft

a) Schnittmethode für einzelne Bereiche

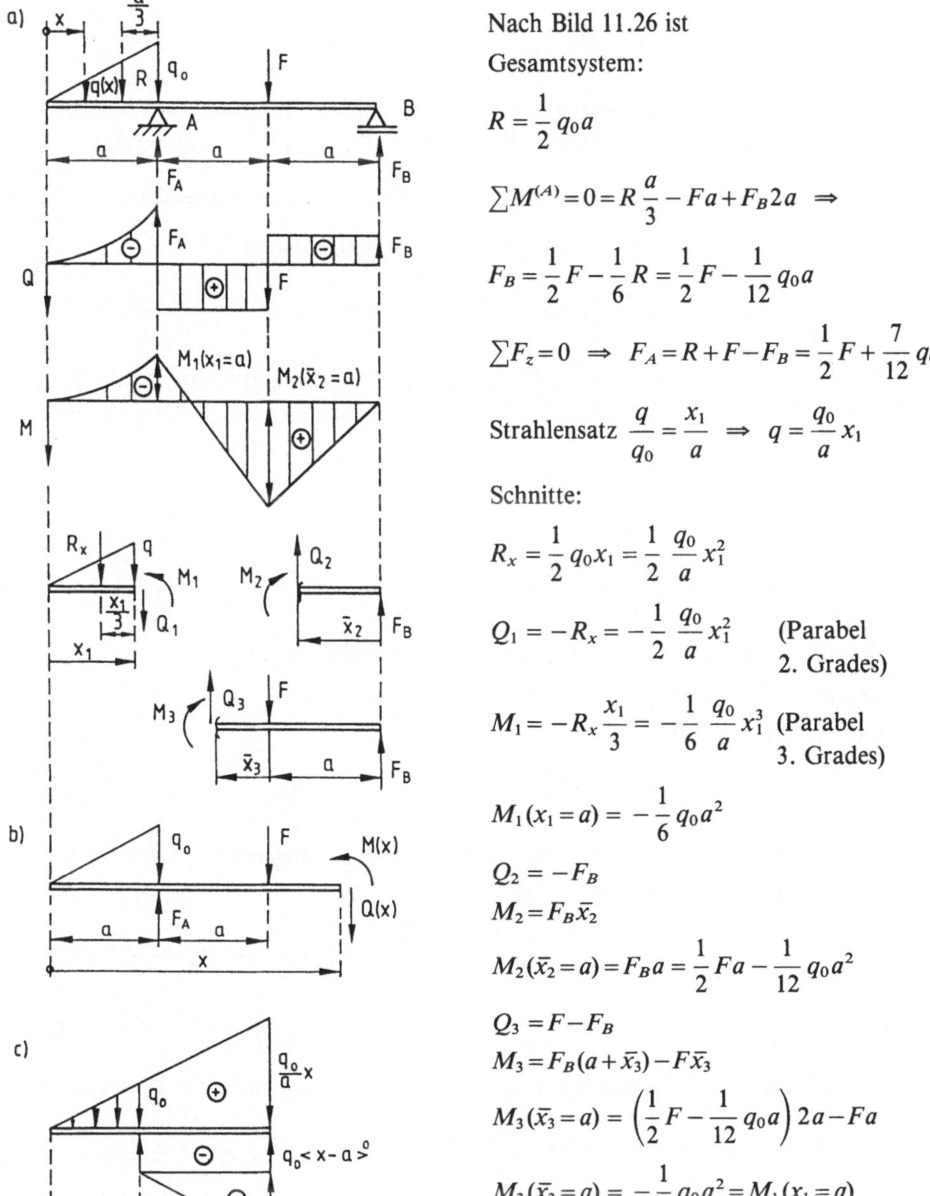

Bild 11.26

Nach Bild 11.26 ist

Gesamtsystem:

$$R = \frac{1}{2} q_0 a$$

$$\sum M^{(A)} = 0 = R\frac{a}{3} - Fa + F_B 2a \;\Rightarrow$$

$$F_B = \frac{1}{2}F - \frac{1}{6}R = \frac{1}{2}F - \frac{1}{12}q_0 a$$

$$\sum F_z = 0 \;\Rightarrow\; F_A = R + F - F_B = \frac{1}{2}F + \frac{7}{12}q_0 a$$

Strahlensatz $\dfrac{q}{q_0} = \dfrac{x_1}{a} \;\Rightarrow\; q = \dfrac{q_0}{a}x_1$

Schnitte:

$$R_x = \frac{1}{2}q_0 x_1 = \frac{1}{2}\frac{q_0}{a}x_1^2$$

$$Q_1 = -R_x = -\frac{1}{2}\frac{q_0}{a}x_1^2 \qquad \text{(Parabel 2. Grades)}$$

$$M_1 = -R_x\frac{x_1}{3} = -\frac{1}{6}\frac{q_0}{a}x_1^3 \qquad \text{(Parabel 3. Grades)}$$

$$M_1(x_1 = a) = -\frac{1}{6}q_0 a^2$$

$$Q_2 = -F_B$$

$$M_2 = F_B\bar{x}_2$$

$$M_2(\bar{x}_2 = a) = F_B a = \frac{1}{2}Fa - \frac{1}{12}q_0 a^2$$

$$Q_3 = F - F_B$$

$$M_3 = F_B(a + \bar{x}_3) - F\bar{x}_3$$

$$M_3(\bar{x}_3 = a) = \left(\frac{1}{2}F - \frac{1}{12}q_0 a\right)2a - Fa$$

$$M_3(\bar{x}_3 = a) = -\frac{1}{6}q_0 a^2 = M_1(x_1 = a)$$

b) Geschlossene Integration

Mit der Föppl-Klammer kann die Koordinate x ohne Unterbrechung durchlaufen ($0 \leq x \leq 3a$). Zuerst drückt man die Streckenlast mit dem Föppl-Symbol aus

$$q(x) = \frac{q_0}{a} \langle x-0 \rangle^1 = \frac{q_0}{a} \langle x \rangle^1 = \frac{q_0}{a} x$$

Diese Gleichung setzt sich nach rechts weiter fort und liefert auch im Bereich $x > a$ eine Belastung, die am gegebenen Balken jedoch nicht wirkt. Daher muß nach Bild 11.26c in diesem Bereich ein konstanter Anteil $q_0 \langle x-a \rangle^0$ und ein linearer Anteil $\frac{q_0}{a} \langle x-a \rangle^1$ wieder abgezogen werden, so daß mit dieser Korrektur die Streckenlast für den gesamten Balken lautet

$$q(x) = \frac{q_0}{a} x - q_0 \langle x-a \rangle^0 - \frac{q_0}{a} \langle x-a \rangle^1$$

Bei der Bestimmung von Q durch Integration muß der Querkraftsprung infolge der Auflagerkraft F_A bei $x = a$ und infolge der Einzelkraft F bei $x = 2a$ mit je einer Föppl-Klammer berücksichtigt werden.

$$Q(x) = -\int q(x)\,dx = -\frac{q_0}{2a} x^2 + q_0 \langle x-a \rangle^1 + \frac{q_0}{2a} \langle x-a \rangle^2 + F_A \langle x-a \rangle^0 - F \langle x-2a \rangle^0 + c_1$$

$$M(x) = \int Q(x)\,dx = -\frac{q_0}{6a} x^3 + \frac{q_0}{2} \langle x-a \rangle^2 + \frac{q_0}{6a} \langle x-a \rangle^2 + F_A \langle x-a \rangle^1 - F \langle x-2a \rangle^1 + c_1 x + c_2$$

Mit den Randbedingungen ermittelt man die 3 Unbekannten c_1, c_2, F_A

I) $Q(x=0) = 0:\quad c_1 = 0$

II) $M(x=0) = 0:\quad c_2 = 0$

III) $M(x=3a) = 0:\quad -\frac{q_0}{6a} 27a^3 + \frac{q_0}{2} 4a^2 + \frac{q_0}{6a} 8a^3 + F_A \cdot 2a - Fa = 0 \quad \Rightarrow \quad F_A = \frac{1}{2} F + \frac{7}{12} q_0 a$

Setzt man die Integrations-Konstanten ein, so erhält man die allgemeine Beziehung für die Querkraft und das Biegemoment im ganzen Balken

$$Q(x) = -\frac{q_0}{2a} x^2 + q_0 \langle x-a \rangle^1 + \frac{q_0}{2a} \langle x-2a \rangle^2 + \left(\frac{1}{2} F + \frac{7}{12} q_0 a \right) \langle x-a \rangle^0 - F \langle x-2a \rangle^0$$

$$M(x) = -\frac{q_0}{6a} x^3 + \frac{q_0}{2} \langle x-2a \rangle^2 + \frac{q_0}{6a} \langle x-a \rangle^3 + \left(\frac{1}{2} F + \frac{7}{12} q_0 a \right) \langle x-a \rangle^1 - F \langle x-2a \rangle^1$$

Die zweite Auflagerkraft bei B findet man als speziellen Wert der negativen Querkraft bei $x = 3a$

$$F_B = -Q(x=3a) = \frac{q_0}{2a} 9a^2 - q_0 2a - \frac{q_0}{2a} 4a^2 - \frac{1}{2} F - \frac{7}{12} q_0 a + F = \frac{1}{2} F - \frac{1}{12} q_0 a$$

c) Schnittmethode für den gesamten Balken

Nach Bild 11.26b ergeben sich die Schnittgrößen direkt ohne Integration mit den Gleichgewichts-Bedingungen

$$Q(x) = -\frac{1}{2} \frac{q_0}{a} x^2 + q_0 \langle x-a \rangle^1 + \frac{1}{2} \frac{q_0}{a} \langle x-a \rangle^2 + F_A \langle x-a \rangle^0 - F \langle x-2a \rangle^0$$

$$M(x) = -\frac{1}{6} \frac{q_0}{a} x^3 + \frac{1}{2} q_0 \langle x-a \rangle^2 + \frac{1}{6} \frac{q_0}{a} \langle x-a \rangle^3 + F_A \langle x-a \rangle^1 - F \langle x-2a \rangle^1$$

■ **Beispiel:** Gerberträger mit Einzelkraft und Dreieckslast

a) Schnittmethode für einzelne Bereiche

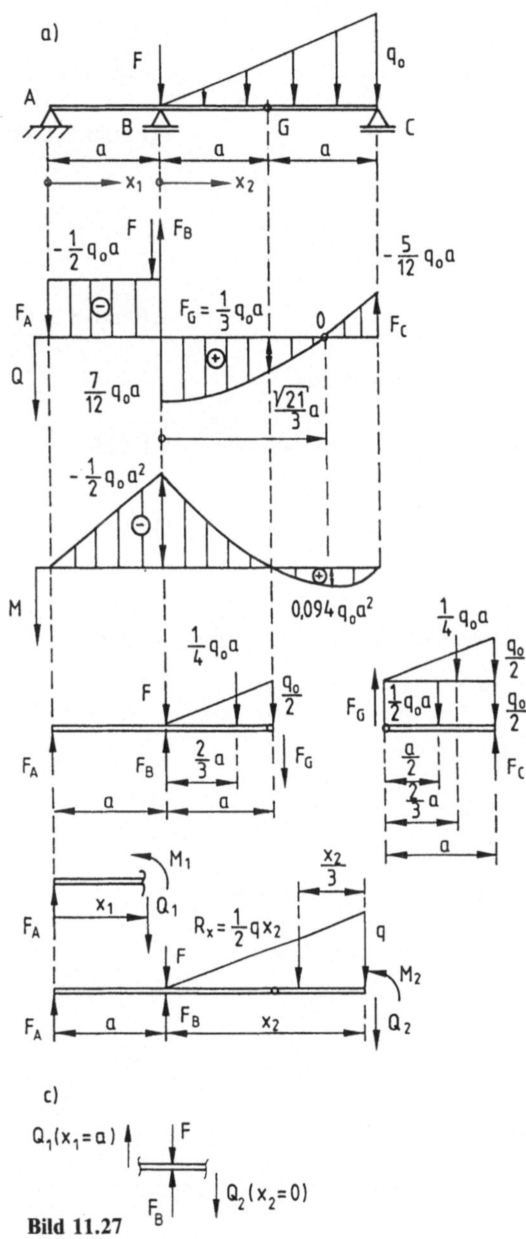

Bild 11.27

Auflagerkräfte:

Ein Schnitt durch das Gelenk G, in dem $M_b = 0$ ist, zerlegt den Balken nach Bild 11.27 in zwei Teile.

Rechter Balkenteil

Nach Aufteilung der trapezförmigen Streckenlast in ein Rechteck und ein Dreieck liefern die Gleichgewichts-Bedingungen

$$\sum_{GC} M^{(G)} = 0 = F_C a - \frac{1}{2} q_0 a \frac{a}{2} - \frac{1}{4} q_0 a \frac{2}{3} a$$

$$\Rightarrow F_C = \frac{5}{12} q_0 a$$

$$\sum_{GC} F_z = 0 \;\Rightarrow\; F_G = \frac{3}{4} q_0 a - F_C = \frac{1}{3} q_0 a$$

Linker Balkenteil

$$\sum_{AG} M^{(B)} = 0 = -F_A a - F_G a - \frac{1}{4} q_0 a \frac{2}{3} a$$

$$\Rightarrow F_A = -F_G - \frac{1}{6} q_0 a = -\frac{1}{2} q_0 a$$

$$\sum_{AG} F_z = 0 \;\Rightarrow\; F_B = F + \frac{1}{4} q_0 a + F_G - F_A$$

$$F_B = F + \frac{13}{12} q_0 a$$

Die Kraft F geht direkt in das Lager B über und wirkt sich weder auf die beiden anderen Lager noch auf die Schnittgrößen aus.

Schnitte in den beiden Bereichen:

Bereich 1 $(0 \leq x_1 \leq a)$

$$Q_1 = F_A = -\frac{1}{2} q_0 a$$

$$M_1 = F_A x_1 = -\frac{1}{2} q_0 a x_1; \quad M_1(x_1 = a) = -\frac{1}{2} q_0 a^2$$

Bereich 2 $(0 \leq x_2 \leq 2a)$

Strahlensatz $q = \dfrac{q_0}{2a} x_2,$ Resultierende $R_x = \dfrac{1}{2} q x_2 = \dfrac{1}{4} \dfrac{q_0}{a} x_2^2$

$$Q_2 = F_A + F_B - F - R_x = -\frac{1}{2} q_0 a + F + \frac{13}{12} q_0 a - F - \frac{1}{4} \frac{q_0}{a} x_2^2 = \frac{7}{12} q_0 a - \frac{1}{4} \frac{q_0}{a} x_2^2$$

(Parabel 2. Grades)

$$M_2 = F_A (a + x_2) + F_B x_2 - F x_2 - R_x \frac{x}{3}$$

$$M_2 = -\frac{1}{2} q_0 a^2 - \frac{1}{2} q_0 a x_2 + F x_2 + \frac{13}{12} q_0 a x_2 - F x_2 - \frac{1}{12} \frac{q_0}{a} x_2^3$$

$$= -\frac{1}{12} \frac{q_0}{a} x_2^3 + \frac{7}{12} q_0 a x_2 - \frac{1}{2} q_0 a^2$$

(Parabel 3. Grades)

Einen relativen Extremwert für das Biegemoment findet man aus

$$\frac{dM_2}{dx_2} = Q_2 = 0: \quad \frac{7}{12} q_0 a - \frac{1}{4} \frac{q_0}{a} x_2^{*2} = 0 \;\Rightarrow\; x_2^{*2} = \frac{7}{3} a^2 \;\Rightarrow\; x_2^* = \frac{\sqrt{21}}{3} a = 1{,}528 a$$

$$M_2(x_2 = x_2^*) = q_0 a^2 \left(-\frac{1}{12} \frac{7}{9} \sqrt{21} + \frac{7}{12} \frac{\sqrt{21}}{3} - \frac{1}{2} \right) = q_0 a^2 \left(\frac{7}{54} \sqrt{21} - \frac{1}{2} \right) = 0{,}094 q_0 a^2$$

b) Bereichsweise Integration

Wegen der Unstetigkeiten muß der Balken in zwei Teilbereiche aufgegliedert werden:

$$0 \leq x_1 \leq a \qquad\qquad\qquad 0 \leq x_2 \leq 2a$$

$$q_1 = 0 \qquad\qquad\qquad\qquad q_2 = \frac{q_0}{2a} x_2$$

$$Q_1 = -\int q_1 \, dx_1 = c_1 \qquad\qquad Q_2 = -\int q_2 \, dx_2 = -\frac{q_0}{4a} x_2^2 + c_3$$

$$M_1 = \int Q_1 \, dx_1 = c_1 x_1 + c_2 \qquad M_2 = \int Q_2 \, dx_2 = -\frac{q_0}{12a} x_2^3 + c_2 x_2 + c_4$$

Rand- und Übergangsbedingungen für die vier Integrationskonstanten

I) $M_1(x_1 = 0):$ $c_2 = 0$

II) $M_2(x_2 = a) = 0:$ $-\dfrac{q_0}{12a} a^3 + c_3 a + c_4 = 0$ (kein Moment im Gelenk G)

III) $M_2(x_2 = 2a) = 0:$ $-\dfrac{q_0}{12a} 8a^3 + c_2 2a + c_4 = 0$

IV) $M_1(x_1 = a) = M_2(x_2 = 0):$ $c_1 a = c_4$ (kein Momentensprung bei B)

II − III: $\dfrac{q_0}{12} 7a^2 - c_3 a = 0 \;\Rightarrow\; c_3 = \dfrac{7}{12} q_0 a$

aus II: $c_4 = \dfrac{1}{12} q_0 a^2 - c_3 a = -\dfrac{1}{2} q_0 a^2$

aus IV: $c_1 = \dfrac{c_4}{a} = -\dfrac{1}{2} q_0 a$

Damit ergeben sich die Schnittgrößen

$$Q_1 = -\frac{1}{2} q_0 a; \qquad Q_2 = -\frac{1}{4} \frac{q_0}{a} x_2^2 + \frac{7}{12} q_0 a$$

$$M_1 = -\frac{1}{2} q_0 a x_1; \qquad M_2 = -\frac{1}{12} \frac{q_0}{a} x_2^3 + \frac{7}{12} q_0 a x_2 - \frac{1}{2} q_0 a^2$$

Auflagerkräfte

$$F_A = Q_1(x_1 = 0) \qquad = -\frac{1}{2} q_0 a$$

$$F_C = -Q_2(x_2 = 2a) = \frac{q_0}{4a} 4a^2 - \frac{7}{12} q_0 a = \frac{5}{12} q_0 a$$

Das Gleichgewicht eines Schnittelements am Lager B liefert die dortige Auflagerkraft nach Bild 11.27 c

$$F_B = F + Q_2(x_2 = 0) - Q_1(x_1 = a) = F + \frac{7}{12} q_0 a + \frac{1}{2} q_0 a = F + \frac{13}{12} q_0 a$$

c) Geschlossene Integration

Für den gesamten Balken läßt sich die Streckenlast durchgehend $(0 \le x \le 3a)$ angeben zu

$$q(x) = \frac{q_0}{2a} \langle x - a \rangle^1$$

Bei der Integration ist der Querkraftsprung infolge der Kräfte F_B und F durch eine zusätzliche Föppl-Klammer zu berücksichtigen.

$$Q(x) = -\int q(x)\,\mathrm{d}x = -\frac{q_0}{4a} \langle x-a \rangle^2 + (F_B - F)\langle x-a \rangle^0 + c_1$$

$$M(x) = \int Q(x)\,\mathrm{d}x \quad = -\frac{q_0}{12a} \langle x-a \rangle^3 + (F_B - F)\langle x-a \rangle^1 + c_1 x + c_2$$

Die Randbedingungen für die 3 Unbekannten c_1, c_2, F_B lauten

I)　　$M(x=0) \quad = 0:\quad c_2 = 0$

II)　　$M(x=2a) = 0:\quad -\dfrac{q_0}{12a} a^3 + (F_B - F)a + c_1 \cdot 2a = 0$

III)　　$M(x=3a) = 0:\quad -\dfrac{q_0}{12a} 8a^3 + (F_B - F)2a + c_1 \cdot 3a = 0$

III$-2\cdot$II:　　$-\dfrac{1}{2} q_0 a - c_1 = 0 \;\Rightarrow\; c_1 = -\dfrac{1}{2} q_0 a$

aus II:　　$-\dfrac{1}{12} q_0 a + F_B - F + 2c_1 = 0 \;\Rightarrow\; F_B = F + \dfrac{1}{12} q_0 a - 2c_1 = F + \dfrac{13}{12} q_0 a$

Damit ergeben sich die Schnittgrößen in ihrer endgültigen Form

$$Q(x) = -\frac{q_0}{4a}\langle x-a\rangle^2 + \frac{13}{12}q_0a\langle x-a\rangle^0 - \frac{1}{2}q_0a$$

$$M(x) = -\frac{q_0}{12a}\langle x-a\rangle^3 + \frac{13}{12}q_0a\langle x-a\rangle^1 - \frac{1}{2}q_0ax$$

Die restlichen Auflagerkräfte befindet man als spezielle Querkräfte

$$F_A = Q(x=0) \quad = -\frac{1}{2}q_0a$$

$$F_C = -Q(x=3a) = \frac{q_0}{4a}4a^2 - \frac{13}{12}q_0a + \frac{1}{2}q_0a = \frac{5}{12}q_0a$$

d) Schnittmethode für den gesamten Balken

Nach Bild 11.26b lassen sich die Schnittgrößen mit den Gleichgewichts-Bedingungen ohne Integration bestimmen

$$\sum F_z = 0 \quad\Rightarrow\quad Q(x) = F_A + (F_B - F)\langle x-a\rangle^0 - \frac{1}{2}\frac{q_0}{2a}\langle x-a\rangle^2$$

$$\sum M^{(S)} = 0 \quad\Rightarrow\quad M(x) = F_A\cdot x + (F_B - F)\langle x-a\rangle^1 - \frac{1}{6}\frac{q_0}{2a}\langle x-a\rangle^3$$

■ **Beispiel:** Eingespannter Träger mit sinusförmiger Streckenlast (Bild 11.28)

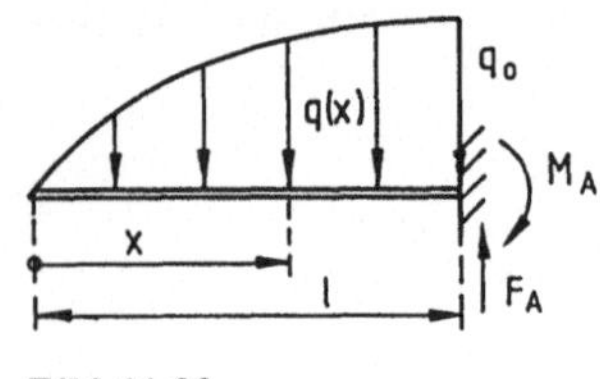

Bild 11.28

Das Maximum (horizontale Tangente) der Streckenlast soll an der Einspannung liegen.

Wenn die Sinuslinie nicht bei Null beginnt (Phasenverschiebung), geht man für die Beschreibung der Streckenlast von einem allgemeinen Ansatz aus (hier könnte man das cos-Glied von vornherein weglassen).

$$q(x) = A\sin cx + B\cos cx; \quad \frac{dq}{dx} = q' = Ac\cos cx - Bc\sin cx$$

Randbedingungen für die Streckenlast

I) $q(x=0) = 0$: $A\underbrace{\sin 0}_{0} + B\underbrace{\cos 0}_{1} = 0 \Rightarrow B = 0$

II) $q(x=\ell) = q_0$: $q_0 = A\sin c\ell$

III) $q'(x=\ell) = 0$: $Ac\cos c\ell = 0 \Rightarrow \cos c\ell = 0 \Rightarrow c\ell = \frac{\pi}{2} \Rightarrow c = \frac{\pi}{2\ell}$

III in II: $q_0 = A\sin\frac{\pi}{2\ell}\ell = A\sin\frac{\pi}{2} = A$

Damit wird die Streckenlast $q(x) = q_0\sin\frac{\pi}{2\ell}x$

Da von der sinusförmigen Streckenlast Größe und Lage der Resultierenden unbekannt sind, müssen die Schnittgrößen durch Integration bestimmt werden.

$$Q(x) = -\int q(x)\,dx = -q_0 \int \sin\frac{\pi}{2\ell}x\,dx = -q_0\frac{2\ell}{\pi}\int \sin\frac{\pi}{2\ell}x\cdot d\left(\frac{\pi}{2\ell}x\right) = q_0\frac{2\ell}{\pi}\cos\frac{\pi}{2\ell}x + c_1$$

$$M(x) = \int Q(x)\,dx = q_0\frac{2\ell}{\pi}\int\cos\frac{\pi}{2\ell}x\,dx + c_1 x + c_2 = q_0\left(\frac{2\ell}{\pi}\right)^2\int\cos\frac{\pi}{2\ell}x\cdot d\left(\frac{\pi}{2\ell}x\right) + c_1 x + c_2$$

$$M(x) = q_0\left(\frac{2\ell}{\pi}\right)\sin\frac{\pi}{2\ell}x + c_1 x + c_2$$

Um den Formalismus der Substitution zu sparen, wird das Differential zur Lösung des Grundintegrals im Integranden entsprechend angepaßt

$$dx = \frac{2\ell}{\pi}\,d\left(\frac{\pi}{2\ell}x\right)$$

Randbedingungen für die Schnittgrößen

$$Q(x=0) = 0: \quad q_0\frac{2\ell}{\pi}\cos 0 + c_1 = 0 \quad\Rightarrow\quad c_1 = -q_0\frac{2\ell}{\pi}$$

$$M(x=0) = 0: \quad c_2 = 0$$

Durch Einführen der Integrationskonstanten ergeben sich die endgültigen Schnittgrößen

$$Q(x) = -\frac{2}{\pi}q_0\ell\left(1 - \cos\frac{\pi}{2\ell}x\right)$$

$$M(x) = -\frac{2}{\pi}q_0\ell^2\left(\frac{x}{\ell} - \frac{2}{\pi}\sin\frac{\pi}{2\ell}x\right)$$

Auflagerreaktionen

$$F_A = -Q(x=\ell) = \frac{2}{\pi}q_0\ell\left(1 - \underbrace{\cos\frac{\pi}{2}}_{0}\right) = \frac{2}{\pi}q_0\ell$$

$$M_A = -M(x=\ell) = \frac{2}{\pi}q_0\ell^2\left(1 - \frac{2}{\pi}\underbrace{\sin\frac{\pi}{2}}_{1}\right) = \frac{2}{\pi}q_0\ell^2\left(1 - \frac{2}{\pi}\right)$$

■ **Beispiel:** Gelenkig gelagerter Rahmen mit Einzelkraft und konstanter Streckenlast (Bild 11.29)

Bei Rahmen und Bögen werden die Vorzeichen der Schnittgrößen zweckmäßig mit einer Bezugsfaser festgelegt.

Bei jeder Richtungsänderung des Balkens und an jeder Laststelle werden neue Koordinaten eingeführt, um stetige Funktionen für die Beanspruchungsgrößen zu erhalten.

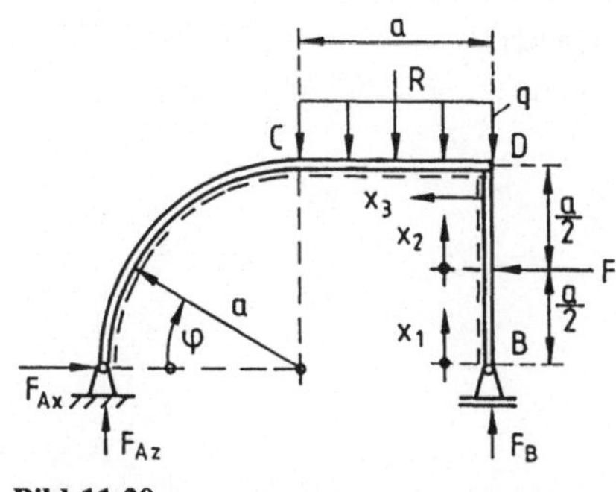

Bild 11.29

Am Gesamtsystem wird die Streckenlast zu einer Resultierenden $R = qa$ zusammengefaßt.

Gleichgewichts-Bedingungen

$$\sum M^{(A)} = 0 = F_B 2a + F\frac{a}{2} - R\frac{3}{2}a \quad\Rightarrow$$

$$F_B = \frac{3}{4}qa - \frac{1}{4}F$$

$$\sum F_x = 0 \quad\Rightarrow\quad F_{Ax} = F$$

$$\sum F_z = 0 \quad\Rightarrow\quad F_{Az} = R - F_B = \frac{1}{4}qa + \frac{1}{4}F$$

Schnitte in den einzelnen Bereichen (Bild 11.30)

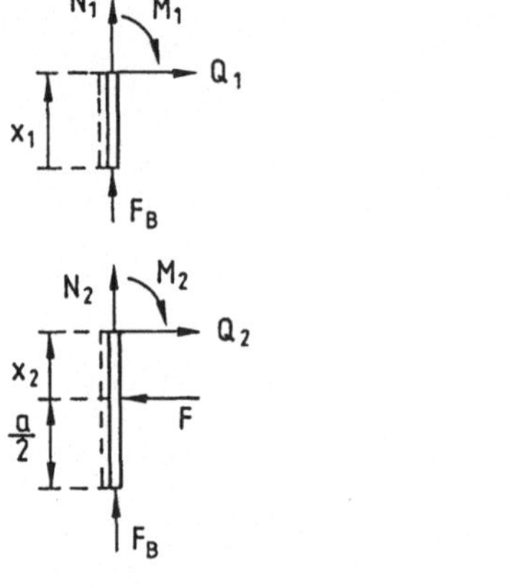

$$M_1 = -F_B$$
$$Q_1 = 0$$
$$M_1 = 0$$

$$N_2 = -F_B$$
$$Q_2 = F$$
$$M_2 = -Fx_2$$

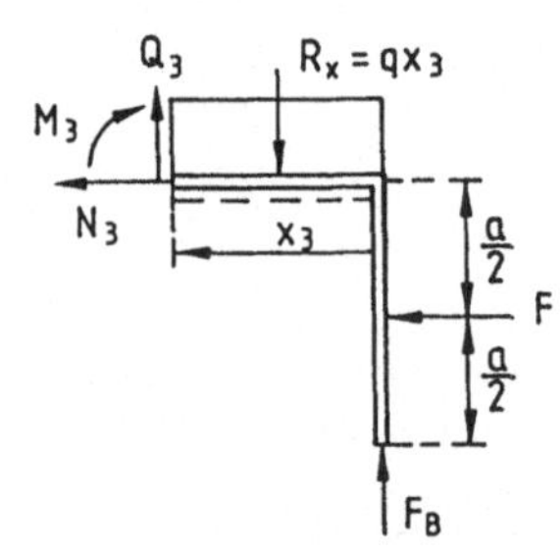

$$N_3 = -F$$
$$Q_3 = R_x - F_B = qx_3 - F_B$$
$$M_3 = F_B x_3 - F\frac{a}{2} - \frac{1}{2}qx_3^2$$

Extremwert für M_3, wenn

$$\frac{dM_3}{dx_3} = Q_3 = 0: \quad qx_3^* - F_B = 0 \quad \Rightarrow \quad x_3^* = \frac{F_B}{q}$$

$$M_3(x_3^*) = \frac{1}{2}\frac{F_B^2}{q} - \frac{1}{2}Fa$$

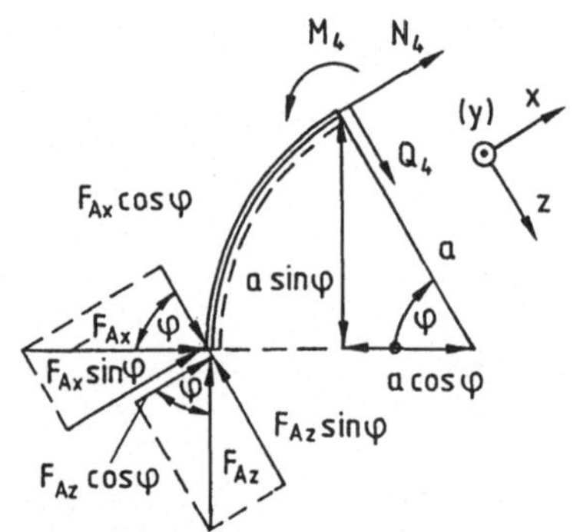

Am Bogen werden die Auflagerkräfte zweckmäßig in Komponenten in Richtung der Schnittgrößen zerlegt.

$$\sum F_x = 0 \quad \Rightarrow \quad N_4 = -F_{Ax}\sin\varphi - F_{Az}\cos\varphi$$
$$\sum F_z = 0 \quad \Rightarrow \quad Q_4 = -F_{Ax}\cos\varphi + F_{Az}\sin\varphi$$
$$\sum M_y = 0 \quad \Rightarrow \quad M_4 = -F_{Ax}a\sin\varphi + F_{Az}a(1-\cos\varphi)$$

Extremwert für M_4, wenn

$$\frac{dM_4}{d\varphi} = Q_4 = 0: \quad -F_{Ax}\cos\varphi^* + F_{Az}\sin\varphi^* = 0 \quad \Rightarrow$$

$$\tan\varphi^* = \frac{F_{Ax}}{F_{Az}}$$

$$M_4(\varphi^*) = -F_{Ax}a\sin\varphi^* + F_{Az}a(1-\cos\varphi^*)$$

Bild 11.30

Z.B. werden für $q = \dfrac{3F}{a}$ die Auflagerkräfte $F_{Ax} = F$; $F_{Az} = F$; $B = 2F$, wobei sich ein Belastungsschema und ein entsprechender Schnittgrößen-Verlauf nach Bild 11.31 ergibt.

Am Kreisbogen werden die Schnittgrößen radial angetragen.

Um die Belastungs-Diagramme besser lokalisieren zu können, soll die Schraffur immer senkrecht zur Balkenachse erfolgen.

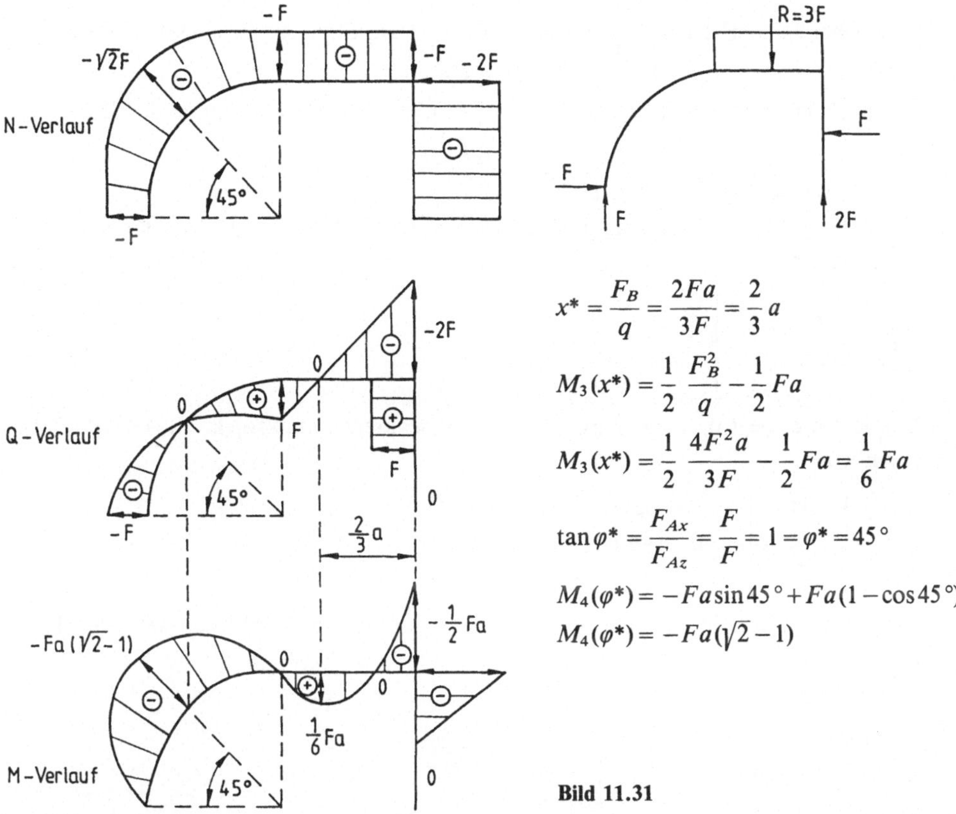

$$x^* = \frac{F_B}{q} = \frac{2Fa}{3F} = \frac{2}{3}\,a$$

$$M_3(x^*) = \frac{1}{2}\,\frac{F_B^2}{q} - \frac{1}{2}\,Fa$$

$$M_3(x^*) = \frac{1}{2}\,\frac{4F^2a}{3F} - \frac{1}{2}\,Fa = \frac{1}{6}\,Fa$$

$$\tan\varphi^* = \frac{F_{Ax}}{F_{Az}} = \frac{F}{F} = 1 = \varphi^* = 45°$$

$$M_4(\varphi^*) = -Fa\sin 45° + Fa(1 - \cos 45°)$$

$$M_4(\varphi^*) = -Fa(\sqrt{2} - 1)$$

Bild 11.31

Schräge, räumliche Balken

Bei räumlichen Balken, bei denen die Balkenachse ganz oder teilweise schräg zu den Koordinaten-Richtungen verläuft, ist es meist zweckmäßig, die Schnittgrößen mit Hilfe der Vektorrechnung zu bestimmen.

■ **Beispiel:** Eingespannter räumlicher Balken

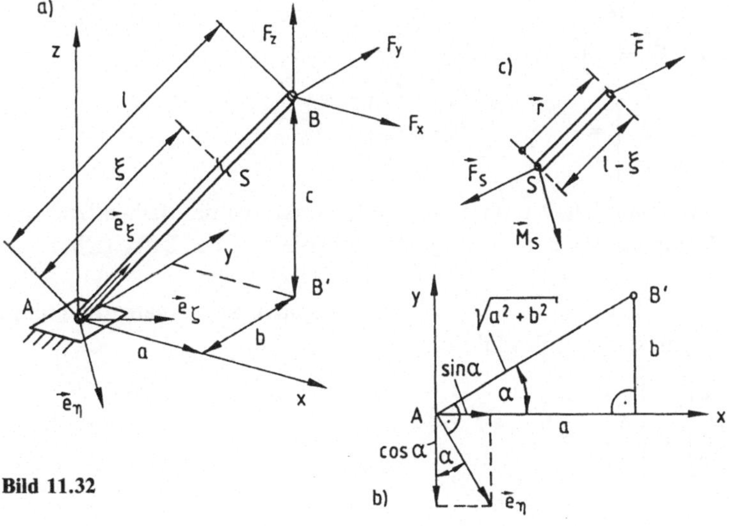

Bild 11.32

Ein räumlicher Balken $\overrightarrow{AB} = \begin{bmatrix} a \\ b \\ c \end{bmatrix}$ ist nach Bild 11.32 am Ende A fest eingespannt und am freien

Ende B mit einer räumlichen Einzelkraft $\vec{F} = \begin{bmatrix} F_x \\ F_y \\ F_z \end{bmatrix}$ belastet. Man bestimme die Schnittgrößen im

Balken. Der Balken hat die Länge $\ell = \sqrt{a^2 + b^2 + c^2}$.

Für die Schnittgrößen braucht man die Einsvektoren in Richtung der Balkenachse und parallel zum Balkenquerschnitt

$$\vec{e}_\xi = \frac{\overrightarrow{AB}}{\overline{AB}} = \frac{1}{\ell} \begin{bmatrix} a \\ b \\ c \end{bmatrix}$$

Der Einsvektor $\vec{e}_\eta$ liegt in der x, y-Ebene und steht senkrecht zur Projektion $\overline{AB'}$ des Balkens auf der x, y-Ebene.

$$\vec{e}_\eta = \begin{bmatrix} \sin\alpha \\ -\cos\alpha \\ 0 \end{bmatrix} = \frac{1}{\sqrt{a^2 + b^2}} \begin{bmatrix} b \\ -a \\ 0 \end{bmatrix}$$

Der Einsvektor in ζ-Richtung steht senkrecht auf $\vec{e}_\xi$ und $\vec{e}_\eta$ und ergibt sich daher als deren vektorielles Produkt

$$\vec{e}_\zeta = \vec{e}_\xi \times \vec{e}_\eta = \frac{1}{\sqrt{a^2 + b^2}} \begin{vmatrix} \vec{i} & a & b \\ \vec{j} & b & -a \\ \vec{k} & c & 0 \end{vmatrix} = \frac{1}{\ell\sqrt{a^2 + b^2}} \begin{bmatrix} ac \\ bc \\ -a^2 - b^2 \end{bmatrix}$$

Das Gleichgewicht des abgeschnittenen Balkenteils (Bild 11.32c) liefert die Schnittgrößen $\vec{F}_S$ und $\vec{M}_S$ im x, y, z-System

$$\sum\vec{F} = \vec{0} = \vec{F}_S + \vec{F} \;\Rightarrow\; \vec{F}_S = -\vec{F} = -\begin{bmatrix} F_x \\ F_y \\ F_z \end{bmatrix}$$

Mit dem Ortsvektor $\vec{r}$ vom Schwerpunkt der Schnittstelle zum Angriffspunkt der eingeprägten Kraft wird das Schnittmoment $\vec{M}_S$

$$\sum\vec{M}^{(S)} = \vec{0} = \vec{M}_S + \vec{r} \times \vec{F} \;\Rightarrow\; \vec{M}_S = -(\vec{r} \times \vec{F}) = -(\ell - \xi)\vec{e}_\xi \times \vec{F}$$

$$\vec{M}_S = -\frac{\ell - \xi}{\ell} \begin{vmatrix} \vec{i} & a & F_x \\ \vec{j} & b & F_y \\ \vec{k} & c & F_z \end{vmatrix} = -\frac{\ell - \xi}{\ell} \begin{bmatrix} bF_z - cF_y \\ cF_x - aF_z \\ aF_y - bF_x \end{bmatrix}$$

Durch skalare Multiplikation der Schnittgrößen mit den Einsvektoren des Balken-Dreibeins erhält man die „natürlichen" Komponenten der Schnittgrößen orientiert an der Balkenachse bzw. senkrecht dazu.

Positive Schnittgrößen zeigen am negativen Schnittufer in negative Koordinaten-Richtungen, was durch ein Minuszeichen beim skalaren Produkt berücksichtigt wird.

$$N_\xi = -\vec{F}_S \vec{e}_\xi = \begin{bmatrix} F_x \\ F_y \\ F_z \end{bmatrix} \cdot \frac{1}{\ell} \begin{bmatrix} a \\ b \\ c \end{bmatrix} = \frac{1}{\ell}\,(F_x a + F_y b + F_z c)$$

$$Q_\eta = -\vec{F}_S \vec{e}_\eta = \begin{bmatrix} F_x \\ F_y \\ F_z \end{bmatrix} \cdot \frac{1}{\sqrt{a^2+b^2}} \begin{bmatrix} b \\ -a \\ 0 \end{bmatrix} = \frac{1}{\sqrt{a^2+b^2}} (F_x b - F_y a)$$

$$Q_\zeta = -\vec{F}_S \vec{e}_\zeta = \begin{bmatrix} F_x \\ F_y \\ F_z \end{bmatrix} \cdot \frac{1}{\ell\sqrt{a^2+b^2}} \begin{bmatrix} ac \\ bc \\ -a^2-b^2 \end{bmatrix} = \frac{1}{\ell\sqrt{a^2+b^2}} [F_x ac + F_y bc - F_z(a^2+b^2)]$$

Die Schnittmomente ergeben sich in Abhängigkeit der Balken-Koordinate ξ

$$M_\xi = -\vec{M}_S \cdot \vec{e}_\xi = \frac{\ell-\xi}{\ell^2} [(bF_z - cF_y)a + (cF_x - aF_z)b + (aF_y - bF_x)c]$$

$$M_\eta = -\vec{M}_S \cdot \vec{e}_\eta = \frac{\ell-\xi}{\ell\sqrt{a^2+b^2}} [(bF_z - cF_y)b - (cF_x - aF_z)a]$$

$$M_\zeta = -\vec{M}_S \cdot \vec{e}_\zeta = \frac{\ell-\xi}{\ell^2\sqrt{a^2+b^2}} [(bF_z - cF_y)ac + (cF_x - aF_z)bc - (aF_y - bF_x)(a^2+b^2)]$$

Die maximalen Momente sind an der Einspannung bei $\xi = 0$.   ■

Variante

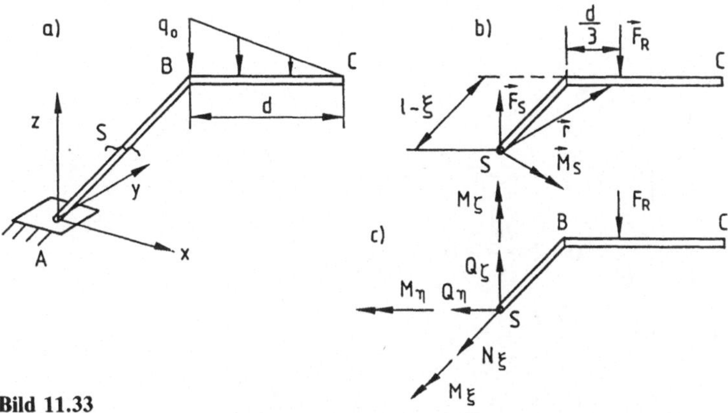

Bild 11.33

An den Balken $\overline{AB}$ des Bildes 11.32 wird noch ein horizontales Stück $\overline{BC}$ der Länge d in x-Richtung angeschweißt und mit einer linear ansteigenden Streckenlast versehen (Bild 11.33).
Die Schnittgrößen im Teil $\overline{BC}$ ergeben sich wie beim ebenen Balken.
Gesucht sind die Schnittgrößen im schrägen Balkenteil $\overline{AB}$.

Lösung:

Wird der Balken außerhalb der Streckenlast geschnitten, so kann diese zu einer Resultierenden vom

Betrag $F_R = \dfrac{1}{2} q_0 d$ zusammengefaßt werden.

Der Ortsvektor von der Schnittstelle zur Resultierenden $\vec{F}_R = \begin{bmatrix} 0 \\ 0 \\ -F_R \end{bmatrix}$ lautet

$$\vec{r} = (\ell-\xi)\vec{e}_\xi + \frac{d}{3}\vec{e}_x$$

Das Gleichgewicht des abgeschnittenen Balkenteils (Bild 11.33 b) liefert die Schnittgrößen mit Komponenten im x, y, z-System

$$\sum_{SC} \vec{F} = \vec{0} \quad \Rightarrow \quad \vec{F}_S = -\vec{F}_R = \begin{bmatrix} 0 \\ 0 \\ F_R \end{bmatrix}$$

$$\sum_{SC} \vec{M}^{(S)} = \vec{0} \quad \Rightarrow \quad \vec{M}_S = -(\vec{r} \times \vec{F}_R) = \left[(\ell - \xi)\vec{e}_\xi + \frac{d}{3}\vec{e}_x \right] \times (-\vec{F}_R)$$

$$\vec{M}_S = \begin{vmatrix} \vec{i} & (\ell-\xi)\dfrac{a}{\ell}+\dfrac{d}{3} & 0 \\[2mm] \vec{j} & (\ell-\xi)\dfrac{b}{\ell} & 0 \\[2mm] \vec{k} & (\ell-\xi)\dfrac{c}{\ell} & F_R \end{vmatrix} = F_R \begin{bmatrix} (\ell-\xi)\dfrac{b}{\ell} \\[2mm] -(\ell-\xi)\dfrac{a}{\ell}-\dfrac{d}{3} \\[2mm] 0 \end{bmatrix}$$

Die Schnittgrößen müssen noch auf das ξ, η, ζ-System projeziert werden, was man durch skalare Multiplikation mit den entsprechenden Einsvektoren erreicht:

$$N_\xi = -\vec{F}_S \cdot \vec{e}_\xi = -\frac{c}{\ell} F_R$$

$$Q_\eta = -\vec{F}_S \cdot \vec{e}_\eta = 0$$

$$Q_\zeta = -\vec{F}_S \cdot \vec{e}_\zeta = \frac{\sqrt{a^2+b^2}}{\ell} F_R$$

$$M_\xi = -\vec{M}_S \cdot \vec{e}_\xi = -\frac{F_R}{\ell} \left[(\ell-\xi)\frac{b}{\ell}a - (\ell-\xi)\frac{a}{\ell}b - \frac{d}{3}b \right] = F_R \frac{bd}{3\ell}$$

$$M_\eta = -\vec{M}_S \cdot \vec{e}_\eta = -\frac{F_R}{\sqrt{a^2+b^2}} \left[(\ell-\xi)\frac{b^2}{\ell} + (\ell-\xi)\frac{a^2}{\ell} + \frac{d}{3}a \right] =$$

$$= -F_R \left(\frac{\ell-\xi}{\ell}\sqrt{a^2+b^2} + \frac{ad}{3\sqrt{a^2+b^2}} \right)$$

$$M_\zeta = -\vec{M}_S \cdot \vec{e}_\zeta = -\frac{F_R}{\ell\sqrt{a^2+b^2}} \left[(\ell-\xi)\frac{b}{\ell}ac - (\ell-\xi)\frac{a}{\ell}bc - \frac{d}{3}bc \right] = F_R \frac{bcd}{3\ell\sqrt{a^2+b^2}}$$

Nur das Biegemoment M_η ist von der laufenden Balken-Koordinate abhängig.
M_η hat seinen größten Wert an der Einspannung für $\xi = 0$.

11.10 Moment einer Kräftegruppe bezogen auf einen Punkt

Bereits im Beispiel nach Bild 4.31 und Gl. 4.7 wurde die Bestimmung des Moments mit dem Pol- und Seileck aufgezeigt. Das Problem soll noch einmal in allgemeiner Form entwickelt werden unter Beachtung der Äquivalenz-Beziehung:
Die Summe der Momente aller Einzelkräfte einer Kräftegruppe ist gleich dem Moment ihrer Resultierenden.

■ **Beispiel:** Moment dreier Kräfte bezüglich eines Punktes S

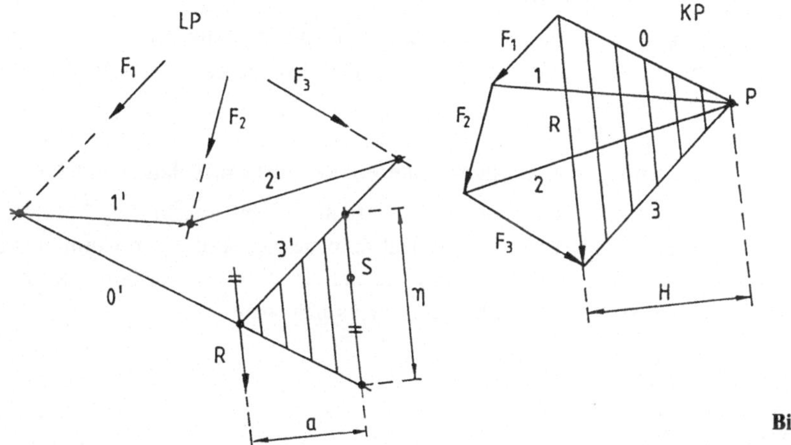

Bild 11.34

Die Resultierende $\vec{R} = \vec{F}_1 + \vec{F}_2 + \vec{F}_3$ wird wie üblich nach Größe, Richtung und Lage mit dem Pol- und Seileck bestimmt (Bild 11.34). Dann wird durch den Momenten-Bezugspunkt S im LP eine Parallele zu $\vec{R}$ gelegt. Auf dieser Parallelen wird die Strecke η durch die zu $\vec{R}$ gehörigen Seilstrahlen $0'$ und $3'$ ausgeschnitten.

Die beiden im LP und KP schraffierten Dreiecke sind wegen der Parallelität ihrer Seiten η, $0'$, $3'$ und R, 0, 3 ähnlich, so daß die Verhältnisse entsprechender Strecken (Grundlinie und Höhe) gleich sein müssen:

$$\frac{\eta}{a} = \frac{R}{H} \quad \Rightarrow \quad R \cdot a = \eta \cdot H$$

Das Moment der Resultierenden bezüglich S wird damit

$$\boxed{M^{(S)} = R \cdot a = \eta \cdot H} \tag{11.15}$$

Nach Gl. 1.5 ist

Physikalische Größe = Maßstabsfaktor mal Zeichnungsstrecke

Unter Einbeziehung der entsprechenden Zeichnungsstrecken Z mit ihren Maßstabsfaktoren m wird

$$\boxed{M^{(S)} = \eta \cdot H = m_\ell \cdot Z_\eta \cdot m_F \cdot Z_H = \underbrace{m_F \cdot m_\ell \cdot Z_H}_{m_M} \cdot Z_\eta = m_M \cdot Z_\eta} \tag{11.15a}$$

Hierbei ist

m_ℓ [m/cm Z] = Längen-Maßstabsfaktor

m_F [N/cm Z] = Kräfte-Maßstabsfaktor

$$\boxed{m_M = m_F m_\ell Z_H} \quad = \text{Momenten-Maßstabsfaktor} \tag{11.16}$$

Dimensions-Analyse

$$[\text{Nm/cm } Z] = [N/\text{cm } Z] \cdot [\text{m/cm } Z] \cdot [\text{cm } Z]$$

Zu den physikalischen Größen a, η, R, H gehören die Zeichnungsstrecken Z_a, Z_η, Z_R, Z_H, die mit den Maßstabsfaktoren zusammenhängen:

$$a = m_\ell \cdot Z_a, \quad \eta = m_\ell \cdot Z_\eta, \quad R = m_F \cdot Z_R, \quad H = m_F \cdot Z_H$$

Die Polstrahlen beim Kraft- und Seileck haben die physikalische Bedeutung von Seilkräften.
H = Abstand der Resultierenden $\vec{R}$ vom Pol P.
Bei vertikalen Belastungskräften ist H die Hoirzontalkomponente der Seilkräfte.
H wird dem Kräfteplan entnommen, stellt also eine Kraft dar, für die der Kräfte-Maßstabsfaktor
maßgebend ist.   ∎

11.11 Zeichnerische Bestimmung des Biegemomenten-Verlaufs mit dem Seileck

Einfach und übersichtlich lassen sich die Momente bei vertikalen Belastungskräften bestimmen.
Wirken auf einen Balken auch schräge Kräfte, so zerlegt man sie zweckmäßig in Komponenten in
Richtung der Balkenachse und senkrecht dazu. Man kann sich dann auf die vertikalen Komponen-
ten beschränken, da nur sie zur Bildung eines Biegemoments beitragen.

∎ **Beispiel:** Balken mit 2 vertikalen Kräften

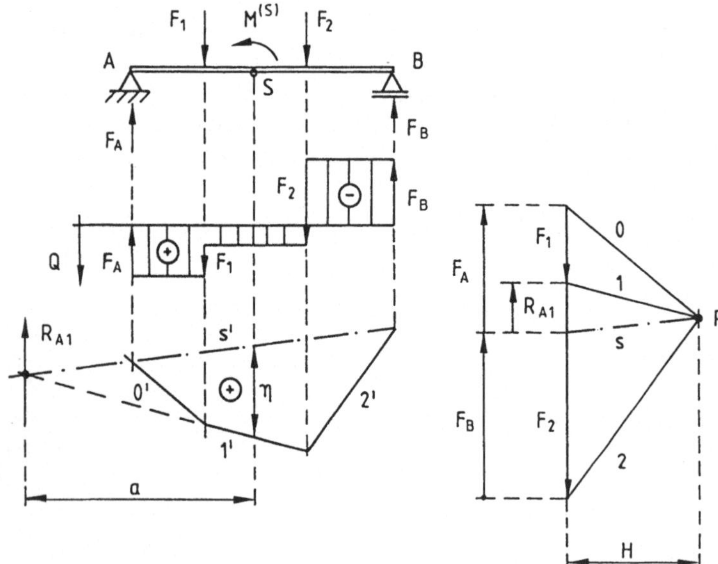

Bild 11.35

Schneidet man z.B. den Balken im Bild 11.35 nach der Kraft $\vec{F}_1$, um dort das Biegemoment zu
bestimmen, so werden alle Kräfte auf der linken Balkenseite jenseits der Schnittstelle zu einer Resultierenden $\vec{R}_{A1} = \vec{F}_A + \vec{F}_1$ zusammengefaßt.
Die rechtsseitigen Kräfte bilden zusammen die Gegenkraft $\vec{R}_{B2} = \vec{F}_B + \vec{F}_2 = -\vec{R}_{A1}$, die das Moment
für das gegenüberliegende Schnittufer liefert.
Das Biegemoment an der Schnittfläche S (räumlich gesehen ist S der Schwerpunkt der Schnitt-
fläche) erhält man als Moment von $\vec{R}_{A1}$ bezogen auf S.
Allgemein ausgedrückt:
Multipliziert man die senkrecht unter S liegende Seilecks-Ordinate η mit dem Polabstand H, so
ergibt sich das auf S bezogene Moment einer Kraft $\vec{R}$, die mit den Seilkräften (Polstrahlen) im
Gleichgewicht steht, zwischen deren Seilstrahlen η liegt.
In unserem Fall:
$\vec{R}_{A1}$ ist im KP mit den Seilkräften (Polstrahlen) s und 1 im Gleichgewicht. Entsprechend liegt η im
LP zwischen den Seilstrahlen s' und $1'$, durch deren Schnittpunkt die Wirklinie von $\vec{R}_{A1}$ geht.
Der vertikale Abstand η zwischen der Schlußlinie und den Seilstrahlen ist dem Biegemoment an der
betreffenden Schnittstelle proportional, das man als Zahlenwert durch Multiplikation von η mit
dem Momenten-Maßstabsfaktor nach Gl. 11.16 erhält.

Bei einer vertikalen Belastung des Trägers ist das Seileck also zugleich Biegemomentenfläche. Mit dem Seileck hat man neben den Auflagerkräften auch den Verlauf des Biegemoments für den gesamten Balken bestimmt.

Liegt die Schlußlinie oberhalb der Seilstrahlen, so ist das Biegemoment positiv, andernfalls negativ.

■ **Beispiel:** Schnittgrößen eines Balkens mit Streckenlast

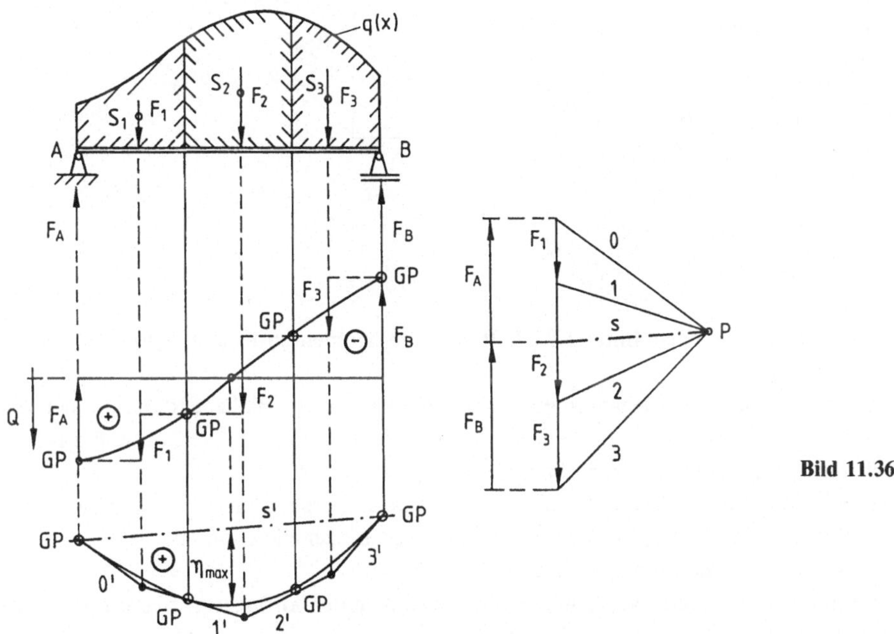

Bild 11.36

Zur Bestimmung des Schnittgrößen-Verlaufs bei einer beliebigen Streckenlast (die z. B. nur durch ihren Kurvenverlauf grafisch gegeben ist) wird der Balken nach Bild 11.36 in einzelne Abschnitte unterteilt. In jedem Bereich wird die Streckenlast $q(x)$ durch eine statisch gleichwertige Einzelkraft F_i ersetzt, die der schraffierten Teillastfläche (zwischen der Streckenlast, den Bereichsgrenzen und der Balkenachse) proportional ist und durch ihren Schwerpunkt S_i geht ($i = 1, 2, 3 \ldots$).

Nur an den Bereichsgrenzen sind die Einzelkräfte der Streckenlast statisch gleichwertig, d.h. dort sind die Schnittgrößen infolge der Ersatzkraft gleich denen der Streckenlast. Daher liefert das Seileck an den Abschnittsgrenzen genaue Punkte (GP) für das Biegemoment.

Die Querkraft entspricht der Ableitung des Biegemoments. An den Abschnittsgrenzen stimmen also auch die Steigungen der Seilstrahlen und der Biegemomentenlinie überein, so daß die Seilstrahlen dort Tangenten an die Biegemomentenkurve sind. Das Seileck bildet also das Tangentenpolygon, in das sich die wirkliche Biegemomentenlinie näherungsweise einzeichnen läßt.

Für die Querkraftkurve erhält man als grobe Annäherung zunächst eine Treppenlinie, bei der die Höhe der einzelnen Stufen den Einzelkräften entspricht. An den Bereichsgrenzen ergeben sich genaue Punkte (GP), durch die die wirkliche Querkraftlinie so verlaufen muß, daß ihre Steigung überall der Streckenlast proportional ist. An der Stelle des Nulldurchgangs von Q wird die Seileck-Ordinate η und damit das Biegemoment maximal.

■ **Beispiel:** Gelenkträger mit vertikalen Einzelkräften

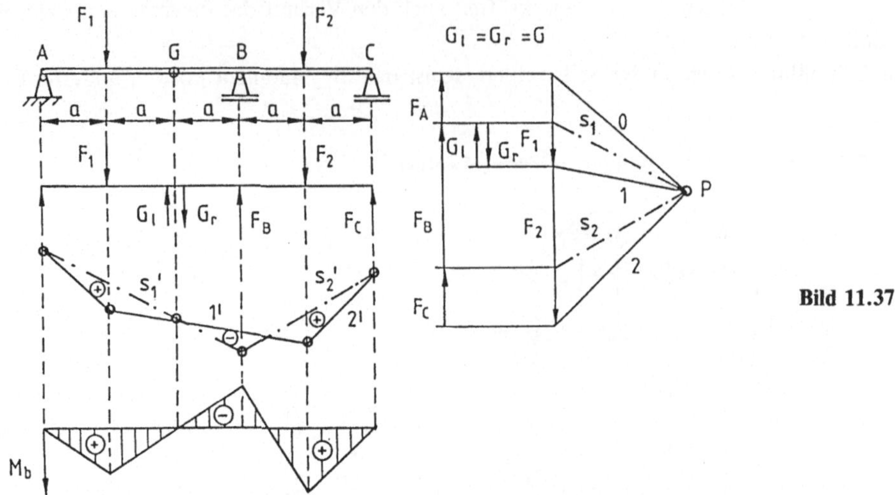

Auch beim Gerberträger nach Bild 11.37 läßt sich die Momenten-Konstruktion mit dem Seileck praktisch anwenden.

An den Stellen, an denen das Biegemoment Null ist (Gelenke, freie Balkenende), muß der senkrechte Abstand zwischen Schlußlinie und Seilstrahlen auch Null werden. Diese Forderung läßt sich bei einem Gelenkträger nur mit mehreren Schlußlinien einhalten.

Für die Seileck-Konstruktion kann man sich die Gelenke aufgeschnitten denken, so daß die Gelenkkräfte zu äußeren Kräften werden, die an verschiedenen Einzelteilen wirken.

Bedingungen für die Schlußlinien:

a) Die Schlußlinien verlaufen zwischen den Wirkungslinien der Auflagerkräfte, auf denen sie einen Knick aufweisen.

b) Bei jedem Gelenk geht eine Schlußlinie durch den Schnittpunkt des Seilpolygons mit der Wirkungslinie der Gelenkkraft.

Die senkrechten Abstände zwischen den Schlußlinien und den Seilstrahlen entsprechen den Biegemomenten an den einzelnen Stellen. Zur besseren Übersicht kann die Biegemomentenlinie (eventuell maßstäblich verändert) auf eine horizontale Nullinie bezogen werden.

Rechnerische Lösung

$$\sum_{AG} M^{(A)} = 0 = -F_1 a + G \cdot 2a \;\Rightarrow\; G = \frac{1}{2} F_1$$

$$\sum_{AG} F_z = 0 \;\Rightarrow\; F_A = F_1 - G = \frac{1}{2} F_1$$

$$\sum_{GC} M^{(C)} = 0 = G \cdot 3a - F_B \cdot 2a + F_2 \cdot a \;\Rightarrow\; F_B = \frac{3}{4} F_1 + \frac{1}{2} F_2$$

$$\sum_{GC} F_z = 0 \;\Rightarrow\; F_C = G + F_2 - F_B = \frac{1}{2} F_2 - \frac{1}{4} F_1$$

11.12 Ausnutzung von Symmetrie

Häufig hat man es in der Technik mit von der Form her symmetrischen Bauteilen zu tun, deren Belastung meist ebenfalls symmetrisch ist. Ist nur die Form des Bauteils symmetrisch, die Belastung dagegen unregelmäßig, so kann man diese in einen symmetrischen und einen antisymmetrischen Lastfall aufteilen und dadurch erhebliche Rechenvereinfachung schaffen.

Die Verformungen auf der Symmetrielinie sind bekannt. Das System läßt sich in der Mitte abbrechen, wenn man an die Stelle der anderen Balkenhälfte eine der Verformung angepaßte Lagerung vorsieht.

■ **Beispiel:** Gelenkig gelagerter Balken

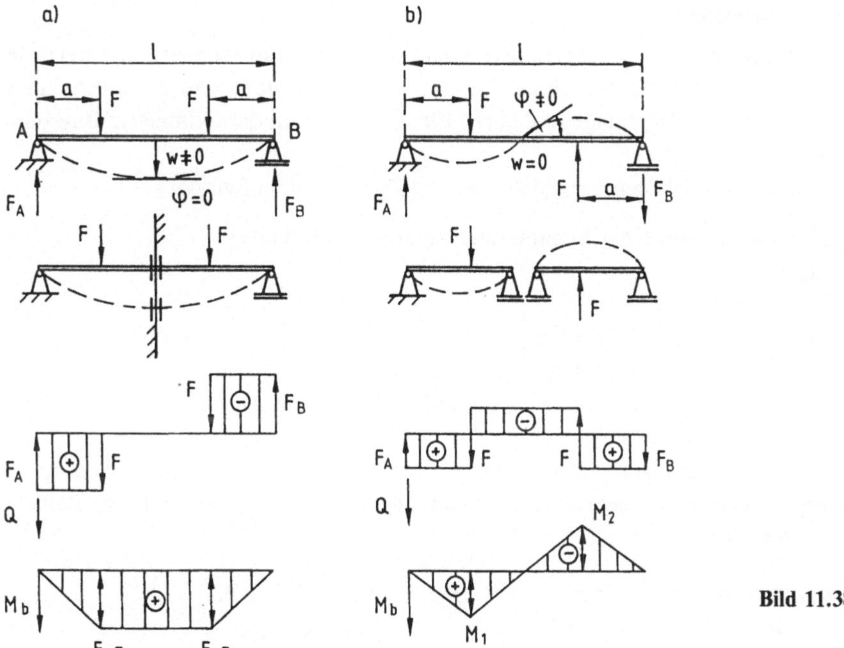

Bild 11.38

a) Symmetrischer Fall (Bild 11.38a)

$$\sum_s M^{(A)} = 0 = F_B \ell - Fa - F(\ell - a) \;\Rightarrow\; F_B = F$$

$$\sum_s F_z = 0 \;\Rightarrow\; F_A = 2F - F_B = F$$

b) Antimetrischer Fall (Bild 11.38b)

$$\sum_a M^{(A)} = 0 = F(\ell - a) - Fa - F_B \ell \;\Rightarrow\; F_B = F\left(1 - \frac{2a}{\ell}\right) = F_A$$

$$\sum_a F_z = 0 \;\Rightarrow\; F_A = F_B$$

$$M_1 = -M_2 = Fa\left(1 - \frac{2a}{\ell}\right)$$

a) Symmetrische Belastung

Bei einem von der Form her symmetrischen System mit symmetrischer Belastung (Bild 11.38a) können sich die Punkte auf der Symmetrielinie nur in Richtung der Symmetrieachse verschieben ($w \neq 0$), eine Verdrehung des Symmetrie-Querschnitts ist dagegen nicht möglich ($\varphi = 0$).

Dieser Verformung entspricht eine verschiebliche Einspannung mit dem Symbol

die eine Längskraft und ein Biegemoment, jedoch keine Querkraft aufnehmen kann. Wie schon beim symmetrischen Dreigelenkbogen zu erkennen war, ist die Querkraft im Schnitt längs der Symmetrielinie Null.

Für die Schnittgrößen gilt:

Normalkräfte N und Biegemomente M_b sind symmetrisch, Querkräfte Q sind antimetrisch.

Auf der Symmetrielinie ist $Q = 0$.

Wenn die Belastung unmittelbar auf der Symmetriachse liegt, hat Q dort einen Unstetigkeitssprung mit Vorzeichenwechsel.

b) Antimetrische Belastung

Bei einem hinsichtlich der Geometrie symmetrischen System mit antisymmetrischer Belastung (Bild 11.38b) tritt keine Verschiebung in Richtung der Symmetrielinie auf ($w = 0$). Senkrecht zur Symmetrieachse sind dagegen Verschiebungen möglich. Ebenso kann sich der Symmetrie-Querschnitt verdrehen ($\varphi \neq 0$).

Dieser Verformung entspricht ein verschiebliches Loslager mit dem Symbol

das nur eine Kraft in Richtung der Symmetrieachse aufnehmen kann.

Für die Schnittgrößen gilt:

Querkräfte sind symmetrisch,

Normalkräfte und Biegemomente sind antimetrisch.

Auf der Symmetrielinie ist $N = 0$ und $M_b = 0$.

Wenn die Belastung unmittelbar auf der Symmetrieachse erfolgt, haben N bzw. M_b dort einen Unstetigkeitssprung mit Vorzeichenwechsel.

Faßt man die beiden Lagerungen (verschiebliche Einspannung und Loslager) wieder zu einem System zusammen, so ergibt sich eine feste Einspannung wie sie dem unveränderten Balken an der Symmetrielinie entspricht. ■

■ **Beispiel:** Gelenkig gelagerter Rahmen mit symmetrischer Belastung (Bild 11.39)

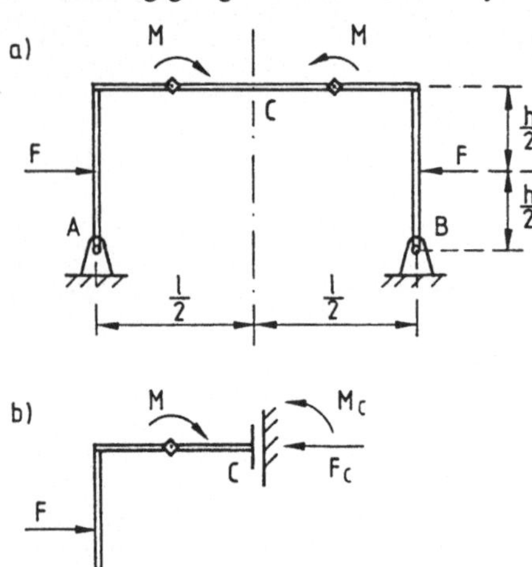

Bild 11.39

geg.: F, M, ℓ, h

ges.: Auflagerkräfte

Lsg.: Vereinfachend kann man nur eine Systemhälfte mit entsprechender Lagerung in der Symmetrieachse betrachten.

$$\sum F_z = 0 \implies F_{Az} = 0$$

$$\sum F_x = 0 = F - F_{Ax} - F_C$$

$$\sum M^{(A)} = 0 = M_C + F_C h - M - F \frac{h}{2}$$

3 Unbekannte: F_{Ax}, F_C, M_C

2 Gleichungen

System ist einfach statisch unbestimmt.

In der Festigkeitslehre läßt sich eine weitere Gleichung als Verformungs-Bedingung aufstellen. ■

■ **Beispiel:** Gelenkig gelagerter Rahmen mit antimetrischer Belastung (Bild 11.40)

Durch Aufteilung des eingeprägten Moments M in zwei gleich große Teilmomente $M/2$ läßt sich ein antimetrischer Belastungsfall herstellen. Für die Aufstellung des Biegemomenten-Verlaufs genügt es, den halben Rahmen mit entsprechender Lagerung in der Mitte zu betrachten.

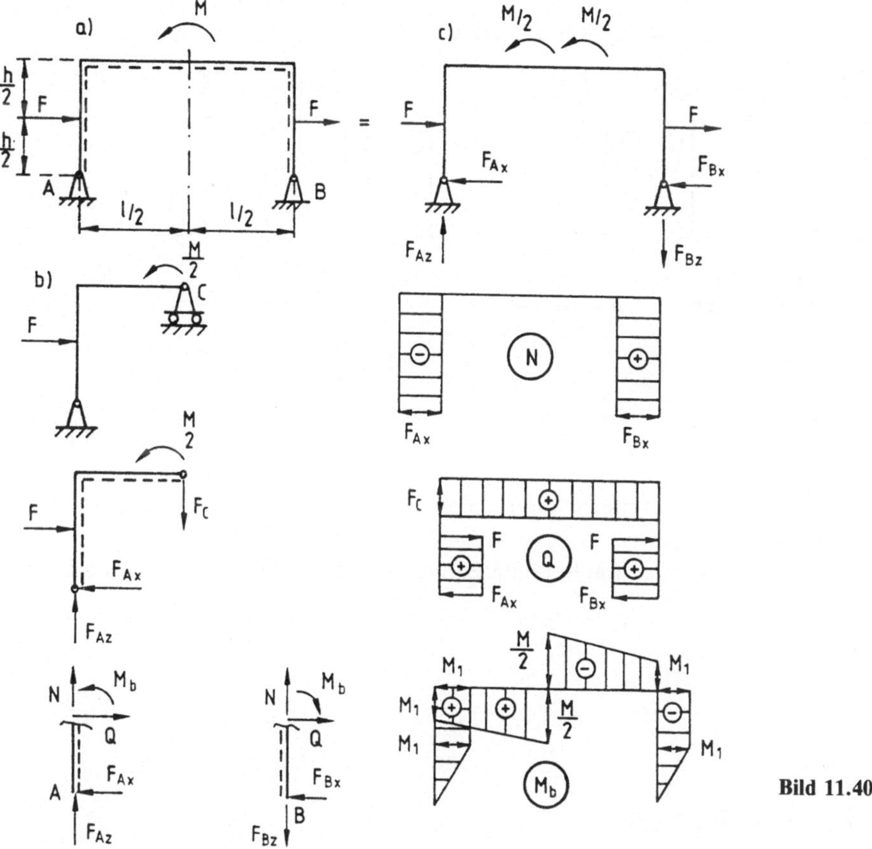

Bild 11.40

Nach der Befreiungsskizze in Bild 11.40b ist

$$\sum F_x = 0 \;\Rightarrow\; F_{Ax} = F$$

$$\sum M^{(A)} = 0 = \frac{M}{2} - F_C \frac{\ell}{2} - F \frac{h}{2} \;\Rightarrow\; F_C = \frac{M}{\ell} - F \frac{h}{\ell}$$

$$\sum F_z = 0 \;\Rightarrow\; F_{Az} = F_C$$

Für $M = 2Fh$ ist z. B. $F_{Az} = F_C = F \dfrac{h}{\ell}$

Das Moment M_1 an der Rahmenecke läßt sich auf zweierlei Art bestimmen
von C ausgehend

$$M_1 = \frac{M}{2} - F_C \frac{\ell}{2} = F \cdot h - F \frac{h}{\ell} \frac{\ell}{2} = F \frac{h}{2}$$

bzw. von A ausgehend

$$M_1 = F_{Ax} \cdot h - F \frac{h}{2} = F \frac{h}{2}$$

Damit ergibt sich der in Bild 11.40c dargestellte Schnittgrößen-Verlauf. Die Lagerreaktionen, die Normalkräfte und die Biegemomente sind antimetrisch, die Querkräfte symmetrisch. ■

Verfahren der Belastungs-Umordnung

Ein geometrisch symmetrisches System mit beliebiger Belastung läßt sich durch Belastungs-Umordnung in einen symmetrischen und einen antimetrischen Lastfall aufteilen und dadurch für die Berechnung vereinfachen.

■ **Beispiel:** Beidseitig eingespannter Rahmen (Bild 11.41)

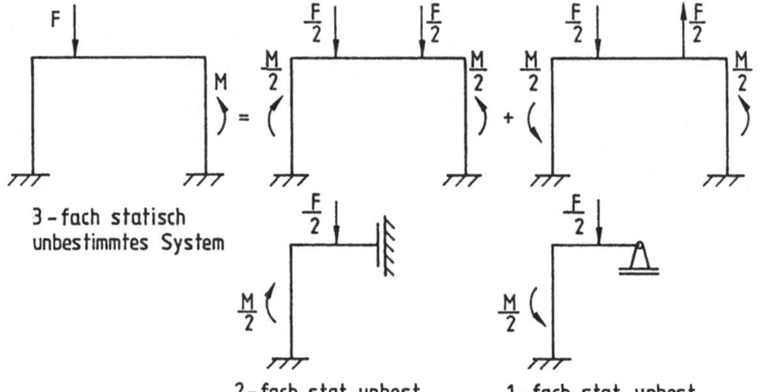

Bild 11.41

Durch die Zerlegung in Teilsysteme kann die statische Unbestimmtheit verteilt werden, wodurch einfachere Systeme entstehen.

Ein 2fach und ein 1fach statisch unbestimmtes System läßt sich leichter lösen als ein 3fach statisch unbestimmtes System. ■

12 Seile und Ketten

Seile, Fäden und feingliedrige Ketten, die quasi nur aus Gelenken bestehen, werden als elastische, jedoch undehnbare, linienförmige Tragwerke aufgefaßt. Sie können nur Zugkräfte übertragen und gegen Druck, Biegung, Torsion und Schub keinen Widerstand aufbringen.

Bei der Belastung eines befestigten Seils gibt das Seil nach und weicht soweit aus, bis sich eine solche Form eingestellt hat, bei der im Seil nur noch Zugkräfte in Richtung der Seilmittellinie auftreten. Die Seilkräfte verlaufen somit tangential zur Seilkurve.

12.1 Allgemeine Gleichungen der Seilkurve

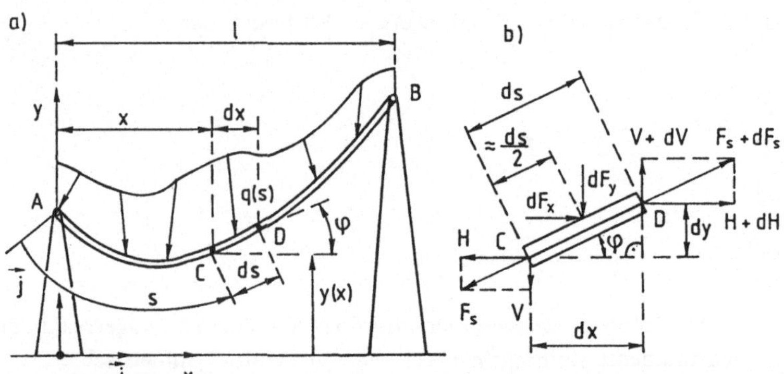

Bild 12.1

Zunächst wird von einer allgemeinen Belastung ausgegangen. Längs des Bogens s verändert sich die Streckenlast $\vec{q}(s)$ nach Größe und Richtung.

Aus dem Seilverband denkt man sich nach Bild 12.1 b ein Element CD der Länge ds herausgeschnitten und verfolgt dessen Kräftespiel. Das Seilelement ist so klein zu wählen, daß innerhalb dieses Elements die Streckenlast betragsmäßig als konstant gelten kann.

Am linken Ende des Elements wird die Seilkraft F_S in eine horizontale Komponente H und eine vertikale Komponente V aufgeteilt. Schreitet man um das Bogenelement ds am Seil weiter fort, so ändern sich die Kräfte entsprechend den Koordinaten-Zuwächsen dx, dy am rechten Ende um dF_S bzw. um dH und dV.

Die kontinuierliche Seilbelastung $\vec{q}(s)$ am Seilelement wird zu zwei Komponenten einer Einzelkraft zusammengefaßt. Durch Projektion auf die Koordinatenachsen, d.h. durch skalare Multiplikation mit deren Einheitsvektoren erhält man die Streckenlast in Koordinatenrichtung und durch Multiplikation mit den Streckenlängen dx, dy die Belastungskräfte für das Seilelement:

$$\boxed{\begin{aligned} dF_x &= \vec{q}(s) \cdot \vec{i} \cdot dy \\ dF_y &= \vec{q}(s) \cdot \vec{j} \cdot dx \end{aligned}} \tag{12.1}$$

Damit liefern die GG-Bedingungen

$$\sum M^{(D)} = 0 = V \cdot dx - H \cdot dy + \underbrace{dF_x \cdot \frac{1}{2} dy}_{\approx 0} + \underbrace{dF_y \cdot \frac{1}{2} dx}_{\approx 0}$$

Die beiden letzten Glieder haben zwei Differentiale als Faktoren, sind daher klein von höherer Ordnung und können gegenüber den anderen Summanden vernachlässigt werden. Somit verbleibt

$$V \cdot dx - H \cdot dy = 0 \;\Rightarrow\; V = H \cdot \frac{dy}{dx} \;\Rightarrow\; \boxed{\frac{dy}{dx} = y' = \tan\varphi = \frac{V}{H}} \tag{12.2}$$

Die Seilkraft F_S mit ihren Komponenten H und V wirkt also in Richtung der Seilkurven-Tangente.

$$\sum F_x = 0 = H + dH - H + dF_x \;\Rightarrow\; \boxed{dH = -dF_x} \tag{12.3}$$

$$\sum F_y = 0 = V + dV - V + dF_y \;\Rightarrow\; \boxed{dV = d\left(H \cdot \frac{dy}{dx}\right) = dF_y} \tag{12.4}$$

Nach dem Satz von Pythagoras ergibt sich mit Gl. (12.2) für die Seilkraft

$$\boxed{F_S = \sqrt{H^2 + V^2} = H \cdot \sqrt{1 + \left(\frac{V}{H}\right)^2} = H \cdot \sqrt{1 + y'^2}} \tag{12.5}$$

Länge des Seilelements

$$\boxed{ds = \sqrt{dx^2 + dy^2} = dx \cdot \sqrt{1 + \left(\frac{dy}{dx}\right)^2} = dx \cdot \sqrt{1 + y'^2}} \tag{12.6}$$

Die Länge des gesamten Balkens findet man durch Summieren der einzelnen Bogenelemente, d.h. durch Integration.

$$\boxed{s = \int_0^x ds = \int_0^x \sqrt{1 + y'^2}\, dx} \tag{12.7}$$

In der Praxis werden Seile meist nur in vertikaler Richtung belastet, so daß $dF_x = 0$ ist.
Je nachdem auf welche Strecke die Belastung bezogen wird, unterscheidet man zwischen

$q(s)$ = auf die Einheit der Bogenlänge s bezogene Streckenlast

$q(x)$ = auf die Einheit der horizontalen Projektion x bezogene Streckenlast
       (Projektions-Streckenlast)

Bei der Bestimmung der vertikalen Belastungskraft erhält man den Zusammenhang der beiden
Streckenlasten:

$$\boxed{dF_y = q(s) \cdot ds = q(x) \cdot dx} \qquad (12.8)$$

Durch Integration ergibt sich die gesamte vertikale Belastung des Seils

$$\boxed{F_y = \int_0^L q(s)\,ds = \int_0^\ell q(x)\,dx} \qquad (12.8\,a)$$

wobei entlang des gesamten Seilbogens $L = s_{AB}$ bzw. entlang des Lagerabstandes ℓ zu integrieren
ist.

Für $q(s) =$ konst. ist $F_y = q(s) \cdot L$
Für $q(x) =$ konst. ist $F_y = q(x) \cdot \ell$

12.2 Belastung durch veränderliche, vertikale Streckenlast

Wird das Seil mit einer vertikalen Streckenlast belastet, die entlang des Bogens oder der Abszisse
unterschiedliche Beträge haben kann, so wird

$$dF_x = 0 \quad \text{und} \quad dF_y = q(s) \cdot ds = q(x) \cdot dx$$

Damit ergibt sich nach Gl. 12.3

$$dH = -dF_x = 0 \quad \text{oder integriert} \quad \boxed{H = \text{konst.}} \qquad (12.9)$$

Der Horizontalzug im Seil ist konstant und läßt sich somit in Gl. 12.4 vor das Differential setzen.
Mit Gl. 12.6 und Gl. 12.8 wird damit

$$dV = H \cdot d\left(\frac{dy}{dx}\right) = dF_y = q(s) \cdot ds = q(s) \cdot dx \cdot \sqrt{1 + y'^2} = q(x) \cdot dx$$

Durch Bezug auf dx ergibt sich die Differentialgleichung der Seilkurve:

$$\boxed{\frac{d}{dx}\left(\frac{dy}{dx}\right) = \frac{dy'}{dx} = \frac{d^2y}{dx^2} = y''(x) = \frac{q(s)}{H} \cdot \sqrt{1 + y'^2} = \frac{q(x)}{H}} \qquad (12.10)$$

y, y', y'' kommen darin nicht nur linear, sondern auch in Potenzen vor. y'' ist die höchste Ableitung. Die Ausgangsfunktion zur Bestimmung der Seilkurve ist also eine nichtlineare Dgl. zweiter
Ordnung, die auf einige einfache Fälle angewendet werden soll.

12.3 Belastung durch eine längs des Bogens s konstante, vertikale Streckenlast

Mit $q(s) = q_0 =$ konst. kann man z.B. die Belastung durch das Eigengewicht G_S bei einem homogenen Seil mit konstantem Querschnitt berücksichtigen.
Mit der Dichte ρ, der Erdbeschleunigung g und dem Seilquerschnitt A ist die Gewichtskraft

$$\boxed{dG_S = \underbrace{\rho \cdot g \cdot A}_{q(s)} \cdot ds = q(s) \cdot ds} \qquad (12.11)$$

Gleichlange Bogenelemente haben gleiche Gewichtskräfte. Daraus ergibt sich die Last je Längeneinheit

$$q(s) = \frac{\mathrm{d}G_S}{\mathrm{d}s} = \frac{G_S}{L}$$

(12.11a)

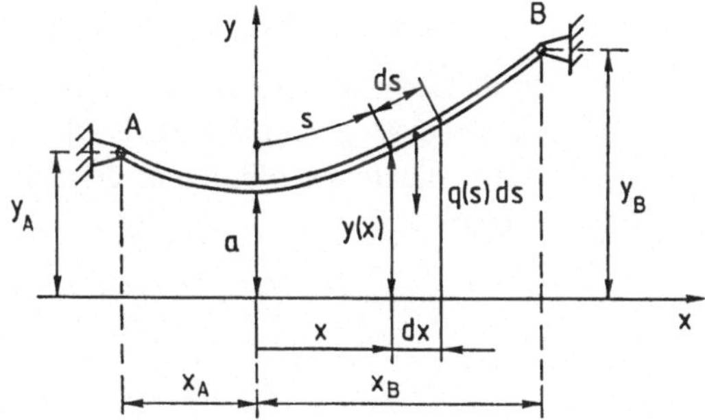

Bild 12.2

Mit $q(s)$ = konst. und H = konst. wird auch das Verhältnis

$$a = \frac{H}{q(s)} = \text{konst.}$$

(12.12)

Dagegen ist $q(x) = q(s) \cdot \sqrt{1 + y'^2}$ wegen der unterschiedlichen Steigungen y' entlang der Seilkurve dann nicht konstant.

Mit der Abkürzung a für den auf die Streckenlast bezogenen Horizontalzug wird aus Gl. 12.10 nach Trennen der Variablen:

$$\frac{\mathrm{d}y'}{\sqrt{1 + y'^2}} = \frac{q(s)}{H} \cdot \mathrm{d}x = \frac{1}{a}\,\mathrm{d}x$$

Durch Integration erhält man

$$\int \frac{\mathrm{d}y'}{\sqrt{1 + y'^2}} = \frac{1}{a} \int \mathrm{d}x \quad \Rightarrow \quad \operatorname{Arsinh} y' = \frac{x}{a} + c_1$$

und durch Bilden der Umkehrfunktion

$$y' = \frac{\mathrm{d}y}{\mathrm{d}x} = \sinh\left(\frac{x}{a} + c_1\right) \quad \Rightarrow \quad \mathrm{d}y = \sinh\left(\frac{x}{a} + c_1\right)\mathrm{d}x$$

Mittels Substitution oder kürzer geschrieben durch Anpassung des Differentials an das Argument der Winkelfunktion ergibt sich

$$\text{mit} \quad \mathrm{d}x = a \cdot \mathrm{d}\left(\frac{x}{a} + c_1\right)$$

die formale Änderung $\quad \mathrm{d}y = a \cdot \sinh\left(\frac{x}{a} + c_1\right) \cdot \mathrm{d}\left(\frac{x}{a} + c_1\right)$

Nochmaliges Integrieren liefert:

$$y + c_2 = a \cdot \cosh\left(\frac{x}{a} + c_1\right)$$

Der Seilparameter a hat die Dimension einer Länge.

Der Ausdruck $\dfrac{x}{a}$ ist also dimensionslos und kann als Argument in einer Winkelfunktion auftreten.

Die Integrationskonstanten c_1 und c_2 sind von der Lage des Koordinatensystems abhängig.

c_1 verschwindet, wenn man die y-Achse wie in Bild 12.2 durch den tiefsten Punkt (mit horizontaler Tangente) der Seilkurve legt.

Für $x = 0$ und $y' = 0$ ist dann: $\sinh c_1 = 0 \;\Rightarrow\; c_1 = 0$ und $y + c_2 = a$

Legt man fest, daß auch $c_2 = 0$ sein soll, so fixiert man dadurch die x-Achse. Der Koordinaten-Ursprung muß dann entsprechend $x = 0$ und $c_2 = 0$ im Abstand $y = a$ vom tiefsten Punkt (größter Durchhang) entfernt sein. Der Seilparameter a ist also die Ordinate des Minimums der Seilkurve. Die Gleichung der Seilkurve bzw. der Kettenlinie lautet dann

$$\boxed{\; y = a \cdot \cosh \dfrac{x}{a} \;} \qquad (12.13)$$

und hat die Steigung

$$\boxed{\; y' = \sinh \dfrac{x}{a} \;} \qquad (12.14)$$

Setzt man Gl. 12.13 in Gl. 12.5 ein, so erhält man die Seilkraft

$$\boxed{\; F_S = H \cdot \sqrt{1 + y'^2} = H \cdot \sqrt{1 + \sinh^2 \dfrac{x}{a}} = H \cdot \cosh \dfrac{x}{a} = H \cdot \dfrac{y}{a} = H \cdot \dfrac{y}{H} \, q(s) = q(s) \cdot y \;} \qquad (12.15)$$

Die Seilkraft ist der Seillinien-Ordinate proportional und ist daher im höchsten Punkt des Seils am größten.

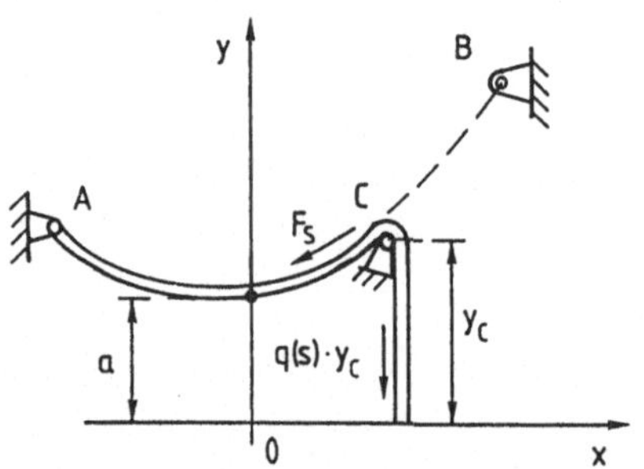

Im tiefsten Punkt (Minimum) ist $y' = 0$, so daß dort die Seilkraft gleich dem Horizontalzug, also am kleinsten ist: $F_{S\min} = H$

Bild 12.3

Die Abhängigkeit des Seilzugs von der Höhe kann man zeigen, wenn man wie in Bild 12.3 das Seil am Endpunkt B löst und stattdessen bei C über eine kleine Rolle laufen läßt. Aus Gleichgewichtsgründen muß die Gewichtskraft $q(s) \cdot y_C$ des herabhängenden Seils gleich dem Seilzug F_S sein, d. h. das Seilende muß bis zur Berührung an der x-Achse herunterhängen. Die Länge des Bogens findet man durch Einsetzen von Gl. 12.14 in Gl. 12.7

$$s = \int_0^x \sqrt{1 + y'^2}\, dx = \int_0^x \sqrt{1 + \sinh^2 \dfrac{x}{a}}\, dx = a \cdot \int_0^x \cosh \dfrac{x}{a} \cdot d\left(\dfrac{x}{a}\right) = a \cdot \sinh \dfrac{x}{a} + c$$

Randbedingung:
für $x = x_A$ wird $s = 0$ (Seilanfang)

$$a \cdot \sinh \dfrac{x_A}{a} + c = 0 \;\Rightarrow\; c = -a \cdot \sinh \dfrac{x_A}{a}$$

Damit wird die Bogenlänge

$$s = a \cdot \left(\sinh \frac{x}{a} - \sinh \frac{x_A}{a} \right)$$

(12.16)

Die gesamte Seillänge L ergibt sich für $x = x_B$

$$L = a \cdot \left(\sinh \frac{x_B}{a} - \sinh \frac{x_A}{a} \right) = a \cdot \left(\sinh \frac{|x_A|}{a} + \sinh \frac{x_B}{a} \right)$$

(12.17)

wobei $x_A < 0$ und $x_B > 0$ die Abszissen der Aufhängepunkte bedeuten.

Sind x_A, x_B, L gegeben, so läßt sich aus dieser transzendenten Gleichung der Seilparameter a ermitteln. Zunächst sucht man durch Probieren eine Näherungslösung, die dann als Startwert durch ein geeignetes numerisches Verfahren (z. B. Newtonsches Näherungsverfahren) iterativ verbessert werden kann.

■ **Beispiel:**

geg.: y_A, y_B, $\ell = $ Abstand der beiden Seillager

ges.: Seilparameter a

Lösung: 3 Gleichungen für die Unbekannten x_A, x_B, a

I) $\quad y_A = a \cdot \cosh \dfrac{x_A}{a} \quad \Rightarrow \quad |x_A| = a \cdot \operatorname{Arcosh} \dfrac{y_A}{a}$

II) $\quad y_B = a \cdot \cosh \dfrac{x_B}{a} \quad \Rightarrow \quad x_B = a \cdot \operatorname{Arcosh} \dfrac{y_B}{a}$

III) $\quad \ell = |x_A| + x_B = a \cdot \left(\operatorname{Arcosh} \dfrac{y_A}{a} + \operatorname{Arcosh} \dfrac{y_B}{a} \right) \quad \Rightarrow \quad a$

Aus dieser transzendenten Gleichung erhält man a durch Probieren und nach einigen Versuchen durch Interpolieren oder mit dem Newtonschen Näherungsverfahren. Ist a bekannt, so lassen sich alle anderen Werte wie H, F_S, L, Auflagerkräfte usw. bestimmen.

Sonderfall: Straff gespanntes, ungefähr waagerechtes Seil

Einfacher läßt sich die Seilgleichung durch eine Näherung angeben, wenn die Steigung relativ klein ist, also bei straff gespannten, annähernd horizontalen Seilen oder in der Umgebung des Scheitels.

$$y' = \sinh \frac{x}{a} \ll 1 \quad \text{für} \quad \frac{x}{a} \ll 1$$

Dann läßt sich die Hyperbelfunktion in eine schnell konvergierende Reihe entwickeln, die man nach dem 2. Glied abbrechen kann.

$$y = a \cdot \cosh \frac{x}{a} = a \cdot \left[1 + \frac{1}{2!} \left(\frac{x}{a} \right)^2 + \ldots \right] \approx \frac{x^2}{2a} + a$$

(12.18)

Die Näherungsgleichung für die Seilkurve ergibt also eine Parabel.

Die Bogenlänge wird näherungsweise

$$s = a \cdot \sinh \frac{x}{a} + c = a \cdot \left[\frac{1}{1!} \frac{x}{a} + \frac{1}{3!} \left(\frac{x}{a} \right)^3 + \ldots \right] + c \approx x + \frac{x^3}{6a^2} + c$$

Randbedingung:

für $x = x_A$ ist $s = 0 \;\Rightarrow\; c = -x_A - \dfrac{x_A^3}{6a^2}$

Damit wird die Bogenlänge

$$s \approx x - x_A + \frac{x^3 - x_A^3}{6a^2} \qquad\qquad (12.19)$$

Für $x = x_B$ erhält man die Seillänge

$$L \approx x_B - x_A + \frac{x_B^3 - x_A^3}{6a^2} \qquad\qquad (12.20)\ \blacksquare$$

12.4 Belastung durch eine längs der x-Achse konstante, vertikale Streckenlast

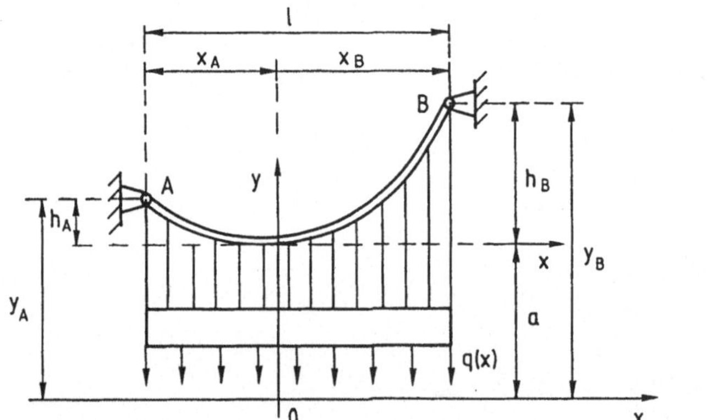

Bild 12.4

Das Seil AB nach Bild 12.4 dient z. B. als Tragkonstruktion für eine Hängebrücke (mit Verkehrslasten und Eigengewicht), die durch viele vertikale Verbindungsseile mit dem Tragseil verbunden ist.

Auch wenig tragfähige Elektrokabel oder Rohrleitungen, die keine Biegung vertragen (und deshalb möglichst oft abgestützt werden müssen), werden auf diese Weise gehalten.

Mit $q(x) = q_0 = $ konst. und $H = $ konst. wird auch das Verhältnis

$$a = \frac{H}{q(x)} = \text{konst.} \qquad\qquad (12.21)$$

Dagegen ist $q(s) = \dfrac{q(x)}{\sqrt{1 + y'^2}}$ wegen der unterschiedlichen Steigungen y' entlang der Seilkurve dann nicht konstant.

Gl. 12.10 läßt sich somit leicht integrieren

$$y'' = \frac{q(x)}{H} = \frac{1}{a} = \text{konst.}$$

$$y' = \frac{1}{a}x + c_1; \quad y = \frac{1}{2a}x^2 + c_1 x + c_2$$

Randbedingungen: für $x = 0$ ist $y' = 0$: $c_1 = 0$

                      für $x = 0$ ist $y\ = a$: $c_2 = a$

Damit wird die Steigung und die Funktion der Seilkurve

$$y' = \frac{x}{a} \tag{12.22}$$

$$y = \frac{x^2}{2a} + a \tag{12.23}$$

Die Seilkurve ist also eine Parabel, die bereits bei Gl. 12.17 als Näherungslösung für das straff gespannte Seil unter Eigenbelastung herauskam, diesmal aber als exaktes Ergebnis.
Mit Gl. 12.21, 22 ergibt sich aus Gl. 12.5 die Seilkraft

$$F_S = H \cdot \sqrt{1 + y'^2} = q(x) \cdot a \cdot \sqrt{1 + \left(\frac{x}{a}\right)^2} = q(x) \cdot \sqrt{a^2 + x^2} = \sqrt{H^2 + [q(x) \cdot x]^2} \tag{12.24}$$

Die Bogenlänge erhält man nach Gl. 12.7

$$s = \int_0^x \sqrt{1 + y'^2}\, dx = \int_0^x \sqrt{1 + \left(\frac{x}{a}\right)^2}\, dx = a \cdot \int_0^x \sqrt{1 + \left(\frac{x}{a}\right)^2}\, d\left(\frac{x}{a}\right)$$

Dieses Integral entnimmt man einer mathematischen Formelsammlung

$$s = a \cdot \left[\frac{1}{2} \cdot \frac{x}{a} \cdot \sqrt{\left(\frac{x}{a}\right)^2 + 1} + \frac{1}{2} \ln\left(\frac{x}{a} + \sqrt{\left(\frac{x}{a}\right)^2 + 1}\right) + c\right]$$

Randbedingung: für $x = x_A$ ist $s = 0$

$$c = -\frac{1}{2} \cdot \frac{x_A}{a} \cdot \sqrt{\left(\frac{x_A}{a}\right)^2 + 1} - \frac{1}{2} \ln\left(\frac{x_A}{a} + \sqrt{\left(\frac{x_A}{a}\right)^2 + 1}\right)$$

Setzt man $x = x_B$ und die Integrationskonstante c in die obige Formel ein, so ergibt sich der gesamte Bogen, also die Seillänge

$$L = \frac{a}{2}\left[\frac{x_B}{a}\sqrt{\left(\frac{x_B}{a}\right)^2 + 1} - \frac{x_A}{a}\sqrt{\left(\frac{x_A}{a}\right)^2 + 1} + \ln\left(\frac{x_B}{a} + \sqrt{\left(\frac{x_B}{a}\right)^2 + 1}\right) - \ln\left(\frac{x_A}{a} + \sqrt{\left(\frac{x_A}{a}\right)^2 + 1}\right)\right]$$

$$\tag{12.25}$$

Diese Formel ist vor allem für Iterationsrechnungen aufwendig, weshalb man wegen der gleichen Beziehungen für die Seilkurve zweckmäßig auf die Näherungslösung der Gl. 12.20 zurückgreift.

■ **Beispiel:** Hängebrücke

Bei einer Hängebrücke wird ein Tragseil an den Stützen A und B wie in Bild 12.4 befestigt. Das Brückenteil ist daran durch viele vertikale Seile angebracht, so daß sich eine konstante Belastung $q(x)$ bezogen auf die horizontale Projektion des Tragseils ergibt.

geg.: $q(x) = q_0 = 2{,}5\,\dfrac{\text{kN}}{\text{m}}$; $\ell = 30\,\text{m}$; $h_A = 4\,\text{m}$; $h_B = 7\,\text{m}$

ges.: Horizontalzug H, Seillänge L, maximale Seilkraft $F_{S\max}$, Neigungen α, β der Seilkurven an den Auflagern

Lösung: Nach Gl. 12.23 gilt

$$
\begin{aligned}
\text{I)} \quad & y_A = h_A + a = \frac{x_A^2}{2a} + a \;\Rightarrow\; 2a \cdot h_A = x_A^2 \\[2mm]
\text{II)} \quad & y_B = h_B + a = \frac{x_B^2}{2a} + a \;\Rightarrow\; 2a \cdot h_B = x_B^2
\end{aligned}
\left.\rule{0pt}{14mm}\right\} \quad \frac{h_A}{h_B} = \left(\frac{x_A}{x_B}\right)^2
$$

Die gleiche Lösung erhält man, wenn man das Koordinatensystem so wählt, daß die x-Achse durch den tiefsten Punkt des Seils läuft, also um a parallel nach oben verschoben wird (in Bild 12.4 gestrichelt gezeichnet) und die y-Achse beibehält. Oft ist auch diese Lage der x-Achse zweckmäßig, weshalb die Formeln für dieses Koordinatensystem nochmals aufgestellt werden.

Ausgehend von Gl. 12.10 findet man durch Integration

$$
y'' = \frac{q(x)}{H}; \quad y' = \frac{q(x)}{H}\,x + c_1; \quad y = \frac{q(x)}{2H}\,x^2 + c_1 x + c_2
$$

Randbedingungen: für $x=0$ ist $y'=0$: $c_1=0$
                                für $x=0$ ist $y\;=0$: $c_2=0$

Als Seilkurve ergibt sich wiederum eine Parabel

$$
\boxed{\; y' = \frac{q(x)}{H} \cdot x \;}
\tag{12.26}
$$

$$
\boxed{\; y = \frac{q(x)}{2H} \cdot x^2 \;}
\tag{12.27}
$$

Für die Koordinaten der Aufhängepunkte A und B wird daraus

$$
\begin{aligned}
\text{I)} \quad & y(x_A) = h_A = \frac{q(x)}{2H} \cdot x_A^2 \\[2mm]
\text{II)} \quad & y(x_B) = h_B = \frac{q(x)}{2H} \cdot x_B^2
\end{aligned}
\left.\rule{0pt}{14mm}\right\} \;\Rightarrow\;
\boxed{\; H = \frac{q(x)}{2h_A} \cdot x_A^2 = \frac{q(x)}{2h_B} \cdot x_B^2 \;}
\tag{12.28}
$$

$$
\frac{\text{I}}{\text{II}} = \text{I}') \quad \left(\frac{x_A}{x_B}\right)^2 = \frac{h_A}{h_B} \;\Rightarrow\; \frac{x_A}{x_B} = (\underline{+})\sqrt{\frac{h_A}{h_B}} \;\Rightarrow\; x_A = -x_B \cdot \sqrt{\frac{h_A}{h_B}}
$$

da $\dfrac{x_A}{x_B} < 0$ gilt das Minuszeichen beim Wurzelzeichen

$$
\text{III)} \quad -x_A + x_B = \ell
$$

$$
\text{I}' \text{ in III:}\quad x_B \cdot \sqrt{\frac{h_A}{h_B}} + x_B = \ell \;\Rightarrow\;
\boxed{\; x_B = \frac{\ell}{1 + \sqrt{\dfrac{h_A}{h_B}}} \;}
\tag{12.29}
$$

$$
\text{aus III:}\quad
\boxed{\; x_A = x_B - \ell = -\frac{\ell}{1 + \sqrt{\dfrac{h_B}{h_A}}} \;}
\tag{12.30}
$$

Im Sonderfall $h_A = h_B$ ist $x_A = -\dfrac{\ell}{2}$; $x_B = \dfrac{\ell}{2}$

Für die angegebenen Werte ist

$$x_B = \frac{30 \text{ m}}{1 + \sqrt{\frac{4}{7}}} = 17,085 \text{ m}; \quad x_A = (17,085 - 30) \text{ m} = -12,915 \text{ m}$$

aus II: $\quad H = \dfrac{2,5 \dfrac{\text{kN}}{\text{m}}}{2 \cdot 7 \text{ m}} \cdot (17,085 \text{ m})^2 = 52,13 \text{ kN}$

Die Seillänge L ergibt sich als Bogenlänge einer Kurve aus

$$L = \int_{x_A}^{x_B} \sqrt{1 + y'^2}\, dx = \int_{x_A}^{x_B} \sqrt{1 + \left(\frac{q(x) \cdot x}{H}\right)^2}\, dx$$

Bei straff gespannten Seilen ist H groß, so daß $\left(\dfrac{q(x) \cdot x}{H}\right)^2 \ll 1$ ist. Für eine Näherungslösung kann

der Wurzelausdruck in eine Reihe entwickelt werden, die nach dem 2. Glied abgebrochen wird.

$$L \approx \int_{x_A}^{x_B} \left[1 + \frac{1}{2}\left(\frac{q(x) \cdot x}{H}\right)^2\right] dx = \left[x + \frac{1}{2}\left(\frac{q(x)}{H}\right)^2 \cdot \frac{x^3}{3}\right]_{x_A}^{x_B}$$

$$L \approx \underbrace{x_B - x_A}_{\ell} + \frac{x_B^3 - x_A^3}{6} \cdot \left(\frac{q(x)}{H}\right)^2$$

Man erhält also wiederum Gl. 12.20, die wegen $x_A < 0$ zweckmäßig geschrieben wird:

$$L \approx \ell + \frac{|x_A|^3 + x_B^3}{6} \cdot \left(\frac{q(x)}{H}\right)^2 \tag{12.31}$$

Für unser Beispiel ist

$$L \approx 30 \text{ m} + \frac{12,915^3 + 17,075^3}{6} \cdot \left(\frac{2,5}{52,13}\right)^2 \text{ m} = 32,737 \text{ m}$$

Nach Gl. 12.24 werden die Seilkräfte um so größer, je weiter die Stelle vom Koordinaten-Ursprung (Seil-Tiefpunkt) entfernt ist. Die größten Seilkräfte treten daher an den Lagern auf.

$$F_{SA} = \sqrt{H^2 + [q(x) \cdot x_A]^2} = \sqrt{52,13^2 + (2,5 \cdot 12,915)^2} \text{ kN} = 61,32 \text{ kN}$$

$$F_{SB} = \sqrt{H^2 + [q(x) \cdot x_B]^2} = \sqrt{52,13^2 + (2,5 \cdot 17,085)^2} \text{ kN} = 67,39 \text{ kN} = F_{S\,max}$$

Die Neigungen des Seils an den Lagerstellen sind nach Gl. 12.25

$$\tan \alpha = y'(x_A) = \frac{q(x)}{H} \cdot x_A = \frac{2,5}{52,13} \cdot (-12,915) = -0,619 \quad \Rightarrow \quad \alpha = 180° - 31,77° = 148,23°$$

$$\tan \beta = y'(x_B) = \frac{q(x)}{H} \cdot x_B = \frac{2,5}{52,13} \cdot 17,085 = 0,819 \quad \Rightarrow \quad \beta = 39,33°$$

Der Seilparameter ist nach Gl. 12.21

$$a = \frac{52,13 \text{ kN}}{2,5 \dfrac{\text{kN}}{\text{m}}} = 20,85 \text{ m}$$

■ **Beispiel:** Biegefreie Aufhängung eines Balkens

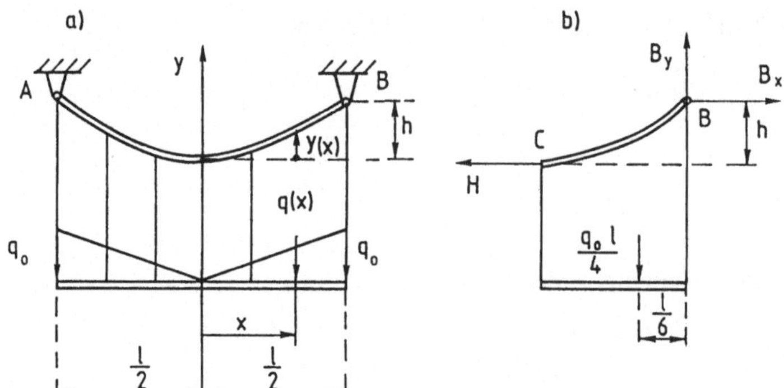

An einem Tragseil AB ist durch viele Hängeseile ein Balken mit einer doppelten Dreieckslast befestigt (Bild 12.5). Die Last steigt in Balkenmitte von Null symmetrisch nach beiden Seiten zu den Balkenenden linear auf ihren Höchstwert q_0 an.

Wie groß ist die Seilkraft $F_S^{(C)}$ im tiefsten Punkt C und welche Form nimmt das Tragseil an?

Lösung: Nach dem Strahlensatz ist $q(x) = q_0 \cdot \dfrac{2x}{\ell}$

Infolge der vielen Halteseile ist der Balken ohne Biegemomente und Querkräfte, so daß die Schnittgrößen entfallen:

Nach dem Freikörperbild 12.5b ist

$$\sum M^{(B)} = 0 = \frac{q_0 \cdot \ell}{4} \cdot \frac{\ell}{6} - H \cdot h \quad \Rightarrow \quad \boxed{H = F_S^{(C)} = \frac{q_0 \cdot \ell^2}{24\,h}}$$

Die Ausgangs-Dgl. 12.10 wird hierbei

$$y'' = \frac{q(x)}{H} = \frac{2q_0 \cdot x \cdot 24\,h}{\ell \cdot q_0 \cdot \ell^2} = \frac{48\,h}{\ell^3} \cdot x$$

Integration ergibt $\quad y' = \dfrac{24\,h}{\ell^3} \cdot x^2 + c_1; \quad y = 8h \cdot \left(\dfrac{x}{\ell}\right)^3 + c_1 x + c_2$

Randbedingungen: für $x = 0$ ist $y' = 0$: $c_1 = 0$

für $x = \dfrac{\ell}{2}$ ist $y = h$: $h = 8h \cdot \dfrac{1}{8} + c_2 \Rightarrow c_2 = 0$

Die den Randbedingungen angepaßte Lösung lautet $\quad \boxed{y = 8h \cdot \left(\dfrac{x}{\ell}\right)^3}\quad$ und stellt eine Parabel 3. Grades dar.   ■

12.5 Steil verlaufende Seile mit schwachem Durchhang

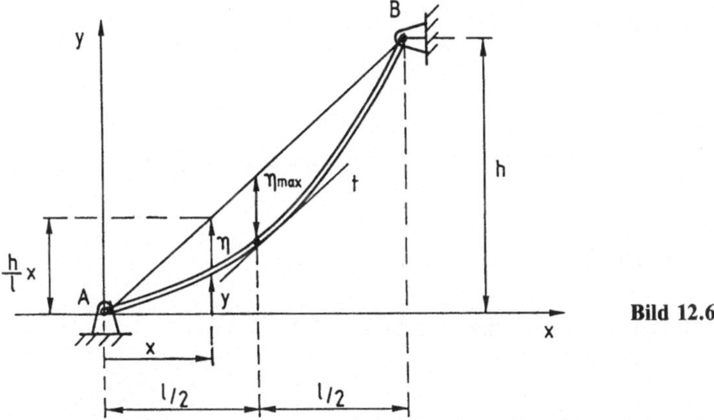

Bei straff gespannten, steil ansteigenden Seilen ist der Durchhang so gering, daß sich an der Seilkurve kein Minimum ausbildet. Das Koordinatensystem wird dann zweckmäßig nach Bild 12.6 in
den linken Lagerpunkt gelegt.

Die Seilkontur weicht etwas von der direkten Verbindungslinie AB der beiden Lager ab. Die Abweichung von der Geraden wird als Durchhang $\eta = \eta(x)$ des Seils bezeichnet, der eine Funktion von
x ist.

Der größte Durchhang η_{max} entsteht in der Mitte des Seils. Dort läuft die Tangente t an die Seilkurve parallel zur Sehne AB.

Nach dem Strahlensatz ist

$$\frac{y+\eta}{x} = \frac{h}{\ell} \quad \Rightarrow \quad \boxed{y = \frac{h}{\ell} \cdot x - \eta} \tag{12.32}$$

Differentiation nach x ergibt

$$\boxed{y' = \frac{h}{\ell} - \eta'} \tag{12.32a}$$

und $\quad \boxed{y'' = -\eta''}$ $\hfill$ (12.32b)

12.5.1 Belastung durch Eigengewicht

Straff gespannte Seile mit geringem Durchhang weichen nicht sehr viel von ihrer Sehne AB nach
Bild 12.6 ab, sie bilden also ungefähr eine Gerade.

Die Gewichtskraft G_S des Seils kann dann angenähert längs dieser Sehne oder dementsprechend
auch längs ihrer Horizontalprojektion verteilt werden.

Daraus ergibt sich eine längs der x-Achse konstante Streckenlast, die näherungsweise als das auf die
Längeneinheit der Horizontalprojektion bezogene Seilgewicht aufgefaßt werden kann.

$$\boxed{q(x) \approx \frac{G_S}{\ell} = \text{konst.}} \tag{12.33}$$

Die Belastung erfolgt nur vertikal, d.h. $dH = dF_x = 0 \quad \Rightarrow \quad H = \text{konst.}$

Nach Gl. 12.4 ist dann

$$H \cdot d \left(\frac{dy}{dx} \right) = dF_y = dG_S = q(x) \cdot dx \;\Rightarrow\; H \cdot \frac{d^2 y}{dx^2} = H \cdot y'' = q(x)$$

bzw. mit Gl. 12.32b $\boxed{H \cdot \eta'' = -q(x)}$ (12.34)

Da $q(x) = $ konst. angenommen wird, läßt sich diese Funktion leicht integrieren:

$$H \cdot \eta' = -q(x) \cdot x + c_1$$

$$H \cdot \eta = -\frac{1}{2} q(x) \cdot x^2 + c_1 \cdot x + c_2$$

Randbedingungen: In den Lagerpunkten ist der Durchhang Null

für $x = 0$ ist $\eta = 0$: $c_2 = 0$

für $x = \ell$ ist $\eta = 0$: $-\frac{1}{2} q(x) \cdot \ell^2 + c_1 \cdot \ell = 0 \;\Rightarrow\; c_1 = \frac{1}{2} q(x) \cdot \ell$

Einsetzen der Integrations-Konstanten ergibt

$$H \cdot \eta' = -q(x) + \frac{1}{2} q(x) \cdot \ell \qquad\Rightarrow\qquad \boxed{\eta' = \frac{q(x)}{H} \cdot \left(\frac{\ell}{2} - x \right)}$$ (12.35)

$$H \cdot \eta = -\frac{1}{2} q(x) \cdot x^2 + \frac{1}{2} q(x) \cdot \ell \cdot x \qquad\Rightarrow\qquad \boxed{\eta = \frac{q(x)}{2H} \cdot x \cdot (\ell - x)}$$ (12.36)

Einen Extremwert für den Durchhang erhält man aus Gl. 12.35

$$\eta' = 0 \;\Rightarrow\; x_E = \frac{\ell}{2}$$

dort ist nach Gl. 12.32a: $y' = \frac{h}{\ell} \;\Rightarrow\;$ Tangente $t \parallel$ Sehne AB und nach Gl. 12.36 der maximale Durchhang

$$\boxed{\eta \left(\frac{h}{\ell} \right) = \eta_{max} = \frac{q(x)}{2H} \cdot \frac{\ell}{2} \cdot \left(\ell - \frac{\ell}{2} \right) = \frac{q(x) \cdot \ell^2}{8H}}$$ (12.37)

Setzt man Gl. 12.35 in Gl. 12.32a ein, so wird die Steigung der Seilkurve

$$\boxed{\tan \varphi = y' = \frac{h}{\ell} - \eta' = \frac{h}{\ell} - \frac{q(x)}{H} \cdot \left(\frac{\ell}{2} - x \right)}$$ (12.38)

und die vertikale Komponente der Seilkraft nach Gl. 12.2

$$\boxed{V = H \cdot y' = H \cdot \frac{h}{\ell} - q(x) \cdot \left(\frac{\ell}{2} - x \right)}$$ (12.39)

12.5.2 Belastung durch Eigengewicht und Einzelkraft

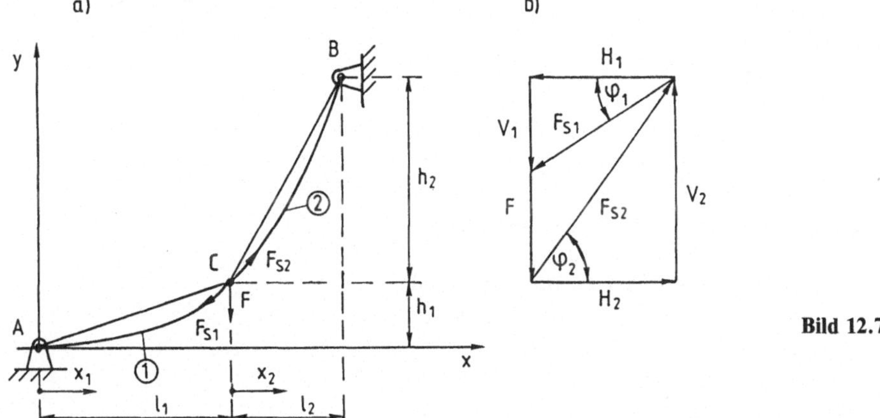

Wird das Seil neben seinem Eigengewicht noch durch eine Einzelkraft $\vec{F}$ (z. B. Gewichtskraft einer Seilbahn-Gondel) wie in Bild 12.7a belastet, so entsteht in der Seilkurve an der Kraftangriffsstelle C ein Knick. Die Seilkurve wird dadurch in zwei Abschnitte ① und ② unterteilt. Der Übergangspunkt C kann als Lagerpunkt angesehen werden, in dem der Seilabschnitt ① aufhört und der Seilabschnitt ② beginnt.

Bei straff gespannten Seilen kann man die Seilkurven für die Gewichtsverteilung näherungsweise durch Geraden ersetzen. Die Seillänge kann dann ungefähr der Sehnenlänge gleichgesetzt werden. Das gesamte Seilgewicht $G_s = G_1 + G_2$ teilt sich auf zwei verschiedene Seilstränge auf. Entsprechend werden die Teilgewichte G_1 und G_2 auf die Sehnen AC und BC bzw. auf deren Horizontalprojektionen ℓ_1 und ℓ_2 bezogen. Wegen des steileren Verlaufs der Seilkurve im rechten Bereich, kommt auch mehr Eigengewicht auf dessen Horizontalprojektion, so daß dort die Streckenlast größer ist.

$$q(x_1) = \frac{G_1}{\ell_1} = \frac{q(s) \cdot L_1}{\ell_1} \approx \frac{q(s) \cdot \sqrt{\ell_1^2 + h_1^2}}{\ell_1} = q(s) \cdot \sqrt{1 + \left(\frac{h_1}{\ell_1}\right)^2}$$

$$q(x_2) = \frac{G_2}{\ell_2} = \frac{q(s) \cdot L_2}{\ell_2} \approx \frac{q(s) \cdot \sqrt{\ell_2^2 + h_2^2}}{\ell_2} = q(s) \cdot \sqrt{1 + \left(\frac{h_2}{\ell_2}\right)^2}$$

$$(12.40)$$

Wie das Krafteck in Bild 12.7b zeigt, muß die Belastungskraft $\vec{F}$ von den Seilkräften $\vec{F}_{S1}$ und $\vec{F}_{S2}$ aufgenommen werden, so daß diese nicht mehr parallel laufen können, sondern einen endlichen Winkel einschließen.

Die GG-Bedingungen am Übergangspunkt C lauten:

$$\sum F_x = 0 = H_2 - H_1 \quad \Rightarrow \quad H_1 = H_2 = H = \text{konst.}$$

Nach Gl. 12.39 ergeben sich die vertikalen Komponenten in den beiden Seilabschnitten:

$$\text{für } x_1 = \ell_1: \quad V_1 = H \cdot \frac{h_1}{\ell_1} - q(x_1) \cdot \left(\frac{\ell_1}{2} - \ell_1\right) = H \cdot \frac{h_1}{\ell_1} + q(x_1) \cdot \frac{\ell_1}{2} = H \cdot \frac{h_1}{\ell_1} + \frac{G_1}{2}$$

$$\text{für } x_2 = 0: \quad V_2 = H \cdot \frac{h_2}{\ell_2} - q(x_2) \cdot \frac{\ell_2}{2} = H \cdot \frac{h_2}{\ell_2} - \frac{G_2}{2}$$

wobei $G_1 = q(s) \cdot L_1 = q(x_1) \cdot \ell_1$ und $G_2 = q(s) \cdot L_2 = q(x_2) \cdot \ell_2$ die Gewichtskräfte in den beiden Seilabschnitten bedeuten.

$$\sum F_y = 0 \;\Rightarrow\; F = V_2 - V_1 = H\cdot\left(\frac{h_2}{\ell_2}-\frac{h_1}{\ell_1}\right)-\frac{1}{2}(G_1+G_2)=H\cdot\left(\frac{h_2}{\ell_2}-\frac{h_1}{\ell_1}\right)-\frac{1}{2}G_S$$

$$\boxed{H=\frac{F+\dfrac{1}{2}G_S}{\dfrac{h_2}{\ell_2}-\dfrac{h_1}{\ell_1}}}\qquad\qquad (12.41)$$

Damit lassen sich H, η, η', y, y', V usw. bestimmen.

■ **Beispiel:** Straßenlaterne angehängt an einem Tragseil

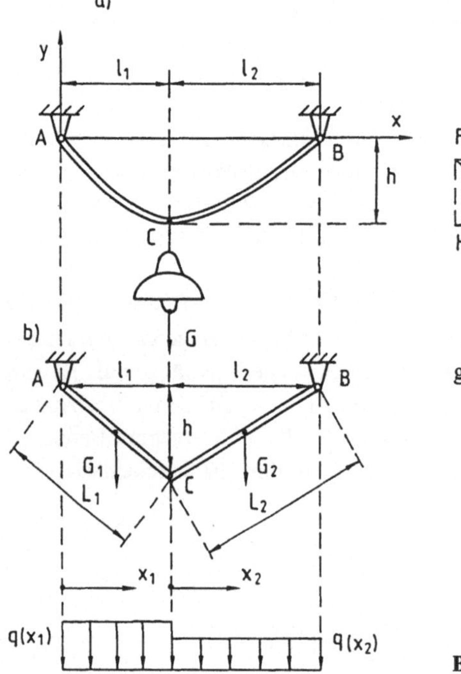
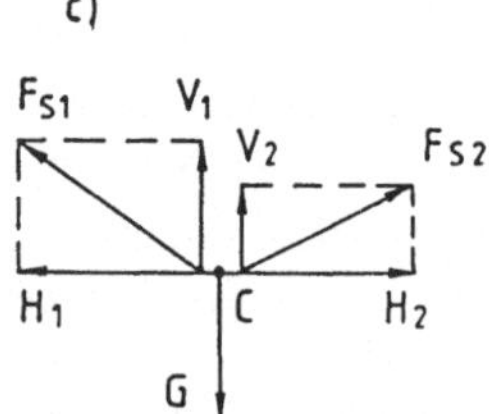

geg.: $G\ \ = 40\,\mathrm{N}$

$\qquad q(s) = 5\,\dfrac{\mathrm{N}}{\mathrm{m}}$

$\qquad \ell_1\ \ = 2\,\mathrm{m}$

$\qquad \ell_2\ \ = 3\,\mathrm{m}$

$\qquad h\ \ = 0{,}6\,\mathrm{m}$

Bild 12.8

Eine Straßenlaterne (Gewicht G) hängt an einem straff gespannten Drahtseil, das in A und B befestigt ist (Bild 12.8). Das Seilgewicht pro Längeneinheit sei $q(s)$. Der Durchhang des Seils ist h. Man bestimme den Horizontalzug im Seil und die Auflagerkräfte bei A und B.

Lösung:

In Bild 12.8 b sind die Seilkurven durch deren Sehnen AC und BC ersetzt. Die Teilgewichte G_1 und G_2 in den beiden Seilabschnitten werden auf deren Horizontalprojektionen ℓ_1 und ℓ_2 bezogen und ergeben unterschiedlich große Streckenlasten $q(x_1)$ und $q(x_2)$.

Die Teilgewichte in den beiden Seilabschnitten sind

$$G_1 = q(s)\cdot L_1 \approx q(s)\cdot\sqrt{\ell_1^2+h^2}=5\,\frac{\mathrm{N}}{\mathrm{m}}\cdot\sqrt{2^2+0{,}6^2}\;\mathrm{m}=10{,}44\,\mathrm{N}$$

$$G_2 = q(s)\cdot L_2 \approx q(s)\cdot\sqrt{\ell_2^2+h^2}=5\,\frac{\mathrm{N}}{\mathrm{m}}\cdot\sqrt{3^2+0{,}6^2}\;\mathrm{m}=15{,}30\,\mathrm{N}$$

Gemäß dem Freikörperbild 12.8c liefern die GG-Bedingungen

$$\sum F_x = 0 \quad \Rightarrow \quad H_1 = H_2 = H = \text{konst.}$$

Der Übergangspunkt C wird als Lagerpunkt angesehen.
Nach Gl. 12.39 sind dort die Vertikalkomponenten in den beiden Seilsträngen:

$$\text{für } x_1 = \ell_1: \quad V_1 = H \cdot \frac{h}{\ell_1} + q(x_1) \cdot \frac{\ell_1}{2} = H \cdot \frac{h}{\ell_1} + \frac{G_1}{2}$$

$$\text{für } x_2 = 0: \quad V_2 = H \cdot \frac{h}{\ell_2} - q(x_2) \cdot \frac{\ell_2}{2} = H \cdot \frac{h}{\ell_2} - \frac{G_2}{2}$$

$$\sum F_y = 0 \quad \Rightarrow \quad G = V_1 + V_2 = H \cdot h \cdot \left(\frac{1}{\ell_1} + \frac{1}{\ell_2} \right) - \frac{1}{2}(G_2 - G_1) = H \cdot h \cdot \frac{\ell_1 + \ell_2}{\ell_1 \cdot \ell_2} - \frac{1}{2}(G_2 - G_1)$$

$$H = \frac{\ell_1 \cdot \ell_2}{2H \cdot (\ell_1 + \ell_2)} \cdot (2G + G_2 - G_1) = \frac{2 \cdot 3}{2 \cdot 0,6 \cdot (2+3)} \cdot (2 \cdot 40 + 15,3 - 10,44) \text{ N} = 84,86 \text{ N}$$

Ebenfalls aus Gl. 12.39 ergeben sich die Vertikalkomponenten an den Lagerstellen:

$$\text{für } x_1 = 0: \quad V_A = H \cdot \frac{h}{\ell_1} - q(x_1) \cdot \frac{\ell_1}{2} = H \cdot \frac{h}{\ell_1} - \frac{1}{2} G_1$$

$$\text{für } x_2 = \ell_2: \quad V_B = H \cdot \frac{h}{\ell_2} - q(x_2) \cdot \left(\frac{\ell_2}{2} - \ell_2 \right) = H \cdot \frac{h}{\ell_2} + q(x_2) \cdot \frac{\ell_2}{2} = H \cdot \frac{h}{\ell_2} + \frac{G_2}{2}$$

Nach Gl. 12.5 erhält man damit die Auflagerkräfte:

$$F_A = \sqrt{H^2 + V_A^2} = \sqrt{H^2 + \left(H \cdot \frac{h}{\ell_1} - \frac{1}{2} G_1 \right)^2} = \sqrt{84,86^2 + \left(84,86 \cdot \frac{0,6}{2} - \frac{1}{2} 10,44 \right)^2} \text{ N} = 87,24 \text{ N}$$

$$F_B = \sqrt{H^2 + V_B^2} = \sqrt{H^2 + \left(H \cdot \frac{h}{\ell_2} + \frac{1}{2} G_2 \right)^2} = \sqrt{84,86^2 + \left(84,86 \cdot \frac{0,6}{3} + \frac{1}{2} 15,3 \right)^2} \text{ N} = 88,36 \text{ N}$$

Die Auflagerkräfte sind ungefähr gleich dem Horizontalzug. ∎

12.6 Momentenfreier Bogenträger

Gewisse Werkstoffe oder Werkstoff-Kombinationen wie Stahlguß, unbewehrter Beton oder Mauerwerk können im wesentlichen nur auf Druck beansprucht werden. Zur Überbrückung von Mauern in Gewölben z.B., müssen die unbewehrten gebogenen Träger geometrisch so ausgelegt werden, daß eine biegefreie Kraftübertragung möglich ist.
Um diese Bedingung zu erfüllen, muß man die Kettenlinie quasi umdrehen und sie an der x-Achse spiegeln. Die so entstandene Mittellinie des Bogens wird auch als Stützlinie bezeichnet. Um Biegungsfreiheit zu gewährleisten, müssen die Schnittkräfte im Seil ebenso wie die Auflagerkräfte als Druckkräfte immer in Richtung der Trägerachse weisen (siehe Bild 12.9b).
Die abgeleiteten Gleichungen der Kettenlinie kann man übernehmen, wenn man die Umkehrung des Richtungssinns bei den Schnittlasten durch ein Minuszeichen berücksichtigt.

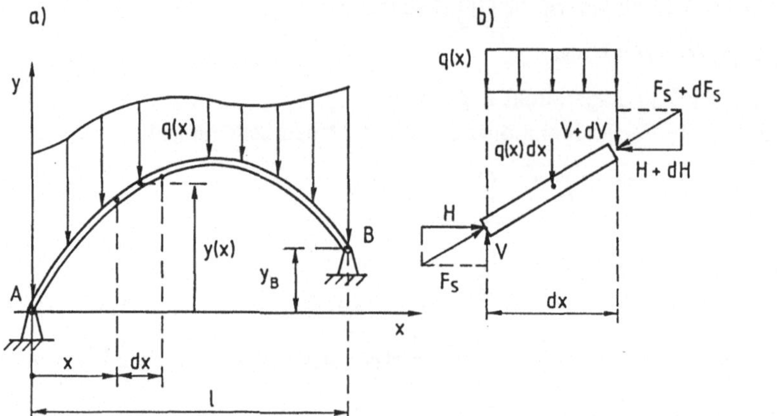

Bild 12.9

Analog zur Gl. 12.10 lautet die Dgl. für die Bogenlinie des momentenfreien Trägers

$$y''(x) - \frac{q(s)}{H} \cdot \sqrt{1 + y'^2} = -\frac{q(x)}{H} \qquad (12.42)$$

Für den Träger nach Bild 12.10 mit konstanter Projektions-Streckenlast $q(x) = q_0 = $ konst. gilt z. B.

$$y'' = -\frac{q_0}{H}; \quad y' = -\frac{q_0}{H} \cdot x + c_1; \quad y = -\frac{q_0}{2H} \cdot x^2 + c_1 x + c_2$$

Randbedingungen:

für $x = 0$ ist $y = 0$: $\quad c_2 = 0$

für $x = \ell$ ist $y = y_B$: $\quad y_B = -\frac{q_0}{2H} \cdot \ell^2 \cdot c_1 \cdot \ell \quad \Rightarrow \quad c_1 = \frac{y_B}{\ell} + \frac{q_0 \cdot \ell}{2H}$

Die Form des Bogens wird damit beschrieben durch die Parabelgleichung:

$$y = -\frac{q_0}{2H} \cdot x^2 + \left(\frac{y_B}{\ell} + \frac{q_0 \cdot \ell}{2H} \right) \cdot x \qquad (12.43)$$

13 Standsicherheit

Um die Standsicherheit bzw. die Kippgefahr eines Körpers beurteilen zu können, muß dessen Stabilität bezüglich des Drehens um die in Frage kommende Kippachse untersucht werden, die die äußerste Lage der Auflage- oder Standfläche darstellt. Die Stabilität des Körpers hängt von seiner Lagerung, der Lastverteilung (Gewichtskräfte, Windkräfte usw.) und von seinem Bewegungs-Zustand (Fliehkräfte) ab.

Die am Körper angreifenden Kräfte versuchen einerseits ihn aus dem Gleichgewicht zu bringen, andererseits wird das Gleichgewicht stabilisiert, je nachdem ob die Kräfte im Sinn des Kippens oder entgegengesetzt dazu Drehmomente ausüben.

Entsprechend teilt man die Momente ein in Kippmomente M_K und Standmomente M_{St}.
Ihr (absolutes) Verhältnis gibt die Standsicherheit S an.

$$S = \left| \frac{M_{St}}{M_K} \right|$$

$S > 1$ sicherer Stand
$S = 1$ Kippgrenze   (13.1)
$S < 1$ Kippen

Da die Stand- und Kippmomente entgegengesetzten Drehsinn haben, wird für die Sicherheit der
absolute Betrag angesetzt, um vom Vorzeichen unabhängig zu sein.

■ **Beispiel:** Quader auf einer rauhen horizontalen Auflage

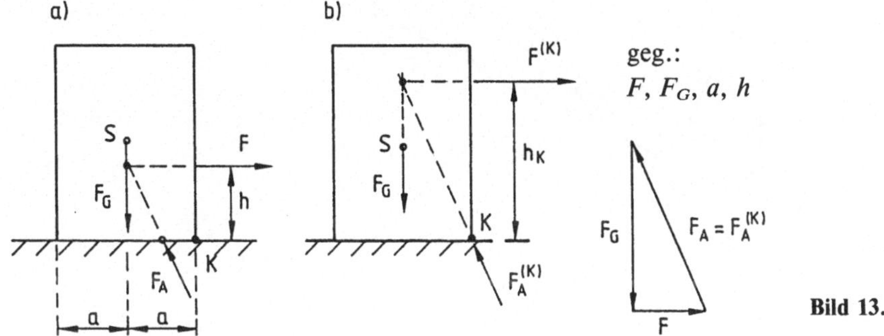

Bild 13.1

Ein Quader (Breite $2a$, Gewichtskraft F_G) liegt auf einer rauhen Unterlage (Haftungskräfte verhindern eine horizontale Verschiebung). In der Höhe h greift eine Verschiebekraft F (z.B. Windkraft an einem Kran) an, wodurch der Körper um die Kante K zum Kippen neigt.

Gesucht
a) Auflagerkraft F_A
b) Standsicherheit S
c) Maximal mögliche Angriffshöhe h_K von F.

Zeichnerische Lösung
Im Bild 13.1 sind die Auflagerkräfte für einen standsicheren Fall und für den Kippfall eingezeichnet.
Je höher die Verschiebekraft angreift, um so mehr rutscht die Auflagerkraft $\vec{F}_A$ nach rechts bis sie in der äußersten Kante der Auflagefläche angelangt ist. Dort hat sie eine extreme Lage erreicht und der Körper beginnt zu kippen.

Rechnerische Lösung

$$\left.\begin{array}{l} \sum F_x = 0 \;\Rightarrow\; F_{Ax} = F \\ \sum F_y = 0 \;\Rightarrow\; F_{Ay} = F_G \end{array}\right\} \; F_A = \sqrt{F_{Ax}^2 + F_{Ay}^2} = \sqrt{F^2 + F_G^2}$$

$$\left.\begin{array}{l} M_{St} = F_G \cdot a \\ M_K = F \cdot h \end{array}\right\} \; S = \frac{M_{St}}{M_K} = \frac{F_G \cdot a}{F \cdot h}$$

Kippen, wenn $S = 1$ ist: $\dfrac{F_G \cdot a}{F \cdot h_K} = 1 \;\Rightarrow\; h_K = \dfrac{F_G \cdot a}{F}$ ■

■ **Beispiel:** Quader auf einer rauhen schiefen Ebene

Der Körper kann auch ohne Verschiebekraft kippen, wenn er auf einer schrägen rauhen Unterlage abrutschsicher liegt (Bild 13.2). Dann übernimmt die Gewichtskraft $\vec{F}_G$ die Rolle der Verschiebekraft. Hohe, schmale Quader, bei denen der Schwerpunkt S weit von der Auflagefläche entfernt ist, neigen leicht zum Kippen. Haben die Körper gleiche Höhe h, so ist die Breite b für das Kippen maßgebend.

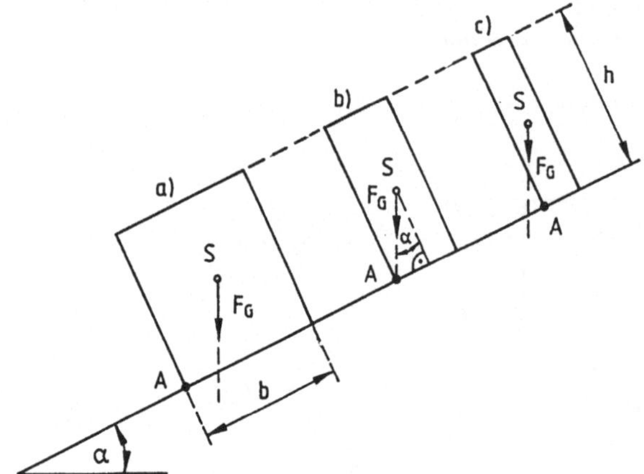

Bild 13.2

a) stabile Lage, wenn
b) labile Lage, wenn $\dfrac{b}{h} \gtreqless \tan\alpha$
c) Kippen, wenn

Eine stabile Lage ergibt sich, wenn die Wirklinie der Gewichtskraft die schiefe Ebene innerhalb der Berührungsfläche schneidet (Fall a). Das Kippen um die Kante A setzt ein, wenn die Punkte A und S auf einer Senkrechten liegen (Fall b). Der Körper kippt, wenn die Gewichtskraft am äußeren Auflagepunkt A vorbeiläuft oder anders ausgedrückt, wenn der Schwerpunkt S über A hinausragt (Fall c).   ■

■ **Beispiel:** Stehaufmännchen

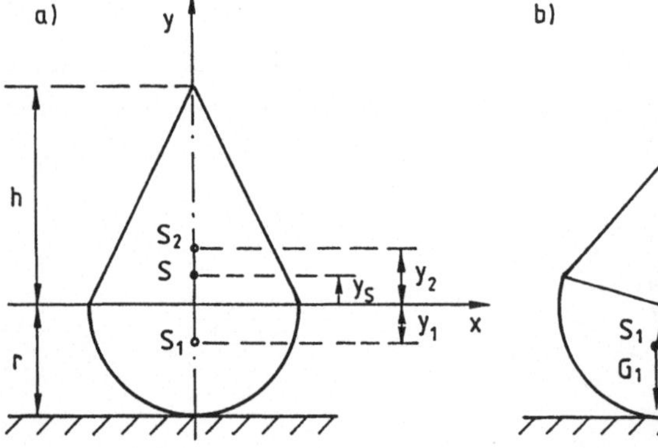

Bild 13.3

Ein Stehaufmännchen nach Bild 13.3a besteht aus einer Halbkugel (Radius r, Dichte ρ_1, Schwerpunkts-Abstand $y_1 = \frac{3}{8}\,r$) und aus einem Kreiskegel (Radius r, Höhe h, Dichte ρ_2, Schwerpunkts-Abstand $y_2 = \frac{1}{4}\,h$).

Wie groß darf das Verhältnis $\frac{h}{r}$ höchstens sein, damit sich der Körper nach einer Auslenkung um den Winkel φ wieder aufrichtet?

Lösung:

Der Kippunkt K in der ausgelenkten Lage (Bild 13.3b) ist der Berührungspunkt des senkrechten Radius mit dem Boden.

Stabilisierendes Moment $\quad M_{St} = G_1 \cdot y_1 \cdot \sin\varphi = G_1 \cdot \dfrac{3}{8}\,r \cdot \sin\varphi$

Kippmoment $\qquad\qquad\quad M_K = G_2 \cdot y_2 \cdot \sin\varphi = G_2 \cdot \dfrac{1}{4}\,h \cdot \sin\varphi$

mit den Gewichtskräften

$$G_1 = \rho_1 \cdot g \cdot V_1 = \rho_1 \cdot g \cdot \frac{1}{2} \cdot \frac{4}{3}\,\pi r^3 = \frac{2}{3}\,\pi r^3 \cdot \rho_1 \cdot g$$

$$G_2 = \rho_2 \cdot g \cdot V_2 = \rho_2 \cdot g \cdot \frac{1}{3}\,\pi r^2 h = \frac{1}{3}\,\pi r^2 h \cdot \rho_2 \cdot g$$

Stabilitäts-Bedingung: $M_{St} \geq M_K$

$$\frac{2}{3}\,\pi r^3 \cdot \rho_1 \cdot g \cdot \frac{3}{8}\,r \cdot \sin\varphi \geq \frac{1}{3}\,\pi r^2 h \cdot \rho_2 \cdot g \cdot \frac{1}{4}\,h \cdot \sin\varphi$$

oder gekürzt $\quad r^2 \cdot \rho_1 \geq \dfrac{1}{3}\,h^2 \cdot \rho_2 \quad \Rightarrow \quad \boxed{\dfrac{h}{r} \leq \sqrt{3\,\dfrac{\rho_1}{\rho_2}}}$

Die Stabilitäts-Bedingung bedeutet

$$M_{St} \geq M_K\colon \quad G_1 \cdot y_1 \cdot \sin\varphi \geq G_2 \cdot y_2 \cdot \sin\varphi \quad | \; : \sin\varphi$$
$$G_1 \cdot y_1 \geq G_2 \cdot y_2 \quad \Rightarrow \quad G_2 \cdot y_2 - G_1 \cdot y_1 \leq 0$$

Für den Gesamt-Schwerpunkt des Stehaufmännchens wird damit

$$y_S = \frac{\sum G_i \cdot y_i}{\sum G_i} = \frac{G_2 \cdot y_2 - G_1 \cdot y_1}{G_1 + G_2} \leq 0$$

Das Stehaufmännchen ist stabil, wenn sein Gesamt-Schwerpunkt S unterhalb der Übergangszone vom Kegel zur Halbkugel liegt. ∎

14 Mechanische Arbeit

14.1 Wirkliche Arbeit

Arbeit wird verrichtet, wenn sich der Angriffspunkt einer Kraft auf ihrer Wirkungslinie verschiebt oder sich ein Moment längs eines Winkels verdreht. Dabei spielt es keine Rolle, ob die Verschiebung oder Verdrehung durch die Kraft oder das Moment verursacht wird oder nicht.

In der Statik kommen allerdings, wenn überhaupt, nur gleichförmige Bewegungen vor, insofern gehört das Thema Arbeit mehr in das Gebiet der Kinetik.

Mit dem Prinzip der virtuellen Arbeit (mit gedachten Verschiebungen) lassen sich jedoch auch in der Statik vielfältige Probleme lösen, so daß der Begriff der Arbeit zum besseren Verständnis und zur Übung möglichst früh eingeführt werden soll.

14.1.1 Konstante Kraft

a) Kraft wirkt in Bewegungsrichtung (Bild 14.1)

Beispiel: Verschiebung eines Wagens

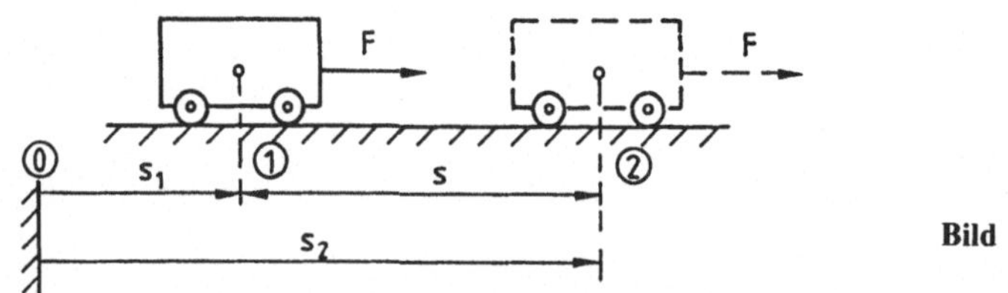

Bild 14.1

Die Kraft wird längs des Weges s verschoben und verrichtet dabei die Arbeit

$$W = F \cdot s = F \cdot (s_2 - s_1)$$

(14.1)

Die Arbeit ist das Produkt aus der in Wegrichtung wirkenden Kraft und der zurückgelegten Wegstrecke.

b) Kraft wirkt schräg zur Bewegungsrichtung (Bild 14.2)

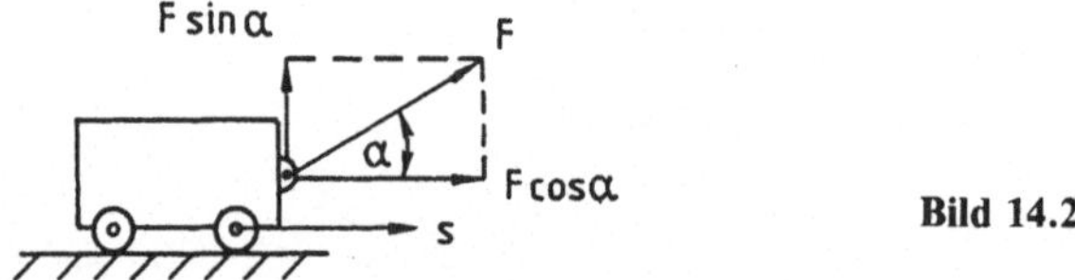

Bild 14.2

Wirkt die Kraft z. B. in Richtung der Deichsel eines Handwagens schräg unter einem Winkel α zur Bewegungsrichtung, so verschiebt sich nur die in die Wegrichtung fallende Komponente $F \cdot \cos\alpha$ entlang ihrer Wirkungslinie und verrichtet dabei Arbeit.

Die senkrecht zur Bewegungsrichtung stehende Komponente $F \cdot \sin\alpha$ wird nur parallel zu sich selbst verschoben und leistet dabei keine Arbeit.

Die Arbeit läßt sich als skalares Produkt des Kraftvektors $\vec{F}$ und des Verschiebungsvektors $\vec{s}$ bestimmen zu

$$W = F \cdot s \cdot \cos\alpha = \vec{F} \cdot \vec{s}$$

(14.2)

Die Formel kann man auf zwei Arten interpretieren:
Mechanische Arbeit = Kraftkomponente in Richtung des Weges mal Weg
                   = Kraft mal Wegkomponente in Richtung der Kraft.

14.1.2 Veränderliche Kraft

Ist die Kraft während der Verschiebung nicht konstant, sondern schrittweise veränderlich, so muß der Weg so unterteilt werden, daß jeweils Abschnitte mit konstanter Kraft entstehen, deren einzelne Arbeitsanteile summiert werden.

Ist die Kraft stetig veränderlich, so denkt man sich die Bewegung in viele kleine Teilvorgänge zerlegt.

Längs eines kleinen Wegstücks ändert sich die Kraft geringfügig. Diese Änderung kann man beliebig klein machen, wenn man nur das Wegelement genügend kurz wählt.

Im Grenzfall einer unendlich kleinen Verschiebung ds kann man die Kraft als konstant ansehen und die Elementararbeit berechnen zu

$$\boxed{\mathrm{d}W = F \cdot \mathrm{d}s \cdot \cos\alpha} \tag{14.3}$$

Die Gesamtarbeit ergibt sich durch Summierung aller dieser differentiellen Teilbeträge, also durch Integration längs des Weges von s_1 bis s_2.

$$\boxed{W = \int \mathrm{d}W = \int_{s_1}^{s_2} F \cdot \cos\alpha \cdot \mathrm{d}s = \int_{s_1}^{s_2} \vec{F} \cdot \mathrm{d}\vec{s}} \tag{14.4}$$

Stellt man den Verlauf der Kraft über dem Weg in einem Diagramm (Bild 14.3) dar, so erhält man als Kraft-Weg-Schaubild im allgemeinen eine gekrümmte Kurve.

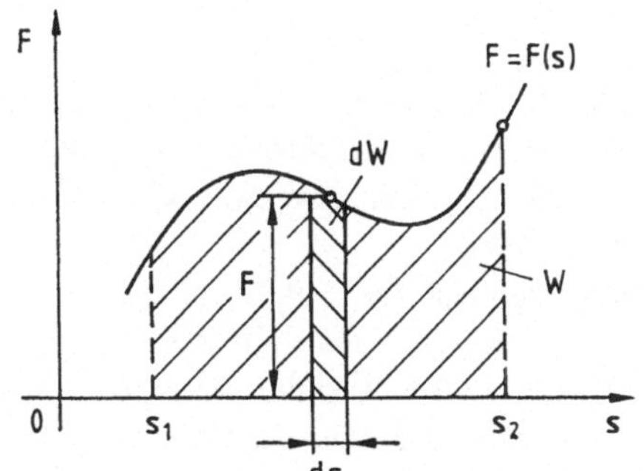

Bild 14.3

Die Teilarbeit dW auf dem differentiell kleinen Wegabschnitt ds ergibt sich als schmaler Rechteckstreifen mit dem Flächeninhalt d$W = F \cdot \mathrm{d}s$.

Die Gesamtarbeit W auf dem Weg von s_1 bis s_2 ist dann maßstäblich gleich der Summe der Flächenstreifen, also der Fläche unter der Kurve zwischen den Ordinaten durch s_1 und s_2.

Wirken gleichzeitig mehrere (n) Kräfte auf einen starren Körper ein, so ist deren Gesamtarbeit

$$\boxed{W = \sum_{i=1}^{n} \int_{s_1}^{s_2} (F_i \cdot \cos\alpha_i)\,\mathrm{d}s = \int_{s_1}^{s_2} \sum_{i=1}^{n} \vec{F}_i \cdot \mathrm{d}\vec{s} = \int_{s_1}^{s_2} \vec{F}_R \cdot \mathrm{d}\vec{s} = \int_{s_1}^{s_2} F_R \cdot \cos\alpha_R\,\mathrm{d}s} \tag{14.5}$$

wobei $\vec{F}_R = \sum_{i=1}^{n} \vec{F}_i$ die Resultierende der einwirkenden Kräfte ist und α_R den Winkel der Resultierenden mit der Verschiebung d$\vec{s}$ darstellt.

Bei einer allgemeinen, räumlichen und krummlinigen Bewegung tritt an die Stelle des (geradlinigen) Wegelements d$\vec{s}$ das Differential d$\vec{r}$ des Ortsvektors (Bild 14.4).

Der Ortsvektor $\vec{r}$ weist vom Koordinaten-Ursprung zu einem beliebigen Punkt der Kraft $\vec{F}$ (z. B. zum Angriffspunkt).

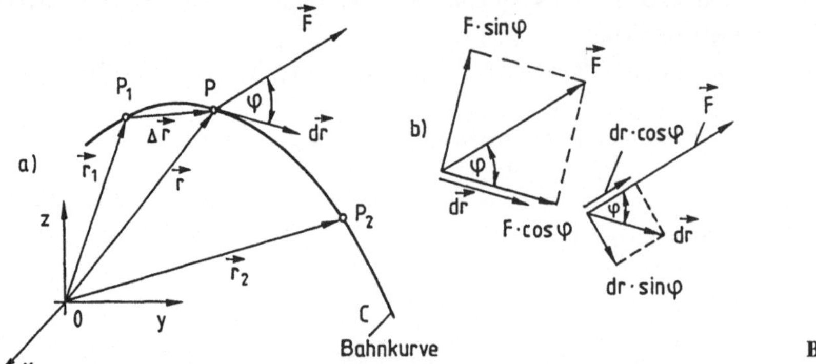

Bild 14.4

Längs einer infinitesimalen Verschiebung $d\vec{r}$ beträgt die von $\vec{F}$ geleistete Arbeit

$$\boxed{dW = \vec{F} \cdot d\vec{r} = F \cdot dr \cdot \cos\varphi}$$ (14.6)

Bei einer endlichen Verschiebung wird durch Integration entlang der Bahnkurve C

$$\boxed{W = \int_C dW = \int_C \vec{F} \cdot d\vec{r} = \int_C F \cdot \cos\varphi \cdot dr}$$ (14.7)

Auch hier kann man die Kraft auf den Ortsvektor oder den Ortsvektor auf die Kraft projezieren (Bild 14.4b) und das Produkt der kollinearen Vektoren bilden, um die Arbeit zu erhalten.

Der Vektor $d\vec{r}$ entsteht durch Grenzwertbildung aus dem Differenzenvektor $\Delta\vec{r} = \vec{r} - \vec{r}_1$, wenn man den Punkt P_1 immer dichter an den Punkt P heranführt.

In der Grenzlage geht die Sekante $\Delta\vec{r}$ dann in die Tangente über. Der Vektor $d\vec{r}$ zeigt also in die Richtung der Bahntangente und ebenso die Projektion der Kraft $F \cdot \cos\varphi$ auf diesen Vektor. Nur die Kraftkomponente in Richtung der Bahntangente wird auf ihrer Wirklinie verschoben und verrichtet Arbeit. Die Komponente senkrecht zur Bahntangente (in Richtung der Bahnnormalen) wird dagegen nur parallel zu sich selbst verschoben und leistet dabei keine Arbeit.

14.1.3 Arbeit bei einer Drehbewegung

■ **Beispiel:** Kraft an einer drehbar gelagerten Scheibe

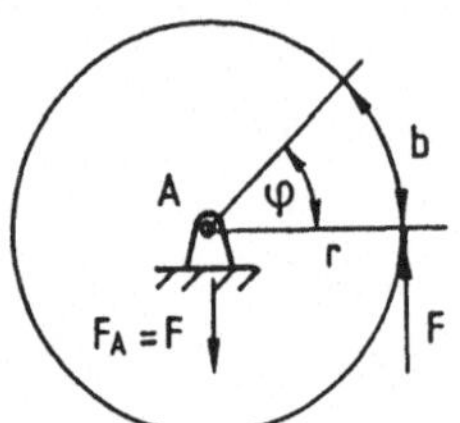

Die Kraft F verschiebt sich nach Bild 14.5 auf dem Bogen $b = r\varphi$ und verrichtet die Arbeit

$$\boxed{W = F \cdot b = \underbrace{F \cdot r}_{M}\varphi = M \cdot \varphi}$$ (14.8)

Bild 14.5

Bei der Einwirkung der Kraft F auf die Scheibe bildet sich im Lager eine gleich große Gegenkraft $F_A = F$ aus, die mit der eingeprägten Kraft F ein Kräftepaar bildet mit der Drehwirkung $M = F \cdot r$.

Bei einer veränderlichen Kraft bzw. einem veränderlichen Moment wird die Arbeit gebildet aus

$$\boxed{W = \int dW = \int \vec{M}\, d\vec{\varphi}}$$ (14.9) ■

14.2 Virtuelle Arbeit

Unter virtueller Arbeit versteht man eine gedachte Arbeit, wobei es zwei Möglichkeiten gibt:
1) Man denkt sich die Verschiebung infolge einer tatsächlichen Belastung durch eine virtuelle Kraft (durch ein virtuelles Moment) hervorgerufen.
2) Man denkt sich wirkliche Kräfte (Momente) auf virtuellen Wegen (längs virtuellen Winkeln) verschoben.

14.2.1 Virtuelle Verschiebung

Eine virtuelle Verschiebung ist

a) eine gedachte, in Wirklichkeit nicht unbedingt (in dieser Form) eintretende Verschiebung.

b) eine infinitesimal kleine Verschiebung, d.h. die Verschiebungen können beliebig klein sein und werden so klein angenommen, daß bei der Verschiebung die Richtungsänderung der Kräfte vernachlässigbar ist.

c) eine mit der geometrischen Konfiguration (Gestalt, Bindung) verträgliche (kompatible) Verschiebung, die also geometrisch und physikalisch möglich ist, ohne daß die Auflager- und Zusammenhangs-Bedingungen verletzt werden.

d) zeitlos, d.h. der zeitliche Verlauf spielt bei der virtuellen Bewegung keine Rolle und soll so langsam erfolgen, daß keine Trägheitskräfte auftreten. Bei einer virtuellen Verschiebung werden also die Ortskoordinaten bei festgehaltener Zeit variiert.

Bezeichnungen:

Um die Vielfalt der Verschiebe-Möglichkeiten aus einer bestimmten Lage zum Ausdruck zu bringen und um sie von den wirklichen Veränderungen unterscheiden zu können, werden die virtuellen Größen in Anlehnung an die Variationsrechnung mit dem Differential-Symbol δ geschrieben:

Virtuelle Verrückungen: δr, δs, δx, δy, δz, $\delta \varphi$, δq usw.

Wirkliche Verrückungen: dr, ds, dx, dy, dz, $d\varphi$, dq usw.

Sammelbegriff: Verrückung = Verschiebung und/oder Verdrehung

Mathematisch hat das δ-Symbol die gleiche Bedeutung wie die übliche Differential-Bezeichnung mit d.

Bei der virtuellen Verschiebung eines Körpers K verrichten die verschobenen Kräfte (auch die Kraftelemente einer Streckenlast) eine virtuelle Arbeit

$$\delta W = \int_K d\vec{F} \cdot \delta \vec{r} \qquad (14.10)$$

Wirken nur n Einzelkräfte, dann ist die Arbeit

$$\delta W = \sum_{i=1}^{n} \vec{F}_i \cdot \delta \vec{r}_i = \sum_{i=1}^{n} (F_{xi} \delta x_i + F_{yi} \delta y_i + F_{zi} \delta z_i) \qquad (14.11)$$

Wirken neben den Kräften auch noch Momente, dann ist

$$dW = \sum \vec{F}_i \cdot \delta \vec{r}_i + \sum \vec{M}_i \cdot \delta \vec{\varphi}_i \qquad (14.12)$$

14.2.2 Prinzip der virtuellen Arbeit

a) Freier ungebundener Körper

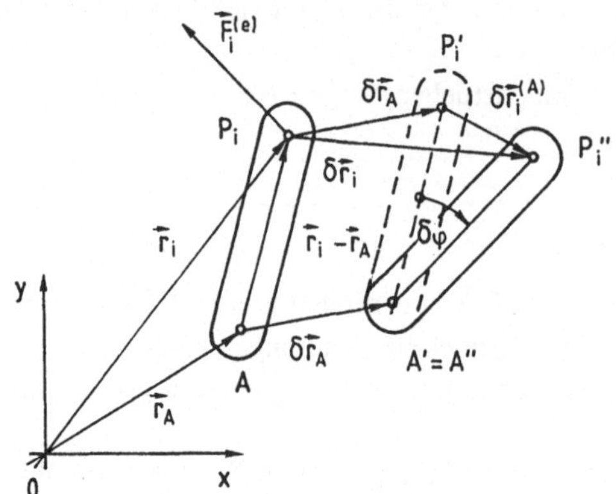

Bild 14.6

Zur Bestimmung der Arbeit bei der virtuellen Verrückung eines Körpers muß die Verschiebung der Kraftangriffspunkte ermittelt werden. Der besseren Übersicht wegen und zur Vereinfachung betrachten wir die Bewegung eines freien Körpers nur in der Ebene nach Bild 14.6. Die vektorielle Behandlung läßt eine Verallgemeinerung auf räumliche Bewegungen zu.

P_i sei ein beliebiger Scheibenpunkt, an dem eine eingeprägte Kraft $\vec{F}_i^{(e)}$ wirkt, A ein beliebiger, körperfester Bezugspunkt.

Die virtuelle Verrückung der Scheibe aus der Lage AP_i in eine benachbarte Lage $A''P_i''$ wird als kombinierte Translations- und Rotationsbewegung aufgefaßt. Alle Körperpunkte machen zunächst eine Parallelverschiebung $\delta\vec{r}_A$ von der Lage AP_i nach $A'P_i'$. Anschließend führen sie eine Drehbewegung mit dem Winkel $\delta\varphi$ aus um die zur Zeichenebene senkrecht stehende Achse durch den Bezugspunkt $A' = A''$. Der Punkt P_i wird dabei nochmals verschoben um die Strecke $\delta r^{(A)} = \delta\varphi \, | \, \vec{r}_i - \vec{r}_A |$.

Bei einer infinitesimal kleinen Winkeldrehung $\delta\varphi$ steht der Vektor der Rotations-Verschiebung $\delta\vec{r}_i^{(A)}$ senkrecht auf dem Verbindungsvektor $(\vec{r}_i - \vec{r}_A)$ der Scheibenpunkte A und P_i.

Durch Einführung eines Drehvektors $\delta\vec{\varphi}$ in Richtung der Drehachse im Sinne einer Rechtsschraube kann man die Rotations-Verschiebung durch ein Vektorprodukt ausdrücken:

$$\delta\vec{r}_i^{(A)} = \delta\vec{\varphi} \times (\vec{r}_i - \vec{r}_A)$$

Die gesamte virtuelle Verschiebung des Kraftangriffspunktes wird somit

$$\boxed{\delta\vec{r} = \delta\vec{r}_A + \delta\vec{r}_i^{(A)} = \delta\vec{r}_A + \delta\vec{\varphi} \times (\vec{r}_i - \vec{r}_A)} \tag{14.13}$$

Nach dem Wechselwirkungsgesetz sind die inneren Kräfte an je zwei gegenüberliegenden Schnittufern gleich groß und entgegengesetzt gerichtet, so daß deren Arbeit sich bei einer virtuellen Verschiebung gegenseitig aufheben.

Das gleiche gilt für die Verbindungskräfte bei einem aus mehreren Einzelkörpern zusammengesetzten System. Zerlegt man das System wieder in Einzelkörper durch Aufschneiden der Verbindungsstellen (z.B. Gelenke), so gleichen sich die Arbeiten der entgegengesetzt gerichteten Schnittkräfte bei einer gemeinsamen Verschiebung aus. Es verbleibt die Arbeit der eingeprägten Kräfte. Eine einzelne Kraft verrichtet die virtuelle Arbeit

$$\delta W_i = \vec{F}_i^{(e)} \cdot \delta\vec{r}_i = \vec{F}_i^{(e)} [\delta\vec{r}_A + \delta\vec{\varphi} \times (\vec{r}_i - \vec{r}_A)]$$

Wirken insgesamt (an verschiedenen Stellen) n eingeprägte Kräfte auf den Körper, so ist deren virtuelle Arbeit

$$\delta W = \sum_{i=1}^{n} \delta W_i = \sum_{i=1}^{n} \vec{F}_i^{(e)} \cdot \delta\vec{r}_i = \sum_{i=1}^{n} \vec{F}_i^{(e)} [\delta\vec{r}_A + \delta\vec{\varphi} \times (\vec{r}_i - \vec{r}_A)]$$

$\vec{r}_A$, $\delta\vec{r}_A$, $\delta\vec{\varphi}$ sind für alle Körperpunkte gleich und können vor das Summenzeichen gezogen werden:

$$\delta W = (\delta\vec{r}_A - \delta\vec{\varphi} \cdot \delta\vec{r}_A) \cdot \sum_{i=1}^{n} \vec{F}_i^{(e)} + \sum_{i=1}^{n} \vec{F}_i^{(e)} (\delta\vec{\varphi} \times \vec{r}_i)$$

Nach Gl. G25 können die Faktoren eines Spatprodukts zyklisch vertauscht werden, so daß in der zweiten Summe der Arbeitsgleichung gilt:

$$\vec{F}_i^{(e)} \cdot (\delta\vec{\varphi} \times \vec{r}_i) = \delta\vec{\varphi} \cdot (\vec{r}_i \times \vec{F}_i^{(e)}) = \delta\vec{\varphi} \cdot \vec{M}_i^{(e)}$$

Nach Gl. 7.15 stellt $\vec{r}_i \times \vec{F}_i^{(e)} = \vec{M}_i^{(e)}$ das Moment der Kraft $\vec{F}_i^{(e)}$ dar.
Die virtuelle Arbeit wird damit

$$\delta W = (\delta\vec{r}_A - \delta\vec{\varphi} \times \delta\vec{r}_A) \cdot \sum_{i=1}^{n} \vec{F}_i^{(e)} + \delta\vec{\varphi} \sum_{i=1}^{n} \vec{M}_i^{(e)}$$

$$\delta W = (\delta\vec{r}_A - \delta\vec{\varphi} \times \delta\vec{r}_A) \cdot \vec{F}_R^{(e)} + \delta\vec{\varphi} \vec{M}_R^{(e)}$$

Soll ein freier, ungebundener Körper (ohne Auflagerreaktionen) im Gleichgewicht sein, so müssen die eingeprägten Kräfte und Momente sich gegenseitig aufheben, d.h.

$$\vec{F}_R^{(e)} = \sum_{i=1}^{n} \vec{F}_i^{(e)} = 0 \quad \text{und} \quad \vec{M}_R^{(e)} = \sum_{i=1}^{n} \vec{M}_i^{(e)} = 0$$

Damit wird die Arbeit eines freien Körpers für den Gleichgewichtsfall

$$\boxed{\delta W = 0}$$

Ist ein freier Körper im Gleichgewicht, so ist die gesamte virtuelle Arbeit der eingeprägten Kräfte bei einer virtuellen Verschiebung gleich Null.

b) Durch Lager gebundene Körper

Bei einem gelagerten Körper treten neben den eingeprägten Kräften noch die Lagerreaktionen auf, die sich jedoch bei starrer Lagerung nicht verschieben können.
Die virtuellen Verschiebungen müssen mit den geometrischen Bindungen verträglich sein. Daher sind bei Reaktionskräften $\vec{F}^{(r)}$ auch keine virtuellen Verschiebungen möglich, so daß deren virtuelle Arbeit $\delta W^{(r)}$ Null ist:

$$\boxed{\delta W^{(r)} = \vec{F}^{(r)} \cdot \delta\vec{r} = 0} \tag{14.14}$$

Für einen gelagerten Körper wird somit die gesamte virtuelle Arbeit der eingeprägten Kräfte, der Reaktionskräfte und der inneren Kräfte gleich Null

$$\delta W = \underbrace{\delta W^{(e)} + \delta W^{(r)}}_{\delta W^{(a)}} + \delta W^{(i)} = \delta W^{(a)} + \delta W^{(i)} = 0$$

Infolge der Wechselwirkung verschwindet die Arbeit der inneren Kräfte: $\delta W^{(i)} = 0$.
Die eingeprägten Kräfte und die Reaktionskräfte bilden zusammen die äußeren Kräfte, deren virtuelle Arbeit dann ebenfalls Null sein muß:

$$\delta W^{(a)} = \delta W^{(e)} + \delta W^{(r)} = 0$$

Das Prinzip der virtuellen Arbeit lautet:

Die virtuelle Arbeit der äußeren Kräfte und Momente ist Null, wenn das System eine virtuelle Verrückung aus einer Gleichgewichtslage erfährt.

Mit Gl. 14.12 ist daher

$$\delta W = \sum_{i=1}^{m} \vec{F}_i \cdot \delta \vec{r}_i + \sum_{i=1}^{n} \vec{M}_i \cdot \delta \vec{\varphi}_i = 0 \qquad (14.15)$$

Das Prinzip der virtuellen Arbeit bildet eine Erweiterung der Gleichgewichts-Bedingungen und ist genau wie diese als Axiom aufzufassen.
In dieser Form wird das Prinzip der virtuellen Arbeit auch als Arbeitssatz der Statik bezeichnet.
Es gilt auch die Umkehrung:
Ein mechanisches System ist im Gleichgewicht, wenn bei jeder beliebigen Verrückung die virtuelle Arbeit aller äußeren Kräfte und Momente verschwindet.

14.2.3 Lagrangesches Befreiungsprinzip

Joseph Louis Comte De Lagrange (geb. 1736 in Turin, gest. 1813 in Paris).
Wird die Bewegung eines Systems durch Lagerungen verhindert, so sind auch keine virtuellen Verschiebungen mehr möglich, da diese mit den geometrischen Bindungen verträglich sein müssen.
Es sieht so aus, als ob man das Prinzip der virtuellen Arbeit auf gebundene Systeme überhaupt nicht anwenden könnte.
Abhilfe schafft hier jedoch das Lagrangesche Befreiungs-Prinzip, wobei durch einen Schnitt oder durch Entfernen einer Lagerfessel das System beweglich gemacht wird. Dabei müssen ersatzweise die entsprechenden Schnitt- oder Lagerreaktionen eingeführt werden, die dann auf Grund ihrer Beweglichkeit (z.B. mit einer Federwaage) meßbar werden und damit als eingeprägte Kräfte anzusehen sind.
Die nicht befreiten Reaktionskräfte leisten keine Arbeit und fallen bei der Berechnung heraus, wodurch der Rechenaufwand stark reduziert wird.
Man macht das System am besten nur so weit verschieblich, daß neben den gegebenen Belastungen möglichst nur eine gesuchte Kraft (Stabkraft, Gelenkkraft, Schnitt- oder Auflagerreaktion) virtuelle Arbeit leistet, nach der dann gezielt aufgelöst werden kann.

Beachte:
Beim Schneiden müssen die Schnittreaktionen prinzipiell an beiden Schnittufern (einander entgegen gerichtet) eingetragen werden.
Ist ein Schnittufer unbeweglich (z.B. an einer Einspannung), dann verrichten dort die Schnittgrößen keine virtuelle Arbeit. Sie können daher generell an festen Teilen weggelassen werden.
Ebenso kann man die eingeprägten Kräfte, die sich nicht an der Verschiebung beteiligen, außer Acht lassen.
Es genügt, nur die Schnittgrößen an beweglichen Schnittufern anzusetzen, wo sie bei der Verschiebung bzw. Verdrehung virtuelle Arbeit verrichten.

■ **Beispiel:** Zweiseitiger Hebel

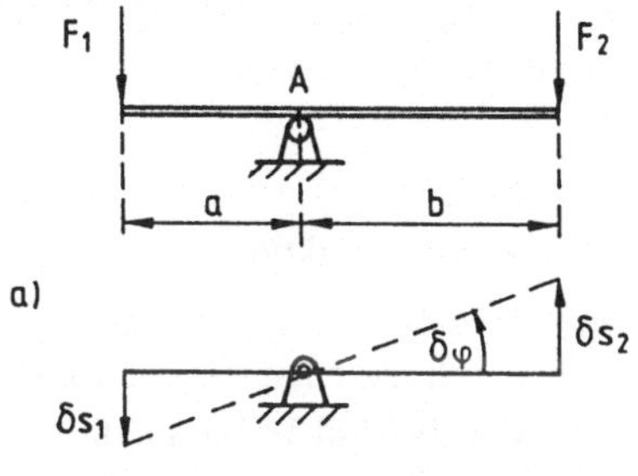

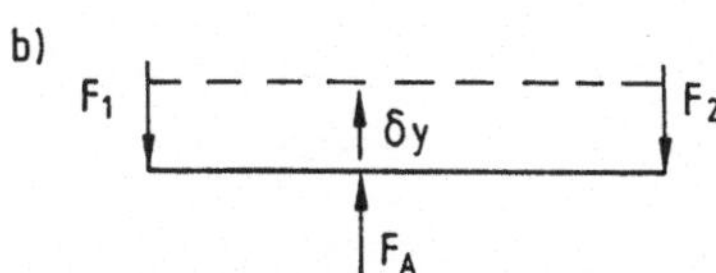

Auf einen in A gelenkig gelagerten Balken wirken die Kräfte F_1 und F_2 ein (Bild 14.7).
Welche Bedingungen müssen die Kräfte erfüllen, damit der Doppelhebel im Gleichgewicht ist?

Lsg.: Die Verschiebungen der Kraftangriffspunkte lassen sich in Abhängigkeit des Drehwinkels $\delta\varphi$ angeben:

$$\delta s_1 = a\,\delta\varphi$$
$$\delta s_2 = b\,\delta\varphi$$

Bild 14.7

Bei einer virtuellen Verdrehung des Hebels um den Winkel $\delta\varphi$ aus der Gleichgewichtslage ist

$$\delta W = F_1 \cdot \delta s_1 - F_2 \cdot \delta s_2 = (F_1 \cdot a - F_2 \cdot b)\,\delta\varphi = 0$$

Die Gleichung entspricht der „Goldenen Regel der Mechanik": Kraft mal Kraftweg ist gleich Last mal Lastweg, wobei δs_1 und δs_2 die entsprechenden Wege der Kräfte sind. Da die Vektoren $\vec{F}_2$ und $\delta\vec{s}_2$ entgegengesetzten Richtungssinn haben, ist der Arbeitsanteil von $\vec{F}_2$ negativ.
Prinzipiell ist die Wahl des Richtungssinns bei einer virtuellen Verrückung beliebig. Nimmt man den Drehsinn bei dem zweiseitigen Hebel entgegengesetzt an, so ändert sich auch der Richtungssinn der Verschiebung bei den Kräften und damit das Vorzeichen der entsprechenden Arbeiten.
Dieser Vorzeichenwechsel kommt einer Multiplikation der Arbeitsgleichung mit (-1) gleich, was aber zum gleichen Ergebnis führt.
Die Verdrehung $\delta\varphi$ ist zwar infinitesimal klein, aber von Null verschieden, so daß der Klammerausdruck verschwinden muß, wenn das Produkt Null sein soll:

$$F_1 \cdot a - F_2 \cdot b = 0 \quad \Rightarrow \quad F_1 \cdot a = F_2 \cdot b$$

Das ist das Hebelgesetz von Archimedes, das die Bedingung angibt, um eine Last mit einer Kraft im Gleichgewicht zu halten.
Wesentlicher Vorteil bei der Anwendung des Prinzips ist, daß nur die eingeprägten Kräfte in die virtuelle Arbeit eingehen, nicht aber die Bindekräfte und die Auflagerreaktionen.
Außerdem ist das Verfahren der virtuellen Verrückungen auch anschaulicher als die Methode mit den Gleichgewichts-Bedingungen, wo man es nur mit Kräften zu tun hat, die man nicht unmittelbar sehen kann im Gegensatz zu den Verschiebungen.
Will man auch die Lagerkraft bestimmen, so muß man deren Bindung beseitigen, so daß eine virtuelle Verschiebung δy der Reaktionskraft möglich wird (Bild 14.7b).
Die virtuelle Arbeit aller äußeren Kräfte muß gleich Null sein:

$$\delta W = F_A \cdot \delta y - F_1 \cdot \delta y - F_2 \cdot \delta y = (F_A - F_1 - F_2)\,\delta y = 0$$

da $\delta y \neq 0$ ist, muß der Faktor $F_A - F_1 - F_2 = 0$ sein.
Damit wird die Auflagerkraft $F_A = F_1 + F_2$.   ■

■ **Beispiel:** Gerberträger

Ein Träger ist nach Bild 14.8 auf 3 Gelenklagern A, B, C abgestützt und durch ein Zwischengelenk G unterbrochen. Die Belastung erfolgt durch eine Einzelkraft $\vec{F}$.

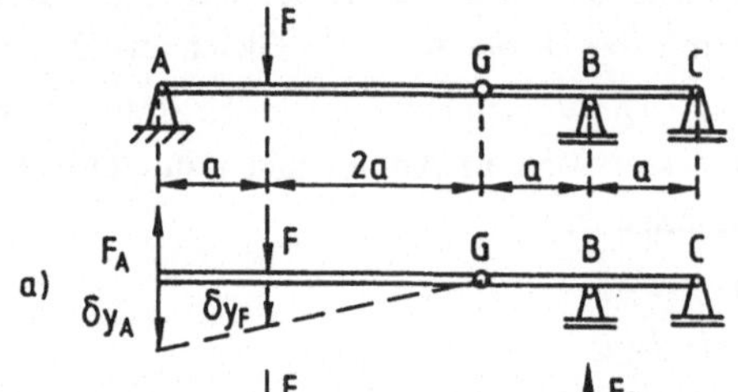

geg.: F, a

ges.: Auflagerreaktionen

Lsg.: Jeweils ein Lager wird entfernt und durch die entsprechende Lagerkraft ersetzt (Bild 14.8 a, b, c).

Bild 14.8

a) Mit dem Strahlensatz erhält man die virtuellen Verschiebungen

I) $\quad \dfrac{\delta y_F}{\delta y_A} = \dfrac{2a}{3a} = \dfrac{2}{3} \;\Rightarrow\; \delta y_A = \dfrac{3}{2}\,\delta y_F$

II) $\quad \delta W = -F_A \cdot \delta y_A + F \cdot \delta y_F = 0$

Die virtuelle Arbeit muß in Abhängigkeit von nur einer virtuellen Verschiebung ausgedrückt werden, damit diese in der Gleichung herausgekürzt werden kann.

I in II: $\quad -F_A \cdot \dfrac{3}{2}\,\delta y_F + F \cdot \delta y_F = 0 \;\Rightarrow\; \left(-\dfrac{3}{2}F_A + F\right) \cdot \delta y_F = 0$

$\delta y_F \neq 0: \quad -\dfrac{3}{2}F_A + F = 0 \;\Rightarrow\; \underline{\underline{F_A = \dfrac{2}{3}F}}$

b) $\quad \dfrac{\delta y_F}{\delta y_G} = \dfrac{a}{3a} = \dfrac{1}{3} \;\Rightarrow\; \delta y_G = 3\,\delta y_F$

$\quad \dfrac{\delta y_B}{\delta y_G} = \dfrac{a}{2a} = \dfrac{1}{2} \;\Rightarrow\; \delta y_G = 2\,\delta y_B$

gleichsetzen: $\delta y_G = 3\,\delta y_F = 2\,\delta y_B \;\Rightarrow\; \delta y_B = \dfrac{3}{2}\,\delta y_F$

$\delta W = F \cdot \delta y_F - F_B \cdot \delta y_B = F \cdot \delta y_F - F_B \cdot \dfrac{3}{2}\,\delta y_F = \left(F - \dfrac{3}{2}F_B\right)\delta y_F = 0$

$\delta y_F \neq 0: \quad F - \dfrac{3}{2}F_B = 0 \;\Rightarrow\; \underline{\underline{F_B = \dfrac{2}{3}F}}$

c) $\dfrac{\delta y_F}{\delta y_G} = \dfrac{a}{3a} = \dfrac{1}{3} \implies \delta y_G = 3\,\delta y_F$

$\dfrac{\delta y_C}{\delta y_G} = \dfrac{a}{a} = 1 \implies \delta y_C = \delta y_G = 3\,\delta y_F$

$\delta W = F \cdot \delta y_F + F_C \cdot \delta y_C = F \cdot \delta y_F + F_C \cdot 3\,\delta y_F = (F + 3 F_C)\,\delta y_F = 0$

$\delta y_F \neq 0: \quad F + 3 F_C = 0 \implies F_C = -\dfrac{1}{3}\,F$

14.2.4 Verschiebungen bei einer virtuellen Verdrehung

Zur Berechnung der virtuellen Arbeit, die bei einer virtuellen Verdrehung einer Scheibe um einen infinitesimal kleinen Winkel $\delta\varphi$ entsteht, braucht man die dabei auftretenden Verschiebungen der Kraftangriffspunkte.

■ **Beispiel:** Drehung eines Stabes $\overline{BP} = \ell$ um ein Gelenk P

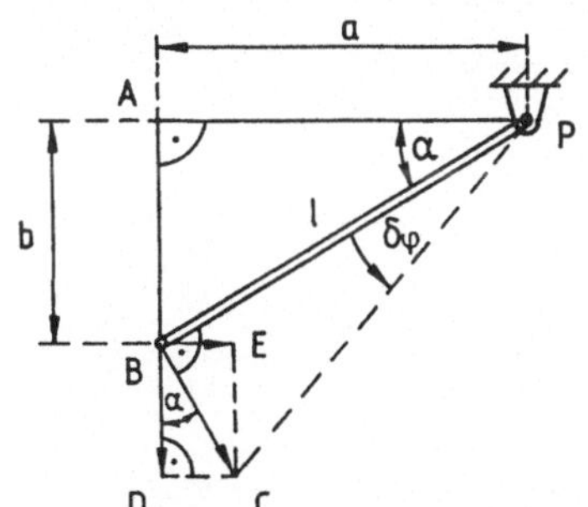

Aus dem Bild 14.9 entnimmt man

$\triangle PAB$

$\cos\alpha = \dfrac{a}{\ell}; \quad \sin\alpha = \dfrac{b}{\ell}$

$\triangle BCD$

$\overline{BC} = \ell\,\delta\varphi = \text{Verschiebung}$

Bild 14.9

Die Verschiebungs-Komponenten werden damit

$$\boxed{\begin{aligned} \overline{BD} &= \overline{BC} \cdot \cos\alpha = \ell \cdot \delta\varphi \cdot \frac{a}{\ell} = a \cdot \delta\varphi \\[2mm] \overline{BE} &= \overline{BC} \cdot \sin\alpha = \ell \cdot \delta\varphi \cdot \frac{b}{\ell} = b \cdot \delta\varphi \end{aligned}}$$

(14.16)

oder mit Worten:

> Komponente der Verschiebung = Drehwinkel $\delta\varphi$ mal Lot vom Drehpunkt P auf die Richtung der Verschiebungs-Komponente

In der Kinematik wird dieser momentane Drehpunkt als Geschwindigkeits-Momentanpol P bezeichnet, mit dem man die (momentanen) Geschwindigkeiten verschiedener Punkte einer sich drehenden Scheibe bestimmen kann.

Man erhält den Pol als Schnittpunkt der Lote, die in zwei Scheibenpunkten auf die Geschwindigkeits-Vektoren zu errichten sind.

Die Geschwindigkeit eines beliebigen Scheibenpunktes ist dann

$$\boxed{v = \ell \cdot \omega}$$

(14.17)

wobei ℓ = Abstand des Scheibenpunktes vom Drehpunkt

ω = Winkelgeschwindigkeit der Scheibe

■ **Beispiel:** Schwerer Stab an der Wand

Ein schwerer Stab (Länge ℓ, Gewicht F_G) lehnt reibungsfrei gegen eine Wand (Bild 14.10). Am oberen Ende wirkt eine vertikale Kraft F (z. B. Person auf einer Leiter am äußersten Ende). Welche horizontale Kraft F_{Bx} muß am unteren Ende aufgebracht werden, um das Gleichgewicht herzustellen?

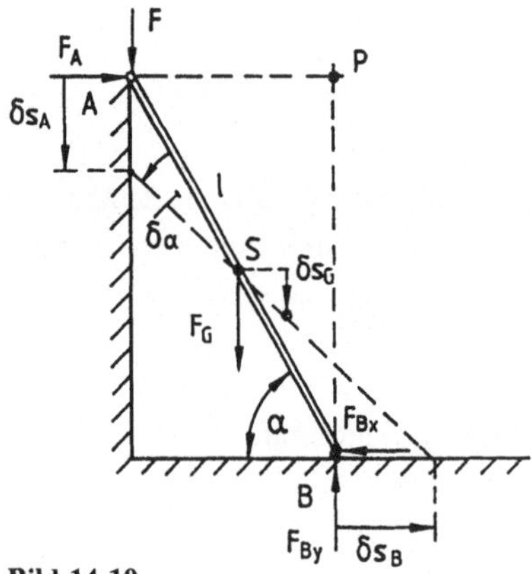

Bild 14.10

geg.: F, F_G, ℓ, α

ges.: F_{Bx}

Lsg.: Virtuelle Verdrehung aus der Gleichgewichtslage um den Winkel $\delta\alpha$. Der Schnittpunkt der Lote auf die Verschiebungen in den Punkten A und B ergibt den momentanen Drehpol P, von dem aus die Verschiebungen nach Gl. 14.10 bestimmt werden.

$$\delta s_A = \ell \cdot \cos\alpha \cdot \delta\alpha$$

$$\delta s_B = \ell \cdot \sin\alpha \cdot \delta\alpha$$

$$\delta s_G = \frac{\ell}{2} \cdot \cos\alpha \cdot \delta\alpha$$

Die virtuelle Arbeit aller äußeren Kräfte muß Null ergeben.

$$\delta W = F \cdot \delta s_A - F_{Bx} \cdot \delta s_B + F_G \cdot \delta s_G = 0$$

$$\delta W = F \cdot \ell \cdot \cos\alpha \cdot \delta\alpha - F_{Bx} \cdot \ell \cdot \sin\alpha \cdot \delta\alpha + F_G \cdot \frac{\ell}{2} \cdot \cos\alpha \cdot \delta\alpha = 0$$

$$\delta\alpha \neq 0: \quad F \cdot \ell \cdot \cos\alpha - F_{Bx} \cdot \ell \cdot \sin\alpha + F_G \cdot \frac{\ell}{2} \cdot \cos\alpha = 0 \quad | : \ell \; \Rightarrow \; F_{Bx} = \left(F + \frac{1}{2} \cdot F_G\right) \cdot \cot\alpha$$

Lsg. mit den GG-Bedingungen unter Einbeziehung der Reaktionskräfte

$$\sum M^{(B)} = 0 = F \cdot \ell \cdot \cos\alpha - F_A \cdot \ell \cdot \sin\alpha - F_G \cdot \frac{\ell}{2} \cdot \cos\alpha \; \Rightarrow \; F_A = \left(F + \frac{1}{2} F_G\right) \cdot \cot\alpha$$

$$\sum F_x = 0 \; \Rightarrow \; F_{Bx} = F_A = \left(F + \frac{1}{2} F_G\right) \cdot \cot\alpha$$

$$\sum F_y = 0 \; \Rightarrow \; F_{By} = F + G$$

Hier treten als zusätzliche Unbekannte die Stützkräfte F_A und F_{By} auf, nach denen nicht gefragt ist.

Beim Prinzip der virtuellen Arbeit erscheint dagegen nur die unmittelbar gesuchte Unbekannte F_{Bx}, was bei komplizierteren Aufgaben eine erhebliche Vereinfachung bedeutet.   ■

■ **Beispiel:** Fachwerk

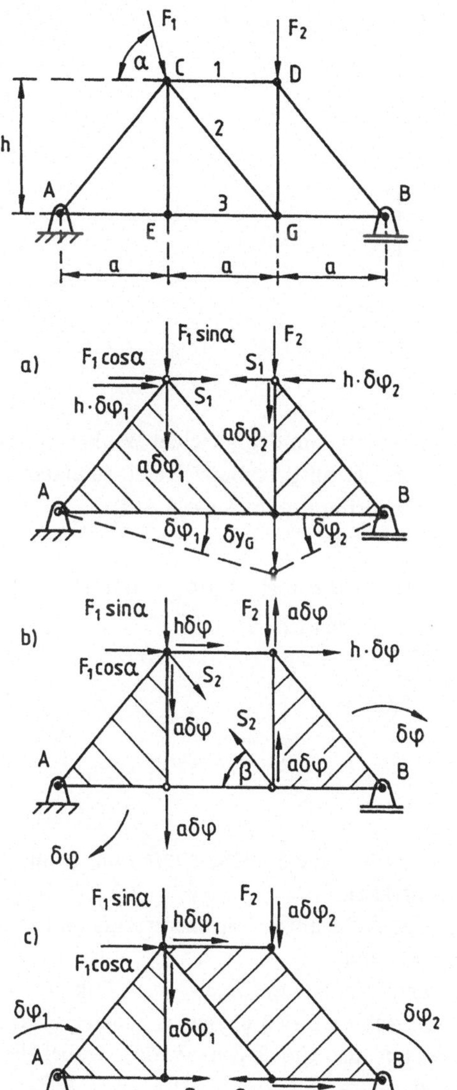

Für das im Bild 14.11 dargestellte Fachwerk bestimme man die 3 mittleren Stabkräfte.

geg.: F_1, α, F_2, a, h

ges.: Stabkräfte S_1, S_2, S_3

Bild 14.11

a) Der zu berechnende Stab 1 wird geschnitten, wodurch das System beweglich wird (Bild 14.11 a).

Die beiden schraffierten Dreiecksscheiben drehen sich dabei um die Gelenkpunkte der Auflager A und B. Die virtuellen Verschiebungen der Kräfte erhält man, indem man die Lote vom Drehpunkt auf ihre Wirklinie mit dem Drehwinkel multipliziert. Aus der geometrischen Kopplung der beiden Scheiben über den gemeinsamen Punkt G ergibt sich eine Beziehung für die beiden Drehwinkel

$$\delta y_G = 2a\,\delta\varphi_1 = a\,\delta\varphi_2 \quad \Rightarrow \quad \delta\varphi_2 = 2\,\delta\varphi_1$$

Damit läßt sich die virtuelle Arbeit in Abhängigkeit eines einheitlichen Parameters ausdrücken.

$$\delta W = F_1 \cos\alpha\, h\, \delta\varphi_1 + F_1 \sin\alpha\, a\, \delta\varphi_1 + S_1 h\, \delta\varphi_1 + \underbrace{S_1 h\, \delta\varphi_2}_{2\,\delta\varphi_1} + \underbrace{F_2 a\, \delta\varphi_2}_{2\,\delta\varphi_1} = 0$$

$$\delta W = \delta\varphi_1 (F_1 \cdot \cos\alpha\, h + F_1 \cdot \sin\alpha\, a + 3 S_1 h + 2 F_2 a) = 0$$

$$\delta\varphi_1 \neq 0: \quad F_1 \cos\alpha\, h + F_1 \sin\alpha \cdot a + 3 S_1 h + 2 F_2 a = 0 \quad \Rightarrow$$

$$\boxed{\; S_1 = -\frac{1}{3} \cdot \left(F_1 \cos\alpha + F_1 \sin\alpha\, \frac{a}{h} + 2 F_2 \frac{a}{h} \right) \;} \qquad \text{(Druckstab)}$$

b) Aus dem Bild 14.11 b liest man ab:

$$\tan\beta = \frac{\sin\beta}{\cos\beta} = \frac{h}{a} \quad \Rightarrow \quad h \cdot \cos\beta = a \cdot \sin\beta$$

Die beiden schraffierten Dreiecksscheiben werden jeweils um den gleichen Winkel $\delta\varphi$ gegensinnig um die Auflagerpunkte A und B gedreht, wobei der mittlere Bereich sich zu einem Parallelogramm verschiebt (der Leser zeichne sich das Verformungsbild separat auf).
Die virtuelle Arbeit ist dabei

$$\delta W = F_1 \cdot \cos\alpha \cdot h\, \delta\varphi + F_1 \sin\alpha\, a\, \delta\varphi + S_2 \cos\beta\, h\, \delta\varphi + S_2 \sin\beta\, a\, \delta\varphi - F_2 a\, \delta\varphi + S_2 \sin\beta\, a\, \delta\varphi = 0$$

$$\delta\varphi \neq 0: \quad F_1 \cos\alpha \cdot h + F_1 \sin\alpha \cdot a - F_2 a + S_2 (\underbrace{h \cdot \cos\beta}_{a\sin\beta} + 2 a \sin\beta) = 0$$

$$S_2 \cdot 3 a \sin\beta = F_2 a - F_1 \cos\alpha\, h - F_1 \sin\alpha \cdot a \quad | : a \quad \Rightarrow$$

$$\boxed{\; S_2 = \frac{1}{3\sin\beta} \cdot \left(F_2 - F_1 \cos\alpha\, \frac{h}{a} - F_1 \sin\alpha \right) \;}$$

c) Die Scheibe ACE wird um A mit $\delta\varphi_1$ im Uhrzeigersinn, die Scheibe $CDBG$ um B mit $\delta\varphi_2$ entgegen dem Uhrzeigersinn virtuell gedreht (Bild 14.11 c).
Dabei verschiebt sich der Punkt C von der Scheibe ACE um $h \cdot \delta\varphi_1$ nach rechts und schiebt die ganze rechte Scheibe $CDBG$ um die gleiche Strecke mit.
Von der Scheibe $CDBG$ aus gesehen will sich der Punkt C um $h \cdot \delta\varphi_2$ nach links verschieben, was die linke Scheibe aber verhindert. Zum Ausgleich muß sich die ganze Scheibe $CDBG$ nochmals um $h \cdot \delta\varphi_2$ nach rechts verschieben, insgesamt also um $h \cdot \delta\varphi_1 + h \cdot \delta\varphi_2$, wobei die Kräfte (insbesondere S_3) diese Verschiebung mitmachen.
Die geometrische Kopplung bezüglich der Vertikalverschiebung im Punkt C liefert den Zusammenhang der Drehwinkel.

$$\delta y_c = a\, \delta\varphi_1 = 2 a\, \delta\varphi_2 \quad \Rightarrow \quad \delta\varphi_2 = \frac{1}{2}\, \delta\varphi_1$$

Die virtuelle Arbeit bei der Verdrehung läßt sich damit durch einen Winkel ausdrücken.

$$\delta W = F_1 \cos\alpha \cdot h \cdot \delta\varphi_1 + F_1 \sin\alpha \cdot a \cdot \delta\varphi_1 + F_2 a \cdot \underbrace{\delta\varphi_2}_{\frac{1}{2}\delta\varphi_1} - S_3 h\, \underbrace{(\delta\varphi_1 + \delta\varphi_2)}_{\frac{1}{2}\delta\varphi_1} = 0$$

$$\delta\varphi_1 \neq 0: \quad F_1 \cdot \cos\alpha \cdot h + F_1 \cdot \sin\alpha \cdot a + F_2 \cdot \frac{1}{2} a - S_3 \cdot \frac{3}{2} h = 0 \quad \Rightarrow$$

$$\boxed{\; S_3 = \frac{1}{3} \left(2 F_1 \cdot \cos\alpha + 2 F_1 \cdot \sin\alpha \cdot \frac{a}{h} + F_2 \cdot \frac{a}{h} \right) \;}$$

Zur Kontrolle sollen die Stabkräfte nochmals mit einem Ritterschen Schnitt berechnet werden.

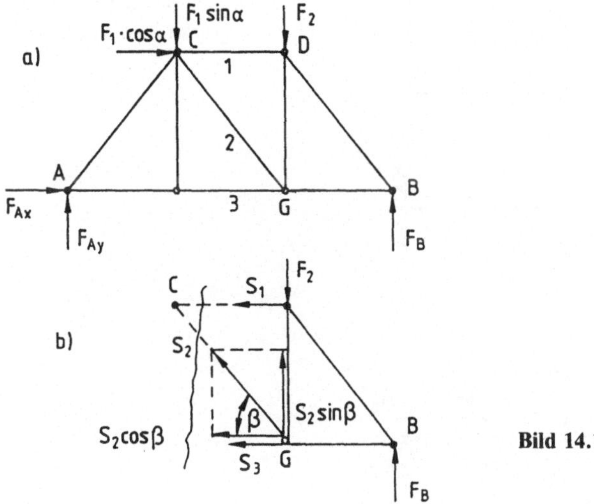

Bild 14.12

Aus dem Gesamtsystem (Bild 14.12a) ergibt sich die Kraft am Loslager

$$\sum M^{(A)} = 0 = F_B \cdot 3a - F_1 \cdot \cos\alpha \cdot h - F_1 \cdot \sin\alpha \cdot a - F_2 \cdot 2a \implies$$

$$F_B = \frac{1}{3}\left(F_1 \cdot \cos\alpha \cdot \frac{h}{a} + F_1 \cdot \sin\alpha + 2F_2\right)$$

Aus dem Teilsystem (Bild 14.12b) erhält man die Stabkräfte. Im Punkt G schneiden sich die Stäbe 2 und 3, so daß nur S_1 als Unbekannte übrig bleibt.

$$\sum M^{(G)} = 0 = S_1 \cdot h + F_B \cdot a \implies S_1 = -F_B \cdot \frac{a}{h} = -\frac{1}{3}\left(F_1 \cdot \cos\alpha + F_1 \cdot \sin\alpha \frac{a}{h} + 2F_2 \frac{a}{h}\right)$$

$$\sum F_y = 0 = S_2 \cdot \sin\beta + F_B - F_2 \implies S_2 = \frac{F_2 - F_B}{\sin\beta} = \frac{1}{3 \cdot \sin\beta}\left(F_2 - F_1 \cdot \cos\alpha \cdot \frac{h}{a} - F_1 \cdot \sin\alpha\right)$$

Im Punkt C schneiden sich die Stäbe 1 und 2, weshalb dieser Drehpunkt eine Gleichung für S_3 liefert.

$$\sum M^{(C)} = 0 = -S_3 h - F_2 a + F_B 2a \implies S_3 = \frac{a}{h}(2F_B - F_2)$$

$$S_3 = \frac{1}{3}\left(2F_1 \cdot \cos\alpha + 2F_1 \cdot \sin\alpha \cdot \frac{a}{h} + F_2 \cdot \frac{a}{h}\right)$$

■ **Beispiel:** Gelenkträger mit verschiedenen Belastungen

Ein abgewinkelter Träger nach Bild 14.13 ist bei A lose gelenkig gelagert, bei B eingespannt und bei C durch ein Zwischengelenk unterteilt. Die Belastung erfolgt durch eine Einzelkraft, eine konstante Streckenlast und ein Einzelmoment.

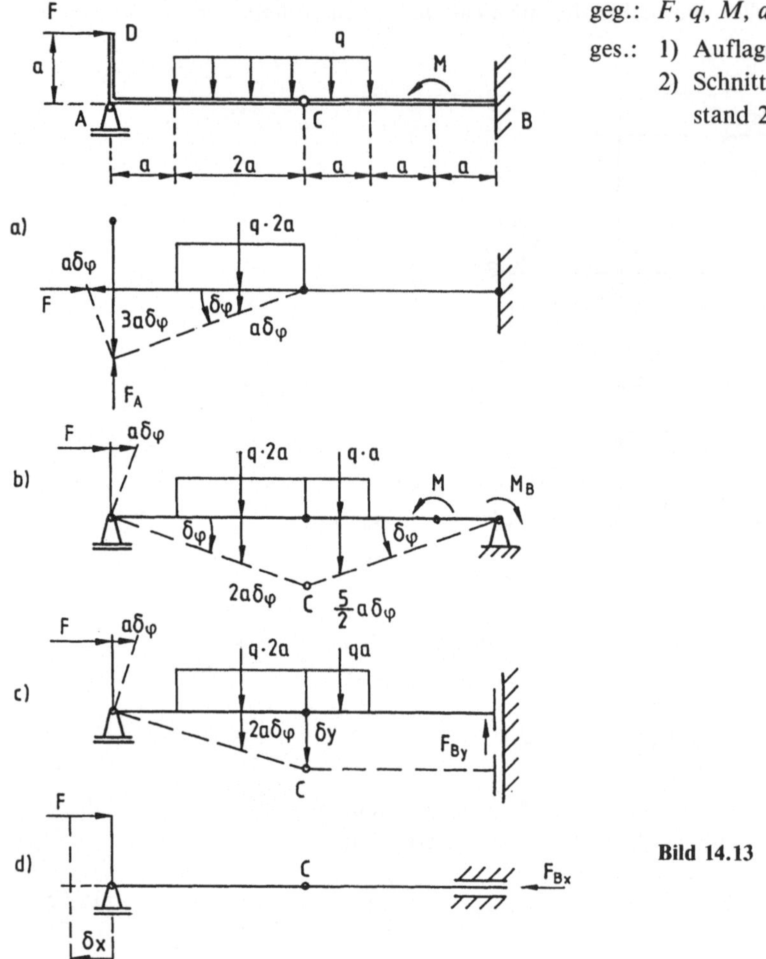

Beim Ersatz der Streckenlast durch äquivalente Einzelkräfte müssen die unterschiedlichen Verschiebungen und Verdrehungen der einzelnen Teilgebiete beachtet werden. Man darf nur Abschnitte von Streckenlasten mit gleicher Verrückung im Schwerpunkt der Belastungsfläche zusammenfassen.

1) Auflagerreaktionen

a) Durch Wegnahme des Lagers A wird die Auflagerkraft $\vec{F}_A$ verschieblich (Bild 14.13a).
Die Kräfte brauchen nur bis zum Gelenk C verfolgt zu werden, da jenseits von C keine Verrückkung entsteht.
Damit wird die virtuelle Arbeit

$$\delta W = -F_A \cdot 3a \cdot \delta\varphi - Fa \cdot \delta\varphi + q \cdot 2a \cdot a \cdot \delta\varphi = 0 \mid : 3a$$

$$\delta\varphi \neq 0: \quad F_A = -\frac{1}{3}F + \frac{2}{3}q \cdot a$$

b) Ersetzt man die Einspannung B durch ein festes Gelenk, so hat man die dortige Drehfessel gelöst, die durch das Einspannmoment M_B wieder berücksichtigt wird (Bild 14.13b).
Das System kann sich um die beiden äußeren Gelenke drehen, wobei folgende virtuelle Arbeit verrichtet wird

$$\delta W = Fa\delta\varphi + q \cdot 2a \cdot 2a\delta\varphi + qa\frac{5}{2}a\delta\varphi + M\delta\varphi - M_B\delta\varphi = 0$$

Stimmen Momentendrehsinn und Drehrichtung überein, so ist die Arbeit positiv, sind sie entgegengesetzt, so ist die Arbeit negativ anzusetzen.

$$\delta\varphi \neq 0: \quad M_B = M + F a + \frac{13}{2} q a^2$$

c) Macht man die Einspannung vertikal verschieblich, so ist bei dieser Befreiung die Lagerkraft $\vec{F}_{By}$ einzuführen (Bild 14.13 c).
Infolge der geometrischen Kopplung an der Stelle C kann man die Verrückungen durch einen einheitlichen Parameter ausdrücken

$$\delta y = 3 a \delta\varphi$$

Die virtuelle Arbeit wird damit

$$\delta W = F a \delta\varphi + q \cdot 2a \cdot 2a \cdot \delta\varphi + q a \cdot \underbrace{\delta y}_{3a\delta\varphi} - F_{By} \cdot \underbrace{\delta y}_{3a\delta\varphi} = 0 \quad | \; : a$$

$$\delta\varphi \neq 0: \quad F + 4q \cdot a + 3 q a - 3 F_{By} = 0 \quad \Rightarrow \quad F_{By} = \frac{1}{3}(F + 7 q \cdot a)$$

d) Ersetzt man die Einspannung B durch eine horizontale Schiebehülse (Bild 14.13 d), so wird die Lagerkraft $\vec{F}_{Bx}$ zur eingeprägten Kraft, die sich aus der virtuellen Arbeit bestimmen läßt

$$\delta W = F_{Bx} \cdot \delta x - F \cdot \delta x = 0$$

$$\delta x \neq 0: \quad F_{Bx} = F$$

2) Schnittgrößen

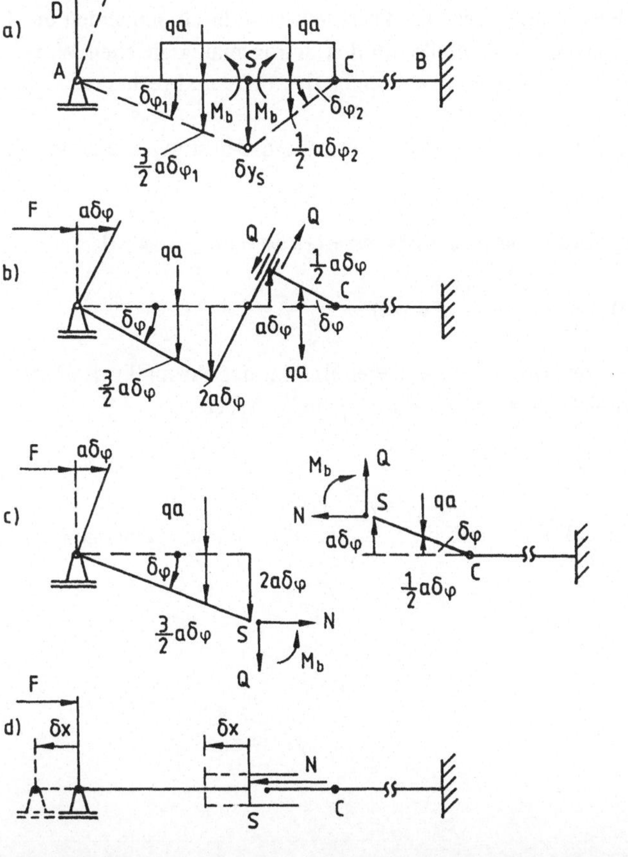

Bild 14.14

a) Setzt man nach Bild 14.14a an der Schnittstelle S ein Gelenk ein, so hat man den Verdrehungs-Widerstand des Balkens an dieser Stelle beseitigt. Um den ursprünglichen Kräftezustand wieder herzustellen, wird zu beiden Seiten des Gelenks das dort wirksame Biegemoment eingeführt.
Die Balken DAS und SC können sich jetzt drehen, wobei die dortigen Lasten virtuelle Arbeit verrichten. Die Lasten im Bereich CB verschieben sich nicht und können weggelassen werden. Durch die geometrische Kopplung an der Schnittstelle S kann man die Koordinaten einheitlich ausdrücken (generalisieren).

$$\delta y_S = 2a\,\delta\varphi_1 = a\cdot\delta\varphi_2 \;\Rightarrow\; \delta\varphi_2 = 2\delta\varphi_1$$

Damit wird die virtuelle Arbeit

$$\delta W = Fa\,\delta\varphi_1 + qa\,\frac{3}{2}\,a\,\delta\varphi_1 + qa\,\frac{1}{2}\,a\underbrace{\delta\varphi_2}_{2\delta\varphi_1} - M_b\,\delta\varphi_1 - M_b\underbrace{\delta\varphi_2}_{2\delta\varphi_1} = 0$$

$$\delta\varphi_1 \neq 0: \quad Fa + \frac{3}{2}qa^2 + qa^2 - 3M_b = 0 \;\Rightarrow\; M_b = \frac{1}{3}\left(Fa + \frac{5}{2}qa^2\right)$$

b) Zur Bestimmung der Querkraft wird an der Stelle S eine Schiebehülse eingefügt. Um den vertikalen Verschiebe-Widerstand aufrecht zu erhalten, bringt man zu beiden Seiten der Hülse die gegensinnigen Querkräfte an (Bild 14.14b).
Beide Balkenteile drehen sich um den gleichen Winkel $\delta\varphi$, wobei die virtuelle Arbeit entsteht

$$\delta W = Fa\,\delta\varphi + qa\,\frac{3}{2}\,a\,\delta\varphi + Q\cdot 2a\,\delta\varphi + Qa\,\delta\varphi - qa\,\frac{1}{2}\,a\,\delta\varphi = 0$$

$$\delta\varphi \neq 0: \quad Fa + qa^2 + 3Qa = 0 \;\mid\; :a \;\Rightarrow\; Q = -\frac{1}{3}(F + qa)$$

c) Eine andere Möglichkeit zur Bestimmung der Querkraft läßt sich durch Schneiden des Balkens und gegensinnige Drehung der beiden Balkenteile um den betragsmäßig gleichen Winkel $\delta\varphi$ erreichen (Bild 14.14c). Die Arbeit des Biegemoments hebt sich links und rechts der Schnittstelle auf.
Damit ergibt sich Q in direkter Abhängigkeit der eingeprägten Belastungen aus der virtuellen Arbeit am Gesamtsystem.

$$\delta W = Fa\,\delta\varphi + qa\,\frac{3}{2}\,a\,\delta\varphi + Q\cdot 2a\,\delta\varphi - \cancel{M_b\,\delta\varphi} + \cancel{M_b\,\delta\varphi} + Qa\,\delta\varphi - qa\,\frac{1}{2}\,a\,\delta\varphi = 0$$

$$\delta\varphi \neq 0: \quad Fa + qa^2 + 3Qa = 0 \;\Rightarrow\; Q = -\frac{1}{3}(F + qa)$$

d) Führt man an der Schnittstelle eine horizontale Schiebehülse mit der Normalkraft N als Lagrangesche Befreiungsgröße ein (Bild 14.14d), so wird die virtuelle Arbeit

$$\delta W = N\cdot\delta x - F\delta x = 0$$

$$\delta x \neq 0: \quad N = F$$

Zur Kontrolle werden die Auflagerreaktionen und die Schnittgrößen mit den Gleichgewichts-Bedingungen bestimmt.

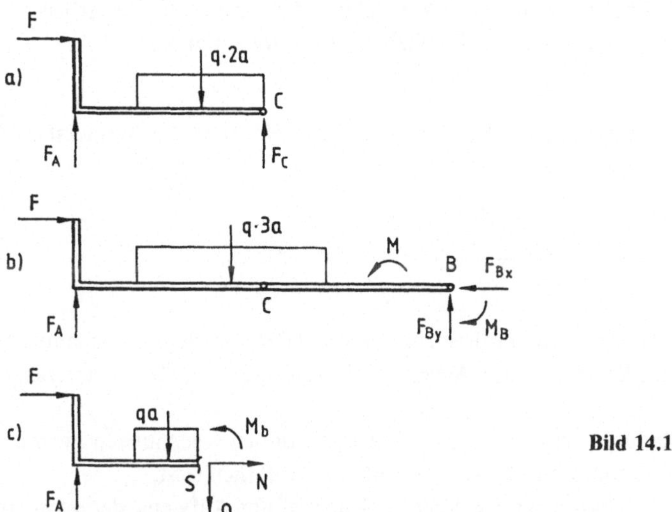

Bild 14.15

Im Gelenk C wirkt kein Moment, so daß sich die Auflagerkraft $\vec{F}_A$ am linken Teilsystem nach Bild 14.15 a ergibt.

$$\sum M^{(C)} = 0 = Fa + F_A \cdot 3a - q \cdot 2a \cdot a \mid :a \;\Rightarrow\; F_A = \frac{2}{3}qa - \frac{1}{3}F$$

Aus dem Gesamtsystem (Bild 14.15 b) erhält man

$$\sum F_x = 0 \quad \Rightarrow \quad F_{Bx} = F$$

$$\sum F_y = 0 \quad \Rightarrow \quad F_{By} = 3qa - F_A = 3qa - \frac{2}{3}qa + \frac{1}{3}F = \frac{1}{3}(F + 7qa)$$

$$\sum M^{(B)} = 0 \quad \Rightarrow \quad M_B = M + q3a\frac{7}{2}a - F_A \cdot 6a - Fa$$

$$M_B = M + \frac{21}{2}qa^2 - 4qa^2 + 2Fa - Fa = M + Fa + \frac{13}{2}qa^2$$

Die Schnittgrößen bestimmt man nach Bild 14.15 c

$$\sum F_x = 0 \quad \Rightarrow \quad N = -F$$

$$\sum F_y = 0 \quad \Rightarrow \quad Q = F_A - qa = -\frac{1}{3}(F + qa)$$

$$\sum M^{(S)} = 0 \quad \Rightarrow \quad M_b = Fa + F_A \cdot 2a - qa\frac{a}{2} = Fa + \frac{4}{3}qa^2 - \frac{2}{3}Fa - \frac{1}{2}qa^2$$

$$M_b = \frac{1}{3}\left(Fa + \frac{5}{2}qa^2\right)$$

14.2.5 Prinzip der virtuellen Arbeit in der Dynamik

Das Prinzip der virtuellen Arbeit gilt nur für Gleichgewichts-Systeme. Nach d'Alembert sind aber alle Systeme, also auch die beschleunigten, Gleichgewichts-Systeme, wenn man noch die Trägheitskräfte $m_i \ddot{r}_i$ und die Trägheitsmomente $J_i \ddot{\varphi}_i$ (J = Massenträgheitsmoment) entgegen der Beschleunigungs-Richtung einführt.

Der alle Systeme umfassende Arbeitssatz lautet:

An einem beliebigen (mehrteiligen) System ist die Summe der Arbeiten aller äußeren Kräfte und Momente unter Einschluß der Trägheitsreaktionen bei einer differentiell kleinen, kinematisch verträglichen Verschiebung gleich Null.

Ein System bewegt sich so, daß bei einer virtuellen Verrückung die Summe aus der Arbeit $\delta W^{(e)}$ der eingeprägten Kräfte (Momente) und $\delta W^{(t)}$ der Trägheitskräfte (Momente) Null ist:

$$\delta W = \delta W^{(e)} + \delta W^{(t)} = 0$$

Für ein ebenes System mit den eingeprägten Kräften $\vec{F}_i$ und den eingeprägten Momenten $\vec{M}_i$ gilt

$$\boxed{\delta W = \sum_{i=1}^{m} (\vec{F}_i - m_i \ddot{\vec{r}}_i)\,\delta \vec{r}_i + \sum_{i=1}^{n} (\vec{M}_i - J_i \ddot{\vec{\varphi}}_i)\,\delta \vec{\varphi}_i = 0} \qquad (14.18)$$

14.2.6 Zusammenfassung

Die Methode mit der virtuellen Arbeit (auch Prinzip der virtuellen Verrückung genannt) hat den Vorteil, daß die Zwangskräfte keine virtuelle Arbeit verrichten und deshalb bei der Berechnung herausfallen.

Viele Aufgaben lassen sich dadurch erheblich vereinfachen, da in den Gleichungen nur die Kräfte auftreten, die unbedingt zur Bestimmung der Unbekannten erforderlich sind.

Dem Vorteil des Wegfalls der Reaktionskräfte steht als Nachteil der Aufwand der geometrischen und kinematischen Überlegungen zur Bestimmung der Verrückungen gegenüber.

Für eine gedankliche Durchdringung und Veranschaulichung der Kräfteproblematik und der Schulung des konstruktiven Gefühls sind diese Vorstellungen für den Ingenieur jedoch sehr nützlich.

Besonders bei den modernen, computer-orientierten Methoden der Festigkeitslehre, aber auch in der Dynamik und in der Schwingungslehre hat die virtuelle Arbeit als Grundprinzip der analytischen Mechanik große Bedeutung erlangt.

Eine weitere wichtige Anwendung der virtuellen Arbeit ist die Bestimmung von Gleichgewichtslagen und deren Untersuchung auf Stabilität.

14.3 Stabilitäts-Untersuchungen

Um herauszufinden, welcher Art das Gleichgewicht (GG) ist, in dem sich ein Körper befindet, versucht man seinen Ruhezustand durch kleine Auslenkungen (Testverschiebungen) zu stören. Dabei gibt es nach Bild 14.16 drei Arten des Gleichgewichts:

a) Kugel im Schwerefeld auf verschieden gewölbter Bahn

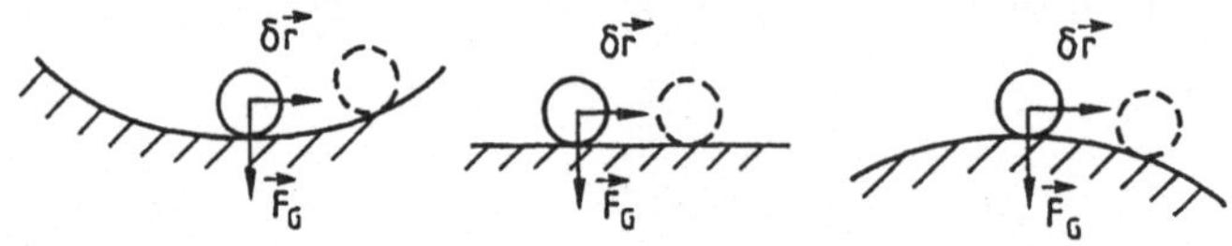

b) Pendel im Schwerefeld an verschiedenen Stellen gelagert

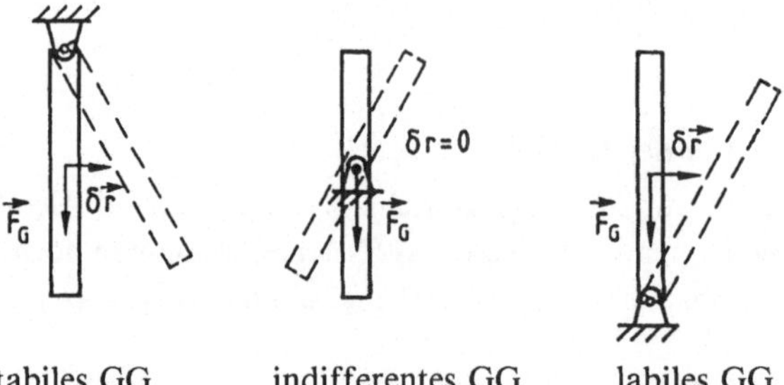

Bild 14.16

| stabiles GG | indifferentes GG | labiles GG |

Bei geringer Auslenkung des Körpers aus der Gleichgewichtslage

| kehrt er wieder in die Ausgangslage zurück. | verbleibt er in der ausgelenkten Lage. | versucht er die Auslenkung zu vergrößern. |

In allen Fällen ist die virtuelle Arbeit

$$\delta W = \vec{F}_G \cdot \delta \vec{r} = F_G \cdot \delta r \cdot \cos(\vec{F}_G, \delta \vec{r}) = 0 \quad \Rightarrow \quad \text{Kugel bzw. Pendel ist im GG}$$
$$\text{da } \vec{F}_G \perp \delta \vec{r}, \text{ d.h. } \measuredangle(\vec{F}_G, \delta \vec{r}) = 90°$$

Über die Stabilität des Gleichgewichts kann die 2. Ableitung der virtuellen Arbeit Aufschluß geben.

14.3.1 Arbeitssatz

Den Zusammenhang zwischen Kraft und Bewegung vermittelt das dynamische Grundgesetz:
Kraft = Masse mal Beschleunigung

$$\vec{F} = m \cdot \vec{a} = m \cdot \frac{d\vec{v}}{dt} \tag{14.19}$$

eingesetzt in Gl. 14.6 ergibt

$$dW = \vec{F} \cdot d\vec{r} = m \cdot \frac{d\vec{v}}{dt}\, d\vec{r} = m \cdot \frac{d\vec{r}}{dt} \cdot d\vec{v} = m \cdot \vec{v} \cdot d\vec{v}$$

Integration liefert den Arbeitssatz

$$W = \int\limits_1^2 \vec{F} \cdot d\vec{r} = \int\limits_C (F_x \cdot dx + F_y \cdot dy + F_z \cdot dz) = m \int\limits_{v_1}^{v_2} \vec{v} \cdot d\vec{v} = \frac{1}{2} m \cdot (v_2^2 - v_1^2)$$
$$W = \frac{1}{2} m \cdot v_2^2 - \frac{1}{2} m \cdot v_1^2 = T_1 - T_1 \tag{14.20}$$

Die von einer Kraft $\vec{F}$ entlang eines Weges C an einem Körper verrichtete Arbeit ist gleich der Änderung seiner kinetischen Energie auf diesem Weg.

Hierbei ist $T = \frac{1}{2} m \cdot v^2$ die kinetische Energie einer translatorisch bewegten Masse.

14.3.2 Potentielle Energie, Potential

In einem bestimmten Gebiet können sich Kräfte so verteilen, daß jedem Punkt des Raumes durch eine Funktions-Vorschrift eindeutig eine bestimmte Kraft nach Betrag und Richtung zugeordnet ist.

Zusammen genommen bilden diese Kräfte ein Kraftfeld (z.B. elektrisches oder magnetisches Feld, Schwerefeld der Erde). Man bezeichnet ein Kraftfeld als stationär, wenn die Kräfte nur vom Ort abhängen, also $\vec{F} = \vec{F}(\vec{r}) = \vec{F}(x, y, z)$ ist. Bei einem instationären Kraftfeld ändert sich die Kraft an einem festgehaltenen Ort noch zusätzlich mit der Zeit t, so daß $\vec{F} = \vec{F}(\vec{r}, t)$ ist.

Bei der Bewegung eines Körpers in diesem Kraftfeld verrichten die Feldkräfte an ihm eine Arbeit, die im allgemeinen von der Verteilung der Kräfte und von der Form und der Länge des Weges abhängt.

Für eine bestimmte Klasse von Kräften, die man als konservativ bezeichnet, ist die Arbeit nur von der Anfangs- und der Endlage des Körpers im Kraftfeld, nicht aber von der Bahnkurve durch das Feld abhängig. Die Funktions-Vorschrift für konservative Kräfte kann man mit den Bezeichnungen der Vektoranalysis einfach beschreiben. Eine konservative Kraft läßt sich aus einer Potentialfunktion (oder kurz Potential) $U = U(\vec{r}) = U(x, y, z)$ als negativen Gradient herleiten:

$$\vec{F}(\vec{r}) = F_x \cdot \vec{i} + F_y \cdot \vec{j} + F_z \cdot \vec{k} = -\left(\vec{i} \cdot \frac{\partial U}{\partial x} + \vec{j} \cdot \frac{\partial U}{\partial y} + \vec{k} \cdot \frac{\partial U}{\partial z} \right) = -\operatorname{grad} U \tag{14.21}$$

Die einzelnen Kraftkomponenten ergeben sich damit als negative partielle Ableitungen des Potentials zu

$$F_x = -\frac{\partial U}{\partial x}; \quad F_y = -\frac{\partial U}{\partial y}; \quad F_z = -\frac{\partial U}{\partial z} \tag{14.22}$$

Die Arbeit, die bei der Verschiebung längs einer Linie als Linienintegral gebildet wird, hat für jeden Integrationsweg von P_1 nach P_2 den gleichen Wert (Bild 14.17).

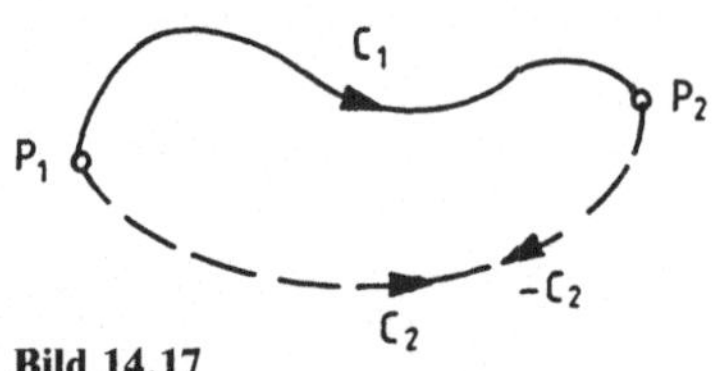

Bild 14.17

Oder anders ausgedrückt:
Das Linienintegral hat längs einer geschlossenen Kurve den Wert Null.

$$\oint_C \vec{F} \cdot \mathrm{d}\vec{r} = 0 \tag{14.23}$$

Die Arbeiten von P_1 und P_2 über C_1 und von P_2 nach P_1 über $-C_2$ sind entgegengesetzt gleich und heben sich gegenseitig auf.

Kräfte, denen ein Potential zugeordnet ist, nennt man konservativ oder energieerhaltend, da unter ihrer Wirkung keine mechanische Energie in eine andere Energieform umgewandelt wird.

Ebenso bezeichnet man ein Kraftfeld, in dem keine mechanische Energie verlorengeht, als konservativ. Reibungskräfte, die mechanische Energie in Wärme umwandeln, dürfen dabei z.B. nicht auftreten.

Setzt man Gl. 14.22 in die Gl. 14.6 ein, so erhält man die elementare Arbeit:

$$\mathrm{d}W = \vec{F} \cdot \mathrm{d}\vec{r} = F_x \cdot \mathrm{d}x + F_y \cdot \mathrm{d}y + F_z \cdot \mathrm{d}z = -\left(\frac{\partial U}{\partial x} \cdot \mathrm{d}x + \frac{\partial U}{\partial y} \cdot \mathrm{d}y + \frac{\partial U}{\partial z} \cdot \mathrm{d}z\right) = -\mathrm{d}U \tag{14.24}$$

In einem konservativen Kraftfeld ist die elementare Arbeit $\mathrm{d}W$ das vollständige Differential des negativen Potentials.

Bedingung für das Vorhandensein eines Potentials ist die beliebige Reihenfolge des Differenzierens nach dem Satz von Schwarz:

$$\frac{\partial^2 U}{\partial x \partial y} = \frac{\partial^2 U}{\partial y \partial x}; \quad \frac{\partial^2 U}{\partial y \partial z} = \frac{\partial^2 U}{\partial z \partial y}; \quad \frac{\partial^2 U}{\partial z \partial x} = \frac{\partial^2 U}{\partial x \partial z} \tag{14.25a}$$

bzw. mit Gl. 14.22:
$$\frac{\partial^2 U}{\partial x \partial y} = \frac{\partial \left(\frac{\partial U}{\partial x}\right)}{\partial y} = -\frac{\partial F_x}{\partial y}; \quad \frac{\partial^2 U}{\partial y \partial x} = \frac{\partial \left(\frac{\partial U}{\partial y}\right)}{\partial x} = -\frac{\partial F_y}{\partial x}$$

Beim Einsetzen in die Gl. 14.25a kürzen sich die Minuszeichen heraus

$$\frac{\partial F_x}{\partial y} = \frac{\partial F_y}{\partial x}; \quad \frac{\partial F_y}{\partial z} = \frac{\partial F_z}{\partial y}; \quad \frac{\partial F_z}{\partial x} = \frac{\partial F_x}{\partial z} \tag{14.25b}$$

In der Vektoranalysis gilt die Beziehung $\mathrm{rot\,grad}\, U = 0$ bzw. $-\mathrm{rot\,grad}\, U = 0$. Daher ist als eine gleichwertige Forderung anzusehen:

$$-\mathrm{rot\,grad}\, U = \mathrm{rot}\, \vec{F} = \vec{i}\left(\frac{\partial F_x}{\partial y} - \frac{\partial F_y}{\partial x}\right) + \vec{j}\left(\frac{\partial F_x}{\partial z} - \frac{\partial F_z}{\partial x}\right) + \vec{k}\left(\frac{\partial F_y}{\partial x} - \frac{\partial F_x}{\partial y}\right) = 0 \tag{14.26}$$

Ein Kraftfeld, das diese Bedingung erfüllt, bezeichnet man in Anlehnung an die Strömungslehre als drehungsfrei. Setzt man Gl. 14.25b in die Gl. 14.26 ein, so werden die Klammerausdrücke Null, so daß die Gleichung identisch erfüllt wird.

Für die Bewegung eines Körpers in Endnähe (Bild 14.18) gilt

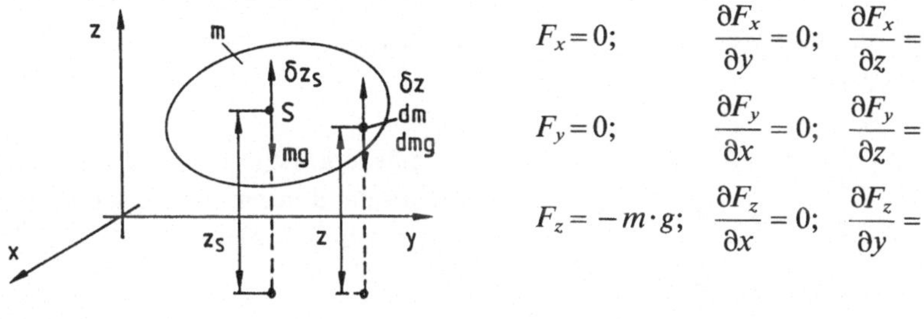

$$F_x = 0; \qquad \frac{\partial F_x}{\partial y} = 0; \qquad \frac{\partial F_x}{\partial z} = 0$$

$$F_y = 0; \qquad \frac{\partial F_y}{\partial x} = 0; \qquad \frac{\partial F_y}{\partial z} = 0$$

$$F_z = -m \cdot g; \qquad \frac{\partial F_z}{\partial x} = 0; \qquad \frac{\partial F_z}{\partial y} = 0$$

Bild 14.18

Da alle Differentiale Null werden, ist auch die Bedingung nach Gl. 14.25b erfüllt. Wirkt die Schwerkraft als einzige eingeprägte Kraft auf einen Körper, so gilt:

Bei einer virtuellen Verschiebung δz wird an einem Element dm des Körpers die virtuelle Arbeit verrichtet

$$\delta W = - dm \cdot g \cdot dz$$

Für den gesamten Körper bzw. ein System von zusammenhängenden Körpern gilt, wenn man die Reihenfolge von Differenzieren und Integrieren vertauscht:

$$\delta W = \int \delta W_i = -g \cdot \int dm \cdot \delta z = -g \cdot \delta \int dm \cdot z = -g \cdot \delta(m \cdot z_s) = -mg \cdot \delta z_s = 0 \quad \Rightarrow$$

$$\boxed{\delta z_s = 0} \qquad \text{Prinzip von Torricelli} \qquad\qquad (14.27)$$

(Evangelista Torricelli: 1608–1647, italienischer Physiker)

Ein System von Körpern, auf die nur die Schwerkraft einwirkt, ist im Gleichgewicht, wenn ihr Gesamtschwerpunkt eine extreme Lage einnimmt.

Durch Integration der Gl. 14.24 erhält man die Arbeit, die ein konservatives Kraftfeld an einen Massenpunkt verrichtet, wenn er unter dem Einfluß des Feldes von einem Punkt P_1 entlang der Kurve C zu einem Punkt P_2 verschoben wird.

$$\boxed{W = \int_C \vec{F} \cdot d\vec{r} = - \int_{U_1}^{U_2} dU = -(U_2 - U_1) = U_1 - U_2} \qquad\qquad (14.28)$$

Die Arbeit ist also nur von der potentiellen Energie in der Ausgangs- und Endlage abhängig, nicht aber von dem Weg C, der von 1 nach 2 führt.

■ **Beispiel:** Bewegung einer Masse im Schwerefeld der Erde (Bild 14.19)

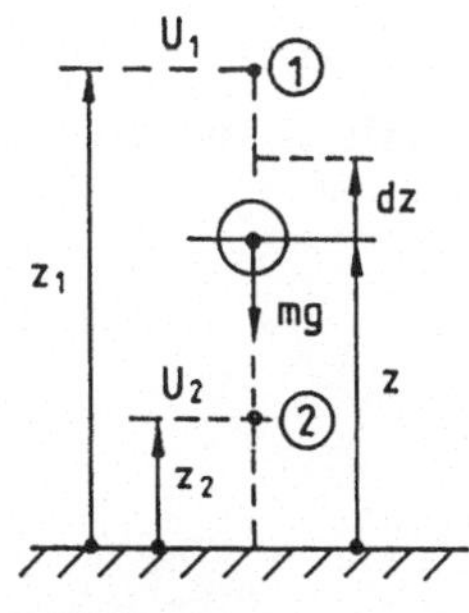

Bild 14.19

Die Bewegung der Masse m erfolgt in negativer z-Richtung. Das Schwerefeld verrichtet an der Masse die Arbeit:

$$W = \int_C \vec{F} \cdot d\vec{r} = - \int_{z_1}^{z_2} mg \cdot dz = -mg \int_{z_1}^{z_2} dz = -mg(z_2 - z_1)$$

$$W = mgz_1 - mgz_2 = U_1 - U_2$$

$$U_1 = mgz_1 = \text{potentielle Energie in der Lage 1}$$

$$U_2 = mgz_2 = \text{potentielle Energie in der Lage 2}$$

■

■ **Beispiel:** Spannen einer Feder

Je stärker eine Feder zusammengedrückt wird, um so größer ist die durch die Verformung hervorgerufene Federkraft.

Die Federsteifigkeit c gibt die Kraft an, die erforderlich ist, um die entspannte Feder um eine Längeneinheit, auf die die Federkraft bezogen ist, zusammenzudrücken oder zu dehnen.

Mit einer Kraft F wird eine Feder um den Weg x zusammengedrückt (Bild 14.20), wobei in der Feder die Kraft $c\cdot x$ entsteht.

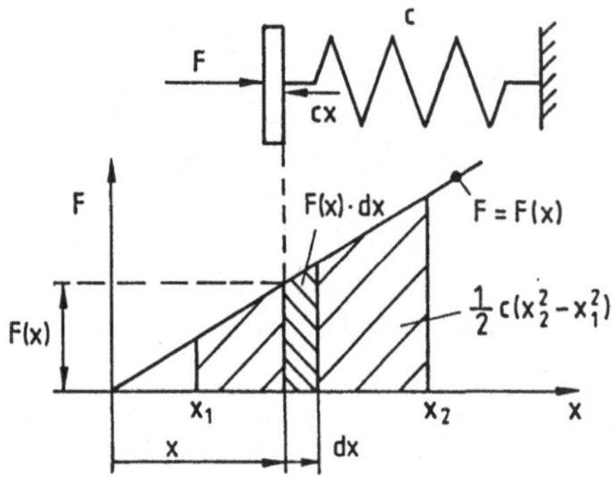

Die Federkraft $c\cdot x$ wirkt als Verformungs-Widerstand gegen die Verschieberichtung, so daß ihre Arbeit nach Gl. 14.6 negativ ist.

Bild 14.20

$$W = \int \vec{F}\cdot d\vec{r} = -\int_{x_1}^{x_2} c\cdot x\,dx = -c\int_{x_1}^{x_2} x\,dx = -\frac{1}{2}c(x_2^2 - x_1^2)$$

$$W = \frac{1}{2}c\cdot x_1^2 - \frac{1}{2}c\cdot x_2^2 = U_1 - U_2$$

U_1 = potentielle Energie der vorgespannten Feder (Feder-Vorspannung)

U_2 = potentielle Energie der gespannten Feder in der Lage 2

Die Arbeit der äußeren Verschiebekraft $\vec{F}$ ist dagegen positiv, da Kraft- und Wegrichtung übereinstimmen. Sie bildet sich als Fläche unter der Federkennlinie ab. ■

14.3.3 Energieerhaltungssatz

Faßt man Gl. 14.20 und Gl. 14.28 zusammen, so erhält man den Energieerhaltungssatz:

$$W = U_1 - U_2 = T_2 - T_1 \;\Rightarrow$$

$$\boxed{\underbrace{U_1 + T_1}_{E_1} = \underbrace{U_2 + T_2}_{E_2} = U + T = E = \text{konstant}}$$

$$(14.29)$$

Die Summe aus potentieller und kinetischer Energie bleibt im Laufe der Bewegung konstant, wenn die Bewegung in einem konservativen (energieerhaltenden), zeitunabhängigen Kraftfeld vor sich geht, d.h. wenn die Kräfte sich aus einem Potential ableiten lassen.

14.3.4 Stabilitäts-Kriterien

Für eine virtuelle Verschiebung in einem konservativen System ergibt sich durch Ableitung der Gl. 14.29

$$\delta(U + T) = \delta U + \delta T = 0 \;\Rightarrow\; \boxed{\delta T = -\delta U}$$

$$(14.30)$$

In der Gleichgewichtslage ist nach Gl. 14.15: $\delta W = 0$
und mit Gl. 14.24: $\delta W = -\delta U = 0 \;\Rightarrow\; \delta U = 0$
sowie nach Gl. 14.30: $\delta T = -\delta U = 0 \;\Rightarrow\; \delta T = 0$

d.h. die erste Ableitung (1. Variation) der Energien verschwindet. In der GG-Lage nehmen also sowohl die potentielle, als auch die kinetische Energie Extremwerte an. Da nach Gl. 14.29 die Summe aus potentieller und kinetischer Energie konstant ist, ist das Maximum der einen Energieform mit dem Minimum der anderen verbunden. Nach Bild 14.16a gilt z.B. für die Kugel im Schwerefeld

1) stabiles GG:

   U = Minimum, nimmt bei Auslenkung zu: $\Delta U > 0$

   T = Maximum: Bewegung wird langsamer und kehrt wieder um.

   Nimmt T mit der Entfernung aus der GG-Lage ab, so liegt eine Tendenz zur Rückkehr in die GG-Lage vor.

2) labiles GG:

   U = Maximum, nimmt bei Auslenkung ab: $\Delta U < 0$

   T = Minimum, Bewegung wird schneller

3) indifferentes GG:

   U = konst.:
   T = konst.: Körper behält seine Lage und seine Geschwindigkeit bei.

Um auf die Art des Gleichgewichts und damit auf die Stabilität schließen zu können, muß man den Körper etwas aus seiner GG-Lage herausbewegen und die Energien in der Nachbarlage betrachten.

Bezeichnet man das Potential einer GG-Lage mit $U(x, y, z)$, so erhält man das Potential in einer benachbarten Lage durch eine Taylor-Reihenentwicklung:

$$U(x + \mathrm{d}x, y + \mathrm{d}y, z + \mathrm{d}z) = U(x, y, z) + \delta U + \frac{1}{2!}\,\delta^2 U + \dots \text{ Glieder höherer Ordnung}$$

Für eine GG-Lage verschwindet die erste Ableitung:

$$\delta U = \frac{\partial U}{\partial x}\,\delta x + \frac{\partial U}{\partial y}\,\delta y + \frac{\partial U}{\partial z}\,\delta z = 0$$

Die Potentialänderung $\Delta U = U(x + \mathrm{d}x, y + \mathrm{d}y, z + \mathrm{d}z) - U(x, y, z)$, die durch Verschiebung des Körpers in die Nachbarlage entsteht, ist somit vorrangig von der zweiten Ableitung des Potentials abhängig:

$$\Delta U = \frac{1}{2!}\,\delta^2 U + \dots = \frac{1}{2!}\left(\frac{\partial^2 U}{\partial x^2}\,\delta x^2 + \frac{\partial^2 U}{\partial y^2}\,\delta y^2 + \frac{\partial^2 U}{\partial z^2}\,\delta z^2 + 2\cdot\frac{\partial^2 U}{\partial x \partial y}\,\delta x\,\delta y + \right.$$
$$\left. + 2\cdot\frac{\partial^2 U}{\partial x \partial z}\,\delta x\,\delta z + 2\cdot\frac{\partial^2 U}{\partial y \partial z}\,\delta y\,\delta z\right) + \dots$$

Ob die Potentialänderung ΔU positiv oder negativ und die GG-Lage damit stabil oder labil ist, hängt also vom Vorzeichen der zweiten Ableitung des Potentials ab. Verschwindet die zweite Ableitung und sind auch **alle** höheren Ableitungen gleich Null, so ist das GG indifferent. Ist die zweite Ableitung Null, aber eine höhere Ableitung von Null verschieden, so entscheidet die erste höhere, von Null verschiedene Ableitung über die Art des GG:

Ist die erste höhere Ableitung von U $\begin{cases} > 0 \;\Rightarrow\; \text{stabiles GG} \\ < 0 \;\Rightarrow\; \text{labiles GG} \end{cases}$

Zusammenfassung der Stabilitäts-Kriterien:

$\delta^2 U = -\delta^2 W$		Lage	U	T bzw. W
>	<	stabil	Minimum	Maximum
$\delta^2 U = 0$	$\delta^2 W = 0$	indifferent	konstant	konstant
<	>	labil	Maximum	Minimum

Bemerkung zur Formulierung:
Die 1. Ableitung (1. Variation) des Potentials wurde geschrieben:

$$\delta U = \frac{\partial U}{\partial x}\,\delta x + \frac{\partial U}{\partial y}\,\delta y + \frac{\partial U}{\partial z}\,\delta z$$

Hängt U nur von einer Variablen, z.B. nur von x ab, so kann man anstelle der partiellen die totalen Differentiale schreiben und es gilt:

$$\delta U = \frac{dU}{dx}\,\delta x$$

Dieser Zusammenhang zwischen den wirklichen und den virtuellen Differentialen gilt nicht nur für das Potential U, sondern läßt sich auch auf andere Größen (z.B. auf die Verschiebungen) anwenden.

■ **Beispiel:** Scherensystem

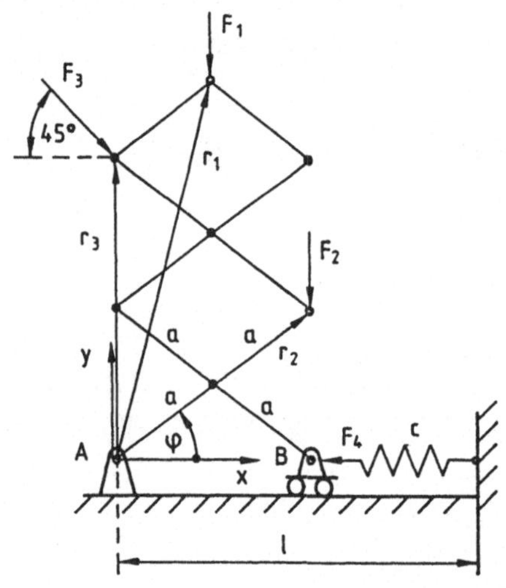

Bild 14.21

geg.: $F_1 = 1\ \text{kN}$; $F_2 = 2\ \text{kN}$; $F_3 = 3\ \text{kN}$
$c = 350\ \text{N/cm} = 35\ \text{kN/m}$
$a = 0{,}4\ \text{m}$; $\ell = 1{,}2\ \text{m}$

Ein Scherensystem (Bild 14.21) ist auf zwei Gelenken A und B abgestützt, wobei das verschiebbare Gelenk mit einer Feder verbunden ist.
Das System ist mit 3 Einzelkräften F_1, F_2, F_3 belastet. Im unbelasteten Zustand rutscht das Loslager in die linke Endlage, wobei die Feder die Länge ℓ hat und dabei entspannt ist.

gesucht: a) Die GG-Lagen des Systems und die Arbeit des Gleichgewichts
 b) Wie groß muß die Federkonstante mindestens sein, damit eine GG-Lage $0 < \varphi < 90°$ möglich ist?

Lösung:

a) Man denkt sich das System um einen endlichen Winkel φ so weit ausgelenkt, daß es gerade im Gleichgewicht ist. Die GG-Lage zeichnet sich dadurch aus, daß bei jeder beliebigen (kinematisch verträglichen) Testverschiebung $\delta\varphi$ die dabei verrichtete virtuelle Arbeit gleich Null ist.

Die Kräfte und die Ortsvektoren werden auf ein ruhendes Koordinatensystem im Festlager bezogen.

Kräfte: $\vec{F}_1 = \begin{bmatrix} 0 \\ -F_1 \end{bmatrix}$; $\quad \vec{F}_2 = \begin{bmatrix} 0 \\ -F_2 \end{bmatrix}$; $\quad \vec{F}_3 = \begin{bmatrix} F_3/\sqrt{2} \\ -F_3/\sqrt{2} \end{bmatrix}$; $\quad \vec{F}_4 = \begin{bmatrix} -2a \cdot \cos\varphi \cdot c \\ 0 \end{bmatrix}$

Die Ortsvektoren weisen vom Koordinaten-Ursprung zu den Angriffspunkten der Kräfte:

$$\vec{r}_1 = \begin{bmatrix} a \cdot \cos\varphi \\ 5a \cdot \sin\varphi \end{bmatrix}; \quad \vec{r}_2 = \begin{bmatrix} 2a \cdot \cos\varphi \\ 2a \cdot \sin\varphi \end{bmatrix}; \quad \vec{r}_3 = \begin{bmatrix} 0 \\ 4a \cdot \sin\varphi \end{bmatrix}; \quad \vec{r}_4 = \begin{bmatrix} 2a \cdot \cos\varphi \\ 0 \end{bmatrix}$$

Verändert die Schere ihre Lage um den Winkel $\delta\varphi$, so erfahren die einzelnen Kraftangriffspunkte eine virtuelle Verschiebung.

$$\delta\vec{r}_i = \frac{d\vec{r}_i}{d\varphi} \cdot \delta\varphi$$

$$\delta\vec{r}_1 = \begin{bmatrix} -a \cdot \sin\varphi \\ 5a \cdot \cos\varphi \end{bmatrix} \delta\varphi; \quad \delta\vec{r}_2 = \begin{bmatrix} -2a \cdot \sin\varphi \\ 2a \cdot \cos\varphi \end{bmatrix} \delta\varphi; \quad \delta\vec{r}_3 = \begin{bmatrix} 0 \\ 4a \cdot \cos\varphi \end{bmatrix} \delta\varphi; \quad \delta\vec{r}_4 = \begin{bmatrix} -2a \cdot \sin\varphi \\ 0 \end{bmatrix} \delta\varphi$$

Die virtuelle Arbeit bei der Verschiebung aus der GG-Lage muß Null sein:

$$\delta W = \sum_{i=1}^{4} \vec{F}_i \cdot \delta\vec{r}_i = \left(-F_1 \cdot 5a \cdot \cos\varphi - F_2 \cdot 2a \cdot \cos\varphi - \frac{F_3}{\sqrt{2}} \cdot 4a \cdot \cos\varphi + 4a^2 \cdot c \cdot \sin\varphi \cdot \cos\varphi \right) \delta\varphi = 0$$

$$\delta\varphi \neq 0: \quad a \cdot \cos\varphi(-5F_1 - 2F_2 - 2\sqrt{2} \cdot F_3 + 4a \cdot c \cdot \sin\varphi) = 0$$

1) $\cos\varphi_1 = 0 \quad \Rightarrow \quad \varphi_1 = 90°$

Diese Lösung gehört nicht zur Definitionsmenge, da $0 < \varphi < 90°$ vorausgesetzt wurde. Für $\varphi = 0$ ist die Schere zu einer Geraden zusammengeklappt und der eigentliche Mechanismus noch nicht ausgeprägt.

2) $\quad -5F_1 - 2F_2 - 2\sqrt{2}F_3 + 4a \cdot c \cdot \sin\varphi_2 = 0 \quad \Rightarrow \quad \sin\varphi_2 = \dfrac{5F_1 + 2F_2 + 2\sqrt{2}F_3}{4a \cdot c}$

$$\sin\varphi_2 = \frac{5 \cdot 1 + 2 \cdot 2 + 2\sqrt{2} \cdot 3}{4 \cdot 0{,}4 \cdot 35} = 0{,}312 \quad \Rightarrow \quad \varphi_2 = 18{,}19°$$

An Hand der 2. Ableitung der Arbeit kann man die Stabilität der GG-Lagen feststellen:

$$\delta^2 W = \frac{d^2 W}{d\varphi^2} (\delta\varphi)^2$$

Da $(\delta\varphi)^2 > 0$ ist, entscheidet das Vorzeichen von $\dfrac{d^2 W}{d\varphi^2} = W''$ über die Art des Gleichgewichts:

Aus $\delta W = \dfrac{dW}{d\varphi} \delta\varphi$ ergibt sich aus obiger Beziehung für die virtuelle Arbeit

$$\frac{dW}{d\varphi} = W' = -F_1 \cdot 5a \cdot \cos\varphi - F_2 \cdot 2a \cdot \cos\varphi - F_3 \cdot 2\sqrt{2}a \cdot \cos\varphi + 2a^2 \cdot c \cdot \sin 2\varphi$$

$$\frac{d^2 W}{d\varphi^2} = W'' = F_1 \cdot 5a \cdot \sin\varphi + F_2 \cdot 2a \cdot \sin\varphi + F_3 \cdot 2\sqrt{2}a \cdot \sin\varphi + 4a^2 \cdot c \cdot \cos 2\varphi$$

$\varphi_2 = 18{,}19°$: da $\sin\varphi_2 > 0$, $\cos 2\varphi_2 > 0$ ist $W''(\varphi_2) > 0 \quad \Rightarrow \quad$ labiles GG

b) Der Winkel φ_2, bei dem sich die GG-Lage einstellt, ist von der Federsteifigkeit c abhängig, die eine Mindestgröße haben muß, um die Kräfte im Gleichgewicht halten zu können. Diese ergibt sich aus der Arbeitsgleichung:

$$c = \frac{5F_1 + 2F_2 \cdot 2\sqrt{2}\,F_3}{4a \cdot \sin\varphi}$$

$$\sin\varphi \le 1: \quad c \ge \frac{5F_1 + 2F_2 + 2\sqrt{2}\,F_3}{4a} = \frac{5\cdot 1 + 2\cdot 2 + 2\sqrt{2}\cdot 3}{4\cdot 0,4\,\text{m}}\,\text{kN} = 10,93\,\frac{\text{kN}}{\text{m}}$$ ∎

■ **Beispiel:** Doppelpendel

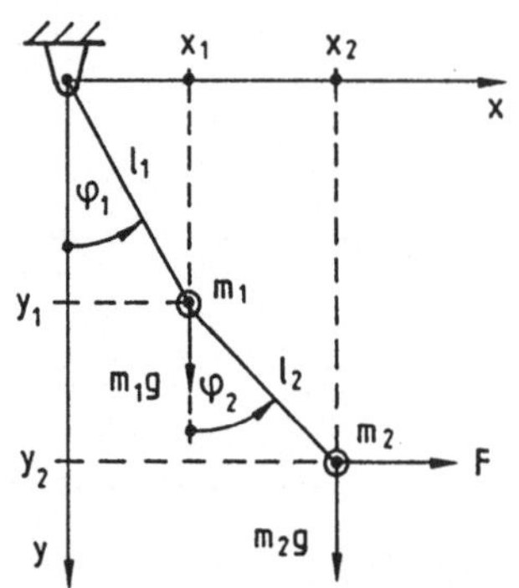

An zwei masselosen Fäden der Länge ℓ_1 und ℓ_2 hängen hintereinander die Massen m_1 und m_2 (Bild 14.22). Welche GG-Lage stellt sich ein, wenn an der Masse m_2 eine horizontale Kraft F zieht?

geg.: m_1, m_2, ℓ_1, ℓ_2, F

Bild 14.22

Das System hat 2 Freiheitsgrade, d.h. die Bewegung des Systems wird durch 2 voneinander unabhängigen Koordinaten φ_1 und φ_2 beschrieben.

Das Koordinaten-System x, y wird in den Aufhängepunkt des Doppelpendels gelegt. Die Koordinaten der Kraftangriffspunkte sind:

$$y_1 = \ell_1 \cdot \cos\varphi_1; \quad y_2 = \ell_1 \cdot \cos\varphi_1 + \ell_2 \cdot \cos\varphi_2; \quad x_2 = \ell_1 \cdot \sin\varphi_1 + \ell_2 \cdot \sin\varphi_2$$

Die virtuellen Verschiebungen der Kraftangriffspunkte ergeben sich durch Differentiation.

$$\delta y_1 = \frac{dy_1}{d\varphi_1}\,\delta\varphi_1 = -\ell_1 \cdot \sin\varphi_1 \cdot \delta\varphi_1$$

$$\delta y_2 = \frac{\partial y_2}{\partial\varphi_1}\,\delta\varphi_1 + \frac{\partial y_2}{\partial\varphi_2}\,\delta\varphi_2 = -\ell_1 \cdot \sin\varphi_1 \cdot \delta\varphi_1 - \ell_2 \cdot \sin\varphi_2 \cdot \delta\varphi_2$$

$$\delta x_2 = \frac{\partial x_2}{\partial\varphi_1}\,\delta\varphi_1 + \frac{\partial x_2}{\partial\varphi_2}\,\delta\varphi_2 = \ell_1 \cdot \cos\varphi_1 \cdot \delta\varphi_1 + \ell_2 \cdot \cos\varphi_2 \cdot \delta\varphi_2$$

Für den GG-Fall gilt

$$\delta W = m_1 \cdot g \cdot \delta y_1 + m_2 \cdot g \cdot \delta y_2 + F \cdot \delta x_2 = 0$$

eingesetzt und die Differentiale zusammengefaßt wird:

$$\delta W = (-m_1 \cdot g \cdot \ell_1 \cdot \sin\varphi_1 - m_2 \cdot g \cdot \ell_1 \cdot \sin\varphi_1 + F \cdot \ell_1 \cdot \cos\varphi_1)\,\delta\varphi_1 +$$
$$+ (-m_2 \cdot g \cdot \ell_2 \cdot \sin\varphi_2 + F \cdot \ell_2 \cdot \cos\varphi_2)\,\delta\varphi_2 = 0$$

Die Gleichung muß für beliebige $\delta\varphi_1 \neq 0$ und $\delta\varphi_2 \neq 0$ erfüllt sein, daher müssen die Klammerausdrücke gleichzeitig verschwinden:

I) $\quad -g \cdot \ell_1 \cdot \sin\varphi_1 \cdot (m_1 + m_2) + F \cdot \ell_1 \cdot \cos\varphi_1 = 0 \mid : \ell_1 \quad \Rightarrow \quad \tan\varphi_1 = \dfrac{F}{(m_1 + m_2) \cdot g}$

II) $\quad \ell_2 \cdot (-m_2 \cdot g \cdot \sin\varphi_2 + F \cdot \cos\varphi_2) = 0 \mid : \ell_2 \quad \Rightarrow \quad \tan\varphi_2 = \dfrac{F}{m_2 \cdot g}$

Sonderfälle:

1) $F = 0$; $\varphi_1 = 0$; $\varphi_2 = 0$

2) $F \to \infty$; $\varphi_1 = 90°$; $\varphi_2 = 90°$

Um das Seil horizontal zu spannen, ist eine unendlich große Kraft erforderlich.

Die virtuelle Arbeit läßt sich als totales Differential in Abhängigkeit der beiden Veränderlichen φ_1 und φ_2 schreiben:

$$\delta W = \frac{\partial W}{\partial \varphi_1}\,\delta\varphi_1 + \frac{\partial W}{\partial \varphi_2}\,\delta\varphi_2$$

Durch Koeffizienten-Vergleich mit obiger Arbeitsgleichung erhält man

$$\frac{\partial W}{\partial \varphi_1} = -m_1 \cdot g \cdot \ell_1 \cdot \sin\varphi_1 - m_2 \cdot g \cdot \ell_1 \cdot \sin\varphi_1 + F \cdot \ell_1 \cdot \cos\varphi_1$$

$$\frac{\partial W}{\partial \varphi_2} = -m_2 \cdot g \cdot \ell_2 \cdot \sin\varphi_2 + F \cdot \ell_2 \cdot \cos\varphi_2$$

Nochmalige Differentiation ergibt:

$$\frac{\partial^2 W}{\partial \varphi_1^2} = -m_1 \cdot g \cdot \ell_1 \cdot \cos\varphi_1 - m_2 \cdot g \cdot \ell_1 \cdot \cos\varphi_1 - F \cdot \ell_1 \cdot \sin\varphi_1; \quad \frac{\partial^2 W}{\partial \varphi_1 \partial \varphi_2} = 0$$

$$\frac{\partial^2 W}{\partial \varphi_2^2} = -m_2 \cdot g \cdot \ell_2 \cdot \cos\varphi_2 - F \cdot \ell_2 \cdot \sin\varphi_2$$

Eingesetzt in die 2. Variation der Arbeit wird

$$\delta^2 W = \frac{\partial^2 W}{\partial \varphi_1^2}\,\delta\varphi_1^2 + \frac{\partial^2 W}{\partial \varphi_2^2}\,\delta\varphi_2^2 + 2 \cdot \frac{\partial^2 W}{\partial \varphi_1 \partial \varphi_2}\,\delta\varphi_1 \cdot \delta\varphi_2 < 0 \quad \Rightarrow \quad \text{stabiles GG}$$

für $\varphi_1 \leq 90°$ und $\varphi_2 \leq 90°$ werden alle einzusetzenden Glieder negativ, und mit $(\delta\varphi_1)^2 > 0$ und $(\delta\varphi_2)^2 > 0$ wird auch $\delta^2 W < 0$. ■

■ **Beispiel:** Drehbar gelagerter Balken

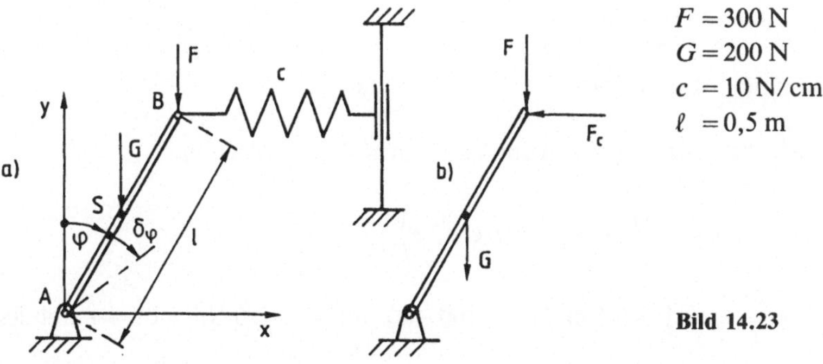

Ein Balken (Gewicht G, Länge ℓ) ist bei A gelenkig gelagert und bei B durch eine Feder (Steifigkeit c) abgestützt, deren rechtes Ende vertikal verschiebbar ist. Bei B wirkt außerdem noch eine vertikale Einzelkraft F. In der Lage $\varphi = 0$ ist die Feder entspannt (Bild 14.23).

Gesucht:

a) Für welche Winkel φ ist das System im Gleichgewicht?

b) Welcher Art ist das Gleichgewicht?

1. Lösungsweg: mit dem Prinzip der virtuellen Arbeit

Der Federweg ist $x_B = \ell \cdot \sin\varphi$

und die Federkraft $F_c = c \cdot x_B = c \cdot \ell \cdot \sin\varphi$

Bezogen auf das Koordinatensystem x, y durch A sind die eingeprägten Kräfte auf den Balken:

$$\vec{F} = \begin{bmatrix} 0 \\ -F \end{bmatrix}; \quad \vec{F}_c = \begin{bmatrix} -c \cdot \ell \cdot \sin\varphi \\ 0 \end{bmatrix}; \quad \vec{G} = \begin{bmatrix} 0 \\ -G \end{bmatrix}$$

und die Ortsvektoren der Kraftangriffspunkte

$$\vec{r}_S = \frac{\ell}{2} \cdot \begin{bmatrix} \sin\varphi \\ \cos\varphi \end{bmatrix}; \quad \vec{r}_B = \ell \cdot \begin{bmatrix} \sin\varphi \\ \cos\varphi \end{bmatrix}$$

Bei einer virtuellen Verdrehung $\delta\varphi$ aus der GG-Lage verschieben sich die Kraftangriffspunkte um

$$\delta\vec{r}_S = \frac{d\vec{r}_S}{d\varphi}\delta\varphi = \frac{\ell}{2} \cdot \begin{bmatrix} \cos\varphi \\ -\sin\varphi \end{bmatrix}\delta\varphi; \quad \delta\vec{r}_B = \frac{d\vec{r}_B}{d\varphi}\delta\varphi = \ell \cdot \begin{bmatrix} \cos\varphi \\ -\sin\varphi \end{bmatrix}\delta\varphi$$

und die virtuelle Arbeit ist dabei

$$\delta W = \vec{F} \cdot \delta\vec{r}_B + \vec{G} \cdot \delta\vec{r}_S + \vec{F}_c \cdot \delta\vec{r}_B = 0$$

$$\delta W = \left(F \cdot \ell \cdot \sin\varphi + G \cdot \frac{\ell}{2} \cdot \sin\varphi - c \cdot \ell^2 \cdot \sin\varphi \cdot \cos\varphi \right) \delta\varphi = 0$$

$$\delta\varphi \neq 0: \quad \ell \cdot \sin\varphi \left(F + \frac{G}{2} - c \cdot \ell \cdot \cos\varphi \right) = 0$$

1) $\sin\varphi = 0: \quad \varphi_1 = 0: \quad \varphi_2 = \pi$

2) $\dfrac{G}{2} + F - c \cdot \ell \cdot \cos\varphi = 0: \quad \cos\varphi_3 = \dfrac{F + \dfrac{G}{2}}{c \cdot \ell} = \dfrac{300 + 100}{10 \cdot 50} = 0,8 \quad \Rightarrow \quad \varphi_3 = 36,87°$

Mit $\delta W = \dfrac{dW}{d\varphi}\delta\varphi$ folgt aus obiger Arbeitsgleichung

$$\frac{dW}{d\varphi} = W' = F \cdot \ell \cdot \sin\varphi + G \cdot \frac{\ell}{2} \cdot \sin\varphi - c \cdot \ell^2 \cdot \sin\varphi \cdot \cos\varphi$$

Die Art des GG ist abhängig vom Vorzeichen der 2. Variation

$$\delta^2 W = \frac{d^2 W}{d\varphi^2}\delta\varphi^2 \quad \text{bzw. da } (\delta\varphi)^2 > 0 \text{ vom Vorzeichen der 2. Ableitung}$$

$$\frac{d^2 W}{d\varphi^2} = W'' = \ell \cdot \left(F \cdot \cos\varphi + \frac{G}{2} \cdot \cos\varphi - c \cdot \ell \cdot \cos 2\varphi \right)$$

$$W''(\varphi_1) = \ell \cdot \left(F + \frac{G}{2} - c \cdot \ell \right) = 0,5\,\text{m} \cdot (300 + 100 - 10 \cdot 50)\,\text{N} = -50\,\text{Nm} < 0 \quad \Rightarrow \quad \text{stabiles GG}$$

$$\left(\text{für } F + \frac{G}{2} > c \cdot \ell \text{ wäre } W''(\varphi_1) > 0 \quad \Rightarrow \quad \text{labiles GG} \right)$$

$$W''(\varphi_2) = \ell \cdot \left(-F - \frac{G}{2} - c \cdot \ell \right) < 0 \quad \Rightarrow \quad \text{stabiles GG}$$

$$W''(\varphi_3) = 0,5\,\text{m} \cdot (300 \cdot 0,8 + 100 \cdot 0,8 - 10 \cdot 50 \cdot \cos(2 \cdot 36,87°))\,\text{N} = 90\,\text{Nm} > 0 \quad \Rightarrow \quad \text{labiles GG}$$

2. Lösungsweg: mit den potentiellen Energien

In einer Gleichgewichtslage muß die 1. Variation der potentiellen Energie Null sein:

$$\delta U = \frac{\mathrm{d}U}{\mathrm{d}\varphi}\,\delta\varphi = 0 \quad \text{bzw. da} \quad \delta\varphi \neq 0: \quad \frac{\mathrm{d}U}{\mathrm{d}\varphi} = U' = 0$$

Die potentielle Energie in der ausgelenkten Lage bezogen auf die x-Achse als Nullniveau ist

$$U = F\cdot\ell\cdot\cos\varphi + G\cdot\frac{\ell}{2}\cdot\cos\varphi + \frac{1}{2}\cdot c\cdot(\ell\cdot\sin\varphi)^2$$

$$\frac{\mathrm{d}U}{\mathrm{d}\varphi} = -F\cdot\ell\cdot\sin\varphi - G\cdot\frac{\ell}{2}\cdot\sin\varphi + c\cdot\ell^2\cdot\sin\varphi\cdot\cos\varphi = 0$$

Diese Gleichung mit (-1) multipliziert ergab sich auch beim 1. Lösungsweg und führt zu den gleichen Lösungen.

Mit $\delta^2 U = \dfrac{\mathrm{d}^2 U}{\mathrm{d}\varphi^2}\,\delta\varphi^2$ entscheidet das Vorzeichen von

$$\frac{\mathrm{d}^2 U}{\mathrm{d}\varphi^2} = U'' = -F\cdot\ell\cdot\cos\varphi - G\cdot\frac{\ell}{2}\cdot\cos\varphi + c\cdot\ell\cdot\cos 2\varphi$$

über die Art des GG und führt mit Berücksichtigung der Stabilitäts-Kriterien für die potentielle Energie (unterschiedliche Vorzeichen gegenüber W) zu den gleichen Ergebnissen. ∎

Weiterführendes Schrifttum

Assmann B., Technische Mechanik I, Oldenbourg, München

Böge A., Mechanik und Festigkeitslehre, Vieweg, Braunschweig

Gloistehn H., Lehr- und Übungsbuch der Techn. Mech. I, Vieweg, Braunschweig

Göldner/Holzweißig, Leitfaden der Techn. Mech., Steinkopff, Darmstadt

Gross/Hauger/Schnell, Techn. Mech. I, Springer, Berlin

Hagedorn P., Techn. Mech. I, Harri Deutsch, Frankfurt/Main

Holzmann/Meyer/Schumpich, Techn. Mech. I, Teubner, Stuttgart

Lehmann T, Elemente der Mechanik I, Vieweg, Braunschweig

Marguerre K., Techn. Mech. I, Springer, Berlin

Neuber H., Techn. Mech. I, Springer, Berlin

Pestel E., Techn. Mech. I, Bibliographisches Institut, Mannheim

Reckling K., Mechanik I, Vieweg, Braunschweig

Szabo I., Einführung in die Techn. Mech., Springer, Berlin

Sachwortverzeichnis

Von Lothar Papula:

Mathematik für Ingenieure 1
Ein Lehr- und Arbeitsbuch für das Grundstudium
6., verb. Aufl. 1991. XVIII, 564 S. mit mehr als 460 Abb., zahlr. Beispielen aus Naturwissenschaft und Technik sowie 302 Übungsaufgaben mit Lösungen. (Viewegs Fachbücher der Technik) Kartoniert.
ISBN 3-528-54236-5
Inhalt: Allgemeine Grundlagen – Vektoralgebra – Funktionen und Kurven – Differentialrechnung – Integralrechnung – Unendliche Reihen und Taylor-Reihen – Lösungen der Übungsaufgaben.

Mathematik für Ingenieure 2
6., verb. Aufl. 1991. XVI, 644 S. mit zahlr. Beispielen aus Naturwissenschaft und Technik, mehr als 375 Abb. und 267 Übungsaufgaben mit Lösungen. (Viewegs Fachbücher der Technik) Kartoniert.
ISBN 3-528-54237-3
Inhalt: Lineare Algebra – Fourier-Reihen – Komplexe Zahlen und Funktionen – Differential- und Integralrechnung für Funktionen von mehreren Variablen – Gewöhnliche Differentialgleichungen – Grundzüge der Fehler- und Ausgleichsrechnung – Laplace-Transformation – Lösungen der Übungsaufgaben.

Übungen zur Mathematik für Ingenieure
Anwendungsorientierte Übungsaufgaben aus Naturwissenschaft und Technik mit ausführlichen Lösungen.
1990. XVI, 360 S., 187 Übungsaufgaben mit Lösungen, 310 Abb. und ein Anhang Physikalische Grundlagen. (Viewegs Fachbücher der Technik) Kartoniert.
ISBN 3-528-04355-X

Mathematische Formelsammlung
Für Ingenieure und Naturwissenschaftler
3., verb. Aufl. 1990. XXII, 335 S. mit zahlr. Abb., Rechenbeispielen und einer ausführlichen Integraltafel. (Viewegs Fachbücher der Technik) Kartoniert.
ISBN 3-528-24442-9
Diese Formelsammlung enthält alle für den Ingenieur wichtigen mathematischen Zusammenhänge in geraffter Form. Anhand von Beispielen wird der oft schwierige Gebrauch von Formeln erläutert. Die umfangreiche Integraltafel bietet die wichtigsten Integrale nach Gruppen geordnet und deren Lösung.

Verlag Vieweg · Postfach 58 29 · D-6200 Wiesbaden